UTB

UTB 8383

Eine Arbeitsgemeinschaft der Verlage

Böhlau Verlag · Köln · Weimar · Wien
Verlag Barbara Budrich · Opladen · Farmington Hills
facultas.wuv · Wien
Wilhelm Fink · München
A. Francke Verlag · Tübingen und Basel
Haupt Verlag · Bern · Stuttgart · Wien
Julius Klinkhardt Verlagsbuchhandlung · Bad Heilbrunn
Lucius & Lucius Verlagsgesellschaft · Stuttgart
Mohr Siebeck · Tübingen
C. F. Müller Verlag · Heidelberg
Orell Füssli Verlag · Zürich
Verlag Recht und Wirtschaft · Frankfurt am Main
Ernst Reinhardt Verlag · München · Basel
Ferdinand Schöningh · Paderborn · München · Wien · Zürich
Eugen Ulmer Verlag · Stuttgart
UVK Verlagsgesellschaft · Konstanz
Vandenhoeck & Ruprecht · Göttingen
vdf Hochschulverlag AG an der ETH Zürich

Edeltraud Günther

Ökologieorientiertes Management

Um-(weltorientiert) Denken in der BWL

mit 91 Abbildungen und 104 Tabellen

Lucius & Lucius · Stuttgart

WISU-TEXTE sind die Lehrbuchreihe der Zeitschrift WISU – Das WIRTSCHAFTSSTUDIUM (www.wisu.de)

Anschrift der Autorin:

Prof. Dr. Edeltraud Günther
Technische Universität Dresden
Fakultät Wirtschaftswissenschaften
Lehrstuhl für Betriebswirtschaftslehre
insbesondere Betriebliche Umweltökonomie
01062 Dresden
bu@mailbox.tu-dresden.de

Bibliografische Information der Deutschen Nationalbibliothek

Die Deutsche Bibliothek verzeichnet diese Publikation in der Deutschen Nationalbibliografie; detaillierte bibliografische Daten sind im Internet über http://dnb.ddb.de abrufbar.

ISBN 978-3-8252-8383-4 (UTB)
ISBN 978-3-8282-0415-7 (Lucius & Lucius)

Eine Lange Publikation

Gedruckt auf FSC-zertifiziertem Papier

FSC
Mix
Produktgruppe aus vorbildlich bewirtschafteten Wäldern und anderen kontrollierten Herkünften
Zert.-Nr. GFA-COC-1262
www.fsc.org
© 1996 Forest Stewardship Council

Druck und Einband: Pustet, Regensburg

Printed in Germany

UTB-Bestellnummer: 978-3-8252-8383-4

Vorwort

Die Bedeutung der ökologischen Umwelt in den Wirtschaftswissenschaften hat in den vergangenen Jahren kontinuierlich zugenommen: Durch die zunehmende Knappheit der Ressourcen und Aufnahmekapazitäten entwickelt sie sich immer mehr zu einem ökonomisch knappen und somit entscheidungsrelevanten Parameter. Als Antwort auf diese Entwicklung wurde die Umweltökonomie zu einem eigenen Forschungsgebiet in den Wirtschaftswissenschaften. Viele Institute und Professoren haben ihr traditionelles Lehr- und Forschungsprogramm inzwischen um diesen Bereich erweitert. Diese Entwicklung und die damit verbundene Nachfrage nach umfassenden Lehrmaterialien waren der Anlass, dieses Lehrbuch zu verfassen.

Die Inhalte dieses Lehrbuchs basieren auf den Vorlesungen und Seminaren zur Betrieblichen Umweltökonomie an der TU Dresden und an der University of Virginia (USA). So gilt mein Dank allen Mitarbeitern, die mich während meines bisherigen Wirkens an der TU Dresden begleitet haben, namentlich Dipl.-Verk.-Wirtsch. Jens Bemme, Dr. Anke Bez, Dipl.-Wirtsch.-Ing. Julia Friedemann, Dipl.-Wirtsch.-Ing. Antje Fritzsche, Dipl.-Ing. Vera Greschner, Dipl.-Wirtsch.-Ing. Holger Hoppe, Dr. Ines Klauke, Christian Manthey, M. Sc., Dipl.-Volkswirt Martin Nowack, Dipl.-Kffr. Lilly Scheibe, Dipl.-Kfm. Oliver Schill, Dr. Heiko Schuh, Dr. Susann Silbermann, Dipl.-Kffr. Kristin Stechemesser und Dipl.-Kfm. (FH) Gabriel Weber, M. A.. An der University of Virginia bin ich insbesondere Prof. Mark White, Ph.D., für unsere intensiven Diskussionen zu verschiedensten Themen der Betrieblichen Umweltökonomie dankbar. Dipl.-Kffr. Kerstin Meier möchte ich für die einheitliche Gestaltung der Abbildungen sowie Dipl.-Wirtsch.-Ing. Claudia Poser für die Konzeption der Beispiele zu Mobility Unlimited danken. Herzlich danken möchte ich auch den studentischen Mitarbeitern, in deren Hand Literaturrecherchen und Materialaufbereitungen sowie die Formatierung des Textes lagen: Jan Endrikat, Carsten Gnauck, Maik Hamann, Nora Hentschel, Christoph Höhne, Ulrike Lange, Markus Schmidt und insbesondere auch Dipl.-Wirtsch.-Inf. (BA) Stephanie Arndt, Anne-Karen Hüske, Marcus Krause und Alexander Witschas. Doch auch externe Partner waren in die Erstellung dieses Lehrbuchs eingebunden: Als Paten für einzelne Kapitel wirkten folgende Experten: Dipl.-Volkswirt Wilfried Ehrenfeld, Dr. Katrin Gläser, Dr. Hans-Jürgen Klüppel, Dr. Cornelia Ritter, Prof. Dr. Stefan Seuring, Dipl.-Kfm. Ralph Thurm, Dr. Stefan Wünschmann und nicht zuletzt mein Ehemann Prof. Dr. Thomas Günther. Ihre Anmerkungen gaben mir nicht nur wertvolle Anregungen zum Inhalt, sondern auch zur sprachlichen und graphischen Gestaltung.

Das Projektmanagement und die redaktionelle Betreuung lagen in der Hand von Herrn Dipl.-Wirtsch.-Ing. Holger Hoppe, der durch sein außerordentliches persönliches Engagement bei der Koordination der vielfältigen Aufgaben wesentlich zur Fertigstellung dieses Lehrbuchs beigetragen hat. Dafür gilt ihm mein besonderer Dank. Meiner Büroleiterin Beate Haupt, staatl. gepr. Betriebswirtin, danke ich für ihr exzellentes Büromanagement, auf das ich mich seit fast zehn Jahren verlassen darf. Herrn Prof. Dr. Wulf D. von Lucius danke ich für die Betreuung von Seiten des Verlages, Herrn Rainer Lange für die Möglichkeit, das Lehrbuch in der Reihe WISU-TEXTE veröffentlichen zu können.

Dieses Buch widme ich stellvertretend für alle nachfolgenden Generationen meinen Kindern Raphaela Elisa und Timon Elias, die mir immer wieder ins Bewusstsein rufen, wie wichtig die Bewahrung unserer Schöpfung ist, aber auch, wie motivierend Optimismus wirken kann.

Dresden, im Juli 2008 *Edeltraud Günther*

Inhaltsverzeichnis

Abbildungsverzeichnis

Tabellenverzeichnis

Abkürzungsverzeichnis

Abb.	Abbildung
Abs.	Absatz
ADEGE	Action de Développement de la Gestion Environnementale
allg.	allgemein
Art.	Artikel
AUB	Arbeitsgemeinschaft Umweltverträgliches Bauprodukt
AV	Anlagevermögen
BAB	Betriebsabrechnungsbogen
B.A.U.M.	Bundesarbeitskreis Umweltbewusstes Management
BDI	Bundesverband der Deutschen Industrie
BGB	Bürgerliches Gesetzbuch
BImSchG	Bundesimmissionsschutzgesetz
Bio.	Billion
BMBF	Bundesministerium für Bildung und Forschung
BMU	Bundesministerium für Umwelt, Naturschutz und Reaktorsicherheit, kurz Bundesumweltministerium
BSC	Balanced Scorecard
BUIS	Betriebliche Umweltinformationssysteme
bzgl.	bezüglich
bzw.	beziehungsweise
CAD	Computer-Aided Design
CDM	Clean Development Mechanism
cm^3	Kubikzentimeter
CFC	Chlorofluorocarbon (Fluorchlorkohlenwasserstoffe)
CH_4	Methan
CO	Kohlenstoffmonoxid
CO_2	Kohlenstoffdioxid
CSR	Corporate Social Responsibility
CVA	Cash Value Added
d.h.	das heißt
DAU	Deutsche Akkreditierungs- und Zulassungsgesellschaft für Umweltgutachter
DAX	Deutscher Aktienindex
DBU	Deutsche Bundesstiftung Umwelt
DDT	Dichlordiphenyltrichlorethan
DEHSt	Deutsche Emissionshandelsstelle
DfE	Design for Environment

DIN	Deutsches Institut für Normung
DJSGI	Dow Jones Sustainability Group Indexes
DJSI	Dow Jones Sustainability Index
DRS	Deutscher Rechnungslegungsstandard
DTIE	Division of Technology, Industry, and Economics
DUX	Deutscher Umweltindex
€	Euro
EBIT	Earnings Before Interest and Taxes (Gewinn vor Zinsen und Steuern)
EBITDA	Earnings Before Interest, Taxes, Depreciation and Amortization (Gewinn vor Zinsen, Steuern, Abschreibungen auf Sachanlagen und Abschreibungen auf immaterielle Vermögensgegenstände)
EDV	Elektronische Datenverarbeitung
EE	Endenergie
EFQM	European Foundation for Quality Management
EG	Europäische Gemeinschaft
ELU	Environmental Load Unit (Einheit für den Umwelteinfluss)
EOP	end-of-the-pipe
EPFI	Equator Principles Financial Institutions
EPS	Environmental Priority Strategy
etc.	et cetera
EU	Europäische Union
EuGH	Europäischer Gerichtshof
EUROSIF	European Social Investment Forum
EVA	Economic Value Added™ (Geschäftswertbeitrag)
evtl.	eventuell
FONA	Forschung für Nachhaltigkeit
FSC	Forest Stewardship Council
FSME	Frühsommer-Meningoenzephalitis
FuE	Forschung und Entwicklung
g	Gramm
GET	Gesellschaft Energietechnik
GG	Grundgesetz
GHG	Greenhouse Gas (Treibhausgas)
GKS	Grenzkosten der Schädigung
GKV	Grenzkosten der Vermeidung
GRI	Global Reporting Initiative
GuV	Gewinn- und Verlustrechnung
h	Stunden
HGB	Handelsgesetzbuch
i.e.S.	im engeren Sinne

i.S.	im Sinne
i.w.S.	im weiteren Sinne
IATF	International Automotive Task Force
ICC	International Chamber of Commerce
ID	Identifikationsbezeichnung
idz	Institut für demographische Zukunftsfähigkeit
IFC	International Finance Corporation
ifib	Institut für industrielle Bauproduktion
IMDS	International Material Data System
IMH	Integriertes Managementhandbuch
INEM	International Network for Environmental Management
inkl.	inklusive
insb.	insbesondere
IPAT	Impact, Population, Affluence, Technology (Auswirkung, Bevölkerung, Wohlstand, Technologie)
IPCC	Intergovernmental Panel on Climate Change
IREB	Institut für ressourcenschonendes Bauen
IS	Informationssystem
ISO	International Organization for Standardization
IT	Informationstechnik
IUCN	International Union for the Conservation of Nature
IUT	integrierte Umwelttechnologie
JI	Joint Implementation
JIT	Just In Time (fertigungs-/bedarfssynchrone Produktion)
KEA	Kumulierter Energieaufwand
KFZ	Kraftfahrzeug
kg	Kilogramm
kJ	Kilojoule
km	Kilometer
KMU	kleinere und mittelständische Unternehmen
KNA	kumulierter nicht-energetischer Aufwand
KonTraG	Gesetz zur Kontrolle und Transparenz im Unternehmensbereich
KPA	Kumulierter Prozessenergieaufwand
KrW-/AbfG	Gesetz zur Förderung der Kreislaufwirtschaft und Sicherung der umweltverträglichen Beseitigung von Abfällen
kWh	Kilowattstunden
l	Liter
LCC	Life Cycle Costing
LCTP	Least Cost Transportation Planning
LCP	Least Cost Planning

LED	Light Emitting Diode (Leuchtdiode)
LKW	Lastkraftwagen
m	Meter
m^2	Quadratmeter
m^3	Kubikmeter
mg	Milligramm
Mio.	Million
MJ	Megajoule
Mrd.	Milliarde
MSC	Marine Stewardship Council
N_2O	Distickstoffmonoxid (Lachgas)
NAGUS	Normenausschuss Grundlagen des Umweltschutzes
NEV	nicht-energetischer Verbrauch
NGO	Non-Governmental Organization
NH_3	Ammoniak
NMVOC	Non-methan Volatile Organic Compounds (Flüchtige organische Verbindungen)
NO_x	Stickoxide
NOA	Net Operating Assets (Investiertes Kapital)
NOPAT	Net Operating Profit After Taxes (Operativer Gewinn nach Steuern)
NIMBY	Not In My Backyard
o.a.	oder andere
o.ä.	oder ähnlich
OECD	Organization for Economic Co-operation and Development
ÖPNV	Öffentlicher Personennahverkehr
OHSAS	Occupational Health and Safety Assessment Series
Pb	Blei
PBEP	Performance Bretagne Environnement Plus
PDF	Potentially Disappeared Fraction (Anteil ausgestorbener Arten)
PJ	Petajoule oder Personenjahre
PKW	Personenkraftwagen
PLZ	Produktlebenszyklus
PM	Particulate Matter (Feinstaub)
PR	Public Relations (Öffentlichkeitsarbeit)
ProMechG	Projekt-Mechanismen-Gesetz
QMS	Qualitätsmanagementsystem
QMH	Qualitätsmanagementhandbuch
QMVA	Qualitätsmanagementverfahrensanweisung
ROCE	Return on Capital Employed
RoI	Return on Investment (Kapitalrendite)

S.	Seite
SA	Social Accountability
SächsKAG	Sächsisches Kommunalabgabengesetz
SAM	Sustainable Asset Management AG
SEI	Stoffgebundener Energieinhalt
SETAC	Society of Environmental Toxicology and Chemistry
SKE	Steinkohleeinheiten
SO_2	Schwefeldioxid
sog.	so genannt
SRU	Sachverständigenrat für Umweltfragen
SRzG	Stiftung für die Rechte zukünftiger Generationen
StGB	Strafgesetzbuch der Bundesrepublik Deutschland
Stk	Stück
STS	Ship To Stock (Lieferung ohne Eingangskontrolle im Lager)
t	Tonnen
TC	Technical Committee
TEHG	Treibhausgas-Emissionshandelsgesetz
THG	Treibhausgase
TRGS	Technische Regeln für Gefahrstoffe
TÜV	Technischer Überwachungsverein
UAG	Umweltauditgesetz
u.a.	unter anderem
u.U.	unter Umständen
UHG	Umwelthaftungsgesetz
UMH	Umweltmanagementhandbuch
UMS	Umweltmanagementsystem
UMVA	Umweltmanagementverfahrensanweisung
UNCSD	United Nations Commission for Sustainable Development
UNEP	United Nations Environment Programme
UNO	United Nations Organization (Vereinte Nationen)
USchadG	Umweltschadensgesetz
UV	Umlaufvermögen
UWS	Umweltschutz
VBU	Verband der Betriebsbeauftragten für Umweltschutz
VDA	Verband der Automobilindustrie
VDSI	Verband Deutscher Sicherheitsingenieure
vgl.	vergleiche
VOB	Vergabe- und Vertragsordnung für Bauleistungen
VOC	Volatile Organic Compounds (flüchtige organische Verbindungen)
VOF	Verdingungsordnung für freiberufliche Leistungen

VOL	Verdingungsordnung für Leistungen
vs.	versus
W	Watt
WACC	Weighted Average Cost of Capital (gewichtete durchschnittliche Kapitalkosten)
WBCSD	World Business Council For Sustainable Development
WHG	Wasserhaushaltsgesetz
WRRL	Wasserrahmenrichtlinie
WWF	World Wide Fund For Nature
z.B.	zum Beispiel
z.T.	zum Teil
ZUK	Zentrum für Umweltkommunikation
ZVEI	Zentralverband Elektrotechnik und Elektronikindustrie e.V.

Zu diesem Lehrbuch

Umdenken in der BWL Bei der Einführung und beim Ausbau eines ökologieorientierten Managements sind die Entscheidungsträger täglich gefordert, bei ihren Entscheidungen umzudenken. Doch oftmals sind dafür keine neuen betriebswirtschaftlichen Instrumente oder Analysemethoden erforderlich, vielmehr genügt es, bestehende Ansätze neu zu durchdenken und eine andere Perspektive einzunehmen. Diese Botschaft will das vorliegende Lehrbuch vermitteln, indem es den einzelnen Kapitelüberschriften jeweils einen Aufruf zum Umdenken bzw. zum Neu-Durchdenken voranstellt. Praktikern will das Buch eine Antwort auf die Frage geben: Wie kann ich Unternehmer bleiben und Gewinne erzielen und dabei trotzdem die Umwelt schonen? So setzt das Lehrbuch am klassischen betriebswirtschaftlichen Denken an. Die Betriebswirtschaftslehre muss nicht neu erfunden werden, vielmehr müssen die bestehenden Ansätze zu Ende gedacht werden. So werden z.B. seit Jahren bekannte Konzepte, wie das Life Cycle Costing in der Praxis aufgrund von Verantwortlichkeitszuweisungen, Budgetplanungen oder schlicht einem „Weiter wie bisher" noch nicht konsequent eingesetzt. Da die Betriebswirtschaftslehre die Steuerungsfunktion im Unternehmen wahrnimmt, kann sie bei Technikern und Naturwissenschaftlern ein sog. „Denken in CO_2" befördern, indem die Betrachtung der Nutzung der Funktionen der Umwelt in das betriebswirtschaftliche Instrumentarium integriert wird. So wird eine konsequente Anwendung der klassischen BWL vorgeschlagen, die um ein „Denken in Umweltaspekten" erweitert wird.

Bedeutung der ökologischen Umwelt Doch warum ist ein Umdenken hin zu einer Ökologieorientierung des Managements überhaupt erforderlich? Die Bedeutung der ökologischen Umwelt für die Wirtschaftswissenschaften hat in den vergangenen Jahren kontinuierlich zugenommen, auch wenn die jeweils aktuellen Themen – Energiekrise, saurer Regen, Entsorgungsnotstand, Wasserknappheit, Klimawandel, Regenwaldzerstörung, Biodiversität, Erosion – wechseln. Durch die zunehmende ökologische Knappheit entwickelte sich die ökologische Umwelt zu einem ökonomisch knappen und somit entscheidungsrelevanten Parameter. Doch auch die ökologische Knappheit selbst wird langsam zum Entscheidungsparameter in der Unternehmenspraxis. Als Antwort auf diese Entwicklung wurde die Umweltökonomie zu einem eigenen Lehr- und Forschungsgebiet in den Wirtschaftswissenschaften, um das inzwischen viele Institute und Professoren ihr traditionelles Lehr- und Forschungsprogramm erweitert haben. Teilweise wurden sogar Lehrstühle eingerichtet, die sich schwerpunktmäßig mit Fragen des ökologieorientierten Managements beschäftigen.

Entscheidungsorientierte BWL Dieses Lehrbuch richtet sich an Studenten und Praktiker gleichermaßen. Für den Einsatz in der Lehre kann es sowohl von Dozenten gewählt werden, die einen Überblick über das ökologieorientierte Management im Rahmen einiger Lehrveranstaltungen im Bachelor- oder Masterstudium geben wollen, als auch von Kollegen, die eine Vertiefung in diesem Bereich gestalten (siehe weiterführend WHITE/GÜNTHER 2009). Für letzten Fall hält der Dozentenbereich des UTB aktuelle Ergänzungen sowie didaktische Hinweise bereit (www.utb-mehr-wissen.de). Auch Studenten und Praktiker finden unter dem angegebenen link alle Folien dieses Lehrbuches, aktuelle Informationen, Übungsaufgaben, interessante links und vieles mehr. Für beide Anwendungsformen gilt, dass das Lehrbuch vom Ansatz der entscheidungsorientierten Betriebswirtschaftslehre nach HEINEN und somit von der Perspektive des

Entscheidungsträgers im Unternehmen ausgeht. Nach HEINEN versucht die entscheidungsorientierte Betriebswirtschaftslehre, „die Phänomene und Tatbestände der Praxis aus der Perspektive betrieblicher Entscheidungen zu systematisieren, zu erklären und zu gestalten" (HEINEN, E. 1991, S. 12). Dabei stehen zwei Fragen im Vordergrund: Im Rahmen der deskriptiven Entscheidungslehre wird untersucht, **warum Entscheidungen wie getroffen werden**, während die präskriptive Entscheidungslehre der Frage nachgeht, **wie Entscheidungen bei gegebenen Rahmenbedingungen zu treffen sind**. Dieses Lehrbuch kombiniert die beiden Perspektiven. Praktikern kann das Werk als Einführung in Notwendigkeit und Umsetzung eines ökologieorientierten Managements, aber auch als Nachschlagewerk dienen. Die Gliederung des Lehrbuches folgt den Stufen eines Entscheidungsprozesses: Planung, Realisation und Steuerung (vgl. Abbildung 1).

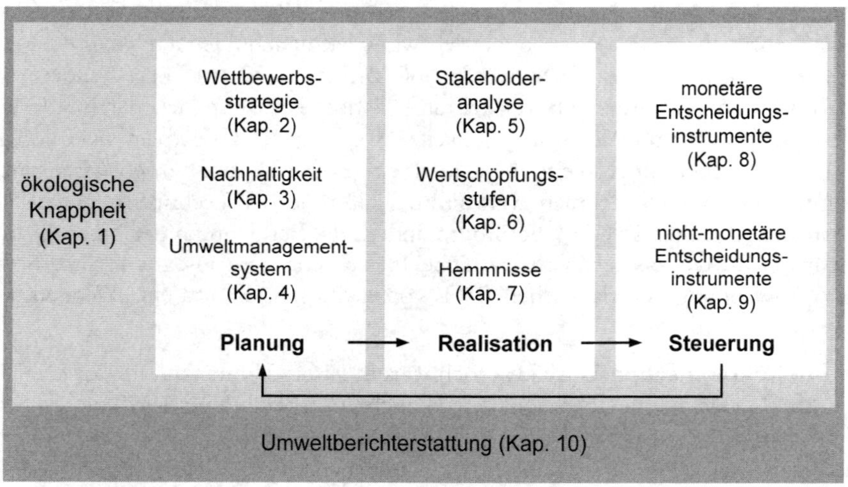

Abbildung 1: Schaubild zur Gliederung des Lehrbuchs

Veranschaulichung Um dem Leser die Vorstellung zu erleichtern, wie die Texte in die tägliche Unternehmenspraxis übertragen werden können, werden die vorgestellten Konzepte und Instrumente am Fall eines Automobilherstellers erläutert. Die Kunden des Unternehmens sind sowohl Privatkunden als auch Geschäftskunden. Weitere Informationen über das Unternehmen erhält der Leser in den entsprechenden Beispielen.

Machen Sie sich mit auf den Weg, um(weltorientiert)zudenken

> MOBILITY UNLIMITED ist ein führender Automobilhersteller mit Sitz in Dresden. An den weltweit verteilten Standorten, u.a. in Mexiko, sind rund 30.000 Mitarbeiter beschäftigt. Der Umsatzerlös im Jahr 2007 betrug rund 48 Mrd. €. Das Unternehmen produziert neben PKW auch Nutzfahrzeuge. Die Herstellung von Automobilen verursacht zwangsläufig Umweltbelastungen. MOBILITY UNLIMITED hat sich zum Ziel gesetzt, diese Umweltbelastungen kontinuierlich zu verringern. Die Reduzierung von Emissionen, Lärm, Energie- und Wasserverbrauch sowie die Vermeidung von Abfällen sind die Kernpunkte der Umweltpolitik, die dem Leitbild „Mobilität nachhaltig gestalten" folgt. MOBILITY UNLIMITED gilt als Vorreiter auf dem Gebiet des Umweltschutzes und des Umweltmanagements in der Branche. Daher soll dieses Unternehmen zur praktischen Veranschaulichung der vorgestellten Instrumente und Konzepte in diesem Buch herangezogen werden.

Um Missverständnissen vorzubeugen: Begriffe wie "Konsumenten, Kreditgeber oder Betriebsbeauftragter" bitte ich geschlechtsneutral zu verstehen.

1 Um-(weltorientiert) Denken – ökologische Knappheit erkennen

Die Erde trifft einen anderen Planeten. Sagt dieser: Du siehst aber schlecht aus, was hast Du denn? Die Erde antwortet: homo oeconomicus. Antwortet der andere Planet: Ach, das geht auch vorbei.

Zusammenhang Unternehmen und Umwelt Die Wechselbeziehung zwischen Unternehmen und Umwelt ist für ein ökologieorientiertes Management im Rahmen der Unternehmensführung in zweierlei Hinsicht relevant:

- Einerseits sind Umweltgüter Produktivfaktoren, ohne deren Mitwirkung nach Gutenberg die betriebliche Leistungserstellung nicht möglich ist (vgl. GUTENBERG 1983, S. 2 f.).
- Andererseits nutzen Unternehmen Umweltdienstleistungen in Form der Versorgungs-, Träger- und Regelungsfunktion der ökologischen Umwelt (vgl. GÜNTHER 1994, S. 2 f.).

Im Rahmen ihrer Versorgungsfunktion liefert die Umwelt dem ökonomischen System Ressourcen, die als Inputfaktoren eingesetzt werden (Extraktionsnutzung der Umwelt). Unternehmen nutzen die Trägerfunktion, indem sie die in Produktion und Konsum anfallenden unerwünschten Outputs (Kondukte) an die Umwelt abgeben (Depositionsnutzung der Umwelt). Kondukte stellen dabei unerwünschte Kuppelprodukte dar, die nicht dem Sachziel der Unternehmung zuzuordnen sind, aber mit (lat. cum) den Produkten entstehen (vgl. GÜNTHER/WITTMANN 1995, S. 119 f.). Sie können in fester, flüssiger, gasförmiger oder energetischer Form vorliegen. Schließlich nutzen Unternehmen die Regelungsfunktion der Umwelt, indem sie die Regenerationsprozesse der Natur in Anspruch nehmen (Prozessnutzung der Umwelt).

Die Wechselbeziehung zwischen Unternehmen und Umwelt kann in der Schlussfolgerung auf zwei Fragen zurückgeführt werden: **„Was mutet die Umwelt den Unternehmen zu?“** (z.B. Klimawandel, Wasserknappheit) und **„Was muten die Unternehmen der Umwelt zu?“** (z.B. Ressourcenabbau, Emissionen). Konkret werden diese beiden Fragen im Zusammenhang mit dem Klimawandel unter den Schlagworten Adaptation (Anpassung von Unternehmen an veränderte Klimabedingungen) und Mitigation (Verringerung der Treibhausgasemissionen, um die Auswirkungen auf den Klimawandel zu steuern) diskutiert (vgl. BUNDESMINISTERIUM FÜR BILDUNG UND FORSCHUNG 2007, S. 11). Doch wie berücksichtigen wir diese Wechselbeziehungen bereits heute in der Betriebswirtschaftslehre?

Dieses Kapitel widmet sich folgenden Fragen:

- *Was versteht man unter ökologischer Knappheit? (1.1)*
- *Wodurch entsteht ökologische Knappheit? (1.2)*
- *Was motiviert Unternehmen, die ökologische Knappheit zu berücksichtigen? (1.3)*

1.1 Formen ökologischer Knappheit

Wechselbeziehungen Unternehmen und Umwelt Die beiden oben gestellten Fragen „Was mutet die Umwelt den Unternehmen zu?“ und „Was muten die Unternehmen der Umwelt zu?“ zeigen die wechselseitige Beziehung beider Bereiche. Am Beispiel des Klimawandels werden nachfolgend Wirkungen der Umwelt auf die Unternehmen dargestellt. Die Wirkung unternehmerischen Handelns auf die Umwelt wird anhand des Umwelt-Barometers der Bundesrepublik Deutschland erläutert, wobei auch hier die Wirkung auf den Klimawandel dargestellt wird.

a) Wirkung der Umwelt auf die Unternehmen

Adaptation Klimawissenschaftler gehen davon aus, dass die Temperaturen bis zum Jahr 2099 im Vergleich zur Basisperiode 1980-1999 um 1,1 bis 6,4°C steigen werden (vgl. IPCC 2007, S. 13). Der Anstieg der Meeresspiegel, häufigere und intensivere Extremwetterereignisse und steigende Temperaturen werden weitreichende Folgen für die Gesellschaft und Wirtschaft haben. In Europa sind Berg- und Küstenregionen, Feuchtgebiete und der Mittelmeerraum besonders betroffen. Aktuelle Klimamodelle erlauben auch eine Vorhersage der Auswirkungen des Klimawandels auf einzelne Regionen Deutschlands. Sie sagen voraus, dass die Temperaturen im Norden am stärksten steigen werden. Im Nordosten ist mit Niederschlagsrückgängen im Sommer und an den Nordseiten der Mittelgebirge mit winterlichen Niederschlagszunahmen zu rechnen (vgl. UMWELTBUNDESAMT 2007b, S. 21). Weitere Beispiele für mögliche Auswirkungen des Klimawandels auf verschiedene Branchen und Sektoren in Deutschland können Tabelle 1 entnommen werden.

Tabelle 1: Auswirkungen des Klimawandels

(Quelle: UMWELTBUNDESAMT 2006, S. 18 f.)

Gesundheit	durch Hitzewellen, Stürme, Überschwemmungen, Lawinen oder Erdrutsche verursachte Erkrankungen und Verletzungen sowie veränderte Verbreitungsgebiete vektorübertragener Krankheiten (wie FSME, Borreliose)
Landwirtschaft	verringerte Ernteerträge, insbesondere in trockenen Gebieten Ost- und Südwest-Deutschlands sowie abnehmende Ertragssicherheit durch erhöhte Klimavariabilität
Forstwirtschaft	erhöhte Anfälligkeit nicht standortgerechter Baumarten vor allem in Ost- u. Südwest-Deutschland sowie erhöhte Waldbrandgefahr und zunehmende Belastung der Wälder durch Schädlinge und Wetterextreme
Wasserwirtschaft	steigende Gefahr für Hochwasser (Winter/Frühjahr) sowie häufigeres Niedrigwasser (Sommer), sinkende Grundwasserspiegel, insbesondere in Ostdeutschland
Naturschutz	Gefährdung der Artenvielfalt, insbesondere in Feuchtgebieten und Gebirgsregionen
Verkehr	Beeinträchtigung des Flugverkehrs wegen sich verändernder Luftströmungsverhältnisse sowie der Binnenschifffahrt durch häufigere Hoch- und Niedrigwasser
Tourismus	Abnahme der Schneesicherheit in Gebirgsregionen sowie zunehmender Hitzestress in südlichen Destinationen, mögliche Verbesserung nördlicher Seestandorte
Finanzwirtschaft	höhere direkte Kosten in Haftungsfällen für Versicherer und Rückversicherer
Energiewirtschaft	Beeinträchtigung der Kühlleistung von Kraftwerken durch Hoch- und Niedrigwasser sowie der Stromnetze durch Eislasten, Starkwind und -regen
Städtebau und Planung	Überwärmung und mangelnde Durchlüftung von Innenstädten sowie zu gering bemessene Kanalisationsanlagen
Gebäudetechnik	stärkere Hitzebelastung in Innenräumen durch mangelnden Strahlungsschutz von Gebäuden und höhere Lufttemperaturen

Anpassungsstrategien, d.h. eine Adaptation an die Auswirkungen des Klimawandels, sind also unabdingbar. Besonders betroffen sind Branchen und Sektoren, die stark von den klimatischen Bedingungen abhängig sind, wie die Land-, Forst- und Wasserwirtschaft. Aber auch Hightech-Branchen sind betroffen. Hitzewellen verringern die Leistungsfähigkeit von Mitarbeitern und hitzeempfindliche Produktionen müssen mit Klimaanlagen gegen Überhitzung geschützt werden. Die Versicherungsbranche muss wegen der Zunahme von Sturm- und Extremwetterereignissen mit jährlich steigenden Belastungen rechnen (siehe weiterführend DLUGOLECKI/LAFELD 2007).

b) Wirkung der Unternehmen auf die Umwelt

Umweltzustand in Deutschland Die Auswirkungen unternehmerischen Handelns auf die Umwelt in Deutschland lassen sich anhand des vom UMWELTBUNDESAMT erstellten Umwelt-Barometers darstellen (www.umweltbundesamt.de/umweltdaten). Ziel des seit 1998 bestehenden und phasenweise unter dem Schlagwort DUX (DEUTSCHER UMWELT-INDEX, in Anlehnung an den DEUTSCHEN AKTIENINDEX DAX) geführten Umwelt-Barometers ist die Beschreibung des Umweltzustandes der Bundesrepublik Deutschland und seiner Entwicklung. Wenige Indikatoren sollen die Entwicklung der Umweltsituation messbar machen und steuern helfen. Die Indikatoren des Umwelt-Barometers decken die Themenschwerpunkte der Umweltpolitik in Deutschland ab und sind mit politischen Zielvorgaben verbunden. Die neun Indikatoren des Umwelt-Barometers stehen für die Bereiche Klima, Luft, Boden, Wasser, Mobilität, Artenvielfalt, Landwirtschaft, Energie und Rohstoffe. So werden z.B. für den Bereich Klima die Wirkungen der Unternehmen auf die Umwelt durch die CO_2-Emissionen der Quellgruppen Industrie, Haushalte, Verkehr, verarbeitendes Gewerbe und Energiewirtschaft dargestellt. Für die Quellgruppe Verkehr wird eine weitere Unterteilung in motorisierten Individualverkehr und Güterverkehr vorgenommen, wobei jeweils die spezifischen Emissionen (Emissionen/Verkehrsleistung) für CO_2, PM, NO_X, VOC, SO_2 ausgewiesen werden. Wie die Wirkungen eines einzelnen Unternehmens auf die Umwelt dargestellt werden können, sei am Beispiel gezeigt.

> Alle PKW, die von MOBILITY UNLIMITED nach 2009 hergestellt werden, haben einen maximalen CO_2-Ausstoß von 120 g/km. Pro Jahr werden damit im Vergleich zu den Vorgängermodellen zukünftig bei den PKW-Kunden 1.260.000 t CO_2 eingespart. Ein Vergleichswert hierzu: das Dresdner Werk emittierte im Jahr 2007 418.506 t CO_2. In dieser Rubrik ist auch einzuordnen, dass das Unternehmen am Standort Mexiko eine Photovoltaikanlage installiert hat, die zwei Drittel der Büroräume mit Energie versorgt.

Entscheidungsrelevanz Oben aufgezeigte Wechselbeziehungen zeigen die Interdependenz von Umwelt und Unternehmen. Die unternehmerische Relevanz ergibt sich daraus, dass Unternehmen täglich über den Einsatz knapper Umweltgüter entscheiden. Doch inwieweit sind diese ökonomisch knapp und werden in betrieblichen Entscheidungen berücksichtigt?

Ökonomische Knappheit Von ökonomischer Knappheit spricht man, wenn an einem bestimmten Ort zu einer bestimmten Zeit Bedürfnisse und Wünsche nach einem bestimmten Gut oder einer Dienstleistung existieren, gleichzeitig aber die Möglichkeit ihrer vollständigen Erfüllung nicht gegeben ist. Einer unbegrenzten Menge von Bedürfnissen steht also eine begrenzte Anzahl von Ressourcen gegenüber. Bei konkurrierenden Verwendungsmöglichkeiten für Ressourcen ist dann diejenige zu wählen, die die höchste Bedürfnisbefriedigung ermöglicht. Durch die Rivalität zwischen den Nachfragern bezüglich eines Gutes kommt es zu einer Preisbildung am Markt. Verbunden mit dieser Bewertung und der Bezahlung der Güter oder Dienstleistungen ist der Erwerb von Eigentum und somit des Verfügungsrechtes. Dadurch können andere von der Nutzung des Gutes ausgeschlossen werden.

Ökonomische Knappheit der ökologischen Umwelt Nun stellt sich die Frage, ob die ökologische Umwelt die vier Kriterien Knappheit, Rivalität, Bewertung und Ausschlussprinzip erfüllt. Sofern Unternehmen die ökologische Umwelt als Lieferant natürlicher Ressourcen oder als Aufnahmemedium für unerwünschten Output nutzen und Marktpreise für diese Input- bzw. Outputfaktoren bestehen, liegt eine ökonomische Knappheit vor. Gleiches gilt, wenn die Inanspruchnahme der Umwelt durch ein Unternehmen zu Kosten bei einem anderen Unternehmen führt, indem z.B. Wasser aufbereitet werden muss, um einen gewünschten Reinheitsgrad für den Wiedereinsatz in der Produktion zu erlangen oder oben beschriebene Anpassungen erforderlich werden. In der Vergangenheit galten allerdings viele Umweltgüter, z.B. Wasser oder Deponieraum, nicht als knapp. Dadurch entfielen Beschränkungen in der Verwendung, es gab keine Rivalität und für die Nutzer entstanden keine Kosten. Die ökologische Umwelt galt als freies, öffentliches Gut (vgl. HARDIN 1968, S. 1245 f.). Durch die daraus resultierende, zunehmende Beanspruchung, zum Teil sogar Übernutzung, wurden Teile der ökologischen Umwelt zwar gesamtwirtschaftlich knapp (z.B. Atmosphäre als Trägermedium für Treibhausgase), aber einzelwirtschaftlich werden sie immer noch zum großen Teil als freie Güter behandelt. Und auch wenn für Umweltgüter bereits Marktpreise existieren, ist immer noch fraglich, ob dabei die ökologische Knappheit der Rohstoffe und die tatsächlichen Belastungen der ökologischen Umwelt berücksichtigt werden. Beispiele zur ökonomischen Knappheit der ökologischen Umwelt für unser Unternehmen MOBILITY UNLIMITED finden sich in Tabelle 2.

Ökologische Knappheit Unabhängig von der ökonomischen Knappheit ist die gesamte ökologische Umwelt, d.h. die Entnahme von Stoffen aus der Natur (Versorgungsfunktion) und die Aufnahme der Kondukte durch die Natur (Aufnahmefunktion) wie auch die Regelungsfunktion (z.B. Bestäubung) als ökologisch knapp zu betrachten. Die ökologische Knappheit wird bestimmt, indem die tatsächliche Nutzung der Umweltfunktionen mit der nachhaltig möglichen Nutzung ins Verhältnis gesetzt wird. Dabei können zwei Arten der ökologischen Knappheit unterschieden werden, die Ratenknappheit und die Kumulativknappheit (vgl. MÜLLER-WENK 1978, S. 37 f.).

Ökologische Ratenknappheit Ratenknappheit bedeutet, dass eine Schädigung des Gesamtsystems dann eintritt, wenn eine kritische Rate der Entnahme (z.B. Ressourcenverbrauch) bzw. der Aufnahme (z.B. Luftbelastung) überschritten wird. Dies bedeutet, dass bestimmte Mengen durchaus keine Schädigung des Gesamtsystems verursachen, eventuell sogar für menschliches Leben auf unserem Planeten erforderlich sind (man denke dabei an die natürliche, nicht vom Menschen verursachte Existenz von CO_2 in der Umwelt). Eine Überschreitung – vor allem längerfristig – kann allerdings zu Störungen des ökologischen Gleichgewichts führen. Typisch ist diese Ratenknappheit für nachwachsende Ressourcen. Diese können in bestimmtem Umfang ohne Gefährdung des Gesamtsystems als Produktionsfaktoren verwendet werden. Übersteigt ihre Abbaurate allerdings die Rate ihrer Regeneration, so ist der Bestand langfristig gefährdet.

Ökologische Kumulativknappheit Ein Umweltgut ist dann kumulativ knapp, wenn die Ressource bzw. das Aufnahmemedium nach einer endlichen Zahl von Nutzungen erschöpft ist, z.B. Erdölvorkommen oder die Aufnahmekapazität einer Deponie.

Charakteristika ökologischer Knappheit Ökologische Knappheit ist folglich gekennzeichnet durch eine bestimmte als kritisch anzusehende Nutzungsgrenze einer Ressource oder der natürlichen Stabilisierungsfunktion (Tragfähigkeit, Leistungsgrenze) (nachhaltig mögliche Nutzung) sowie durch das Ausmaß der Gesamtheit aller Nutzungen (tatsächliche Nutzung). Im Allgemeinen kann dann von einer ökologischen Knappheit gesprochen werden, wenn das Ausmaß der Nutzung sich der Grenze – wenn auch in einem noch tolerierbaren Ausmaß – bereits genähert hat.

Vergleich ökonomischer und ökologischer Knappheit Ein Vergleich der beiden Knappheiten zeigt, dass durchaus eine gewisse Schnittmenge vorhanden ist, d.h. die ökologische Knappheit bereits über die ökonomische Knappheit in unternehmerischen Entscheidungen internalisiert wird. Allerdings ist die ökologische Knappheit von Umweltgütern und -dienstleistungen umfassender als die ökonomische, da sie auch nicht-bewertete bzw. nicht-bewertbare Komponenten einbezieht. Sie umfasst jedoch keine Ressourcen mit immateriellem Charakter, die auch Bestandteil der ökonomischen Knappheit sind und deren Bewertung ebenfalls in den letzten Jahren zunehmend wissenschaftlich diskutiert wird (siehe beispielsweise AK "IMMATERIELLE WERTE IM RECHNUNGSWESEN" DER SCHMALENBACH-GESELLSCHAFT FÜR BETRIEBSWIRTSCHAFT E.V. 2005, S. 65 ff.). Wenn ökonomische Bewertungen von Umweltgütern und -dienstleistungen noch hohe Reserven vortäuschen, werden ökologische Knappheitssignale häufig nicht erkannt, wodurch die Nutzung auf weiterhin zu hohem Niveau betrieben wird. Nähert sich die Nutzung, die von der Höhe des Marktpreises abhängt, einer kritischen Grenze, spricht man – wie dargestellt – von Knappheit, wird diese Grenze kurzfristig überschritten von einer Krise, bei einer langfristigen Überschreitung von einer ökologischen Katastrophe.

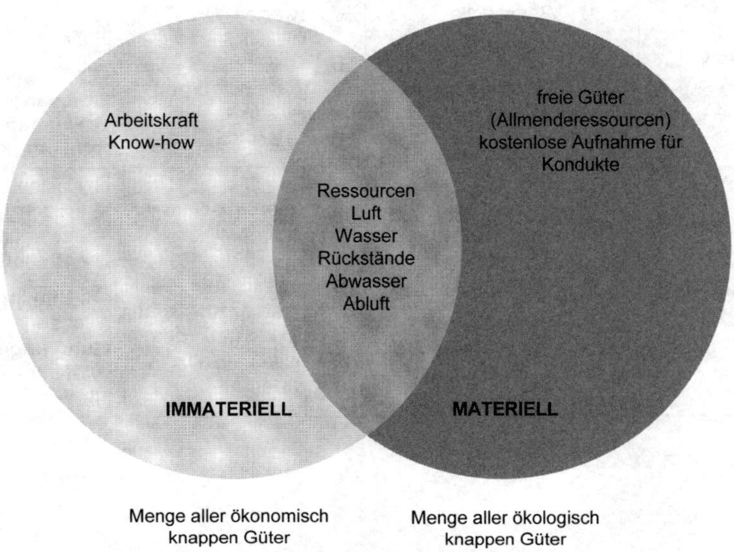

Abbildung 2: Ökonomische versus ökologische Knappheit
(In Anlehnung an GÜNTHER 1994, S. 6)

Externe Effekte Immer dann, wenn ökonomische und ökologische Knappheit auseinanderfallen, kann es zu einer Überbeanspruchung der natürlichen Ressourcen kommen. In der Folge werden die Interessen von Wirtschaftssubjekten und Lebewesen berührt, die mit dem Vorgang in keinerlei Zusammenhang stehen. Gesamtgesellschaftlich gesehen sind somit die Kosten des volkswirtschaftlichen Werteverzehrs größer als die Kosten, die aufgrund ökonomischer Knappheit in einzelwirtschaftliche Entscheidungen eingehen, sog. externe Effekte entstehen (vgl. Kapitel 8.1). Externe Effekte entstehen durch die Nutzung von Ressourcen und stellen Beeinflussungen dar, die den direkten Nutzen Anderer betreffen und durch den Preismechanismus nicht erfasst werden. Das Wirtschaftssubjekt, das durch den externen Effekt betroffen ist, kann dabei nicht steuernd eingreifen. Externe Effekte können sowohl von Produktions- als auch von Konsumaktivitäten ausgehen und die Produktions- oder Nutzenfunktion anderer Wirtschaftssubjekte beeinflussen, wodurch die gesamtwirtschaftliche Effizienz geschädigt wird. Externe Effekte können dabei in positiver oder negativer Form auftreten, wobei sich die Anforderungen Dritter auf die negativen Effekte beziehen, die zu materiellen oder immateriellen Beeinträchtigungen führen (externe Kosten) (siehe weiterführend PIGOU 1932).

Beispiele für die Ausprägung ökologischer Knappheit und externe Effekte Für jedes Umweltgut können die Funktionen der ökologischen Umwelt, die über dieses Gut von den Unternehmen in Anspruch genommen werden, auf Aspekte der Ratenknappheit und der Kumulativknappheit untersucht werden. Dabei kann für jeden Fall zwischen bereits internalisierten (I), d.h. marktlich bepreisten und externen (E) Effekten unterschieden werden. Nachfolgende Tabelle stellt hierzu Beispiele für MOBILITY UNLIMITED vor.

Tabelle 2: Internalisierte (I) und externe (E) Effekte

	Versorgungsfunktion	Trägerfunktion	Regelungsfunktion
Ratenknappheit	I: nachwachsende Rohstoffe – Baumwolle **E: Bewässerung von Plantagen – kostenlose Nutzung des Wassers**	I: Luftemissionen mit Grenzwerten – Pestizide **E: Luftemission ohne Grenzwerte – Staub/Partikel**	I: Einleitung von Abwasser mit Abwassergebühren auf Basis des Erhalts der Selbstreinigung **E: Einleitung von Abwasser ohne Abwassergebühren – Fangeinbußen**
Kumulativknappheit	I: fossile Energieträger – Kraftstoffe auf Erdölbasis **E: Bewässerung von Plantagen – kostenlose Nutzung des Wassers**	I: Deponieraum für entstehende Abfälle **E: Altlastenproblematik – Pestizide in Boden und Gewässern bzw. Ökosystemen**	I: Kosten aufgrund eines Einleitungsverbots zur Vermeidung des Umkippens der Gewässer **E: Umkippen von Gewässern durch Einleitung ungeklärter Abwässer – Fangeinbußen**

MOBILITY UNLIMITED produziert an einem Standort PKW mit Sitzbezügen aus einer Baumwoll-Polyestermischung. Ein Baumwollhersteller bewässert seine Felder mit großen Mengen Wasser und bekämpft die Schädlinge auf den Feldern mit Hilfe von Pestiziden. Das Wasser steht ihm kostenfrei aus dem angrenzenden See zur Verfügung. Somit geht die Ressource Wasser mit einem Preis von 0 in die betriebliche Kalkulation ein. Allerdings führt diese Wasserentnahme langfristig zu einem Absinken des Pegels des Sees. Der großflächige Einsatz von Pestiziden in der Baumwollherstellung führt zu einer Verschlechterung der Wasserqualität. Dadurch erleidet die örtliche Fischereiindustrie Fangeinbußen. Gesamtwirtschaftlich betrachtet ergeben sich folglich Kosten, die durch die Inanspruchnahme der Versorgungs- und Trägerfunktion entstehen, die die einzelwirtschaftlich kalkulierten Kosten übersteigen. Die Erntemaschinen des Baumwollherstellers werden mit Diesel-Kraftstoff betrieben.

Die Tabelle ist wie folgt zu lesen: Unternehmen nutzen die jeweilige Funktion durch die Versorgungs-, Träger- und Regelungsfunktion, wobei die Effekte bereits durch Kosten internalisiert sind (I) bzw. noch externalisiert werden (E).

1.2 Ursachen zunehmender ökologischer Knappheit

Annähern an Nutzungsgrenzen Nun stellt sich die Frage, worauf die zunehmende ökologische Knappheit, d.h. das Annähern an die Nutzungsgrenzen der Umweltfunktionen zurückzuführen ist. Im Allgemeinen werden hier drei wesentliche Ursachen genannt, das Bevölkerungswachstum, die Güterausstattung jedes Einzelnen und der technische Fortschritt. Diese lassen sich mit dem Environmental Impact Index von COMMONER darstellen, der neben dem Bevölkerungswachstum, der Bevölkerungskonzentration und der Industrialisierung den „freien Gut-Charakter" der Umwelt als Ursachenkomplexe ausmacht (vgl. COMMONER 1972, S. 339-363).

$$I = P * A * T$$

I = Impact (Wirkung)
P = Population (Bevölkerung)
A = Affluence (Ausstattung des Einzelnen mit Wirtschaftsgütern)
T = Technology (technologisch bedingte Schädigung durch die Wirtschaftsgüter)

Abbildung 3: IPAT-Gleichung

Bevölkerungswachstum Zum einen wird argumentiert, dass ein eindeutiger Zusammenhang zwischen Bevölkerungswachstum und Umweltsituation besteht, da mehr Menschen mehr Ressourcen benötigen und so alle Funktionen der Umwelt mehr beanspruchen. Betrug die Verdopplungszeit der Weltbevölkerung 1650 noch 240 Jahre, so war sie 1900 schon auf 100 Jahre verkürzt, 1965 betrug sie nur noch 36 Jahre. Diese Entwicklung erfordert eine Erhöhung der Nahrungsmittelproduktion, einen steigenden Energieeinsatz sowie eine Zunahme der industriellen Produktion (vgl. MEADOWS/RANDERS/MEADOWS 2006, S. 27 f.).

Güterausstattung Aufgrund der Nichtsättigungsannahme der menschlichen Bedürfnisse sowie des Strebens der Wirtschaftssubjekte nach Gewinnoptimierung erfolgt in allen Wirtschaftssektoren ein Wachstum. In der Landwirtschaft kann oft aufgrund der begrenzten Ackerfläche ein Mehrwachstum nur durch eine zunehmende Intensivierung (höherer Einsatz von Düngemitteln und Pestiziden) erreicht werden. In der Industrie führt eine Mehrproduktion tendenziell auch zu einem erhöhten Energie- und Ressourcenverbrauch. Hinzu kommt, dass durch die zunehmende

Bevölkerungskonzentration die Umweltmedien Wasser, Boden und Luft einzelner Regionen stärker beansprucht werden.

Technischer Fortschritt In den industrialisierten Ländern wird der kontinuierliche technische Fortschritt als Ursache der ökologischen Probleme genannt. Durch Produktion und Konsum von hoch spezialisierten Gütern werden zunehmend mehr Ressourcen verbraucht. Durch die Weiterentwicklung des Standes der Technik werden technisch noch funktionsfähige Güter wirtschaftlich obsolet und somit ersetzt. Während bzw. am Ende der Konsumphase entstehen allerdings auch mehr Kondukte in Form von Abfall, Abwasser und Abluft. Diese Entwicklung ist örtlich kaum begrenzt, hoch komplex und meist irreversibel.

Limits to Growth In den Mittelpunkt der öffentlichen Diskussion rückten die Auswirkungen menschlichen Handelns auf die Umwelt und ihre Nutzungsgrenzen durch die 1972 erschienene Studie „Grenzen des Wachstums" von Dennis L. MEADOWS et al. (siehe weiterführend MEADOWS/MEADOWS/ZAHN 1972). Die Autoren analysierten Industrialisierung, Bevölkerungswachstum, Unterernährung, Abbau nichterneuerbarer Ressourcen und Umweltverschmutzung als globale Trends und kamen dabei zu dem Ergebnis, dass bei unverändertem Wirtschaften innerhalb von einhundert Jahren die Grenzen des Wachstums erreicht sein würden. Doch sie zeigten auch Möglichkeiten für eine ökologische und ökonomische Stabilität auf. 1992 erschien die Studie „Die neuen Grenzen des Wachstum" (siehe weiterführend MEADOWS/MEADOWS /RANDERS 1992), die auf der Studie von 1972 aufbaut. Die Simulationen wurden hinsichtlich neuer Erkenntnisse und Entwicklungen aktualisiert. Die Schlussfolgerungen von 1972 wurden bestätigt und noch entschiedener betont. 2006 schließlich erschien "Grenzen des Wachstums – Das 30-Jahre Update" (siehe weiterführend MEADOWS/RANDERS/MEADOWS 2006). Ausgehend von neuesten Daten und Aktualisierungen des Modells wurden mögliche Entwicklungen von 2002 – 2100 in verschiedenen Szenarien durchgespielt und dargestellt. Die Thesen der vorangegangenen Studien wurden bestätigt und Entwicklungstendenzen für die nächsten 20 Jahre aufgezeigt. Dabei wurde festgestellt, dass bei einer Fortführung des derzeitigen Lebensstiles und der derzeitigen Entwicklung schon im Jahre 2030 eine große Umweltkatastrophe droht. Selbst die strenge Umsetzung derzeitiger Umweltschutz- und Effizienzstandards kann diesen Trend nur abmildern.

1.3 Homo oeconomicus vs. Homo reciprocans

Homo oeconomicus Doch warum setzen wir als Wirtschaftssubjekte diese Erkenntnisse kaum um? Die Wirtschaftswissenschaften gehen bei ihren Denkmodellen und Instrumenten vom Homo oeconomicus aus (siehe weiterführend SMITH 1999). Dieser handelt auf Basis der vorliegenden Informationen als rational entscheidendes Wirtschaftssubjekt, um seinen individuellen Nutzen bei gegebenen Präferenzen und Restriktionen zu maximieren. Sofern das Rationalitätskriterium auf einer monetären Bewertung dieses Nutzens beruht, wird der Homo oeconomicus die ökologische Umwelt lediglich insofern in seine Entscheidungen einbeziehen, wie sie ökonomisch knapp ist. Warum sollten also Wirtschaftssubjekte darüber hinaus die ökologische Knappheit in ihre Entscheidungen einbeziehen? Warum bauen Unternehmen ein ökologieorientiertes Management auf und berücksichtigen über die ökonomisch knappen Umweltgüter hinaus Umweltaspekte?

Eingeschränkte Rationalität und Homo reciprocans Als Gegenpol zu diesem klassischen Denkmodell hat SIMON den Begriff der eingeschränkten Rationalität (bounded rationality) geprägt (vgl. SIMON 1955, S. 99 ff.). Er argumentiert, dass Entscheidungen nicht perfekt sein müssen, sondern satisficing, d.h. genügend (satisfy), um das Überleben zu sichern (suffice). So kann das Ziel der Gewinnmaximierung zu einem Gewinnminimum als Nebenbedingung werden, das erreicht werden soll. Eine weitere Erklärung kann das Verhaltensmodell des Homo reciprocans liefern (vgl. HAHN 2005, S. 59 ff.): Die Haupterkenntnis dieses in der experimentellen Ökonomie entwickelten Konzeptes ist, dass das Prinzip der Reziprozität ein Rationalitätskriterium sein kann. Reziprozität kann negativ als Zwang oder positiv als Geschenk wirken. Für das ökologieorientierte Management kann ein Kontinuum vom Zwang über den Tausch und die Gegenseitigkeit bis zum Geschenk Motive für eine Berücksichtigung der ökologischen Knappheit erklären: Rechtliche Anforderungen, die von Seiten der EU, des Bundes, der Länder oder Gemeinden an die Unternehmen gestellt werden, wirken häufig als **Zwang**, Umweltaspekte in die Entscheidungsfindung einzubeziehen. Marktwirtschaftliche Überlegungen, in denen der Umweltschutz als Wettbewerbsfaktor im Vordergrund steht, basieren auf den Prinzipien **Tausch und Gegenseitigkeit** als Motivation für ein ökologieorientiertes Management. Moralisch-ethisches Gedankengut als Auslöser kann hingegen als bewusstes **Geschenk** des Managements an die Umwelt und die Betroffenen verstanden werden. Aus Sicht der Verbraucher kann das Denkmodell des homo reciprocans auch bedeuten, nicht nur die ökonomische Effizienz als Entscheidungskriterium zu wählen, sondern z.B. auch Zeiteffizienz (Stichwort: Entschleunigung) oder eine ökozentrische Einstellung (für ein weiteres Betrachtungsmodell siehe SIEBENHÜNER 2001).

2 BWL neu durchdenken – von der Ökovision zur Wettbewerbsstrategie

„Wir können die Probleme (der Welt) nicht mit den Denkmustern lösen, die zu ihnen geführt haben." (Albert Einstein)

Umdenken als Startpunkt Fragt man Unternehmen, ob ihr Ziel darauf gerichtet ist, nichterneuerbare Ressourcen zu verbrauchen, Abfall entstehen zu lassen oder Treibhausgase zu emittieren, so wird jeder Unternehmer antworten: Nein, aber diese unerwünschten Nebenwirkungen treten eben auf, wenn wir unsere Produkte weiterhin produzieren wollen. Nun kann man argumentieren, dass die Entwicklung der Umwelttechnik kontinuierlich voranschreitet und sie laut einer Studie der Unternehmensberatung ROLAND BERGER in Deutschland im Jahr 2020 die Maschinenbau- und Automobilindustrie als Leitindustrie ablösen wird (BUNDESMINISTERIUM FÜR UMWELT, NATURSCHUTZ UND REAKTORSICHERHEIT (Hrsg.) 2007, S. 13). Doch wenn die Aufgabe der Erhaltung unserer Umwelt nur einer einzelnen Branche zukommt, werden alle anderen die gleichen, eventuell verbesserten Produkte anbieten wie bisher. Nur ein Umdenken Aller, ein Neuerfinden aller Produkte wird ermöglichen, alte Wirkungspfade zu verlassen. Hierzu muss das „Denken in Produkten" durch ein „Denken in Funktionen" ersetzt werden. Solange ein Automobilhersteller sich als Produzent von PKW versteht, wird er nie in Mobilitätskonzepten denken, und solange ein Energieversorger nur Strom verkaufen will, wird er nie eine Energieberatung zur Energieeinsparung anbieten. Solange Kunden Gartengeräte kaufen und nicht nur nutzen wollen, werden sie Mietgeräte ablehnen und solange Kunden nicht nach dem möglichen Erholungswert eines Urlaubs entscheiden, sondern möglichst billig eine möglichst weite Reise antreten wollen, werden sie keine Funktionen, sondern immer nur Produkte kaufen. Doch um ein Umdenken in der BWL zu erreichen, muss sie nicht neu erfunden, sondern „nur" neu durchdacht werden.

Dieses Kapitel widmet sich folgenden Fragen:

- *Wie wird aus der Vision Ökologieorientierung ein Unternehmensziel? (2.1)*
- *Was zeichnet ein „Denken in Funktionen" aus und wie ist es in die Unternehmensziele zu integrieren? (2.2)*
- *Wie können ökologieorientierte Strategien typologisiert werden? (2.3)*
- *Kann das Risikomanagement zur strategischen Steuerung genutzt werden? (2.4)*

2.1 Denken in Zielen – von der Vision zum Unternehmensziel

Begriff Unternehmensziel Unternehmensziele sind gewünschte und in Zukunft zu erreichende Zustände, die die Unternehmensphilosophie konkretisieren und als Ausrichtung für konkrete Maßnahmen dienen (vgl. BAUM/COENENBERG/GÜNTHER 2007, S. 6). Sie beziehen sich nicht auf vorgegebene oder allgemeingültige zukünftige Zustände, sondern sind Ergebnisse eines Zielbildungsprozesses, bei dem unternehmensinterne Gegebenheiten und unternehmensexterne

Einflüsse berücksichtigt werden (vgl. KUPSCH 1979, S. 15). Aus betriebswirtschaftlicher Sicht besteht der Unternehmenszweck darin, mit einer Gewinnerzielungsabsicht Produkte und Dienstleistungen zur Befriedigung der Anspruchsgruppen zu erstellen, also dem Kunden einen Nutzen, eine Funktion zur Verfügung zu stellen, für die dieser einen Preis zu zahlen bereit ist. Insbesondere allgemeine Definitionen von Unternehmen nennen den Gewinn als eigentliches Unternehmensziel, auf das die wirtschaftliche Tätigkeit ausgerichtet sein muss (vgl. GÜNTHER 1994, S. 72 ff. und die dort angegebene Literatur). Allerdings gilt der Gewinn nicht als alleiniges Unternehmensziel. Vielmehr wird von einem Zielbündel ausgegangen, innerhalb dessen die Rolle des Unternehmensziels „Gewinnmaximierung" diskutiert bzw. untersucht wird. Betriebswirtschaftliches Handeln hat folglich nicht ein einziges Ziel, sondern unterliegt einem Zielsystem, d.h. einer durch Präferenzrelationen strukturierten Menge von Zielen. Ob in diesem Zusammenhang die Gewinnerzielung nun als Gewinnmaximierung oder – wegen auftretender Zielkonflikte – als Erwirtschaftung eines angemessenen Gewinns (wie bereits 1494 von Luca Pacioli (siehe weiterführend PACIOLI 1992) formuliert) definiert wird, muss jeder Unternehmer selbst für sein Unternehmen entscheiden. Grundlage jedes unternehmerischen Handelns ist es dabei, langfristig die Restriktion Gewinn ≥ 0 zu gewährleisten, denn ohne Gewinne können auch andere Ziele nicht mehr verfolgt werden.

Vom Leitbild zum Ziel Doch wie findet die Ökologieorientierung Eingang in die Ziele eines Unternehmens, wie also entsteht eine Ökovision und daraus wiederum eine Wettbewerbsstrategie? Entweder nehmen die Unternehmen den Zustand unserer Umwelt selbst wahr und sehen in ihm einen Aufruf zum Handeln oder ihre Stakeholder (vgl. Kapitel 5), z.B. Kunden oder die Öffentlichkeit führen eine Aufmerksamkeit herbei. Je nach Art und Intensität dieser ökologiebedingten Betroffenheit definieren Unternehmen in der Folge die Ökologieorientierung als Unternehmensziel. Der Prozess der Aufnahme neuer, zunächst gesellschaftlicher Ziele erfolgt dabei üblicherweise in mehreren Stufen: Während das **Leitbild** auf gesellschaftlicher Ebene ansetzt, erfolgt mit **Leitlinien** bereits eine Konkretisierung für Unternehmen oder gesellschaftliche Gruppen, in unserem Fall eine sogenannte Ökovision. Ziele, Instrumente und Maßnahmen werden dann in Abhängigkeit von ihrer konkreten Ausgestaltung auf ganze Unternehmen bzw. Einrichtungen, auf einzelne strategische Geschäftsfelder oder auf einzelne Produkte bezogen. **Ziele** dienen dabei der Übertragung von angestrebten Zuständen auf einzelne Entscheidungsobjekte, z.B. in Form von Produkten. Idealerweise sind diese Ziele quantifizierbar, denn so können sie im Sinne einer kontinuierlichen Verbesserung gemessen und gesteuert werden. Nachfolgende Abbildung stellt den Zusammenhang von Leitbild, Leitlinien, Zielen, Instrumenten und Maßnahmen links in Frageform und rechts am Beispiel von MOBILITY UNLIMITED dar (vgl. Abbildung 4).

Welche gesellschaftlichen bzw. abstrakten Wertvorstellungen bestehen?	**Leitbild** z. B. nachhaltige Entwicklung	Die Umweltpolitik von Mobility Unlimited folgt dem Leitbild „Mobilität nachhaltig gestalten". Insbesondere muss wirtschaftliches Wachstum ressourcenschonend erreicht werden und dem sozialen Fortschritt dienen.
Welche grundsätzlichen Handlungsprinzipien können abgeleitet werden?	**Leitlinien** z. B. „global compact"	Mobility Unlimited verpflichtet sich die natürlichen Lebensgrundlagen zu schützen und zu pflegen. Außerdem folgt die Entwicklung von Produkten der Leitlinie „Design for Environment".
Welche konkret anzustrebenden Ergebnisse ergeben sich daraus?	**Ziele bzw. Kriterien** zur Konkretisierung der Ziele	Mobility Unlimited setzt sich das Ziel, den Wasserverbrauch bis 2011 um 35% (im Vergleich zu 2007) zu senken.
Welche unterstützenden Hilfsmittel sind für die Zielerreichung erforderlich?	**Instrumente,** z. B. Indikatoren	Zur Überwachung der Zielerreichung wird ein Umweltkennzahlensystem zur Erfassung der relevanten „Wasserströme" implementiert.
Welche konkreten Handlungen sind auf der individuellen Ebene umzusetzen?	**Entscheidungen** und **Maßnahmen** bezüglich bestimmter Objekte	Eine Abwasseraufbereitungsanlage wird installiert und die Menge der Brauchwassernutzung erhöht.

Abbildung 4: Vom Leitbild zum Ziel

(In Anlehnung an GÜNTHER/SCHUH 2000, S. 13)

Ökologieorientierung als Unternehmensziel Ökologieorientierung als Unternehmensziel kann aus dem gesellschaftlichen Leitbild einer nachhaltigen Entwicklung (vgl. Kapitel 2.4) abgeleitet werden (vgl. WITTMANN 1994, S. 180 ff.). Geht man für die Umsetzung vom betriebswirtschaftlichen Entscheidungsmodell aus, so ist zum einen zu betrachten, unter welchen **Restriktionen** Entscheidungen im Unternehmen zustande kommen und zum anderen, welchen Einfluss unterschiedliche Entscheidungsparameter auf die **Zielfunktion** ausüben können. Denn nur wenn die Restriktionen und die Zielfunktion bekannt sind, kann die Ökologieorientierung in betriebswirtschaftliches Denken integriert werden. Die Wirkung der Ökologieorientierung auf die Restriktionen kann durch das Setzen neuer oder die Veränderung der bestehenden Restriktionen erfolgen (z.B. in Form von Produktionsverboten, Produktverboten oder Produktbeschränkungen von außen, aber auch Selbstbeschränkungen des Unternehmens). Aber auch der Erkenntnisstand der Technik, wie z.B. die Substitutionsmöglichkeit umweltschädigender Substanzen kann beschränkend wirken. Auf die Zielfunktion wirkt die Ökologieorientierung durch die Veränderung in den Kostenrelationen der Produkte oder Veränderungen auf der Erlösseite. Gerade hier kann betriebswirtschaftliches Denken ansetzen, indem die Kostenzuordnung vollständig und verursachungsgerecht erfolgt und Erlöschancen eruiert werden. Ökologieorientierung kann somit sowohl auf die Restriktionen als auch auf die Zielfunktion wirken und hierdurch das optimale Produktionsprogramm beeinflussen. So kann **Ökologieorientierung** als die Ausrichtung unternehmerischer Entscheidungen auf die ökologische Knappheit definiert werden. Sie zeichnet sich aus durch die Priorität ökologiebezogener Zielsetzungen und durch ein auf langfristiges Überleben ausgerichtetes Planungs-, Steuerungs- und Kontrollsystem. Gründe für die Ökologieorientierung können rechtliche Normen, marktwirtschaftliche Überlegungen, moralisch-ethische Überzeugung oder der pure Ehrgeiz des Unternehmens sein, „Dinge besser machen zu können". Das Ziel der Ökologieorientierung lässt sich durch die Vermeidung, Verminderung oder Beseitigung von Belastungen der ökologischen Umwelt auf allen Stufen der Wertschöpfung operationalisieren, um so langfristige Schäden nicht entstehen zu lassen. Nachfolgende Abbildung stellt die Wirkungen von Restriktionen auf die Zielerreichung anhand eines einfachen Beispiels graphisch dar: Um die Wirkungen zweidimensional visualisieren zu können, wird vereinfachend angenommen, dass ein Unternehmen nur zwei Produkte A und B mit den Mengen x_A und x_B herstellt (vgl. Abbildung 5).

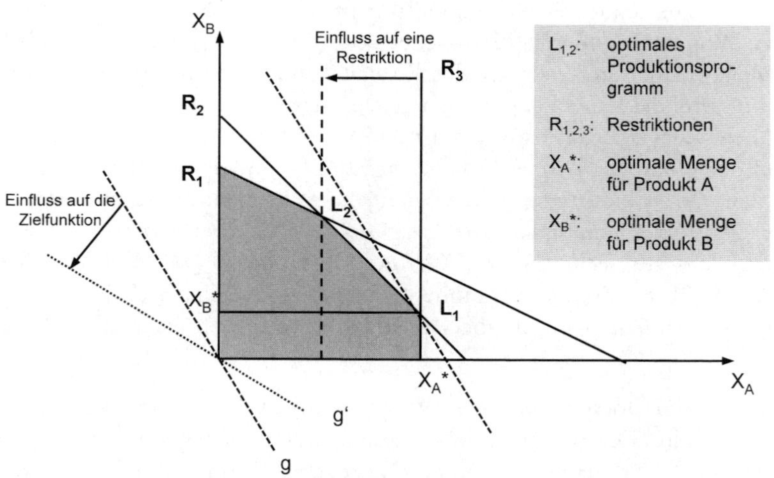

Abbildung 5: Betriebswirtschaftliches Entscheidungsmodell
(Quelle: WITTMANN 1994, S. 181)

Die Herstellungsprozesse beider Produkte beruhen auf unterschiedlichen linearen Kostenfunktionen. Geht man davon aus, dass die Absatzpreise der beiden Produkte geschätzt werden können, ergibt sich auch eine lineare Gewinnfunktion, die als Zielfunktion g in Abbildung 5 dargestellt ist und durch den Ursprung führt. Weiterhin seien drei Restriktionen R1, R2 und R3 für die Produktion, z. B. durch rechtliche Auflagen oder Kapazitätsbeschränkungen gegeben. In der Ausgangssituation ergibt sich ein optimales Produktionsprogramm von L1, das sich graphisch durch parallele Verschiebung von g an den äußersten Punkt des durch die Restriktionen aufgespannten grau markierten Rahmens, den sog. zulässigen Raum, ergibt. Werden nun Restriktionen verändert oder verschieben sich die Kostenfunktionen, so verändert sich auch das optimale Produktionsprogramm. Vermindert sich z. B. das Kontingent an Verschmutzungsrechten, das nur für das Produkt A benötigt wird, so ergibt sich neu das optimale Produktionsgramm L2. Dabei fällt auf, dass nicht nur weniger von Produkt A, sondern gleichzeitig auch mehr von Produkt B produziert wird, obwohl Produkt B durch die Restriktion selbst gar nicht betroffen wird. Steigen z. B. die Abfallgebühren, ändern sich die Kosten- und damit die Zielfunktion. Trotz veränderter Kostenrelationen kann jedoch das optimale Produktionsprogramm konstant bleiben, Punkt L1. Verändern sich die Kostenrelationen weiter, kann sich ein neues Optimum, eben L2, ergeben.

Zielbeziehungen Auch wenn die Ökologieorientierung – wie es zurzeit en vogue ist – zu den Unternehmenszielen gezählt wird, sagt dies noch nichts über Form und Intensität ihrer Verwirklichung aus. Durch auftretende Zielkonflikte zwischen der Ökologieorientierung und anderen Zielen zeigt sich, dass unterschiedliche Wechselwirkungen zu den anderen Unternehmenszielen auftreten können. Die Zielsystemtheorie unterscheidet fünf Grundtypen von Zielbeziehungen: Zielantinomie, Zielkonkurrenz, Zielindifferenz, Zielkomplementarität und Zielidentität (siehe weiterführend BAMBERG/COENENBERG/KRAPP 2008). Dabei bezieht sich die Unterscheidung der Zielbeziehungen auf die Konsequenzen der zur Zielerfüllung bestimmten Handlungen, weshalb man auch von Zielwirksamkeitsbeziehungen spricht. Antinome Ziele widersprechen sich und können nicht gleichzeitig umgesetzt werden. Im Falle konkurrierender Ziele sind für konkrete Entscheidungssituationen Wertsetzungen über die Rangordnung bzw. die Gewichtung der Ziele notwendig. Zielbeziehungen können indifferent sein, d.h. die Erreichung eines Ziels beeinflusst die Erreichung eines anderen Ziels weder positiv noch negativ, was jedoch für die Beziehung zu ökologieorientierten Zielen in der Realität kaum zutreffen wird. Komplementär sind zwei Ziele dann, wenn die Erreichung des einen Ziels das andere fördert oder bedingt. Identische Ziele können ineinander überführt werden. Empirische Analysen, die insbesondere die Zielbeziehung zwischen der Ökologieorientierung und anderen Unternehmenszielen untersuchen, zeigen Konflikte zu den Zielen kurzfristiger Gewinnerzielung, Kostenreduzierung und Produktivitätssteigerung sowie Komplementaritäten zum Imageziel, zur Mitarbeitermotivation, zur langfristigen Gewinnerzielung und zur Sicherung der Wettbewerbsfähigkeit (vgl. TÖPFER 1985, S. 245 ff.; GÜNTHER 1994, S. 78 ff.). Zu den Zusammenhängen wirtschaftlicher Ziele zum Ziel der Ökologieorientierung vgl. Abbildung 6, die die Ergebnisse zweier Befragungen im Längsschnitt darstellt.

Formal- oder Sachziel Doch auf welchem Weg findet die Ökologieorientierung nun Eingang in die Unternehmensziele? Die unternehmensweiten handlungsleitenden Maxime, die das unternehmerische Handeln und damit die unternehmerische Zielfunktion bestimmen, folglich als Oberziele wirken, werden **Formalziele** genannt. Dahingegen werden die untergeordneten Ziele, die zu den Oberzielen in einer Mittel-Zweck-Beziehung stehen, als **Sachziele** bezeichnet. Im Allgemeinen kann zwischen den Formalzielen Erfolgspotential (strategische, langfristige Zielorientierung), Erfolg (operative, d.h. kurz- bzw. mittelfristige Zielsetzung) und Liquidität (operative, d.h. kurzfristige Zielsetzung) unterschieden werden (vgl. GÄLWEILER 1986, S. 132). Die Bedeutung der Formalziele differiert allerdings im zeitlichen Wirkungshorizont: Langfristig betrachtet zielen Unternehmen auf die Sicherung ihrer Wettbewerbsfähigkeit – also auf den Erhalt der Unternehmensexistenz. Damit nimmt das Ziel **Erfolgspotential** eine strategische Rolle ein. Diese Formalzielkategorie stellt im Kontext des Wettbewerbs quasi die Spielregel für Unternehmen dar. Kurzfristiger, und damit operativ betrachtet, stellt das Formalziel **Erfolg** (Erlössteigerung, Kostenminderung) zeitraumbezogen auf die betriebsnotwendige Vermögensmehrung, das Formalziel **Liquidität** zeitpunktbezogen auf die Zahlungsfähigkeit ab. Folgt man der Auffassung, dass Ökologieorientierung, die der gesellschaftlichen Verantwortung Rechnung trägt, aufgrund „der typischen Interessenlage erwerbswirtschaftlich handelnder Unternehmen" (STREBEL 1984, S. 342) nicht zu den Formalzielen zählen kann, so kommt ihr die Rolle als Sachziel zu, etwa als Qualitätsstandard „klimaneutral", „ressourcenschonend" oder sogar „essbar", folgt man dem cradle-to-cradle-Gedanken (siehe weiterführend BRAUNGART/MCDONOUGH 2005). So werden ökologische Aspekte nur dann einbezogen, wenn es der Erfüllung der Formalziele dient und eine Mittel-Zweck-Beziehung vorliegt, unternehmerisches Denken verändert sich also nicht. Würde Ökologieorientierung als Formalziel in das Zielsystem eines Unternehmens integriert und im Extremfall das einzige Unternehmensziel, so wären alle Aktivitäten auf eine maximale Umweltschonung auszurichten. Somit wäre die **Non-Produktion** als Sachziel die einzige Möglichkeit, dieses umzusetzen. Allerdings kann auch der Sachzielcharakter der Ökologieorientierung zu einer Zielkonkurrenz der Formalziele führen, da – wie oben ausgeführt – durchaus kurzfristig eine Steigerung der Kosten und langfristig eine Erhöhung der Wettbewerbsfähigkeit resultieren können.

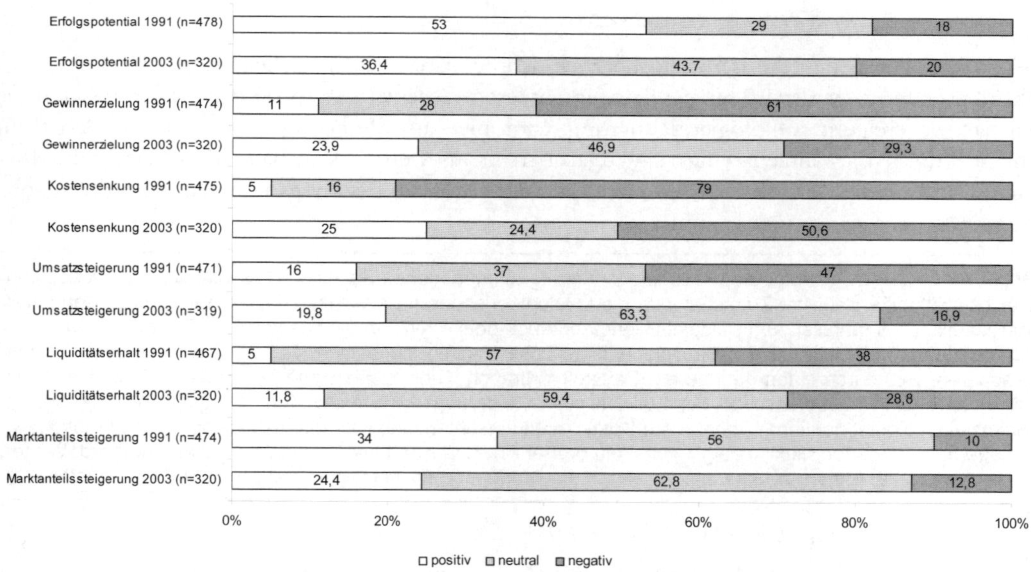

Abbildung 6: Längsschnittvergleich der Oberzielbeziehungen
(In Anlehnung: BAUM/ALBRECHT/RAFFLER 2007, S. 77 f.)

Idealtypen der Integration Auf der Grundlage der Unterscheidung zwischen Ökologieorientierung als Sachziel und als Formalziel lassen sich je nach Art der Ökologieorientierung (eher aktiv oder eher passiv) (vgl. Kapitel 2.3) nach FRESE vier Idealtypen für die Integration in das Zielsystem abgrenzen, die für dieses Lehrbuch weiterentwickelt wurden (vgl. FRESE/KLOOCK 1989, S. 5 ff.):

1. *Ökologieorientierung als exogenes Sachziel (A):*

Hier stellt Umweltschutz nur eine unfreiwillig gesetzte Restriktion des Entscheidungsraumes dar. Das Unternehmen reagiert mit der Ökologieorientierung bloß auf exogen vorgebrachte Anforderungen (z.B. auf Auflagen oder auf Wettbewerbsverhalten), bleibt also passiv. Umweltschutz wird als Modeströmung oder notwendiges Übel gesehen, Kosten- oder Wettbewerbsargumente werden abgelehnt. Die Folge davon sind Widerstandsstrategien des Unternehmens, um z.B. umweltschutzrechtlichen Verschärfungen entgegenzuwirken. Im Extremfall kann dies zu einem Auflagenverstoß führen.

2. *Ökologieorientierung als vorgetäuschtes Formalziel (B):*

Wie oben ausgeführt, müsste die Stellung der Ökologieorientierung als Formalziel – selbst bei Herstellern von Umwelttechnik – zur Aufgabe der Produktion führen. So findet bei diesem Typ nur eine passiv-reaktive Integration des Umweltschutzes in die Unternehmensführung statt; trotzdem wird Umweltschutz als Formalziel genannt. Es dient somit als reines Public-Relations-Objekt und ist als Absichtserklärung zur Beruhigung der Öffentlichkeit gedacht.

Bei der passiven Integration der Ökologieorientierung (Idealtypen A und B) besteht die Gefahr, dass Kostenrisiken und Gewinnpotentiale, die aus der Ökologieorientierung resultieren können, nicht erkannt werden.

3. *Ökologieorientierung als endogenes Sachziel (C):*

Bei diesem Typ gehen die Umweltschutzmaßnahmen über das gesetzlich vorgeschriebene Maß, d.h. über externe Auflagen, hinaus bzw. antizipieren Gesetze, sofern sie den Erfüllungsgrad der Formalziele steigern. Ökologieorientierung wird hier als Marketing-Argument zur Schaffung eines Produktzusatznutzens eingesetzt. Darüber hinaus werden sich bietende Chancen für Produktinnovationen sowie für Kostensenkungs- und Erlösverbesserungspotentiale (aus der Ökologieorientierung) erkannt und genutzt.

> MOBILITY UNLIMITED verfolgt die Ökologieorientierung als endogenes Sachziel. Dies wird an der Ausrichtung der Umweltpolitik deutlich. Zunächst wird die Ökologieorientierung als Zusatznutzen der produzierten PKW dargestellt. Dies umfasst zum Beispiel Hybridfahrzeuge oder PKW mit Biodieselantrieb. Für den Konsumenten entsteht somit nicht nur der ökologiebedingte Zusatznutzen, sondern es lassen sich damit auch Kosten einsparen, z.B. durch einen geringeren Kraftstoffverbrauch. Gleichzeitig ermöglichen diese Produkte durch die höhere Zahlungsbereitschaft der Kunden eine Steigerung der Erlöse. MOBILITY UNLIMITED erkennt im Sachziel Ökologieorientierung aber auch Kostensenkungspotentiale, was die Installation einer Photovoltaikanlage am Standort in Mexiko zeigt, womit ein großer Anteil der dort benötigten Energie erzeugt wird. Weitere konkrete Maßnahmen zur Umsetzung der Ökologieorientierung werden im weiteren Verlauf dargestellt.

4. *Ökologieorientierung als endogenes Formalziel (D):*

Hier werden ebenfalls die gesetzlichen Normen freiwillig übertroffen. Da Ökologieorientierung nun aber ein gleichwertiges Formalziel, ein zusätzliches normatives Postulat, ist, muss es nicht komplementär zu den übrigen Formalzielen sein. Der vierte Fall stellt aus der Perspektive der Umwelt den Idealfall für eine Ökologieorientierung dar, er kann aber auch dazu führen, dass die Produktion vollständig eingestellt wird (Non-Produktion) und ist somit – wie bereits ausgeführt – aus Unternehmenssicht lediglich eine theoretische Alternative.

Bei den Idealtypen C und D ist die Ökologieorientierung ein eigenständiges Unternehmensziel, allerdings stellt sich generell die Frage, ob Ökologieorientierung in der Unternehmenspraxis als Formalziel wirken oder vielmehr lediglich als Sachziel in einer Mittel-Zweck-Beziehung zu den Formalzielen stehen kann.

Wirkung auf das Formalziel „Liquidität“ Folgt man nun der Auffassung, dass Ökologieorientierung als Sachziel Eingang in die Unternehmensführung hält, kann die Wirkung auf die drei

Formalziele Liquidität, Erfolg und Erfolgspotential untersucht werden. Bedingt durch die Nutzung ökologischer Ressourcen, können Anforderungen an das Unternehmen herangetragen werden, die unmittelbar liquiditätswirksam sind: Die Berücksichtigung von Umweltauflagen in Form eines Gebotes (z.B. Grenzwerteinhaltung) erfordert die Entscheidung zwischen einer zusätzlichen Beschaffung von „unproduktivem" Kapital in Form von nachgeschalteten Prozessen (z.B. Filter) oder einer Beschaffung integrierter Technologien. Ein Vergleich der Cash Flows beider Alternativen zeigt deren Liquiditätswirksamkeit. Ebenfalls von Seiten des Staates sind Stilllegungsverfügungen kurzfristig liquiditätswirksam, da Umsatzeinbrüche folgen oder kurzfristige Nachrüstungen erforderlich werden. Kunden können bei einem wahrgenommenen Fehlverhalten des Unternehmens (z.B. bei niedrigeren Umweltschutzstandards in Entwicklungsländern) einen Konsumboykott auslösen. Die Bedeutung der Ökologieorientierung zeigt sich in allen diesen Fällen in ihrer möglichen Wirkung als „K.o.-Kriterium" für die Unternehmensführung. D.h. die an das Unternehmen durch die Anspruchsgruppen – in den oben aufgeführten Beispielen Staat und Kunden – herangetragenen Anforderungen beeinflussen direkt die Liquidität und somit auch die kurzfristige Überlebensfähigkeit des Unternehmens.

Wirkung auf das Formalziel „Erfolg" Die zunehmende ökologische Knappheit führt auch zu einer größeren ökonomischen Knappheit und somit zu höheren Kosten für die Unternehmen (z.B. steigenden Entsorgungskosten aufgrund von Deponieraumverknappung oder höheren Grundstückskosten aufgrund zunehmender Versiegelung). Darüber hinaus stellen rechtliche Regelungen, wie z.B. die Altfahrzeugverordnung, Anforderungen an die Unternehmen, die erfolgsbeeinflussend wirken. Können Unternehmen den Umgang mit ökologischen Ressourcen als Strategie für eine Nische nutzen und für ihre ökologieorientierten Produkte einen höheren Preis erzielen, ergibt sich ein erfolgssteigernder Einfluss. Beispiele hierfür sind der ökologische Landbau oder Textilien mit dem Gütesiegel „Öko-Tex Standard 100". Der Handel mit Treibhausgasemissionslizenzen, umgesetzt im Treibhausgas-Emissionshandelsgesetz, setzt ebenfalls am klassischen ökonomischen Kalkül der Unternehmen an.

Wirkung auf das Formalziel „Erfolgspotential" Schließlich ist der Umgang mit der ökologischen Knappheit auch als langfristiger Wettbewerbsvorteil nutzbar. Dass Anleger einen verantwortungsvollen Umgang mit der ökologischen Umwelt honorieren, zeigt sich in der Bewertung auf den Finanzmärkten. Öko-Fonds oder Indizes bewerten das Engagement von Unternehmen im Bereich ökologischer Ressourcen. Darüber hinaus wirkt sich ein verantwortungsvoller Umgang mit den Ressourcen auch positiv auf das Unternehmensimage aus, auf diese Weise wird auch die langfristige Überlebensfähigkeit eines Unternehmens gewährleistet. Allerdings bleibt im Bereich des Erfolgspotentials die Frage zu beantworten, ob Unternehmen durch ihr Engagement bezüglich der ökologischen Knappheit alleine ihren Unternehmenswert zu steigern vermögen oder ob dieses ein Baustein in einem umfassenden strategisch ausgerichteten Management ist („conditio sine qua non").

2.2 Denken in Funktionen – vom Produkt zum System

Nutzenmaximierung und Bedürfnisbefriedigung Wenn Unternehmen den Zusammenhang von Ökologieorientierung und Unternehmensführung erkannt haben, stellt sich die Frage, wodurch Unternehmen Erfolgspotentiale in Form langfristiger Wettbewerbsvorteile aufbauen und erhalten können. Folgt man der etymologischen Bedeutung des Wortes „Wirtschaften", was nichts anderes bedeutet als „Werte schaffen“ (VOSS 1988, S. 24), so könnte man antworten: „Indem die betriebliche Leistungserstellung für die Kunden Werte schafft.“ In der Ökonomie steht die Nutzenmaximierung (siehe weiterführend BAMBERG/COENENBERG/KRAPP 2008) als Ziel des „Werte Schaffens“, der Wertschöpfung, im Vordergrund, die davon ausgeht, dass die Wirtschaftssubjekte aus möglichen Alternativen die für sie optimale auswählen. Doch wie bestimmt man den Nutzen verschiedener Alternativen? Die Entscheidungstheorie gibt hierzu folgende Antwort: Aktionen des Entscheidungsträgers (z.B. des Kunden) führen in Abhängigkeit von dem Umfeld, in das sie eingebunden sind, zu Konsequenzen, denen Werte zugeordnet werden können. Die DIN EN 12973 definiert dabei als Wert die „Beziehung zwischen der Befriedigung von Bedürfnissen und den Ressourcen, die für diese Befriedigung zum Einsatz kommen“ (DIN EN 12973, S. 12).

$$\text{Wert} = \frac{\text{Bedürfnisbefriedigung}}{\text{Ressourcen}}$$

Der Wert wird dabei nicht absolut verstanden, sondern relativ und individuell. Dies bedeutet für die Unternehmen, dass gleiche Produkte bei verschiedenen Kunden unterschiedliche Werte, d.h. einen unterschiedlichen Nutzen, annehmen können. Bedürfnis nennt die Norm das, was für einen Nutzer notwendig ist oder von ihm gewünscht wird. Gebrauchsbedürfnisse sind dabei Komponenten, die sich auf messbare Aktivitäten beziehen (z.B. die Fahrt von A nach B), Geltungsbedürfnisse demgegenüber sind die Komponenten des Gesamtbedürfnisses, die subjektiv sind (z.B. Prestige eines PKW). Bedürfnisse können dabei durch bestimmte funktionale Erfordernisse beschrieben werden (z.B. 7 Sitzplätze). Ziel des Unternehmens muss es somit sein, den größten Kundenwert zu erreichen. Wie dieser bestimmt werden kann, ist Gegenstand der Glücksforschung, die der Frage nachgeht, wann sich Menschen gut fühlen, also so, dass sie dieses Gefühl aufrechterhalten oder wieder reproduzieren wollen (siehe weiterführend LAYARD 2006). Somit kann der Fokus weg vom Produkt oder der Dienstleistung und hin zu den Funktionen rücken, die diese erfüllen.

> Zielt MOBILITY UNLIMITED nicht nur darauf ab, die Produkte, PKW, herzustellen, sondern Mobilität als Dienstleistung anzubieten, werden übergreifend Mobilitätskonzepte denkbar, die im Extremfall dazu führen können, dass Mobilität von Personen unterbleibt, wenn lediglich eine Mobilität von Informationen erforderlich ist, wie dies durch Videokonferenzen, die Dienstreisen ersetzen, gewährleistet werden kann.

Funktionenanalyse Die Funktion ist in Weiterführung dieses Gedankens – ebenfalls standardisiert durch die DIN EN 12973 – die Wirkung eines Produktes oder eines seiner Bestandteile, z.B. Mobilitätserfüllung. So soll jedes Unternehmensangebot funktionalen Anforderungen genügen, die sich in Haupt- und Nebenfunktionen untergliedern. Die nutzerbezogene Funktion beschreibt dabei, wie das Produkt oder die Dienstleistung die Bedürfnisse des Nutzers während seiner Lebensdauer erfüllt. Die produktbezogene Funktion beschreibt den internen Wirkungsmechanismus des Produktes (z.B. Antriebswelle, die das Drehmoment vom Getriebe zum Rad überträgt) oder der Dienstleistung. Aufgabe des Unternehmens ist damit, Ziele zu setzen, die gewünschten Ergebnisse messbar zu definieren und dann Mittel zu suchen, um diese zu erreichen. Somit stehen die Funktionen im Vordergrund und nicht das Produkt oder die Dienstleistung an sich. Die Funktionenanalyse hat somit die Aufgabe, diese Funktionen zu identifizieren und zu messen, inwieweit ein Produkt oder eine Dienstleistung diese erfüllt (Erfüllungsgrad). Somit hat die Funktionenanalyse drei Wirkungen:

a) Funktionen eines Produktes, eines Systems oder einer Organisation bestimmen, *b)* Funktionenerfüllung quantifizieren und

c) Kommunikation in der Entwicklung verbessern.

Der Ablauf einer Funktionenanalyse, dargestellt am Beispiel MOBILITY UNLIMITED, gestaltet sich dabei wie folgt:

MOBILITY UNLIMITED möchte die aktuell angebotenen Sitzvarianten hinsichtlich ihrer Funktionen und deren Bedeutung für den Kunden analysieren. Dazu verwendet das Unternehmen das Verfahren der Funktionenanalyse, die nach DIN EN 12973 durchgeführt wird. Zunächst sind die einzelnen Funktionen aufzulisten und zu systematisieren. MOBILITY UNLIMITED unterscheidet dabei zwischen Hauptfunktionen und den dazugehörigen Unterfunktionen. Anschließend ist der Erfüllungsgrad einer jeden Funktion durch das vorhandene Produkt zu bewerten. Diese Bewertung erfolgt dreistufig: niedrig (-), mittel (o), hoch (+). Schließlich muss die Bedeutung dieser Funktion für den Kunden ermittelt werden. Auch hier wird die dreistufige Bewertung verwendet.

Tabelle 3: Beispiel Funktionenanalyse

Hauptfunktion	Unterfunktion	Erfüllungsgrad	Bedeutung für Kunden
Komfort	Verstellbarkeit	-	+
	Armlehne	-	o
	Sitzheizung	-	-
Sportlichkeit	Seitenhalt	o	o
	integrierte Kopfstütze	-	-
	Oberschenkelauflage	+	-
Sicherheit	Seitenairbag	+	+
	„Isofix"-Vorrichtung	+	-
	Kopfstütze	+	+
Qualität/Haltbarkeit	hochwertiges Material	o	+
	Verarbeitung (Nähte)	+	+

Anschließend müssen die ermittelten Funktionen bewertet werden. Ein Vergleich zwischen Erfüllungsgrad der Funktion und Bedeutung der Funktion für den Kunden zeigt die Defizite der aktuellen Modelle. Hinsichtlich der Hauptfunktionen Sicherheit und Sportlichkeit erfüllen bzw. übertreffen die Sitze die Anforderungen der Kunden. Die Funktion Qualität/Haltbarkeit wird durch die aktuellen Sitze nur teilweise erfüllt, da die Anforderungen der Kunden an die Materialien höher sind. Das größte Verbesserungspotential liegt jedoch in der Komfortfunktion. Bis auf die Sitzheizungsfunktion des Sitzes bleiben die Produkte hinter den Erwartungen der Kunden zurück. Insbesondere die Verstellbarkeit der Sitze lässt zu wünschen übrig. Hier besteht also dringender Handlungsbedarf, um die Sitze den Bedürfnissen der Kunden anzupassen.

Funktionsorientierung – Umsetzung Geht man vom oben beschriebenen Wertbegriff aus, so gibt es im Rahmen der betrieblichen Leistungserstellung drei Möglichkeiten, diese Funktionsorientierung ökologieorientiert umzusetzen: Einschränkung oder Verzicht auf die Funktion durch den Kunden (Bedürfnis wird verändert: Zähler), ökologieorientierte Produktion (Ressourceneinsatz wird verändert: Nenner) sowie ökologieorientierte Produkt-/Dienstleistungskombinationen (Bedürfnis und/oder Ressourcen werden verändert: Zähler und Nenner). Letztere sind häufig im Bereich der institutionellen Innovationen angesiedelt, da von der Funktion her gedacht wird und über bisherige Strukturen und Unternehmensgrenzen hinweg. So kann z.B. im Bereich Mobilität eine Zusammenarbeit von Bahnunternehmen und öffentlichem Personennahverkehr Arbeitswege optimieren helfen.

Vom Produkt zur Dienstleistung Infolge des Denkens in Funktionen wird statt der Hinwendung alleine zum Absatz von ökologieorientierten Produkten zunehmend die Forderung erhoben, die entsprechende Dienstleistung in den Vordergrund zu stellen. Bei dieser Neuorientierung ist nicht mehr das Eigentum am Produkt entscheidend, sondern der **Produktnutzen**. Dadurch sollen die Herstellung von langlebigen und reparaturfreundlichen Gebrauchsgütern und eine Verringerung des Abfallaufkommens gefördert und so die Funktionen der Umwelt entlastet werden. Beispiele für diese sog. Öko-Dienstleistungen sind das Leasing, das Produktsharing und das Systemangebot. Beim Leasing ist die Rückgabe des Produktes durch den Verbraucher möglich, wenn er es nicht mehr nutzen will. Dies führt zu Veränderungen im Produktionsverhalten des Herstellers, da der Umsatz nicht durch den Verkauf, sondern durch die Vermietung erzielt wird. Somit besteht ein Anreiz, die Produktlebensdauer zu erhöhen und damit Abfallmenge sowie Ressourceneinsatz zu verringern. Beim Produktsharing nutzen mehrere Nutzer ein Produkt, wodurch während der Lebensdauer eine intensivere Nutzung erfolgt. Somit kann derselbe Nutzen mit einer geringeren Anzahl von Produkten erzielt werden. Beim Systemangebot schließlich wird die nachgefragte Leistung unabhängig vom Ausgangsprodukt auf die effizienteste Art erbracht, d.h. auch unter ökologischen Gesichtspunkten optimiert.

Tabelle 4: Wege vom Produkt zur Dienstleistung
(Quelle: TEICHERT 1997, S. 124)

Varianten	ökonomische Bewertung	ökologieorientierte Bewertung	Beispiele
Leasing	• Anbieter hat bei der Entsorgung den Know-how- und den Mengenvorteil • Ertragsglättung beim Hersteller • erhöhte Kundenbindung	• Lebensdauerverlängerung • Wartungs- und Entsorgungsfreundlichkeit (upgrading) • Umsetzung des Verursacherprinzips	• Kopiererleasing • Autovermietung • Rent-A-Chemical (z.B. von Lösungsmitteln)
Produkt-sharing	• Minimierung der im Einsatz befindlichen Produkte • Optimierung durch Industriemaschinen, die sich Einzelnutzer nicht leisten können • aus einem Pool kann stets die effizienteste Alternative gewählt werden	• Minimierung der Stillstandszeiten • Minimierung der Fixkosten	• Car-Sharing • Waschsalon bzw. -räume in Mehrfamilienhäusern • Verleih landwirtschaftlicher Geräte
System-angebot	• volkswirtschaftlich bessere Allokation, da Risikoaversion einzelner Wirtschaftssubjekte aufgefangen wird • Handel mit „eingesparten" Produkteinheiten möglich (z.B. „Nega-Watt")	• Minimierung der Produkte pro Serviceeinheit • Sparsamkeit im Verbrauch • Umsetzung des Verursacherprinzips	• Pestizidservicekonzept (Ertragsversicherung) • MobilCard • Least-Cost-Planning im Energiesektor • Kopierabrechnung pro Kopie

Entschleunigung Das Denken in Funktionen liefert schließlich einen Beitrag zur Entschleunigung von Konsum- und Produktionsprozessen. Unter **Entschleunigung** wird dabei die bewusste Verlangsamung der auf allen Stufen der Wertschöpfung stattfindenden Prozesse verstanden, die eine Verlangsamung der Stoff-, Energie- und Informationsströme bedeutet (vgl. GÜN-

THER/LEHMANN-WAFFENSCHMIDT 2005, S. 10). VON BRAUN wählt für den Zusammenhang von Prozess und Geschwindigkeit das Bild eines Wasserschlauchs, d.h. dessen Fließrichtung (In welche Richtung fließt der Stofffluss, d.h. werden Ressourcen verbraucht oder aufgebaut?), dessen Durchflussgeschwindigkeit (Wie oft findet der Stofffluss pro Zeiteinheit statt, d.h. wie schnell werden Ressourcen verbraucht oder aufgebaut?) und dessen Wasserdurchsatz (Wie groß ist der Stofffluss, d.h. wie viele Ressourcen werden pro Prozess verbraucht oder aufgebaut?) (vgl. VON BRAUN 1991, S. 58 ff.). Alle oben vorgestellten Varianten tragen dazu bei, die Funktionen der Umwelt (Versorgungs-, Träger- und Regelungsfunktion) weniger zu nutzen. Und sie leisten schließlich auch einen Beitrag zur Nutzenmaximierung der Kunden. Denn die Folgen der Beschleunigung zeigen sich heute auch im Konsum: Konsumaktivitäten benötigen Zeit, und dies hat zur Folge, dass sich die Anbieter nicht nur wie bisher in Konkurrenz miteinander und im Konflikt mit den Budgetbeschränkungen der Verbraucher wiederfinden, sondern auch im Konflikt mit deren Zeitkonten. Denn diese müssen sich produktive und konsumtive Aktivitäten und alle sonstigen Freizeitaktivitäten teilen, die wie spazieren gehen oder Schach spielen weder produktiv noch konsumtiv im wirtschaftlichen Sinne sind. Das Wachstum der Breite des Konsumgüterspektrums auf zunehmend umkämpften Märkten und die Zunahme der insgesamt konsumierten Güter und Leistungen werden zusammen mit den kurzen Lebenszyklen, z.B. bei Computern, Handys oder Unterhaltungselektronik von den Konsumenten zunehmend als Beschleunigung und persönliche Belastung empfunden (Schlagwort Stress). Somit kann die Entschleunigung als elementare Lebensglückkomponente einen Beitrag zum Wohlbefinden, der „happiness", der Verbraucher leisten und gleichzeitig unsere ökologischen Ressourcen schonen helfen.

2.3 Denken in Strategien – von der Identifikation zur Umsetzung

Vom Ziel zur Strategie Sollen nun die Ziele und die Funktionsorientierung auf der Ebene der einzelnen Unternehmensbereiche umgesetzt werden, so sind sie in Unternehmensstrategien zu überführen. Unter einer Unternehmensstrategie soll hierbei in Anlehnung an BAUM et al. ein Weg zur Umsetzung eines Unternehmensziels verstanden werden (vgl. BAUM/COENENBERG/GÜNTHER 2007, S. 2). Dies bedeutet für die Ökologieorientierung, dass zunächst festzulegen ist, welche Rolle der Ökologieorientierung als Unternehmensziel zukommt. Hierfür soll in diesem Lehrbuch die Rolle eines endogenen Sachziels gewählt werden, die Ökologieorientierung geht über das gesetzlich vorgeschriebene Maß, d.h. über externe Auflagen hinaus, steht aber in einer Mittel-Zweck-Beziehung zu den Formalzielen, d.h. geht von betriebswirtschaftlichem Denken aus. So wird sie in die Unternehmensführung aufgenommen, wenn sie zur Erreichung der Formalziele Erfolgspotential, Erfolg (Erlöse und Kosten) und Liquidität beiträgt. Konkret bedeutet dies für Unternehmensentscheidungen, dass die Ökologieorientierung immer dann in die Strategiewahl Eingang findet, wenn sie einen positiven Beitrag zur ökonomischen Steuerungsgröße der Unternehmen leistet (siehe weiterführend DYLLICK/BELZ/SCHNEIDEWIND 1997).

Ausgangspunkt Economic Value Added Als ökonomische Steuerungsgröße, d.h. als Wertmaßstab für die Formalziele, auf den die Ökologieorientierung als Sachziel ausgerichtet wird, soll stellvertretend für die monetäre Steuerungsgröße der Unternehmenswert gewählt werden, wobei der periodische Wertbeitrag (Value Added) die Wertsteigerung in einer betrachteten Periode misst (z.B. als EVA™ (siehe weiterführend STERN/SHIELY 2001; STEWART 2005) oder CVA). Im Einzelfall kann jede andere Steuerungsgröße, die ein Unternehmen bereits heute zur Unternehmenssteuerung verwendet (EBIT, EBITDA, CVA, ROCE oder RoI) in gleicher Weise herangezogen werden. Denn die einzelnen Werte leiten sich alle aus Rechnungswesendaten ab und können ineinander überführt werden. So lassen sich auch die Kosten- und Leistungsrechnung und der Jahresabschluss, die direkt die Zielgröße „Erfolg" messen, dem Wertbeitrag zuordnen. Ein positiver Wertbeitrag liegt vor, wenn der „Erfolg" die Kapitalkosten übersteigt. Der Economic Value Added EVA™ wird dabei wie folgt bestimmt:

EVA™	= NOPAT – WACC * NOA
Geschäftswert-beitrag	= operativer Gewinn nach Steuern – gewichtete Kapitalkosten * investiertes Kapital
EVA™	= economic value added (Geschäftswertbeitrag)
NOPAT	= net operating profit after taxes (operativer Gewinn nach Steuern)
WACC	= weighted average cost of capital (gewichteter Mittelwert von Fremd- und Eigenkapitalkosten)
NOA	= net operating assets (investiertes Kapital bzw. betriebsnotwendige Vermögensgegenstände)

Kostenführerschaft oder Differenzierung Nun stellt sich die Frage, auf welchem Weg Ökologieorientierung die ökonomischen Steuerungsgrößen, also beispielsweise den EVA™ beeinflussen kann. Hierfür bieten sich nach PORTER prinzipiell zwei Wege an: Wettbewerbsvorteile können zum einen im Erreichen eines Kostenvorsprungs (Wettbewerbsstrategie der **Kostenführerschaft**) oder zum anderen in der Schaffung einer vom Käufer wahrgenommenen Singularität (Wettbewerbsstrategie der **Differenzierung**) begründet sein (vgl. PORTER 2000, S. 37 ff.).

Beim Verfolgen einer **Kostenführerschaftsstrategie** suchen Unternehmen nach Kostensenkungspotentialen, die sich zum einen durch Erfahrungskurveneffekte in folgender Form ergeben können: Mit jeder Verdoppelung des kumulierten Outputs sinken die auf die Wertschöpfung bezogenen Stückkosten eines Produktes potentiell, inflationsbereinigt um einen bestimmten Prozentsatz. Potentiell bedeutet dabei, dass das Management Kostensenkungspotentiale erkennen und umzusetzen muss (HENDERSON, B. D. 1984). Die betrachteten Kosten beziehen sich auf die an dem Produkt geleistete Wertschöpfung. Der Erfahrungskurveneffekt umfasst das gesamte Unternehmen und schließt somit den Lerneffekt des Produktionsbereichs ein. Allerdings können gerade im Umweltbereich auch Materialkosten, die außerhalb der Wertschöpfung des Unternehmens liegen (Vorleistungen) reduziert werden, wenn beispielsweise mit Lieferanten FuE-Partnerschaften bestehen. Zudem können Unternehmen durch eine Verringerung ihres Ressourcenverbrauchs Material- und somit auch Materialkosteneinsparungen realisieren. Zum anderen können sich Kostensenkungspotentiale durch die Erhöhung des kumulierten Outputs ergeben. Der Wertbeitrag wird somit bei einer Kostenführerschaftsstrategie durch eine Verringerung der Kosten erreicht (vgl. BAUM/COENENBERG/GÜNTHER 2007, S. 77).

Demgegenüber bieten Unternehmen, die eine **Differenzierungsstrategie** verfolgen, ihren Kunden einen Zusatznutzen, für den diese eine erhöhte Zahlungsbereitschaft aufweisen (vgl. BAUM/COENENBERG/GÜNTHER 2007, S. 77). Zunächst entstehen bei einer solchen Strategie beim Unternehmen meistens Mehrkosten für Maßnahmen der Vermeidung, Verminderung, Substitution, Verwertung und Beseitigung. Die Herausforderung für die Unternehmen besteht dabei darin, Konsumentenpräferenzen zu ermitteln, d.h. zu bestimmen, welchen Wert die Kunden einer Schonung der ökologischen Umwelt beimessen und inwieweit sie bereit sind, diese selbst zu tragen. Hierfür kann das Instrument des Conjoint-Measurement genutzt werden, das in Kapitel 5.3.1 vorgestellt wird.

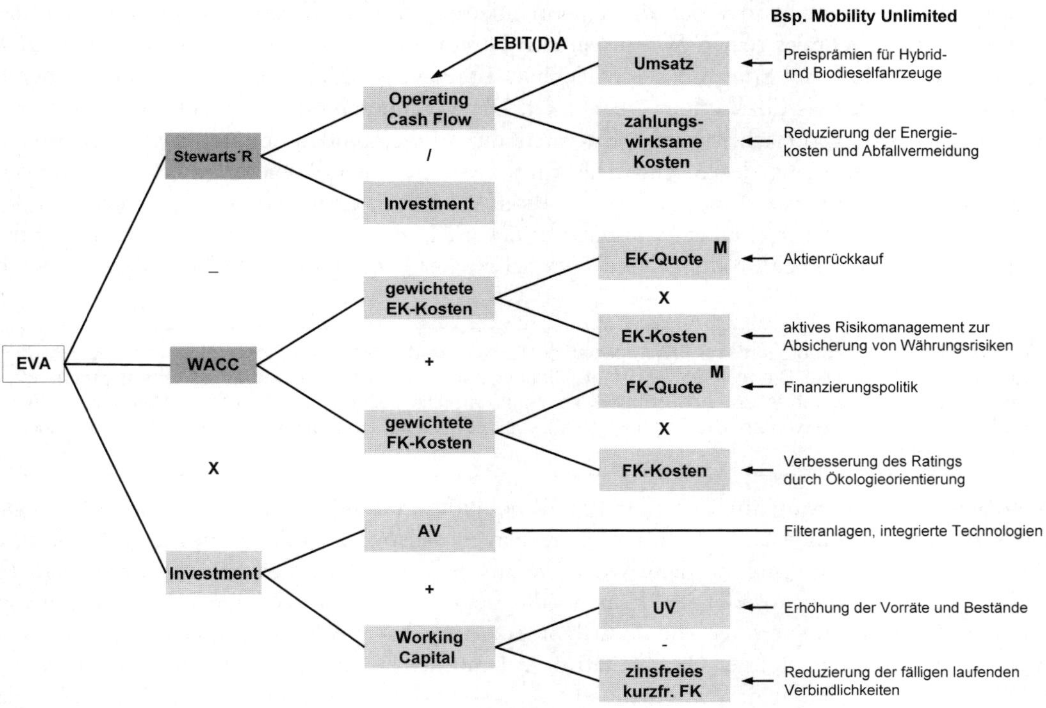

Abbildung 7: Economic Value Added
(In Anlehnung an GÜNTHER/HOPPE/KAULICH u.a. 2006, S. 352)

Verfeinerte Strategien nach REINHARDT Basierend auf der Ausrichtung unternehmerischer Entscheidungen auf die ökonomische Steuerungsgröße EVA™ sollen nachfolgend fünf Strategien vorgestellt werden, die die beiden Strategien Kostenführerschaft und Differenzierung ergänzen bzw. weiter untergliedern. Nach REINHARDT sollten ökologieorientierte Entscheidungen den gleichen Kriterien genügen wie andere Entscheidungen, d.h. sich durch Rendite bzw. reduziertes Risiko auszeichnen (vgl. REINHARDT 2000, S. 17-177). Für jede Strategie wird deshalb nachfolgend ihre angestrebte Wirkung auf die strategische Steuerungsgröße EVA™ dargestellt. Insgesamt werden folgende Strategieansätze unterschieden:

1. Produktdifferenzierung (environmental product differentiation)
2. Wettbewerbsgestaltung (managing competitors)
3. Kostenreduktion (reducing costs within the firm)
4. Restrukturierung von Märkten (redefining markets)
5. Umweltrisikomanagement (managing risk and uncertainty)

Produktdifferenzierung Bei der ökologieorientierten Produktdifferenzierung hebt sich das Unternehmen gegenüber seinen Wettbewerbern hervor, indem es Produkte anbietet, die einen größeren Umweltnutzen bringen als vergleichbare Erzeugnisse oder einen umweltfreundlicheren Produktionsprozess als die Wettbewerber nutzt. Die Veränderung des Produktes oder des Produktionsprozesses verursacht zusätzliche Kosten, die auf die Kunden übertragen werden können oder zu einer Erhöhung des Marktanteils führen, so dass der Anbieter einen komparativen Wettbewerbsvorteil erzielt. Eine erfolgreiche Produktdifferenzierung ist somit abhängig von der Zahlungsbereitschaft der Kunden, von der Verfügbarkeit glaubwürdiger Informationen über die Umwelteigenschaften des Produktes und vom Schutz der Innovationen vor Nachahmung durch Wettbewerber.

MOBILITY UNLIMITED könnte in seine PKW oder einen Teil seiner Modelle einen Biodieselmotor einbauen, der auf die Nutzung fossiler Brennstoffe verzichtet. Glaubwürdige Informationen werden durch entsprechende Tests bzw. Zertifikate von externen Gutachtern kommuniziert. Die Technologie kann durch Patentschutz vor Nachahmern geschützt werden. Die Zahlungsbereitschaft der Autokäufer muss vorab durch eine Marktstudie erhoben werden.

Wettbewerbsgestaltung Im Gegensatz zur Produktdifferenzierung zwingt bei dieser Strategie ein Pionierunternehmen seine Wettbewerber, seinem Beispiel zu folgen, indem es bestimmte Standards neu definiert und auf diese Weise die Spielregeln des Wettbewerbs aktiv verändert. In Abhängigkeit von den politischen Rahmenbedingungen kann dies über aktive Lobbyarbeit mit Hilfe der Gesetzgebung erfolgen oder im Rahmen von Selbstverpflichtungserklärungen. So kann das Unternehmen das Ziel der Gesellschaft nach Umweltfreundlichkeit aufgreifen und gleichzeitig die Wirtschaftsleistung des Unternehmens verbessern. Der Erfolg dieser Strategie ist abhängig davon, ob das Unternehmen seine Kostenvorteile, z.B. Erfahrungskurveneffekte gegenüber den Konkurrenten ausnutzen kann. Doch neben der Branchenstruktur und den Unternehmenscharakteristika spielt hier die Politik eine große Rolle.

MOBILITY UNLIMITED kann beispielsweise von seiner Kompetenz bezüglich der Nutzung von Biodiesel profitieren, indem es durch Lobbyarbeit steuerliche Vorteile für den Einsatz regenerativer Energien als Treibstoff fördert. Eine andere Möglichkeit wäre, dass sich das mit Biodiesel betriebene Auto aufgrund seiner hervorragenden Umwelteigenschaften oder wirtschaftlicher Vorteile als neuer Standard durchsetzt und die Konkurrenten vergleichbare Technologien entwickeln müssen, um wettbewerbsfähig zu bleiben.

Kostenreduktion Die dritte Strategie verbindet die Steigerung der Umweltleistung mit der Reduktion der Kosten. Vor dem Hintergrund dieser Zielstellung werden Prozesse und Investitionen untersucht, um die Interessen der Anteilseigner an einem hohen Unternehmenswert mit den Umweltaspekten zu verbinden. Dieses Überdenken von Prozessen und Investitionen bietet den Unternehmen langfristig Gelegenheit, Kosteneinsparungen <u>und</u> Qualitätsverbesserungen zu realisieren und sich auf diese Weise zu einer lernenden Organisation zu entwickeln sowie bestehende Wettbewerbsvorteile auszubauen. Dieser Prozess ist abhängig von der Bedeutung des Humankapitals für den Unternehmenserfolg, aber auch von der Struktur der jeweiligen Branche. Daneben ist eine flexible Prozessgestaltung eine Voraussetzung, um diesen kontinuierlichen Verbesserungsprozess umsetzen zu können. Beispielsweise kann ein betriebseigenes Kohlekraftwerk nicht kurzfristig in eine Windkraftanlage umgebaut werden, ohne eine erhebliche Investitionssumme als versunkene Kosten in Kauf nehmen zu müssen. Hinzu kommt die Voraussetzung, dass das Management dieses Potential erkennt und nutzt. Dies kann durch ein leistungsfähiges Informationssystem unterstützt werden, das die einzelnen Akteure im Unternehmen vom Produktionsarbeiter bis zum Vorstand verbindet. Auch externe Informationsquellen, z.B. der Vergleich mit Wettbewerbern, können unterstützend wirken. Neben der Realisierbarkeit und der Information über Einsparpotentiale nimmt auch die Gestaltung des Anreizsystems eine wichtige Motivatorenrolle ein (vgl. Kapitel 7).

> Ein klassisches Beispiel ist die Energieeinsparung durch Energieeffizienzmaßnahmen oder die Reduktion von Abfallkosten durch die Restrukturierung des Entsorgungsbereichs im Unternehmen.

Restrukturierung von Märkten Während sich die vorhergehenden Strategien auf bestimmte Ansatzpunkte beschränken, verbindet die Restrukturierung von Märkten mehrere Elemente und rückt ab vom Produktdenken hin zur Dienstleistungsmentalität und ist somit mit dem Konzept „Denken in Funktionen" und dem cradle-to-cradle-Ansatz (vgl. Kapitel 2.2) vergleichbar. Der Kunde eines Fernsehers möchte beispielsweise die Tagesschau sehen und nicht einen elektronischen Apparat in seiner Wohnung stehen haben. Diese Strategie bedeutet jedoch eine umfassende Umstrukturierung basierend auf grundlegenden Informationen darüber, wie die verschiedenen Anspruchsgruppen reagieren. Kunden, Aktionäre und Umwelt können von dieser Win-Win-Win-Strategie gleichermaßen profitieren, da dieser Ansatz drei Ziele vereint: Kosten zu reduzieren, hervorragenden Kundenservice zu bieten und die Umweltleistung des Unternehmens zu fördern.

> Die meisten Kunden von MOBILITY UNLIMITED nutzen die Produkte, um von Punkt A nach B zu kommen bzw. Menschen oder Material zu transportieren. Das rechtliche Eigentum am Transportmittel spielt bei einem Teil der Kunden nur eine untergeordnete Rolle, die Funktion Transport steht im Vordergrund. Dementsprechend bietet MOBILITY UNLIMITED neue Formen des Carsharings und des Leasings an, d.h. der Kunde kauft Nutzungseinheiten, in diesem Fall in Kilometer gemessene Fahrstrecke und MOBILITY UNLIMITED nimmt nach Ablauf des Vertrags die Fahrzeuge zurück. Auf diese Weise besteht für MOBILITY UNLIMITED ein erhöhter Anreiz, in die langlebige Leistungsfähigkeit seiner Produkte zu investieren. Bis die Konkurrenten einen vergleichbaren Service anbieten, wird das Unternehmen von seinem Pionierstatus profitieren, Erfahrungen sammeln und seinen Wettbewerbsvorteil weiter ausbauen. Sollte der Gesetzgeber die Entsorgungsverantwortung von Automobilherstellern weiter verschärfen, so hätte MOBILITY UNLIMITED mit seinem Rücknahmeverfahren bereits die entsprechende Infrastruktur aufgebaut und einen beispielhaften Standard geschaffen, der den Stand der Technik neu definiert.

Umweltrisikomanagement Unternehmen setzen häufig Umweltmanagement mit Risikomanagement gleich. Primäres Ziel ist dabei, Kosten durch Betriebsunfälle, Konsumentenboykotte oder Umweltklagen zu vermeiden. Jedoch kann ein gutes Risikomanagement auch eine langfristige Quelle für Wettbewerbsvorteile sein, vorausgesetzt es wird in die Unternehmensstrategie integriert (vgl. auch die Ausführungen zum Risikomanagement in Kapitel 2.4). REINHARDT unterscheidet drei Arten von Umweltrisiken: Risiken für die menschliche Gesundheit und für das Ökosystem, finanzielle Risiken für ein Unternehmen, die durch Veränderungen der Umwelt oder des Umweltbewusstseins der Gesellschaft entstehen und die Möglichkeit persönlicher Haftung von Unternehmern für umweltrelevante Aktivitäten der Firma. Um das Risiko bewerten zu können, betrachtet man die Eintrittswahrscheinlichkeit des negativen Ereignisses, die Verteilungsfunktion der möglichen Kosten und wie die Verantwortlichkeiten geregelt werden. Zu berücksichtigen ist zusätzlich die Zuverlässigkeit dieser Bewertung und die Frage, ob noch weitere Informationen erhoben werden sollten. Diese vier Faktoren sind die entscheidenden Ansatzpunkte für das Risikomanagement, so können beispielsweise mögliche Kosten durch eine entsprechende Vertragsgestaltung auf Andere übergewälzt oder durch Versicherungspolicen abgedeckt werden. Gutes Risikomanagement zeichnet sich durch die richtige Mischung aus Versicherungen, Überwälzung und Informationserwerb aus (vgl. die Ausführungen zum ökonomisch-ökologischen Nettoeffekt in Kapitel 8.1). Den Nutzen eines Risikomanagements genau zu quantifizieren ist schwierig, jedoch sollte sich das Unternehmen klare Risikomanagementziele setzen. Auf diese Weise kann nicht nur Risiko minimiert, sondern aktiv Unternehmenswert geschaffen werden, beispielsweise durch eine gesteigerte Produktqualität oder ein verbessertes Image des Unternehmens.

> Durch das Vorantreiben der Entwicklung neuer Antriebstechniken minimiert MOBILITY UNLIMITED das Risiko, strengeren Umweltschutzrestriktionen nicht mehr genügen zu können und bleibt auf diese Weise ein attraktiver Anbieter für seine Kunden. Regelmäßige Schulungen für den Umgang mit umweltgefährdenden Stoffen und entsprechende Kontrollen vermindern das Risiko von Betriebsunfällen sowie das damit verbundene Prozesskostenrisiko.

Ökologiebedingte Betroffenheit und Ökologieorientierung als Dimensionen Widmen sich die Strategien von REINHARDT eher ex ante der Strategieidentifikation, so sollen nun Typologisierungen der Strategieumsetzung vorgestellt werden. Diese basieren auf existierenden Strategietypologisierungen, von denen sich insbesondere diejenigen von STEGER und MEFFERT/KIRCHGEORG der Ökologieorientierung widmen sowie den empirischen Untersuchungen der Autorin zur ökologiebedingten Betroffenheit und Ökologieorientierung von Unternehmen. Die Begriffsvielfalt vorhandener Typologisierungen ist groß: Dabei finden Adjektive wie aktiv, passiv, offensiv, defensiv, adaptiv, proaktiv, interaktiv, reaktiv, selektiv und Substantive wie Antizipation, Anpassung, Widerstand, Rückzug, Indifferenz, Ignoranz, Isolation und Innovation Anwendung.

Typologisierung nach STEGER STEGER wählt für seine Typologisierung eine Matrixdarstellung, die Marktchancen und Risiken kombiniert (vgl. STEGER 1993, S. 207). Auf der Ordinate werden als externe Zukunftsfaktoren Marktchancen durch Umweltschutz dargestellt und auf der Abszisse als interner Zustandsfaktor die Risikoexponierung durch Umweltschutz. Künftige Marktchancen sind dabei unternehmensindividuell zu bestimmen, da diese z.B. durch vom Wertewandel innerhalb des Unternehmens induzierte Verhaltensänderungen hervorgerufen werden können. Die Risikoexponierung der Unternehmen beschreibt, inwiefern das Unternehmen aufgrund seiner Tätigkeiten dazu gezwungen ist, Umweltaspekte zu berücksichtigen. Die Risikoexponierung ist ebenso für jedes Unternehmen individuell zu bestimmen.

a) indifferente Strategie: Befindet sich ein Unternehmen in einer Situation mit geringer Risikoexponierung und gleichzeitig geringen Marktchancen durch Umweltschutz, dann ist Ökologieorientierung für dieses Unternehmen keine strategische Alternative.

b) risikorientierte Strategie: Bei fehlenden oder keinen Marktchancen und mittlerer bis hoher Risikoexponierung befindet sich ein Unternehmen im Bereich der sog. risikoorientierten Strategien. In einer solchen Situation steht die Anwendung eines Risikomanagements im Vordergrund; etwaige Umweltschutzinitiativen, die vom Unternehmen ausgehen, haben hauptsächlich die Sicherung des Unternehmensfortbestandes zum Ziel.

c) chancenorientierte Strategie: Bei mittleren bis hohen Marktchancen und gleichzeitig geringer bis mittlerer Risikoexponierung steht für das Unternehmen der Nutzen aus Marktchancen im Vordergrund. Sich ändernden Produktarten kann ein Unternehmen mit Produkten begegnen, „die gegenüber bisherigen Erzeugnissen zusätzlich das Kriterium Umweltfreundlichkeit aufweisen" (STEGER 1993, S. 216).

d) innovationsorientierte Strategie: Innovationsorientierte Strategien sind aus der Situation abzuleiten, in der sich ein Unternehmen hohen Marktchancen durch Umweltschutz, jedoch auch hoher Risikoexponierung gegenübersieht. Innovationen helfen Unternehmen dabei, die durch eigene

Produktionsverfahren und Produkte verursachten Umweltbelastungen zu reduzieren und gleichzeitig bestehende Marktchancen zu nutzen.

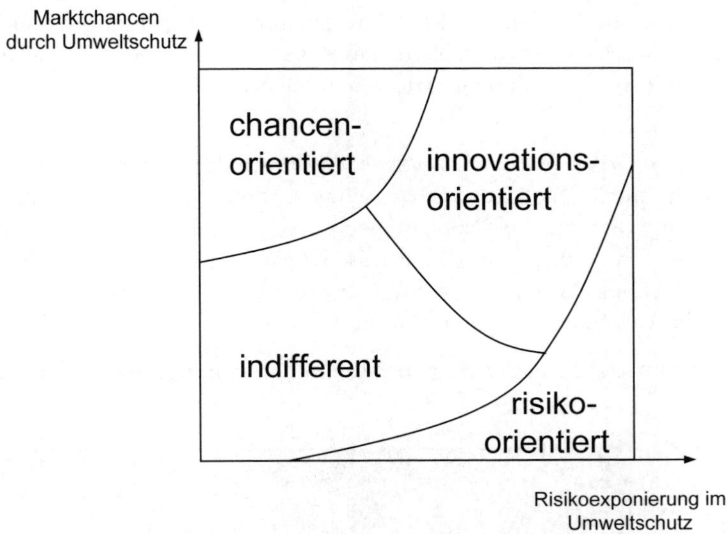

Abbildung 8: Strategietypen
(Quelle: STEGER 1993, S. 207)

Typologisierung nach MEFFERT/KIRCHGEORG Eine andere Möglichkeit zur Abgrenzung umweltorientierter Basisstrategien schlagen MEFFERT und KIRCHGEORG (vgl. MEFFERT / KIRCHGEORG 1998, S. 202 ff.) vor. Beachtung finden folgende Kriterien: Verhaltensbezugsebene der Umweltstrategien, Anpassungsintensität an Umweltschutzerfordernisse, Zeitpunkt der Strategieentwicklung und Maßnahmenrealisierung, Art der Strategieentwicklung und Form der Durchsetzung der Strategie. Vor diesem Hintergrund lassen sich fünf verschiedene umweltorientierte Basisstrategien ableiten.

a) Widerstandsstrategien sind vor allem dadurch gekennzeichnet, dass sich Unternehmen nach außen hin explizit gegen die Integration ökologiebezogener Forderungen aussprechen und damit bewusst Konfrontationen in Kauf nehmen. Sie stellen in der Regel eine „Reaktion auf bereits artikulierte Umweltschutzforderungen z.B. von Bürgerinitiativen" (MEFFERT / KIRCHGEORG 1998, S. 203 ff.) dar. Dadurch eignen sie sich auch als „politische Strategien", um in Unternehmensverbänden Umweltschutzstandards zu senken.

b) Passivität als Basisstrategie ignoriert die Existenz von Umweltproblemen wie bereits die Widerstandsstrategien, diese Ignoranz wird jedoch nicht aktiv nach außen hin vermittelt, was die Legitimität der Unternehmung weniger stark beeinträchtigen kann.

c) Verlagerungs- bzw. Rückzugsstrategien beschreiben die Tatsache, dass Unternehmen sich den durch sie verursachten Umweltproblemen bewusst sind, für diese jedoch keine Lösung sehen und sich somit einer restriktiven Umweltpolitik entziehen. Bei der Verlagerung weicht das Unternehmen Umweltschutzanforderungen aus (z.B. durch eine Verlagerung ins Ausland), während bei der Rückzugsstrategie die betroffenen Bereiche vollständig aufgegeben werden (z.B. wenn das betroffene Geschäftsfeld nur eine schwache Wettbewerbsposition einnimmt und sich der Marktlebenszyklus der Produkte in der Reife- oder Schrumpfungsphase befindet).

d) Im Rahmen der *Anpassungsstrategie* werden die Umweltschutzanforderungen als Reaktion auf gesetzliche Vorschriften berücksichtigt, d.h. die resultierenden Anpassungen werden reaktiv und isoliert für spezielle aktuelle Umweltprobleme entwickelt. Auf darüber hinausgehende Aktionen wird verzichtet, womit mögliche ökologieorientierte Chancen nicht genutzt bzw. nicht innovativ aufgegriffen werden.

e) Bei der *Antizipations- bzw. Innovationsstrategie* identifiziert das Unternehmen unabhängig von gesellschaftlichen und marktbezogenen Umweltschutzanforderungen (vom Grad der ökologiebedingten Betroffenheit) ökologische Problemfelder und begegnet ihnen mit einer integrierten, innovativen Strategie. Durch diese Vorgehensweise ist die Antizipations- bzw. Innovationsstrategie besonders geeignet, ökologiebedingte Wettbewerbsvorteile zu erreichen, da frühzeitig sich bietende Chancen im Umweltschutz genutzt werden.

Die wesentlichen Kennzeichen dieser Basisstrategien können in nachfolgender Abbildung dargestellt werden:

Strategie-Merkmale	Basisstrategien				
	Widerstand	**Passivität**	**Rückzug**	**Anpassung**	**Innovation**
Verhaltensbezugsebene	Markt/Gesellschaft (extern)	-	Unternehmung (Markt)	Unternehmung (Markt)	Unternehmung/Markt/ Gesellschaft
ökologieorientierte Anpassungsintensität	passiv	passiv	adaptiv	adaptiv	innovativ
Zeitpunkt der Strategieentwicklung/Maßnahmenrealsierung	i. d. R. reaktiv	-	i. d. R. reaktiv	reaktiv	proaktiv
Art der Strategieentwicklung	isoliert	-	isoliert	isoliert	integriert
Durchsetzung von Strategien	i. d. R. kooperativ	-	individuell	individuell/ kooperativ	individuell
Strategiewirkung	↓	↓	↓	↓	↓
ökologische Ziele	--	--	(+)	+	++
gesellschaftliche Legitimität	--	-	+/-	+	++
wettbewerbsstrategische Ziele	-(+)	-(+)	+(--)	-(+)	++(-)

Abbildung 9: Kennzeichnung von umweltbezogenen Basisstrategien
(Quelle: MEFFERT/KIRCHGEORG 1998, S. 203)

Matrix der Strategieumsetzung In Analogie zu den Wettbewerbsportfolios wird die hier vorgestellte Matrix der Strategieumsetzung in eine Umfeld- und eine Unternehmensachse unterteilt. Die Typologisierung ist dabei als Matrix und nicht als Portfolio zu verstehen, da ihr der Ausgleichsgedanke fehlt. Darüber hinaus ist sie nicht als Strategieempfehlung zu verstehen, wie dies etwa bei STEGER der Fall ist, sondern als reine Bestandsaufnahme tatsächlichen Unternehmensverhaltens (ex post-Betrachtung). Ausgangspunkt der Typologisierung ist die These, dass Ursache und Triebfeder der Ökologieorientierung von Unternehmen deren ökologiebedingte Betroffenheit ist. Diese kann subjektiv erfragt, aber durch die Analyse des Aufgabenumfeldes (Stakeholder-Ansatz), die in das Makroumfeld eingebettet ist (vgl. Kapitel 5.2), objektiviert erfasst werden. Sie wirkt auf die Ökologieorientierung, die anhand der primären und sekundären Wertschöpfungsstufen (vgl. Kapitel 6) gemessen wird. Somit kann die Einteilung der Strategien wie folgt interpretiert werden: Wenn die ökologiebedingte Betroffenheit der Unternehmen gering ist und ihre Ökologieorientierung schwach ausgeprägt ist, spricht man von der Strategie der Ökologieignoranz, ist die ökologiebedingte Betroffenheit hoch, die Ökologieorientierung aber schwach von Ökologieresistenz, ist die ökologiebedingte Betroffenheit niedrig, aber die Ökologieorientierung hoch von Ökologieoffensive, sind ökologiebedingte Betroffenheit und Ökologieorientierung stark ausgeprägt von Ökologieadaption (vgl. Abbildung 10).

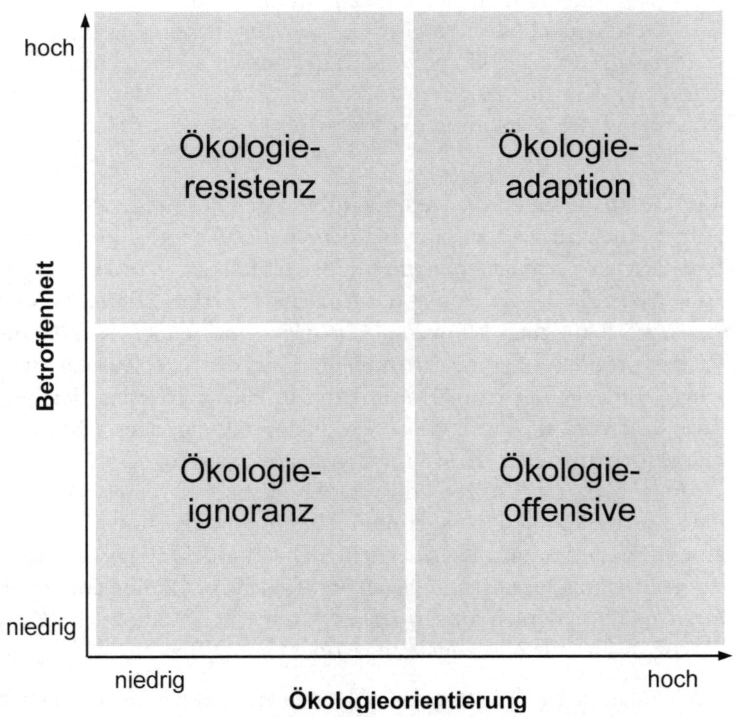

Abbildung 10: Strategieumsetzung der Ökologieorientierung

Ökologieignoranz: In einem Unternehmen, das nur in geringem Umfang betroffen ist und eine schwach ausgeprägte Ökologieorientierung aufweist, kann festgestellt werden, dass das Unternehmen die Ökologieorientierung in seiner Strategieformulierung ignoriert. Allerdings ist zu beachten, dass durch die Weiterentwicklung des Stands der Technik und durch neue Untersuchungen über umweltbelastende Stoffe die ökologiebedingte Betroffenheit kontinuierlich neu bewertet werden muss.

Ökologieresistenz: Unternehmen wählen teilweise unbewusst eine resistente Strategie, d.h. sie sind betroffen, setzen dies aber nicht in ihrer Ökologieorientierung um. Dem liegt möglicherweise die Auffassung zugrunde, dass Ökologieorientierung zunächst meistens Kosten verursacht, sei es durch den Aufbau eines Umweltmanagementsystems oder Marktanalysen für umweltfreundliche Produkte. Diese Unternehmen orientieren sich an bestehenden Gesetzen und Auflagen (compliance) und versuchen, durch Festhalten an passiven Strategien die Anforderungen zu umgehen oder bei steigendem Druck durch Staat und Öffentlichkeit diese nur bis zum erforderlichen Mindestmaß zu erfüllen. Einzelwirtschaftlich kann dieses Verhalten kurzfristig durchaus vorteilhaft sein, wenn sich die Kosten für Abgaben und Sanktionen niedriger als die Kosten für vorausgreifende Maßnahmen erweisen (vgl. Kapitel 8). Charakteristisch für eine resistente Strategie sind „end-of-the-pipe"-Technologien oder der Kauf von Emissionsrechten anstelle einer Emissionsreduktion. In diese Kategorie fallen auch Unternehmen, die gegen angekündigte staatliche Regelungen aufbegehren und diese durch die gesellschaftliche Stellung – vor allem des Arbeitgebers mit Hinweis auf die Sicherung der Arbeitsplätze – torpedieren oder zumindest verzögern. Die Position wird durch die Minimierung der Kosten für ökologische Belange gehalten. Im Falle deckungsschwacher Geschäftsfelder wäre ein Rückzug aus diesem Marktsegment denkbar. Bei Verfolgung dieser Strategie werden oft neue Marktpotentiale nicht rechtzeitig erkannt. Für die Unternehmen steigen die Eintrittsbarrieren in ökologieorientierte Märkte aufgrund umweltverträglicherer Substitute und der Vorsprung der Marktführer auf der „Ökologie-Erfahrungskurve" ist nur schwer aufzuholen.

Ökologieoffensive: Für Geschäftsfelder, die weder aufgrund der Produkte noch der Produktionsverfahren größeren Problemen ausgesetzt sind, bei denen aber Chancen bestehen, ein langfristiges Erfolgspotential zu aktivieren, eignet sich eine offensive Strategie. Voraussetzung für die Durchführung dieser Strategie ist die Überzeugung der einzelnen Sparten-, Bereichs- und Abteilungsleiter von der betriebswirtschaftlichen Notwendigkeit der zu treffenden Maßnahmen. Im Vordergrund steht dabei das produktpolitische Instrumentarium, dem ein Zusatznutzen in Form von Umweltverträglichkeit hinzugefügt wird. Dieser kann in allen Bereichen der betrieblichen Leistungserstellung wie Beschaffung, Produktion, Produktgestaltung oder Absatz angesiedelt sein. Um diese Tatsache jedoch auch dem Konsumenten nahezubringen, sind verstärkt ökologieorientierte Marketingmaßnahmen einzusetzen, die die Möglichkeiten einer wettbewerbsbezogenen Differenzierung und Profilierung des gesamten Unternehmens nutzen. Ebenso werden alle anderen Managementfunktionen und Kernbereiche der Unternehmung wie Controlling, Organisation und Datenverarbeitung der Erfüllung einer offensiven Ökologieorientierung angepasst. Eine offensive Strategie ist sicherlich kurzfristig nicht mit einer Strategie der Kostenführerschaft vereinbar, jedoch typisch für eine Nischenstrategie oder eine Differenzierungsstrategie.

Ökologieadaption: Mit Hilfe einer innovativen, die Herausforderungen des Umweltschutzes aufgreifenden und an sie anpassenden Strategie können Erfolgspotentiale durch umweltverträglichere Produkt- und Prozesssubstitutionen genutzt werden, um eine situationsadäquate Ökologiestrategie zur Positionsabsicherung aufzubauen. Obwohl oder gerade weil die ökologiebedingte Betroffenheit des Unternehmens sehr hoch ist, wird diese Strategie der Ökologieadaption gewählt. Denkbar ist eine Spezialisierung auf lukrative Marktnischen oder eine Differenzierung durch den Aufbau einer spezifischen ökologiebezogenen Kompetenz, die in der Lage ist, die Gefahrenpotentiale zu minimieren und die Ausschöpfung der sich bietenden Chancen zu maximieren. Es ist jedoch zu erwarten, dass ökologieorientierte Me-too-Strategien in Märkten mit hoher Konkurrenzintensität nur für begrenzte Zeit aufrechtzuerhalten sind. Das adaptive Vorgehen birgt zwei Risikofaktoren: Zum einen können staatliche Umweltauflagen, die bisher umweltgefährdende Produkte betreffen, deren Produktionskosten erhöhen und durch notwendige Verfahrensumstellungen die Unternehmung unter Zeitdruck setzen. Zum anderen besteht die Gefahr, dass der sensible Markt die Aufnahme umweltverträglicher Produkte auf Grund eines Erscheinens von Substituten verweigert, da Nachfrageverschiebungen aufgetreten sind. Als Charakteristika und Vorteile der adaptiven Strategien können grundsätzlich die bei der offensiven Strategie aufgeführten gelten, wobei jedoch immer die besondere Situation zu beachten ist, dass aufgrund einer bestehenden Gefährdung Handlungsbedarf vorhanden ist.

MOBILITY UNLIMITED verfolgt eine offensive Strategie in der Ökologieorientierung. Durch die verstärkte Entwicklung von Fahrzeugen mit Hybridtechnologie bzw. Biodieselmotoren soll ein langfristiges Erfolgspotential der Produkte gewährleistet werden. Außerdem werden Energieeinsparpotentiale durch den Einsatz von Photovoltaikanlagen an den Produktionsstandorten sowie durch die Reduzierung von CO_2-Emissionen auf 120 g CO_2/km für PKW angestrebt.

2.4 Denken in Risiken – von der Frühaufklärung zur Steuerung

Bedeutung Der Weg von der Ökovision zur Wettbewerbsstrategie bedarf neben der Zielfestlegung, dem Denken in Funktionen und der Strategiefestlegung einer Begleitung durch ein proaktives Risikomanagement. Dieses zielt auf die Bestimmung und Beherrschung der wesentlichen Risikopotentiale unternehmerischer Aktivitäten, wobei auch hier sowohl das Unternehmen selbst als auch sein Umfeld betrachtet werden (vgl. HORVÁTH/REICHMANN 2003, S. 667 f.).

Risikoarten Als große Risikoarten lassen sich externe (natürliche Umwelt, Markt/Kunde, Politik/Gesetze und Konkurrenz/Technologie), managementbezogene (Managementqualität, Organisationsstruktur, Personal und Planung), leistungswirtschaftliche (Beschaffung, Logistik, Produktion und Absatz) und finanzwirtschaftliche (Kapitalbeschaffung, Überschuldung, Liquidität und Kundenbonität) Risiken abgrenzen. Weiter können Personal- und informationstechnische Risiken gesondert betrachtet werden. Werden Umweltrisiken, z.B. Klimarisiken betrachtet, so können die genannten Risikogruppen weiter differenziert werden. So werden als quantitative Risiken gesamtwirtschaftliche (z.B. Ölpreis) und branchenspezifische Risiken (z.B. CO_2-Intensität) unterschieden. Die qualitativen Risiken werden in regulatorische (z.B. Emissionshandel), physikalische (z.B. Extremwetterereignisse), rechtliche (z.B. Klagen), reputationsbezogene (z.B. Image als Ablasshändler) und wettbewerbsbezogene (z.B. Verlust von Marktanteilen) Risiken untergliedert. Direkt können alle diese Risiken als extern eingestuft werden. Allerdings wirken sie indirekt ebenfalls auf die anderen drei Risikogruppen, z.B. kann der Kauf von Emissionsrechten die Liquidität beeinflussen. Eine mögliche Unterteilung der Risikoarten findet sich im Entwurf des Deutschen Rechnungslegungsstandard DRS 5 (vgl. DEUTSCHER STANDARDISIERUNGSRAT (DSR) 2000, S. 12), die hier als Beispiel vorgestellt werden soll (vgl. Tabelle 5), auch wenn sie nicht in die Endversion des DRS 5 aufgenommen wurde. Umweltkatastrophen werden hier bei den Umfeldrisiken und das Umweltmanagement bei den leistungswirtschaftichen Risiken eingeordnet, doch Umweltrisiken können auch Bestandteile aller anderen Risiken sein.

Tabelle 5: Risikoarten

Umfeldrisiken und Branchenrisiken • politische und rechtliche Entwicklung • Umweltkatastrophen/Krieg • volkswirtschaftliche Risiken • Verhalten der Wettbewerber • Marktrisiko (Mengen-/Preisrisiko) • Branchen- und Produktentwicklung	**Unternehmensstrategische Risiken** • Produktportfolio • Beteiligungsportfolio • Investitionen • Standort • Informationsmanagement	**Leistungswirtschaftliche Risiken** • Entwicklung • Fertigung • Beschaffung • Vertrieb • Logistik • Umweltmanagement
Personalrisiken • Personalbeschaffung • Personalentwicklung • Fluktuation • Schlüsselpersonen	**Informationstechnische Risiken** • Datensicherheit • Verfügbarkeit (Ausfall/Datenverlust)	**Finanzwirtschaftliche Risiken** • Liquidität • Wechselkurs • Zinsänderung • Wertpapierkursrisiken • Kreditrisiko
Sonstige Risiken • Organisations- und Führungsrisiken • rechtliche Risiken • Besteuerung/Betriebsprüfungen • Personengefährdung/Arbeitsschutz • Steuerungs- und Kontrollsysteme		

Risikomanagement Ziel des Risikomanagements ist es, diese Risikoarten und somit die Dynamiken, die die Entwicklung des Unternehmens negativ oder positiv beeinflussen können zu identifizieren und zu steuern. Hierzu werden nach der Festlegung einer Risikostrategie in einer Bestandsaufnahme sämtliche Risiken identifiziert und analysiert (Risikoidentifikation). Daran schließt sich die Risikobewertung an. Als Alternativen der Risikosteuerung nennt die Literatur grundsätzlich die Strategien Vermeiden (d.h. das Unterlassen risikoträchtiger Geschäfte), Überwälzen (d.h. Weitergabe des Risikos an vor- oder nachgelagerte Stufen), Vermindern (d.h. Reduzieren auf ein Restrisiko) und Akzeptieren (d.h. Beobachtung in Kauf genommener Risiken). Daran schließt sich die Risikokontrolle und die Risikokommunikation, z.B. in Risikoberichten, an. Der Ablauf des Risikomanagements kann somit in sechs Stufen (vgl. Abbildung 11) gegliedert werden, wobei hier exemplarisch eine Fokussierung auf Klimarisiken erfolgt. Die Relevanz eines umfassenden Risikomanagements leitet sich aus der Kodifizierung in Rechnungslegungsstandards ab, die die Risikoberichterstattung regeln und somit indirekt den Aufbau einer Risikostrategie und eines darauf aufbauenden Risikomanagements befördern: So wurde im Zuge der Entwicklung des KonTraG (Gesetz zur Kontrolle und Transparenz im Unternehmensbereich) eine Anpassung des § 289 Abs. 1 HGB vorgenommen, der nunmehr vorsieht, dass im Lagebericht auch auf Risiken der zukünftigen Entwicklung eingegangen wird. Weiter konkretisiert wurde die Lageberichterstattung 2004 durch den Deutschen Rechnungslegungsstandard DRS 15. Hierunter fällt auch die Darstellung von Aspekten des Umweltschutzes. Die Risikoberichterstattung wird in den DRS 5 Risikoberichterstattung, DRS 5-10 Risikoberichterstattung von Kredit- und Finanzdienstleistungsinstituten bzw. DRS 5-20 Risikoberichterstattung von Versicherungsunternehmen näher ausgeführt.

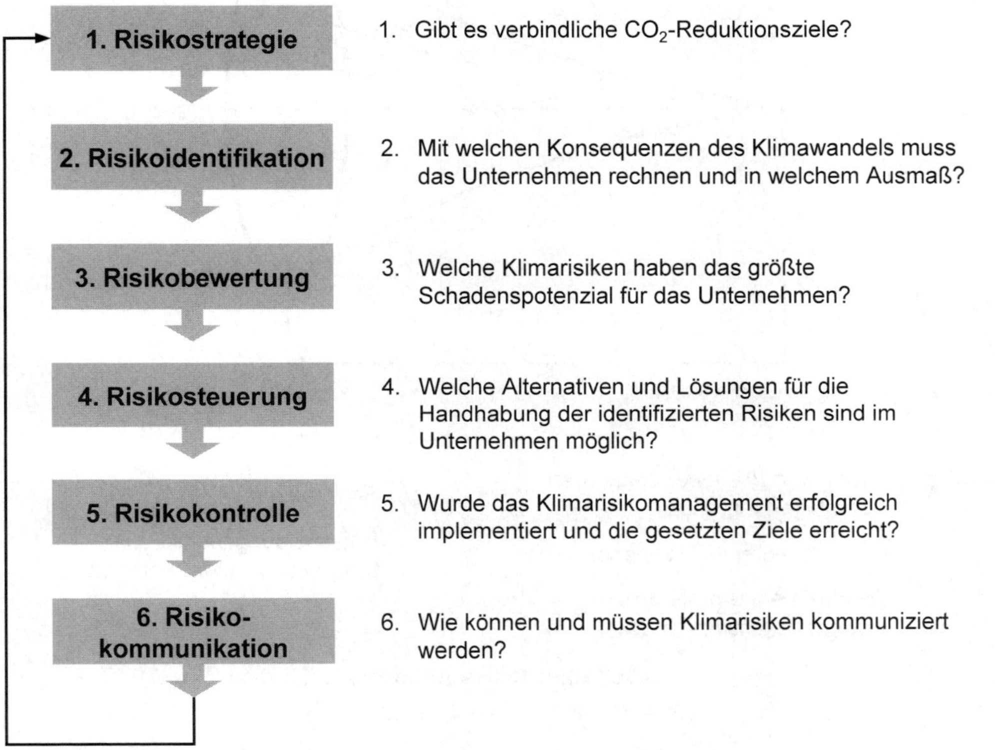

Abbildung 11: Ablauf des Risikomanagements

Besonderheiten der einzelnen Stufen Die im Lehrbuch vorgestellten Instrumente können diesen sechs Stufen zugeordnet werden (Risikostrategie: Kapitel 2.3 und 3, Risikoidentifikation: Kapitel 5 und 6, Risikobewertung: Kapitel 8 und 9, Risikosteuerung: Kapitel 7 und 8.2, Risikokontrolle: Kapitel 4, Risikokommunikation: Kapitel 10). Nachfolgend sollen nur zwei Instrumente vorgestellt werden, die vorwiegend im Risikomanagement eingesetzt werden, die Szenariotechnik als Methode der Risikoidentifikation und die Risikomatrix als Darstellungsform im Rahmen der Risikokommunikation.

Szenariotechnik Aufgrund der besonderen Bedeutung bei Umweltfragen, soll die Szenariotechnik als Methode der Frühaufklärung, die in die Stufe der Risikoidentifikation eingeordnet werden kann, dargestellt werden. Liegen von Seiten internationaler Organisationen, z.B. des IPCC oder von Wissenschaftlern, z.B. des CLUB OF ROME globale Szenarien vor, die eventuell schon auf regionale Szenarien herunter gebrochen sind, so stehen Unternehmen vor der Herausforderung, diese auf die Unternehmensebene zu übertragen. Hier kann die Szenariotechnik Anwendung finden. Sie zielt darauf ab, die Optionen, die sich einem Unternehmen im Zeitablauf bieten, zu nutzen. Dieses Spektrum der Möglichkeiten kann mit Hilfe eines Szenariotrichters veranschaulicht werden (vgl. Abbildung 12).

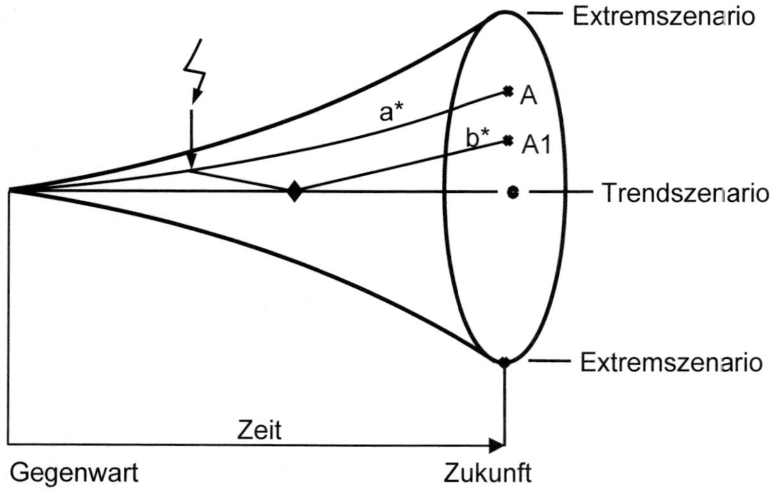

- ✱ Szenario = Bild einer denkbaren zukünftigen Situation
- a* Entwicklung eines Szenarios
- b* die durch ein Störereignis veränderte Entwicklungslinie
- ↓ Störereignis
- ◆ Entscheidungspunkt, z.B. Einsetzen von Maßnahmen

Abbildung 12: Szenariotrichter

(Quelle: GESCHKA/HAMMER 2005, S. 468)

Nachfolgend werden die acht Schritte der Szenariotechnik nach BATTELLE am Beispiel unseres Unternehmens MOBILITY UNLIMITED dargestellt.

1. Definition und Strukturierung des Untersuchungsfeldes:

MOBILITY UNLIMITED stellt neben „herkömmlichen" Kraftfahrzeugen auch Fahrzeuge mit alternativen Antrieben her. Insbesondere wurde die Entwicklung von Hybridfahrzeugen in den letzten Jahren vorangetrieben. Daneben bietet MOBILITY UNLIMITED auch Fahrzeuge mit Erdgas- und Biodieselantrieb an. MOBILITY UNLIMITED möchte jetzt wissen, wie sich der Markt für Erdgas- und Biodieselfahrzeuge in den nächsten 5 Jahren entwickeln wird, um zu entscheiden, ob weitere Investitionen lohnenswert sind.

2. Identifizierung und Strukturierung der wichtigsten Einflussbereiche auf das Untersuchungsfeld (Umfelder):

Dazu hat MOBILITY UNLIMITED das folgende Strukturbild zur Abbildung von möglichen Einflussbereichen erstellt.

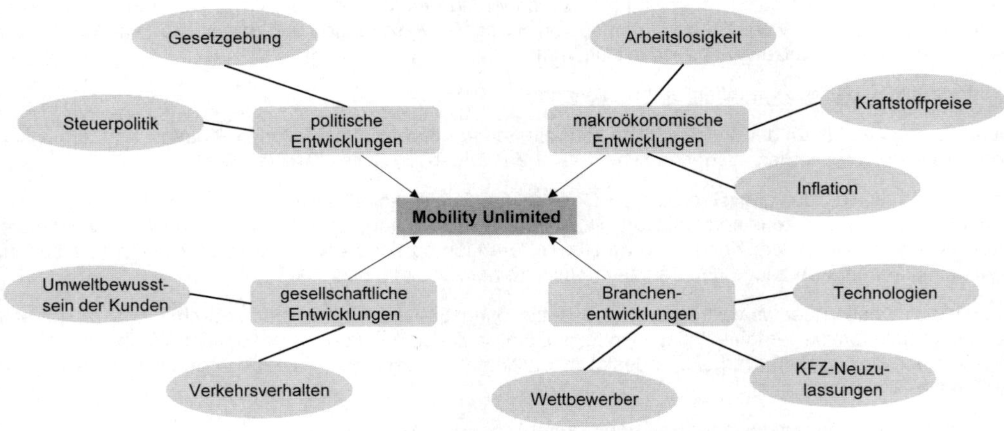

Abbildung 13: Szenariotechnik am Beispiel Mobility Unlimited

3. Ermittlung von Deskriptoren und deren Entwicklungstendenzen für die Umfelder:

Tabelle 6: Beispiel Umfeldanalyse

Umfeld	Deskriptor	Prognosen, Trends
Politische Entwicklung	Anzahl umweltrelevanter Gesetze	↑
	Steuerbegünstigung/Subvention umweltfreundlicher KFZ	↓↑→
Makro-ökonomische Entwicklungen	Kraftstoffpreise	↑
	Inflationsrate	↑→
	Arbeitslosenquote	↓→
Branchen-entwicklungen	KFZ-Neuzulassungen	↑→
	Anzahl und Produkte der Wettbewerber	↑
	Neue Technologien	Brennstoffzelle, Wasserstoffmotor
Gesellschaft-liche Entwicklungen	Umweltbewusstsein der Kunden beim KFZ-Kauf	↑→
	Verkehrsverhalten der Bevölkerung	Verzicht auf Fahrten, Wahl der Verkehrsmittel usw.

Für kritische Deskriptoren lässt sich bei der Prognose kein klarer Trend abzeichnen. Daher sind hier alternative Annahmen aufzustellen. Für Mobility Unlimited sind die politische Entwicklung, insbesondere eine mögliche Steuerbegünstigung umweltfreundlicher KFZ und die Entwicklung des Verkehrsverhaltens kritische Deskriptoren, da hier keine genaue Einschätzung der Entwicklung möglich ist.

4. Bildung von konsistenten Annahmenbündeln für die kritischen Deskriptoren:

In diesem Schritt werden die für die kritischen Deskriptoren getroffenen Annahmen auf gegenseitige Konsistenz überprüft.

Eine konsistente Verknüpfung dieser Dekriptoren ergibt, dass eine steuerliche Begünstigung von umweltfreundlichen (emissionsreduzierten) KFZ sich einerseits mittelfristig auf die Wahl der Verkehrsmittel auswirkt, zum Beispiel durch die Anschaffung kraftstoffsparender KFZ, KFZ mit alternativen Antrieben, die Kraftstoffwahl (Diesel, Benzin) oder Verzicht auf Fahrten. Entfällt eine Steuerbegünstigung werden auch weiterhin „herkömmliche" KFZ genutzt und somit keine Veränderung des Verkehrsverhaltens induziert. Ein inkonsistentes Annahmebündel wäre die Verknüpfung von Steuervergünstigungen und unverändertem Verkehrsverhalten, das heißt die Nutzung von KFZ mit Ottomotor.

5. Interpretation der ausgewählten Umfeldszenarien:

Durch Zusammenführen der ausgewählten konsistenten Annahmenbündel mit den Prognosen für die unkritischen Deskriptoren werden ausgehend von den Ist-Zuständen die Szenarien erstellt.

Szenario 1: Anstieg der umweltrelevanten Gesetze mit Subventionen für emissionsarme Fahrzeuge, steigende Kraftstoffpreise, konstante Inflation, sinkende Arbeitslosenquote, steigender Wettbewerb, unverändertes Umweltbewusstsein der Kunden sowie starke Veränderung des Verkehrsverhaltens durch Anschaffung kraftstoffsparender Fahrzeuge und Fahrzeuge mit alternativen Antrieben

Szenario 2: Anstieg der umweltrelevanten Gesetze ohne Subvention umweltfreundlicher Fahrzeuge, steigende Kraftstoffpreise, erhöhte Inflationsrate, konstante Arbeitslosenquote, steigender Wettbewerb, kaum Veränderung des Verkehrsverhaltens (lediglich Anschaffung sparsamer Fahrzeuge durch steigende Kraftstoffpreise)

6. Einführung und Auswirkungsanalyse signifikanter Störereignisse:

In einem weiteren Schritt untersucht MOBILITY UNLIMITED, welche Störereignisse existieren und inwieweit sie sich auf die gebildeten Szenarien auswirken können. Durch die Einführung dieser Diskontinuitäten ist es möglich, die Stabilität der einzelnen Szenarien zu überprüfen.

MOBILITY UNLIMITED hat einen wesentlichen Störfaktor identifiziert. Der Fortschritt in der technologischen Entwicklung von alternativen Antriebskonzepten, wie zum Beispiel die Serienreife von Brennstoffzellen oder Wasserstoffmotor spielen hier eine wichtige Rolle. Sollten diese Technologien im Untersuchungszeitraum zur Serienreife gebracht werden, würde dies die Anschaffung von Fahrzeugen mit bisherigen Techniken verhindern und diese Fahrzeuge wahrscheinlich vollständig ersetzen.

7. Analyse der Konsequenzen für das Untersuchungsfeld:

Aus diesen Szenarien müssen jetzt Handlungserfordernisse für MOBILITY UNLIMITED festgelegt werden. Beide Szenarien weisen eine (mehr oder weniger starke) Entwicklung des Marktes zu verschiedenen Antriebskonzepten auf. Allein die mit hoher Wahrscheinlichkeit steigenden Kraftstoffpreise führen zur Anschaffung von sparsamen Fahrzeugen. Dieser Effekt kann durch entsprechende politische Maßnahmen noch verstärkt werden. Allerdings ist die technologische Entwicklung der Brennstoffzelle ein entscheidender Störfaktor. MOBILITY UNLIMITED schätzt jedoch, dass die Serienreife der Brennstoffzelle als Fahrzeugantrieb noch ca. 15 Jahre benötigt. Im betrachteten Zeitraum wird die Eintrittswahrscheinlichkeit dieses Faktors als gering bewertet. Dennoch sollte das Unternehmen langfristig ein Engagement in diesem Bereich, zum Beispiel durch eigene Forschung und Entwicklung oder Technologiepartnerschaften in Erwägung ziehen.

8. Konzipieren von Maßnahmen:

Im letzten Schritt muss MOBILITY UNLIMITED die aus den Szenarien abgeleiteten Konsequenzen für das Untersuchungsfeld durch konkrete strategische und operative Maßnahmen umsetzen. Beide Szenarien weisen darauf hin, dass Erdgas- und Biodieselfahrzeuge am Markt auch in Zukunft gefragt sein werden. Wie stark die Nachfrage ausfällt, hängt maßgeblich von der Steigerung der Kraftstoffpreise und steuerlichen Vorteilen ab. MOBILITY UNLIMITED kann somit diese Antriebsvarianten weiterhin produzieren, allerdings sollte darauf geachtet werden, die Kosten zu reduzieren und somit auch die Anschaffungskosten für die Kunden zu verringern. Hinsichtlich eines längerfristigen Engagements im Bereich Brennstoffzellenantrieb sollte die Suche nach potenziellen Partnern vorangetrieben werden und entsprechende Kooperationen ausgehandelt werden.

Risikomatrix Die Risikokommunikation kann mit Hilfe einer Risikomatrix erfolgen. Diese unterteilt die Risiken nach ihrer Eintrittswahrscheinlichkeit und ihrem Schadensausmaß. Die Eintrittswahrscheinlichkeit drückt den Erwartungswert für ein Ereignis aus, der basierend auf objektiven Werten der Vergangenheit und subjektiven Einschätzungen der Zukunft bestimmt wird. Das Schadensausmaß drückt die Schwere im Falle des Eintritts eines Schadens aus. Eine mögliche Klassifizierung für Gefahrstoffe bietet das Spaltenmodell nach der Technischen Regel für Gefahrenstoffe (TRGS) 440 des BUNDESGENOSSENSCHAFTLICHEN INSTITUTS FÜR ARBEITSSCHUTZ, das z.B. für akute und chronische Gesundheitsgefahren, für Umweltgefahren und für Brand- und Explosionsgefahren eine Unterteilung in die fünf Klassen sehr hohe, hohe, mittlere, geringe und vernachlässigbare Gefährdung vornimmt (vgl. BUNDESGENOSSENSCHAFTLICHES INSTITUT FÜR ARBEITSSCHUTZ 2006). Ferner kann die Blasengröße der in der Risikomatrix dargestellten Objekte zusätzliche Informationen darstellen (wie z. B. den durch ein Produkt erzielten Umsatz).

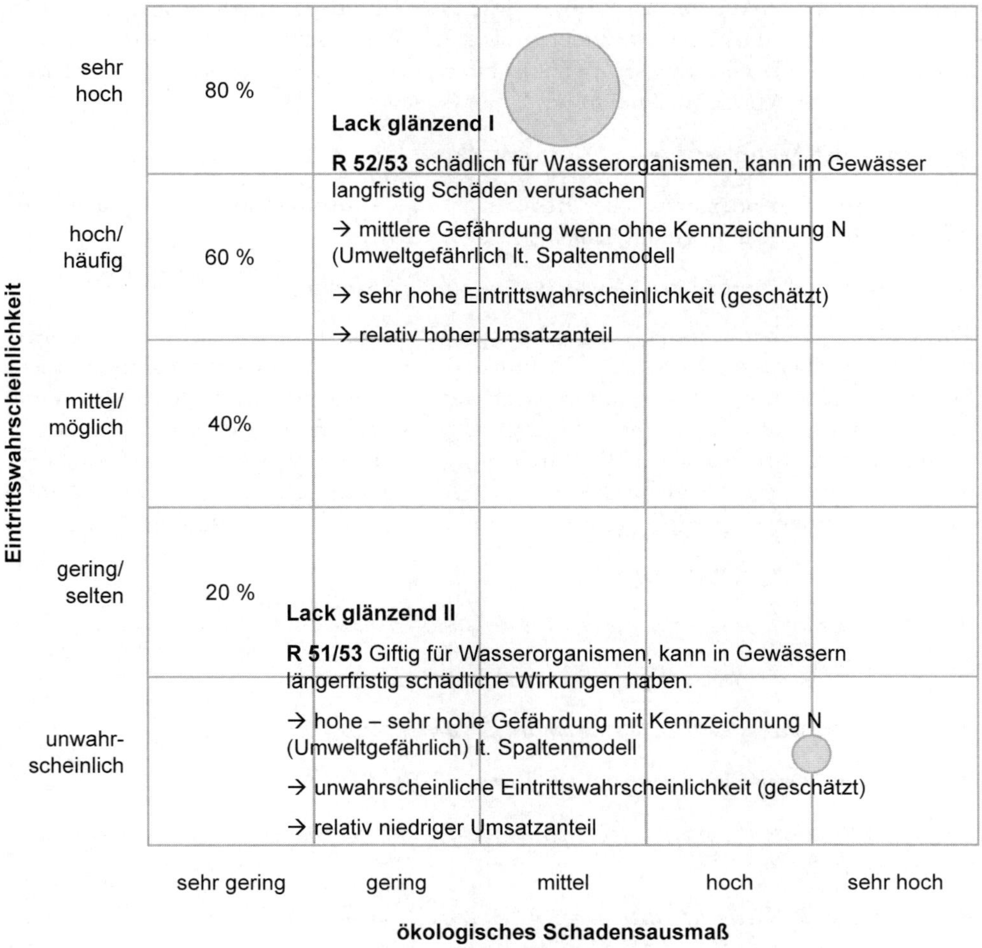

Abbildung 14: Risikomatrix

Jetzt geht´s los Hat sich nun ein Unternehmen entschieden, aus der Ökovision eine Wettbewerbsstrategie abzuleiten und ein Umdenken im Unternehmen zu initiieren, so ist zu konkretisieren, was unter Nachhaltigkeit und speziell Ökologieorientierung zu verstehen ist und wie diese Ökologieorientierung im Unternehmen umgesetzt werden kann.

3 Denken über Zeit und Raum – nachhaltig handeln mit Verantwortung

„Ziele bis zum Mond, auch wenn Du ihn verfehlst, Du wirst doch unter den Sternen landen." (Les Brown)

Nachhaltige Entwicklung als Leitbild für die Zukunft Corporate Social Responsibility, Sustainability, Corporate Citizenship, Corporate Governance: In den letzten Jahren hat sich in der Gesellschaft die Diskussion zur Notwendigkeit der langfristigen Erhaltung unserer Lebensgrundlagen verstärkt. Mittlerweile diskutieren nicht nur Wissenschaftler und thematisch Interessierte, sondern breite Bevölkerungsgruppen bis hin zu den Boulevardmedien dieses Thema. Dies geschah insbesondere vor dem Hintergrund

- steigenden Wettbewerbs- und Kostendrucks,
- knapper werdender natürlicher Ressourcen und Aufnahmekapazitäten unserer Umwelt hinsichtlich Quantität und Qualität sowie
- national und international zunehmender sozialer Spannungen.

Die Diskussion ist bisher keinesfalls abgeschlossen. Im Fokus stand und steht das Bemühen, die verschiedenen Zielbereiche Wirtschaft, Umwelt und Gesellschaft aufeinander abzustimmen und ihre Wechselwirkungen zu betrachten. Die gleichzeitige Verfolgung verschiedener ökonomischer, ökologischer und sozialer Ziele wird in Politik und Wissenschaft unter dem Begriff „Sustainable Development" bzw. der deutschen Bezeichnung „Nachhaltige Entwicklung" als Leitbild für die Zukunft diskutiert. Wird die Verantwortung der Unternehmen, einen Beitrag zur nachhaltigen Entwicklung zu leisten, angesprochen, spricht man von Corporate Social Responsibility.

Dieses Kapitel widmet sich folgenden Fragen:

- *Welche Meilensteine kennzeichnen die Geschichte der Nachhaltigkeit? (3.1)*
- *Wie kann Nachhaltigkeit definiert werden? (3.2)*
- *Wie kann Nachhaltigkeit theoretisch differenziert werden? (3.3)*
- *Was versteht man unter Corporate Social Responsibility? (3.4)*
- *Welche praktischen Umsetzungskonzepte aus Politik, Wissenschaft, Wirtschaft und dem Finanzsektor gibt es? (3.5)*
- *Wie kann die Nachhaltigkeitsposition von Unternehmen graphisch dargestellt werden? (3.6)*

3.1 Geschichte der Nachhaltigkeit

Ursprünge Bereits die Schöpfungsgeschichte der Bibel stellt dar, dass dem Menschen der Auftrag zur Unterwerfung *und* Bewahrung der Erde erteilt wird und in jeder Religion dieser Welt ist die Verantwortung der Menschheit für die Welt, deren Teil wir sind, verankert. So ist die Idee einer langfristigen Erhaltung unserer Lebensgrundlagen nichts Neues. Und doch lässt sich erkennen, dass immer erst dann, wenn Probleme auftreten, nach Lösungen gesucht wird, so z.B. für eine beständige, langfristige Waldbewirtschaftung. Nachfolgend werden wichtige und teilweise prägende Ereignisse der Nachhaltigkeitsdiskussion in ihrer zeitlichen Abfolge vorgestellt. Zwei Einschnitte seien gesondert erwähnt:

a) Bis Ende der sechziger Jahre des 20. Jahrhunderts wurden Umwelt- und Entwicklungsfragen getrennt behandelt. Erst als in den wirtschaftlich führenden Ländern der Erde die Knappheit der Ressourcen sichtbar wurde (Stichwort: Ölkrise), entstand eine breite Umweltbewegung und ökonomische, ökologische und soziale Probleme wurden zusammen betrachtet. Für die ökologische Umwelt stand zunächst aufgrund von Ressourcenengpässen die Versorgungsfunktion im Mittelpunkt, doch heute wird gleichermaßen die entwicklungsbegrenzende Aufnahmefähigkeit der Umwelt diskutiert.

b) Seit Ende des letzten Jahrhunderts wurden darüber hinaus von Industrieunternehmen, -verbänden und einzelnen Organisationen Konzepte zur Umsetzung einer nachhaltigeren Entwicklung erarbeitet, d.h. Umwelt-, Gesellschafts- und Wirtschaftsperspektiven wurden zusammen geführt. Heute liegen vielfältige Vorschläge vor, die einzelnen Handlungsakteuren in bestimmten Situationen Ansatzpunkte bieten.

Nachfolgende Tabelle stellt die Entwicklung im zeitlichen Ablauf dar:

Tabelle 7: Geschichte der Nachhaltigkeit

Zeit	Ereignis
1144	Die Umsetzung der Idee einer nachhaltigen Entwicklung kann bis in eine Forstordnung des Klosters Mauermünster im Elsass aus dem Jahre 1144 zurückverfolgt werden.
1343	Erste Wurzeln von „nachhaltiger" Waldbewirtschaftung lassen sich schon im 14. Jahrhundert finden. So verpflichtet die Stadt Dortmund im Jahr 1343 ihre Bürger zum Anbau von Laubbäumen in Stadtnähe.
1359	Für den Erfurter Stadtwald wird eine Einteilung in Schläge erwähnt, die man nutzt und danach ruhen lässt, damit die Bäume wieder nachwachsen.
1661	Der Verwalter der Stadt Reichenhall erstellt einen Holzeinschlagplan, um die Brennholzzufuhr für die Soleverdampfung zur Salzgewinnung zu sichern. Er nennt das Konzept „Ewiger Wald". „Gott hat die Wäldt für den Salzquell erschaffen auf dass sie ewig wie er continuieren mögen/also solle der Mensch es halten: Ehe der alte ausgehet, der junge bereits wieder zum verhackhen hergewaxen ist" (HASEL 2002, S. 307).
1713	Der Begriff in der heute gebräuchlichen Bedeutung wird 1713 in Sachsen durch HANS CARL VON CARLOWITZ vor dem Hintergrund der Holznutzung für den Bergbau geprägt. Demnach soll nicht mehr Holz geschlagen werden als im gleichen Zeitraum wieder nachwachsen kann, um eine beständige Nutzung zu ermöglichen. „... wie eine sothane Conservation und Anbau des Holtzes anzustellen/daß es eine continuirliche beständige und n a c h h a l t e n d e Nutzung gebe..." (VON CARLOWITZ 2000, S. 105)

ab etwa 1750	Eine systematische Verwendung der Begriffsinhalte einer nachhaltigen Entwicklung ist ab Mitte des 18. Jahrhunderts in der Forstwirtschaft zu finden. Dort steht insbesondere eine einzelwirtschaftlich orientierte nachhaltige Waldbewirtschaftung zur Sicherung gleichbleibender Entnahmen und damit eines konstanten Ertrags- bzw. Einkommensniveaus im Mittelpunkt. Somit erfolgt ein Übergang von einem bisher meist nur kurzfristigen zu einem langfristigen Planungshorizont. Diese Überlegungen können einer **Nachhaltigkeit erster Generation** zugeordnet werden, bei der die wirtschaftliche Dimension im Mittelpunkt steht. Die ökologische Leistungskraft hinsichtlich der langfristigen Aufrechterhaltung der Lebens- und Funktionsfähigkeit des Waldes und damit des entsprechenden Ökosystems, ästhetische sowie soziale Aspekte und damit Gesichtspunkte einer intergenerativen Gerechtigkeit fanden erst später Berücksichtigung. Auch andere mögliche Nutzungsarten von Wäldern als die Nutzung der Ressource Holz spielten dabei keine Rolle.
nach 1800	Durch die weltweit verbreitete Bedeutung des Konzeptes werden in der Forstwirtschaft die Begriffe „sustained yield forestry“ bzw. „sustained yield“ als Ausdruck des nachhaltigen Ertrags und somit als dynamische Stromgröße bedeutsam, die die wirtschaftliche Leistungskraft des Waldes charakterisieren. Begrifflich ist damit kein großer Sprung mehr zu „Sustainable Development“ erforderlich.
1894	OTTO VON HAGEN formulierte „Allgemeine Wirtschaftsgrundsätze“, die festhalten, dass „ [...] mit dem Wald keine reine Gewinngemeinschaft zu betreiben sei, sondern seine Bewirtschaftung dem Allgemeinwohl zu dienen hätte, was unter anderem die Aufrechterhaltung der Schutzfunktion des Waldes erforderte [...]“ (F. A. BROCKHAUS (Hrsg.) 2001, S. 322)
1946	Elemente einer „nachhaltigen“ Entwicklung im Sinne der Erhaltung von Kapital als wesentlicher Bestandteil ökonomischer Nachhaltigkeit sind auch Mitte des 20. Jahrhunderts bei der Einkommensdefinition von HICKS enthalten (vgl. HICKS 1946, S. 172). HICKS bezeichnet in Analogie zum Nachwachsen des Holzes lediglich das als Einkommen, was ein Individuum während einer Periode konsumieren kann, ohne sein Vermögen zu beeinträchtigen. Dieser Einkommensaspekt bezieht sich allerdings nur auf die ökonomische Entwicklung hinsichtlich der Einnahmen und Ausgaben einer Person und muss deshalb noch in den gesellschaftlichen Kontext übertragen werden.
1968	Die DDR verankert als erster Staat der Erde den Umweltschutz in ihrer Verfassung und führt so Politik und Umwelt zusammen. Im Laufe der Zeit sinken aber dann die Maßnahmen des staatlichen praktischen Umweltschutzes deutlich bzw. kommen sogar nahezu zum Erliegen.
1969	In der BUNDESREPUBLIK DEUTSCHLAND wird eine Abteilung Umweltschutz im Bundesinnenministerium gebildet.
1971	Das erste Umweltprogramm der BUNDESREPUBLIK DEUTSCHLAND wird vor dem Hintergrund einer teilweise bedenklichen Umweltsituation verabschiedet.
1972	Der Bericht des CLUB OF ROME „Die Grenzen des Wachstums“ erscheint, in dem diese Grenzen des Wachstums und der gesamten weiteren menschlichen Entwicklung insbesondere in der Erschöpfung der Ressourcen, d.h. der Erschöpfung der Versorgungsfunktion der natürlichen Umwelt beschrieben werden.
1972	Eine Konferenz der UNO in Stockholm initiiert den weltpolitischen Dialog über die nachhaltige Entwicklung. Seit diesem Zeitpunkt war Umwelt stets ein zentrales Thema der UNO. Im Mittelpunkt steht dabei die Diskussion von Umwelt- und Entwicklungsfragen.
1980	Die INTERNATIONAL UNION FOR THE CONSERVATION OF NATURE (IUCN), verschiedene UN-Organisationen und der WORLD WILDLIFE FUND (WWF) nutzen in der World Conservation Strategy den Begriff „Sustainable Development“ in der gegenwärtigen Bedeutung. Eine breite Begriffsverwendung ist damit allerdings noch nicht verbunden.
1983	Die Vereinten Nationen beschließen in ihrer Vollversammlung die Gründung einer WELTKOMMISSION FÜR UMWELT UND ENTWICKLUNG. Deren Ziel liegt in der Erarbeitung von Strategien für eine langfristige Entwicklung. Die Kommission besteht überwiegend aus Politikern.

1986	Erst 17 Jahre nach der Bildung der Abteilung Umweltschutz im BUNDESINNENMINISTERIUM wird diese als ad hoc-Reaktion auf eine Katastrophe in Form des Reaktorunfalls von Tschernobyl als eigenes Bundesministerium, das BUNDESMINISTERIUM FÜR UMWELT, NATURSCHUTZ UND REAKTORSICHERHEIT (BMU) verselbständigt. Allerdings erhält dieses Ministerium nicht alle Kompetenzen, die es nach allgemeiner Erwartung hätte erhalten sollen. Insbesondere die Zuständigkeit für Raumordnung, der entscheidende Bedeutung für den Umweltschutz zugesprochen wird, wid aus Gründen resultierender parteipolitischer Kompensationsansprüche nicht dem neuen Ministerium zugeordnet.
1987	Die WELTKOMMISSION FÜR UMWELT UND ENTWICKLUNG legt einen Abschlussbericht vor, in dem Möglichkeiten für den Übergang zu einer nachhaltigen Entwicklung aufgezeigt werden. Dieser Bericht erhält nach der Vorsitzenden der Kommission, der damaligen norwegischen Ministerpräsidentin GRO HARLEM BRUNDTLAND, die Bezeichnung Brundtland-Bericht. In ihm ist die allgemein gefasste Definition („Nachhaltige Entwicklung" ist die Entwicklung, die die Bedürfnisse der Gegenwart befriedigt, ohne zu riskieren, dass künftige Generationen ihre eigenen Bedürfnisse nicht befriedigen können.) enthalten, die bis heute am häufigsten verwendet wird. Mit dem Bericht wird deutlich, dass insbesondere auch die Aufnahmefähigkeit der Natur für Abfälle, d.h. deren Trägerfunktion, begrenzt ist und damit eine Begrenzung der Entwicklung und Entwicklungsfähigkeit bildet. Die Vollversammlung der UNO verabschiedet im gleichen Jahr eine Resolution, womit der Brundtland-Bericht zur Richtschnur der künftigen Politik der UNO erklärt wird. Diese Ereignisse 1987 führen zu einer anschließenden Verwendung des Begriffs in größerem Umfang und zu einem weltweiten Bekanntwerden in den interessierten Kreisen. Eine allgemeine Bekanntheit des Begriffs ist damit aber trotzdem nicht verbunden. Diese Entwicklung kann einer **Nachhaltigkeit zweiter Generation** zugeordnet werden, bei der mehrere verschiedene Wertkategorien in Form einer ökonomischen, ökologischen und sozialen, aber auch ästhetischen Dimension gleichzeitig untersucht werden. Diese Wertkategorien beziehen sich überdies auf verschiedene Nutzungsarten, die sich über die materiellen Ressourcen hinaus umfassender insbesondere auf die mit Ressourcen verbundenen Funktionen beziehen. So werden neben der Nutzung des Holzes auch die Funktionen von Wäldern als Lebensraum, für den Tourismus oder im Rahmen der Landesplanung berücksichtigt, zwischen denen Zielkonkurrenz bestehen kann. Zwischen langfristigen Erhaltungsaspekten und kurzfristigen Nutzungszielen und erforderlichen Umsetzungsaspekten von Nachhaltigkeit der zweiten Generation besteht allerdings ein trade off.
1989 und 1990	Auch bei nationalen Regierungen erfolgt zunehmend eine Ausrichtung der Erklärungen zur eigenen Politik am Leitbild der nachhaltigen Entwicklung oder an Teilen davon, wie z.B. bei den G7-Weltwirtschafts-Gipfeln. Dort wird die baldige und weltweite politische Einigung auf Politiken zur Stützung einer langfristig konzipierten Entwicklung gefordert.
1991	Die INTERNATIONALE HANDELSKAMMER als Vertreter der internationalen Wirtschaft reagiert ebenfalls auf die neue Herausforderung und verfasst eine „Business Charta for Sustainable Development".
1992	Die UN-Weltkonferenz „Umwelt und Entwicklung" in Rio de Janeiro, an der Diplomaten aus 178 Staaten teilnehmen, setzt eine Reihe bedeutender Aktivitäten für eine nachhaltigere Entwicklung in Gang und führt zu einer weiteren Verbreitung des Begriffs, insbesondere in Politik und Wissenschaft. Mit dem Ziel einer nachhaltigen Entwicklung wird die Agenda 21 als internationales Aktionsprogramm für das 21. Jahrhundert begründet, in der die für eine nachhaltigere Entwicklung in den Mitgliedsstaaten für notwendig befundenen Aktionen konkretisiert werden. Die Agenda 21 ist eine Absichtserklärung der Unterzeichnenden, die völkerrechtlich nicht bindend ist. Vom DEUTSCHEN BUNDESTAG wird die Gründung einer ENQUETE-KOMMISSION „Schutz des Menschen und der Umwelt" beschlossen. In dieser Kommission sollen Probleme einer nachhaltigeren Entwicklung im Zusammenwirken mit Wissenschaft und Praxis aufgearbeitet sowie Rahmenbedingungen und Lösungswege aufgezeigt werden, um der Verantwortung der Bundesregierung gerecht zu werden.

1992	Die Aktualisierung des 1972er CLUB OF ROME-Berichtes fordert insbesondere erweiterte Informationssysteme, die korrekte Daten zur gegenwärtigen Situation der Erde und entsprechend exakte Prognosen liefern können.
2001	Der Klima-Bericht des zwischenstaatlichen UN-Gremiums für Klimaveränderungen (INTERGOVERNMENTAL PANEL ON CLIMATE CHANGE, IPCC) belegt eine rapidere Atmosphärenerwärmung und damit verbundene stärkere Klimaveränderungen als bislang angenommen. Diese Ergebnisse verdeutlichen noch einmal die Notwendigkeit und Aktualität einer nachhaltigeren Entwicklung. Die Europäische Commission definiert CSR als „ ein Konzept, das den Unternehmen als Grundlage dient, auf freiwilliger Basis soziale Belange und Umweltbelange in ihre Unternehmenstätigkeit und in die Wechselbeziehungen mit den Stakeholdern zu integrieren" (Europäische Kommission 2001, S. 8)
2002	Auf der Rio plus 10-Konferenz in Johannesburg startet die „Initiative für Erneuerbare Energien" der EU und lateinamerikanischer Länder. Kanada, China, Russland und Indien sagen zu, das Kyoto-Protokoll zum Klimaschutz zu ratifizieren. Außerdem wird ein Aktionsplan verabschiedet, einer Milliarde Menschen Zugang zu sauberem Wasser und sanitären Grundbedürfnissen zu verschaffen. Die EU-Kommission veröffentlicht eine Mitteilung betreffend die soziale Verantwortung der Unternehmen: ein Unternehmensbeitrag zur Nachhaltigen Entwicklung (KOMMISSION DER EUROPÄISCHEN GEMEINSCHAFTEN 2002)
2004	Das Multistakeholder-Forum der Europäischen Union zu Corporate Social Responsibility definiert CSR als "the voluntary integration of environmental and social considerations into business operations, over and above legal requirements and contractual obligations. CSR is about going beyond these, not replacing or avoiding them" (EUROPEAN MULTISTAKEHOLDER FORUM ON CSR 2004, S. 3). Somit wird CSR zu einem Hebel der Umsetzung der Ziele der Nachhaltigkeit. Auf ISO-Ebene wird eine Task Force SR (Social Responsibility) eingerichtet. Die reine Beschränkung auf Unternehmen entfällt.
2005	Der Millennium Ecosystem Assessment-Bericht unter Anderem im Auftrag der UNO stellt die Bedingungen und Entwicklungen unserer Ökosysteme dar, bewertet die Konsequenzen ihrer Veränderung und zeigt Wege zu ihrer Erhaltung und nachhaltigeren Nutzung auf.
2006	Die EU-Kommission ruft das europäische Bündnis für soziale Verantwortung der Unternehmen ins Leben. Ziel ist, die weitere Verbreitung von CSR anzuregen und dadurch eine nachhaltigere Entwicklung zu verstärken. (KOMMISSION DER EUROPÄISCHEN GEMEINSCHAFTEN 2006)
2007	Das IPCC der UN veröffentlicht seinen vierten Sachstandsbericht. Die früheren Ergebnisse können mit einer größeren Wahrscheinlichkeit bestätigt werden, von Unternehmen werden Maßnahmen angemahnt. Darüber hinaus wird der Anpassungsbedarf der Gesellschaft an den Klimawandel, z.B. Extremwetterereignisse dargestellt. Abgerundet wird der Bericht durch das Aufzeigen möglicher Emissionsminderungs-Optionen für Treibhausgase (THG) unter wissenschaftlichen, technischen, umweltbezogenen, wirtschaftlichen und sozialen Aspekten.
2008	Die deutsche Nachhaltigkeitsstrategie wird weiterentwickelt: Das Leitbild für nachhaltige Entwicklung basiert auf den vier Säulen Generationengerechtigkeit, Lebensqualität, sozialer Zusammenhalt und internationale Verantwortung. Daraus werden Maßnahmen und Ziele abgeleitet sowie Schwerpunkte für eine nachhaltigere Entwicklung gesetzt, die weiter entwickelt werden. Um die Nachhaltigkeitsstrategie erfolgreich umzusetzen, werden die Ziele und Maßnahmen anhand von Indikatoren kontrolliert.

3.2 Begriff Nachhaltigkeit

Etymologische Ursprünge Der deutsche Begriff „**Nachhaltigkeit**" kann auf zwei etymologische Wurzeln zurückgeführt werden:

1. Das Wort „Nachhalten“ ist seit dem 18. Jh. mit einem breiten Verwendungsbereich belegt und bedeutet „andauern, wirken, anhalten“ (KLUGE 2002, S. 642). Das Wort „Nachhaltigkeit“ beschreibt in dieser Verwendung lediglich die Fortdauer oder Konstanz von Zuständen, Prozessen und Wirkungen. In dieser Form wird das Wort in der klassischen Betriebswirtschaftslehre verwendet, wann immer das Ziel einer langfristigen Entwicklung, z.B. in Form von Gewinnwachstum beschrieben wird.

2. Nachhaltigkeit ist aber auch die Übersetzung des englischen Begriffs „Sustainability“. „To sustain“ kommt vom Lateinischen „sustenere“ („aushalten“) und ist seit dem 13. Jh. gebräuchlich. In dieser Form steht es einerseits in einer eher passiven Form dafür, unerwünschte Einwirkungen auszuhalten und ihnen standzuhalten, andererseits in einer eher aktiven Form dafür, einen erwünschten Zustand zu stützen oder in Gang zu halten (vgl. REDCLIFT 1993, S. 3 ff.).

Notwendigkeit einer Definition So ist „Nachhaltigkeit“ in beiden Verwendungsformen zunächst ein positiv besetzter Begriff und wird gerne gebraucht. Doch bei Praxiskonzepten bzw. -instrumenten einer nachhaltigeren Entwicklung fehlt meist eine explizite Definition von „Nachhaltiger Entwicklung“ oder sie ist nur fragmentarisch vorhanden. Das bedeutet, etwas soll umgesetzt werden, was gar nicht explizit beschrieben ist bzw. worüber nur implizite Vorstellungen bestehen. Zielfindung und Ergebniskontrolle können so nur schwer durchgeführt und vor allem nicht nachvollzogen werden. In der Literatur sind bereits zahlreiche Definitionen für eine nachhaltige Entwicklung zu finden, die verschiedene Facetten möglicher Begriffsinhalte aufzeigen. Beispielhaft soll im Folgenden jeweils eine ausgewählte Definition aus den für dieses Lehrbuch maßgeblichen Bereichen Politik, Wissenschaft, Management und Kapitalmarkt aufgezeigt werden.

Politische Definition (nach BRUNDTLAND) Als politische, weitverbreitetste und **Basisdefinition** insbesondere der meisten nationalen und internationalen politischen Anwendungen gilt die BRUNDTLAND-Definition. Sie wurde nach der Vorsitzenden der Kommission benannt, die diese Definition 1987 in die politische Diskussion eingebracht hat. Danach wird nachhaltige Entwicklung als eine Entwicklung verstanden, die

- die Bedürfnisse der gegenwärtigen Generation befriedigt,
- ohne zu riskieren, dass zukünftige Generationen ihre Bedürfnisse nicht mehr befriedigen können (vgl. HAUFF 1987, S. 46).

Wissenschaftliche Definition Nach einer Definition aus der wissenschaftlichen Literatur (vgl. STEURER 2001, S. 542) kann die sogenannte ausgewogene Nachhaltigkeit mit acht Axiomen beschrieben werden:

1. Axiom: Nachhaltigkeit wird ökologisch-anthropozentrisch konkretisiert, d.h. die Bedürfnisbefriedigung gegenwärtiger und zukünftiger Generationen steht im Vordergrund. So bedeutet Nachhaltigkeit, dass die Wohlfahrt im Zeitverlauf nicht abnimmt.

2. Axiom: Eine Zielharmonie zwischen Wirtschaftswachstum und Umweltqualität wird nicht ausgeschlossen. Werden beide als gleichwertig erachtet und eine Zielharmonie als erreichbar eingestuft, liegt eher das Verständnis einer schwachen Nachhaltigkeit vor. Wird die Harmonie als eher theoretische Möglichkeit gesehen, liegt das Konzept einer starken Nachhaltigkeit zugrunde.

3. Axiom: Neben ökonomischen und ökologischen sind auch soziale Aspekte zu beachten. Dabei steht neben der intergenerationellen Gerechtigkeit (Verantwortung für zukünftige Generationen) die intragenerationelle Gerechtigkeit (Verteilung der Wohlfahrt zwischen Industrie- und Entwicklungsländern). Dabei werden drei Arten von Kapital unterschieden: Naturkapital, künstliches Kapital (z.B. Technik) und Humankapital.

4. Axiom: Umweltpolitik muss die marktwirtschaftlichen Mechanismen ergänzen. Dabei kann zwischen ordnungs- und marktpolitischen Instrumenten unterschieden werden, wobei ein Instrumentenmix als optimal angesehen wird. Entscheidend ist zunehmend die Integration der Umweltpolitik in alle anderen Politikbereiche.

5. Axiom: Managementregeln zur nachhaltigen Nutzung von Naturkapital sind aufzustellen und zu befolgen. Hier sei auf die unten vorgestellten Nachhaltigkeitsregeln (vgl. Kapitel 3.5.1) verwiesen.

6. Axiom: Durch technische Entwicklungen wird die Entkopplung von Wirtschaftswachstum und Umweltqualität, vor allem durch eine Dematerialisierung ermöglicht (Effizienzstrategie). Begleitet wird diese von einer Konsistenzstrategie (umweltverträgliche Stoff- und Energieströme) und einer Suffizienzstrategie (Verzicht auf materielle Güter), wie sie auch durch das Denken in Funktionen befördert wird.

7. Axiom: Durch neues Wissen werden die Grenzen des Wachstums variabel. Hierfür ist allerdings große Zielstrebigkeit erforderlich.

8. Axiom: Abschließend werden objektive Indikatoren einer nachhaltigen Entwicklung gefordert, um ex post beurteilen zu können, inwieweit das Kapital erhalten wird bzw. ex ante dessen Erhaltung proaktiv steuern zu können.

Abschließend soll eine abstraktere wissenschaftliche Definition von RADKE vorgestellt werden: „Eine nachhaltige Entwicklung ... dadurch charakterisiert, dass

- eine durch die Gerechtigkeitssubjekte
- auf der Basis eines präferierten Koordinationsmechanismus‘ zu wählende
- hinsichtlich der berücksichtigten Gerechtigkeitsobjekte anzuwendende
- in einer gewählten Dimension zu messende
- erreichbare
- Verteilungsregel

implementiert wird“ (RADKE 1999, S. 158)

Managementdefinition Die INTERNATIONAL CHAMBER OF COMMERCE (ICC) definiert langfristig tragfähige Entwicklung, den Bedürfnissen der Gegenwart zu entsprechen, ohne künftige Generationen in ihrer Fähigkeit zu beeinträchtigen, ihre eigenen Bedürfnisse zu befriedigen. Wirtschaftliches Wachstum wird dabei als Voraussetzung für die bestmögliche Verwirklichung von Umweltschutz verstanden. Dieser wiederum ist in ausgewogener Verbindung mit anderen menschlichen Zielen notwendig, um ein umweltverträgliches Wachstum zu erreichen. Zur Unterstützung wurde eine „Charta für eine langfristig tragfähige Entwicklung“ als Leitlinien mit 16

Grundsätzen des Umweltmanagements veröffentlicht (siehe weiterführend ICC 1991). ECONSENSE, das Forum für Nachhaltige Entwicklung der Deutschen Wirtschaft beschreibt sein Verständnis von Nachhaltiger Entwicklung in vier Sätzen: (www.econsense.de)

- Nachhaltige Entwicklung strebt die Balance ökonomischer, gesellschaftlicher und ökologischer Ziele an.
- Nachhaltige Entwicklung ist ein Verständigungs-, Such- und Lernprozess.
- Nachhaltigkeit ist zukünftig ein zentraler strategischer Wettbewerbsfaktor für die Wirtschaft.
- Nachhaltige Entwicklung ist ein Gestaltungsprozess und erfordert ein neues Politikverständnis.

Kapitalmarktdefinition Seit 1999 haben sich die DOW JONES SUSTAINABILITY INDEXES (DJSI) mit dem Ziel etabliert, die Finanzleistung der führenden nachhaltigkeitsorientierten Unternehmen zu messen. Sie zielen in ihrer Definition auf die unternehmerische Ebene der Nachhaltigkeit und betonen die Möglichkeiten einer langfristigen Schaffung von Shareholder Value durch die Berücksichtigung ökonomischer, ökologischer und sozialer Aspekte. Diese Definition ordnet Nachhaltigkeit somit als Sachziel dem Formalziel der Erzielung von Shareholder Value unter. „Corporate Sustainability is a business approach that creates long-term shareholder value by embracing opportunities and managing risks deriving from economic, environmental and social developments" (SAM INDEXES GMBH 2008, S. 7)

Situationsabhängige Konkretisierung des Leitbildes Alle vorgestellten Definitionen bilden jeweils einen Teil des möglichen Anspruchs einer nachhaltigen Entwicklung ab, eben aus ihrer Perspektive heraus. Dies ist einerseits auf die Unkonkretheit des Leitbildes und andererseits auf die erforderliche Situationsspezifik zurückzuführen, in der bestimmte Aspekte einer umfassenden nachhaltigen Entwicklung jeweils keine Bedeutung haben. Eine allgemeingültige globale, für alle Situationen und Handlungsakteure gleiche Definition einer nachhaltigen Entwicklung kann es aus verschiedenen Gründen nicht geben:

- Das Leitbild wird immer komplex bleiben (müssen), um einen breiten Aktionsradius zu ermöglichen.
- Hinsichtlich der Ausstattung mit natürlichen Ressourcen bestehen kulturelle und regionale Unterschiede.
- Der erreichte Ausgangszustand ist unterschiedlich.
- Die jeweiligen individuellen Bedürfnisse sind verschieden.

Umfassende Struktur So sollten aus systematischen Überlegungen alle Aspekte von „Nachhaltiger Entwicklung" für eine umfassende Strukturierung berücksichtigt werden, aus der dann Unternehmen konkret und situationsspezifisch auswählen können. Nachhaltige Entwicklung kann somit nicht als ein fixer, inhaltsgleicher und zeitunabhängiger Zustand beschrieben werden. Vielmehr ist in jeder konkreten Anwendungssituation eine situationsabhängige Konkretisierung erforderlich. Eine Definition kann somit entweder nur ganz allgemein die Kernidee einer nachhaltigen Entwicklung oder die in einer bestimmten Situation jeweils für relevant gehaltenen Aspekte widerspiegeln. Mit zunehmender Konkretisierung der Inhalte für eine spezielle Anwendungssituation ist dabei allerdings mit abnehmendem Konsens zu rechnen (vgl. Abbildung 15). In der Praxis bewegt sich die Diskussion um eine „nachhaltige Entwicklung“ ebenfalls einerseits oftmals auf der Ebene eines Leitbildes ohne Konkretisierung hinsichtlich einer Umsetzung auf Unternehmensebene. Andererseits werden aber vor dem Hintergrund der Regionalspezifik von Ressourcen die konkreten Ausgangszustände und determinierenden Rahmenbedingungen sowie Branchenbesonderheiten häufig nur unzureichend beachtet. Für den Erfolg einer Realisierung des Leitbildes ist dies jedoch unbedingt erforderlich, da eine Umsetzung durch die Entscheidungsträger vor Ort beeinflusst und gesteuert wird.

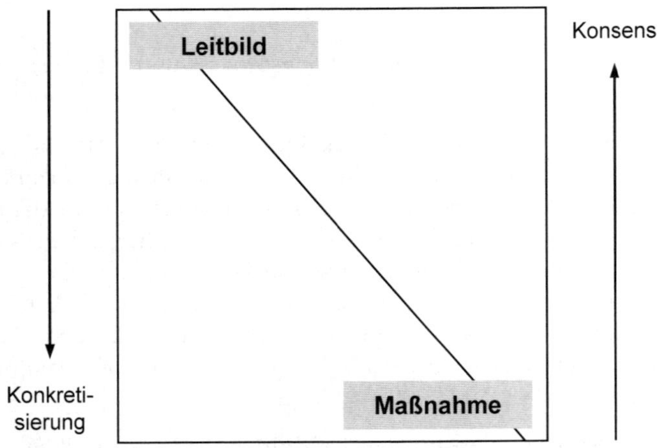

Abbildung 15: Konkretisierungs-Konsens-Matrix
(Quelle: GÜNTHER/SCHUH 2000, S. 16)

Komparativ „Nachhaltigere Entwicklung“ Spricht man vom Zielzustand der Nachhaltigkeit, so scheint die Verwendung des Begriffs „Nachhaltige Entwicklung“ adäquat. Steht jedoch die Gestaltung und Veränderung des gegenwärtigen Zustands im Vordergrund oder werden alternative Handlungsmöglichkeiten verglichen, so kann kein absoluter Zielzustand festgelegt werden. Zudem fehlt ein messbares Endziel für die Einstufung in „nachhaltig“ und „nicht nachhaltig“. Allerdings kann bei einem Vergleich bestimmt werden, welche Entwicklung zweier Zustände das Prädikat der Nachhaltigkeit besser erfüllt. So scheint sprachlich der Komparativ „nachhaltigere Entwicklung“ richtig, der gleichzeitig die Idee einer kontinuierlichen Verbesserung beinhaltet. So werden in diesem Lehrbuch je nach Kontext die Grundform und die Steigerungsform des Adjektivs verwendet.

3.3 Dimensionen der Nachhaltigkeit – wofür, wie, wann?

Systematisierung Analysiert man die vielen Veröffentlichungen zu Nachhaltigkeit, so ist nicht nur ein Unterschied bezüglich der Definitionen festzustellen, sondern auch bezüglich des Betrachtungsobjekts (Wofür wird Nachhaltigkeit bestimmt?), des Inhalts (Wie wird Nachhaltigkeit bestimmt?) und der Zeit (Für welchen Zeitraum wird Nachhaltigkeit bestimmt?) fest. Wenn ein Unternehmen dann für sich diese drei Fragen beantwortet hat, bleibt noch die letzte, entscheidende Frage zu beantworten, inwieweit das Unternehmen in seinen Entscheidungen Verantwortung für eine nachhaltigere Entwicklung übernehmen will. Nachfolgende Abbildung stellt diese Facetten für MOBILITY UNLIMITED dar (vgl. Abbildung 16)

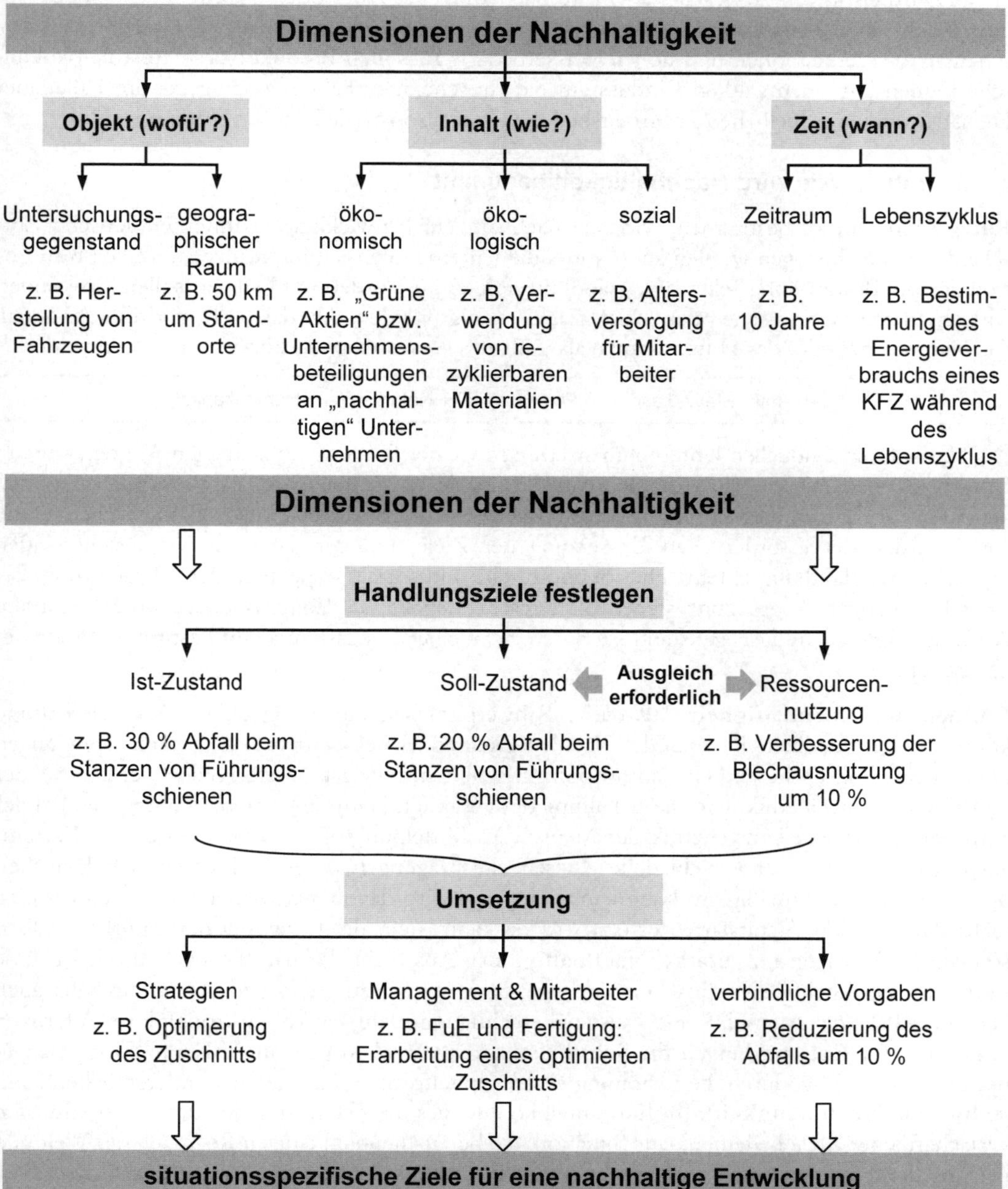

Abbildung 16: Systematisierung einer nachhaltigeren Entwicklung
(In Anlehnung an GÜNTHER/SCHUH 2000, S. 27)

3.3.1 Betrachtungsobjekt: Wofür wird Nachhaltigkeit bestimmt?

Betrachtungsobjekt Ausgangspunkt jeder Entscheidung ist die Festlegung, wofür eine Entscheidung getroffen werden soll. So können Prozesse zu optimieren, Produkte zu entwickeln oder Dienstleistungen zu gestalten sein. Je nach Branche, Land oder Unternehmensgröße wird die „Nachhaltige Entwicklung" anders zu konkretisieren sein. So kann z.B. im Falle vorherrschender Wasserknappheit und hohen Wasserbedarfs für einen Produktionsprozess die ökologische Dimension einen starken Einfluss auf die Entscheidung haben, wohingegen im Falle einer Dienstleistung eventuell eher die Arbeitsbedingungen, also soziale Ziele im Vordergrund stehen.

3.3.2 Inhalt: Wie wird Nachhaltigkeit bestimmt?

Kategorien Um zu bestimmen, wie eine nachhaltigere Entwicklung in unternehmerische Entscheidungen einbezogen werden kann, muss die Unternehmensleitung festlegen, welche **Kategorien** für die Bestimmung relevanter Handlungsfolgen im Vordergrund stehen sollen. So können wirtschaftliche, ökologische oder soziale Ziele verfolgt werden, d.h. das Sach- und Finanzkapital, das Naturkapital oder das Humankapital als Teile des Gesamtkapitals können optimiert werden.

Gesamtkapital = Sach- und Finanzkapital + Naturkapital + Humankapital

Auf Basis der individuellen Unternehmensethik sowie der festgelegten zeitlichen Abgrenzung der Entscheidungen müssen die Unternehmen die für sie relevanten Wert- bzw. Kapitalkategorien auswählen und deren Gewichtung festlegen. Bei einer kurzfristigeren Entscheidung rücken häufig aus Gründen der erforderlichen Umsetzung der Ziele und der dabei zu berücksichtigenden Menschen als Handlungsakteure eher ökonomische und soziale Aspekte in den Vordergrund. Bei einer langfristigen Abgrenzung stehen ökologische Aspekte als Engpassbereich im Mittelpunkt. Auch der Untersuchungsgegenstand kann bereits zu einer Fokussierung auf bestimmte Wertkategorien führen.

Formen der Nachhaltigkeit Aus dieser Schwerpunktsetzung bezüglich der Kapitalerhaltung können unterschiedliche Formen der Nachhaltigkeit abgeleitet werden. Als Extremausprägungen können eine holistische und eine anthropozentrische Umweltethik unterschieden werden. Bei der holistischen Umweltethik wird die Erhaltung der gesamten Natur angestrebt, wohingegen bei der anthropozentrischen Umweltethik der Mensch im Mittelpunkt steht. Zwischen diesen Extremausprägungen sind aber verschiedene Zwischenausprägungen möglich: Richten sich Entscheidungen schwerpunktmäßig am Naturkapital aus und wird davon ausgegangen, dass Naturkapital nicht durch andere Kapitalarten ersetzt werden kann, steht die Erhaltung der natürlichen Ressourcen im Vordergrund (**starke Nachhaltigkeit**). Aus Sicht der natürlichen Umwelt ist diese Form der Nachhaltigkeit wünschenswert, sie kann aber – zu Ende gedacht – durchaus auch bedeuten, dass der Mensch keine Existenzberechtigung mehr hat (Non-Produktion). Alternativ dazu kann für Entscheidungen die Substituierbarkeit der oben genannten Kapitalformen angenommen werden, wodurch die Erhöhung einer Kapitalform zu Lasten einer anderen gehen kann (**schwache Nachhaltigkeit**). Im Extremfall könnte dies die Zerstörung der Umwelt zu Gunsten wirtschaftlicher Ziele bedeuten, eine Situation, die bereits heute in einigen Regionen der Welt und bei uns durchaus punktuell vorherrscht. Da beide Extremausprägungen nicht praktikabel sind, wird in diesem Lehrbuch von einer Ausrichtung an der Erhaltung der Funktionen der natürlichen Umwelt ausgegangen, die die Unternehmen anstreben sollten, aber auch davon, dass die Funktionen der Umwelt genutzt werden müssen, um die Menschheit zu versorgen (**funktionale Nach-**

haltigkeit). Somit verbleibt die Entscheidung bezüglich der Stärke der Nachhaltigkeit – z.B. über die Nutzung nicht-regenerativer Ressourcen – beim politischen oder betrieblichen Entscheidungsträger.

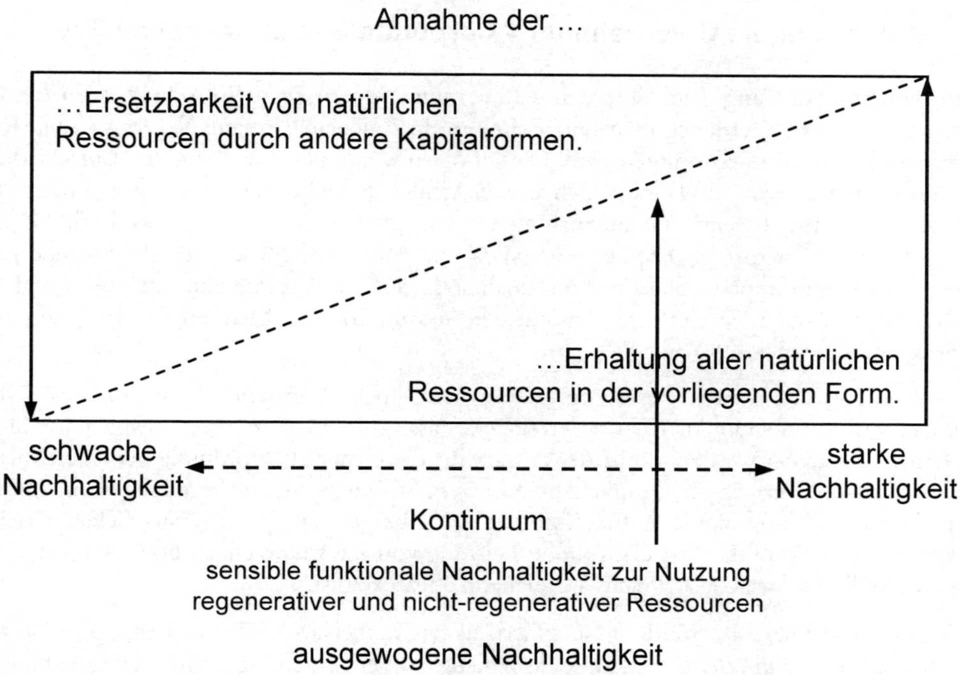

Abbildung 17: Schwache versus starke Nachhaltigkeit

(Quelle: SCHUH 2001, S. 38)

3.3.3 Zeit: Für welchen Zeitraum wird Nachhaltigkeit bestimmt?

Zeitraum Schließlich ist zu bestimmen, für welche zeitliche Systemgrenze die Handlungswirkungen berücksichtigt werden sollen. Auch wenn dies selbstverständlich erscheinen mag, da für jede Investitionsentscheidung immer auch die Frage über die Nutzungsdauer zu beantworten ist, nimmt doch der Druck auf die Unternehmen zu einer kurzfristigen Maximierung des Sach- und Finanzkapitals, z.B. in Form kurzfristiger Amortisationszeiträume zu. Im Sinne der Berücksichtigung ökologischer Ziele sind hingegen Optimierungen in längeren Zeiträumen anzustreben. Dass nicht nur Umweltökonomen das Denken in längeren Zeiträumen betonen, zeigen Entwicklungen in der zweiten Hälfte der 2000er Jahre: So erarbeitete die Unternehmensinitiative „LONG-TERM VALUE CREATION“ 2007 Leitprinzipien für Unternehmen – die sog. Aspen Principles – (siehe weiterführend THE ASPEN INSTITUTE 2007) um die langfristige Orientierung von Unternehmensentscheidungen in der Praxis zu stärken.

Lebenszyklus Eine Entscheidung für einen bestimmten Betrachtungszeitraum beinhaltet immer auch die Frage, für welchen Teil der Leistungserstellung (Rohstoffgewinnung, Herstellung, Nutzung, Entsorgung, Transport) eine Optimierung angestrebt wird. Auch wenn diese Frage bereits bei der Auswahl des Betrachtungsobjekts zu beantworten ist, ist eine Entscheidung über

Zeiträume immer auch eine Entscheidung über die Möglichkeit, vor- und nachgelagerte Stufen in die Entscheidung einzubeziehen.

3.4 Umsetzung im Unternehmen – Corporate Social Responsibility

Verantwortungsumfang Ein Unternehmen bestimmt durch seine Entscheidungen bezüglich Betrachtungsobjekt, Wertkategorien und Zeitraum, in welchem Umfang Verantwortung für die Folgen des Handelns übernommen wird. Diese Folgen werden entsprechend bei Entscheidungen und Aktivitäten des jeweils Handelnden berücksichtigt. So wird auch festgelegt, inwieweit für sogenannte externe Effekte Verantwortung übernommen wird und wie das Bild des homo reciprocans gelebt wird (vgl. Kapitel 1.3). Nach PORTER/KRAMER können die Gründe hierfür viererlei Natur sein: moral obligation, sustainability, license-to-operate and reputation (vgl. PORTER/KRAMER 2006, S. 81 f.). Nach Ansicht der Autorin können diese um den Ehrgeiz (ambition) erweitert werden.

1) moralische Verpflichtung: Bei dieser Begründung steht im Vordergrund, die Formalziele Erfolgspotential, Erfolg und Liquidität so zu erreichen, dass ethische Werte und Respekt für Mensch und Umwelt beachtet werden. So ist der Ansatz für die Grundsätze ordnungsgemäßer Buchführung (Wahrheit, Klarheit etc.) einfach umzusetzen, wohingegen immer dann, wenn kulturelle Werte betroffen sind (Vorliebe für Automatikgetriebe in den USA versus Schaltgetriebe in Europa) oder Zielkonflikte bestehen (hohe Leistung von Kraftfahrzeugen und niedriger Emissionsausstoß) dieser Ansatz noch nicht ausreichend entwickelt ist.

2) Nachhaltigkeit: Diese Begründung appelliert an das aufgeklärte Selbstinteresse, die ökonomische, ökologische und soziale Leistung gleichzeitig zu betrachten. So sollten Unternehmen alle drei Ziele gegeneinander abwägen. Immer dann, wenn komplementäre Ziele (vgl Kapitel 2.1) vorliegen, wie z.B. bei Materialeinsparungen oder Umsatzsteigerungen, ist dies einfach umzusetzen, doch immer dann wenn langfristige Ziele gegen kurzfristige Restriktionen stehen, wird ein Ausgleich schwierig.

3) Geschäftserlaubnis: Dieser pragmatische Ansatz sagt, dass Unternehmen nur dann arbeiten können, wenn sie eine stillschweigende oder explizite Erlaubnis von Seiten der Regierung und anderer Stakeholder haben. So berücksichtigen Bergbau- oder Chemieunternehmen Nachhaltigkeitsaspekte häufig genau aus dieser Motivation heraus.

4) Reputation: Reputation ist ein klassischer immaterieller Werttreiber, so liegt es nahe, dass Unternehmen auch bei Fragen der Nachhaltigkeit überlegen, welchen Beitrag Nachhaltigkeit zur Unternehmensreputation leisten kann. Dies kann durch das Image oder den Markennamen erfolgen, die beide Börsenrelevanz haben. Allerdings kann dieser Aspekt auch zu einer Stigmatisierung ganzer Branchen führen, wie dies in den 1980er Jahren bei der Chemischen Industrie Deutschlands der Fall war.

5) Ehrgeiz: Eine intrinsische Antriebskraft für unser menschliches Lernen und Streben ist der Ehrgeiz. So kann auch ein solcher Ehrgeiz der Auslöser für die Übernahme von Verantwortung sein.

Corporate Social Responsibility. Wenn ein Unternehmen nun **weiß**, was unter nachhaltiger Entwicklung zu verstehen ist und Verantwortung übernehmen **will**, muss es entscheiden, wie es für seine eigenen Entscheidungen Nachhaltigkeit konkretisiert, also Verantwortung für die Gesellschaft übernehmen will. Hierfür hat sich im englischen Sprachgebrauch der Begriff Corporate Social Responsibility (CSR) gebildet (siehe weiterführend CRANE/MCWILLIAMS/MATTEN u.a. 2008). Als Subjekte der Gesellschaft werden Unternehmen wie Bürger gesehen (corporate citizen), die sich wie jeder Einzelne der Verantwortung gegenüber der Gesellschaft stellen müssen. Begonnen durch das Grünbuch der Europäischen Kommission „Europäische Rahmenbedingungen für die soziale Verantwortung der Unternehmen" im Jahre 2001 waren verschiedene Akteure in diesem EUROPEAN MULTISTAKEHOLDER FORUM beteiligt: Gewerkschaften, Unternehmensverbände, Unternehmerverbände, Umweltorganisationen, Sozialverbände, Verbraucherschutzorganisationen, Menschenrechtsorganisationen und Entwicklungshilfeorganisationen. In den Endergebnissen und Empfehlungen aus dem Jahr 2004 wird Corporate Social Responsibility wie folgt definiert: „CSR is the voluntary integration of environmental and social considerations into business operations, over and above legal requirements and contractual obligations. CSR is about going beyond these, not replacing or avoiding them"(EUROPEAN MULTISTAKEHOLDER FORUM ON CSR 2004, S. 3).

Umfang von CSR Corporate Social Responsibility umfasst danach das Bekenntnis des Managements, Umwelt- und Sozialbelange freiwillig über die bestehenden Verpflichtungen hinaus in unternehmerische Entscheidungen einzubeziehen. Betont werden die Verantwortung für die gesamte Wertschöpfungskette und der ständige Dialog mit den Stakeholdern, wobei den Mitarbeitern eine besondere Aufmerksamkeit zukommt. Im Dreiklang von Mitarbeitern, Stakeholdern und Wertschöpfungskette soll ein kontinuierlicher Verbesserungsprozess angestoßen werden. Interessant mag dem deutschsprachigen Leser erscheinen, dass für die soziale Verantwortung soziale und umweltbezogene Belange unterschieden werden. Der Hintergrund hierfür ist, das social mit gesellschaftlich zu übersetzen ist und beide Dimensionen einschließt. Dieses Lehrbuch betrachtet schwerpunktmäßig die Umweltaspekte der CSR. Auch andere Managementkonzepte wie z.B. Corporate Citizenship, Corporate Governance widmen sich in Teilaspekten Fragen einer nachhaltigeren Entwicklung.

Verantwortung Als **Verantwortung** wird allgemein die zielorientierte Gestaltung sowie die Zurechnung von bestimmten Ergebnissen zu handelnden Personen gegenüber einer bestimmten Instanz verstanden (Ethisches Prinzip). Für die gesellschaftliche Zielstellung einer nachhaltigen Entwicklung bedeutet Verantwortung die **Forderung einer Antwort** zur Zurechnung der durchgeführten Aktionen gegenüber den Stakeholdern (Mitarbeitern, Anteilseigner, Kunden, Öffentlichkeit, aber auch der natürlichen Umwelt). Juristisch wird Verantwortung durch den Begriff der Haftung, d.h. eines Einstehenmüssens, und im Strafrecht durch Schuld konkretisiert. Hieraus können Ersatzpflichten für Anderen zugefügte Schäden abgeleitet werden. Dieser erforderlichen Wahrnehmung von Verantwortung steht die individuelle Freiheit – ein strukturprägendes Element einer marktwirtschaftlichen Wirtschaftsordnung – der Handlungsakteure gegenüber. „Verantwortung ohne Freiheit ist ein innerer Widerspruch" (GIRGENTI 2000, S. 111). Die Übernahme von angemessener gesellschaftlicher Verantwortung muss demzufolge über Vorschriften hinausgehen. Doch dies setzt neben Wertvorstellungen das Erkennen von Zusammenhängen zwischen Handlungen und den entsprechenden Werten voraus. Die Entscheidungsfindung und die Umsetzung einer nachhaltigeren Entwicklung werden somit durch die Übernahme von Verantwortung geprägt. Und genau hierin besteht die Herausforderung der betrieblichen Umweltökonomie, denn wenn die Konsequenzen unternehmerischen Handelns auf die Umwelt nicht bekannt sind, kann ein Widerspruch zu den Werten unerkannt bleiben.

> Die Manager des Traditionsunternehmens MOBILITY UNLIMITED nehmen die Diskussion um eine nachhaltige Entwicklung wahr und stellen sich die Frage, wie diese Ideen Eingang in ihre tägliche Unternehmenspraxis finden können. Dazu haben sie beispielsweise die Leitlinie „Design for Environment" entwickelt. Diese Leitlinie beinhaltet klare Ziele zu den Umweltaspekten der einzelnen Fahrzeuge. Bereits bei der Entwicklung von neuen Modellen werden umweltrelevante Aspekte berücksichtigt. Dies betrifft zum Beispiel den Kraftstoffverbrauch und die damit verbundenen CO_2-Emissionen. Dabei spielen verschiedene Faktoren eine Rolle. Zunächst sind die Antriebskonzepte, wie Ottomotor, Dieselmotor, Biodieselmotoren und Hybridvarianten zu beachten. Aber auch die Masse des Fahrzeuges sowie die aerodynamischen Eigenschaften können hier einen entscheidenden Beitrag leisten.

3.5 Methoden und Institutionen einer nachhaltigeren Entwicklung

Vom Begriff zur Umsetzung Parallel zur zunehmenden Verwendung des Begriffs „Nachhaltige Entwicklung" entstanden auch Konzepte zu ihrer Umsetzung. Da für das Leitbild ein umfassendes theoretisches Konzept bisher nicht vorliegt und aufgrund der bereits aufgezeigten Vielfalt auch nicht allumfassend sein kann, basieren alle Konzepte für die praktische Anwendung mehr oder weniger auf ausgewählten Teilaspekten. Dabei muss jedoch gleichzeitig das Engagement zur frühzeitigen Entwicklung solcher Konzepte hervorgehoben werden. Denn ohne den Beginn einiger Pioniere und der damit verbundenen Diskussion als Voraussetzung für Verbesserungen kann eine nachhaltigere Entwicklung nie erreicht werden. Nachhaltigkeitskonzepte sind dabei umfassender als Definitionen, d.h. sie umfassen bereits konkrete Ansatzpunkte und Instrumente für die praktische Anwendung. Sie enthalten eine klare Stellungnahme über die jeweilige eigene unternehmerische Verantwortung. Darüber hinaus stellen sie dar, wie Verantwortung übernommen werden soll, z.B. indem Nachhaltigkeitsziele offengelegt werden. Schließlich beschreiben sie, wie Managementsysteme zur Analyse, Planung, Steuerung, Kontrolle und Kommunikation nachhaltigkeitsrelevanter Aspekte genutzt werden. Abbildung 18 gibt einen Überblick über Konzepte einer nachhaltigeren Entwicklung aus den vier für dieses Lehrbuch prägenden Herkunftsbereichen Politik/Recht, Wissenschaft, Unternehmen/Verbände und Finanzsektor.

3.5.1 Treibende Kraft: Politik und Recht

Rahmenbedingungen für Unternehmen In der Politik wurde die Bedeutung einer nachhaltigen Entwicklung erkannt, aus dem politischen Bereich stammt mit der BRUNDTLAND-Definition auch der Auslöser der aktuellen Nachhaltigkeitsdiskussion. Konkrete politische und rechtliche Vorgaben bestehen bisher erst in Ansätzen, die Verankerung ist vorwiegend noch institutioneller Natur. Ein Grund ist mit hoher Wahrscheinlichkeit im bisherigen geringen inhaltlichen Konsens zu sehen, verbunden mit der Notwendigkeit der situationsspezifischen Konkretisierung. Mit verbindlichen rechtlichen Vorgaben wird ein Handlungsrahmen geschaffen. Situationsspezifische Besonderheiten, die Kernbestandteil der Umsetzung einer nachhaltigeren Entwicklung sein müssen, können jedoch nur unzureichend berücksichtigt werden. So dienen politische Konzepte bisher vorwiegend in einem nationalen bzw. internationalen Kontext der Beurteilung der Situation eines Landes auf dem Weg zu einer nachhaltigen Entwicklung. Darüber hinaus setzen sie als Nachhaltigkeitsstrategien Rahmenbedingungen für Unternehmen und Einwohner eines Staates. Für Unternehmen in Entscheidungssituationen und die dort erforderlichen Abwägungsprozesse sind diese Konzepte allerdings oft nur mittelbar hilfreich. Sofern in rechtlichen Regelungen bereits der Begriff „nachhaltige Entwicklung" übernommen wurde, bleibt festzuhalten, dass ein Prinzip mit ungeklärtem Inhalt nicht verbindlich sein kann.

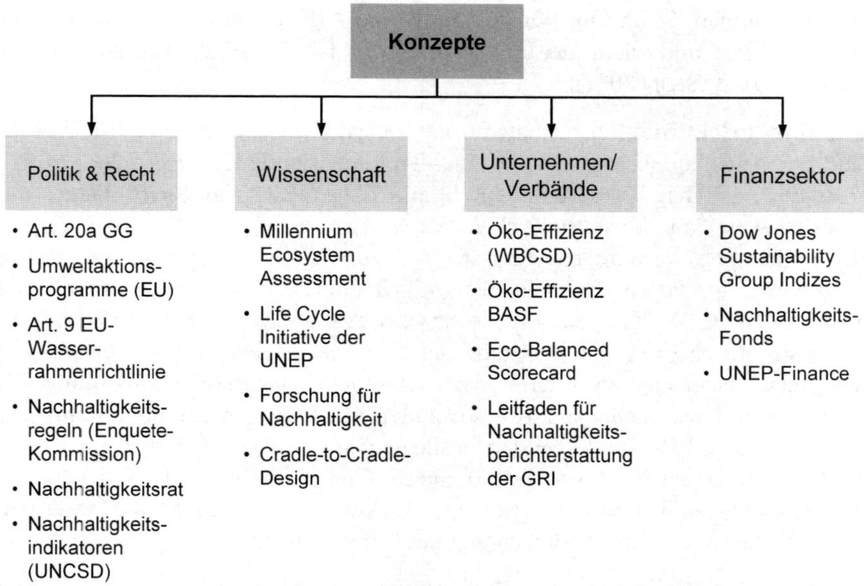

Abbildung 18: Konzepte einer nachhaltigeren Entwicklung in verschiedenen Bereichen
(Quelle: GÜNTHER/SCHUH 2000, S. 27)

Grundgesetz Durch das 42. Gesetz zur Änderung des Grundgesetzes von 1994 wurde mit Artikel 20 a GG [Natürliche Lebensgrundlagen] explizit die Verantwortung für künftige Generationen in das Grundgesetz aufgenommen. „Der Staat schützt auch in Verantwortung für die künftigen Generationen die natürlichen Lebensgrundlagen im Rahmen der verfassungsmäßigen Ordnung durch die Gesetzgebung und nach Maßgabe von Gesetz und Recht durch die vollziehende Gewalt und die Rechtsprechung." Konkretisiert wird die Verantwortung an dieser Stelle nicht. Durch die Einordnung nach Artikel 20 GG [Verfassungsgrundsätze – Widerstandsrecht] wird aber die Bedeutung der Staatszielbestimmung deutlich: Es handelt sich nicht um ein subjektiv einklagbares Recht (Grundrecht) für den einzelnen Bürger (kein individual-rechtlich schützender Anspruch auf staatliche Schutzvorkehrungen). Vielmehr besteht eine erhöhte Pflichtenlage für den Gesetzgeber, also ein Handlungsauftrag für Legislative und Exekutive, den Umweltschutz zu berücksichtigen. Schließlich ist das Ziel der Verwaltung als Auslegungshilfe, z.B. bei der Konkretisierung unbestimmter Rechtsbegriffe zu dienen. Auch die deutsche Nachhaltigkeitsstrategie sowie die Entwicklung von Nachhaltigkeitsstrategien auf Länderebene, z.B. für das Land Sachsen können als Umsetzung dieses Gedankens eingeordnet werden.

Umweltaktionsprogramme der EU Zur Orientierung für den politischen Willensbildungsprozess werden auf europäischer Ebene seit 1974 Umweltaktionsprogramme (5.2.5 Politische und rechtliche Rahmenbedingungen) verabschiedet. Das 5. EU-Umweltaktionsprogramm von 1992 „Towards Sustainability" (EUROPEAN COMMISSION 1993) nannte explizit die dauerhafte und umweltgerechte Bewirtschaftung der natürlichen Ressourcen und zielte auf den Erhalt der Wettbewerbsfähigkeit der Volkswirtschaften, die Integration von Umweltzielen in andere Politikfelder und die Berücksichtigung von Menschen bei resultierenden Wirkungen, d.h. auch soziale Aspekte. Es basierte, wie die Mehrzahl aller politischen Konzepte, auf der bereits vorgestellten BRUNDTLAND-Definition (siehe weiterführend HAUFF 1987, S. 46). Das 6. EU-Umweltaktionsprogramm „Environment 2010: Our Future, Our Choice" (EUROPEAN COMMISSION 2000) führt den Gedanken weiter und dient der Umsetzung der EU-Nachhaltigkeitsstrategie von 2001 (EUROPÄISCHE KOMMISSION 2001).

EU-Wasserrahmenrichtlinie Beispielhaft für die Vielzahl der Regelungen auf EU-Ebene sei die Verankerung der Nachhaltigkeit in der EU-Wasserrahmenrichtlinie dargestellt. Am 22. Dezember 2000 trat die neue EU-Wasserrahmenrichtlinie (EU-WRRL) in Kraft. Darin werden die Leitideen einer neuen Ära der europäischen Wasserwirtschafts- und Gewässerschutzpolitik in rechtlichen Regelungen verbindlich gefasst. Bis zu diesem Zeitpunkt bestand die EU-Wassergesetzgebung aus vielen unterschiedlich aufgebauten und teils widersprüchlichen Einzelrichtlinien (vgl. FUHRMANN 2000, S. 34 ff.; HÖRSGEN 1999, S. 8 ff.). Diesen wird mit der WRRL durch die angestrebte integrierte Betrachtung der Oberflächengewässer, des Grundwassers und des Einzugsgebietes einerseits sowie naturwissenschaftlicher, technischer, ökonomischer, sozialwissenschaftlicher und rechtlicher Sichtweisen andererseits ein gemeinsamer Rahmen gegeben. Zusätzlich enthält die WRRL die folgenden Festlegungen: Gewässerbewirtschaftung nach Flusseinzugsgebieten, stärker auf die Ökologie orientierte Gewässerschutzziele, kombinierte Anwendung von Emissions- und Immissionsprinzip, Deckung der internen und externen Kosten wasserwirtschaftlicher Maßnahmen, Beteiligung der Öffentlichkeit.

Nach Artikel 9 der Richtlinie sollen die Mitgliedstaaten „sozialen, ökologischen und wirtschaftlichen Auswirkungen der Kostendeckung sowie dengeographischen und klimatischen Gegebenheiten der betreffenden Region oder Regionen Rechnung tragen."

Nachhaltigkeitsregeln Um die Dimensionen der Nachhaltigkeit konkreter umsetzbar zu machen, hat die Enquete-Kommission „Schutz des Menschen und der Umwelt" des Deutschen Bundestages 1994 ökologische, ökonomische und soziale Regeln zur Konkretisierung der Inhalte des Leitbildes erstellt. Die ökologischen Regeln wurden 1994 vom SACHVERSTÄNDIGENRAT FÜR UMWELTFRAGEN (SRU) und 2002 vom UMWELTBUNDESAMT weiterentwickelt. Die Regeln haben allerdings keinen rechtlich verbindlichen Charakter, insbesondere die ökonomischen und sozialen Regeln sind unkonkret, unstrukturiert und teilweise inkonsistent.

Ökologische Regeln Die Regeln für den Umgang mit unserer natürlichen Umwelt umfassen die Funktionen der Umwelt, berücksichtigen aber auch Risiken und Zeitaspekte. Um die Entwicklung nachzuzeichnen, werden sowohl die ursprünglichen als auch die weiterentwickelten Regeln dargestellt. Ausgangspunkt waren vier Regeln, die die ENQUETE-KOMMISSION „SCHUTZ DES MENSCHEN UND DER UMWELT" des 12. DEUTSCHEN BUNDESTAGES 1994 zum Management von Stoffströmen erarbeitet hat:

1. Die Abbaurate erneuerbarer Ressourcen soll deren Regenerationsrate nicht überschreiten. Dies entspricht der Forderung nach Aufrechterhaltung der ökologischen Leistungsfähigkeit, d.h. (mindestens) nach Erhaltung des von den Funktionen her definierten ökologischen Realkapitals.

2. Nicht-erneuerbare Ressourcen sollen nur in dem Umfang genutzt werden, in dem ein physisch und funktionell gleichwertiger Ersatz in Form erneuerbarer Ressourcen oder höherer Produktivität der erneuerbaren sowie der nicht-erneuerbaren Ressourcen geschaffen wird.

3. Stoffeinträge in die Umwelt sollen sich an der Belastbarkeit der Umweltmedien orientieren, wobei alle Funktionen zu berücksichtigen sind, nicht zuletzt auch die „stille" und empfindlichere Regelungsfunktion.

4. Das Zeitmaß anthropogener Einträge bzw. Eingriffe in die Umwelt muss im ausgewogenen Verhältnis zum Zeitmaß der für das Reaktionsvermögen der Umwelt relevanten natürlichen Prozesse stehen.

Eine fünfte Regel wurde 1994 vom Sachverständigenrat für Umweltfragen eingeführt, um dem „Aspekt der Risikovorsorge im Blick auf die Wahrung des Lebens und der Gesundheit des Menschen in Gegenwart und Zukunft" Rechnung zu tragen (vgl. SACHVERSTÄNDIGENRAT FÜR UMWELTFRAGEN (Hrsg.) (SRU) 1994).

5. Gefahren und unvertretbare Risiken für die menschliche Gesundheit durch anthropogene Einwirkungen sind zu vermeiden.

Das Umweltbundesamt führte schließlich die beiden ersten Regeln zusammen und legte 2002 folgende Weiterentwicklung vor (vgl. UMWELTBUNDESAMT (Hrsg.) 2002a, S. 3)

1. Die Nutzung einer Ressource darf auf Dauer nicht größer sein als ihre Regenerationsrate oder die Rate der Substitution aller ihrer Funktionen.
2. Die Freisetzung von Stoffen darf auf Dauer nicht größer sein als die Tragfähigkeit der Umweltmedien oder als deren Assimilationsfähigkeit.
3. Gefahren und unvertretbare Risiken für den Menschen und die Umwelt durch anthropogene Einwirkungen sind zu vermeiden.
4. Das Zeitmaß anthropogener Eingriffe in die Umwelt muss in einem ausgewogenen Verhältnis zu der Zeit stehen, die die Umwelt zur selbst stabilisierenden Reaktion benötigt.

Ökonomische Regeln Im Gegensatz zu den ökologischen Regeln, die den Fachleuten im Umweltbereich bekannt sind, kennen viele Betriebs- und Volkswirte die von der Enquete-Kommission formulierten ökonomischen Regeln nicht.

1. Das ökonomische System soll individuelle und gesellschaftliche Bedürfnisse effizient befriedigen. Dafür ist die Wirtschaftsordnung so zu gestalten, dass sie die persönliche Initiative fördert (Eigenverantwortung) und das Eigeninteresse in den Dienst des Allgemeinwohls stellt (Regelverantwortung), um das Wohlergehen der derzeitigen und künftigen Bevölkerung zu sichern. Es soll so organisiert werden, dass es auch gleichzeitig die übergeordneten Interessen wahrt.
2. Preise müssen dauerhaft die wesentliche Lenkungsfunktion auf Märkten wahrnehmen. Sie sollen dazu weitestgehend die Knappheit der Ressourcen, Senken, Produktionsfaktoren, Güter und Dienstleistungen wiedergeben.
3. Die Rahmenbedingungen des Wettbewerbs sind so zu gestalten, dass funktionsfähige Märkte entstehen und aufrecht erhalten bleiben, Innovationen angeregt werden, dass langfristige Orientierung sich lohnt und der gesellschaftliche Wandel, der zur Anpassung an zukünftige Erfordernisse nötig ist, gefördert wird.
4. Die ökonomische Leistungsfähigkeit einer Gesellschaft und ihr Produktiv-, Sozial- und Humankapital müssen im Zeitlauf zumindest erhalten werden. Sie sollten nicht bloß quantitativ vermehrt, sondern vor allem auch qualitativ ständig verbessert werden.

Soziale Regeln Die Regeln für den Umgang mit dem Sozialkapital von Gesellschaften setzen sozialpolitisches Gedankengut um und werden auch aktuell – zwar nicht als Gesamtpaket, aber einzeln – diskutiert.

1. Der soziale Rechtsstaat soll die Menschenwürde und die freie Entfaltung der Persönlichkeit sowie Entfaltungschancen für heutige und zukünftige Generationen gewährleisten, um auf diese Weise den sozialen Frieden zu bewahren.

2.a Jedes Mitglied der Gesellschaft erhält Leistungen von der solidarischen Gesellschaft entsprechend geleisteter Beiträge für die sozialen Sicherungssysteme, entsprechend Bedürftigkeit, wenn keine Ansprüche an die sozialen Sicherungssysteme bestehen.

2.b Jedes Mitglied der Gesellschaft muss entsprechend seiner Leistungsfähigkeit einen solidarischen Beitrag für die Gesellschaft leisten.

3. Die sozialen Sicherungssysteme können nur in dem Umfang wachsen, wie sie auf ein gestiegenes wirtschaftliches Leistungspotential zurückgehen.

4. Das in der Gesellschaft insgesamt und in den einzelnen Gliederungen vorhandene Leistungspotential soll für künftige Generationen zumindest erhalten werden.

Korrespondierende Säulen Doch wie können diese drei Wertkategorien für Handlungsregeln zur Befriedigung menschlicher Bedürfnisse und zur Verbesserung der Lebensqualität operationalisiert werden. Folgende drei Imperative scheinen zielversprechend:

1. Wähle diejenigen Handlungsalternativen, die in der Summe ihrer ökonomischen, ökologischen und sozialen Folgen besser abschneiden (vergleichendes Gesamturteil). Hierfür sind allerdings konkurrierende Ziele (vgl. Kapitel 2.1) gegeneinander abzuwägen und bezüglich der Stärke der Nachhaltigkeit (vgl. Kapitel 3.3.2) ist ein Werturteil zu fällen.

2. Überschreite die Tragekapazität der Ökosysteme, von denen wir abhängen, nicht (Kriterium eines nachhaltigen Zustandes). Diese wirkt somit als Restriktion (vgl. Kapitel 2.1).

3. Strebe Gerechtigkeit unter den heute Lebenden und gegenüber künftigen Generationen an, in Bezug auf die Möglichkeit, ihre Grundbedürfnisse zu befriedigen (Verteilungsprinzip). Gerade die Nutzung erneuerbarer Energien führt vor dem Hintergrund der intra- und intergenerationalen Gerechtigkeit zu Zielkonflikten („Teller oder Tank“).

Nachhaltigkeitsrat (www.nachhaltigkeitsrat.de) Neben gesetzlichen Regelungen und Maßnahmen können die politischen Entscheidungsträger eine nachhaltigere Entwicklung auch durch Institutionen vorantreiben. So richtete die Bundesregierung 2000 den RAT FÜR NACHHALTIGE ENTWICKLUNG (vgl. Kapitel 5.2.5) ein. Dieser Nachhaltigkeitsrat sieht drei Wege, wie eine nachhaltigere Entwicklung auf deutscher Regierungsebene umgesetzt werden kann: So schlägt der Nachhaltigkeitsrat vor, den Ordnungsrahmen der sozialen Marktwirtschaft so weiter zu entwickeln, dass er freiwillige CSR-Aktivitäten der Unternehmen im Wettbewerb fördert. Des Weiteren wird empfohlen, Allianzen aufzubauen, indem ein politisch hochrangiger CSR-Gesprächskreis eingerichtet wird. Schließlich werden eigene Aktivitäten der Bundesregierung, wie die öffentliche Beschaffung, aber auch die Unterstützung sozial-ethischer Fonds durch die Renten- und Gesundheitspolitik gefordert. Von Seiten der Wirtschaft sieht der Nachhaltigkeitsrat ebenfalls drei Möglichkeiten zur Förderung einer nachhaltigeren Entwicklung: das Best-Practice-Sharing (z.B. durch Datenbanken), die klare organisatorische Verankerung der Verantwortung und die Förderung der Nachhaltigkeit von KMU, z.B. durch Kreditinstitute (siehe weiterführend RAT FÜR NACHHALTIGE ENTWICKLUNG (Hrsg.) 2006).

Nachhaltigkeitsindikatoren (UNCSD) (www.un.org/esa/sustdev) Die UNITED NATIONS COMMISSION FOR SUSTAINABLE DEVELOPMENT (UNCSD) (siehe weiterführend UNITED NATIONS (Hrsg.) 1996) stellte 1995 ein volkswirtschaftliches Indikatorensystem mit 134 Indikatoren auf, das neben Ökonomie, Ökologie und Sozialem noch Institutionen als vierten Bereich und zusätzliche Wertkategorie einer nachhaltigen Entwicklung enthielt. Die Indikatoren wurden in Belastungs- (Pressure) (z.B. Treibhausgasemissionen), Zustands- (State) (z.B. Waldbestand) und Reaktionsindikatoren (Response) (z.B. Ausgaben für Luftreinhaltungsmaßnahmen) aufgeteilt, die Pressure-Kategorie wurde Driving Forces genannt. So sollten das Ziel einer nachhaltigen menschlichen Entwicklung und das Zusammenspiel von ökonomischen, ökologischen und sozialen Indikatoren genauer zum Ausdruck kommen. Nach Beendigung der deutschen Testphase stellte sich heraus, dass zahlreiche der Indikatoren für die deutschen Bedürfnisse nicht relevant oder nur wenig aussagefähig waren. Dies verdeutlichte die nötige Weiterentwicklung und situative Anpassung von Indikatoren. Daher wurden die vorgeschlagenen Indikatoren zunächst 2001 auf 218 Indikatoren angepasst und erweitert. Hierbei wurde ebenfalls die Aufteilung in Belastungs-, Zustands- und Reaktionsindikatoren aufgegeben (vgl. UNITED NATIONS (Hrsg.) 2001, S. 19). 2007 wurden sie zur Reduzierung des Aufwandes und zur Verbesserung der Kommunizierbarkeit wieder reduziert. Nunmehr bestehen sie aus 50 Kernindikatoren, die Teil eines Gesamtsets von 96 Indikatoren sind (vgl. UNITED NATIONS (Hrsg.) 2007).

3.5.2 Treibende Kraft: Wissenschaft

Nachholbedarf Rein wirtschaftswissenschaftliche Konzepte für die Umsetzung einer nachhaltigeren Entwicklung bestehen bisher nur punktuell. Die Diskussion konzentriert sich einerseits bis zum gegenwärtigen Zeitpunkt vorwiegend auf die Definition einer solchen Entwicklung. Andererseits erfolgte eine teilweise intensive und handlungsführende Mitarbeit bei praxisorientierten Konzepten der anderen Bereiche, insbesondere der Unternehmen und Unternehmensverbände. Vielleicht ist es aber gerade die Heterogenität des Themas, die umfassenden Konzepten nicht den Weg ebnet. So wird eine Auswahl von Konzepten vorgestellt, an der Wirtschaftswissenschaftler maßgeblich beteiligt waren.

MILLENIUM ECOSYSTEM ASSESSMENT (www.millenniumassessment.org) Die Idee des „MILLENIUM ECOSYSTEM ASSESSMENT" ist eine globale, wissenschaftliche Analyse der Ökosystemveränderungen und deren Konsequenzen für die Menschheit. Unter der Koordination der UNEP erarbeiteten 1.360 Natur- und Sozialwissenschaftler aus 95 Ländern im Zeitraum von 2001 bis 2005 Berichte, die wiederum von 600 Experten geprüft wurden. Der Bericht „Ecosystems and human well-being – Opportunities for business and industries" fokussiert auf die Wirkungen für die Wirtschaft. Hierzu wurden vier Szenarien über den Zeitraum von 2000 bis 2050 betrachtet. Für jedes Szenario wird zwischen einer räumlichen Dimension (Globalisierung versus Regionalisierung) und einer Aktionsdimension (proaktiv versus reaktiv) unterschieden. Während das Szenario „Strength Order" heimische Märkte betont, definiert das Szenario „Global Orchestration" eine stark vernetzte Gesellschaft mit globalen Märkten. Beide Weltbilder arbeiten mit der Annahme eines reaktiven Ökosystemmanagements, wohingegen das regionalisierte „Adapting Mosaic" und der globale „Techno Garden" ein proaktives Ökosystemmanagement annehmen. Die Bewertung und Analyse eines Ökosystems findet dabei anhand der Kategorien Versorgungsfunktion (z.B. Wasser), Regulierungsleistung (z.B. Biodiversität) und kulturelle Leistung (z.B. Ästethik) sowie Unterstützungsfunktion (z.B. Nährstoffkreislauf) statt. Alle Szenarien zeigen, dass Unternehmen sie zur Generierung von Wettbewerbsvorteilen nutzen können.

Gleichzeitig zeigen sie den Entscheidungsträgern die Konsequenzen ihres Handelns und geben Handlungsempfehlungen für die Erhaltung sowie die Verbesserung einer nachhaltigeren Nutzung von Ökosystemen. Auch der Politik will das „MILLENIUM ECOSYSTEM ASSESSMENT" eine Orientierung hinsichtlich der Gestaltung und Novellierung gesetzlicher Rahmenbedingungen geben.

Life Cycle Initiative der UNEP (www.uneptie.org/pc/sustain/lcinitiative) Die UNEP DTIE (UNITED NATIONS ENVIRONMENT PROGRAMME – DIVISION OF TECHNOLOGY, INDUSTRY, AND ECONOMICS) ist eine von insgesamt sieben Abteilungen des Umweltprogramms der Vereinten Nationen. Im Verbund mit anderen Abteilungen konzentriert sich die DTIE auf die Überwachung, Bewertung und Erforschung von ökologischen Aspekten, die Verbesserung der Koordination von Umweltabkommen und Politikinstrumenten sowie den Technologietransfer. Gemeinsam mit der SETAC (SOCIETY OF ENVIRONMENTAL TOXICOLOGY AND CHEMISTRY) startete sie die internationale Lebenszyklusinitiative, um weltweit das Denken in Lebenszyklen zu befördern. Die Initiative will so verlässliche Informationen zur Verfügung stellen, Unternehmen bei der kontinuierlichen Verbesserung unterstützen, den Umgang mit informierten Kunden schulen und die weltweite Verbreitung erreichen. Konkret äußern sich diese Ziele wie folgt: Wissenstransfer im Bereich Ökobilanzierung (vgl. Kapitel 9) unterstützen, Verfügbarkeit von Daten für Ökobilanzen ausdehnen, Experten schulen, best practice Beispiele sammeln, Verknüpfung von Ökobilanzen mit anderen Methoden (z.B. Lebenszykluskostenrechnung) (vgl. Kapitel 8.3.2). So sollen Entscheidungsträger ermutigt werden, Methoden und Praktiken einzusetzen, die Umweltressourcen effektiv und effizient nutzen. Durch Partnerschaften mit anderen internationalen Organisationen, Regierungsbehörden, der Industrie und NGO's wird die Durchsetzung bestehender Vereinbarungen und Abkommen forciert.

Forschung für Nachhaltigkeit Unter dem Dach der FONA-Initiative (Forschung für Nachhaltigkeit) des BUNDESMINISTERIUMS FÜR BILDUNG UND FORSCHUNG (BMBF) sind Forschungsprojekte im Bereich Nachhaltigkeit aus den Naturwissenschaften, den Ingenieurwissenschaften und auch den Wirtschaftswissenschaften zusammen geführt. Ziel dieser Initiative ist, die Ergebnisse der Nachhaltigkeitsforschung einer breiteren Nutzung zuzuführen und die Akteure der Forschung für Nachhaltigkeit zu vernetzen. Hierzu werden die fünf Forschungsfelder Gesellschaft, Wirtschaft, Regionen, Ressourcen sowie System Erde unterschieden. Der Forschungsschwerpunkt „Gesellschaft" beschäftigt sich mit der Frage, welchen Beitrag die Menschen als Individuen oder auch in Haushalten, Vereinen oder Unternehmen zur Nachhaltigkeit leisten. Die Nachhaltigkeitsforschung untersucht dabei gesellschaftliche Institutionen und Regeln hinsichtlich ihrer Generationengerechtigkeit, sowie deren Beitrag zu ökonomischen, ökologischen und sozialen Herausforderungen. Im Forschungsfeld „Wirtschaft" untersucht die Nachhaltigkeitsforschung, wie die Wertschöpfung vom Ressourcenverbrauch durch die Berücksichtigung von nachhaltigeren Produktnutzungsstrategien und Konsummustern entkoppelt werden kann. Darüber hinaus werden notwendige Maßnahmen zur nachhaltigeren Entwicklung eines Unternehmens, wie zum Beispiel zukunftsorientierte Marktanalysen, gezieltes Risikomanagement oder Netzwerkbildung, betrachtet. Der Schwerpunkt „Regionen" erforscht die Nachhaltigkeitspotentiale der Nutzung von Räumen und Regionen. Diese nachhaltigeren Nutzungskonzepte werden durch wirtschafts- und sozialwissenschaftliche Ansätze sowie integrierte Modelle abgebildet und durch Nachhaltigkeitsindikatoren bewertet. Das Forschungsfeld „Ressourcen" betrachtete ursprünglich die Erschöpflichkeit der Rohstoffe Erdöl und Kohle als zentrale Ressourcenfrage der Industrieländer. In den letzten Jahren gewannen auch die Ressourcen Wasser und Biodiversität an Bedeutung, die heute an zentraler Stelle der ressourcenbezogenen Forschungsansätze stehen. Schließlich beschäftigt sich das Forschungsfeld „System Erde“ mit den Auswirkungen der Industriegesellschaften auf unserem Planeten. Dabei wird das Ziel verfolgt, das komplexe System von Veränderungen und wechselseitigen Beeinflussungen zu erforschen, um das Verständnis der globalen Kreisläufe zu fördern. Daraus können wiederum Strategien gegen Versteppung oder Ernährungskrisen entwickelt sowie Wege zur Friedens- und Konfliktforschung gefunden werden.

Cradle-to-Cradle-Design Das Cradle-to-Cradle-Design Konzept zielt darauf ab, die Intelligenz natürlicher Systeme, so z.B. die Effektivität des Nährstoffkreislaufs für die Entwicklung neuer Produkte zu nutzen. So argumentieren die Entwickler, der deutsche MICHAEL BRAUNGART und der Amerikaner WILLIAM MCDONOUGH, dass in der Natur „Abfall“ gleichbedeutend mit „Nahrung“ ist. Ziel ist dabei immer, eine friedliche Koexistenz von Wirtschaft und Natur zu ermöglichen. Der „Cradle-to-Cradle“-Gedanke will das „Cradle-to-Grave“-Modell ablösen, in dem Stoffströme, die mit einem Produkt zusammenhängen, als unerwünschter Output in die Natur zurückgegeben werden, ohne je wieder für eine Nutzung vorgesehen zu sein und darüber hinaus die Umwelt mit Schadstoffen anreichern. Das Cradle-to-Cradle-Design zielt darauf, Verbrauchsgüter in einem biologischen Nährstoffkreislauf zu führen und Gebrauchsgüter in technischen Kreisläufen zu organisieren. Gleichzeitig sollen die Mechanismen der Marktwirtschaft so genutzt werden, dass sich sowohl für die Unternehmen als auch für die Kunden wirtschaftlich attraktive Alternativen ergeben. So zielt das Konzept auf das Prinzip der Öko-Effektivität (Die richtigen Dinge tun), indem Produkte und ihre Leistungsfähigkeit mit biologischen Systemen kompatibel werden (siehe weiterführend BRAUNGART/MCDONOUGH 2005).

3.5.3 Treibende Kraft: Unternehmen und Unternehmensverbände

Gestaltungsschwerpunkt Konzepte von Unternehmen und Unternehmensverbänden zielen über die Messung und Beschreibung der Situation hinaus auf eine Gestaltung und damit Umsetzung einer nachhaltigeren Entwicklung. Unternehmen stellen dabei in ihrer Kommunikation mit externen Stakeholdern und insbesondere der Öffentlichkeit immer wieder ihre ethische Verantwortung u.a. für Umwelt und Zukunft der Menschheit heraus. Unternehmerische Initiativen fordern teilweise auch die persönliche Verantwortung der einzelnen Mitarbeiter zum Schutz von Umwelt und Menschen. Gerade bei unternehmerischen Initiativen erfolgt vorwiegend eine Wachstumsorientierung.

Öko-Effizienz-Konzept des WBCSD Die Öko-Effizienz des WORLD BUSINESS COUNCIL FOR SUSTAINABLE DEVELOPMENT (WBCSD) ist eine Philosophie, die dazu dient, die Wirtschaft sowohl wettbewerbsfähig und innovativ zu gestalten als auch stärker auf Umweltbelange zu achten. Sie wurde 1992 in der Veröffentlichung „Changing Course“ dargestellt. Öko-Effizienz wird erreicht durch „competitively priced goods and services that satisfy human needs and bring quality of life while progressively reducing environmental impacts of goods and resource intensity throughout the entire life-cycle to a level at least in line with the Earth's estimated carrying capacity” (WBCSD (Hrsg.) 2000, S. 7). Die Ziele der Öko-Effizienz sollen dabei durch laufende Anpassung und Verbesserung der bestehenden Prozesse erreicht werden. Aus weniger Material sollen mehr Güter hergestellt werden, was zu einer geringeren Umweltbelastung und geringeren Kosten im Unternehmen führt. Betrachtet wird dabei der gesamte Lebenszyklus. Die sieben Elemente der Öko-Effizienz nach dem Verständnis des WBCSD sind: Reduzierung der Materialintensität, des Energieeinsatzes und der toxischen Dispersionen, Recyclingfähigkeit der Materialien, der größtmögliche Einsatz erneuerbarer Rohstoffe, eine längere Lebensdauer der Produkte und eine höhere Service-Intensität sowohl der Produkte als auch der Dienstleistungen. Das Öko-Effizienz-Konzept beinhaltet verschiedene Indikatoren, die in generell einsetzbare und unternehmensspezifische Indikatoren unterschieden werden. Zu ersteren gehören die Menge der Güter, die produziert werden oder die Dienstleistungen, die angeboten werden und Umsatzerlöse, sowie Energie-, Material- und Wasserverbrauch, Emissionen von Treibhausgasen und Ozon abbauenden Stoffen. Zusätzlich könnten in Zukunft auch finanzielle Werte, Emissionen in die Luft und die Abfallmenge als generelle Indikatoren aufgenommen werden. Die Öko-Effizienz bildet dann das Verhältnis von Produkt- oder Service-Wert zum Umwelteinfluss, der sich aus den Indikatoren berechnet. Erreicht werden sollen diese Ziele durch einen Dialog mit allen Stakeholdern, aber auch durch den Einsatz geeigneter Instrumente.

Öko-Effizienz der BASF Das Konzept der Öko-Effizienz der BASF ist ein Instrument zur Umsetzung des Ziels einer nachhaltigen Entwicklung. Ursprünglich berücksichtigte es ökonomische und ökologische Aspekte, später wurde es um eine soziale Dimension erweitert (Sozio-Öko-Effizienz-Analyse). Aufgrund des Schwerpunkts dieses Lehrbuchs werden hier die ersten beiden Aspekte vorgestellt. Ziel ist dabei, ähnliche Produkte oder Verfahren, die den gleichen Kundennutzen stiften zu vergleichen, also der Frage nachzugehen, welche Alternative nachhaltiger ist (vgl. Kapitel 2.2). Hierzu erfolgt für die ökologische Dimension eine ganzheitliche Betrachtung der Belastungen über den gesamten Lebensweg, gemessen für die Bereiche Energieverbrauch, Stoffverbrauch, Emissionen, Toxizitätspotential, Risikopotential und Flächenverbrauch. Für die ökonomische Dimension werden die Gesamtkosten ermittelt. Somit stellt die Öko-Effizienz das Verhältnis ökonomischer Wertschöpfung und ökologischer Wertvernichtung dar. Die Ergebnisse werden dann für den Vergleich mit Mitbewerbern genutzt. Sie können die Marktchancen erhöhen, aber auch zu einer kontinuierlichen Verbesserung des Produkts beitragen. Zu vereinfachten Darstellung werden die sechs Umweltaspekte durch eine Gewichtung zusammengeführt, in Diagrammform dargestellt (vgl. Abbildung 19) und den Gesamtkosten gegenübergestellt (vgl. Abbildung 20).

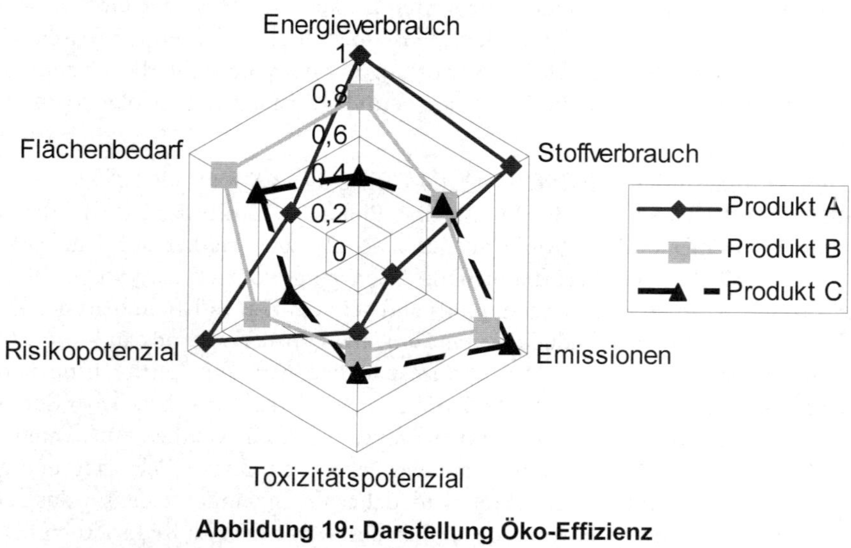

Abbildung 19: Darstellung Öko-Effizienz

(In Anlehnung an SALING/MAISCH/SILIVANI u.a. 2005, S. 2)

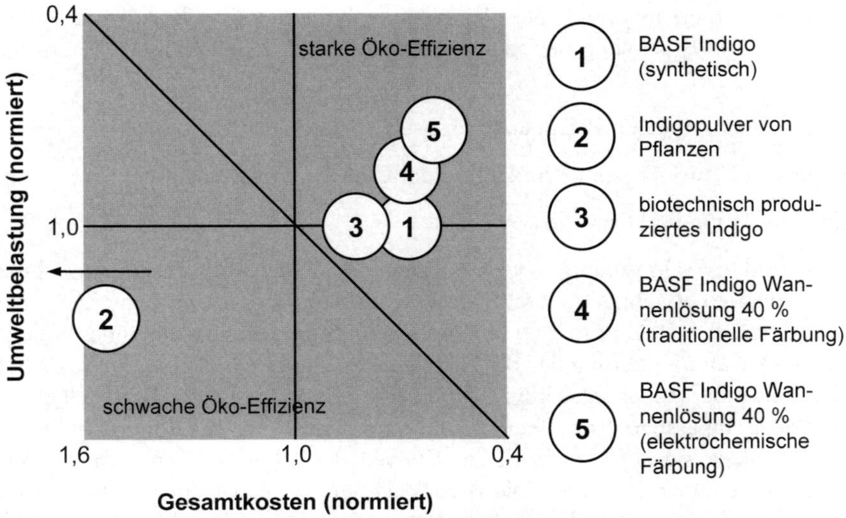

Abbildung 20: Öko-Effizienz-Portfolio
(Quelle: SALING/KICHERER/DITTRICH-KRÄMER u.a. 2002, S. 217)

Eco-Balanced Scorecard Die Balanced Scorecard (BSC) wurde zu Beginn der 1990er Jahre von KAPLAN und NORTON (siehe weiterführend KAPLAN/NORTON 1996) auf Basis der von SCHNEIDERMAN entwickelten Corporate Scorecard, entworfen. Heute zeigt sich die BSC als ein in der Praxis weit etabliertes Instrument. Anhand der BSC können ganze Organisationen, Standorte aber auch einzelne Mitarbeiter bewertet werden. Der Geltungsbereich ist dabei weltweit, wobei sich die Systemgrenze auf die Perspektiven der BSC beschränkt. Es ist Ziel der BSC, ein strategisches Managementsystems mit Kommunikations-, Koordinations-, und Steuerungsaufgaben bereitzustellen, das zur Umsetzung der Vision, des Leitbildes sowie der Strategien eines Unternehmens dient. Dabei greift die einseitige, vergangenheitsorientierte und kurzfristige Leistungsmessung in Unternehmen, die sich zumeist auf das Rechnungswesen stützt, zu kurz. Die BSC geht demgegenüber davon aus, dass auch weiche Faktoren wie die Mitarbeiter, die Prozessabläufe sowie die Kundenorientierung, bzw. die Bindung zur Leistungsbewertung benötigt werden. Die Anwendung der BSC umfasst dabei folgende Schritte:

1. Vision und Strategie als zentrale Elemente der BSC werden aufgestellt.
2. Messobjekte aus Vision und Strategie werden abgeleitet.

Die traditionelle BSC gliedert sich dabei in vier Perspektiven:

- Finanzperspektive
- Kundenperspektive
- interne Prozessperspektive
- Lern- und Entwicklungsperspektive

In den Perspektiven werden für bis zu sechs Indikatoren Ziele, Kennzahlen, Vorgaben und Maßnahmen definiert. Die Kennzahlen werden in allgemeingültige strategische Aspekte (Ergebniskennzahlen) und spezifische, individuelle Leistungstreiber untergliedert.

Die Kennzahlen werden innerhalb der Perspektiven verknüpft, z. B. anhand eines Ursache-Wirkungsbaumes. Die Ergänzung der traditionellen BSC um Umweltaspekte kann nun auf drei Wegen erfolgen:

1. Bildung einer eigenständigen Perspektive Umwelt,
2. Einbindung von Umweltaspekten in die traditionellen Perspektiven,
3. Einbindung in Vision und Strategie.

Als Ergebnis wird die Umsetzung von Strategien erleichtert und wesentliche Aspekte eines Unternehmens werden abgebildet. Zusammenfassend bleibt kritisch zu bemerken, dass sich die Inhalte der traditionellen BSC primär an den Stakeholdergruppen „Anteilseigner" und „Kunden" orientieren. Die Außenorientierung der BSC ist ebenfalls eingeschränkt, wodurch z. B. die Aktivitäten der Wettbewerber unberücksichtigt bleiben. Grundsätzlich ist die BSC jedoch an die speziellen Bedürfnisse anpassbar. Vorteilhaft ist die Komprimierung des Unternehmensgeschehens sowie die Möglichkeit, sie auf verschiedenen Ebenen des Unternehmens (Gesamtorganisation, Geschäftseinheiten etc.) anzuwenden. Die Berücksichtigung sog. weicher Faktoren ist hier ebenfalls hervorzuheben (siehe weiterführend ARNOLD/FREIMANN/KURZ 2005, S. 157-187).

Finanzen

Ziele	Messgrößen	Leistungsziele	Initiativen
Sicherung der Liquidität	Free Cash Flow	Erhöhung um 9 % in 2008	Umsatzsteigerung
Steigerung Rentabilität	Eigenkapitalrendite	ROE von 17,5 % für 2008	Steigerung des Gewinns

Interne Geschäftsprozesse

Ziele	Messgrößen	Leistungsziele	Initiativen
Steigerung der Produktivität	Durchlaufzeiten	Reduzierung der Durchlaufzeit um 3 %	Reduzierung von Zwischenlagern
	Bearbeitungszeiten	Reduzierung um 2,5 %	Anschaffung neuer Maschinen
Steigerung Prozessqualität	Qualitätsindikator, Fehleranzahl	Ziel: Null Fehler	Verbesserung des Qualitätsmanagements

Kunden

Ziele	Messgrößen	Leistungsziele	Initiativen
Erhöhung der Kundenzufriedenheit	Zufriedenheitsindex	Steigerung um 5 %	Ausweitung von Serviceleistungen, Qualitätsverbesserung
	Liefertreue (Termin- und Mengentreue)	Verbesserung um 1,5 %	Verbesserung der Termintreue
Neukundengewinnung	Anzahl Neukunden pro Monat	Erhöhung um 4,5 %	Ausweitung Marketingaktivitäten

Vision und Strategie

Lernen und Wachstum

Ziele	Messgrößen	Leistungsziele	Initiativen
Erhöhung der Mitarbeiterzufriedenheit	Zufriedenheitsindex (Arbeitsinhalt, Führung, Gehalt, Soziales)	Steigerung um 5 % bis 2009	Erhöhung von Personalentwicklungsgesprächen
	Fluktuationsquote	Verringerung um 5 % bis 2009	zusätzliche Sozialleistungen

Umweltleistung

Ziele	Messgrößen	Leistungsziele	Initiativen
Reduzierung des Energieverbrauchs	Energieverbrauch nach Energieträgern	Reduzierung um 5 % bis 2009	Installation Kraft-Wärme-Kopplung
Senkung von Emissionen	CO_2-Emissionen	Reduzierung des Flottenverbrauchs auf 135 g CO_2/km bis 2012	alternative Kraftstoffe, Senkung Kraftstoffverbrauch

Abbildung 21: Balanced Scorecard der MOBILITY UNLIMITED

Leitfaden für die Nachhaltigkeitsberichterstattung der GLOBAL REPORTING INITIATIVE (GRI). Die GRI wurde 1997 von CERES (COALITION FOR ENVIRONMENTALLY RESPONSIBLE ECONOMIES) mit dem Ziel gegründet, einen global anwendbaren Leitfaden für die Nachhaltigkeitsberichterstattung auf Unternehmensebene zu entwickeln. So verfolgt die GRI mit ihrem Leitfaden für die **Nachhaltigkeitsberichterstattung** das Ziel einer umfassenden Beschreibung der Situation. Der Leitfaden liegt mittlerweile in seiner dritten Fassung vor (1. Fassung 2000, 2. Fassung 2002, 3. Fassung 2006) und kann als die Grundlage für eine standardisierte und vergleichbare Erweiterung der Umweltberichterstattung und der Integration sozialer und ökonomischer Aspekte zur Erhöhung der Transparenz der unternehmerischen Aktivitäten bezeichnet werden. So werden die drei geforderten Bestandteile eines Nachhaltigkeitsberichts, Strategie und Profil, Managementansatz und Leistungsindikatoren standardisiert, indem konkrete Vorgaben, z.B. in Form konkreter Indikatoren gemacht werden. Für die konkrete Ausgestaltung der Nachhaltigkeitsberichterstattung gemäß dem Vorschlag der GRI sei auf Kapitel 10.2 verwiesen. Daneben existieren weitere Vorschläge für die Nachhaltigkeitsberichterstattung, von denen stellvertretend die der DEUTSCHEN VEREINIGUNG FÜR FINANZANALYSE genannt seien.

3.5.4 Treibende Kraft: Finanzsektor

Mediatoren Auch Finanzinstitute nehmen Stellung zur Diskussion um eine nachhaltige Entwicklung. Finanzdienstleister rufen dabei durch den eigentlichen Leistungserstellungsprozess im Verhältnis zu anderen Unternehmen geringere Umweltschäden hervor. Sie sind aber bei der Verwendung des Kapitals von ökologischen und sozialen Aspekten betroffen, die Einfluss auf den erwarteten Ertrag und das erwartete Risiko haben. Deshalb werden Bewertungsinstrumente und die Zusammensetzung von Fonds als deren Leistungsangebot zunehmend an Kriterien der nachhaltigen Entwicklung ausgerichtet.

DOW JONES SUSTAINABILITY GROUP INDEXES (www. sustainability-index.com) DOW JONES SUSTAINABILITY INDEXES (DJSI) sind Aktienindizes, deren Portfolio sich aus Unternehmen zusammensetzt, die bestimmten Kriterien der Nachhaltigkeit genügen. Die 1999 gegründeten DOW JONES SUSTAINABILITY INDEXES sind ein Kooperationsprojekt der beiden führenden Index-Provider DOW JONES INDEXES und STOXX LIMITED sowie der SAM GROUP. Die Indizes zielen auf einen langfristigen Nutzen für Aktionäre, Kunden und Mitarbeiter auf der Basis eines Ratings hinsichtlich strategischer ökonomischer, ökologischer und gesellschaftlicher Wertsteigerungspotentiale als Grundlage für Investment-Konzeptionen. Die DJSI Familie enthält dabei verschiedene globale (DJSI WORLD) und europäische Indizes (DJSI STOXX). Neben den allgemeinen Indizes DJSI WORLD und DJSI STOXX werden unterschiedlich spezialisierte Indizes angeboten, bei denen etwa verschiedene Branchen ausgeschlossen werden wie z.B. die Tabakindustrie (DJSI WORLD EX TOBACCO). Insgesamt umfasst die DJSI-Familie 40 Indizes. Die 60 Lizenznehmer wie etwa die DEUTSCHE BANK oder die WEST LB stammen aus 14 Ländern und repräsentieren Finanzprodukte im Wert von 5 Milliarden US Dollar auf Grundlage der DJSI (vgl. SAM INDEXES GMBH 2008). Hierzu zählen verschiedene Fonds, Anlageportfolios, Zertifikate und spezielle Bankkonten. Das Investmentuniversum des DJSI World umfasst die 2500 größten Unternehmen, die im DOW JONES GLOBAL INDEX vertreten sind. Für den DJSI World identifizieren SAM-Analysten nach zukunftsorientierten Nachhaltigkeitskriterien die führenden 10 Prozent der Unternehmen aus insgesamt 58 Branchen (vgl. SAM INDEXES GMBH 2007). Zu den deutschen Mitgliedern des DJSI World gehören im Jahr 2008 ALLIANZ, BASF, BMW GROUP sowie RWE. Die Methode der Identifikation von Branchenführern wird als „Best in class" Ansatz bezeichnet. Basis für die Bewertung ist ein umfangreicher Fragebogen, der durch die jeweiligen Unternehmen selbst auszufüllen ist. Als weitere Informationsquellen werden Unternehmensdokumente, wie Nachhaltigkeits- und Geschäftsberichte, sowie Veröffentlichungen aus den Medien oder anderer Stakeholder, aber auch der direkte Kontakt mit den Unternehmen herangezogen. Im Rahmen der Erstellung der Indizes werden sowohl allgemeine als auch industriespezifische Kriterien verwendet. Das Corporate Sustainability Assessment lässt sich in die drei Bewertungsschritte Fragebogenanalyse, Qualität und Zugänglichkeit der Dokumente sowie Verifizierung unterteilen (vgl. SAM INDEXES GMBH 2008). Ausgangspunkt für die Untersuchung bildet die Nachhaltigkeitsrelevanz einer Branche. Anschließend erfolgt die Identifikation und Analyse von Unternehmen innerhalb der Branchen anhand von ökonomischen, ökologischen und sozialen Nachhaltigkeitskriterien, wobei die Sustainability-Performance-Kennzahl als Ergebnis des nachhaltigkeitsorientierten Analyse- und Bewertungsprozess berechnet wird. Diese Kennzahl kann jederzeit revidiert werden wie etwa bei kritischen Unternehmensaktivitäten. Mittlerweile existieren mehr als ein Dutzend Nachhaltigkeitsindizes. Erwähnt seien an dieser Stellen noch der NATUR-AKTIEN-INDEX (seit 1997), der FTSE4Good (seit 2001) sowie der spezifische KLD GLOBAL CLIMATE 100 INDEX (seit 2005).

Nachhaltigkeitsfonds Ähnlich wie die DOW JONES SUSTAINABILITY GROUP INDEXES aufgebaute Konzepte für Nachhaltigkeitsfonds für Kapitalanleger werden mittlerweile in großer Vielfalt von verschiedenen Finanzinstituten angeboten. Beispielhaft sind hier zu nennen: DEKA-UMWELTINVEST CF, DWS INVEST RESPONSIBILITY LD, Öko-Aktienfonds, SAM SUSTAINABLE CLIMATE FUND und SEB ÖKORENT. Für einen umfassenden Überblick siehe: www.nachhaltiges-investment.de.

UNEP Finance (www.unepfi.org) Das Konzept der UNEP FINANCE INITIATIVE wurde 1991 unter Beteiligung eines Bankenkonsortiums ins Leben gerufen. Diese Initiative unter der Schirmherrschaft des UN Umweltprogramms besteht aus einem breiten Spektrum von Bank- und Kreditunternehmen, die sich die Integration der Umweltaspekte in die Dienstleistungen des Finanzsektors zum Ziel gesetzt haben. Dabei wird zwischen dem Finanzsektor und der Versicherungswirtschaft unterschieden. Beide verpflichten sich in unterschiedlichen Erklärungen, die soziale Entwicklung, den Umweltschutz und die Nachhaltigkeit zu fördern. Die Initiative mit Sitz in Genf wurde 2003 durch das Zusammengehen der FINANCIAL INSTITUTIONS INITIATIVE (Finanzwirtschaft) mit der INSURANCE INDUSTRY INITIATIVE (Kreditwirtschaft) geschaffen. Ziel ist, private Investitionen in umweltverträgliche Technologien und Dienstleistungen zu fördern und Nachhaltigkeit und wirtschaftliche Leistungsfähigkeit zu verbinden. Der UNEP FINANCE INITIATIVE sind bisher 160 Finanz- und Kreditinstituten aus über 44 Staaten beigetreten. Die Mitglieder erklären, dass eine nachhaltige Entwicklung nur durch eine gemeinsame Verantwortung von Regierungen, Wirtschaft und Einzelpersonen erreicht werden kann. Durch regionale Aktivitäten auf allen Kontinenten, einem umfassendem Arbeitsprogramm, Ausbildungsprogramme und Forschung sucht die UNEP FINANCE INITIATIVE den optimalen Weg von umweltfreundlicher und nachhaltigerer Entwicklung auf allen Ebenen der Investitionen der Finanzinstitute. Hauptarbeitsgebiete sind der Klimawandel, Versicherungsleistungen, Investitionen, Immobilienwirtschaft und nachhaltiges Wirtschaften.

Situationsspezifische Konkretisierung Wie die Beispiele aus den Bereichen Politik und Recht, Unternehmen und Unternehmensverbände, Wissenschaft sowie Finanzsektor zeigen, liegen Nachhaltigkeitskonzepte vor, die zum Teil bereits in der Praxis angewendet werden. Ein optimales und situationsunabhängig anwendbares Nachhaltigkeitskonzept existiert nicht. Vielmehr ist hierfür nach einer situationsspezifischen Konkretisierung einer nachhaltigen Entwicklung ein Konzept zur Berücksichtigung individueller Ressourcenausstattungen, Nutzungsbedürfnissen und Rahmenbedingungen auszuwählen und anzupassen. Weiterhin können die neu gebildeten Institutionen die Zielsetzung einer nachhaltigen Entwicklung durch die Arbeit in Netzwerken vorantreiben.

3.6 Aggregierte Darstellung – der Nachhaltigkeitswürfel

Dreidimensionaler Nachhaltigkeitswürfel Für eine Aggregation der drei inhaltlichen Kategorien nachhaltiger Entwicklung – Ökonomie, Ökologie und Soziales – kann die dreidimensionale Darstellung eines Würfels gewählt werden (vgl. Abbildung 22). Ausgehend vom Mittelpunkt, der den gegenwärtigen Zustand als Ausgangszustand darstellt, kann als Ergebnis einer relativen Bewertung abgelesen werden, in welche Richtung eine Entwicklung erfolgt. Das umfasst die Aussage, welche inhaltliche Wertkategorie eine positive und welche Wertkategorie eine negative Entwicklung im Vergleich zum Ausgangszustand erfährt. Eindeutige Entscheidungen können nur getroffen werden, wenn die Dominanz einer Handlungsalternative vorliegt, d.h. eine Alternative in allen drei Wertkategorien besser oder schlechter als der Ausgangszustand bewertet wird. In den anderen Fällen ist noch ein Abwägungsprozess erforderlich. Für eine nachhaltigere Entwicklung muss es Ziel jedes Unternehmens sein, in den Teilwürfel „nachhaltige Unternehmer" zu gelangen. Für diesen Teilwürfel besteht die Notwendigkeit der Verknüpfung ökonomischer Verbesserung bzw. Konstanz mit der Konstanz bzw. Verbesserung der Sozialverträglichkeit und der Konstanz bzw. Verbesserung der Umweltbelastung bei einer Verbesserung in mindestens einem Bereich. Dies sichert noch nicht einen tatsächlichen Zustand der Nachhaltigkeit, aber zumindest den richtigen Weg der Entwicklung (vgl. GÜNTHER/SCHUH 2000, S. 84).

Die einzelnen Elemente dieses Würfels können im Hinblick auf eine nachhaltige Entwicklung wie folgt konkretisiert werden: Unternehmen, die lediglich Gewinnziele verfolgen (Geldgeier), Unternehmen, die Gewinn- und Sozialziele verfolgen, wie z.B. ROBERT BOSCH dies als Unternehmer umgesetzt hat (Mäzene), Unternehmen, die Gewinn- und Umweltziele verfolgen (öko-effiziente Rationalisten) und Unternehmen, die Gewinn-, Umwelt- und Sozialziele verfolgen (nachhaltige Unternehmer). Unternehmen, die keine Gewinnziele verfolgen werden als Utopisten bezeichnet, da für das langfristige Überleben mindestens ein Gewinn gleich Null erforderlich ist: soziale Utopisten (nur Sozialziele), ökologische Utopisten (nur Umweltziele) und totale Utopisten (Sozial- und Umweltziele). Ziellosen Unternehmen kann nicht einmal das Siegel des Utopisten gegeben werden, sie werden vielmehr als Durchwurstler eingestuft. (vgl. Abbildung 22).

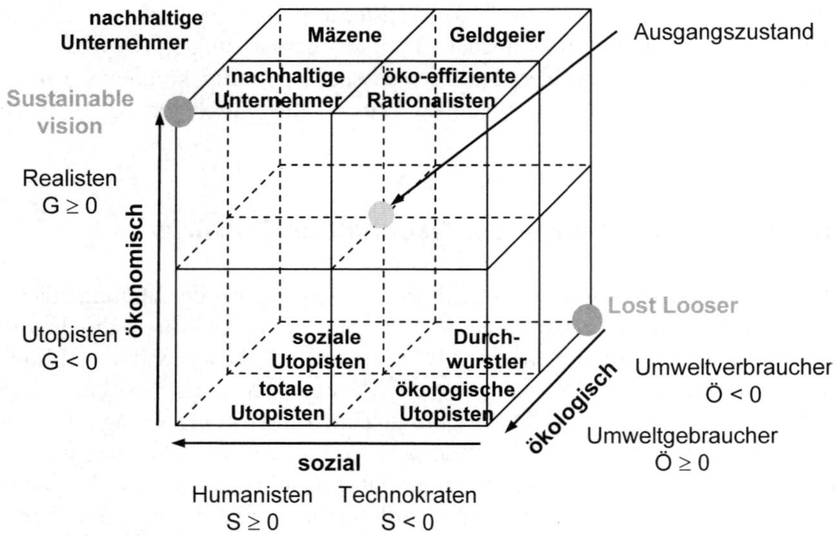

Abbildung 22: Nachhaltigkeitswürfel

(In Anlehnung an GÜNTHER/SCHUH 2000, S. 83 f.)

Aktionsfelder Zur Ableitung von Handlungsfeldern bzw. der Bestimmung der (notwendigen) Entwicklungsrichtung kann eine graphische Unterstützung erfolgen. Hierfür ist die Verdichtung der aus der Strukturierung und Konkretisierung eines Nachhaltigkeitsverständnisses geschlossenen relevanten Indikatoren auf übersichtliche zwei oder drei Dimensionen erforderlich. Durch die Gegenüberstellung der jeweiligen Ausgangssituation und der angestrebten Zielposition können Handlungsnotwendigkeiten erkannt werden. Darüber hinaus können konkrete Aktionsfelder abgeleitet werden, die zur Umsetzung der Zielstellung erforderlich sind.

4 Denken in Managementsystemen – mit Umweltmanagementsystemen Potentiale erschließen

„Demjenigen, der nicht weiß, wohin er segeln will, ist kein Wind günstig." (Seneca)

Ausgangspunkt Störfälle Startpunkt für die Entwicklung von Umweltmanagementsystemen waren umweltbezogene Betriebsprüfungen, die US-amerikanische Unternehmen nach einer Reihe umweltrelevanter Störfälle einerseits und aufgrund verschärfter Umweltvorschriften andererseits Ende der 1970er Jahre zunächst durchführen mussten und in der Folge freiwillig durchführten. In Europa setzte sich diese Entwicklung in den 1980er Jahren fort. Ausgehend von diesen ex post durchgeführten Umweltaudits wurden in der Unternehmenspraxis Umweltmanagementsysteme entwickelt, die ex ante die Steuerung umweltrelevanter Geschäftsvorfälle sicherstellen sollten. Durch die Weiterentwicklung der singulär vorliegenden Umweltmanagementsysteme entstanden schließlich normierte und rechtlich kodifizierte Umweltmanagementsysteme. So wurden nach Impulsen von Seiten der INTERNATIONALEN HANDELSKAMMER (1989) und des BRITISH STANDARDS INSTITUTE (1992) 1993 die Europäische Verordnung zum Umweltmanagement – die sogenannte EG-Öko-Audit-Verordnung – und 1996 die Internationale Umweltmanagementnorm DIN EN ISO 14001 sowie 1999 die internationale Norm zur Umweltleistungsmessung DIN EN ISO 14031 verabschiedet. Mitte der 2000er Jahre setzte sich in der Praxis zunehmend die Kombination von Umwelt- und Qualitätsmanagementsystemen durch. Parallel hierzu entwickelte sich eine Vielzahl sogenannter niederschwelliger, vereinfachter Umweltmanagementansätze, die einzelne Aspekte des betrieblichen Umweltschutzes beleuchten und steuern helfen. Zur Vereinheitlichung dieser Vielfalt wird seit 2006 auf ISO-Ebene die ISO 14005 zur abgestuften Einführung von Umweltmanagementsystemen diskutiert.

Dieses Kapitel widmet sich folgenden Fragen:

- *Wie ist ein Umweltmanagementsystem im Allgemeinen aufgebaut? (4.1)*
- *Wie sind die beiden am weitesten verbreiteten und ausgereiftesten Umweltmanagementsysteme, die EG-Öko-Audit-Verordnung und die internationale DIN EN ISO 14001:2004 gestaltet? (4.2)*
- *Welche Alternativen in Form vereinfachter Umweltmanagementansätze oder Stufenansätze bieten sich den Unternehmen? (4.3)*
- *Welche verwandten Managementsysteme können Unternehmen wählen? (4.4)*

4.1 Umweltmanagementsysteme – allgemeiner Aufbau

Ziele von Managementsystemen Ziel eines Umweltmanagementsystems ist, das Unternehmen zur Steuerung der betrieblichen Umweltleistung zu befähigen. Vorrangig sollen

- die Einhaltung der Rechtsvorschriften gewährleistet,
- die organisatorische Verankerung des Umweltmanagements festgeschrieben und
- die kontinuierliche Verbesserung der betrieblichen Umweltleistung erreicht werden.

Daneben können Umweltmanagementsysteme aber auch dazu dienen, Kostensenkungspotentiale aufzudecken und die Mitarbeiter für Umweltbelange zu sensibilisieren. Schließlich kann auch die Transparenz innerhalb der Organisation erhöht werden. Mehr und mehr steht bei der Einführung von Umweltmanagementsystemen auch deren Vernetzung mit anderen im Unternehmen bereits vorliegenden Managementsystemen (z.B. Qualitätsmanagementsystemen) oder in der Zukunft noch einzuführenden Systemen im Fokus.

Fokus Umweltleistung Umweltmanagementsysteme zielen darauf ab, die betriebliche Umweltleistung zu steuern. Unter Umweltleistung eines Unternehmens werden in diesem Lehrbuch entsprechend der Verwendung in der Rechtsetzung und Normung die Ergebnisse des Managements einer Organisation hinsichtlich ihrer Umweltaspekte verstanden. Die detaillierte Darstellung der Entstehung und Ausgestaltung des Begriffs erfolgt in Kapitel 9.1.

Aufbau von Umweltmanagementsystemen Idealtypischer Weise beginnt der Aufbau eines Umweltmanagementsystems mit einer Bestandsaufnahme, d.h. der Ist-Zustand der Steuerung der Umweltleistung im Unternehmen wird erfasst. Auf dieser Stufe ist den Unternehmen häufig weder der Begriff der Umweltleistung noch dessen Inhalts bewusst, nichtsdestotrotz werden Teilaspekte der Umweltleistung und deren Steuerung betrachtet. Hierzu werden die Umweltaspekte des Unternehmens (Energieverbrauch, Rohstoffe, Anlagen und Produkte, aber auch Emissionen und Abfälle) sowie deren Umweltauswirkungen untersucht. Darauf aufbauend sind für die Organisation eine Umweltpolitik zu bestimmen, z.B. in Form von Umweltleitlinien und eine Organisationsstruktur zu entwickeln, die sich in der Aufbau- und Ablauforganisation niederschlägt. Bezugnehmend auf die erste Bestandsaufnahme, die Umweltpolitik und die Organisationsstruktur sind auf der Basis konkreter Umweltziele Maßnahmen zu initiieren und hierfür Verantwortlichkeiten, Fristen und Mittel festzulegen. Eine regelmäßige interne Prüfung schließlich stellt die Funktionsfähigkeit des Systems sicher. Somit kann die Einführung eines Umweltmanagementsystems als ein Ansatz zur Organisationsentwicklung, d.h. zum bewussten Wandel einer Organisation von einem Istzustand ohne bewusste Steuerung der Umweltleistung hin zu einem Zielzustand mit bewusster Steuerung der Umweltleistung verstanden werden. Zu dieser Entwicklung gehört dann auch die Veränderung des Problemlösungsverhaltens einschließlich der damit verbundenen Einstellungen. Bezugspunkt ist dabei allerdings das Gesamtsystem, nicht nur das Individuum.

Erste Bestandsaufnahme Eine erste umfassende Untersuchung technischer, stoffstrombezogener, organisatorischer und rechtlicher Fragestellungen des Umweltschutzes dient dazu, den Ist-Zustand der Steuerung der Umweltleistung im Unternehmen zu erfassen. Ziel einer solchen Umweltprüfung ist, ökologische Schwachstellen und Verbesserungspotentiale im Unternehmen zu erkennen. Diese Aufgabe übernimmt ein internes oder externes Prüfteam und analysiert dabei

- Produkte, Dienstleistungen und Verfahren,
- alle Stufen der betrieblichen Leistungserstellung,
- die Anforderungen der Anspruchsgruppen des Unternehmens,
- frühere, laufende und geplante Tätigkeiten und
- normale Betriebsabläufe und Störfälle.

Dabei zeigt sich häufig, dass Einzelaspekte bereits in der Ablauforganisation des Unternehmens verankert sind, so z.B. das Störfallmanagement aufgrund bestehender Rechtsvorschriften. Aufgrund zunehmenden Kostendrucks können auch Kostensenkungsprogramme Umweltaspekte, z.B. im Bereich der Energieeinsparung, beinhalten. Solche vereinzelt im Unternehmen vorliegenden Initiativen gilt es in diesem ersten Schritt zusammenzutragen. Dabei können sowohl direkte als auch indirekte Umweltaspekte unterschieden werden. Direkte Umweltaspekte betreffen die Tätigkeiten der Organisation, deren Ablauf sie kontrolliert (z.B. Emissionen, Einleitungen in Gewässer), indirekte Umweltaspekte dagegen kann die Organisation nur zum Teil beeinflussen (z.B. produktbezogene Auswirkungen wie Transport, Nutzung oder Entsorgung). Die Organisation sollte bereits in diesem Stadium Kriterien festlegen, mit denen die Umweltaspekte bezüglich ihrer Wesentlichkeit bewertet werden können. Hierfür sollten Informationen über den Umweltzustand, die Meinung der interessierten Kreise und rechtliche Rahmenbedingungen berücksichtigt werden. Eine wissenschaftlich exakte Methode zur Beurteilung der Wesentlichkeit gibt es nicht, als praktisch anwendbare Methode hat sich die ABC-Analyse herausgestellt, bei der die Kriterien nach drei Prioritäten (A, B, C) bewertet werden. Weitere, verfeinerte Methoden werden in Kapitel 9.3 vorgestellt.

Umweltaspekte Umweltaspekte sind Aspekte der Tätigkeiten, Produkte oder Dienstleistungen einer Organisation, die Auswirkungen auf die Umwelt haben können (EMAS Artikel 2f). Dabei werden Umweltauswirkungen als jede positive oder negative Veränderung der Umwelt verstanden, die ganz oder teilweise aufgrund der Tätigkeiten, Produkte oder Dienstleistungen einer Organisation eintritt (EMAS Artikel 2g).

Umweltpolitik Nachdem nun der Ist-Zustand der Steuerung der betrieblichen Umweltleistung bekannt ist, kann das oberste Führungsgremium des Unternehmens die Umweltpolitik festlegen. Diese umfasst die umweltbezogenen Gesamtziele und Handlungsgrundsätze eines Unternehmens und bezieht auch extern vorgegebene Ziele wie die Einhaltung einschlägiger Umweltvorschriften ein. Die Umweltpolitik schreibt die Selbstverpflichtung zur kontinuierlichen Verbesserung des Umweltmanagements fest, ist auf höchster Managementebene zu verankern und schriftlich festzuhalten. Die Umweltpolitik ist so zu gestalten, dass sie

- in Bezug auf Art, Umfang und Umweltauswirkungen ihrer Tätigkeiten, Produkte und Dienstleistungen angemessen ist,
- eine Verpflichtung zur ständigen Verbesserung und zur Vermeidung von Umweltbelastungen enthält,
- eine Verpflichtung zur Einhaltung der geltenden Rechtsvorschriften und anderer Anforderungen enthält, zu denen sich die Organisation bekennt und die auf deren Umweltaspekte bezogen sind,
- den Rahmen für die Festlegung und Bewertung der umweltbezogenen Zielsetzungen und Einzelziele bildet,
- dokumentiert, implementiert und aufrecht erhalten wird,
- allen Personen mitgeteilt wird, die für die Organisation oder in deren Auftrag arbeiten und
- gegebenenfalls für die Öffentlichkeit zugänglich ist.

> Die Umweltpolitik von MOBILITY UNLIMITED folgt dem Leitbild „Mobilität nachhaltig gestalten". MOBILITY UNLIMITED ist dabei aktiv in der Entwicklung von umweltfreundlichen Antriebskonzepten, Produktionssystemen und Kraftstoffen tätig. Damit bekennt sich MOBILITY UNLIMITED zu einem umfassenden Umweltschutz, der neben den Produkten auch alle Produktionsprozesse einbezieht und deren Umweltauswirkungen analysiert. Die Ergebnisse werden in die unternehmerischen Entscheidungen einbezogen. Der Umweltschutz ist somit ein fester Bestandteil der Unternehmensstrategie und ein wesentliches Ziel (wie bereits erläutert ein endogenes Sachziel) des Konzerns. Das Leitbild der Umweltpolitik ist für alle Mitarbeiter an allen Standorten verbindlich.

Organisatorische Verankerung Gerade weil das Umweltmanagement als ein Ansatz zur Organisationsentwicklung gesehen werden kann, ist die organisatorische Verankerung ein wesentlicher Bestandteil bei der Einführung eines Umweltmanagementsystems. Auch hier kann von der bereits im Unternehmen umgesetzten organisatorischen Verankerung des Umweltschutzes ausgegangen werden: So sind aufgrund der einzelnen Umweltgesetze Betriebsbeauftragte für bestimmte Umweltfragen, z.B. Abfall oder Immissionsschutz zu bestellen. Auch auf höchster Managementebene muss bei Unternehmen, die unter das BImSchG fallen, nach § 52 a BImSchG ein Verantwortlicher benannt werden. Ausgehend von diesen bereits vorliegenden Strukturen sind weitere Aufgaben aus der Umweltpolitik abzuleiten und organisatorisch zu verankern. So ist z.B. die Umweltberichterstattung in die Unternehmensberichterstattung einzubinden oder das Energiemanagement ist in den bestehenden Abläufen von der Forschung und Entwicklung über die Beschaffung bis hin zu Produktion und Absatz umzusetzen. Denn ein Umweltmanagementsystem kann immer nur so gut sein wie die Personen, die für seine Umsetzung verantwortlich sind. Somit bedeutet die organisatorische Verankerung des Umweltschutzes im Unternehmen die Differenzierung und Erweiterung einerseits der bestehenden Aufbauorganisation und andererseits der bestehenden Ablauforganisation. Die Aufbauorganisation soll sicherstellen, dass die Anforderungen an die Aufgaben erfüllt werden und der Umweltschutz auch in der Organisationsstruktur verankert ist. Die oberste Leitung der Organisation muss einen oder mehrere Beauftragte bestellen, um sicherzustellen, dass die Forderungen an das Umweltmanagement implementiert werden und an die oberste Leitung Bericht erstattet wird als Grundlage für deren Bewertung [EMAS II, Anhang I-A.4.1.]. Oftmals wird – sofern die Organisation eine entsprechende Größe hat – eine Abteilung Umweltschutz in die Organisationsstruktur eingegliedert, die für sämtliche Umweltschutzaktivitäten verantwortlich ist. Der Leiter der Abteilung erhält Weisungen direkt von der obersten Managementebene. Im Gegenzug berichtet die Abteilung direkt an die Geschäftsleitung. Die Beauftragten für Abfall, Immissionsschutz und Gewässerschutz sind organisatorisch sinnvollerweise den Linienfunktionen zugeordnet und unterstehen direkt dem Umweltschutzbeauftragten. Aufgabe der Ablauforganisation ist die Festlegung von Arbeitsabläufen und die Unterstützung durch Verfahrensanweisungen und Arbeitsplatzbeschreibungen. Beschäftigte mit umweltbezogenen Aufgaben müssen über die geforderten Qualifikationen verfügen. Die Organisation sollte sicherstellen, dass diese bei Bedarf entsprechende Schulungen erhalten. Sie muss auch dafür sorgen, dass die interne Kommunikation im Hinblick auf das Umweltmanagementsystem geregelt ist und funktioniert.

Ziele und Maßnahmen Für jeden Teilbereich der Umweltpolitik werden nun Ziele festgelegt – bei großen Unternehmen durchaus geschäftsbereichsspezifisch. Sie beziehen sich auf die Umweltaspekte der Organisation, die während der ersten Bestandsaufnahme oder Umweltbetriebsprüfung ermittelt und als wesentlich erachtet wurden. In diesen Prozess sind die betroffenen Abteilungen und Bereiche einzubeziehen. Um die Umsetzbarkeit der Ziele, aber auch ihre Steuerbarkeit zu ermöglichen, sollten die Ziele quantifiziert (z.B. absolute Verminderung der Lösemittel um 5 Tonnen oder relative Verminderung um 10 %, bezogen auf ein bestimmtes Jahr) und mit einer Zeitvorgabe versehen werden. Im Rahmen eines sogenannten Umweltprogramms werden den Zielen die erforderlichen Maßnahmen zugeordnet und Verantwortlichkeiten und finanzielle Mittel festgelegt. Somit besteht ein Umweltprogramm idealerweise aus folgenden sieben Aspekten.

Tabelle 8: Beispiel Ziele und Maßnahmen

Auszug aus der Umweltpolitik	Umweltziel	Quantifizierung	zeitliche Vorgabe	Maßnahme	Verantwortlichkeit	finanzielle Mittel
Nachhaltigkeit	Reduzierung Wasserverbrauch	35 %	bis 2011 (Basisjahr 2007)	Abwasseraufbereitungsanlage und Nutzung von Brauchwasser	Bereich Waschanlage	ca. 70.000 €
Einhaltung umweltrelevanter gesetzlicher Vorschriften	Verbot von Chrom (VI) nach EU-Altfahrzeugverordnung, d.h. Ersatz von Teilen mit Chrom (VI) Bestandteilen	max 2 g pro Fahrzeug	bis 2007	Umstellung aller Teile, die Chrom (VI) enthalten, insb. Absprache mit Lieferanten	Projektteam Chrom (VI)	ca. 1 Mio. €

Dokumentation Schließlich ist das gesamte Umweltmanagementsystem zu dokumentieren, denn nur so kann langfristig verfolgt werden, inwieweit die Anforderungen des Umweltmanagementsystems eingehalten werden und wie sich die betriebliche Umweltleistung entwickelt hat. Meist erfolgt diese Dokumentation in Form eines Umwelthandbuches, das die Umweltpolitik, die organisatorische Verankerung und die Ziele und Maßnahmen umfassend darstellt. Dieses Umwelthandbuch enthält auch eine Übersicht über die geltenden Rechtsvorschriften, Verfahrens- und Arbeitsanweisungen und eine Stoff- und Energiebilanz als Überblick über die Umweltleistung. In vielen Unternehmen wird dieses Handbuch im Intranet zur Verfügung gestellt, sodass auch eine Aktualität der Informationen sichergestellt ist. Um die kontinuierliche Verbesserung der betrieblichen Umweltleistung zu ermöglichen, muss die Organisation ein Verfahren für die Lenkung der erforderlichen Dokumente einführen und aufrechterhalten. Damit wird sichergestellt, dass die Organisationsmitglieder die gültigen Fassungen relevanter Dokumente zur Verfügung haben, die Dokumente von befugtem Personal regelmäßig bewertet, wenn notwendig auch überarbeitet werden und ungültige Dokumente entfernt werden. Schließlich muss die Organisation ein Verfahren zur Notfallvorsorge einführen und aufrechterhalten, um mögliche Unfälle und Notfallsituationen zu ermitteln und auf diese entsprechend zu reagieren.

Umweltbetriebsprüfung Durch interne Umweltbetriebsprüfungen wird festgestellt, ob die Organisation die festgelegten Verfahren einhält und wo sich eventuell Verbesserungsmöglichkeiten bieten. Das Umweltmanagementsystem ist hierfür in geregelten Zeitabständen (mindestens alle drei Jahre, abhängig von Art, Umfang und Komplexität der Tätigkeiten) mit allen seinen Bestandteilen Umweltpolitik, organisatorische Verankerung sowie Zielen/Maßnahmen und der

Dokumentation regelmäßig einer internen Betriebsprüfung zu unterziehen. Hierzu werden alle umweltrelevanten Tätigkeiten beschrieben, alle Funktionsbereiche erfasst und deren SOLL beschrieben. Für den Ablauf wird ein Zeitplan erstellt. In der Praxis haben sich aus Gründen der Objektivität, aber auch zur Systematisierung und Dokumentation Checklisten, die unternehmensindividuell (weiter-) entwickelt werden, als ideal herausgestellt. Diese Bewertung soll möglichst objektiv sein, d.h. sie kann sowohl von Mitarbeitern der Organisation (interne Betriebsprüfer) als auch von Dritten durchgeführt werden (externe Betriebsprüfer). Da in den Unternehmen auch für andere Managementsysteme, wie z.B. das Qualitätsmanagement interne Audits durchzuführen sind, hat es sich in der Praxis weiterhin als sinnvoll herausgestellt, diese zusammenzulegen. So werden die Besuche minimiert, aber auch Synergien zwischen den Managementsystemen erkannt und genutzt. Die Umweltbetriebsprüfung umfasst eine Betriebsbegehung, Gespräche mit den Mitarbeitern und die Sichtung der Dokumente. Nach der Betriebsprüfung wird ein Soll-/Ist-Vergleich durchgeführt. Für den Fall, dass Soll- und Ist-Objekt übereinstimmen, ist die kontinuierliche Weiterentwicklung zu überprüfen. Gibt es Differenzen, sind Aufgaben bezüglich der betroffenen Schritte abzuleiten (Umweltpolitik, organisatorische Verankerung sowie Ziele/Maßnahmen und Dokumentation) und Maßnahmen zu ergreifen (z.B. In- und Output erfassen, Mitarbeiterschulungen durchführen oder Handbuch verbessern). Hierüber ist ein Bericht zu erstellen und der Leitung der Organisation vorzulegen. Gegebenenfalls ist ein Plan mit Korrekturmaßnahmen aufzustellen. Will ein Unternehmen das Umweltmanagementsystem nur für die interne Steuerung einsetzen, endet der Prozess hier. Wird allerdings eine Überprüfung durch einen unabhängigen Dritten gewünscht, findet abschließend eine externe Prüfung statt.

Bestimmung der Umweltleistung Da das Hauptziel eines Umweltmanagementsystems darin besteht, die kontinuierliche Verbesserung der Umweltleistung zu steuern, muss im Rahmen der Umweltbetriebsprüfung ein Verfahren eingerichtet werden, das es ermöglicht, jede der durchgeführten Maßnahmen bezüglich ihres Beitrages zur kontinuierlichen Verbesserung der Umweltleistung zu bewerten. Für das Unternehmen, den Standort und den Prozess oder das Produkt – je nachdem, worauf sich die jeweilige Maßnahme bezieht – sind zunächst alle Umweltaspekte in Form von Input (Energie, Rohstoffe, Wasser), aber auch von Output (Produkte und Kondukte, d.h. unerwünschter Output in Form von Abfall, Abwasser oder Abluft) zu erfassen. Um nun zu beurteilen, ob die Maßnahme zu einer kontinuierlichen Verbesserung beigetragen hat, reicht es im Regelfall nicht aus, die Inputs und Outputs im Zeitverlauf oder bezogen auf das gesetzte Ziel zu vergleichen, d.h den ökologischen Erfolg zu bestimmen. Dies ist lediglich dann der Fall, wenn direkt ersichtliche Entwicklungen vorliegen. Deshalb sind die Inputs und Outputs bezüglich ihrer Umweltwirkungen zu bewerten. Hierfür liegt mittlerweile ein umfassender Instrumentenkasten vor, der in Kapitel 9.3 ausführlich dargestellt wird. Schließlich muss die oberste Leitung der Organisation das Umweltmanagementsystem in festgelegten Abständen bewerten, um die fortdauernde Eignung, Angemessenheit und Wirksamkeit des Umweltmanagementsystems sicherzustellen.

Externe Prüfung Will ein Unternehmen sein Umweltmanagementsystem durch einen unabhängigen Dritten prüfen lassen, so muss es sich zunächst entscheiden, nach welcher Form oder Verordnung dies erfolgen soll, z.B. nach der DIN EN ISO 14001 oder nach der EG-Öko-Audit-Verordnung, auch EMAS genannt. Der externe Prüfer, bei der DIN EN ISO 14001 Zertifizierer und bei der EG-Öko-Audit-Verordnung Umweltgutachter genannt, überprüft dann, inwieweit das Umweltmanagementsystem den Anforderungen der gewählten Rechtsgrundlage entspricht. Hierfür prüft er die vorliegenden Unterlagen, unternimmt eine Betriebsbegehung und führt

Gespräche mit den Mitarbeitern vor Ort. Grundsätzlich handelt es sich dabei um eine Systemprüfung, die für Einzelstichproben, d.h. um eine Einzelfallprüfung, ergänzt wird.

Kontinuierliche Verbesserung Nun stellt sich die Frage, warum Unternehmen ein Umweltmanagementsystem aufbauen und dieses eventuell sogar extern nach EMAS validieren oder nach DIN EN ISO 14001 zertifizieren lassen. In der Unternehmenspraxis werden hierfür bei einer Befragung von 423 europäischen KMU u.a. folgende Gründe genannt: Kundenanforderungen (39,0 %), kontinuierliche Verbesserungen der betrieblichen Umweltleistung (27,2 %), bessere Einhaltung der Umweltschutzauflagen (22,7 %), bessere Mitarbeiterverantwortung (21,3 %), besserer Zugang zum Handelsmarkt (20,6 %), steigender Verkauf (18,9 %), Erfüllung der gesetzlichen Vorschriften (16,5 %), Kosteneinsparungen (16,3 %) (siehe weiterführend ISO/TC 207/SC1 STRATEGIC SME GROUP 2005). Die Vielfalt der genannten Gründe zeigt die enge Verflechtung des Umweltmanagements mit dem Qualitäts- und Risikomanagement (vgl. Kapitel 04.4). So überschneiden und ergänzen sich die Zielsetzungen „Risiko minimieren" und „Qualität ausbauen" und erlauben auf diese Weise ein integriertes Managementsystem. Risiko-, Qualitäts- und Umweltmanagementsysteme analysieren das Unternehmen und seine Umwelt zwar nach unterschiedlichen Aspekten, jedoch zeigt die Vernetzung mit anderen Aktivitätsfeldern des Unternehmens, dass vielfältige Möglichkeiten bestehen, eine kontinuierliche Verbesserung der betrieblichen Umweltleistung zu erzielen.

Ablauf eines Umweltmanagementsystems Zusammenfassend zeigt folgende Abbildung den idealtypischen Ablauf eines Umweltmanagementsystems, wobei die externe Prüfung fakultativ zu sehen ist.

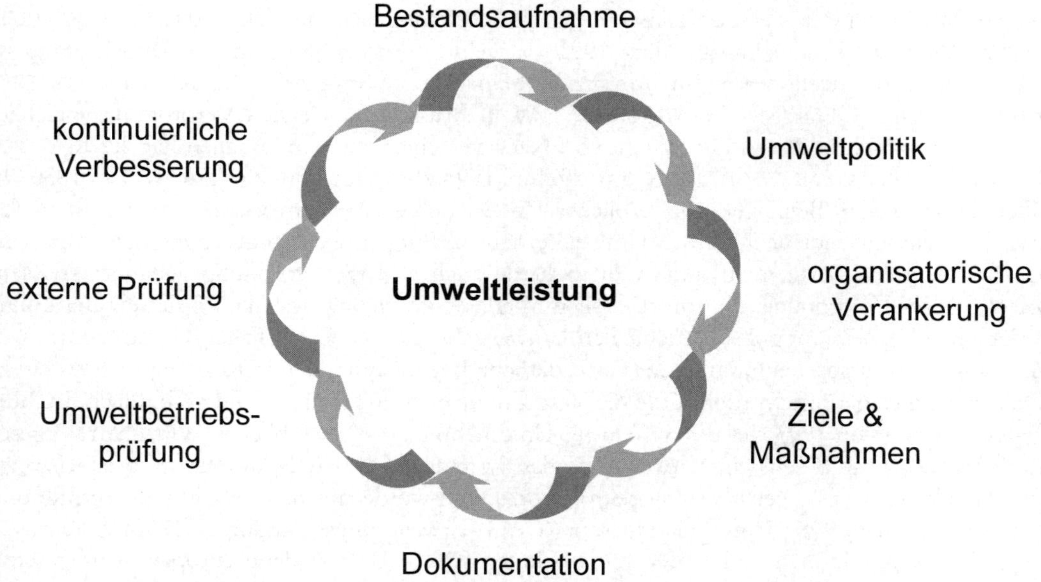

Abbildung 23: Umweltmanagementsystem

4.2 Spezielle Umweltmanagementsysteme – EMAS und DIN EN ISO 14001

Kodifizierung und Normung Nun können Unternehmen die oben beschriebenen Schritte selbstständig oder mit Unterstützung von Beratern einführen. Doch wie weiß ein Kunde oder eine sonstige am Unternehmen interessierte Person, wie das Umweltmanagementsystem genau gestaltet ist? Hierzu gibt es – und dies ist bei der Vergabe großer Aufträge üblich – die Möglichkeit, eine Prüfung des Umweltmanagementsystems des potentiellen Auftragnehmers vorzunehmen. Doch dieser Weg ist aufwändig und nicht breit umsetzbar. Um einerseits eine verlässliche Grundlage des Zusammenarbeitens zu haben und andererseits einen Konsens über die Bestandteile, die ein Umweltmanagementsystem beinhalten soll, zu erzielen, werden häufig die europäische EG-Öko-Audit-Verordnung und die internationale Norm DIN EN ISO 14001 genutzt. Beide folgen den oben beschriebenen Schritten, beide beinhalten den Schritt einer externen Prüfung (bei der EMAS Validierung genannt, bei der DIN EN ISO 14001 Zertifizierung). Und doch stellen sie alternative Regelwerke zum Aufbau von Umweltmanagementsystemen dar, da EMAS über die DIN EN ISO 14001 hinausgeht. Aus diesem Grund werden beide Systeme nachfolgend nach einer kurzen Vorstellung der Entstehungsgeschichte und der spezifischen Ziele tabellarisch vorgestellt und den oben beschriebenen Schritten erste Bestandsaufnahme, Umweltpolitik, organisatorische Verankerung, Umweltziele und Maßnahmen, Dokumentation, Umweltbetriebsprüfung, externe Prüfung und kontinuierliche Verbesserung zugeordnet.

Geschichtliche Entwicklung beider Systeme 1989 veröffentlichte die INTERNATIONAL CHAMBER OF COMMERCE (ICC) ein Positionspapier, das darauf ausgerichtet war, unabhängig von nationalen oder branchenspezifischen Besonderheiten zu sein. Dieses Positionspapier stellt somit den Anfang von Standardisierung und Normierung im Umweltmanagement dar. Großbritannien nahm bei der weiteren Entwicklung eine Vorreiterrolle ein. Die BRITISH STANDARDS INSTITUTION veröffentlichte im März 1992 als weltweit ersten Standard den British Standard (BS) 7750 „Specification for Environmental Management Systems". Die KOMMISSION DER EUROPÄISCHEN GEMEINSCHAFTEN stellte 1991 in Brüssel einen ersten Verordnungsvorschlag für ein europäisches Öko-Audit-System vor. Nach verschiedenen Änderungen hat der RAT DER EUROPÄISCHEN GEMEINSCHAFTEN am 29. Juni 1993 die „Verordnung (EWG) Nr. 1836/93 über die freiwillige Beteiligung gewerblicher Unternehmen an einem Gemeinschaftssystem für das Umweltmanagement und die Umweltbetriebsprüfung" (nach dem englischen Akronym EMAS für Eco-Management and Audit Scheme auch EMAS-Verordnung genannt) erlassen. Zweck dieser Verordnung, die sofort in allen Mitgliedsstaaten galt, war die Förderung der kontinuierlichen Verbesserung des betrieblichen Umweltschutzes bei gewerblichen Unternehmen. Mit dem Umweltauditgesetz, durch das das erforderliche Begutachtungs- und Registrierungssystem in Deutschland eingeführt wurde, wurde die Verordnung auch für Deutschland verbindlich. In ihrer ersten Fassung von 1993 war das System für Unternehmen der gewerblichen Wirtschaft vorgesehen. Artikel 14 sah bereits eine Erweiterung des Systems auf andere Sektoren, wie beispielsweise den Handel und den Dienstleistungssektor, vor. Diese wurde mit der Erweiterungsverordnung vom 03. Februar 1998 (Umweltauditgesetz (UAG)-Erweiterungsverordnung 1998) bereits für deutsche Organisationen und in der überarbeiteten EMAS II 1999 dann europaweit umgesetzt. Seit dem 19. März 2001 ist die „Verordnung (EG) Nr. 761/2001 des Europäischen Parlaments und des Rates über die freiwillige Beteiligung von Organisationen an einem Gemeinschaftssystem für das Umweltmanagement und die Umweltbetriebsprüfung" gültig (auch EMAS II genannt). Auf internationaler, übereuropäischer Ebene erfolgte die Standardisierung in der Normenreihe zur Gestaltung und Zertifizierung von Umweltmanagementsystemen ISO 14000 ff. vom Oktober

1996, die als DIN EN ISO 14000 ff. in die deutsche Normung übernommen wurde. Besonders hervorzuheben sind die Norm DIN EN ISO 14010 ff. vom Januar 1996, die die Überprüfung dieser Systeme regelt und die DIN EN ISO 14031 vom Februar 2000 zur Umweltleistungsmessung. Organisatorisch ist die Normung auf internationaler Ebene im Technical Committee (TC) 207 „Environmental Management" der INTERNATIONAL ORGANIZATION FOR STANDARDIZATION verankert, auf europäischer Ebene im Strategic Advisory Board on Environment des COMITÉ EUROPÉEN DE NORMALISATION, das allerdings nur eine beratende Funktion hat und auf deutscher Ebene im Normenausschuss Grundlagen des Umweltschutzes (NAGUS), dem Spiegelgremium des DEUTSCHEN INSTITUTS FÜR NORMUNG (DIN) zum TC 207.

Ziele der EMAS Die Verordnung gilt unmittelbar in jedem Mitgliedsstaat und ist in allen ihren Teilen verbindlich. Sie zielt zum einen auf eine kontinuierliche Verbesserung des betrieblichen Umweltschutzes, wie sie sich mit der wirtschaftlich vertretbaren Anwendung der besten verfügbaren Technik erreichen lässt. In der Überarbeitung von EMAS I wurden die Erfahrungen mit EMAS I sowie Elemente der internationalen Norm DIN EN ISO 14001 berücksichtigt. So wurden die Anforderungen an die Struktur eines Managementsystems der DIN EN ISO 14001 Bestandteil von EMAS II. Um eine einheitliche Umsetzung in Europa zu gewährleisten, hat die EU-Kommission am 7. September 2001 die Leitlinie zur Anwendung von EMAS II mit zum Teil verbindlichen Vorgaben verabschiedet. Mittlerweile findet sich die Weiterentwicklung zur EMAS III in der Diskussion, die die Notwendigkeit zur Messung der Umweltleistung verstärkt betont und ab 2010 gelten soll.

Leitfäden EMAS Um eine einheitliche Umsetzung in Europa zu gewährleisten, hat die Kommission der Europäischen Gemeinschaft Leitfäden bzw. Leitlinien zur Anwendung von EMAS verabschiedet. Dabei wurden die Leitfäden über einzutragende Einheiten, Begutachtung und Verwendung des EMAS-Zeichens als Anhänge I bis III in einer Entscheidung der Kommission veröffentlicht und enthalten daher verbindliche Vorgaben. Die Leitfäden zur Umwelterklärung, Arbeitnehmerbeteiligung, Ermittlung und Bewertung von Umweltaspekten und der Begutachtung kleiner und mittlerer Unternehmen wurden als Anhänge einer Kommissionsempfehlung veröffentlicht und sind als Anregungen gedacht. Dem Thema Umweltmanagementleistungskennzahlen widmet sich eine Leitlinie. Nachstehende Übersicht stellt die Leitfäden bzw. Leitlinien dar (vgl. Tabelle 9):

Tabelle 9: Leitfäden der EMAS

Titel	Wesentlicher Inhalt
Leitfaden zu Einheiten, die für eine EMAS-Eintragung in Frage kommen	Mit der Ausdehnung des Gültigkeitsbereiches der EG-Öko-Audit-Verordnung auf alle Organisationen können sich Einheiten mit sehr unterschiedlichen Strukturen in das EMAS-Verzeichnis eintragen lassen. Der Leitfaden soll bei der Entscheidung über die einzutragende Einheit Hilfestellung bieten.
Leitfaden zur Begutachtung und Gültigkeitserklärung sowie zur Häufigkeit der Umweltbetriebsprüfung	In diesem Leitfaden wird aufgezeigt, welche Fragen bei der Gestaltung des Prüfprogramms und der Häufigkeit der Durchführung interner Umweltbetriebsprüfungen zu berücksichtigen sind.

Titel	Wesentlicher Inhalt
Leitfaden zur Verwendung des EMAS-Zeichens	Dieser Leitfaden schreibt die genaue Funktion und die Verwendung des EMAS-Zeichens zur Werbung für das EMAS-System vor. Anhand konkreter Beispiele werden die Grundsätze illustriert.
Leitfaden zur EMAS-Umwelterklärung	Mit diesem Leitfaden werden konkrete Hinweise zur Erstellung der Umwelterklärung und Umsetzungsideen aus der Praxis gegeben.
Leitfaden zur Arbeitnehmerbeteiligung	Der Einbeziehung der Beschäftigten wird in EMAS II große Bedeutung beigemessen. Der Leitfaden vermittelt Vorschläge zur Umsetzung, beispielsweise den Aufbau eines Vorschlagssystems.
Leitfaden zur Ermittlung von Umweltaspekten und zur Bewertung ihrer Wesentlichkeit	In einem Schema wird ein Vorschlag zur Ermittlung der wesentlichen Umweltaspekte dargestellt und anhand von Praxistipps die Durchführung erläutert.
Leitfaden für Umweltgutachter bei der Überprüfung von kleinen und mittleren Unternehmen (KMU), insbesondere von Klein- und Kleinstunternehmen	Um EMAS auch für KMU interessant zu machen, wurden für diese Organisationen Alternativen zur Umsetzung der Umweltbetriebsprüfung vorgeschlagen. Die Umweltgutachter werden explizit noch einmal auf die Verhältnismäßigkeit bei der Durchführung des Audits in KMU hingewiesen.
Leitlinie zur Verwendung von Umweltleistungskennzahlen	Für die Bewertung der Umweltleistung einer Organisation und deren Umweltberichterstattung werden drei Kategorien von Umweltkennzahlen unterschieden: operative Leistungskennzahlen, Managementleistungskennzahlen und Umweltzustandsindikatoren. Die Leitlinie unterstützt die Auswahl und Verwendung von Umweltkennzahlen.

Ziele der DIN EN ISO 14001 Die DIN EN ISO 14001 ermöglicht seit 1996 Organisationen bzw. Organisationseinheiten, ihr Managementsystem zertifizieren zu lassen. Der lange Name der DIN EN ISO 14001 besagt, dass diese Norm international (ISO), europäisch (EN für Euronorm) und in Deutschland (DIN) Gültigkeit hat. Im Wesentlichen gleichen sich die Anforderungen von EMAS und der DIN EN ISO 14001 an ein Umweltmanagementsystem. Die DIN EN ISO 14001 orientiert sich noch stärker an den klassischen Elementen eines Managementprozesses Planung, Durchführung, Überwachung und Anpassung, im Englischen plan – do – check – act. In den Jahren 2000 bis 2004 wurde die Norm überarbeitet und so mehr an die Normung im Bereich Qualitätsmanagement (DIN EN ISO 9001) angepasst. Gerade in mittelständischen Unternehmen ist es heute gängige Praxis, ein kombiniertes Umwelt- und Qualitätsmanagementsystem einzuführen. Hier wirkt dann eine Kompatibilität beider Normen unterstützend.

Konkretisierung EMAS und DIN EN ISO 14001 Mit Hilfe einer Tabelle wird nun erläutert, wie die generellen Schritte in den beiden Systemen konkretisiert werden können.

Tabelle 10: Vergleich der acht Schritte in EMAS II und DIN EN ISO 14001

	EMAS II	DIN EN ISO 14001
erste Bestandsaufnahme	*Umweltprüfung (EMAS II, Anhang VII, 7.2.)* erste umfassende Untersuchung der Umweltfragen, der Umweltauswirkungen und der Umweltleistung im Zusammenhang mit den Tätigkeiten einer Organisation (EMAS II, Art. 2e) Bei der Prüfung sind fünf Schlüsselbereiche zu berücksichtigen: • Rechts- und Verwaltungsvorschriften und sonstige Vorschriften, zu deren Einhaltung sich die Organisation verpflichtet; • Erfassung aller Umweltaspekte, die wesentliche Umweltauswirkungen nach Anhang VI haben und die gegebenenfalls qualitativ einzustufen und zu quantifizieren sind, wobei ein Verzeichnis der als wesentlich ausgewiesenen Aspekte zu erstellen ist; • Beschreibung der Kriterien zur Bewertung der Wesentlichkeit der Umweltauswirkung gemäß Anhang VI Abschnitt 6.4; • Untersuchung aller angewandten Techniken und Verfahren des Umweltmanagements; • Bewertung der Reaktionen auf frühere Vorfälle.	*Überprüfung der aktuellen Situation (DIN EN ISO 14001, A.1)* Das Ziel dieser Überprüfung sollte sein, alle Umweltaspekte der Organisation als Grundlage zum Aufbau des Umweltmanagementsystems zu berücksichtigen. Diese Überprüfung sollte vier wesentliche Bereiche umfassen: • Ermittlung von Umweltaspekten, einschließlich solcher, die mit normalen Betriebsbedingungen, abweichenden Bedingungen einschließlich Anfahr- und Abschaltbedingungen sowie Notfallsituationen und Unfällen zusammenhängen; • Ermittlung einschlägiger rechtlicher Verpflichtungen und anderer Anforderungen, zu denen sich die Organisation verpflichtet; • Überprüfung bestehender Umweltmanagementpraktiken und -verfahren einschließlich solcher, die mit Beschaffungsaktivitäten und Auftragsvergabe verbunden sind; • Auswertung früherer Notfallsituationen und Unfälle.
Umweltpolitik	*Umweltpolitik (EMAS II, Art. 2a)* umweltbezogene Gesamtziele und Handlungsgrundsätze einer Organisation, einschließlich der Einhaltung aller einschlägigen Umweltvorschriften und der Verpflichtung zur kontinuierlichen Verbesserung der Umweltleistung; die Umweltpolitik bildet den Rahmen zur Festlegung und Prüfung der Umweltzielsetzung und –einzelziele.	*Umweltpolitik (DIN EN ISO 14001 3.11.)* Gesamtabsichten und Ausrichtung einer Organisation in Bezug auf ihre Umweltleistung, wie von der obersten Führungsebene förmlich ausgedrückt. Die Umweltpolitik bietet einen Rahmen für Maßnahmen und für das Festlegen umweltbezogener Zielsetzungen und Einzelziele.
Organisatorische Verankerung	*Umweltmanagementsystem (EMAS II, Art. 2k)* Der Teil des gesamten Managementsystems, der die Organisationsstruktur, Planungstätigkeiten, Verantwortlichkeiten, Verhaltensweisen, Vorgehensweisen, Verfahren und Mittel für die Festlegung, Durchführung, Verwirklichung, Überprüfung und Fortführung der Umweltpolitik betrifft.	*Umweltmanagementsystem (DIN EN ISO 14001 3.8.)* Teil des Managementsystems einer Organisation, der dazu dient, ihre Umweltpolitik zu entwickeln und zu verwirklichen und ihre Umweltaspekte zu handhaben. Ein Managementsystem ist ein Satz zusammenhängender Elemente, der gebraucht wird, um eine Politik und Zielsetzungen zu formulieren und diese Zielsetzungen zu erreichen. Ein Managementsystem umfasst eine Organisationsstruktur, Planungsaktivitäten, Verantwortlichkeiten, Praktiken, Verfahren, Prozesse und Ressourcen.

	EMAS II	**DIN EN ISO 14001**
Ziele und Maßnahmen	*Umweltprogramm (EMAS II, Artikel 2h).* Eine Beschreibung der zur Erreichung der Umweltzielsetzungen und -einzelziele getroffenen oder geplanten Maßnahmen (Verantwortlichkeiten und Mittel) und der zur Erreichung der Umweltzielsetzungen und -einzelziele festgelegten Fristen.	*Programm (DIN EN ISO 14001 4.3.3.)* Die Organisation muss (ein) Programm(e) zum Erreichen ihrer Zielsetzungen und Einzelziele einführen, verwirklichen und aufrechterhalten. Das Programm/die Programme muss/müssen enthalten: • Festlegung der Verantwortlichkeit für das Erreichen der Zielsetzungen und Einzelziele für relevante Funktionen und Ebenen der Organisation und • die Mittel und den Zeitrahmen für ihr Erreichen.
Dokumentation	Die *Dokumentation des Umweltmanagementsystems* muss enthalten (EMAS II, Anhang I A.4.4.): • die Umweltpolitik, Zielsetzungen und Einzelziele; • eine Beschreibung des Geltungsbereiches des Umweltmanagementsystems; • eine Beschreibung der Hauptelemente des Umweltmanagementsystems und ihrer Wechselwirkung sowie Hinweise auf zugehörige Dokumente; • Dokumente, einschließlich Aufzeichnungen, die von dieser internationalen Norm gefordert werden; und • Dokumente, einschließlich Aufzeichnungen, die von der Organisation als notwendig eingestuft werden, um die effektive Planung, Durchführung und Kontrolle von Prozessen sicherzustellen, die sich auf ihre bedeutenden Umweltaspekte beziehen.	Die *Dokumentation des Umweltmanagementsystems* muss enthalten (DIN EN ISO 14001, 4.4.4.): • die Umweltpolitik, Zielsetzungen und Einzelziele; • Beschreibung des Geltungsbereiches des Umweltmanagementsystems; • Beschreibung der Hauptelemente des Umweltmanagementsystems und ihrer Wechselwirkung sowie Hinweise auf zugehörige Dokumente; • Dokumente, einschließlich Aufzeichnungen, die von dieser Internationalen Norm gefordert werden und • Dokumente, einschließlich Aufzeichnungen, die von der Organisation als notwendig eingestuft werden, um die effektive Planung, Durchführung und Kontrolle von Prozessen sicherzustellen, die sich auf ihre bedeutenden Umweltaspekte beziehen.
Umweltbetriebsprüfung	*Umweltbetriebsprüfung (EMAS II, Art. 2l)* ein Managementinstrument, das eine systematische, dokumentierte, regelmäßige und objektive Bewertung der Umweltleistung der Organisation, des Managementsystems und der Verfahren zum Schutz der Umwelt umfasst und folgenden Zielen dient: • Erleichterung der Managementkontrolle von Verhaltensweisen, die eine Auswirkung auf die Umwelt haben können; • Beurteilung der Übereinstimmung mit der Umweltpolitik der Organisation, einschließlich ihrer Umweltzielsetzungen und –einzelziele.	*Internes Audit (DIN EN ISO 14001, 3.14. und DIN EN ISO 14001, 4.5.5.)* systematischer, unabhängiger und dokumentierter Prozess zur Erlangung von Auditnachweisen und zu deren objektiver Auswertung, um zu ermitteln, inwieweit die von der Organisation festgelegten Auditkriterien des Umweltmanagementsystems erfüllt sind. Die Organisation muss sicherstellen, dass interne Audits des Umweltmanagementsystems in festgelegten Abständen durchgeführt werden, um • festzustellen, ob das Umweltmanagementsystem 1) die vorgesehenen Regelungen für das Umweltmanagement einschließlich der Anforderungen dieser Internationalen Norm

	EMAS II	DIN EN ISO 14001
		erfüllt; und 2) ordnungsgemäß verwirklicht wurde und aufrechterhalten wird und • Informationen dem Management über Audit-Ergebnisse zur Verfügung zu stellen.
Bestimmung der Umweltleistung	*Umweltleistung (EMAS II, Art. 2 c und g)* Ergebnisse des Managements der Organisation hinsichtlich ihrer Umweltaspekte. *Umweltaspekt* Aspekt der Tätigkeiten, Produkte oder Dienstleistungen einer Organisation, der Auswirkungen auf die Umwelt haben kann; ein wesentlicher Umweltaspekt ist ein Umweltaspekt, der wesentliche Umweltauswirkungen hat bzw. haben kann.	*Umweltleistung (DIN EN ISO 14001, 3.10)* messbare Ergebnisse des Managements der Umweltaspekte in einer Organisation. Im Zusammenhang mit Umweltmanagementsystemen können Ergebnisse an der Umweltpolitik der Organisation, den umweltbezogenen Zielsetzungen, umweltbezogenen Einzelzielen und weiteren umweltbezogenen Leistungsanforderungen gemessen werden. *Umweltaspekt* Bestandteil der Tätigkeiten oder Produkte oder Dienstleistungen einer Organisation, der auf die Umwelt einwirken kann
externe Prüfung – veröffentlichte Dokumente	*Umwelterklärung (EMAS II, Anhang 3.1)* Ziel der Umwelterklärung ist es, die Öffentlichkeit und andere interessierte Kreise über die Umweltauswirkungen und die Umweltleistung der Organisation sowie über die kontinuierliche Verbesserung dieser Umweltleistung zu informieren. Sie ist auch ein Mittel, den Anliegen der interessierten Kreise, die gemäß Anhang I Teil B Abschnitt 3 durch die Organisation ermittelt und als wesentlich anerkannt wurden Rechnung zu tragen.	kein Dokument veröffentlichungspflichtig
externe Prüfung – Verfahren	*Gültigkeitserklärung (EMAS II, Artikel 3d)* Der unabhängige zugelassene Umweltgutachter erklärt die Umwelterklärung nach erfolgreicher Begutachtung und keiner Feststellung einer Abweichung für gültig. *Eintragung* Die Eintragung von Organisationen erfolgt bei den zuständigen Stellen.	*Zertifizierung/Registrierung (DIN EN ISO 14001, 1.)* Diese Internationale Norm ist auf jede Organisation anwendbar, die beabsichtigt: ...die Konformität mit dieser Internationalen Norm nachzuweisen durch • Bestätigung ihrer Konformität durch Dritte, die ein Interesse an der Organisation haben, wie z.B. Kunden; oder • Bestätigung der Selbsterklärung durch einen Externen; oder • Zertifizierung/Registrierung ihres Umweltmanagementsystems durch eine externe Organisation.

	EMAS II	DIN EN ISO 14001
kontinuierliche Verbesserung	*kontinuierliche Verbesserung der Umweltleistung (EMAS Art. 2 b)* Prozess jährlicher Verbesserungen der messbaren Ergebnisse des Umweltmanagementsystems, bezogen auf die Managementmaßnahmen der Organisation hinsichtlich ihrer wesentlichen Umweltaspekte auf der Grundlage ihrer Umweltpolitik und ihrer Umweltzielsetzungen und -einzelziele, wobei diese Verbesserungen nicht in allen Tätigkeitsbereichen zugleich erfolgen müssen.	*ständige Verbesserung des Umweltmanagementsystems (DIN EN ISO 14001, 3.2.)* wiederkehrender Prozess zur Weiterentwicklung des Umweltmanagementsystems, um Verbesserungen der umweltorientierten Leistung insgesamt in Übereinstimmung mit der Umweltpolitik der Organisation zu erreichen. Der Prozess braucht nicht in allen Tätigkeitsbereichen gleichzeitig zu erfolgen.

Besonderer Stellenwert der externen Prüfung Da die Prüfung durch externe Dritte einen großen Stellenwert in der Wirtschaftspraxis einnimmt, werden abschließend für beide vorherrschende Umweltmanagementsysteme die Vorgehensweise und die Bestandteile der externen Prüfung sowie des dahinter liegenden Gutachtersystems beschrieben. Auf diese Perspektive ist auch der Begriff „Audit" zurückzuführen, der vom lateinischen Verb „audire" stammt und „anhören" oder „zuhören" bedeutet. Im Englischen wird der Begriff Audit mit „Buchprüfung" übersetzt. Das Wort „Umwelt-Audit" hat daher seinen Ursprung in der klassischen Betriebsprüfung, wird allerdings meist für eine interne Prüfung verwendet. Die hier vorgestellten Systeme stellen allerdings keine internen Prüfungen dar – diese wurden bereits oben vorgestellt – sondern Prüfungen durch externe Dritte. Wie bereits oben dargestellt, wird gemäß EMAS eine Umwelterklärung veröffentlicht, die Teil der externen Prüfung ist, wohingegen bei der Zertifizierung nach DIN EN ISO 14001 keine Veröffentlichung verpflichtend ist. Entsprechend werden im Folgenden für die EMAS die Bestandteile Umwelterklärung, Begutachtung/Registrierung sowie das dahinter liegende Zulassungs-, Aufsichts- und Registrierungssystem vorgestellt, für die DIN EN ISO 14001 lediglich die Zertifizierung und das Zertifizierungssystem.

EMAS – Umwelterklärung Beim Aufbau eines Umweltmanagementsystems nach EG-Öko-Audit-Verordnung münden alle Schritte in eine für die Öffentlichkeit zu verfassende Umwelterklärung, die von einem externen Gutachter validiert wird und die folgenden Inhalte umfassen soll (EMAS II, Anhang 3, 3.2 Umwelterklärung):

- eine klare und eindeutige Beschreibung der Organisation, die sich in EMAS eintragen lässt, und eine Zusammenfassung ihrer Tätigkeiten, Produkte und Dienstleistungen sowie gegebenenfalls der Beziehung zur Muttergesellschaft;
- die Umweltpolitik der Organisation und eine kurze Beschreibung des Umweltmanagementsystems der Organisation;
- eine Beschreibung aller wesentlichen direkten und indirekten Umweltaspekte, die zu wesentlichen Umweltauswirkungen der Organisation führen, und eine Erklärung der Art der auf diese Umweltaspekte bezogenen Auswirkungen (Anhang VI);
- eine Beschreibung der Umweltzielsetzungen und -einzelziele im Zusammenhang mit den wesentlichen Umweltaspekten und -auswirkungen;
- eine Zusammenfassung der verfügbaren Daten über die Umweltleistung, gemessen an den Umweltzielsetzungen und -einzelzielen der Organisation und bezogen auf ihre we-

sentlichen Umweltauswirkungen; die Zusammenfassung kann Zahlenangaben über die Emission von Schadstoffen, das Abfallaufkommen, den Verbrauch von Rohstoffen, Energie und Wasser, Lärm sowie andere Aspekte gemäß Anhang VI enthalten; die Daten sollten einen Vergleich auf Jahresbasis ermöglichen, damit beurteilt werden kann, wie sich die Umweltleistung der Organisation entwickelt;

- sonstige Faktoren der Umweltleistung, einschließlich der Einhaltung von Rechtsvorschriften im Hinblick auf ihre wesentlichen Umweltauswirkungen;
- Name und Zulassungsnummer.

Die Umwelterklärung soll in knapper, verständlicher Form alle umweltrelevanten Informationen der Öffentlichkeit und anderen interessierten Kreisen zur Verfügung stellen. Viele Organisationen gehen allerdings über diese Darstellung hinaus und verbinden die Umwelterklärung mit einem weitreichenden Umweltbericht. Die Information müssen jährlich aktualisiert und jegliche Änderungen von einem Umweltgutachter für gültig erklärt werden.

EMAS – Begutachtung/Registrierung Wenn das Umweltmanagementsystem eingeführt und umgesetzt ist, kann die Überprüfung durch einen externen unabhängigen und amtlich zugelassenen **Umweltgutachter** („verifier") stattfinden. Hierbei wird nach EMAS II, Anhang V, 5.4. die Übereinstimmung der von der Organisation gewählten Vorgehensweise mit den Vorschriften der Verordnung überprüft, konkret in Bezug auf das Umweltmanagementsystem, die Umweltbetriebsprüfung, die Bewertung durch die oberste Leistung und die Umwelterklärung. Der Umweltgutachter nimmt Einsicht in die umweltrelevanten Unterlagen, führt Besichtigungen vor Ort durch und führt Gespräche mit dem Personal auf allen Ebenen. Er ist verpflichtet, die erhaltenen Informationen vertraulich zu behandeln. Nach Abschluss der Prüfung erfolgt die Ausarbeitung eines Berichts an die Leitung der Organisation, der festgestellte Verstöße, aufgetretene technische Mängel sowie Einwände bezüglich der erstellten Umwelterklärung enthält. Dabei hat der Umweltgutachter die Aufgabe, die erforderlichen Änderungen mit der Unternehmensleitung zu erörtern und entsprechende Empfehlungen abzugeben. Bei einer erfolgreichen Prüfung durch den Gutachter stellt dieser auf der Grundlage des Anhangs III die Gültigkeitserklärung für die Organisation aus, indem er die Umwelterklärung unterschreibt. Diese kann für die Öffentlichkeitsarbeit genutzt werden. Damit kann externen Adressaten die Richtigkeit der offengelegten Informationen und Daten bestätigt werden. Organisationen mit einer für gültig erklärten Umwelterklärung werden bei den jeweils zuständigen Stellen, z.B. den IHKn, registriert und erhalten eine **Registrierungsurkunde** und das **EMAS-Logo**, die beide für die Öffentlichkeitsarbeit eingesetzt werden können. Das EMAS-Verzeichnis aller eingetragenen Organisationen Deutschlands, geordnet nach Branche, wird beim DEUTSCHEN INDUSTRIE- UND HANDELSKAMMERTAG geführt. Der Gutachter kann auch einzelne Informationen validieren, die dann abgetrennt darstellbar sind.

EMAS – Zulassungs-, Aufsichts- und Registrierungssystem Auch wenn EMAS I unmittelbar in jedem Mitgliedsstaat galt, war für die Umsetzung ein Zulassungs-, Aufsichts- und Registrierungssystem (vgl. Abbildung 24) zu installieren. Dies geschah mit dem Umweltauditgesetz vom 07. Dezember 1995 (Umweltauditgesetz 1995). Im Mittelpunkt dieses Systems steht dabei die DEUTSCHE AKKREDITIERUNGS- UND ZULASSUNGSGESELLSCHAFT FÜR UMWELTGUTACHTER (DAU) mbH als Einrichtung der Wirtschaft. Diese ist für die Prüfung und Aufsicht der zugelassenen Umweltgutachter zuständig und untersteht selbst der Aufsicht durch das Bundesumweltministerium. Ein Umweltgutachterausschuss erarbeitet Richtlinien für die Prüfung der Gutachter nach Fachkunde, Unabhängigkeit und Zuverlässigkeit und die Validierung der Unternehmensstandorte. Dadurch hat er wesentlichen Anteil am Qualitätsniveau der Umsetzung von EMAS. Die Registrierung schließlich erfolgt durch die Industrie- und Handels- sowie die Handwerkskammern. Im März 2008 waren in Europa 5.937 Standorte nach EMAS registriert, davon rund 2.000 in Deutschland (vgl. EUROPÄISCHE KOMMISSION 2008a). Zum 22. Oktober 2007 standen für die Validierung in Deutschland 206 **Umweltgutachter** und -organisationen zur Auswahl, EU-weit waren es 312 (vgl. EUROPÄISCHE KOMMISSION 2008b). Die Organisationsstruktur des Zulassungs-, Aufsichts- und Registrierungssystem der Umweltgutachter ist in Abbildung 24 dargestellt.

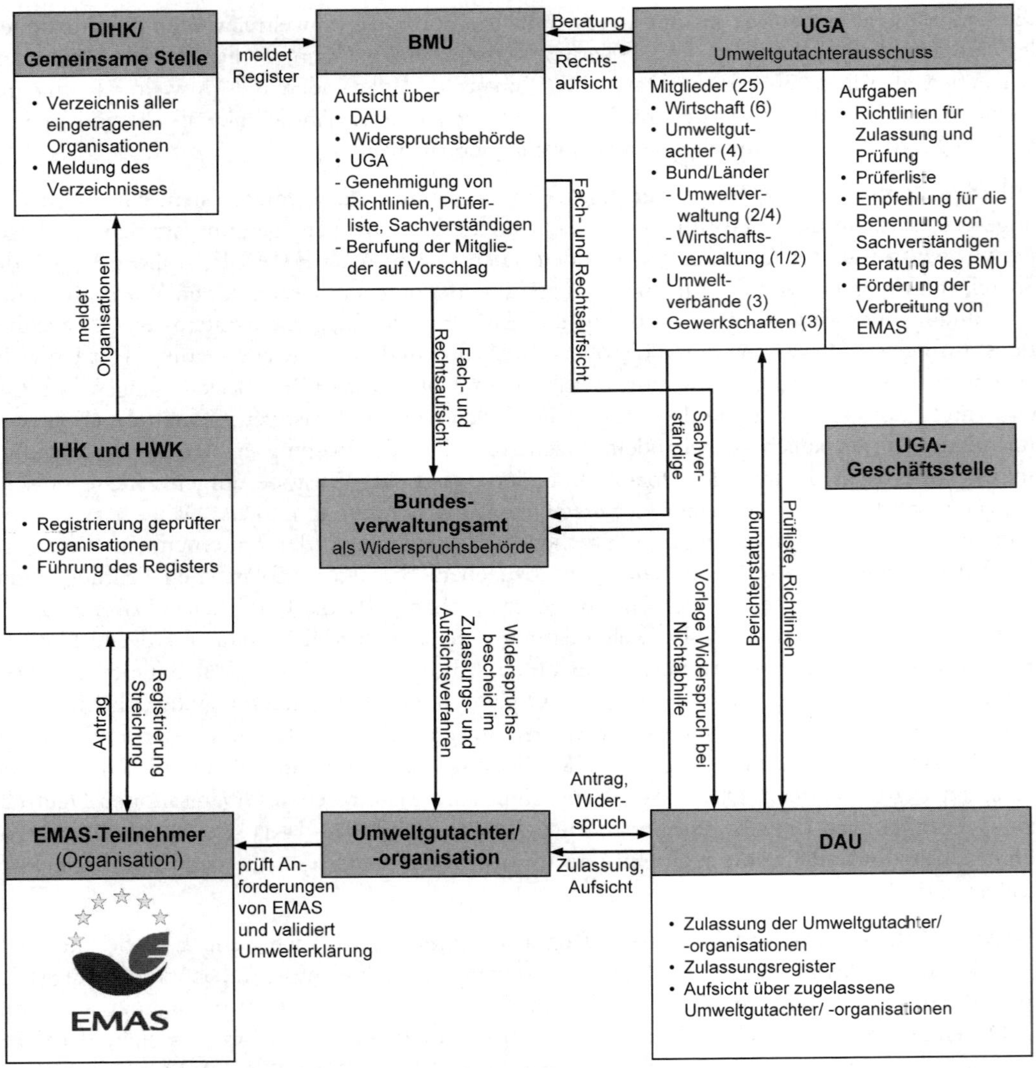

Abbildung 24: Zulassungs-, Aufsichts- und Registrierungssystem der Umweltgutachter
(Quelle: UMWELTGUTACHTERAUSSCHUSS (Hrsg.) 2005, S. 57)

DIN EN ISO 14001 – Zertifizierung Mit der Norm DIN EN ISO 19011 wurde 2003 ein Leitfaden für Audits von Qualitätsmanagement- und/oder Umweltmanagementsystemen verabschiedet, der eine Reihe früherer Normen (EN ISO 14010:1996, EN ISO 14011:1996 und EN ISO 14012:1996, EN 30011-1:1993, EN 30011-2:1993 und EN 30011-3:1993) ersetzt. Nachfolgende Abbildung stellt die Bestandteile dar, die jeweils zu konkretisieren sind (vgl. Abbildung 25). Hierfür können drei Fälle unterschieden werden: interne Audits (entsprechend der Umweltbetriebsprüfung nach EMAS), Managementsystemaudits von potentiellen Lieferanten (**Zweitparteienaudit**) sowie Zertifizierungsaudits eines Umweltmanagementsystems von einer Zertifizierungsgesellschaft (**Drittparteienaudit**).

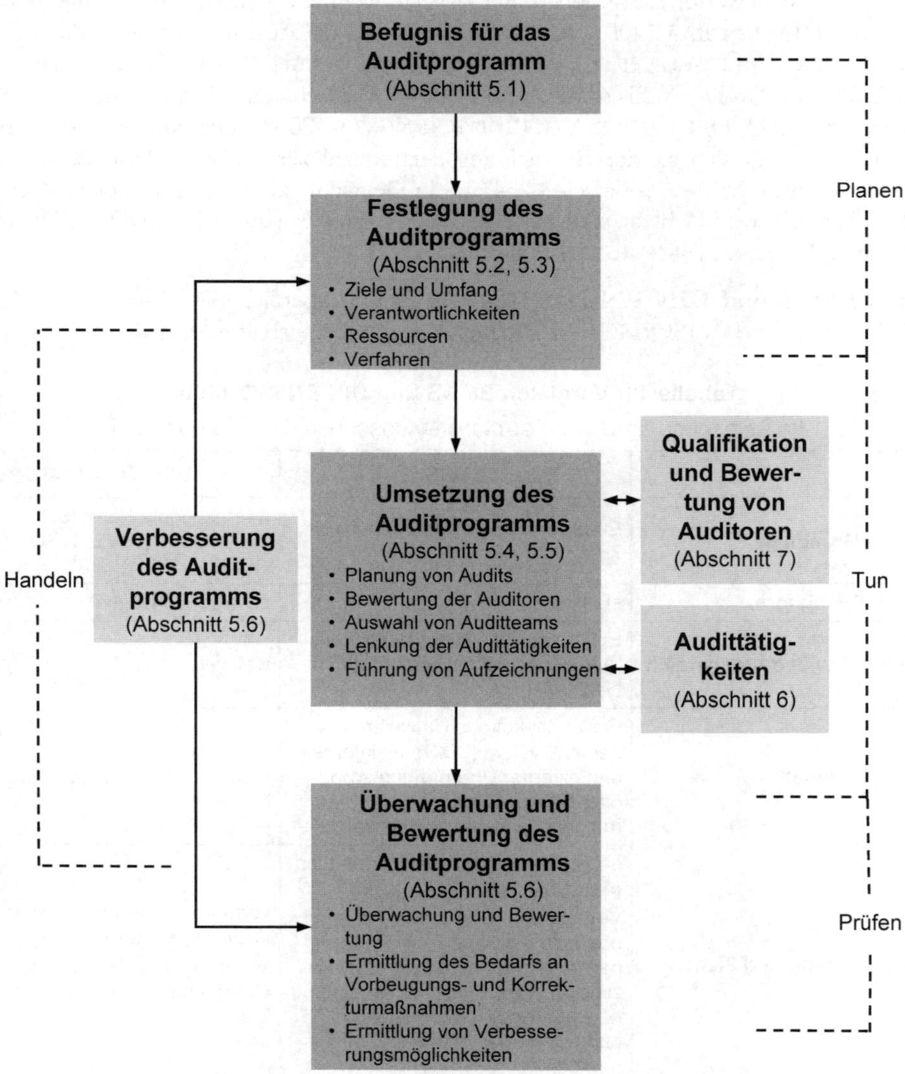

Abbildung 25: Auditablauf nach DIN EN ISO 19011
(Quelle: DIN EN ISO 19011, S. 16)

DIN EN ISO 14001 – Akkreditierungs- und Zertifizierungssystem Anforderungen an die Zertifizierer, die die Konformität des Umweltmanagementsystems eines Unternehmens mit der DIN EN ISO 14001 bestätigen (sog. Konformitätsbewertungsstellen) sind in der DIN EN ISO 17040 (Anforderungen an die Begutachtung unter gleichrangigen Konformitätsbewertungsstellen und Akkreditierungsstellen) sowie in der DIN EN ISO 17024 (Allgemeine Anforderungen an Stellen, die Personen zertifizieren) geregelt. Deren Zulassung wiederum, die sog. Akkreditierung ist in der DIN EN ISO 17011 geregelt. Somit sieht das Akkreditierungs- und Zertifizierunsgssystem zwei Prüfstufen vor: die **Akkreditierungsstelle** bewertet die Kompetenz der Konformitätsbewertungsstellen, die umgangssprachlich Zertifizierer genannt werden, die **Konformitätsbewertungsstelle** bewertet die Konformität des Umweltmanagementsystems eines Unternehmens mit der DIN EN ISO 14001. In Deutschland wird die Aufgabe der Akkreditierungsstelle von der TRÄGERGEMEINSCHAFT FÜR AKKREDITIERUNG GMBH (TGA) übernommen. Zum 29. Februar 2008 waren in Deutschland 52 Zertifizierungsgesellschaften für Umweltmanagementsysteme akkreditiert (vgl. DEUTSCHER AKKREDITIERUNGSRAT 2008). Die zunehmende Bedeutung der Zertifizierer zeigt sich an der Entwicklung der Anzahl zertifizierter Organisationen: Ende 1998 waren weltweit 7.887, europaweit 4.254 und in Deutschland 651 Organisationen zertifiziert. Mitte 2007 hat sich diese Zahl auf 129.031 weltweit, 54.426 europaweit und 5.800 in Deutschland vervielfacht (vgl. UMWELTBUNDESAMT 2008).

Vergleich EMAS und DIN EN ISO 14001 Abschließend sollen die wesentlichen Merkmale von EMAS und DIN EN ISO 14001 in Tabelle 11 gegenübergestellt werden:

Tabelle 11: Vergleich EMAS und DIN EN ISO 14001

(In Anlehnung an UMWELTGUTACHTERAUSSCHUSS (Hrsg.) 2007, S. 1)

	EMAS	DIN EN ISO 14001
Grundlage	Europäische Verordnung (EG) Nr. 761/2001	Internationale Norm ISO 14001:2004 (DIN EN ISO 14001:2005)
Rechtsform	staatlich	privatwirtschaftlich
räumlicher Anwendungsbereich	EU und Europäischer Wirtschaftsraum (Island, Norwegen und Liechtenstein)	weltweit
Inhalt	Gesamtpaket aus Umweltmanagementsystem (UMS) mit interner und externer Überprüfung sowie öffentlich zugängliche Registrierung und Umweltkommunikation	Umweltmanagementsystem
Ausrichtung und Ziel	ergebnis-/umweltleistungsorientiert EMAS hat die kontinuierliche Verbesserung der Umweltleistung oberhalb gesetzlicher Anforderungen zum Ziel. Dazu sind Umweltziele zu setzen und ihre Erreichung nach außen zu dokumentieren bzw. Nichterreichungen zu begründen.	verfahrens-/systemorientiert Die DIN EN ISO 14001 hat die kontinuierliche Verbesserung des Umweltmanagementsystems zum Ziel.
Teilnahme	freiwillig	freiwillig

	EMAS	DIN EN ISO 14001
Anforderungen	Umweltprüfung (Prüfung der Umweltaspekte der Tätigkeiten, Produkte und Dienstleistungen) UMS einführen, dokumentieren, verwirklichen, aufrechterhalten und ständig verbessern: Umweltpolitik, Planung (einschließlich Umweltprogramm), Verwirklichung, Überprüfung (einschließlich internes Audit in Form der Umweltbetriebsprüfung), Managementbewertung unter besonderer Berücksichtigung von: Einhaltung der Rechtsvorschriften, Orientierung an der tatsächlichen Umweltleistung, Gestaltung externer Kommunikation und Beziehungen sowie Einbeziehung der Arbeitnehmer, Bereitstellung einer Umwelterklärung	Umweltmanagementsystem einführen, dokumentieren, verwirklichen, aufrechterhalten und ständig verbessern: Umweltpolitik, Planung (einschließlich Umweltprogramm), Verwirklichung, Überprüfung (einschließlich internes Audit), Managementbewertung
Betrachtungsebene	organisations- und standortbezogen Umweltaspekte und Umweltleistung sind standortbezogen darzustellen	organisationsbezogen
wesentlicher Prüfungsinhalt	In der Validierung wird nach Einsichtnahme in die Unterlagen und Besuch auf dem Gelände (einschließlich Prüfung der Einhaltung der Rechtsvorschriften) festgestellt, ob die Umweltprüfung, das UMS, die Umweltbetriebsprüfung und ihre Ergebnisse sowie die Umwelterklärung der Organisation (einschließlich aller Standorte) mit den Anforderungen der EMAS-Verordnung übereinstimmen	Bei einer Zertifizierung (gemäß zusätzlichen Zertifizierungs- und Auditierungsnormen) wird nach Einsichtnahme in die Dokumente und vor Ort festgestellt, ob das UMS der Organisation mit den Anforderungen der ISO-Norm übereinstimmt
Prüfer (Gutachter/ Zertifizierungsstelle)	Verifizierung und Validierung durch öffentlich-rechtlich geprüfte und zugelassene Umweltgutachter	Zertifizierung durch privat-rechtlich akkreditierte Zertifizierungsorganisationen (gemäß zusätzlichen Akkreditierungsnormen)
Einbeziehung der Umweltbehörden	Vor der Registrierung werden die Umweltbehörden von der Registrierungsstelle beteiligt.	keine
Urkunde/Zertifikat/ Registrierung	Validierung: Zeichnung der Umwelterklärung durch den prüfenden Umweltgutachter, Eintragung in ein öffentliches Register, Registrierungsurkunde ausgestellt durch die zuständige Registrierungstelle. Die Registrierung nach EMAS bescheinigt die Erfüllung der Anforderungen der ISO 14001:2004 Kap. 4	ISO-Zertifikat ausgestellt durch die private Zertifizierungsorganisation kein Register

	EMAS	DIN EN ISO 14001
Umwelterklärung/ externe Kommunikation	obligatorische Kommunikation mit der Öffentlichkeit u.a. durch die Umwelterklärung (mit definierten umfassenden Mindestanforderungen an den Inhalt); dadurch wird die Kommunikation mit den Kunden und anderen interessierten Kreisen gefördert; die Organisation erlangt einen Imagegewinn konsolidierte Fassung der Umwelterklärung alle drei Jahre, dazwischen jährliche Aktualisierungen (Daten-Updates)	keine externe Kommunikation/ Erstellung eines Umweltberichts vorgegeben; obligatorisch ist nur eine Entscheidung darüber zu fällen, ob die Organisation überhaupt extern über bedeutende Umweltaspekte kommunizieren will
Einhaltung der Rechtsvorschriften	zwingende Einhaltung der Rechtsvorschriften, die intern und extern überprüft wird	Einhaltung der Rechtsvorschriften ist anzustreben
Einbeziehung der Arbeitnehmer	obligatorisch; explizit in der Verordnung hervorgehoben und durch Leitlinie mit Praxisbeispielen untermauert	nicht bzw. nur insoweit erforderlich, als für UMS bzw. Auditierung unumgänglich
Außendarstellung	Präsentation der geprüften Umwelterklärung und sonstiger von einem Umweltgutachter geprüfter Informationen (Produktinformationen etc.); Registrierte Organisationen können das EMAS-Logo „geprüftes Umweltmanagement“ und /oder „geprüfte Information“ nutzen; Eintrag in das öffentliche, für jedermann zugängliche EMAS-Register Präsentation im Internet; Unterstützung durch öffentlichen Informations- und Förderauftrag	Urkunde mit Zeichen der Zertifizierungsstelle
Erleichterungen für KMU	Möglichkeit zur angepassten Dokumentation für KMU (< 250 Beschäftigte); Möglichkeit bei Unternehmen < 50 Beschäftigte auf jährliche Validierung des Daten-Updates zu verzichten, damit für KMU häufig günstiger als ISO 14001	keine Sonderregelung für KMU; keine Möglichkeit, auf jährliche Überwachungs-Audits zu verzichten
Gegenleistung des Staates	*EU:* Berücksichtigung bei der öffentliche Auftragsvergabe *Deutschland:* Verwaltungserleichterung, EMAS-Privilegierungsverordnung WHG *Länder:* Umweltallianzen mit Gebührenermäßigungen	

4.3 Vereinfachte Umweltmanagementansätze und Stufenansätze

Vereinfachte Umweltmanagementansätze Auch wenn oder gerade weil Umweltmanagementsysteme bereits normiert sind, scheuen sich KMU, Handwerksbetriebe und Kleinstunternehmen oft vor dem Schritt, ein Umweltmanagementsystem nach EMAS oder DIN EN ISO 14001 in vollem Umfang einzuführen. Insbesondere die mit dem Aufbau eines solchen Systems verbundenen Kosten und die externe Begutachtung werden als Hemmschwelle gesehen. Nichtsdestotrotz wollen die Unternehmen häufig ein Umweltmanagement einführen. Für diese Fälle wurde weltweit eine Vielzahl vereinfachter Umweltmanagementansätze entwickelt, bei denen lediglich ausgewählte Schritte, die für das Unternehmen als besonders wichtig angesehen werden, eingeführt und umgesetzt werden. Aus Sicht der Umwelt sind alle Anstrengungen zur kontinuierlichen Verbesserung des Umweltschutzes begrüßenswert. Tabelle 12 gibt eine Übersicht über bestehende Ansätze.

Stufenansätze British Standard 8555 und EN ISO 14005 Da einerseits EMAS und DIN EN ISO 14001 für KMU als zu mächtig empfunden werden, andererseits aber – wie die obige Tabelle zeigt – eine Vielzahl von vereinfachten Umweltmanagementansätzen entstanden, griff die Normung diese Entwicklung auf. So erarbeitete das BRITISH STANDARDS INSTITUTE (BSI) basierend auf dem PROJECT ACORN den Guidance Standard BS 8555 "EMS: Guide to the phased implementation of an environmental management system including the use of environmental performance evaluation". Dabei handelt es sich um ein Konzept mit sechs Abstufungen, in dem die Unternehmen ihre Fortschritte durch die Bereitstellung externer Umweltprüfungen darlegen können. In der sechsten Phase können sich die Betriebe auf die Registrierung nach EMAS oder DIN EN ISO 14001 vorbereiten. In Deutschland wurde dieses Modell beispielsweise von Hessen mit dem Eco-Step-Programm aufgegriffen. Durch die dabei vorliegende Abstufung werden Unternehmen mit einer auf ihre Möglichkeiten abgestimmten Entwicklungsgeschwindigkeit an ein vollständiges Umweltmanagementsystem herangeführt. Die einzelnen Phasen ermöglichen eine hohe Flexibilität, wobei jede einzelne Phase durch das Unternehmen als einzelnes Investitionsvorhaben geplant werden kann. Aufbauend auf dieser Idee begann Anfang 2006 die Erarbeitung der EN ISO 14005 „Environmental management systems – Guide to the phased implementation of an environmental management system including the use of environmental performance evaluation". Umweltmanagementansätze können als Einstieg in ein Umweltmanagement nach EMAS bzw. DIN EN ISO 14001 im Sinne eines Stufenansatzes dienen.

Tabelle 12: Vereinfachte Umweltmanagementansätze in der Praxis

(In Anlehnung an GÜNTHER, E.; KAULICH, S.; SCHEIBE, L. U.A. 2006, S. 10 unter Nutzung von: BRAUN/KAHLENBORN/FRINGS 2004a, S. 9; BRAUN/KAHLENBORN/FRINGS 2004b, S. 8; EUROPÄISCHE KOMMISSION 2004, S. 71 ff.; ISO/TC 207/SC1 STRATEGIC SME GROUP 2005)

Herkunftsland	Umweltmanagementansatz
Belgien	Ecomapping
Dänemark	Green Network
Deutschland	EcoStep PIUS-Check Grüner Gockel PRUMA Umweltsiegel für Gaststättengewerbe, für Handwerk und für kleine und mittlere Unternehmen (KMU) Eppelborner Umweltsiegel TÜV-Zertifikat für den umweltfreundlichen Betrieb Qualitätsverbund umweltbewusster Handwerksbetriebe (QuH) Eco-Camping Bayrisches Umweltsiegel für das Gastgewerbe Ecomapping Ökoprofit Qualitätsverbund umweltbewusster Betriebe Umweltsiegel Brandenburg Umweltsiegel Ostmecklenburg-Vorpommern Umweltsiegel Sachsen-Anhalt Bayrisches Umweltsiegel für das Gastgewerbe Umweltstandard Handwerk Sachsen
Frankreich	ADEGE PBEP
Großbritannien	Project Acorn SIGMAGreen Dragon Environmental Management Standard
Japan	Ecostage Ecoaction 21
Kanada	EnviroClubs
Norwegen	Eco-Lighthouse (Ökoleuchtturm)
Österreich	ÖKOPROFIT
Schweden	Environmental Diploma
Spanien	EKOSCAN „e+5“
USA	Natural Step

4.4 Verwandte Managementsysteme

Verhältnis Umweltmanagementsysteme zu anderen Managementsystemen Insbesondere KMU, aber auch große Unternehmen kombinieren zunehmend verschiedene Managementsysteme. Naheliegend ist eine Abstimmung mit dem Qualitätsmanagementsystem, doch auch eine Verknüpfung mit dem Gesundheits- und Arbeitsschutz oder Systemen zur Überprüfung der Sozialverträglichkeit sind üblich. Im Bereich des Arbeitsschutzes sei die Norm für **Arbeitsschutzmanagementsysteme** OHSAS (Occupational Health and Safety Assessment Series) 18001 des BRITISH STANDARD INSTITUTE genannt, für die Überprüfung der **Sozialverträglichkeit** der Standard SA (Social Accountability) 8000 der Organisation SOCIAL ACCOUNTABILITY INTERNATIONAL. Aufgrund der zunehmenden Bedeutung von Kombinationszertifizierungen von Umwelt- und Qualitätsmanagementsystemen sei die Schwesternorm zum Qualitätsmanagementsystem ausführlicher dargestellt.

Schwesternorm Qualitätsmanagementsystem Bereits seit 1994 liegen internationale Normen für den Aufbau und die Zertifizierung von Qualitätsmanagementsystemen vor. Zunächst entwickelte sich die Normung der Umweltmanagementsysteme getrennt davon. Hauptargument war, dass Umweltschutz nicht nur ein Qualitätskriterium sei und einer anderen Herangehensweise bedürfe. Mittlerweile näherten sich die Systeme einerseits aus Praktikabilitätsgründen in den Unternehmen, aber auch aufgrund der Parallelität ihrer Bausteine wieder an. So sind sog. Kombi-Zertifikate gängige Praxis und auch die Normen selbst nehmen Bezug aufeinander. Die Basis zum Aufbau eines modernen **Qualitätsmanagementsystems** (QMS) bietet die international anerkannte und branchenunabhängige Normenfamilie DIN EN ISO 9000 ff. mit den einzelnen Normen DIN EN ISO 9000, 9001, 9004, die in den letzten Jahren grundlegend überarbeitet und im Dezember 2000 in ihrer Neufassung als DIN EN ISO 9000:2000 in Kraft gesetzt wurde (vgl. Abbildung 26). Auch diese Norm hat international (ISO), in Europa (EN) und in Deutschland (DIN) Gültigkeit. Ziele der Revision waren neben einer besseren Integration mit anderen Managementsystemen (z.B. dem Umweltmanagementsystem nach DIN EN ISO 14001) und einer besseren Anwendbarkeit für Dienstleistungsunternehmen, vor allem eine Vereinfachung und Vereinheitlichung der Normenfamilie. In der DIN EN ISO 9000 werden die Grundlagen und die Begriffe des Qualitätsmanagementsystems definiert und erläutert. Des Weiteren wird ein Überblick hinsichtlich qualitätsbezogener Ziele und Verantwortlichkeiten, die von einer Organisation erfüllt werden sollten, gegeben. Die Forderungen an das QMS sind Inhalt der DIN EN ISO 9001. Dort werden Hinweise gegeben, wie ein QMS normenkonform aufzubauen und im Sinne ständiger Verbesserung weiter zu entwickeln ist. Die Norm DIN EN ISO 9004 stellt einen Leitfaden zur Betrachtung der Wirksamkeit und Wirtschaftlichkeit mit dem Ziel der Leistungsverbesserung der Organisation bereit. Eine der wesentlichen Neuerungen der ISO 9000:2000 ist das Modell eines prozessorientierten Qualitätsmanagements. Dies unterstreicht die Orientierung der Norm an den im Unternehmen real ablaufenden Prozessen. Dabei werden die Kernaufgaben der Organisation als Regelkreis zwischen eingehenden Kundenanforderungen und der angestrebten Zufriedenheit der Kunden mit dem Ziel der ständigen Verbesserung des QMS dargestellt. Nachfolgende Abbildung (vgl. Abbildung 26) verdeutlicht dies noch einmal. Mit der Revision der DIN EN ISO 9000 ff. wurde auch die Integration mit anderen Managementsystemen vereinfacht. Die Praxis zeigt bereits, dass viele Unternehmen – gerade auch KMU – eine Kombination von Qualitäts- und Umweltmanagementsystemen umsetzen.

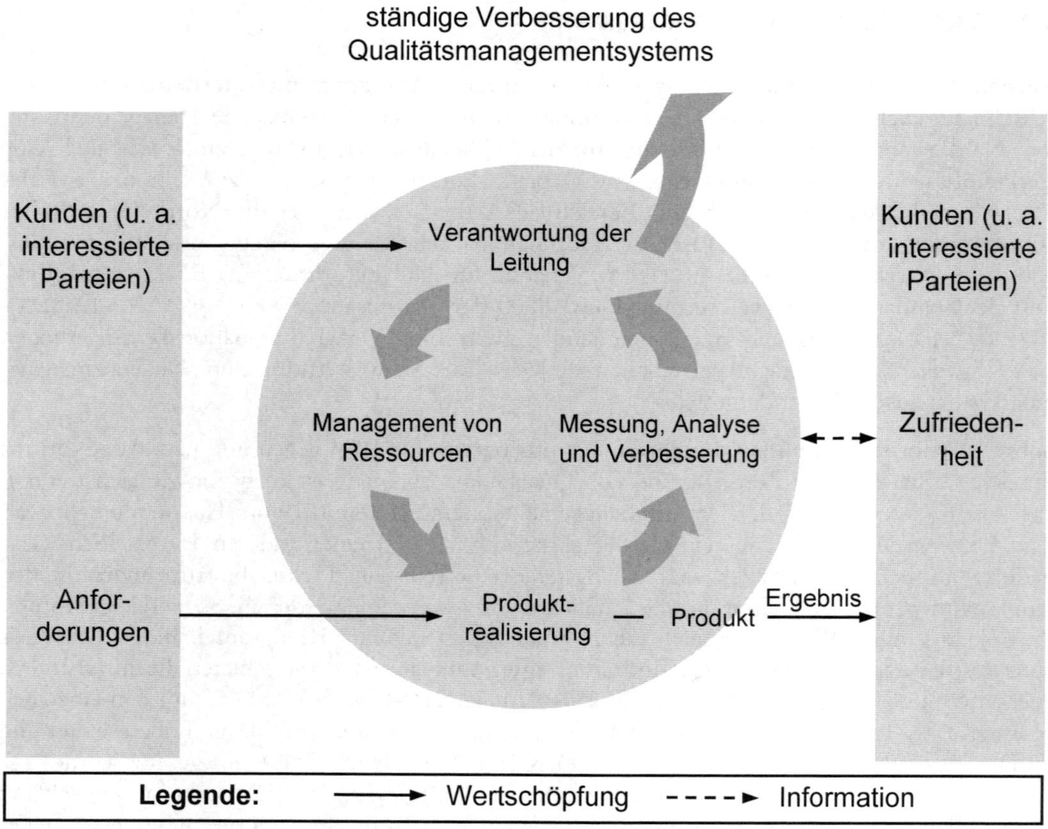

Abbildung 26: Prozessmodell des Qualitätsmanagements aus der DIN EN ISO 9000, 2.4
(Quelle: DIN EN ISO 9000:2005, S. 10)

Branchenspezifische Normen Zur Erweiterung oder Spezifizierung erarbeiten verschiedene Branchenverbände Normen und Richtlinien zum Qualitätsmanagement. Diese Normen sind nicht als Gegenbewegung zur internationalen Normung zu sehen. Vielmehr greifen sie Besonderheiten einer Branche auf (z.B. Automobilindustrie mit ihrer ausgeprägten Zuliefererstruktur oder Krankenhäuser mit ihrer Gesundheitsrelevanz). Sie geben den betroffenen Organisationen eine Richtschnur, welchen Anforderungen ein Qualitätsmanagement in ihrem Bereich genügen sollte und erhöhen somit auch die Vergleichbarkeit der Betriebe. Da die generelle Normenreihe solchen Besonderheiten nicht genügen kann, sind die branchenspezifischen Normen als ideale Ergänzung zu sehen.

Für Mobility Unlimited als Unternehmen der Automobilbranche gelten weiterhin die folgenen Normen: ISO/TS 16949, VDA 6.1, 6.2 und 6.4.

ISO/TS 16949: Qualitätsmanagementsysteme – Besondere Anforderungen für die Anwendung von ISO 9001:2000 auf Serien- und Ersatzteilproduktion in der Automobilindustrie, VDA, 2. Ausgabe 2002

Diese technische Spezifikation der ISO wurde von der internationalen Arbeitsgruppe IATF (International Automotive Task Force) erstellt, mit dem Ziel einen einheitlichen Standard für QM-Systeme in der Automobilindustrie zu schaffen und somit die individuellen Regelwerke (VDA 6.1, QS 9000,EAQF, AVSQ) zu vereinheitlichen. Es wird somit eine Mehrfachzertifizierung von Lieferanten unterschiedlicher Hersteller vermieden. Sie ergänzt die ISO 9001:2000, konkretisiert die QM-System-Anforderungen für Entwicklung und Produktion und beinhaltet Anforderungen an die Unternehmensprozesse der Lieferanten von Automobilherstellern. Die spezifischen Anforderungen sind in fünf Bereiche unterteilt: QM-System, Verantwortung der Leitung, Management von Ressourcen, Produktrealisierung sowie Messung, Analyse und Verbesserung. Die ISO/TS 16949 verfolgt ebenfalls den prozessorientierten Ansatz, wobei zwischen kundenorientierten, unterstützenden und Managementprozessen unterschieden wird. Sie ist entlang der gesamten Lieferkette anwendbar. Diese technische Spezifikation stellt heute meist die Voraussetzung für die Aufnahme in den Lieferantenstamm dar.

Folgende Regelwerke sind spezielle QM-Systeme, die vom Verband der Automobilindustrie entwickelt wurden.

VDA 6.1:2003: QM-Systemaudit

Beschreibung: Der VDA 6.1:2003 ist ein deutsches Regelwerk für die Automobilindustrie und ist an die Zulieferer deutscher Automobilhersteller gerichtet. Basierend auf der ISO 9001:2000 sind die Anforderungen in zwei Komplexe unterteilt: Unternehmensführung (U-Teil), Produkt und Prozess (P-Teil). Der VDA 6.1 ist als Fragenkatalog aufgebaut, wobei insgesamt 23 Elemente betrachtet werden. Zu jedem Element existieren mehrere Fragen, die zunächst einzeln bewertet werden. Die Einzelbewertungen werden dann zum Ergebnis für jeden Teil (U- und P-Teil) zusammengefasst. Daraus wird schließlich der Erfüllungsgrad des Managementsystems ermittelt. Die Zertifizierung wird erteilt, wenn der Gesamterfüllungsgrad über 90 % liegt und Einzelelemente keine gravierenden Defizite aufweisen.

Zielgruppe: Lieferanten von Serienteilen (zum Beispiel Motoren und Bremsen), Lieferanten von Zubehör und Rohmaterial

VDA 6.2:2004: QM-Systemaudit Dienstleistungen

Beschreibung: Der VDA 6.2:2004 ist nicht, wie sein Vorgänger, als Fragenkatalog aufgebaut, sondern ist im Aufbau und inhaltlich an der ISO 9001:2000 orientiert. Auch die Forderungen der ISO/TS 16949 werden hier in Anforderungen für Dienstleister „übersetzt". Gegenüber anderen Standards werden im VDA 6.2:2004 zusätzliche Anforderungen an die folgenden Prozesse formuliert: die Managementbewertung auf dem Grundsatz einer Balanced Scorecard, Neudefinition der Produkthaftung, Erkennung von Risiken von Produkten und Dienstleistungen und Anforderungen an das Marketing und die Marktforschung.

Zielgruppe: Prototypenhersteller, Werkstätten, Autohäuser, Ingenieurbüros

VDA 6.4:2005: QM Systemaudit – Produktionsmittel

Beschreibung: Der VDA 6.4:2005 ist ebenfalls nicht mehr als Fragenkatalog aufgebaut, sondern entspricht in Inhalt und Aufbau der ISO/TS 16949. Der VDA 6.4 soll eine kontinuierliche Verbesserung der Zuverlässigkeit, Haltbarkeit, Lebenszykluskosten und Wartungsfreundlichkeit der Produktionsmittel gewährleisten. Besondere Anforderungen bestehen hinsichtlich Produktaudits, Produktsicherheit und Produkthaftung, Mitarbeiterzufriedenheit, finanzieller Berichterstattung sowie der Integration von Marketing und Marktbeobachtung.

Zielgruppe: Hersteller von Maschinen, Werkzeugen und Anlagen.

5 Denken in Anspruchgruppen – Impulse von Wettbewerbskräften und Stakeholdern nutzen

„Die Verantwortung jedes Einzelnen für die ganze Menschheit betrachte ich als die universelle Religion." (Dalai Lama)

Anspruchsgruppen als Auslöser Der Anstoß zu einem ökologieorientierten Management erfolgt häufig nicht durch die direkte Wahrnehmung der ökologischen Knappheit durch das Unternehmen selbst, vielmehr sind Auslöser und Verstärker der Sensibilisierung dazwischengeschaltet, die sogenannten Anspruchsgruppen (engl. Stakeholder) im engeren und weiteren Aufgabenumfeld und die globalen Rahmenbedingungen im Makroumfeld. Je mehr Gruppen Verantwortung für den Zustand unserer Umwelt übernehmen, desto höher sind auch die Ansprüche, die Unternehmen wahrnehmen.

Dieses Kapitel widmet sich folgenden Fragen:

- *Welche Auslöser und Verstärker der Sensibilisierung wirken auf die Unternehmen? (5.1)*
- *Wie üben einzelne Anspruchsgruppen (Stakeholder) Einfluss auf die Unternehmen aus? (5.2)*
- *Welche Rahmenbedingungen beeinflussen unternehmerische Entscheidungen? (5.3)*
- *Wie entsteht ökologiebedingte Betroffenheit? (5.4)*

5.1 Anspruchsgruppen (Stakeholder) als Impulsgeber

Interdependenzen mit dem Unternehmensumfeld Unternehmen können nicht isoliert handeln, vielmehr sind wirtschaftliche Prozesse in ein Wirkungsgefüge eingebunden, das sowohl ökologische, ökonomische und technische als auch gesellschaftliche und politische bzw. rechtliche Aspekte vereint. Zwischen diesem System und den Unternehmen als Einzelwirtschaften bestehen vielfache Interdependenzen, die Anpassungsprozesse erforderlich machen. Langfristig können Unternehmen nur dann ihre Existenz sichern, wenn sie den Erwartungen des engeren und weiteren Unternehmensumfeldes gerecht werden. Dies bedeutet, dass Kenntnisse über die Elemente des Umfeldes sowie mögliche sich daraus ergebende Konsequenzen in einer durch Dynamik, Diskontinuitäten, Komplexität, Internationalisierung und Globalisierung gekennzeichneten Situation an Bedeutung gewinnen.

Makroumfeld Um zu bestimmen, welche Teile des Unternehmensumfeldes für das ökologieorientierte Management relevant sind, sollte man prüfen, zu welchen Unternehmenszielen ein Bezug besteht. Unter dem **Makroumfeld** versteht man dabei „die generellen Bedingungen in einem geographischen Raum, die für eine größere Anzahl von Unternehmungen mit unterschiedlichen Sachzielen gelten und die Möglichkeiten der Bildung bestimmter Sachziele sowie Durchführung strategischer Verhaltensweisen im Einzelfall beeinflussen" (KUBICEK/THOM 1976, S. 3988). Zum Makro-Umfeld zählen dabei ökologische, ökonomische, technologische, gesellschaftliche und politische bzw. rechtliche Rahmenbedingungen. Somit setzt das Makroumfeld die generellen Rahmenbedingungen, innerhalb derer wirtschaftliches Handeln erfolgt.

Aufgabenumfeld Das Aufgabenumfeld beinhaltet demgegenüber Anspruchsgruppen, die konkrete Anforderungen an das Unternehmen stellen können. Hierzu zählen als branchenspezifische Gruppen Lieferanten, Kunden und Wettbewerber. Anteilseigner und Kreditgeber sowie Mitarbeiter, Staat und Öffentlichkeit zählen als regulative Gruppen zum erweiterten Aufgabenumfeld.

Stakeholder FREEMAN definiert **Anspruchsgruppen**, engl. Stakeholder als „... any group or individual who can affect or is affected by the achievement of a corporation`s objectives" (FREEMAN 1984, S. 46). Die beiden in der Definition enthaltenen Richtungen machen deutlich, dass sowohl Wirkungen von den Stakeholder-Gruppen als auch vom Unternehmen selbst ausgehen können. Können die Stakeholder das Unternehmen beeinflussen, so wird auch die ökologiebedingte Betroffenheit des Unternehmens verändert.

Stakeholderkonzept Ausgangspunkt des Stakeholderkonzeptes ist die **Koalitionstheorie**, die erstmals 1938 von BARNARD (BARNARD 1938) vertreten wurde und von CYERT/MARCH (CYERT/MARCH 1963, S. 26 ff.) 1963 der Theorie der Unternehmung zugrunde gelegt wurde. Diese Überlegungen zu den Entscheidungsgrundlagen der Koalitionsteilnehmer bildeten den Grundstein für die **Anreiz-Beitrags-Theorie**, nach der sich die Beteiligten für oder gegen eine Organisation sowie für oder gegen das Leisten eines Beitrags entscheiden können. Die Koalitionsteilnehmer wirken dabei als einzelne Anreizspender auf das Unternehmen, indem bestimmte Verhaltensweisen des Unternehmens unterstützt (positive Anreize) und andere bestraft werden (negative Anreize). Durch die Weiterentwicklung der an die Unternehmen gestellten Anforderungen wurde die Betrachtung auf externe Teilnehmer, d.h. auf alle Stakeholder erweitert. Somit setzt das Stakeholderkonzept am Verhaltensmodell des homo reciprocans (vgl. Kapitel 1.3) an.

Wechselwirkungen Somit sind alle Komponenten des Makro- und des Aufgabenumfeldes hinsichtlich möglicher Auswirkungen auf die Ökologieorientierung des Unternehmens zu untersuchen. So können die technologischen Rahmenbedingungen die Berücksichtigung ökologischer Aspekte verhindern oder gar erst ermöglichen (Bsp. erneuerbare Energien). Ökonomische Rahmenbedingungen wie das Wachstum oder die Wettbewerbssituation der Branche schaffen oder begrenzen Freiräume zur Umsetzung ökologiebezogener Maßnahmen. Neben dem gesellschaftlichen (Bsp. Klimadiskussion oder Entsorgungsnotstand) und dem ökologischen Umfeld (Bsp. Niederschläge) haben sich insbesondere im Umweltrecht in den letzten Jahren nennenswerte Änderungen ergeben, die Unternehmen zu einer stärkeren Ökologieorientierung veranlassen sollen. Gleichermaßen beeinflussen die Gruppen des Aufgabenumfeldes die unternehmerischen Entscheidungen.

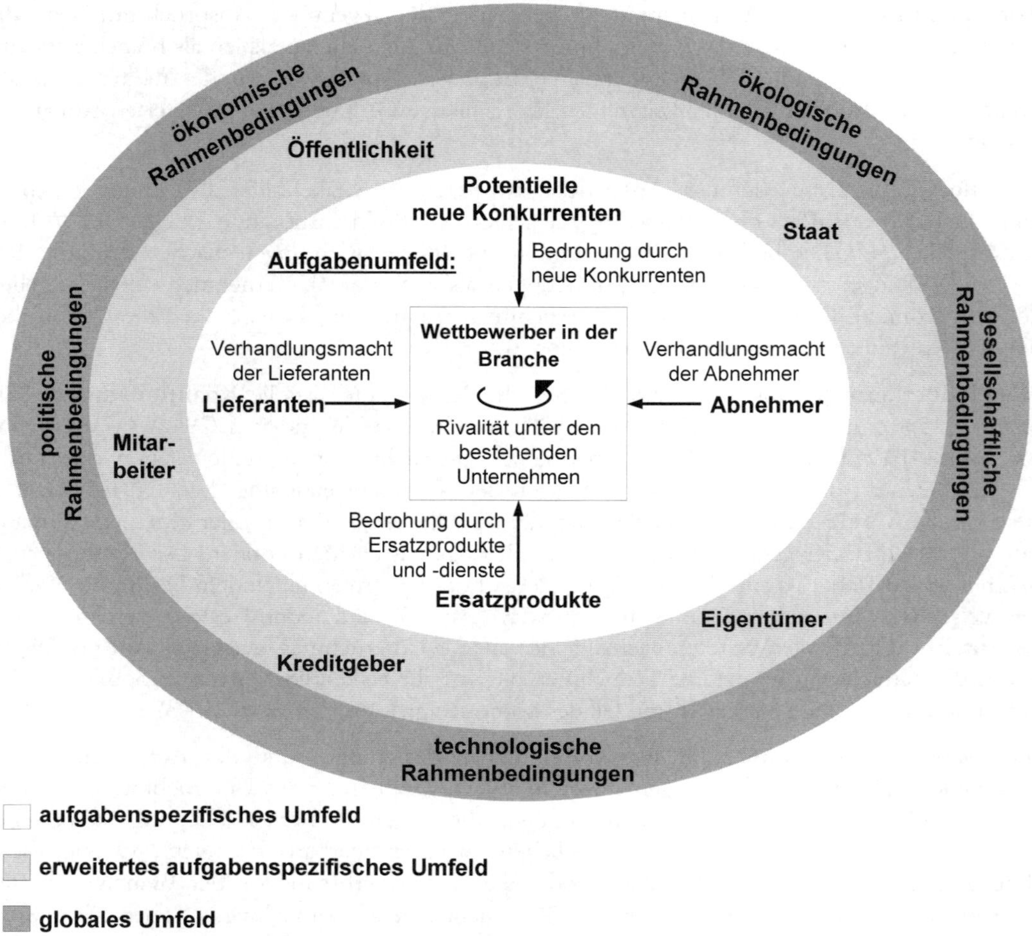

Abbildung 27: Makro- und Aufgabenumfeld des Unternehmens
(In Anlehnung an PORTER 1999; FREEMAN 1984; KUBICEK/THOM 1976)

5.2 Makro-Umfeld

Unterschiedliche Ansprüche Da sowohl das spezifische Aufgabenumfeld als auch das Makroumfeld aus verschiedenen Komponenten bestehen, müssen diese hinsichtlich ihrer Wirkung auf unternehmerische Entscheidungen getrennt untersucht werden. Die Analyse der Einflussparameter muss das Ziel haben, mögliche Chancen und Risiken zu identifizieren, um diese dann den unternehmerischen Stärken und Schwächen gegenüberstellen zu können.

5.2.1 Ökologische Rahmenbedingungen

Perspektive des Lehrbuchs Aus der Beeinträchtigung der Versorgungs-, Träger- und Regelungsfunktion der Umwelt und der sich daraus ergebenden ökologischen und zunehmend auch ökonomischen Knappheit – sprich dem Zustand unseres Planeten – leitet sich aus Unternehmenssicht die Notwendigkeit ab, die ökologischen Rahmenbedingungen der betrieblichen Leistungserstellung proaktiv zu berücksichtigen. Somit ist das **Lehrbuch aus der Perspektive der ökologischen Rahmenbedingungen** zu verstehen, was die kurze Abhandlung in diesem Kapitel erklärt.

Komponenten der ökologischen Rahmenbedingungen Die ökologische Umwelt kann einerseits nach den Umweltmedien Boden, Wasser und Luft gegliedert werden, deren Knappheit als Versorgungs- oder Aufnahmemedium die Grundlagen des Wirtschaftens bildet. Andererseits kann auch eine detailliertere Systematisierung entlang der Umweltwirkungskategorien Treibhauseffekt, Abbau des stratosphärischen Ozons (Ozonloch), photochemische Oxidantienbildung (Sommersmog), Eutrophierung, Versauerung, Beanspruchung fossiler Ressourcen, Naturraumbeanspruchung, Gesundheitsschädigung und Schädigung von Ökosystemen etc. (vgl. Kapitel 9.3) dann sinnvoll sein, wenn Unternehmen Umweltentlastungen in einem bestimmten Bereich umsetzen wollen.

Strategische Relevanz Die ökologischen Rahmenbedingungen sind in zweifacher Hinsicht für die Strategieentwicklung von Bedeutung: Das Unternehmen muss sich an den durch die Umweltsituation notwendig gewordenen Regelungen orientieren (**reaktive Flexibilität**) und kann gleichzeitig das jeder Situation immanente Chancenpotential für eigene geschäftliche Tätigkeiten nutzen (**proaktive Flexibilität**), indem sie nur Produkte und Produktionsfaktoren entwickelt, die sich im Hinblick auf die ökologischen Umfeldbedingungen zukünftig als notwendig erweisen werden. Die Wahrnehmung des ökologischen Umfeldes ist dann unumgänglich, wenn ein Unternehmen die ökologische Knappheit, eine ökologische Krise oder im Extremfall eine ökologische Katastrophe überwinden muss.

5.2.2 Ökonomische Rahmenbedingungen

Bedeutung Die wirtschaftlichen Bedingungen, die sich in gesamtwirtschaftlichen Indikatoren wie dem Wirtschaftswachstum ausdrücken, stellen Basisinformationen dar, die für die Unternehmensführung relevant sind. Die Erfahrung zeigt allerdings, dass die Entwicklung eines bestimmten Beschaffungs- oder Absatzmarktes unter Umständen anders verlaufen kann als die der entsprechenden volkswirtschaftlichen Gesamtgrößen (vgl. auch die Szenarien des MILLENIUM ECOSYSTEM ASSESSMENTS in Kapitel 3.5.1).

Komponenten der ökonomischen Rahmenbedingungen Innerhalb der wirtschaftlichen Rahmenbedingungen sind allgemeine Wachstums- und Entwicklungsgrößen, bestimmte Wettbewerbskonstellationen, die Zugehörigkeit zu einer Branche sowie die internationalen Entwicklungen zu betrachten. Allgemeine **Wachstumsgrößen** beeinflussen – je nach Branche und Unternehmensgröße – die Unternehmensführung und den Spielraum eines ökologieorientierten Managements. Hier fließt auch das Bevölkerungswachstum ein (vgl. IPAT-Gleichung in Kapitel 1). Neben der allgemeinen Situation ist auch die jeweilige **Wettbewerbssituation** eines Unternehmens oder Geschäftsbereichs von Bedeutung. Nach PORTER können für die Bestimmung der Wettbewerbsposition in Abhängigkeit vom Zielobjekt und von den vorhandenen strategischen Vorteilen folgende Strategien unterschieden werden (vgl. Kapitel 2.3) (vgl. PORTER 1999, S. 70 ff.; PORTER 2000, S. 37 ff.): Für standardisierte Produkte in einem Niedrigpreissegment ist eine umfassende **Kostenführerschaft** zu bevorzugen, eine **Differenzierungsstrategie** empfiehlt sich dann, wenn aufgrund spezifischer Vorteile bei Qualität, Service oder Image ein höherer Preis erzielt werden kann. Eine **Spezialisierungsstrategie** ist immer dann zielführend, wenn eine Konzentration auf ein bestimmtes Marktsegment (produktbezogen, aber auch regionalbezogen) vorteilhaft erscheint. Unterschiedliche Wirkungen der **Branche** zeigen sich beispielsweise auch bei den ökonomischen Wirkungen des Emissionshandels, die je nach dem Energiebedarf einer Branche, aber auch bezüglich des Einbezugs einer Branche in den Emissionshandel sehr unterschiedlich ausfallen. Darüber hinaus ist auch die Sensibilisierung der Öffentlichkeit für die Umweltrelevanz von Unternehmen branchenabhängig. So steht beispielsweise die Chemische Industrie mehr im Blickpunkt öffentlichen Interesses. Schließlich sind **internationale Entwicklungen** gerade im Umweltbereich aufgrund der globalen Bedeutung der Thematik relevant, sowie z.B. die Klimadiskussion.

Strategische Relevanz Für jede dieser Komponenten der ökonomischen Rahmenbedingungen können Implikationen für die Strategieentwicklung von Unternehmen abgeleitet werden. So führt beispielsweise das Wachstum der Bevölkerung, durchaus auch nur einer Bevölkerungsgruppe, z.B. der Senioren, zu einer veränderten Nachfragestruktur. Der Einsatz additiver Umweltschutzmaßnahmen führt zu Kostenerhöhungen, die je nach Wettbewerbsstrategie an die Kunden weitergegeben werden können oder nicht. Werden die Maßnahmen freiwillig oder antizipativ durchgeführt, so entstehen zumindest kurzfristig kostenmäßige Wettbewerbsnachteile. Wird ein umweltbelastender Stoff substituiert, kann dies eventuell die Gebrauchsfähigkeit eines Produktes aus der Sicht des Kunden mindern. Schließlich können ökologiebedingte Zusatznutzen, z.B. in Form von geringerer Reparaturanfälligkeit oder eines längeren Produktlebenszyklus nicht nur einen Imagegewinn bedeuten, sondern bei Vorliegen der Zahlungsbereitschaft der Kunden auch eine höhere Gewinnspanne ermöglichen.

Umweltökonomische Gesamtrechnung Einen ersten Ansatz, diese Wechselwirkungen auf volkswirtschaftlicher Ebene aufzuzeigen, stellt die Umweltökonomische Gesamtrechnung dar: Im Rahmen der drei großen Bereiche Belastung (pressure), Zustand (state) und Maßnahmen (response) werden die Wechselwirkungen mit Hilfe von Material- und Energieflussrechnungen, Informationen über die Nutzung von Fläche und Raum, Indikatoren des Umweltzustandes, Maßnahmen des Umweltschutzes und die damit verbundenen Vermeidungskosten dargestellt. So ist die Umweltökonomische Gesamtrechnung als Satellitensystem zur Volkswirtschaftlichen Gesamtrechnung zu verstehen. Die dort monetär bewerteten Transaktionen und Bestände werden in den Material- und Energieflussrechnungen in physikalischen Größen dargestellt. So können z.B. gerade bei steigenden Energiepreisen Verbräuche und Preisentwicklungen getrennt betrachtet werden. Der Umweltzustand ist insbesondere im Zeitverlauf aus volkswirtschaftlicher Sicht von Interesse, da die Gesamtbelastung durch alle Unternehmen zum Ausdruck kommt (vgl. Kapitel 8.1). Die Maßnahmen, die bereits zum Umgang mit der Umweltbelastung getroffen werden, zeigen einerseits, wo bereits gehandelt wird, aber andererseits auch, wo noch Handlungsbedarf besteht. Die **sektoralen Berichtsmodule** zu den Bereichen Verkehr, Landwirtschaft, Wald und private Haushalte widmen sich einzelnen politisch prioritären Fragen. Die Erstellung der Umweltökonomischen Gesamtrechnung erfolgt über das Statistische Bundesamt (vgl. www.destatis.de).

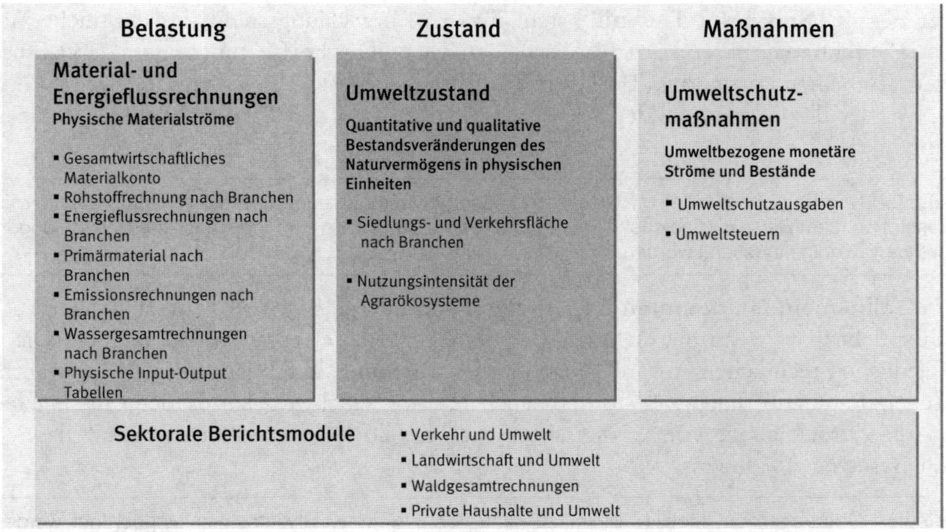

Abbildung 28: Bestandteile der Umweltökonomische Gesamtrechnung
(Quelle: STATISTISCHES BUNDESAMT (Hrsg.) 2007a, S. 9)

5.2.3 Technologische Rahmenbedingungen

Technik vs. Technologie Beschreibt der Begriff „Technik" Verfahren, Maßnahmen und Betriebsweisen zur Erreichung bestimmter Ziele, so versteht man unter „Technologien" die Menge potentieller, nicht notwendigerweise auch realisierter Techniken. Für das ökologieorientierte Management sind sowohl die bereits eingesetzten als auch die noch in der Entwicklung begriffenen Verfahren bestimmend.

Komponenten der technologischen Rahmenbedingungen Die technologischen Rahmenbedingungen können für das Unternehmen neue Aktionsmöglichkeiten eröffnen oder auch Restriktionen für geplante Vorhaben setzen. Dabei umfassen sie nicht nur die technologischen Entwicklungen im engeren Sinne, sondern im weiteren Sinne auch die vor Ort ansässigen Forschungseinrichtungen und den am Standort vorherrschenden technologischen und wissenschaftlichen Standard, das Verkehrssystem, Kommunikationssysteme und -möglichkeiten, Bildungs- und Kultureinrichtungen sowie schließlich die Akzeptanz von Technik und Technologie in der Bevölkerung.

Stufen der Technologieentwicklung Zudem sind die technologischen Rahmenbedingungen auch Bestandteil der Gesetzeslage. So sind in den Rechtsvorschriften unterschiedliche Stufen der Technologieentwicklung festgeschrieben:

a) Der „Stand der Wissenschaft" bezieht sich dabei auf die fortschrittlichsten Umwelt- und Sicherheitstechniken und wird auch als „**Stand der wissenschaftlichen Erkenntnis**" oder „**Stand der Wissenschaft und Technik**" (z. B. § 4 Abs. 2 S. 3 AtG) bezeichnet.

Beispiel: Übertragen auf MOBILITY UNLIMITED können Brennstoffzellenfahrzeuge hier eingeordnet werden. Die Technologie muss in Alltags- und Extremsituationen allerdings noch getestet werden. Außerdem ist eine flächendeckende Versorgung mit Wasserstoff noch nicht realisierbar und die Herstellungs- und Speicherverfahren für Wasserstoff sind bisher noch nicht zufrieden stellend.

b) Der Begriff „**Stand der Technik**“ steht für den Entwicklungsstand fortschrittlicher Verfahren, Einrichtungen oder Betriebsweisen, der die praktische Eignung einer Maßnahme gesichert erscheinen lässt und im Betrieb mit Erfolg erprobt ist (z. B. § 3 Abs. 6 BImSchG). Somit finden hier die Grundsätze der Verhältnismäßigkeit und der Wirtschaftlichkeit Berücksichtigung.

Beispiel: Übertragen auf MOBILITY UNLIMITED können Hybridfahrzeuge und die Nutzung von alternativen Kraftstoffen, zum Beispiel Biodiesel hier eingeordnet werden. Beide sind fortschrittliche Entwicklungen, die bereits mit Erfolg eingesetzt werden.

c) Von „**allgemein anerkannten Regeln der Technik**“ (z. B. § 4 Abs. 2 S. 1 VOB/B) schließlich spricht man, wenn die Mehrzahl der Betreiber ein Verfahren bereits benutzt. Die unterschiedlichen rechtlichen Anforderungen an Unternehmen in Abhängigkeit von den technologischen Rahmenbedingungen fördern auch das sog. „Schweigekartell der Oberingenieure“, d.h. die Zurückhaltung von Wissen über neue umweltfreundliche Verfahren, um den Vollzug von Gesetzen abzufedern.

Beispiel: Übertragen auf Mobility Unlimited kann der 3-Wege-Katalysator hier eingeordnet werden. Er wandelt die Schadstoffe CO, HC und NO_X in Wasser, CO_2 und N_2 um und ist in Deutschland seit 1989 in jedem Neufahrzeug verbaut.

Strategische Relevanz Unternehmen müssen in ihre Unternehmensführung die technologischen Rahmenbedingungen einbeziehen, die für die Zukunft des Unternehmens Bedeutung erlangen können, da sie neue Aktionsmöglichkeiten eröffnen oder auch Restriktionen für geplante Vorhaben setzen. Gerade die Dynamik der technischen Produkt- und Verfahrensinnovationen zwingt die Unternehmen hierzu, da sie Auswirkungen auf das eigene Leistungsprogramm haben können. Auf dem Markt für Umwelttechnik selbst steht der relative technologische Vorsprung im Vordergrund. So wird laut einer Studie von ROLAND BERGER die Umwelttechnik im Jahr 2020 den Maschinenbau und die Automobilindustrie als Leitindustrie in Deutschland ablösen (vgl. BUNDESMINISTERIUM FÜR UMWELT, NATURSCHUTZ UND REAKTORSICHERHEIT (Hrsg.) 2007, S. 13). Ergänzt wird dieser Wettbewerb allerdings durch den qualitativen Wettbewerb im Bereich bedarfsgerechter, d.h. funktionsorientierter technischer Verfahren. Aus der Perspektive eines Umwelttechnikunternehmens sichert ein hoher Stand der Technik die Nachfrage, eine fehlende Technologiebasis in Form von Arbeitskräften und Forschungseinrichtungen kann hemmend wirken.

5.2.4 Gesellschaftliche Rahmenbedingungen

Öffentliche Exponiertheit Unternehmen sehen sich auch mit Ansprüchen konfrontiert, die in keinem direkten Zusammenhang mit dem eigentlichen Betriebszweck der Güter- oder Leistungserstellung stehen. DYLLICK spricht in diesem Zusammenhang von der „**öffentlichen Exponiertheit**“ eines Unternehmens (DYLLICK 1989, S. 15). Die Fähigkeit, auch mit ungewohnten Anspruchsgruppen im Rahmen einer öffentlichen Auseinandersetzung angemessen umzugehen, ist für viele Unternehmen eine große Herausforderung. Der zunehmende Einfluss externer Interessengruppen führte zu einer verstärkten Anerkennung gesellschaftlicher Ansprüche bei der Strategieformulierung. Hinzu kommt die zunehmende ausführliche und meist sachbezogene Umweltberichterstattung in den Medien. Die Analyse der gesellschaftlichen Sphäre soll es ermöglichen, einem potentiellen Druck zuvorzukommen, indem der sich abzeichnende Wertewandel rechtzeitig erfasst und analysiert wird, um konkrete Konsequenzen zu ziehen.

Komponenten der gesellschaftlichen Rahmenbedingungen Bei einer Analyse des gesellschaftlichen Umfeldes sind vor allem die vier Gruppen Anwohner, Bürgerinitiativen und Verbände, Medien und breite Bevölkerung zu betrachten, wobei der Übergang zum Aufgabenumfeld fließend ist. Durch Berücksichtigung der Interessen der **Anwohner** im Rahmen des ökologieorientierten Managements sind Konflikte, die vor allem die Akzeptanz eines Unternehmens in seinem unmittelbaren Umfeld beeinflussen (z.B. durch Geruchsbelästigungen), vermeidbar. Statt einer Kontaktvermeidung sollte ein Dialog mit den Anwohnern geführt werden, der Vertrauen schafft. **Bürgerinitiativen und Verbände** wollen Gefahren antizipieren und weisen hier durchaus beachtliche Erfolge auf. So kann ein konstruktives Verhältnis zu Synergieeffekten für beide Seiten führen. Gerade bei akuten Umweltgefahren greifen die **Medien** relevante Themengebiete auf und setzen in der **Gesamtbevölkerung** einen Bewusstwerdungs- und Meinungsbildungsprozess in Gang. Dadurch kann wiederum die Gesamtbevölkerung zu verändertem Verhalten motiviert werden.

Diffusionskurve. Der Prozess der Ausbreitung von Umweltwissen kann mit Hilfe einer Diffusionskurve dargestellt werden (siehe STEGER 1993, S. 249 ff.). Auf der Abszisse wird die Zeit abgetragen, auf der Ordinate die Anzahl der Berichte in den Medien zu einem bestimmten Thema. Wie die nachfolgende Abbildung und ihre Legende beispielhaft zeigen, verläuft der Prozess in mehreren Stufen und erfasst im Laufe der Zeit verschiedene Stakeholdergruppen.

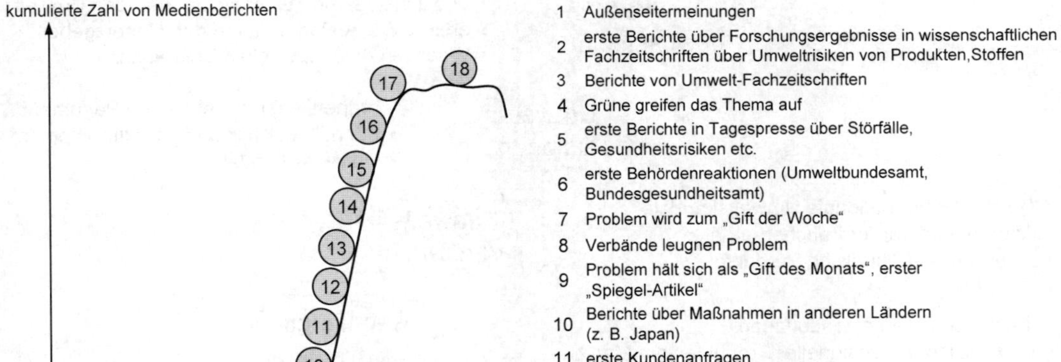

Abbildung 29: Diffusionskurve

(Quelle: STEGER 1993, S. 250)

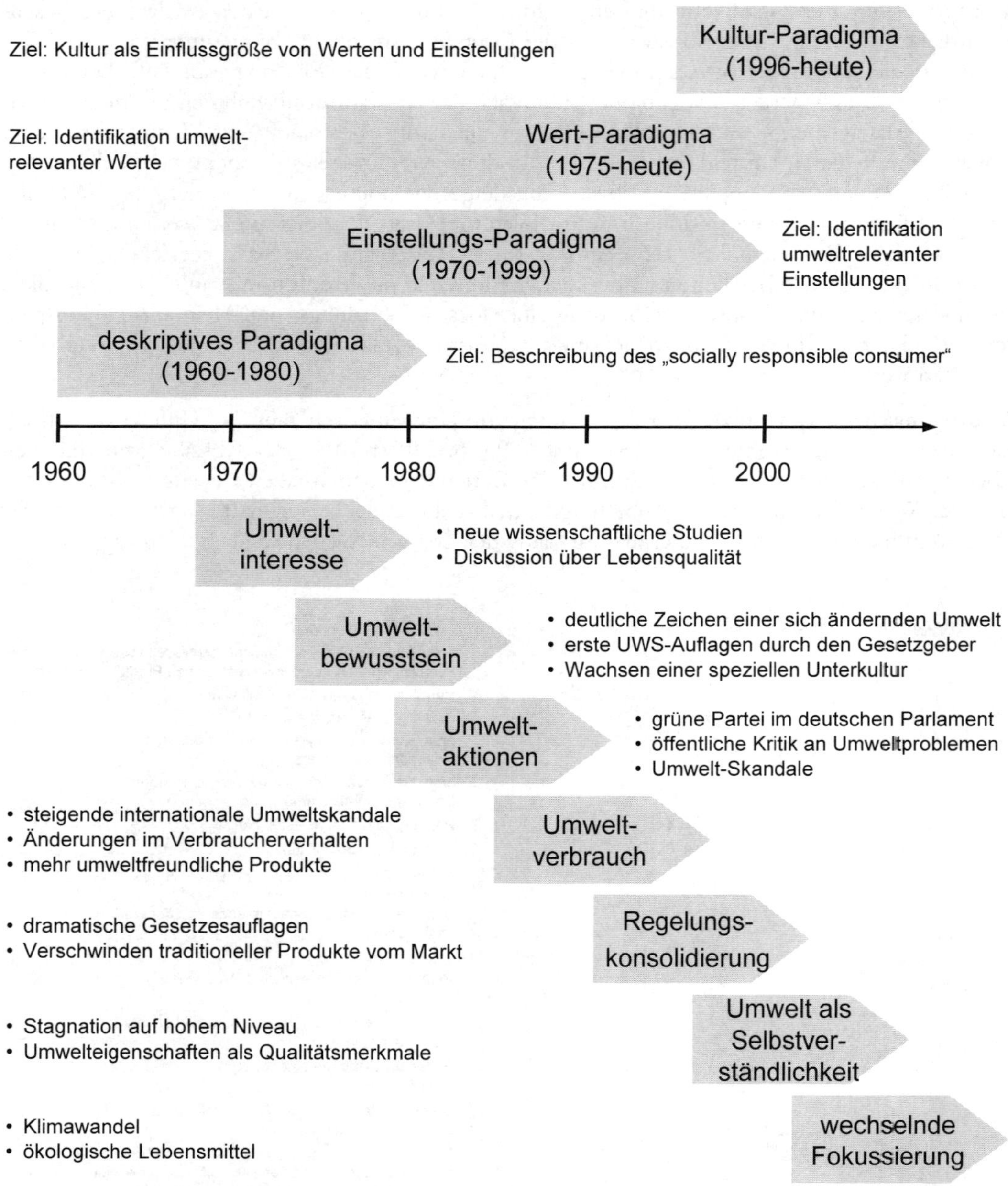

Abbildung 30: Entwicklung des Umweltbewusstseins

(In Anlehnung an MÜLLER/WÜNSCHMANN/WITTIG 2007, S. 4; MEFFERT/KIRCHGEORG 1998, S. 13; MICHAEL 1990, S. 38)

Umweltbewusstsein der Bevölkerung Die Entwicklung des Umweltbewusstseins kann aus zwei Perspektiven betrachtet werden – aus der Sicht der Bevölkerung und aus der Sicht der Forschung. Das **Umweltbewusstsein** der deutschen Bevölkerung wird alle zwei Jahre durch eine Studie „Umweltbewusstsein in Deutschland“ erfasst und kann mittlerweile seit 1999 auf sechs Erfassungszeitpunkte zurückblicken (vgl. www.umweltbewusstsein.de). Geht man bis zum Beginn der Umweltbewegung zurück, so können in Weiterentwicklung von KIRCHGEORG/MEFFERT (MEFFERT/KIRCHGEORG 1998, S. 13 f.) sieben Entwicklungsstufen des Umweltbewusstseins der deutschen Bevölkerung identifiziert werden: Wissenschaftliche Studien und die Diskussion über die Lebensqualität gaben den Anstoß für ein Umweltinteresse. Dieses entwickelte sich in der Folge durch die Wahrnehmung von Umweltproblemen und gesetzlichen Grundlagen zu einem eigentlichen Umweltbewusstsein. Mit dem Einzug der Grünen in deutsche Parlamente, aber auch durch Aktivitäten von Umweltorganisationen standen häufiger Umweltaktionen im Vordergrund. Diese mündeten schließlich in Verhaltensänderungen der Verbraucher und in eine Konsolidierung rechtlicher Regelungen. Mittlerweile ist Umweltschutz zu einer Selbstverständlichkeit geworden, wobei einzelne Themen eine **Breitenwirkung** (z.B. Klimaschutz) erzielen konnten. Aus Sicht der Forschung über das Umweltbewusstsein können vier Paradigmen identifiziert werden: Zunächst wird der verantwortliche Konsument lediglich beschrieben (deskriptives Paradigma). Im Anschluss daran werden seine Einstellungen identifiziert (Einstellungsparadigma). Der Frage, welche Werte diesen Einstellungen zugrunde liegen, geht das Wertparadigma nach. Das Kulturparadigma schließlich analysiert die Kultur als Einflussgröße von Werten und Einstellungen (vgl. MÜLLER/WÜNSCHMANN/WITTIG 2007, S. 87 ff.) (vgl. Abbildung 30).

Strategische Relevanz Für die strategische Entwicklung von Unternehmen sind die gesellschaftlichen Rahmenbedingungen insofern von Bedeutung als sie Verhalten, d.h. auch Kaufverhalten beeinflussen. Allerdings führt die zunehmende Transparenz auch dazu, dass das Unternehmen zum corporate citizen wird und seine Anonymität verliert. Die Verantwortung von Unternehmen für die Gesellschaft, Corporate Social Responsibility, (vgl. Kapitel 3.4) ist mittlerweile zu einem festen Bestandteil der Unternehmensstrategie geworden. Zur Konkretisierung des Verständnisses legte das EUROPEAN MULTISTAKEHOLDER FORUM on CSR 2004 folgende Definition fest, die an dieser Stelle wiederholt sei: „Corporate Social Responsibility is the voluntary integration of environmental and social considerations into business operations, over and above legal requirements and contractual obligations. CSR is about going beyond these, not replacing or avoiding them” (EUROPEAN MULTISTAKEHOLDER FORUM ON CSR. 2004, S 3). Dass die öffentliche Exponiertheit von den Unternehmen wahrgenommen wird, zeigen Studien wie die MCKINSEY-Befragung vom Herbst 2007 (vgl. BONINI/GREENEY/MENDONCA 2007, S. 1ff.). In der im Zweijahresturnus von der Unternehmensberatung MCKINSEY durchgeführten Befragung „Assessing the impacts of societal issues“ spiegeln sich jeweils die Wirkungen der gesellschaftlichen Rahmenbedingungen wider: Wurden 2005 Umweltaspekte nur mit 28 % der Nennungen mit Rang 3 bewertet, so nennen 2007 48 % von 2.687 Managern Umweltaspekte, insbesondere den Klimawandel als wichtigste Einflussgröße der „social issues“ auf den Shareholder Value.

5.2.5 Politische und rechtliche Rahmenbedingungen

Bedeutung Die Notwendigkeit eines staatlichen Eingriffes ergibt sich immer dann, wenn Unternehmen aus Sicht der politischen Entscheidungsträger die ökologischen Rahmenbedingungen nicht ausreichend in ihre Entscheidungsfindung einbeziehen. Bilden die ökologischen Rahmenbedingungen die Perspektive dieses Lehrbuchs, so sind die politischen und rechtlichen Rahmenbedingungen der Haupttreiber für die Unternehmen, diese Perspektive in ihrem Unternehmen umzusetzen. Dies erklärt auch den Umfang der Ausführungen dieses Teilkapitels. Dabei können Unternehmen zum einen mit ordnungspolitischen, nicht-fiskalischen, also nicht direkt mit Zahlungsströmen zwischen Staat und Unternehmen verbundenen Instrumenten, wie z.B. Auflagen gesteuert werden. Zum anderen können die rechtlichen Rahmenbedingungen über fiskalische Instrumente zu Ausgaben der Unternehmen führen, die an den Staat fließen, z.B. in Form einer Abgabe, wie der Öko-Steuer oder zu einer Einnahme, z.B. durch Finanzhilfen von Seiten des Staates.

Umweltprinzipien Die Umweltpolitik, die im Umweltprogramm der Bundesregierung von 1971 als eigenständige Aufgabe des Staates verankert und durch spätere Regierungserklärungen und Umweltberichte bekräftigt wurde, wird durch die Prinzipien des Umweltrechts konkretisiert. Dabei umfasst die klassische umweltpolitische **Prinzipientrias** in Deutschland das Vorsorge-, Kooperations- und Verursacherprinzip, wobei Letzteres um die beiden flankierenden Prinzipien Gemeinlastprinzip und Nutznießerprinzip erweitert wurde. Schließlich wurde zur Berücksichtigung der ökonomischen Effizienz das Schwerpunktprinzip ergänzt. Tabelle 13 stellt die sechs Prinzipien anhand der Kriterien Ziel, Vorgehensweise und Beurteilung gegenüber.

Tabelle 13: Umweltprinzipien

(Quelle: JÄNICKE/KUNIG/STITZEL 2003, S. 184 ff.; ROGALL 2000, S. 57 ff.; WICKE 1993, S. 150 ff.)

Prinzip	Ziel	Vorgehensweise	Beurteilung
Vorsorge-prinzip	• präventiver Schutz, d. h. Verhinderung von Umweltbelastungen, -gefahren und -risiken sowie Entwicklungen, die künftig zu Umweltbelastungen führen können • gefahrenunabhängige Umweltpolitik: über den Status quo hinaus tendenzielle Verbesserung der Umweltbedingungen durch hypothetische Gefahrenabwehr • Ansatz an der Quelle der Umweltbelastung (keine end-of-pipe Lösung)	• Options-, Existenz- und Vermächtniswert der Umwelt (sustainable development) spielt eine große Rolle. • Instrumente: Verbote und Gebote, Umweltplanung, Finanzierung von Forschung und Entwicklung, Umweltbildung und –information, Moral Suasion • Bsp.: integrierte Umweltschutztechnik statt end-of-the-pipe-Lösungen	• Schutz der Umwelt vor potentiellen Einwirkungen (+) • Berücksichtigung von medienübergreifenden, längerfristigen Aspekten (+) • geeignet zur Umsetzung einer nachhaltigeren Entwicklung (+) • Operationalisierbarkeit auf Unternehmensebene (wirtschaftliche und technische Restriktionen) (-) • Begriff der Vorsorge als unbestimmter Rechtsbegriff (keine konkrete Handlungsvorschrift) (-) • unklare Grenze der Verhältnismäßigkeit der Mittel (-) • Prognose von Risiken sowie Abwägung verschiedener Konsequenzen schwierig (-)

Prinzip	Ziel	Vorgehensweise	Beurteilung
Verursacher-prinzip	• Verursacher einer Umweltbelastung soll alle Folgen tragen z. B. auch in Form von äquivalenten Ausgleichszahlungen • Internalisierung der Umweltschäden durch die Nutzung der natürlichen Ressourcen • Erhöhung des Interesses an der Schonung der Umwelt bei den Entscheidungsträgern • Einbeziehen externer Kosten in die Entscheidungsfindung • allgemeines Recht der Gefahrenabwehr (Störungsbeseitigung) • rechtspolitische Gerechtigkeitsmaxime	• Erfassung des Verursachers von Umweltschäden (materielles Zurechnungsprinzip) • Erfassung aller (monetarisierten) Kosten aus der Umweltbelastung (Planungs-, Vermeidungs-, Entsorgungs-, Ausgleichskosten etc.) zu tragen (Kostenzurechnungsprinzip) • Anreiz zur Lösung des Umweltproblems durch den Schädiger selbst • Instrumente: Verfahrens- und Produktnormen, Gebote und Verbote, Abgaben, Umweltlizenzen, Umweltpflichtversicherung, Umwelthaftung, Benutzervorteile • Bsp.: Emissionshandel, Entwässerungsgebühr	• Anreiz zur Vermeidung des Umweltproblems (+) • Verursacher schwer zu identifizieren (Distanz-, Langzeit-, Kumulationseffekte etc.) und Überwälzung auf Allgemeinheit (-) • (monetäre) Quantifizierung des Schadens schwierig (Gesundheitskosten) (-) • vergangene Ursache ohne gegenwärtige Verursacher (-) • unzureichende Ermittlung der Verantwortlichkeiten für die Produktion (z. B. Nachfrage Pharmaka: Unternehmen oder Patient) (-) • hochkomplexe Internalisierung externer Effekte (-) • Interessenkonflikte (Umweltschutz zu Arbeitsplatzsicherheit, finanzielle Belastung) • hoher Verwaltungsaufwand, Überwachung (-) • Frage nach Verteilung der durch das Verursacherprinzip erzielten Einnahmen und unerwünschte Verteilungseffekte (-) • internationale Anwendung schwierig (-) • akute Notlagen (-) • Umweltbelastungen können nicht einfach durch Zahlungen ausgeglichen werden (-) • Folgen der mangelhaften Durchsetzung des Verursacherprinzips: 1. keine optimale Allokation 2. überproportionale Kosten für Schäden durch Externalisierung 3. Verstärkung der Verteilungsungerechtigkeit 4. Reparatur von Schäden teurer als Vermeidung

Prinzip	Ziel	Vorgehensweise	Beurteilung
Gemeinlast-prinzip	• Flankierung des Verursacherprinzips, nicht als Alleinprinzip anwendbar. • Anwendungsbedingungen: - Anwendung des Verursacherprinzips schwierig (z.B. Verursacher nicht bekannt) bzw. Gefahr der Wirkungsminderung bei Anwendung des Verursacherprinzips - Vollzugsdefizit - akute Notstände	• Notbehelf, wenn das Verursacherprinzip nicht anwendbar ist • nicht der Verursacher allein sorgt für die Reduzierung der Umweltbelastung, sondern die Gemeinschaft/ öffentliche Hand übernimmt die Kosten • Instrumente: Gebühren und Beiträge, ökologische Steuer, Altlastenbeseitigung • Bsp.: Subventionen, bei kontaminierten Produktionsflächen in Konkurs gegangener Unternehmen	• keine Verhaltensänderung (-) • Trittbrettfahrer-Problematik (-) • Ausnahmelösung wird statt Übergangs- zur Dauerlösung (-) • Wahrnehmung flaut ab (-) • Aufbau staatlicher Bürokratie (zur Kostenerfassung und -verteilung) (-) • Mitnahmeeffekte bei Verursachern (-) • Kostenungerechtigkeit (Gemeinlastprinzip) (-)
Nutznießer-prinzip	• Flankierung des Verursacherprinzips, nicht als Alleinprinzip anwendbar • Unterform des Gemeinlastprinzips • Lösungsalternative bei schwieriger Berechnung eines Schattenpreises für Umweltbelastungen	• Geschädigter ist "Nutznießer" einer Umweltmaßnahme; er bezahlt den Schädiger dafür, dass die Schädigung unterbleibt (Abkauf des Rechts auf Umweltschädigung) • Instrumente: Verfügungsrechte „Öffentlicher Güter" • Bsp.: Wasserpfennig Baden-Württemberg; Industrieländer bezahlen für den Erhalt der Tropenwälder	• Durch den Wunsch der Nutzung einer sauberen Umwelt entstehen Kosten für die Reduzierung der Schädigung. Der Verursacher der volkswirtschaftlichen Kosten, hier der Geschädigte, hat diese Kosten zu tragen, da er die Reduzierung der Schädigung wünscht. (+) • hohe ökologische Effizienz wegen der Kontrolle durch den Geschädigten (+) • ungerechte Umsetzung des Verursacherprinzips, da Überwälzung auf Dritte erfolgt (-) • Missbrauch: Stärke von Unternehmen kann dazu führen, dass Geschädigte für Umweltentlastung zahlen müssen (-)
Kooperations—prinzip	• Verpflichtung zur Eigenüberwachung • Förderung der Akzeptanz der Umweltpolitik und des Umweltbewusstseins in verschiedenen gesellschaftlichen Gruppen • bessere Operationalisie-	• Alle Beteiligten (Schädiger und Geschädigte) sollen möglichst frühzeitig an der Lösung des Umweltproblems beteiligt werden, wobei der Staat keine Hoheitsrechte abgibt. • Anhörungen von Verbän-	• Lösungsfindung durch Experten (+) • Erhöhung der Akzeptanz und des Umweltbewusstseins bei der Bevölkerung (+) • fundierte Entscheidungsfindung (+)

Prinzip	Ziel	Vorgehensweise	Beurteilung
Kooperationsprinzip (fortgesetzt)	rung der Umweltpolitik • bessere Durchsetzung der Umweltziele • besserer Informationsstand der beteiligten Institutionen	den und Experten während der Gesetzvorhaben • Bestellung Umweltbeauftragter • Instrumente: alle sogenannten indirekt wirkenden Instrumente wie Umweltverträglichkeitsprüfungen, umweltpolitische Kooperationslösungen (Zielvorgaben, Selbstverpflichtungen, Branchen-, Verbandsabkommen), zwangfreie nicht-fiskalische Instrumente (Umweltbildung/Steigerung des Umweltbewusstseins durch Verbraucher-, Gefahreninformation), Umweltberichterstattung, Kennzeichnung, Förderprorgramme, Umweltverhandlungen • Bsp.: Runder Tisch, Öko-Audit	• i.d.R. flexibel und leichter reversibel (+) • Verhandlungskosten sehr hoch (-) • „fauler Kompromiss“ (-) • hoher Zeitbedarf (-) • Frage der Entscheidungskompetenz (-) • Frage der Repräsentativität (-) • Informationsstand sehr unterschiedlich (-) • Gefahr des Lobbyismus (Einfluss mächtiger Interessenverbände zu Lasten Dritter) (-) • Selbststeuerungsmechanismen kaum eingeschränkt (+) • gegebenenfalls wettbewerbsverzer-rende Förderprogramme (-) • Regelungstiefe gering fördert Akzeptanz (+) • ökologische Effizienz nicht zwingend hoch (-) • ökonomische Effizienz bei Förderprogrammen gering (-)
Schwerpunktprinzip	• optimale (ökologische und ökonomische) Umweltverbesserung bei begrenzten Mitteln • Umsetzung wirtschaftlichen Effizienzdenkens	• Entlastung von einer Auflage, verbunden mit einer zweiten Auflage, in einem anderen Bereich umweltpolitisch tätig zu werden. • Dabei soll gelten: Umweltentlastungseffekt von Maßnahme 1 wird erreicht (Bemerkung: Bei der zweiten Maßnahme wird nur ein Teil der (betrieblichen) Entlastungskosten investiert) • Bsp.: Joint Implementation, Clean Development Mechanism (geregelt im Projekt-Mechanismen-Gesetz ProMechG)	• wirtschaftlicher/technischer Vorteil des Schwerpunktprinzips (+) • internationaler Vergleich sinnvoll (Industrieländer im Vergleich zu Entwicklungsländer) (+) • Abwägung notwendig, welche Maßnahmen besser sind (z. B. Wasser + Luft) (-) • Problem der Quantifizierung, relevant insbesondere bei der Abwägung (-) • straffe staatliche Reglementierung notwendig (-)

Entwicklung der Umweltpolitik Die Umsetzung dieser Umweltprinzipien in der Bundesrepublik Deutschland begann 1971. In ihrem Umweltprogramm legte die Bundesregierung die Ziele „Sicherung der natürlichen Umwelt des Menschen, wie es seine Gesundheit und ein menschenwürdiges Dasein erfordern, Verhinderung von nachteiligen menschlichen Eingriffen sowie Beseitigung schädlicher Verhaltensweisen“ fest. Der SACHVERSTÄNDIGENRAT FÜR UMWELTFRAGEN (SRU) konkretisierte 1974 die instrumentellen Ziele langfristige Umweltplanung, Verursacherprinzip, umweltfreundliche Technik, Umweltbewusstsein und internationale Kooperationen. Schließlich wurde der Umweltschutz 1994 (42. Gesetz zur Änderung des Grundgesetzes vom 27. 10. 1994, BGBl I 3146) als Staatsziel im Grundgesetz aufgenommen. Art. 20 a GG [Natürliche Lebensgrundlagen] lautet: „Der Staat schützt auch in Verantwortung für die künftigen Generationen die natürlichen Lebensgrundlagen im Rahmen der verfassungsmäßigen Ordnung durch die Gesetzgebung und nach Maßgabe von Gesetz und Recht durch die vollziehende Gewalt und die Rechtsprechung.“ Dies bedeutet eine erhöhte Pflichtenlage für den Gesetzgeber, d.h. einen Handlungsauftrag für Legislative und Exekutive, den Umweltschutz zu berücksichtigen sowie eine Auslegungshilfe für die Verwaltung, z.B. bei der Konkretisierung unbestimmter Rechtsbegriffe. Allerdings ist der Umweltschutz damit nicht in den Status eines Grundrechts erhoben, d.h. eines subjektiv einklagbaren Rechts für den einzelnen Bürger. Somit kann aus dem Grundgesetz kein individual-rechtlich schützender Anspruch auf staatliche Schutzvorkehrungen abgeleitet werden.

Entwicklung der Umweltgesetzgebung Diese Entwicklung der Umweltpolitik spiegelt sich in der Umweltgesetzgebung wider, die in vier Phasen unterteilt werden kann:

- 1970 – 1980: **1. legislative Phase**, z.B. Benzinbleigesetz (1971), Abfallgesetz (1972), Gründung des Rates von Sachverständigen für Umweltfragen (1972), Bundesimmissionsschutzgesetz (1974), Einrichtung des Umweltbundesamtes (1974), Wasserhaushaltsgesetz (1976), Bundesnaturschutzgesetz (1976), Energieeinspargesetz (1976) und Düngemittelgesetz (1977)

- 1980 – 1990: **administrative Phase** in Form einer Umsetzung der bestehenden Gesetze und Verordnungen sowie untergesetzlicher Konkretisierung und des Erlassens wenig neuer Gesetze, z.B. Strahlenschutzvorsorgegesetz (1986)

- 1990 – heute: **2. legislative Phase** nach der deutschen Wiedervereinigung mit drei Schwerpunkten:

  a. *managementorientierte Ansätze:* z.B. Umweltrahmengesetz (1990), Gesetz über die Umweltverträglichkeitsprüfung (UVPG) (1990), Verpackungsverordnung (1992), Umweltauditgesetz (1994) zur Umsetzung der EG-Öko-Audit-Verordnung (EMAS), Kreislaufwirtschafts- und Abfallgesetz (1996), EG-Wasserrahmenrichtlinie (2000), Altfahrzeuggesetz (2002), Elektro- und Elektronikgerätegesetz (2005), Umweltschadensgesetz (2007)

  b. *fiskalische Ansätze:* Ökologische Steuerreform (1999), Erneuerbare-Energien Gesetz (EEG) (2000), Treibhausgas-Emissionshandelsgesetz (2004)

  c. *informationspolitische Ansätze:* z.B. Umweltinformationsgesetz (UIG) (2004), Umweltstatistikgesetz (UStatG) (2005)

Allerdings existiert keine klare Abgrenzung zwischen administrativer und 2. legislativer Phase.

- Überlappend seit 1992: **konsolidierende Phase**: Entwicklung eines einheitlichen Umweltgesetzbuches (UGB), das die vielen Einzelgesetze des deutschen Umweltrechts zusammenfasst: 1. Entwurf (1997), 2. Entwurf (2007).

Akteure der Umweltpolitik Die Umweltpolitik der Bundesrepublik Deutschland wird zwar von der Institution Bundesregierung als Initiatorin und treibender Kraft gestaltet, ihr Zustandekommen wird jedoch von einer Vielzahl staatlicher, gesellschaftlicher und internationaler Akteure beeinflusst. Umweltpolitik ist demzufolge das Ergebnis der Handlungsbeziehungen zwischen diesen Akteuren. Im Folgenden sollen deshalb ausgewählte Akteure auf internationaler, EU-, Bundes- und Landesebene vorgestellt werden (vgl. Abbildung 31).

Abbildung 31: Akteure der Umweltpolitik
(Quelle: GÜNTHER/KREBS 2000, S. 15)

SACHVERSTÄNDIGENRAT (www.umweltrat.de) Der RAT VON SACHVERSTÄNDIGEN FÜR UMWELTFRAGEN (Umweltrat) wurde 1971 durch einen Erlass des Bundesministers des Inneren eingerichtet. Er setzt sich aus Wissenschaftlern verschiedener Disziplinen zusammen und wirkt als Beratungsgremium der Bundesregierung. Seine Aufgabe besteht dabei darin, die Umweltsituation in den verschiedenen Bereichen und die Umweltpolitik der Bundesrepublik Deutschland und deren Entwicklungstendenzen darzustellen und zu begutachten. Hierzu gehört auch, auf mögliche Fehlentwicklungen und Wege zu deren Vermeidung oder Beseitigung hinzuweisen. Der Sachverständigenrat trifft sich monatlich und fasst seine Analysen im Turnus von zwei Jahren in einem Gutachten zusammen, einzelne Themen können auf Initiative des Rates selbst oder des Bundesministers für Umwelt, Naturschutz und Reaktorsicherheit aufgegriffen werden. Die Gutachten sollen die Entscheidungsfindung auf Seiten der Politik, aber auch der Öffentlichkeit erleichtern. Somit liegt der Schwerpunkt der Tätigkeit des Umweltrates auf der unabhängigen wissenschaftlichen Politikberatung, was auch dazu führen kann, dass in den Gutachten konträre Meinungen der Gutachter offen gelegt werden.

BUNDESUMWELTMINISTERIUM (www.bmu.de) Bis 1986 waren mit dem Innenministerium, dem Landwirtschafts- und dem Gesundheitsministerium drei verschiedene Ministerien innerhalb der Bundesregierung für die Belange des Umweltschutzes im engeren Sinne zuständig. Als Reaktion auf den Reaktorunfall von Tschernobyl wurde 1986 das Bundesministerium für Umwelt, Naturschutz und Reaktorsicherheit (BMU) gebildet, nachfolgend Bundesumweltministerium genannt. Seither ist es federführend für die Umweltpolitik des Bundes verantwortlich, wobei auch ein Großteil der anderen Ministerien im Rahmen ihrer Verantwortungsbereiche umweltpolitische Aufgaben wahrnimmt. Hierzu zählen z.B. das Bundeswirtschaftsministerium, das Bundesarbeitsministerium, das Bundesverkehrsministerium und das Bundeslandwirtschaftsministerium, aber auch das Bundesgesundheitsministerium und das Bundesministerium für wirtschaftliche Zusammenarbeit. Zum Geschäftsbereich des Bundesumweltministeriums gehören als nachgeordnete Behörden auch das Umweltbundesamt, das Bundesamt für Naturschutz sowie das Bundesamt für Strahlenschutz. Die Zuständigkeiten beziehen sich auf die Leitlinien und Strategien der Umweltpolitik, den Schutz der Erdatmosphäre, die Luftreinhaltung, den Schutz der Binnengewässer und Meere, den Grundwasserschutz, die Abwasserbehandlung, Bodenschutz und Altlastensanierung, die Vermeidung, Verwertung und Entsorgung von Abfällen, die Lärmbekämpfung, den Schutz der menschlichen Gesundheit vor Gefahrstoffen, die Vorsorge gegen Störfälle in Industrieanlagen, den Naturschutz, die Landschaftspflege und -planung, die Sicherheit kerntechnischer Einrichtungen, die Förderung von Umwelttechnologien, aber auch die Aufklärung der Bevölkerung in Umweltfragen und die internationale Zusammenarbeit.

UMWELTBUNDESAMT (www.umweltbundesamt.de) Das Umweltbundesamt wurde 1974 als wissenschaftliche Umweltbehörde im Geschäftsbereich zunächst des BUNDESINNENMINISTERIUMS und in der Folge des BUNDESUMWELTMINISTERIUMS gegründet. Das Umweltbundesamt erhebt den Anspruch, alle erforderlichen Fachrichtungen und Qualifikationen abzudecken sowie Analysen und Empfehlungen für die Politik unabhängig von Einzelinteressen zu erarbeiten. Die Bereiche, die das UMWELTBUNDESAMT abdeckt, entsprechen denen des Bundesministeriums, d.h. es bestehen Spiegelreferate, wenngleich die konkrete Aufbauorganisation nicht deckungsgleich ist. Schwerpunkte der Arbeit des Umweltbundesamtes sind die Beschreibung und Bewertung des Zustandes der Umwelt, z.B. in Form von Umweltindikatoren, die Entwicklung fachlicher Konzepte, die Beratung staatlicher, kommunaler und privater Einrichtungen, die Information der Öffentlichkeit sowie die Mitarbeit in internationalen Gremien und Konferenzen. Auch die Deutsche Emissionshandelsstelle ist im UMWELTBUNDESAMT als Abteilung angesiedelt. Zu betonen ist auch, dass das Umweltbundesamt nicht nur Forschungsaufträge vergibt, sondern selbst im Rahmen der eigenen Forschung Erkenntnisse gewinnt.

RAT FÜR NACHHALTIGE ENTWICKLUNG (www.nachhaltigkeitsrat.de) Im Jahr 2000 hat die Bundesregierung beschlossen, eine nationale Strategie für eine nachhaltige Entwicklung zu erarbeiten, wie dies 1992 auf dem Weltgipfel für Umwelt und Entwicklung in Rio de Janeiro beschlossen wurde. Die Bundesregierung hat hierzu auf Regierungsebene einen Staatssekretärsausschuss für Nachhaltige Entwicklung, ein sog. „GREEN CABINET" eingerichtet und parallel dazu 2001 den RAT FÜR NACHHALTIGE ENTWICKLUNG, kurz Nachhaltigkeitsrat, berufen. Dieser berät sie in ihrer Nachhaltigkeitspolitik, soll aber auch mit konkreten Vorschlägen zu Zielen und Indikatoren sowie Projekten zur Umsetzung dieser Strategie wirken. Darüber hinaus soll der gesellschaftliche Dialog zur Nachhaltigkeit gefördert werden, indem er beispielsweise auf die Folgen unseres Handelns heute für die Generationen von morgen hinweist. Die Nachhaltigkeitsstrategie wurde auf dem Weltgipfel in Johannesburg 2002 unter dem Titel „Perspektiven für Deutschland" vorgestellt. Sie wird regelmäßig auf ihre Wirksamkeit hin überprüft und im Hinblick auf neue Herausforderungen und veränderte Rahmenbedingungen weiterentwickelt, so zum Beispiel im Fortschrittsbericht 2008.

ECONSENSE (www.econsense.de) Auf Anregung des BUNDESVERBANDES DER DEUTSCHEN INDUSTRIE E. V. (BDI) wurde parallel zur Einrichtung des Nachhaltigkeitsrates auf politischer Ebene 2000 ECONSENSE als branchenübergreifendes Unternehmensnetzwerk gegründet. Mitglieder sind große Unternehmen und Organisationen der deutschen Wirtschaft, die das Leitbild der nachhaltigen Entwicklung in ihre Unternehmensstrategie integriert haben. Ziel der Netzwerkmitglieder ist, gesellschaftliche Verantwortung zu übernehmen und in einen Dialog mit Politik und Gesellschaft zu treten. ECONSENSE versteht sich als „Think Tank" und Dialogplattform der Wirtschaft, indem die Anforderungen an zukünftige Leistungen von Unternehmen, Politik, Verwaltung, Wissenschaft und Gesellschaft diskutiert werden, die Übernahme gesellschaftlicher Verantwortung (CSR) durch Unternehmen gefördert wird, best practice Beispiele gesammelt werden, die durch andere Unternehmen nachgeahmt werden können und gemeinsame Standpunkte der deutschen Wirtschaft erarbeitet werden, z.B. das Verständnis von Nachhaltigkeit (vgl. Kapitel 3.5.3).

BUNDESARBEITSKREIS UMWELTBEWUSSTES MANAGEMENT (B.A.U.M.) (www.baumev.de) Der „BUNDESDEUTSCHE ARBEITSKREIS FÜR UMWELTBEWUSSTES MANAGEMENT" (B.A.U.M.) e.V. soll stellvertretend für unternehmerische Initiativen im Bereich Umweltmanagement dargestellt werden: Gegründet von Hamburger Unternehmern im Jahr 1984, besteht der Arbeitskreis aus 450 Unternehmen aller Größen und Branchen, sowie Verbänden, Institutionen und Einzelpersonen. B.A.U.M. e.V. wirkt politisch neutral in zahlreichen Gremien von Verbänden, Wirtschaft, Medien und Politik beratend mit. Der integrative Ansatz von B.A.U.M. e.V. richtet den Schwerpunkt seiner Arbeit auf eine enge Vernetzung von Unternehmen, Kommunen und privaten Haushalten. Im Mittelpunkt stehen dabei die Sensibilisierung für ökologisches und nachhaltiges Wirtschaften (siehe weiterführend GEGE 2008), die Verbreitung vorsorgender und umweltorientierter Unternehmensführung, sowie die Einführung von Methoden und Maßnahmen umweltbewussten Managements. Mit der Unterschrift eines Ehrenkodex für umweltbewusste Unternehmensführung, der aus zehn Verhaltensleitlinien besteht, erklären die Mitglieder den Umweltschutz zu ihrem vorrangigen Unternehmensziel. Zur Erreichung der Ziele initiiert und fördert B.A.U.M. e.V. außerdem den internationalen Informations- und Erfahrungsaustausch und praxisnahe Projekte. In 26 Ländern existieren Schwesterorganisationen, deren Zusammenarbeit im 1990 gegründeten „INTERNATIONAL NETWORK FOR ENVIRONMENTAL MANAGEMENT" (INEM) koordiniert wird.

STIFTUNG FÜR DIE RECHTE ZUKÜNFTIGER GENERATIONEN (SRzG) (www.srzg.de) Die STIFTUNG FÜR DIE RECHTE ZUKÜNFTIGER GENERATIONEN (SRzG) wurde im September 1996 gegründet und versteht sich als Think-Tank und praxisnahes Forschungsinstitut an der Schnittstelle zwischen Wissenschaft, Politik und Wirtschaft. Neben einem wissenschaftlichen und einem unternehmerischen Beirat, dem Wissenschaftler bzw. Vertreter von Wirtschaftsunternehmen angehören, verfügt die SRzG über einen Förderverein, der durch Sicherung der finanziellen Basis ihre Unabhängigkeit wahren soll. Angegliedert an die SRzG ist das INSTITUT FÜR DEMOGRAFISCHE ZUKUNFTSFÄHIGKEIT (idz), das Forschung zu demografischen Fragen betreibt. Ziel der SRzG ist eine Vertiefung und Verbreitung des Wissens um Generationengerechtigkeit und Nachhaltigkeit. Dabei will sie Veränderung der Gesellschaft nicht nur beschreiben, sondern aktiv auf eben diese hinwirken. In diesem Sinne bestehen die Arbeitschwerpunkte in wissenschaftlichen und handlungsorientierten Analysen. Den Begriff der Generationengerechtigkeit kontextuell aufgliedernd hat die SRzG zehn Schlüsselgebiete bestimmt: Grundlagen der Generationengerechtigkeit und Nachhaltigkeit, Generationengerechtigkeit in Verfassungen, Ökologie, Staatsverschuldung, Rentenversicherung, Arbeitsmarkt, Bildung, Kinderrechte, unternehmerische Generationengerechtigkeit und Bevölkerungsentwicklung.

DEUTSCHE BUNDESSTIFTUNG UMWELT (DBU) (www.dbu.de) Die DBU wurde 1990 aus Mitteln des Verkaufs der bundeseigenen SALZGITTER AG gegründet und ist eine der größten Stiftungen in Europa. Sie fördert Projekte aus den Bereichen Umwelttechnik, Umweltforschung und Naturschutz sowie Umweltkommunikation und Naturgüterschutz. Die Stiftung hat den gesetzlichen Auftrag, Vorhaben zum Schutz der Umwelt zu fördern. Sie soll dabei außerhalb staatlicher Programme arbeiten, kann diese allerdings ergänzen. Der Schwerpunkt der Förderung liegt auf kleinen und mittelständischen Unternehmen, um das Potential dieser Unternehmen zu nutzen und diesen finanzielle Unterstützung zu gewährleisten. Die 14 Mitglieder des Kuratoriums, des Vorstands der Stiftung, werden von der Bundesregierung berufen. Förderungsfähige Projekte müssen den Kriterien Innovation, Modellcharakter und Umweltentlastung genügen. So sollen die Projekte auch in anderen Betrieben und Bereichen, zum Beispiel innerhalb der Branche, umsetzbar sein und zur Erschließung neuer Umweltentlastungspotentiale beitragen. Der Schwerpunkt der Förderung liegt auf dem produkt- und produktionsintegrierten Umweltschutz, um gegenwärtigen und zukünftigen Umweltproblemen aktiv entgegenzutreten, statt für schon entstandene Umweltverschmutzungen nur den Schaden zu begrenzen. Um Innovationen auch zu kommunizieren hat die DBU das ZENTRUM FÜR UMWELTKOMMUNIKATION (ZUK) gegründet, das durch zielgruppenspezifische Kommunikation, fachbezogene Öffentlichkeitsarbeit und die Bereitstellung von Tagungsräumen Unternehmen unterstützt. Weiterhin vergibt die BUNDESSTIFTUNG UMWELT jährlich den Deutschen Umweltpreis an Personen, Firmen oder Organisationen, deren Einsatz und Leistung in besonderem Maße zum Schutz und Erhalt der Umwelt beitragen oder in Zukunft zur Umweltentlastung führen werden. Wichtig ist hierbei der Vorbildcharakter. Der Preis kann dabei für Projekte, Maßnahmen oder die „Lebensleistung" vergeben werden.

DEUTSCHE EMISSIONSHANDELSSTELLE (www.dehst.de) Die DEUTSCHE EMISSIONSHANDELSSTELLE (DEHSt) im UMWELTBUNDESAMT sei als Beispiel für einen Akteur mit konkreten Aufgaben vorgestellt. Sie wurde 2004 als zuständiges Organ im Sinne des Treibhausgas-Emissionshandelsgesetzes (TEHG) bestimmt. Ihre Aufgaben sind die nationale Umsetzung der marktwirtschaftlichen Klimaschutzinstrumente des Kyoto-Protokolls sowie von Post-Kyoto, nämlich des Emissionshandels und der projektbasierten Mechanismen Joint Implementation (JI) und Clean Development Mechanism (CDM). Im Rahmen des Emissionshandels werden die Anlagenbetreiber bei der Umsetzung der gesetzlichen Pflichten, aber auch bei der Wahrnehmung ihrer Rechte unterstützt. Hierzu zählen die Zuteilung und Ausgabe der Emissionsberechtigungen, die Prüfung der Emissionsberichte sowie das Kontomanagement für alle nationalen Anlagen- und Handelskonten. Gegebenfalls hat die DEHSt auch das Recht, Strafen zu verhängen. Auf internationaler Ebene kommt der DEHSt die Aufgabe der Berichterstattung und der Einbeziehung von Emissionsberechtigungen, die aufgrund von CDM- und JI-Klimaschutzprojekten ausgegeben wurden, zu.

Europäische Umweltpolitik Wie bereits bei der Darstellung der Entwicklung der Umweltpolitik deutlich wurde, sind deutsche und europäische Umweltpolitik eng miteinander verknüpft. Die vertraglichen Grundlagen für eine gemeinsame Umweltpolitik der EU-Mitgliedsstaaten wurden 1987 mit der Reform der Römischen Verträge, der Einheitlichen Europäischen Akte, geschaffen. Die Gemeinschaft erhielt dort in Art. 130 r bis 130 t ausdrücklich eine Kompetenz in der Umweltpolitik. Zu ihren Aufgaben gehören die Erhaltung und der Schutz der Umwelt sowie die Verbesserung ihrer Qualität, der Schutz der menschlichen Gesundheit und die umsichtige und rationelle Verwendung der natürlichen Ressourcen. Im Amsterdamer Vertrag von 1999 wurde die Förderung einer nachhaltigen Entwicklung explizit als Ziel der EU festgelegt. 2001 hat der Europäische Rat als Ausgangspunkt für die ökologische, ökonomische und soziale Entwicklung der Europäischen Union eine **EU-Nachhaltigkeitsstrategie** (vgl. EUROPÄISCHE KOMMISSION 2001) beschlossen. Diese soll auch die Integration des Umweltschutzes in die anderen Politikbereiche stärken. Die Entwicklung der Europäischen Umweltpolitik spiegelt sich in der Entwicklung der **Umweltaktionsprogramme**, die die mittel- und langfristigen Rahmenbedingungen für einzelne politische Bereiche festlegen. Sie werden von der EUROPÄISCHEN KOMMISSION ausgearbeitet, vom EUROPÄISCHEN PARLAMENT beraten und vom EUROPÄISCHEN RAT nach Art. 189 b EG-Vertrag (Mitentscheidungsverfahren), beschlossen. Ausgeführt und umgesetzt werden sie durch Rechtsvorschriften, wie z.B. Verordnungen, die direkt in den Mitgliedsländern gelten und Richtlinien, die in nationales Recht umzusetzen sind. Nachfolgend werden die Umweltaktionsprogramme gegliedert nach dem Jahr ihrer Gültigkeit, ihrem Titel, den vorgeschlagenen Instrumenten sowie den Aktionsbereichen tabellarisch dargestellt (vgl. Tabelle 14).

Tabelle 14: Umweltaktionsprogramme der EU

(Quelle: RAT DER EUROPÄISCHEN GEMEINSCHAFTEN 1973; 1977; 1983; 1987; 1993)

Merkmale / Umweltaktionsprogramm	Jahr	Titel	Instrumente	Aktionsbereiche
1.	1973 - 1975	keiner	• Betonung der Notwendigkeit einer umfassenden Bewertung des Einflusses anderer Politikbereiche auf die Umwelt • schrittweise Formulierung umweltpolitischer Qualitätsziele: Forschungsaktivitäten	• Eindämmung und Verhütung von Umweltbelastungen (Vorsorge- und Verursacherprinzip) • internationale Zusammenarbeit • Schutz der natürlichen Umwelt • Probleme im Zusammenhang mit der Verknappung bestimmter

Merkmale / Umweltaktionsprogramm	Jahr	Titel	Instrumente	Aktionsbereiche
1. (fortgesetzt)			zur Evaluierung von tatsächlichen Beeinträchtigungen, ihren Gründen und Kriterien für Umweltziele • erste Produktstandards und Umweltqualitätsgrenzwerte • Ansatz des Schutzes einzelner Umweltmedien (Priorität auf Gewässerschutz und Abfall) • Konzepte für sektorspezifischen Ansatz (Landwirtschaft, Raumplanung) • vorbereitende Maßnahmen zur Emissionskontrolle von Luftschadstoffen • Europäische Stiftung für die Verbesserung der Lebens- und Arbeitsbedingungen	natürlicher Hilfsquellen • Stadtentwicklung und Raumordnung • Verbesserung der Arbeitsumwelt
2.	1977 - 1981	keiner	• Qualitätsziele und Grenzwerte im Rahmen von Richtlinien für Gewässerschutz und Luftqualität • Abfallrahmenrichtlinie • Vogelschutzrichtlinie • Analyse der makro- und mikroökonomischen Auswirkungen der Umweltpolitik • Untersuchungen über die Wirksamkeit wirtschaftlicher Instrumente (Kostenzurechnung im Rahmen des Verursacherprinzips, Interventionen der öffentlichen Hand, Abgabenregelungen)	• Kontinuität zu 1. Umweltaktionsprogramm • Beurteilung der Auswirkungen auf die Umwelt • wirtschaftliche Aspekte • Verbreitung der Kenntnisse auf dem Gebiet des Umweltschutzes • Forschungsaktionen auf dem Gebiet des Umweltschutzes • Aufklärung und Ausbildung in Umweltfragen • Verbesserung der Arbeitsumwelt • Aktionen zur Einhaltung der Umweltschutzbestimmungen
3.	1982 - 1986	keiner	• Einbindung des Umweltschutzes in andere Politikbereiche • Qualitätsnormen für Luft und Wasser und flankierende Maßnahmen wie Anwendung von Emissionskatastern	• Fortschreibung der bisherigen Ziele • europäische Harmonisierung der Umweltpolitik • Schonung der natürlichen Ressourcen

Merkmale / Umwelt-aktions-programm	Jahr	Titel	Instrumente	Aktionsbereiche
3. (fortgesetzt)			• Harmonisierung von Emissionsstandards und Produktvorschriften • Abfallvermeidung • Ressourceneffizienz: Finanzierungsinstrumente für die Entwicklung ressourcensparender Technologien • integrierte Umwelttechnologien • Einführung der Umweltverträglichkeitsprüfung	• Betonung wirtschaftlicher Vorteile der Umweltpolitik • Strategie der Nachhaltigen Entwicklung • Integration des Umweltschutzes in gesamten Produktionsprozess
4.	1987 - 1992	keiner	• Analyse einzelner Industriesektoren (Sektorenansatz) • Erarbeitung medien- und sektorenübergreifender Instrumente • Untersuchung der potentiellen Wirkung von anreizorientierten Instrumenten (Steuern, Subventionen, Zertifikate) • Überwachungsmaßnahmen für Risikoindustrien	• wie in 3. Umweltaktionsprogramm, Betonung der wirtschaftlichen Dimension der Umweltpolitik • Tier- und Planzenschutz • Integration des Umweltschutzes in gesamten Produktionsprozess • Analyse von Strategien des beiderseitigen Vorteils für Umwelt und Wirtschaft • Einbindung des Umweltschutzes in die Entwicklungspolitik • Information und Erziehung
5.	1992 - 2000	Für eine dauerhafte und umweltgerechte Entwicklung („Towards Sustainability“)	• gesetzgeberische Instrumente, z.B. Festlegung von Mindestnormen für den Umweltschutz • ökonomische Instrumente, z.B: steuerliche Maßnahmen, Haftung im Umweltbereich • horizontale, begleitende Instrumente, z.B. Umweltstatistiken, Forschungsförderung, Raumplanung • finanzielle Hilfen, z.B. LIFE-Programm, Strukturfonds	• dauerhafte und umweltgerechte Bewirtschaftung der natürlichen Ressourcen: Boden, Wasser, Naturlandschaften und Küstengebiete • integrierter Umweltschutz und Maßnahmen zur Abfallvermeidung • Verringerung des Verbrauchs nichterneuerbarer Energien • verbessertes Mobilitätsmanagement mit effizienteren und umweltgerechteren Verkehrsträgern • einheitliche Maßnahmenpakete zur Verbesserung der Umwelt-

Merkmale / Umwelt-aktions-programm	Jahr	Titel	Instrumente	Aktionsbereiche
5. (fortgesetzt)				qualität in städtischen Gebieten • Verbesserung von Gesundheit und Sicherheit unter besonderer Berücksichtigung von industrieller Risikoabschätzung bzw. industriellem Risikomanagement, nuklearer Sicherheit und Strahlenschutz
6.	2001 - 2010	Umwelt 2010: Unsere Zukunft liegt in unserer Hand („Environment 2010: Our Future, Our Choice)	• Verbesserung der Umsetzung bestehender Rechtsvorschriften • Einbeziehung der Umweltschutzziele in andere Politikbereiche • Zusammenarbeit mit dem Markt, Einbeziehung der Bürger und Bewirkung einer Verhaltensänderung • Berücksichtigung von Umweltbelangen in Flächennutzungsplanung und Raumordnung	• Klimawandel • biologische Vielfalt • Umwelt und Gesundheit • nachhaltigere Bewirtschaftung von natürlichen Ressourcen und Abfällen

Umweltpolitische Instrumente Konkretisiert werden die deutsche und die europäische Umweltpolitik in umweltpolitischen Instrumenten. Ein Großteil der umweltsichernden Vorschriften ist dem Ordnungsrecht zuzurechnen und weist auf die Wurzeln des Umweltrechts im allgemeinen Polizei- und Sicherheitsrecht hin. Die polizei- und gewerberechtliche Tradition der bundesdeutschen Ordnungspolitik hat schon früh zu einer starken Durchdringung aller Umweltbereiche durch Gesetze und Rechtsvorschriften geführt. Hier steht die unmittelbare Abwehr von Umweltgefahren oder die Verhinderung bzw. Abwehr von Umweltschädigungen im Vordergrund. Den zweiten Schwerpunkt bilden fiskalische umweltpolitische Instrumente, die den Staatshaushalt in Form von Einnahmen oder Ausgaben betreffen. Hierbei steht idealerweise die Anreizwirkung der Zahlungsströme auf die unternehmerischen Entscheidungen im Vordergrund. Daneben haben Einnahmen des Staates auch eine Finanzierungswirkung für den Staatshaushalt. Nachfolgende Abbildung 32 gibt einen Überblick über die wesentlichen umweltpolitischen Instrumente.

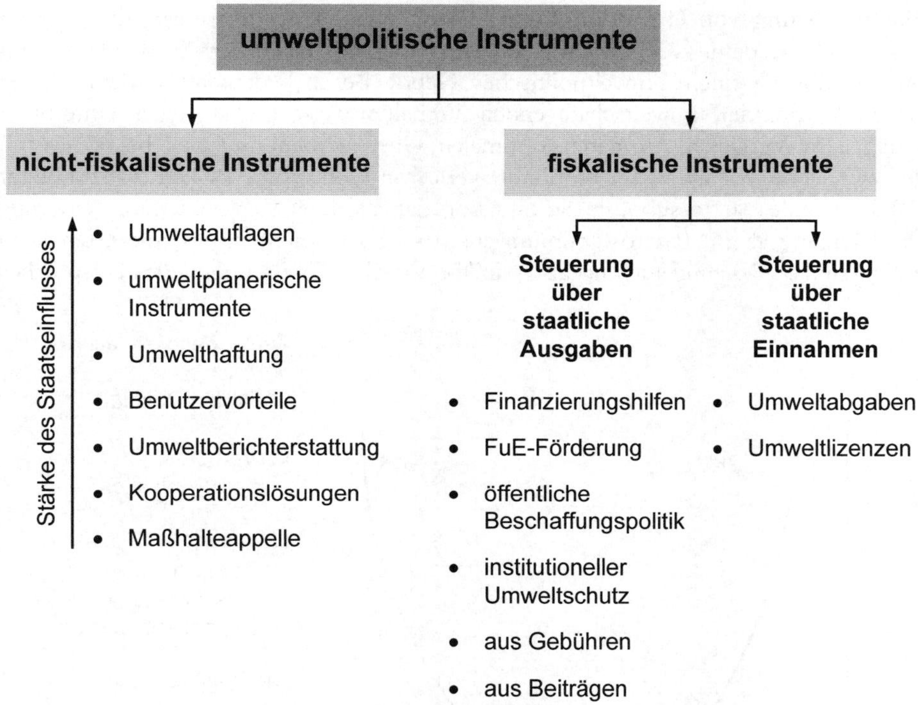

Abbildung 32: Umweltpolitische Instrumente
(In Anlehnung an WICKE 1993, S. 194; GÜNTHER 1994, S. 39)

Umweltauflagen Auflagen sind direkte umweltbezogene Verhaltensvorschriften zur Durchsetzung der politischen Ziele in Form von Ge- oder Verboten. Da sie ihren Ursprung im Polizeirecht haben, wirken sie als Zwang auf die Unternehmen, wobei ihnen ein Sanktionspotential innewohnt. Wenn sie unmittelbar auf die Verminderung von Umweltgefahren und -schädigungen zielen, steht das Vorsorgeprinzip im Vordergrund. Sind die Adressaten explizit Umweltnutzer, so setzen sie das Verursacherprinzip um. Auflagen können als generelles, absolutes Verbot, (z.B. Herstellung von DDT), präventives Verbot (Vorliegen einer Genehmigung erforderlich), repressives Verbot (Befreiung von einem Verbot möglich) oder Verfügungen der Verwaltung (Widerruf der Erlaubnis für eine genehmigte Anlage oder Einzelfallanordnungen) gestaltet sein. Umweltauflagen können sich auf den Input (Quantität und Qualität der eingesetzten Roh-, Hilfs- und Betriebsstoffe), Prozesse (Bauartnormen, Betriebsnormen, geforderter Technologiestandard), Produkte (Anforderungen an Investitions- und Konsumgüter), Kondukte (Recyclingquoten, Grenzwerte, Emissionsauflagen, Abfalltrennung) oder die Produktion an sich (Mengenlimitierung, Ansiedlungsverbote, Stillegungen) beziehen. Sie orientieren sich am von KAPP entwickelten **Normenprinzip**, indem sie auf die Erreichung eines bestimmten Umweltstandards zielen (siehe KAPP/VILMAR 1972). Hierfür legt der Staat existentielle Minima fest, die nicht unter- bzw. überschritten werden dürfen (physikalische oder ökonomische Einheiten). Existentielle Minima bilden somit den Umweltzustand ab, dessen Über- bzw. Unterschreitung als Lebensbedrohung angesehen bzw. empfunden wird. Dem Staat kommt die Aufgabe zu, die umweltoptimale Situation zu bestimmen. Während bei Geboten Umweltbelastungen noch auftreten können, sollen durch Verbote Umweltbelastungen vollständig unterbunden werden.

Graphische Lösung von Umweltauflagen. Eine Auflage ist so zu setzen, dass nur noch die Menge x_2 (und die damit verbundene Umweltschädigung) produziert wird. Damit entspricht diese Auflagenlösung einem umweltpolitischen Gebot. Bei x_1 bedeutet eine dementsprechende Auflage ein Verbot der umweltschädigenden Verhaltensweise (vollständiges Unterbinden der Schädigung). Im Vergleich zur pareto-optimalen Gleichgewichtssituation bei x^* tritt bei der Auflage bzw. bei der Menge x_2 ein Wohlfahrtsverlust in Höhe von ABC auf (vgl. Abbildung 33). Damit stellt x_2 eine pareto-suboptimale Situation dar, zeichnet sich aber durch eine niedrigere Umweltschädigung als im Pareto-Optimum aus. Es ist zu beachten, dass die Grenzkosten der Vermeidung und Schädigung auch negativ sein können, d. h. einem Grenzerlös entsprechen.

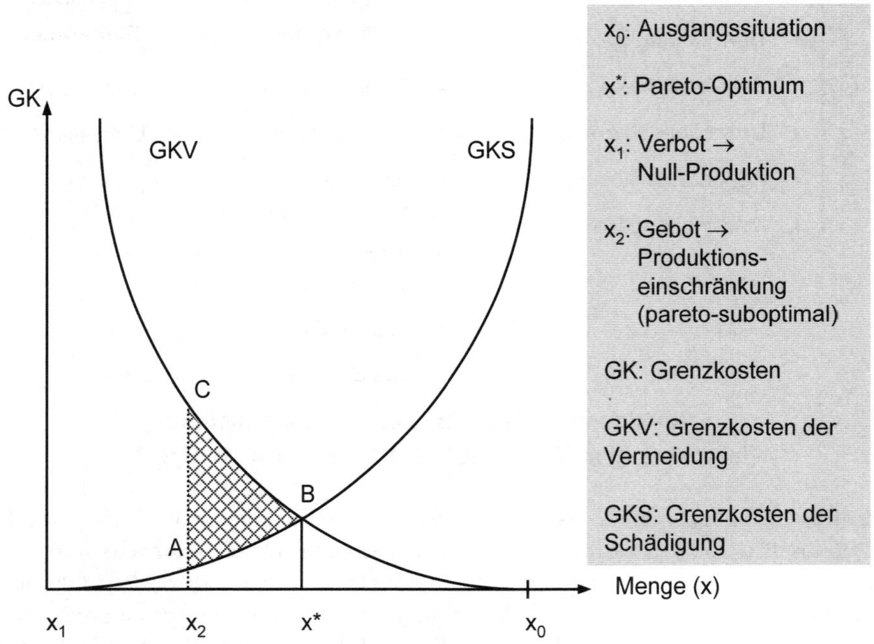

Abbildung 33: Graphische Lösung von Umweltauflagen

Umweltplanerische Instrumente Durch eine gezielte, ökologieorientiert ausgerichtete Planung können Umweltbelastungen vermieden und das Vorsorgeprinzip umgesetzt werden. Im Rahmen der Umweltplanung sollen komplexe Ursachen- und Problemzusammenhänge erfasst und Umweltbelange mit kollidierenden Zielen und Interessen koordiniert werden. Aufgabengebiete sind dabei der Naturschutz, die Landschaftspflege, der Schutz und die Steuerung des landschaftsbezogenen Erholungswesens, die Grünordnung, die Steuerung von Öko-Systemen sowie die Gestaltung bebauter Gebiete. So kann sie am ehesten den Systemcharakter der Umwelt berücksichtigen. Als Arten werden raumbezogene Gesamtplanungen, wie z.B. die Bauleitplanung und Fachplanungen, wie z.B. der Luftreinehalteplan unterschieden.

Umwelthaftung Im Rahmen der Umwelthaftung, die im Umwelthaftungsgesetz geregelt ist, sind die Betreiber einer Anlage verpflichtet, den Schaden, der durch eine von der Anlage ausgehende Umweltauswirkung entstanden ist, zu ersetzen. Sie beruht auf dem Verursacherprinzip und dehnt die Gefährdungshaftung auf die Umweltmedien Boden, Wasser und Luft aus. Das beschuldigte

Unternehmen muss im Rahmen eines Kausalitätsnachweises zweifelsfrei nachweisen, dass es die Anlage bestimmungsgemäß betrieben hat (**Ursachenvermutung**). So werden Unternehmen zur Risikovermeidung, aber auch zur Überwachung und Dokumentation der Produktionsprozesse motiviert. Im Rahmen des Abschlusses einer Haftpflichtversicherung werden die Versicherer prüfen, ob das Unternehmen ausreichend Vorsorge getroffen hat, so dass über eine entsprechende Prämienstaffelung sowohl für die Versicherer als auch für die Versicherten ein Anreiz entsteht. In Deutschland ist die Umwelthaftung im seit 1990 geltenden Umwelthaftungsgesetz geregelt. Weitere Regelungen enthält das Umweltschadensgesetz (USchadG). Das **Umweltschadensgesetz** setzt die EU-Richtlinie 2004/35/EG von 2004 über die Umwelthaftung zur Vermeidung und Sanierung von Umweltschäden um und ergänzt somit die bereits bestehenden Vorschriften des Umwelthaftungsgesetzes sowie weiterer Fachgesetze, wie z.B. des Bodenschutzgesetzes. Wer die Umwelt (Wasser, Boden, Arten, natürlicher Lebensraum) im Rahmen einer beruflichen Tätigkeit schädigt, muss nach diesem Gesetz für den verursachten Schaden aufkommen. Das heißt, wenn eine natürliche Ressource (Arten und natürliche Lebensräume, Gewässer und Boden) direkt oder indirekt verändert wird und ein ursächlicher Zusammenhang zwischen dem Schaden und der Tätigkeit des Verantwortlichen festgestellt werden kann, muss dieser den Schaden begrenzen oder die erforderlichen Sanierungsmaßnahmen einleiten (vgl. USchadG). Somit verwirklicht dieses 2007 erlassene Gesetz die Ziele des Verursacherprinzips. Durch das Gesetz besteht ferner eine Informations-, Gefahrenabwehr- sowie Sanierungspflicht.

Benutzervorteile Werden den Nutzern umweltfreundlicher Produkte oder Verfahren Vorteile eingeräumt, spricht man von Benutzervorteilen. Die Wirtschaftsobjekte können dabei selbständig entscheiden, ob sie diese Vorteile durch die Nutzung der begünstigten Produkte und Verfahren wahrnehmen wollen. Die Vorteile können materieller, ideeller oder sonstiger konsumnutzensteigernder Natur sein. Benutzervorteile i.e.S. räumen den Nutzern umweltfreundlicher Verfahren und Produkte den Vorteil ein, zeitlich oder intensitätsmäßig stärker bzw. ohne (Bequemlichkeits-) Nachteile Produkte oder Verfahren zu nutzen (z.B. Nutzung von lärmarmen Baumaschinen). Benutzervorteile i.w.S. gewähren ideell-umwelt(bewusstseins)bezogene Vorteile bzw. Vorteile bei den Betriebskosten oder beim Kauf dieser Produkte und Verfahren durch öffentliche Beschaffungsstellen (z.B. Umweltzeichen Blauer Engel).

Umweltberichterstattung Neben Gesetzen, die für die Unternehmen Pflichten und Anreize zu konkreten Umweltschutzmaßnahmen beinhalten, fordern andere Gesetze von den Unternehmen, Informationen über ihr Umweltengagement bereitzustellen: Das 1974 eingeführte Umweltstatistikgesetz verpflichtet Unternehmen unter anderem, Informationen über die Abfallentsorgung, Wasserversorgung und Abwasserbeseitigung, klimawirksame Stoffe und Aufwendungen für den Umweltschutz, gegliedert in die Bereiche Abfallwirtschaft, Gewässerschutz, Lärmbekämpfung, Luftreinhaltung, Klimaschutz, Naturschutz und Landschaftspflege und Bodensanierung zu melden. Das 2005 eingeführte Umweltinformationsgesetz setzt die Umweltinformationsrichtlinie der EU von 2003 um und zielt auf eine verbesserte Information der Öffentlichkeit ab. Die öffentliche Verwaltung und private Einrichtungen, sofern sie öffentliche Aufgaben wahrnehmen, werden verpflichtet, Umweltinformationen nach Antragstellung durch Auskunftserteilung oder Akteneinsicht zur Verfügung zu stellen. Zu Umweltinformationen zählen Daten über den Zustand der Umweltmedien, Input und unerwünschten Output (Kondukte), Maßnahmen, die Umsetzung des Umweltrechts, Kosten-Nutzen-Analysen sowie die menschliche Gesundheit. Darüber hinaus wirken freiwillige Instrumente wie die EG-Öko-Audit-Verordnung, im Rahmen derer Unternehmen eine Umwelterklärung erstellen oder überstaatliche Organisationen, wie die GLOBAL REPORTING INITIATIVE, auf eine erweiterte Umweltberichterstattung (vgl. Kapitel 10).

Kooperationslösungen Kooperationslösungen setzen umweltpolitische Ziele mit wechselseitigen Verträgen bzw. Abkommen, rechtlich verbindlichen Absprachen bzw. durch die Gründung von ökologiebezogenen Zweckverbänden um. **Branchenabkommen** können rechtlich unverbindlich oder verbindlich sein. Letztere können als Selbstverpflichtungsabkommen (Durchführunen von umweltfreundlichen Aktivitäten) oder Selbstbindungsabkommen (Unterlassen von umweltschädigenden Aktivitäten) ausgestaltet sein. **Verbandslösungen** werden in Form von branchenübergreifenden Absprachen und Zweckverbänden umgesetzt. Kooperationslösungen sind freiwillige Instrumente und dann anzustreben, wenn staatlichen Maßnahmen vorgegriffen werden soll. Die Unternehmen können so die Entwicklung mitgestalten und kostengünstigere Lösungen erzielen, aber auch Nachfragerückgänge vermeiden. Aufgrund ihrer Freiwilligkeit sind sie kurzfristig einsetzbar. Allerdings besteht die Gefahr wettbewerbshemmender Absprachen sowie der Verzögerung geplanter Gesetzesvorhaben bei öffentlich bekannt gegebenen, aber nicht eingehaltenen Abkommen.

Maßhalteappelle Als schwächste Form staatlichen Eingriffs kann „Moral Suasion" eingesetzt werden. Hierunter werden Maßnahmen einer entsprechenden Informationspolitik sowie Appelle an die potentiellen Umweltverschmutzer gefasst, durch die Unternehmen zu Verhaltensänderungen angeregt werden sollen. Konsumenten und Produzenten sollen von freiwilligen Verhaltensänderungen überzeugt werden, um staatliche Eingriffe unnötig zu machen. Die Informationen können in negativer Form Gefahren für die Allgemeinheit oder Individuen darstellen oder positive Effekte ökologieorientierten Verhaltens darstellen.

Finanzierungshilfen Finanzierungshilfen schaffen finanzielle Anreize zur Durchsetzung umweltverträglicherer Produkte und Produktionsprozesse. Sie können untergliedert werden in **Zuschüsse**, **Zuwendungen** sowie **Darlehen** bzw. **verbilligte Kredite**, die an den verschiedenen Wertschöpfungsstufen ansetzen können. Neben direkte Finanzierungshilfen können umweltpolitisch motivierte Steuervergünstigungen treten. Allerdings setzen Finanzierungshilfen die Idee des Verursacherprinzips nicht um, da die Ökologieorientierung zu Lasten des Staates und damit der Öffentlichkeit gefördert wird. Da die Inanspruchnahme freiwillig ist, können sogar Mitnahmeeffekte gefördert werden, wenn Maßnahmen ohnehin durchgeführt worden wären.

FuE-Förderung Die Förderung von Forschungsvorhaben zielt einerseits auf eine Beschleunigung des umwelttechnischen Fortschritts und andererseits auf die Realisierung des Vorsorgeprinzips durch Vermeidung von Belastungen bereits auf der ersten Stufe der Wertschöpfung. Sie beinhaltet Fördermaßnahmen für Unternehmen im Bereich der angewandten Forschung sowie für Hochschulen und außeruniversitäre Forschungseinrichtungen im Bereich der Grundlagenforschung. Im Bereich der Nachhaltigkeit kann die Forschung für Nachhaltigkeit (FONA)-Initiative des Ministeriums für Bildung und Forschung genannt werden (vgl. Kapitel 3.5.2).

Öffentliche Beschaffungspolitik Ziel der staatlichen Beschaffungspolitik ist, durch den zielgerichteten Einsatz des staatlichen Nachfragepotentials nach Produkten, Verfahren und Dienstleistungen die Ökologieorientierung der Unternehmen zu fördern. Das öffentliche Beschaffungsvolumen in Deutschland wird mit jährlich mindestens 150 Mrd. € und 6-7 % des Bruttoinlandsproduktes angegeben (eigene Berechnungen aus STATISTISCHES BUNDESAMT (Hrsg.) 2007b; STATISTISCHES BUNDESAMT (Hrsg.) 2006). Daraus resultiert eine Marktmacht der öffentlichen Nachfrage, die als Innovationstreiber für umweltbewusste Entscheidungen bei der Beschaffung von Produkten und Dienstleistungen durch öffentliche Auftraggeber wirken kann. Der Staat als Nachfrager hat dadurch entscheidenden Anteil am Aufbau eines Marktes für umweltverträglichere Produkte, an der Attraktivität von Umweltmanagementsystemen und an der ökologieorientierten Prozessgestaltung (vgl. Kapitel 6.1.1). Zudem kann er so eine Vorbildfunktion ausüben. Gefördert wird die umweltfreundliche öffentliche Beschaffung durch die EU-Politik, aber auch Aktivitäten des Bundes (z.B. www.beschaffung-info.de) und der Länder.

Institutioneller Umweltschutz Durch die Finanzierung des institutionellen Umweltschutzes werden die Aktivitäten der oben vorgestellten Akteure der Umweltpolitik (SACHVERSTÄNDIGENRAT FÜR UMWELTFRAGEN, BUNDESUMWELTMINISTERIUM, DEUTSCHE BUNDESSTIFTUNG UMWELT etc.) initiiert und gefördert. Diese Akteure wirken indirekt auf alle Prinzipien der Umweltpolitik.

Staatliche Ausgaben aus Gebühreneinnahmen Gebühren als Spezialform der Abgaben stellen Preise für direkte Gegenleistungen im öffentlichen Bereich dar. Dies bedeutet, dass Leistungen durch die öffentliche Hand erbracht werden (staatliche Ausgaben) und deren Finanzierung über Gebühren erfolgt. So soll eine gerechte Verteilung der entstehenden Kosten erreicht werden. Die Bestimmung der Höhe (Kalkulation) ist im wesentlich durch das Grundgesetz (Art. 109) sowie Kommunalabgabengesetze (z.B. SächsKAG), aber auch weitere Vorschriften, wie z.B. das Kreislaufwirtschafts-/Abfallgesetz geregelt. Für die Gebührenkalkulation gelten dabei folgende Prinzipien:

a) Das Kostendeckungsprinzip besagt in seinem Kostendeckungsgrundsatz, dass das Gesamtgebührenaufkommen die Gesamtkosten decken soll (Existenzvorsorge öffentlicher Unternehmen) und in seinem Kostenüberschreitungsverbot, dass die Gebühren höchstens so bemessen werden dürfen, dass die Gesamtkosten der Einrichtung gedeckt werden. Ziel ist in beiden Fällen, bei der Gebührenfestlegung der Willkür vorzubeugen.

b) Das Äquivalenzprinzip fordert ein angemessenes Verhältnis zwischen Gebühr und Leistung („Tauschgerechtigkeit“). Dies bedeutet, dass die Gebühren nach dem Ausmaß der Benutzung (Leistung) oder den durch die Benutzung durchschnittlich verursachten Kosten bemessen werden können.

c) Das Prinzip der speziellen Entgeltlichkeit erklärt, warum Gebühren in diesem Lehrbuch bei den staatlichen Ausgaben aufgenommen werden: Gebühren dürfen nur für eine „spezielle“, individuell zurechenbare Leistung der öffentlichen Einrichtung erhoben werden.

d) Der Gleichheitssatz besagt, dass die Kosten entsprechend der Inanspruchnahme von Leistungen auf die Gebührenpflichtigen zu verteilen sind.

e) Das Lenkungsprinzip schließlich bedeutet, dass ein pretiales Signal das Verhalten nach staatlichen Vorstellungen, in diesem Fall hin zu einem umweltschonenden Verhalten, beeinflussen soll. Als Gebührenmaßstäbe kommen der Wirklichkeitsmaßstab (in Abhängigkeit von tatsächlich gemessenen Größen, wie Bereitstellung, Gewicht oder Volumen, z.B. Wasseruhr bei Trinkwasser) oder der Wahrscheinlichkeitsmaßstab (in Abhängigkeit von wahrscheinlichen Größen, z.B. Personenanzahl im Haushalt als Maßstab des Abfallanfalls, wenn eine Messung nicht möglich oder der Aufwand zu groß ist) in Frage. Für die Festlegung einer Grundgebühr wird der Wahrscheinlichkeitsmaßstab empfohlen, für die leistungsabhängige Gebühr der Wirklichkeitsmaßstab.

Staatliche Ausgaben aus Beitragseinnahmen Im Gegensatz zu den Gebühren werden Beiträge für die volle oder teilweise Deckung des Aufwandes für die Bereitstellung einer Leistung unabhängig von ihrer tatsächlichen Inanspruchnahme erhoben. Die Beitragshöhe ergibt sich nach dem gewährten Vorteil und die Beitragssumme darf analog zur Gebührenbemessung den finanziellen Aufwand nicht überschreiten. So müssen Grundstückseigentümer beispielsweise einen Erschließungsbeitrag für die Errichtung eines Anschlusses an die Versorgungs- und Entsorgungsnetze der Kommune, z.B. für die Abwasserbeseitigung leisten. Dieser bemisst sich üblicherweise als Wahrscheinlichkeitsmaßstab nach der Grundstücksgröße. Die Tabelle 15 stellt den Unterschied zwischen Gebühren und Beiträgen dar. Zum umfassenden Verständnis werden ebenfalls Sonderabgaben und Steuern in den Vergleich aufgenommen. Steuern sind für die Umweltpolititk aufgrund des Nonaffektationsprinzips, d.h. der fehlenden Zweckbindung für bestimmte Staatsaufgaben nicht zielführend.

Tabelle 15: Unterschied Gebühren und Beiträge

Arten / Merkmale	Gebühr	Beitrag	Sonder-abgabe	Steuer
Gegenleistungs-charakter	+	+	-	-
spezielle Entgeltlichkeit	+	+	+	-
Inanspruchnahme der Leistung	+	-	-	-
Hoheitliche Geldforderung	+	+	+	+

Umweltabgaben Neben Gebühren und Beiträgen stellen Sonderabgaben (Abgaben im engeren Sinne) die dritte Gruppe hoheitlicher Geldforderungen dar, die allerdings keinen Gegenleistungscharakter haben und nicht das Prinzip der speziellen Entgeltlichkeit umsetzen. Deshalb werden sie in der Untergliederung bei den staatlichen Einnahmen eingeordnet. Mit der Erhebung von Umweltabgaben sollen Anreize und Finanzierungsmöglichkeiten zur Verwirklichung umweltpolitischer Ziele geschaffen oder verbessert werden. Sie regulieren das Verhalten der Unternehmen indirekt, d.h. die Verursacher können selbst über ihr Vermeidungsverhalten entscheiden. Die Höhe der Abgabenzahlung bemisst sich am Umfang der Schädigung und setzt somit den Gedanken des Verursacherprinzips um. Idealtypisch erfüllen Abgaben eine Lenkungs- und eine Finanzierungsfunktion, wobei die Lenkungsfunktion aus drei Teilfunktionen besteht:

a) Optimierungsfunktion: Durch Festlegung einer pareto-optimalen Abgabenhöhe wird ein gesamtwirtschaftliches (ökonomisches) Umweltoptimum erreicht, für das gilt (vgl. Abbildung 34):

gesamtwirtschaftliche Grenzvermeidungskosten = gesamtwirtschaftliche Grenzschadenskosten

Allerdings ist diese Funktion nur theoretisch zu verstehen, da der Verlauf der gesamtwirtschaftlichen Kostenkurven nicht bekannt ist (vgl. Abbildung 34).

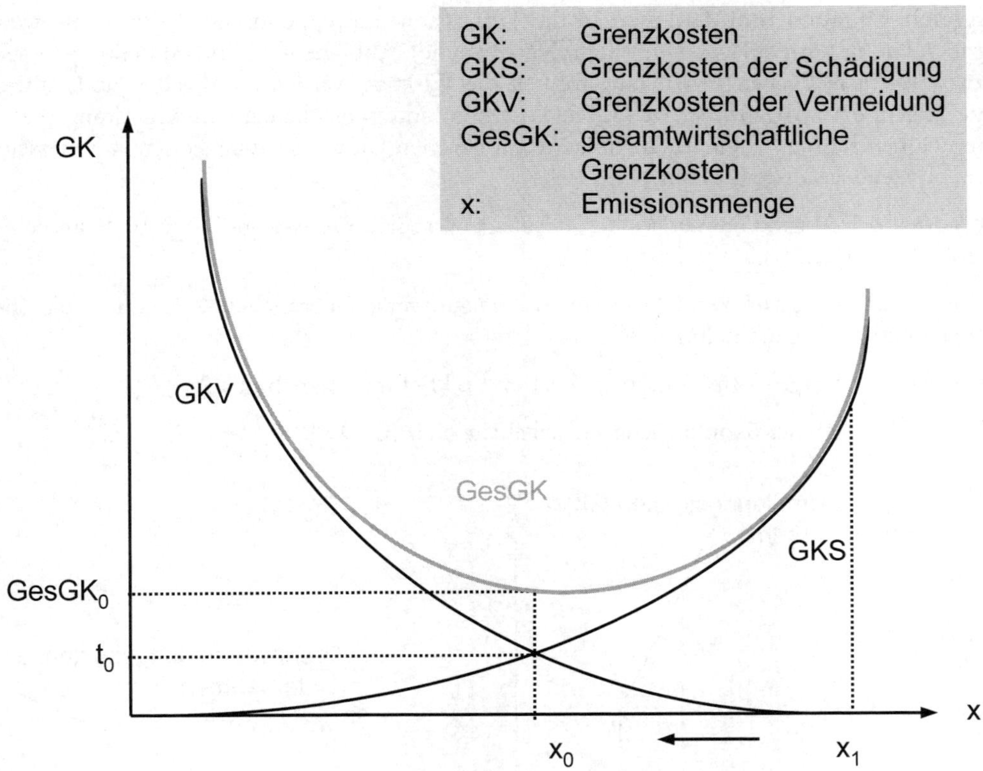

Abbildung 34: Gesamtwirtschaftliche Kostenverläufe

b) Anreiz- und Kostenminimierungsfunktion: Die Vermeidung soll dort induziert werden, wo diese am kostengünstigsten ist. So können die gesamtwirtschaftlichen Kosten bei Verfolgung des umweltpolitischen Ziels minimiert und ein Pareto-Optimum erreicht werden.

c) Subventionierungsfunktion: Indem man den Abgabenanreiz bei Umweltverschmutzern in besonders umweltbelasteten Gebieten oder bei besonders starken möglichen Umweltbelastungen stärkt, wird die Anreizfunktion noch weiter erhöht.

Umweltabgaben i.e.S. können in Emissionsabgaben, kombinierte Auflagen-/Abgabensysteme sowie Produktabgaben untergliedert werden. Durch **Emissionsabgaben** soll die Internalisierung sozialer Zusatzkosten erreicht werden, ein Beispiel hierfür ist die Öko-Steuer. Ein Beispiel für ein **kombiniertes Abgaben-/Auflagen-System** sind die Regelungen des Gewässerschutzes, bei denen Grenzwertvorgaben die Abwasserabgabe ergänzen, weil durch die Abgabenhöhe das umweltpolitische Ziel nicht erreicht werden konnte. Durch **Produktabgaben** wird der Ver- bzw. Gebrauch von Rohstoffen und Produkten belastet (z.B. die Verwendung von Wirtschaftsdünger durch eine Stickstoffabgabe).

Vergleich Abgaben und Auflagen In der Diskussion umweltpolitischer Instrumente werden Abgaben häufig mit Auflagen verglichen. Nachfolgende Abbildung 35 und Abbildung 36 zeigen in zwei unterschiedlichen Darstellungsformen die Wirkungsweise von Abgaben und Auflagen. Beide zeigen, dass Abgaben je nach Grenzkosten zu unterschiedlichen Umweltleistungen zweier Unternehmen führen, wohingegen Auflagen zur gleichen Umweltleistung jedoch zu unterschiedlichen Kostenbelastungen führen.

Der Vorteil der Abgabe im Vergleich zur Auflage lässt sich für zwei gleich große Unternehmen wie folgt bestimmen (vgl. Abbildung 35):

1. Kosten der Auflage um einen bestimmten Reinigungsgrad zu erreichen: C+A für Unternehmen 1 und B für Unternehmen 2;
2. Kosten der Abgabe: A für Unternehmen 1 und B+D für Unternehmen 2.
3. Daraus lässt sich der ökonomische Vorteil ableiten als (C+A+B) – (A+B+D) = C-D.

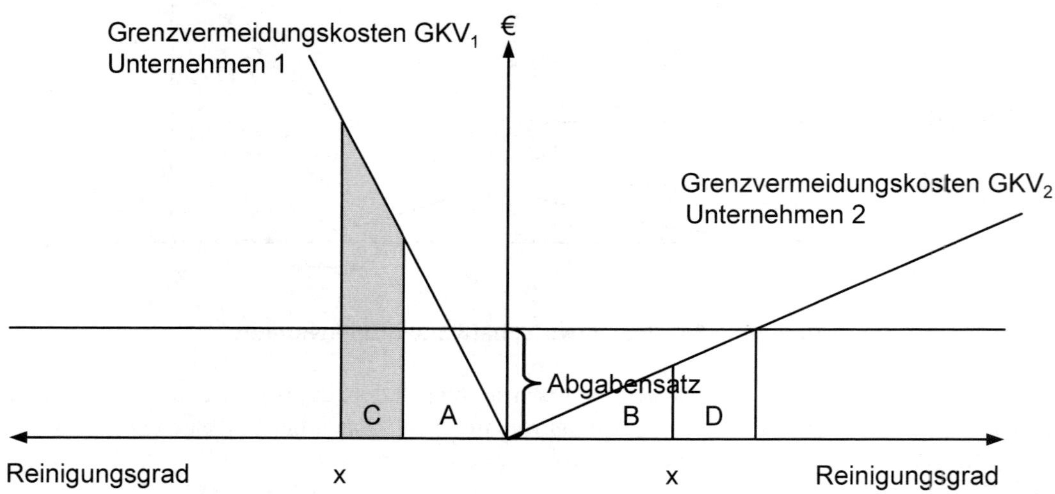

Abbildung 35: Vergleich Abgaben und Auflagen Variante I
(In Anlehnung an BARTMANN 1996, S. 144; BEA 1973, S. 455)

Alternativ lässt sich der Sachverhalt anders darstellen (vgl. Abbildung 36):

1. Auflage: Kosten für Auflagenübererfüllung durch Schädiger 1: BCEA, Kosten für Auflagenerfüllung durch Schädiger 2: CDIH
2. Abgabe: für Schädiger 1: 0BAF, für Schädiger 2: 0DIF
3. Daraus lässt sich der ökonomische Vorteil ableiten als: AEG+GIH

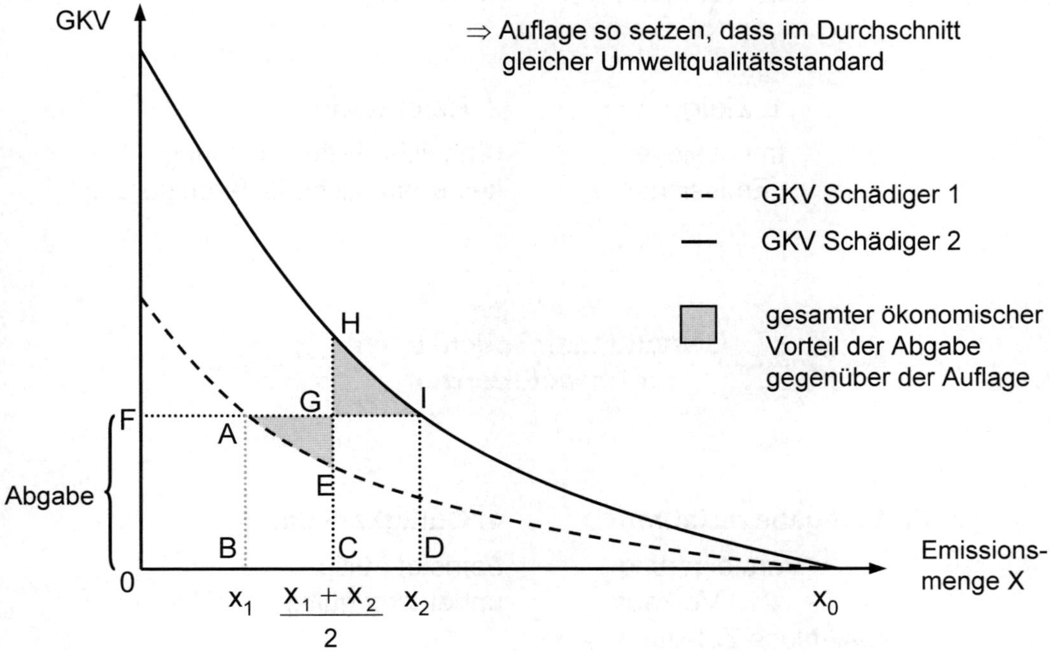

Abbildung 36: Vergleich Abgaben und Auflagen Variante II

Umweltlizenzen Durch die Ausgabe von Verschmutzungsrechten durch den Staat soll ein festgelegter Umweltqualitätsstandard mit minimalen Kosten erreicht werden. Der Grundgedanke besteht darin, eine maximale Emissionsmenge und damit eine maximale Anzahl von Lizenzen festzulegen, die auf die betroffenen Emittenten verteilt werden. Diese dürfen dann nur Schadstoffe in Höhe der erworbenen Menge emittieren. In einer weiteren Stufe können die Lizenzen dann gehandelt werden. Bei der Erstausgabe müssen vier Gestaltungsgrößen festgelegt werden (vgl. Abbildung 37).

Für die **Zielgröße der Lizenzen** gelten *Immissionsstandards* als first-best-Lösung. Allerdings sind diese nicht praktikabel, da die Wirkung der Emissionen auf die Immissionen nur unzureichend bekannt ist. Deshalb werden *Emissionsstandards* als second-best-Lösung gewählt. Zu deren Bestimmung werden vom Staat festgelegte Umweltqualitätsstandards durch Naturwissenschaftler in eine entsprechende Gesamtemissionsmenge transformiert; allerdings entstehen hier weiterhin hohe regionale Schadstoffbelastungen (sog. „hot spots"). Eine Lösung im Sinne von BAUMOL/OATES (Preis-Standard-Ansatz) (vgl. BAUMOL/OATES, W. E. 1971, S. 42ffF) geht von einer Zielemission aus, die über einen durch iterative Anpassungen ermittelten Preis erreicht wird. Da allerdings zwischen der Emission der Unternehmen und der gemessenen Immission ein Unterschied besteht, sind Diffusionskoeffizienten zu bestimmen und Nebenbedingungen einzuführen. Ein bestimmtes Ziel kann so kostenminimal erreicht werden. Ziel des Staates ist die Ermittlung der pareto-effizienten Emissionsmenge auf Basis von erfragten Grenznutzen- und Grenzkostenkurven, um davon ausgehend jedem einzelnen Verursacher die diesem Optimum entsprechende Emissionsmenge zuzuordnen. Werte oberhalb dieser Grenze führen zu Zahlungen an den Staat, Werte darunter zu Zahlungen durch den Staat.

Abbildung 37: Gestaltungsmöglichkeiten für Umweltlizenzen

Bei der **Reichweite der Lizenzen** wird kann eine *räumliche Differenzierung* vorgenommen werden. Um „hot spots" zu vermeiden, werden die Umweltlizenzen hierbei räumlich in der Form differenziert, dass Marktzonen mit eigenen Belastungsgrenzen gebildet werden. Erfolgt keine räumliche Differenzierung, kann eine Vielzahl an Lizenzmärkten vermieden werden, allerdings entstehen dann „hot spots".

Als **Erstausgabeverfahren** für die Umweltlizenzen kann zwischen einer Versteigerung, einem Verkauf und einer kostenlosen Zuteilung unterschieden werden.

Versteigerung der Umweltlizenzen: Der Staat versteigert die Verschmutzungsrechte an die Höchstbietenden. Allerdings müssen dann auch diejenigen Betreiber von Anlagen Verschmutzungsrechte erwerben, die bereits über eine Genehmigung zum Ausstoß bestimmter Schadstoffe verfügen, was einer Aufhebung aller bisher erteilten Betriebsgenehmigungen gleichkommt und den Bestandsschutz für Altanlagen aufhebt. Weiterhin ist für das Unternehmen unsicher, in welcher Höhe es Lizenzen erhält.

Verkauf der Umweltlizenzen: Der Staat verkauft die Lizenzen zu einem von ihm festgelegten Preis. Zu den bei der Versteigerung geltenden Einwänden kommt hinzu, dass der markträumende Knappheitspreis für den Verkauf zu bestimmen ist. Hierzu müssten jedoch die Grenzvermeidungskosten der Emittenten bekannt sein.

kostenlose Zuteilung der Lizenzen: In diesem Fall wird jedem Emittenten das Recht auf die (im Auflagensystem genehmigte bzw.) faktisch von ihm verursachte Emissionsmenge in Zertifikaten verbrieft und für übertragbar (handelbar) erklärt. Dies begünstigt allerdings diejenigen Emittenten, die bisher die Umwelt stark verschmutzt bzw. wenig in umweltschutzfreundliche Technologien investiert haben (sog. grandfathering, in dessen Rahmen die Zuteilung auf Basis historischer Werte einer Basisperiode erfolgt), Neu-Emittenten werden quasi diskriminiert, da sie die Lizenzen nicht mehr kostenlos zugeteilt bekommen.

Bezüglich der **Gültigkeitsdauer der Lizenzen** kann zwischen zeitlich befristeten und zeitlich unbefristeten Zertifikaten unterschieden werden. Bei einer *zeitlichen Befristung* ist jeder Lizenzinhaber für die Dauer einer festgelegten Periode berechtigt, eine entsprechende Menge an Schadstoffen zu emittieren. Nach Ablauf dieser Periode verlieren die Zertifikate ihre Gültigkeit und die Umweltbehörde muss neue (wieder zeitlich befristete) Lizenzen vergeben. *Zeitlich unbefristete Zertifikate* schaffen eine ausreichende Planungsgrundlage für die Unternehmen, allerdings ist zu klären, wie eine Verbesserung der Umweltqualität, z.B. durch Abwertung oder staatlichen Aufkauf erreicht werden kann.

Lizenzhandel Nach der Erstausgabe ist ein Handel der Verschmutzungsrechte möglich, bei dem diejenigen Unternehmen als Anbieter auftreten, für die die Grenzkosten der Umweltschutzmaßnahmen niedriger sind als der Erwerb der Rechte. Nachfrager sind typischerweise Wirtschaftssubjekte, für die der Erwerb von Verschmutzungsrechten die kostengünstigere Variante darstellt. Durch das Bestreben der Beteiligten, einzelwirtschaftlich ihre Kosten zu minimieren, werden auch die gesamtwirtschaftlichen Kosten minimiert. Darüber hinaus können der Staat, aber auch private Wirtschaftssubjekte den Umweltqualitätsstandard durch die Abwertung oder den Aufkauf der Rechte erhöhen. Allerdings können durch den Ankauf und das Horten von Lizenzen Markteintrittsbarrieren errichtet oder Wettbewerber verdrängt werden.

Vor- und Nachteile Zusammenfassend werden nachfolgend die Vor- und Nachteile für alle vorgestellten umweltpolitischen Instrumente gegenübergestellt (vgl. Tabelle 16).

Tabelle 16: Umweltpolitische Instrumente

(Quelle: WICKE 1993; GÜNTHER 1994; BARTMANN 1996; ROGALL 2000; JÄNICKE/KUNIG/STITZEL 2003)

	Instrument	Vorteile	Nachteile
nicht-fiskalisch	**Auflagen**	+ Wirkungsschnelligkeit + Wirkungssicherheit (praktikabel und direkt kontrollierbar) + Wirkungseinsicht (verständlich, Ingenieuren und Juristen bekannt) + hohe Akzeptanz in der Bevölkerung und politische Durchsetzbarkeit (unmittelbar einsichtige Wirkungsweise) + hohe ökologische Effizienz + genauere Prognosen zum Verhalten der Wirtschaftsakteure	- anlagenspezifisch - lange Genehmigungsdauer (time lag von Regelungsdefizit bis Anpassung) - Aufbau einer umfassenden Bürokratie - Kontrollaufwand/-kosten - Vollzugsdefizit bei mangelnder personeller Ausstattung der Kontrollbehörden - mangelnde Reversibilität und Flexibilität

	Instrument	Vorteile	Nachteile
	Auflagen (fortgesetzt)	+ eindeutig definierte Tatbestände + Umgehungsmöglichkeiten gering + Kompensationsregelungen zur Erhöhung der ökonomischen Effizienz möglich	- geringe Marktkonformität (geringe Allokationseffizienz durch starre Regelung) - fehlende ökonomische Effizienz (Kostenminimierung) - relativ geringe Anreizfunktion für Innovationen über den Zielwert hinaus („Sperrklinkeneffekt“ insb. für Altanlagen) - mögliche Wettbewerbsverzerrung (z. B. Regulierung beschränkt auf gewerbliche Wirtschaft) - hoher Informationsbedarf für Planer (Stand der Technik und Vermeidungskosten) - Endogenität des Standes der Technik - mangelnde Kontrolle möglicher Substitute - bei hoher Regelungstiefe nimmt Akzeptanz ab - unklarer Begriff wirtschaftlicher Vertretbarkeit
nicht-fiskalisch (fortgesetzt)	**umweltplanerische Instrumente**	+ Prognose von Konsequenzen + präventive Wirkung + Systemcharakter + Nachhaltig, da langfristig + überwiegend umweltmedienspezifische „komplexe Bereiche“ = integrierte Planung + flexible Durchsetzung durch Kombination mit Auflagen o. a. umweltpolitischen Instrumenten + Umweltverträglichkeitsprüfung quantifiziert und erreicht hohe Akzeptanz + im Prinzip konsensuale Zielbestimmung	- mangelnde Kompetenz - Lobbyismus - Fehler schwer reparabel - sehr bürokratisch - langwieriger Prozess - schwierige Handhabung der hohen Komplexität - keine unmittelbare Öffentlichkeitsbeteiligung - mangelnde Transparenz - Kompromiss auf kleinsten gemeinsamen Nenner (insb. internationale Harmonisierung)

	Instrument	Vorteile	Nachteile
nicht-fiskalisch (fortgesetzt)	**Umwelthaftung und Umwelthaftpflichtversicherung**	+ Wirkungssicherheit relativ hoch + strikte Umsetzung des Verursacherprinzips + Beweislastverschiebung zugunsten des Geschädigten + Anreiz für risikolose Entwicklung neuer Produkte + Nutzung der Umwelt erhält einen Preis	- umfassende Gesetzesänderungen nötig - wirtschaftliche Unzumutbarkeit und Verhältnismäßigkeit - schwierige Bestimmung des Standes der Technik - lückenhafte Gesetzeslage - faktische Pflichtversicherung - Bedarf an lückenloser Dokumentation der Kontrollen - Schwächung des „Normalbetriebs" durch Nachweise - schwierige Preisbestimmung für das Gut „Umwelt" - nicht wohlfahrtsoptimales Nutzenkalkül, sondern Tendenz zur Schonung der Umwelt
	Benutzervorteile	+ marktkonform + Anreizwirkung/Nachfragesog zur Benutzung umweltfreundlicher Produkte und Verfahren + Sensibilisierung von Produzenten/Nutzern bleibt bestehen (Eigeninteresse für Umweltbelastungsreduktion) + nur geringe Nebeneffekte + Möglichkeit einer ideellen Nutzenstiftung (Blauer Engel) + z.T. simultane Verminderung anderer Risiken z.B. für Gesundheit + geringe Regeltiefe	- auf freiwilliger Basis - keine Verhaltensdetermination - geringe Zielgenauigkeit
	Umwelt-berichterstattung	+ direkt wirksam i.S. von Umweltinformation (abhängig von Art der Publizitätsverpflichtung) + ermöglicht Bürgerpartizipation + Basisvoraussetzung für Umwelt-	- hohe Widerstände - langsame, schrittweise Einführung - Kontroll-, Informations- und Verwaltungsaufwand zur Bewertung der Datengüte

	Instrument	Vorteile	Nachteile
nicht-fiskalisch (fortge-setzt)	**Umwelt-berichterstattung (fortgesetzt)**	schutzvereinbarungen + steigert ökonomische Effizienz von Umweltschutzmaßnahmen + erhöhte Transparenz + erzeugt objektive Betroffenheit + ermöglicht punktgenaue Maßnahmen + oft parallel mit Einführung von Umweltkennzahlen verbunden (Umweltcontrolling) + Umweltbewusstseinsbildung, insb. Wahrnehmung von Umweltfaktoren + erzeugt positiven öffentlichen Druck zur Verhaltensänderung + Unternehmen mit positiver Umweltbilanz werden begünstigt	- Verhaltenslücke zwischen Bericht und Verhalten - Datenschutzproblematik
	Kooperations-lösungen	+ ökonomisch effizient für Teilnehmer (kostengünstigst) + marktwirtschaftskonformes Instrumentarium (auch EG-konform) + sehr schnell einsetzbar + hohe Flexibilität und breite Anwendbarkeit + Vorbildfunktion + Verwirklichung des Kooperationsprinzips + Selbststeuerungsmechanismen bleiben erhalten bzw. werden gefördert (Dispositionsfreiheit hoch) + Nutzung fachlicher Kompetenz von Umweltverbänden + können ordnungsrechtliche Maßnahmen zuvorkommend ersetzen (letztere langwierig, mit Akzeptanzproblemen etc.)	- geringe ökologische Effizienz und gegebenenfalls Zielungenauigkeit - Verwässerung des ursprünglich geplanten Umweltziels, vor allem bei rechtlich unverbindlichen Absprachen - Gefahr von wettbewerbshemmenden, -verzerrenden bzw. beeinträchtigenden Absprachen (i.S. des Kartellrechts) - Gefahr von Kompromissen auf Kosten der Allgemeinheit - Gefahr eines umweltpolitischen Punktionalismus (zu konkrete Einzelfalllösungen) - Strategie zur Vermeidung oder Verzögerung ordnungsrechtlicher Vorgaben - geringe Sanktionsmechanismen (Verschleppung statt Lösung) - Trittbrettfahrerverhalten

	Instrument	Vorteile	Nachteile
	Kooperationslösungen (fortgesetzt)	+ konkret auf Problem zugeschnittene Lösung + kurzfristiger, politischer Erfolg für Umweltbehörden	- NIMBY-Effect ("Not In My Back-Yard") - Lobbyismus - Konflikt bei schon existierenden gesetzlichen Vorgaben
nicht-fiskalisch (fortgesetzt)	**Maßhalteappelle**	+ Internalisierung des Umweltbewusstseins + verbesserte Informationslage + erzeugt Druck auf Politik und Verwaltung zur Umsetzung konkreter umweltpolitischer Maßnahmen + Erhöhung der Chancen auf Umweltvermeidungsmaßnahmen durch potentielle Schädiger	- kein Zwang - Manipulierbarkeit - schwierige Quantifizierung - geringe ökologische Effizienz - wirkt nur langfristig
	Induzierung umweltverbessernder Maßnahmen z. B. Finanzierungshilfen	+ Signalwirkung/Anstoßwirkung (ökologische Wirksamkeit) + leichter durchzusetzen, als Auflagen/Abgaben nach dem Verursacherprinzip + einfache politische Durchsetzbarkeit	- Auswahl oft nicht nachvollziehbar - unbestimmter Rechtsbegriff: „Stand der Technik" - Stilllegung eventuell ökologisch und ökonomisch sinnvoller Anlagen - Probleme des Gemeinlastprinzips: u.a. auf Kosten der Allgemeinheit; nicht verursachergerecht, werden umweltbelastende Produkte reduziert - ungewisse ökologische Wirksamkeit - falsche Lenkungssignale durch Abschreibungsvergünstigungen, insb. profitieren größere Firmen mit hohen Gewinnen - Mitnahmeeffekte
fiskalisch mit öffentlichen Ausgaben	**FuE – Förderung**	+ Vorbildfunktion + gezielte Forschungsunterstützung + Langfristorientierung + Beschleunigung bestehender	- indirekte Förderung - Unübersichtlichkeit der Förderprogramme - Fördervolumina

	Instrument	Vorteile	Nachteile
fiskalisch mit öffentlichen Ausgaben (fortgesetzt)	**FuE – Förderung (fortgesetzt)**	Forschungsanstrengungen + positive Nebeneffekte auf Innovation und Wettbewerb	- keine Breitenwirkung v.a. profitieren größere Firmen - Mitnahmeeffekte - Unsicherheit über Qualität der Ergebnisse - keine Garantie für Verwendung der Forschungsergebnisse
	öffentliche Beschaffungspolitik	+ staatliche Vorbildfunktion + Initiierung von umweltbewusstem privatwirtschaftlichem Nachfrageverhalten + Stärkung der Konkurrenzfähigkeit umweltfreundlicher Produkte und Verfahren + Unterstützung der Weiterentwicklung von umweltfreundlichen Verfahren und z.T. Unterstützung einer betrieblichen Produktionskostensenkung + Berücksichtigung als Vergabekriterium schafft größeren Markt für umweltfreundliche Produkte und Dienstleistungen	- fehlende Eigenmotivation - positiver Umwelteffekt nicht garantiert - an Nachfragevolumen der öffentlichen Hand gebunden - geringe Motivationswirkung zur Erprobung neuerer (und damit umweltfreundlicher) Technologien - eventuell kostenintensiv - Ausschreibungsaufwand z.T. sehr hoch
	Finanzierung institutionellen Umweltschutzes	+ Förderung des Know-hows + Nutzung des vorhandenen Umweltwissens + Stärkung der Position „Umweltpolitik“ auf der politischen Ebene + frühzeitiges Erkennen der Bedürfnisse der Haushalte und Unternehmen in umweltpolitischer Hinsicht möglich + verbesserte Durchsetzung und Hilfestellung bei umweltpolitischen Forderungen für die Unternehmen und Haushalte + Stimulanz für Politik und Verwaltung	- nur indirekte Förderung - keine schnelle Wirksamkeit - Aufbau von Bürokratie

	Instrument	Vorteile	Nachteile
fiskalisch mit öffentlichen Ausgaben (fortgesetzt)	**Gebühren**	+ Steuerung über Vorleistungen (Standard) + relativ verursachergerecht (die Möglichkeit Vermeidungs- und Verwertungsanreize zu setzen besteht) + Äquivalenzprinzip (Leistung und Gegenleistung im engen Verhältnis) + gegebenenfalls kostengünstigere Bewältigung kommunaler Aufgaben im Ver-/Entsorgungssektor	- Gebührengerechtigkeit (Nachteile des Gemeinlastprinzips) - geringer Anreiz, Umweltaspekte zu reduzieren - gegebenenfalls Verbrauchsverhalten verbrauchsunabhängig bei Pauschaltarifen - geringer Anreiz des Einsatzes umweltfreundlicher Technologien - Überwälzbarkeit aller Kosten auf Kunden - Gebühren decken soziale Kosten nicht umfassend ab - nicht verursachergerechte Gebühren bevorteilen i.d.R. Unternehmen - geringe Berücksichtigung der vollen Kapitalkosten - „Frischwassermaßstab“ differenziert nur ungenügend nach Schadens- und Verbrauchsquellen
	Beiträge	+ siehe Gebühren	- keine gesetzlich garantierte Inanspruchnahme der Leistung - siehe Gebühren
fiskalisch mit öffentlichen Einnahmen	**Abgaben**	+ marktkonform + Kostenminimierungsfunktion + hohe Anreizfunktion (= dynamische ökonomische Effizienz) zur Internalisierung der Kosten für jeweils erzielte Umweltqualität + Induktion von neuen Produktionstechnologien um Abgabe zu sparen + hohe Wirksamkeit für einzelne	- seltene Revision der Abgabenhöhe (evt. zu niedrig) - Inflation senkt Anreizfunktion - einheitliche Abgabehöhe ungerecht - kontinuierliche Schadstoffmessung erforderlich - verwendete Parameter umstritten - komplexes Steuer- und Abgabensystem in Deutschland (Erfassungsprobleme, Widerstand der

	Instrument	Vorteile	Nachteile
	Abgaben (fortgesetzt)	Umweltbelastungen + maximale Kostenobergrenze (insb. wichtig für kleine Unternehmen mit hohen Vermeidungskosten)	Abgabenzahler) - Grenzvermeidungskosten müssen bekannt sein - breitere Einführung nicht möglich wegen Problemen der Gruppendefinition: Abgaben sind gruppennützig (müssen der zahlenden Gruppe wieder zugute kommen), nur für relativ homogene Gruppen effizient, spezifische Beziehung zwischen Abgabepflichtigen und Zwecken der Abgabeerhebung
fiskalisch mit öffentlichen Einnahmen (fortgesetzt)	**Lizenzen**	+ marktkonform + Sicherstellung einer optimalen Umweltbelastung durch Festlegung der Zertifikatsmenge + Minimierung der einzelwirtschaftlichen Umstellungskosten + marktorientiertes Instrument mit größter wissenschaftlicher und wirtschaftlicher Akzeptanz + ökologische und ökonomische (statische) Effizienz von Lizenzen + i.d.R. transparente Preisbildung + hoher Breitengrad + hohe Flexibilität (Anwendung auf Substitute möglich) + regionale Belastungen können explizit modelliert werden + Staat kann durch Aufkauf Umweltstandards erhöhen + administrativ relativ einfach zu handhaben (Aufbau einer Verwaltung für das Clearing der Lizenzen, Kontrolle der Daten)	- wettbewerbspolitischer Nachteil: Mobilitätshemmung = Errichtung von Markteintrittsbarrieren durch etablierte Unternehmen - Schwierigkeit der regionalen Differenzierung bei bestimmten Umweltproblemen (z.B. im Luftbereich) i.S. eines Ausschlussprinzips - Problem einer zweckmäßigen Stückelung - Probleme bei Einrichtung und Aufrechterhaltung einer Umweltbörse - hohe Überwachungskosten - Verstoß gegen Verteilungsgerechtigkeit bei kostenloser Erstausgabe (Grandfathering) - im Luftreinhaltesektor können nur wenige Schadstoffe lizenziert werden - erschwerter Marktzutritt für neue Unternehmen

Relevanz des Makroumfelds Für jedes Unternehmen wirken die ökologischen, ökonomischen, technologischen, gesellschaftlichen und politischen bzw. rechtlichen Rahmenbedingungen in unterschiedlicher Form und Intensität und doch können sie generell beschrieben werden. Demgegenüber ist das nachfolgend vorgestellte Aufgabenumfeld unternehmensindividuell unterschiedlich.

5.3 Aufgabenumfeld

Unternehmenindividuelle Ausgestaltung Das Aufgabenumfeld umfasst die Faktoren, d.h. Stakeholder, die einen unmittelbaren Einfluss auf die Entscheidungsfindung eines einzelnen Unternehmens haben. Dazu zählen Kunden, Lieferanten, aktuelle und neue Wettbewerber sowie Anteilseigner und Kreditgeber. Öffentlichkeit und Staat greifen ebenfalls in das Aufgabenumfeld ein. Da ihr Ursprung jedoch nicht unternehmens- oder branchenbezogen ist, d.h. nicht durch die Unternehmensaufgabe bestimmt ist, sondern sie gleichermaßen für alle Unternehmen gelten, werden sie in diesem Lehrbuch den gesellschaftlichen und rechtlichen Rahmenbedingungen des Makroumfeldes zugerechnet. Die einzelnen Stakeholdergruppen sind für jedes Unternehmen individuell zu bestimmen.

5.3.1 Stakeholdergruppe Kunden

Bedeutung Das Angebot von Unternehmen zielt auf die Lösung bereits auf dem Markt artikulierter Kundenwünsche oder in der Gesellschaft beobachtbarer Entwicklungen. Dies bedeutet, die zu erstellenden Produkte und Dienstleistungen müssen entsprechend gestaltet sein, um Abnehmer zu finden. Nun stellt sich die Frage, inwieweit Veränderungen der ökologischen Knappheit zu einer veränderten ökologiebedingten Betroffenheit und somit zu veränderten Anforderungen an das Leistungsprogramm führen. Hierfür können zwei Wege unterschieden werden:

1. Sofern die Kunden selbst die ökologische Knappheit wahrnehmen und betroffen sind, fragen sie umweltfreundlichere Produkte nach. Das Unternehmen ist objektiviert oder indirekt betroffen. So eröffnen sich neue Absatzchancen für umweltfreundliche Produkte, es kann aber auch Handlungsbedarf, z.B. nach einer Transparenz in der Lieferkette entstehen (sog. **push** vonseiten des Kunden (vgl. KRAMER/URBANIEC/MÖLLER 2003, S. 104 f.; MEFFERT/KIRCHGEORG 1998, S. 260 f.).

> Die Kantine im Werk Dresden wurde in der letzten Zeit immer weniger von den Mitarbeitern genutzt, da die Qualität des Essens zu wünschen übrig ließ. Dies verursachte auch Probleme mit dem Catering-Service, der auf Grund der geringeren Abnahmemengen der Kantine die Preise stetig anhob. Daher hat MOBILITY UNLIMITED für die Kantine im Werk Dresden einen neuen Catering-Service beauftragt, der sich auf das Angebot von Bioprodukten spezialisiert hat. Die Mitarbeiter begrüßen das neue Angebot an biologischen Gerichten und sind auch bereit, etwas mehr dafür zu bezahlen, da die bessere Qualität und der wesentlich verbesserte Geschmack zum Wohlbefinden der Mitarbeiter beitragen.

2. Vollzieht sich in der Gesellschaft eine Bewusstwerdung für bestimmte Probleme, so kann durchaus auch der Fall eintreten, dass Unternehmen neue Trends schneller erkennen als potentielle Kunden diese in konkrete Nachfrage nach Produkten oder Dienstleistungen umsetzen. In diesem Fall ist das Unternehmen subjektiv betroffen. Gerade innovative Unternehmen werden diesen Weg gehen, um als Erste am Markt zu sein (first mover). (Sog. **pull** von Seiten

des Unternehmens (vgl. KRAMER/URBANIEC/MÖLLER 2003, S. 104 f.; MEFFERT/KIRCHGEORG 1998, S. 260 f.). Hier lässt sich auch die zunehmende Bedeutung der Nutzungsphase für die Umweltrelevanz von Produkten einordnen. Nachdem viele Unternehmen ihre Produktion optimiert haben, müssen sie ihre Kunden motivieren, in ihre Kaufentscheidungen, aber auch ihr Nutzerverhalten Umweltaspekte (z.B. Energieverbrauch oder Dosierung) einzubeziehen. Die strategische Unternehmensplanung muss diese beiden Wege nutzen, um die Frage zu beantworten, welche Produkte in welchen Märkten zu welchem Zeitpunkt vertrieben werden sollen.

Umweltbewusstsein (Einstellung) Das Umweltbewusstsein wurde allgemein bereits bei den gesellschaftlichen Rahmenbedingungen (vgl. Kapitel 5.2) vorgestellt. Hier soll nun seine Bedeutung für die Kaufentscheidung der Kunden aufgezeigt werden. Es lässt sich hinsichtlich der berücksichtigten psychischen Bereiche in folgende drei Dimensionen unterteilen:

a) Die *kognitive Dimension* enthält das mit dem Umweltbewusstsein verbundene subjektive Wissen von Verbrauchern über die (vermuteten) ökologischen Konsequenzen des Konsumverhaltens (z.B. Energieverbrauch einer LED-Leuchte).

b) Die *affektive Dimension* bringt die mit dem Umweltbewusstsein verbundenen gefühlsmäßigen Einstellungen und Meinungen gegenüber ökologischen Aspekten zum Ausdruck (z.B. Quecksilberbelastung von Deponien durch nicht ordnungsgemäß entsorgte Energiesparlampen).

c) Die *konative oder intentionale Dimension* beinhaltet die mit dem Umweltbewusstsein verbundene Verhaltensabsicht, einen eigenen Beitrag zur Lösung von ökologischen Problemen zu leisten (z.B. Licht ausschalten).

Auf Basis dieser Dreiteilung kann **Umweltbewusstsein** definiert werden als das Wissen und die Einsicht über ökologische Konsequenzen des individuellen Konsumentenverhaltens sowie die Bereitschaft zu ökologieorientiertem Konsumverhalten (vgl. MÜLLER/WÜNSCHMANN/WITTIG u. a. 2007, S. 10; MEFFERT/KIRCHGEORG 1998, S. 94 ff.).

Umweltbewusste Kaufentscheidung (Verhalten) Die Bereitschaft zu ökologieorientiertem Konsumverhalten muss aber nicht automatisch in tatsächlich geäußertes, beobachtbares Verhalten (Kauf- und Nutzungsverhalten) münden. So ist das Unternehmen auf die Akzeptanz seiner ökologieorientierten Absatzaktivitäten beim Kunden angewiesen. Angesichts von Untersuchungen, die ein hohes Umweltbewusstsein der Öffentlichkeit feststellen (vgl. Kapitel 5.2.3), muss ein Unternehmen fragen, ob und inwieweit sich das Interesse des Verbrauchers an der ökologischen Umwelt auch nachweislich auf das tatsächliche Kaufverhalten auswirkt. Denn genau dieses lässt erst Absatz entstehen. Zur Untersuchung des Zusammenhangs von Umweltbewusstsein und Kaufverhalten können Einstellungs-Verhaltens-Untersuchungen genutzt werden. Eine Erklärung für die Divergenz zwischen Umweltbewusstsein und Konsumverhalten bietet das S-O-R-Modell -(Stimulus-Organismus-Response) an. Es geht davon aus, dass sowohl die Marketinginstrumente als auch externe Reize (z.B. Umweltereignisse) auf den Konsumenten wirken und sein Kaufverhalten beeinflussen. Das S-O-R-Modell berücksichtigt theoretische Konstrukte, mit deren Hilfe versucht wird, die **Divergenzen** zwischen Umweltbewusstsein und Kaufverhalten zu erklären. Bei den theoretischen Konstrukten finden sowohl exogene Einflussfaktoren, die auf die spezifischen Gegebenheiten der Kaufsituation abstellen, als auch endogene Größen, die die personenbezogenen Determinanten des Kaufverhaltens umfassen, Berücksichtigung. Im Rahmen der endogenen personenbezogenen Einflussfaktoren werden vor allem psychologische (z.B. motiv-, risiko-, involvementtheoretische) Erklärungsansätze angewendet. So kann z.B. motivtheoretisch eine Kaufbarriere entstehen, wenn das Motiv, ein umweltverträgliches Produkt kaufen zu wollen (z.B. kleines, sparsames Stadtauto), in Divergenz zu einem ausgeprägten Prestigemotiv steht. Aus risikotheoretischer Sicht kann der Kauf eines umweltfreundlichen Produktes von einem Konsumenten mit schwach ausgeprägtem Umweltbewusstsein z.B. dadurch zustande kommen, dass der Kunde gesellschaftliche Sanktionen bei der Wahl des „falschen", d.h. eines umweltschädlichen Produktes, befürchtet. Durch die Beobachtbarkeit von Stimulus und Response (Organismus ist nicht beobachtbar) werden Rückschlüsse auf Organismus und damit auch auf das Kaufverhalten gezogen. Zum Überblick über das S-O-R-Modell vgl. Abbildung 38.

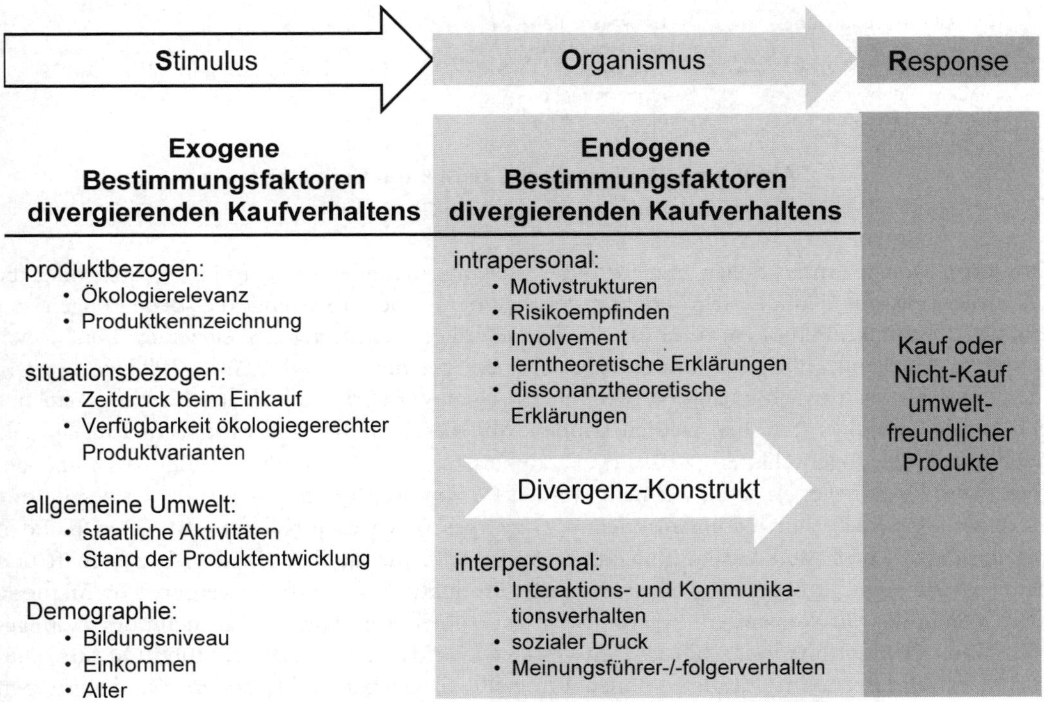

Abbildung 38: Erklärungsmodell von Divergenzen zwischen Umweltbewusstsein und Kaufverhalten

(Quelle: MEFFERT/KIRCHGEORG 1998, S. 134)

Theorie des geplanten Verhaltens Versucht das S-O-R-Modell, den Zusammenhang von Einstellung und Verhalten positiv zu erklären, so setzt die Theorie des geplanten Verhaltens, die eine Weiterentwicklung der Theorie des überlegten Handelns ist, an der wahrgenommenen Diskrepanz an. So ist dem Verhalten die **Verhaltensabsicht** vorgelagert, auf beide wirkt die wahrgenommene **Verhaltenskontrolle** (Meinung, inwieweit Verhalten kontrolliert werden kann). Weiterhin wirken die **subjektive Norm** (Meinung, inwieweit Bezugspersonen das Verhalten befürworten) und die **Einstellung** gegenüber dem Verhalten (kognitive und affektive Komponente) (vgl. Abbildung 39). Zu betonen ist, dass dieser Zusammenhang theoretisch ist und auf allen diesen Stufen des Verhaltensmodells Hemmnisse entstehen können (vgl. Kapitel 7).

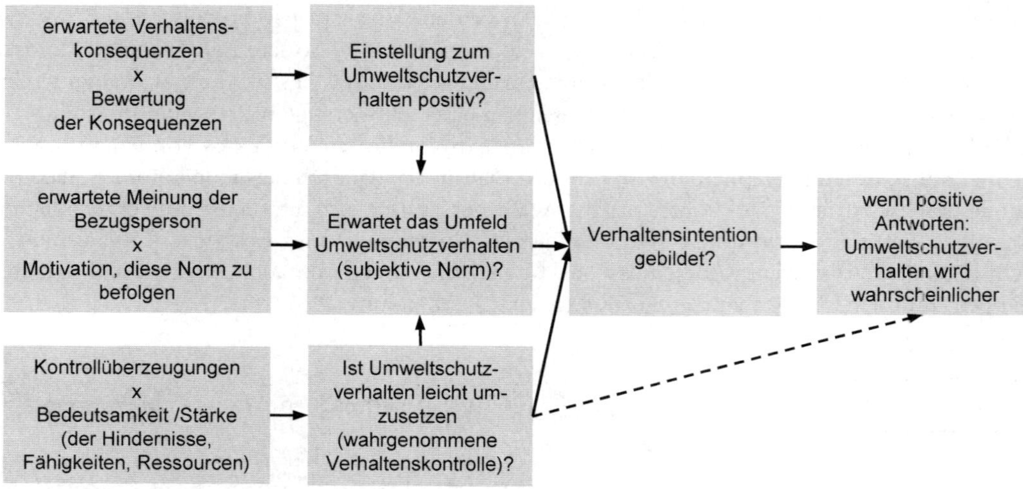

Abbildung 39: Theorie des geplanten Verhaltens
(In Anlehnung an AJZEN 1991, S. 182)

Conjoint Measurement Sollen nun für diese relevanten Kundengruppen das Produkt oder die Dienstleistung aus Kundensicht konkretisiert werden, sind ergänzend die Bedeutungen der einzelnen Produktfunktionen zu ermitteln. Die jeweilige Bedeutung der einzelnen Funktionen lässt sich dabei mit Hilfe des Conjoint Measurement bestimmen (vgl. SIMON 1992, S. 116 ff.). Die Conjoint-Analyse gehört zu den psychometrischen Verfahren, mit denen Nutzenvorstellungen bzw. Präferenzen erhoben werden können. Mit dieser Methode werden nicht Einzelurteile über spezifische Eigenschaften (z.B. eines Produktes) zu einer Gesamtbeurteilung zusammengesetzt (kompositioneller Ansatz), vielmehr werden Gesamturteile erhoben, aus denen der Beitrag einzelner Merkmale (Nutzendimensionen o.ä.) zu diesem Urteil errechnet wird. Den Kunden werden dabei ganze Merkmalskombinationen vorgestellt, für die ihre Zahlungsbereitschaft und damit gleichzeitig die Bedeutung einer einzelnen Produktfunktion erfragt werden. Die Methode dient somit der differenzierten Beschreibung der subjektiven Kundenwahrnehmung von gewünschten Produktfunktionen hinsichtlich verschiedener Kriterien, z.B. Preis und Qualität, aber auch Umweltnutzen. Im Idealfall können mit Hilfe dieser beider Methoden Kundengruppen identifiziert und diesen Funktionen und Lösungen zugeordnet werden.

MOBILITY UNLIMITED möchte die Kundenpräferenzen mit Hilfe der Conjoint Analyse bestimmen. Dabei werden drei mögliche Fahrzeugvarianten den Probanden zur Bewertung vorgestellt. Diese Fahrzeugvarianten beinhalten vier Merkmale: Ausstattung, Motorleistung, Kraftstoffverbrauch und Preis. Folgende Fahrzeugvarianten stehen zur Auswahl: Fahrzeug 1 (Ausstattung A, 30.000 €, 120 PS, 11,5 Liter); Fahrzeug 2 (Ausstattung B, 25.000 €, 80 PS, 7,5 Liter); Fahrzeug 3 (Ausstattung C, 20.000 €, 100 PS, 9,5 Liter). MOBILITY UNLIMITED hat eine Befragung an Probanden durchgeführt, bei der der Nutzen bestimmter Merkmale auf einer Skala von 1 bis 3 eingeschätzt wurde. Die Nutzenbewertung der einzelnen Merkmale ergab folgende durchschnittlichen Werte:

Tabelle 17: Beispiel Conjoint Measurement – Nutzwerte

Merkmal	Teilnutzenwert
Ausstattung	
A	2,7
B	2,4
C	2,1
Preis	
20.000 €	2,0
25.000 €	1,6
30.000 €	1,1
Motorleistung	
80 PS	1,0
100 PS	2,0
120 PS	2,3
Kraftstoffverbrauch	
7,5 Liter	1,8
9,5 Liter	1,3
11,5 Liter	0,6

Die Teilnutzenwerte sind jetzt für jede Fahrzeugvariante zu summieren, um den Gesamtnutzen zu ermitteln.

Fahrzeug 1: Nutzen = 2,7+1,1+2,3+0,6 = 6,7

Fahrzeug 2: Nutzen = 2,4+1,6+1+1,8 = 6,8

Fahrzeug 3: Nutzen = 2,1+2+2+1,3 = 7,4

Fahrzeug 3 generiert für den Kunden den höchsten Gesamtnutzen. Zur genaueren Bestimmung der Bedeutung der einzelnen Merkmale können zusätzlich die Wichtigkeit und die relative Wichtigkeit ermittelt werden. Die Wichtigkeit jedes Merkmals wird durch die größte Differenz zwischen den Teilnutzenwerten bestimmt. Die relative Wichtigkeit wird als prozentualer Anteil an der Gesamtwichtigkeit ausgedrückt.

Tabelle 18: Beispiel Conjoint Measurement – Wichtigkeiten

Merkmal	Wichtigkeit	relative Wichtigkeit
Ausstattung	0,6	15,0 %
Preis	0,9	22,5 %
Motorleistung	1,3	32,5 %
Kraftstoffverbrauch	1,2	30,0 %
Summe	4,0	100,0 %

Die Ergebnisse zeigen, dass die Motorleistung und der Kraftstoffverbrauch für den Kunden am wichtigsten sind. Die Ausstattung ist hingegen weniger wichtig. Dies zeigt, dass MOBILITY UNLIMITED weiterhin an der Effizienzsteigerung der Motoren arbeiten muss, um geringen Kraftstoffverbrauch und gute Motorleistung zu verbinden.

Conditio sine qua non Geht man davon aus, dass die ökologieorientierten Kunden eine Vorreiterrolle übernehmen, sodass das Umweltbewusstsein der Öffentlichkeit noch weiter geschärft wird und sich in Konsumentscheidungen niederschlägt, so ist die Umweltverträglichkeit von Produkten und Dienstleistungen, die gestern noch kaum honoriert wurde, heute ein wichtiges Verkaufsargument und wird morgen eine Voraussetzung für die Verkäuflichkeit eines Produktes überhaupt sein.

Akzeptanzbarrieren Doch auch in Zeiten zunehmender Umweltorientierung bestehen Akzeptanzbarrieren bei einzelnen Kunden oder Kundengruppen. Hierfür werden technologische, finanzielle, organisatorische sowie rechtliche Akzeptanzbarrieren unterschieden (vgl. SCHRADER 2001, S. 121 ff.): Akzeptanzbarrieren **technologischer Art** werden häufig in Branchen identifiziert, die historisch eine wenig dynamische Entwicklung der zugrunde liegenden Prozesse aufweisen. Für die betrachtete Branche ist zu untersuchen, inwieweit Akzeptanzbarrieren aufgrund einer gegebenenfalls notwendigen vollständigen Neuausrichtung der Produktionstechnologien vorliegen. Akzeptanzbarrieren **finanzieller Art** werden maßgeblich vom Zugang zu Kapitalmärkten bestimmt. Hier stehen Anteilseigner und Kreditgeber vor der Frage, wie die Unsicherheiten der neuen Technologie zu bewerten sind. Akzeptanzbarrieren **organisatorischer Art** sind häufig das entscheidende innerbetriebliche Hemmnis für die Umsetzung neuer Produktnutzungsstrategien. Sie können aber auch aufgrund der Substitution traditioneller Wertschöpfungsaktivitäten von Unternehmen innerhalb der Geschäftsprozesse (z.B. Druck, Logistik), also auf zwischenbetrieblicher Ebene, auftreten. Dies kann im Extremfall zur Erosion ganzer Branchen führen. Akzeptanzbarrieren **rechtlicher Art** werden durch den Gesetzgeber auf verschiedenen Ebenen (international und national) geschaffen. Hierbei sind rechtliche Regelungen im sozialen Bereich (Abbau von Arbeitsplätzen), aber auch im ökologischen Bereich (Regelungen über Einsatzstoffe) oder im ökonomischen Bereich (Induzierung von Kosten durch Auflagen) zu berücksichtigen.

Strategische Relevanz Wollen Kunden nun ihre Verhaltensabsicht in tatsächliches Verhalten umsetzen, entspricht das Angebot im Idealfall ihren Anforderungen. Für den umgekehrten Fall stellt sich die Frage nach ihrer Marktmacht. Die strategische Relevanz der Kunden ergibt sich daraus, dass Kunden mit einer entsprechenden Marktmacht Innovationen (vgl. Kapitel 6.2.1) stimulieren können. Am Beispiel der öffentlichen Beschaffung von Bussen für die städtischen Verkehrsbetriebe bei MOBILITY UNLIMITED werden die einzelnen Komponenten der Marktmacht näher erläutert:

> Die Marktmacht bemisst sich nach dem Einkaufsvolumen (Anteil der Anschaffungs- und/oder Betriebskosten der zu beschaffenden Busse am Haushalt der Stadt), dem Konzentrationsgrad der Abnehmer (diese kann durch Einkaufsgemeinschaften erhöht werden), der Standardisierung (Busse für den öffentlichen Personennahverkehr sind standardisiert und können von verschiedenen Herstellern bezogen werden), der Markttransparenz (die Beschaffungsplattform www.beschaffung-info.de bietet einen guten Überblick über Alternativen und mögliche Ansprechpartner) und Systemabhängigkeiten (Busse jeglichen Antriebs können auf den Straßen gefahren werden, die Flotte kann auch über verschiedene Antriebssysteme verfügen).

5.3.2 Stakeholdergruppe Lieferanten

Bedeutung Lieferanten ermöglichen den Zugang zu den für die Geschäftstätigkeit notwendigen Inputs wie Maschinen, Einsatzstoffen, Dienstleistungen und Verbrauchsmaterialien. So gaben deutsche Unternehmen für den Einkauf von Material (Materialaufwand) 2004 2.244,1 Mrd. € aus und die Höhe des Sachanlagevermögens belief sich im selben Jahr auf 455,9 Mrd. € (vgl. DEUTSCHE BUNDESBANK 2006). In beiden Fällen steht zu Beginn die Kontaktaufnahme mit potentiellen Lieferanten und damit sind bereits zu diesem Zeitpunkt die entsprechenden umweltbezogenen Anforderungskriterien an die Lieferanten und deren Leistung zu bestimmen. Hinzu kommt, dass bei einer Investitionsentscheidung in Anlagen gleichzeitig über den späteren Ressourcenverbrauch und die entstehenden Kondukte, aber auch über Produktqualitäten hinsichtlich ihrer Umweltverträglichkeit entschieden wird.

Komponenten der Lieferanten- und Leistungsbewertung Die ökologieorientierte Auswahl der Lieferanten kann dabei zum einen durch eine Bewertung der Lieferanten an sich und zum anderen durch eine Bewertung ihrer Leistung erfolgen. Werden im ersten Fall die Produktionsverfahren bzw. die Art der Leistungserstellung bei Dienstleistungen bewertet, so werden im zweiten Fall die Anlagen und Produkte bzw. Dienstleistungen selbst bewertet. Für die Lieferantenbewertung können die Lieferantenvorauswahl (z.B. durch eine Lieferantenselbstauskunft) Lieferantenbewertungsmethoden und Zertifizierungen durch unabhängige Dritte unterschieden werden. Für die Leistungsbewertung können Kriterienkataloge, Zusammensetzungszertifikate sowie eine Produktkennzeichnung, geprüft durch unabhängige Dritte eingesetzt werden.

Lieferantenvorauswahl mittels Selbstauskunft Bei dieser einfachsten Form der Lieferantenbewertung informiert der Lieferant den potentiellen Kunden selbst über sein Angebot und im speziellen über sein ökologieorientiertes Angebot. Eine erste Selektion der Lieferanten kann durch die Festlegung von k.o.-Kriterien, z.B. in Form eines zertifizierten oder validierten Umweltmanagementsystems erfolgen. Des Weiteren können z.B. Angaben über Mitarbeiterschulungen oder die Produktplanung gemacht werden. Häufig stellen Unternehmen ihren potentiellen Lieferanten erweiterbare Fragebögen als Ausgangspunkt zur Verfügung, in denen neben Fragen zu Organisation, Produkt und Fertigung, Finanzkraft, Qualitätssicherung, Logistik und Service, Kommunikation bereits konkrete Fragen zum Umweltmanagement enthalten sind. In diesem Zusammenhang kommen unternehmenseigenen Internetplattformen für das Lieferantenmanagement, in die die Selbstauskünfte integriert werden können, zunehmende Bedeutungen zu (siehe z.B. www.vwgroupsupply.com).

Tabelle 19 stellt als Beispiel die Lieferantenselbstauskunft der WOCO-Unternehmensgruppe aus der Automobilindustrie vor.

Tabelle 19: Beispiel Lieferantenselbstauskunft

(In Anlehnung an WOCO-UNTERNEHMENSGRUPPE (Hrsg.) 2007, S. 4)

Lieferant:
Standort:
Bearbeiter:
Hat Ihr Unternehmen ein Umweltmanagementsystem eingerichtet? Wenn ja, welches? ☐ EMAS II (EG 761/2001) ☐ ISO 14001 ☐ internes Umweltmanagementsystem Falls ja, bitte eine Kopie des Zertifikats beifügen und weitere Fragen nicht mehr beantworten. Noch nicht eingerichtet, aber geplant für 200_ Wenn ja,welches? ☐ EMAS II (EG 761/2001) ☐ ISO 14001 ☐ internes Umweltmanagementsystem
Haben Sie in Ihrem Unternehmen ein anderes Managementsystem, das den Umweltschutz einschließt, eingerichtet? ja ☐ nein ☐ wenn ja,welches? ________
Werden Umweltschutzmaßnahmen in Ihrem Unternehmen bereits auditiert? Falls ja, von wem? interner Auditor ☐ externer Auditor ☐
Werden in Ihrem Unternehmen regelmäßig .... auf Ihre Umweltauswirkungen untersucht?

Produktionsprozesse	☐ ja	☐nein
Ver- und Entsorgungsprozesse	☐ ja	☐nein
Produkte	☐ ja	☐nein
Sind Umweltschutzaspekte fester Bestandteil Ihrer Produktplanung?	☐ ja	☐nein
Ist Ihr Unternehmen IMDS-fähig? Wenn ja, bitte ID angeben?	☐ ja	☐nein
Orientiert sich Ihr Unternehmen im Umweltschutz an schriftlich festgelegten Richtlinien?	☐ ja	☐nein
Werden in Ihrem Unternehmen Umweltschutzmaßnahmen und -ergebnisse dokumentiert?	☐ ja	☐nein
Haben Sie in Ihrem Unternehmen Ziele zur Verbesserung des Umweltschutzes definiert und dokumentieren Sie deren Erfüllung?	☐ ja	☐nein
Werden Ihre Mitarbeiter/-innen regelmäßig zum Thema Umweltschutz informiert und geschult?	☐ ja	☐nein
Wirken Sie auf die Verbesserung des Umweltschutzes bei Ihren Lieferanten und Vertragspartnern hin?	☐ ja	☐nein

Lieferantenbewertungsverfahren Eine bessere Vergleichbarkeit der von den Lieferanten erhaltenen Informationen ist gegeben, wenn die Lieferantenbewertung mit Hilfe von Lieferantenbewertungsverfahren durch das nachfragende Unternehmen selbst durchgeführt wird. Als Verfahren eignen sich dabei sowohl quantitative Verfahren, wie Bilanzanalysen, Preis- oder Kostenanalysen sowie Kennzahlenanalysen als auch qualitative Verfahren wie Checklisten, Portfolioanalysen oder Nutzwertanalysen. In Erweiterung des EFQM-Modells der EUROPEAN FOUNDATION FOR QUALITY MANAGEMENT (www.efqm.org), innerhalb dessen mithilfe von fünf „Befähigerkriterien" (Führung, Mitarbeiter, Politik und Strategie, Partnerschaften und Ressourcen, Prozesse) und vier „Ergebniskriterien" (mitarbeiterbezogene, kundenbezogene, gesellschaftsbezogene und Schlüsselergebnisse) Organisationen ganzheitlich betrachtet werden, hat der ZENTRALVERBAND ELEKTROTECHNIK UND ELEKTRONIKINDUSTRIE E.V. (ZVEI) das folgende Lieferantenbewertungssystem entwickelt:

Der Fachverband Bauelemente des ZENTRALVERBANDES ELEKTROTECHNIK UND ELEKTRONIKINDUSTRIE (ZVEI) hat einen Leitfaden für ein Lieferantenbewertungssystem erarbeitet. Dieser richtet sich an die gestiegene Anzahl von kleinen und mittleren Unternehmen, die sich im Zusammenhang mit dem Aufbau eines Qualitätsmanagementsystems mit der Einführung eines Lieferantenbewertungssystems konfrontiert sehen.

Das vorgestellte System bietet den Unternehmen die Möglichkeit, Lieferanten in einem ganzheitlichen Ansatz zu bewerten. Um die Vielzahl und unterschiedliche Beschaffenheit der Geschäftsbeziehungen zwischen Lieferanten und Kunden zu berücksichtigen, wurde ein Modulares System gewählt. Dies ist ein flexibler Ansatz, der nur Kategorien und Bewertungselemente festlegt und die inhaltliche Gestaltung und Gewichtung der Einzelelemente offen lässt. Der Erfüllungsgrad der Kundenerwartungen steht dabei im Mittelpunkt, wodurch die Möglichkeit besteht, ein auf die eigenen Erwartungen zugeschnittenes Bewertungssystem zu entwickeln. Durch die Transparenz dieses Verfahrens kann der Lieferant auf Basis der Beurteilung durch den Kunden entsprechende Maßnahmen einleiten, um die eigene Wettbewerbsposition zu stärken. Weiterhin können durch Rückinformation der Bewertungsergebnisse die eigene Marktposition mit der der Konkurrenten verglichen und anhand der Bewertungen und Anforderungsprofile strategische Planungen durchgeführt werden. Die Lieferantenbewertung soll zu einem Teil des unternehmensweiten Qualitätsmanagements werden, das heißt, die Lieferantenbewertung wird Aufgabe des gesamten Unternehmens, um die Bewertung nicht an einigen wenigen Faktoren festzumachen.

Unterschieden werden die fünf unten aufgeführten Kategorien (Module), die aus den Schnittstellen der Unternehmen und seinen Lieferanten abgeleitet sind. Diese sind nochmals in verschiedene Kriterien untergliedert. Die Kriterien sind vom Kunden frei definierbar und können dadurch situativ gewählt und spezifisch angepasst werden. Beispiele für Kriterien sind unten aufgeführt (vgl. Tabelle 20).

Tabelle 20: Lieferantenbewertung

(in Anlehnung an ZENTRALVERBAND ELEKTROTECHNIK UND ELEKTRONIKINDUSTRIE E.V. (Hrsg.)1998)

1. Unternehmen
1.1 Unternehmensprofil • Wirtschaftliche Aspekte • Standorte • Marktpositionierung • Innovationsrate/Innovationspotential
1.2 Management • Stabilität • Qualifikation • Kundenorientierung
1.3 QM-System • Zertifizierung • Auditergebnisse
1.4 Zusammenarbeit und Service (Gesamtbeurteilung) • Partnerschaft • Flexibilität • Zuverlässigkeit • Qualitätssicherungsvereinbarung • Erreichbarkeit
2. Technologien
2.1 Produktstrategie • Orientierung an Standards • Bedarfsorientierung • System/Modul
2.2 Produktion • Technologieeinsatz • Technologiebeherrschung
2.3 Entwicklung • Entwicklungszeit • Mustergebnisse • Qualifizierungen (Abläufe) • Marktreife
2.4 Zusammenarbeit • Technische Unterstützung • Informationspolitik • Schnittstellen • Dokumentation
3. Prozesse
3.1 Prozessdokumentation • Abläufe • Prüfpunkte
3.2 Prozesslenkung

• Prozessfähigkeit • Prozessänderungen (Häufigkeit)
3.3 Umweltverträglichkeit • Ressourcenverbrauch (pro hergestelltem Produkt) Der Lieferant beobachtet, erfasst und informiert über den Ressourcenverbrauch. Der Ressourcenverbrauch ist im Vergleich zum Wettbewerb optimal. • Einsatz von Gefahrenstoffen Der Einsatz von Gefahrenstoffen bei der Herstellung wird erfasst. Es werden Anstrengungen unternommen, ihn auf ein absolutes Minimum zu bringen. • Umweltbelastung Die Umweltbelastung durch Herstellung, Anwendung und Entsorgung der Produkte wird erfasst und laufend verringert. • Risikopotential Das von dem Produkt ausgehende Risikopotential wird bereits bei der Entwicklung berücksichtigt und Risiken vermindert. Der Verbraucher wird durch geeignete Informationen auf das verbleibende Risiko hingewiesen. • Zertifizierung Der Lieferant hat ein nach ISO 14001 oder vergleichbarer Norm zertifiziertes Umweltmanagementsystem.
3.4 Zusammenarbeit • Änderungsmitteilungen • Berichterstattung über Prozessfähigkeit
4. Produkte
4.1 Anlieferqualität • Fehlerrate • Rückweiserate (technisch) • Fertigungsausfallrate (Kunde) • Verpackung, Kennzeichnung
4.2 Zuverlässigkeit • Feldausfallrate • Ergebnisse aus Zuverlässigkeitstests
4.3 Reklamationsabwicklung • Fehleranalysebericht • Bearbeitungszeit • Wirksamkeit der Korrektur- und Vorbeugungsmaßnahmen
4.4 Zusammenarbeit • Schnittstellen • Informationen • Frühwarnsystem (technisch) • Verbesserungsprogramme • Änderungsmitteilungen
5. Lieferungen
5.1 Lieferlogistik • Lieferfähigkeit • Liefertreue • Rückweiserate (logistisch) • Sicherheitslager/Konsignationslager • Just-In-Time (JIT)-/Ship-To-Stock (STS)-Konzepte

• Frühwarnsystem (logistisch)
5.2 Transportsysteme • Transport, Verpackung • Kennzeichnung • Wiederverwendung/Entsorgung Die Art der Verpackung (Material, Konstruktion usw.) ermöglicht eine Wiederverwendung im Kreislauf bzw. die ordnungsgemäße Entsorgung durch Verwendung von geeigneten Materialien mit Kennzeichnung. • Warenbegleitpapiere
5.3 Kostenmanagement • Liefer-/Zahlungsbedingungen • Preisverhalten, -disziplin • Kostentransparenz
5.4 Zusammenarbeit • Datenaustausch • Abwicklung von Anfragen und Aufträgen • Reaktionszeit/Flexibilität • gemeinsame Kostensenkungsprogramme • Abkündigungen

Lieferantenbewertung durch unabhängige Dritte Sofern anerkannte Lieferantenbewertungsverfahren als Systemprüfungen durch Dritte zertifiziert werden, kann auf eine eigene Lieferantenbewertung verzichtet werden. Beispiele hierfür wären das Vorliegen einer Validierung oder Zertifizierung des Umweltmanagementsystems des potentiellen Zulieferers gemäß EMAS oder DIN EN ISO 14001 (vgl. Kapitel 4.2).

Für ein neues Automodell plant MOBILITY UNLIMITED die Beschaffung von LED-Scheinwerfern. Der hierfür infrage kommende Lieferant besitzt ein Qualitätsmanagementsystem nach dem für die Automobilindustrie spezifisch entwickelten Regelwerk des VERBANDES DER AUTOMOBILINDUSTRIE (VDA). Nach Prüfung der VDA Norm entscheidet sich MOBILITY UNLIMITED dafür, diese als Ersatz für die hausinternen Lieferantenbewertungskatalog zu akzeptieren. Die Akzeptierung des Qualitätsmanagements nach VDA beruht darauf, dass wichtige Umweltkriterien berücksichtigt werden müssen bzw. können. Beispiele hierfür sind:

- Element Verantwortung der Leitung: Die Unternehmensleitung entwickelt eine Qualitätspolitik, in der konkrete Qualitätsziele festgelegt und ein QM-System implementiert werden. Alle Unternehmensbereiche und Ebenen werden auf diese Qualitätspolitik verpflichtet.
- Element: kontinuierlicher Verbesserungsprozess: hier ist auch der sparsame Umgang mit Ressourcen zu berücksichtigen, zum Beispiel Einsatz von Material, Wasser, Energie.
- Element Produktsicherheit: Das Unternehmen soll vorbeugend Qualitätssicherungsmaßnahmen in alle Prozesse integrieren, um Produkt- und Dienstleistungsfehler zu vermeiden (z. B. Vorhandensein von Verfahren zur Risikobewertung der Dienstleistungen bzw. Produkte sowie Anweisungen oder Warnhinweise in Bedienungsanleitungen). Außerdem müssen allen Mitarbeitern die Auswirkungen von Fehlern bekannt und die Konsequenzen aus der Produkthaftung bewusst sein.

Leistungsbewertung Nachdem der Lieferant an sich als leistungsfähig eingestuft wurde und somit generell für die Leistungserstellung in Frage kommt, ist seine eigentliche Leistung zu bewerten. Hierzu stehen dem Unternehmen verschiedene Möglichkeiten zur Verfügung. Zum einen kann es konkrete Anforderungen an die nachgefragte Leistung festlegen, die in einen Kriterienkatalog münden. Des Weiteren kann es Zusammensetzungszertifikate fordern, um z.B. den Einsatz bestimmter Einsatzstoffe, die zwar nicht gesetzlich verboten, aber als bedenklich eingestuft werden, zu überprüfen. Schließlich kann das Unternehmen auf eine Kennzeichnung durch einen unabhängigen Dritten, der z.B. ein Gütesiegel vergibt, zurückgreifen.

Kriterienkatalog des die Fremdleistung nachfragenden Unternehmens Das die Fremdleistung beziehende Unternehmen legt in einem Kriterienkatalog erwartete Anforderungen an die Leistung fest. Das Leistungsangebot der potentiellen Lieferanten wird dann im Hinblick auf die Erfüllung dieser Anforderungen überprüft. So kann ein Nachfrager mit Hilfe eines Fragebogens die Umweltverträglichkeit des Angebots anhand von ihm selbst festgelegter Kriterien bewerten. Diese können sich auf die Güter selbst, wie z.B. die recyclinggerechte Konstruktion, die Langlebigkeit, Emissionen oder den Energieverbrauch beziehen. Aber auch das Umweltmanagementsystem des die Fremdleistung anbietenden Unternehmens kann untersucht und Ökologiekosten abgeleitet werden. Ein besonders großes Potential haben hier Handelsunternehmen, wie das Beispiel des Büromaterialausstatters MEMO zeigt. Dieser bietet ein nach ökologischen Kriterien ausgewähltes Produktsortiment für den gewerblichen Bedarf an. Die Dynamik dieses Bereichs zeigt sich auch in der öffentlichen Beschaffung, bei der die Verfahren zur Ausschreibung rechtlich geregelt sind. Die Entwicklung der EU-Gesetzgebung und -Rechtssprechung hat auch die Möglichkeiten der öffentlichen Auftraggeber in den letzten Jahren kontinuierlich erweitert. Das Aussehen eines Kriterienkatalogs wird im Folgenden anhand eines Beispiels dargestellt.

MOBILITY UNLIMITED verfügt über einen Kriterienkatalog zur umweltfreundlichen Beschaffung von Notebooks. Darin werden insgesamt 13 umweltrelevante Aspekte erfasst und bewertet.

Langlebigkeit

Erweiterung der Leistungsfähigkeit

Ist das Notebook modular aufgebaut?

Ist der Austausch der Module durch den Benutzer ohne Verwendung von Spezialwerkzeugen möglich oder muss der Austausch durch den Hersteller bzw. Händler erfolgen?

Garantieleistung

Gewährt der Hersteller eine Garantieleistung für das gesamte Notebook für 3 Jahre mit vor-Ort-Service? Wenn ja, welche Kosten entstehen zusätzlich pro Notebook exklusive Umsatzsteuer?

Rücknahme der Geräte

Verpflichtet sich der Hersteller, die Notebooks nach deren Gebrauch zurückzunehmen? Wenn ja, werden die Notebooks einer Wieder- oder Weiterverwendung bzw. -verwertung zugeführt und die nicht verwertbaren Geräteteile sachgemäß entsorgt?

Recyclinggerechte Konstruktion

Wendet der Hersteller bei der Konstruktion der Notebooks die VDI-Richtlinie 2243 an?

Wie wird die Richtlinie bei den vorgesehenen Verfahren zur Wieder- oder Weiterverwendung bzw. -verwertung umgesetzt?

Welche Werkstoffe, Verbundmaterialien und Beschichtungen werden eingesetzt?

Kunststoffsorten für Gehäuseteile

Aus welchen Teilen besteht das Gehäuse des Notebooks und welche Kunststoffe werden dabei eingesetzt? Sind diese Kunststoffe entsprechend DIN EN ISO 11469 gekennzeichnet?

Geräuschemission

Wie hoch ist die maximale Schallpegelleistung im Arbeitszustand entsprechend DIN EN 27779? Verfügt das Notebook über einen eingebauten Lüfter?

Energieverbrauch

Wie hoch ist die Leistungsaufnahme des Notebooks – gemessen am Netzanschluss bei vollständig geladenem Akku – für folgende Betriebszustände an: Betriebszustand „Aus", Ruhezustand, minimale Leistungsaufnahme im Arbeitszustand, maximale Leistungsaufnahme im Arbeitszustand?

Batterien/Akkumulatoren

Enthalten die für das Notebook zum Einsatz kommenden Batterien/Akkumulatoren Cadmium oder Schwermetalle? Wenn ja, sind diese Batterien/Akkumulatoren entsprechend der Richtlinie 93/86/EWG gekennzeichnet?

Nimmt der Hersteller die Batterien/Akkumulatoren nach deren Gebrauch kostenlos zurück? Wenn ja, führt er die Batterien/Akkumulatoren einer Wieder- oder Weiterverwendung bzw. -verwertung zu?

Über welche Kapazität verfügt der standardmäßig eingebaute Akku des Notebooks?

Welche Betriebszeiten garantiert der Hersteller für den standardmäßig eingebauten Akku des Notebooks?

Welche Lebensdauer wird für den standardmäßig eingebauten Akku des Notebooks ohne merklichen Qualitätsverlust hinsichtlich der Betriebszeit garantiert?

Verpackung

Welche Materialien kommen in der Verpackung für das Notebook zum Einsatz?

Wie hoch ist die Gesamtmasse der Verpackung?

Wie verteilt sich die Gesamtmasse auf die einzelnen Materialien?

Wird Kunststoff als Verpackungsmaterial verwendet? Wenn ja, enthalten diese Kunststoffe halogenhaltige Polymere und sind die verwendeten Kunststoffe entsprechend DIN 6120 gekennzeichnet?

Bedienungsanleitung

Sind die mitgelieferten Produktinformationen in deutscher Sprache verfasst?

Wird die mitgelieferte Produktinformation auf chlorfrei gebleichtem Papier gedruckt? Wenn ja, handelt es sich dabei um Frischfaserpapier oder Altpapier?

Teststellung

Gewährt der Hersteller vor dem Kauf einen Zeitraum von 14 Tagen zum Testen des Notebooks? Wenn ja, steht für diese Teststellung ein direkter Ansprechpartner vor Ort zur Verfügung?

Listenpreis

Wie hoch ist der Listenpreis exklusive Umsatzsteuer für das ausgewählte Notebook?

Umweltmanagementsystem

Über wieviele Standorte verfügt der Hersteller weltweit, in Europa und in Deutschland?

Wieviele der Standorte weltweit sind nach DIN EN ISO 14000 ff. zertifiziert?

Wieviele der Standorte in Europa sind nach EG-Öko-Audit-Verordnung zertifiziert?

Welche Ihrer Standorte weltweit sind an der Herstellung des ausgewählten Notebook beteiligt? Welche sind davon nach DIN EN ISO 14000 ff. bzw. EG-Öko-Audit-Verordnung zertifiziert?

Zusammensetzungszertifikate des Herstellerunternehmens Wird eine umfassende Information über die Inhalte der Produkte gewünscht, so bietet sich das Instrument der Zusammensetzungszertifikate an. Zusammensetzungszertifikate informieren über die Komponenten, aus denen bestimmte Produkte (z.B. Textilien) bestehen. Insbesondere wenn die Schädlichkeit von Stoffen durch neue Tests nachgewiesen werden konnte, können sich die Einkäufer schnell einen Überblick über das Gefahrenpotential der gelisteten Produkte beschaffen. Basierend auf den in den

Zertifikaten erfassten Umwelteinflüssen, kann eine Bestimmung der Ökologiekosten erfolgen. Üblicherweise werden die Inhaltsstoffe im Sicherheitsdatenblatt dargestellt. Dies ist z.B. in der REACH-Verordnung Art. 31 und 32 geregelt. Im Folgenden ist ein Zusammensetzungszertifikat für einen Lack dargestellt, der zur Lackierung von PKW von MOBILITY UNLIMITED eingesetzt werden soll.

Tabelle 21: Beispiel Sicherheitsdatenblatt

Sicherheitsdatenblatt Gemäß 91/155/EWG			
1. Stoff-/Zubereitungs- und Firmenbezeichnung			
Handelsname		Lack	
Verwendung der Zubereitung		Lack zur Farbgebung	
Hersteller		Musterlacke AG Blumenaustraße 23 56781 Musterheim	
Auskunftgebender Bereich		Abteilung Technik	
Notfallauskunft		Tel.: XXXX/XXXX Fax: XXXX/XXXX	
2. ZUSAMMENSETZUNG/ANGABEN ZU BESTANDTEILEN			
Chemische Charakterisierung		Gemisch aus folgenden Stoffen	
CAS 108-94-1	Cyclohexanon	Xn, R 10-20	30-55 %
CAS 109-99-9	Tetrahydrofuran	Xi, F, R 11-19-36/37	25-50 %
3. MÖGLICHE GEFAHREN			
Besondere Gefahrenhinweise für Mensch und Umwelt		R11 leicht entzündlich R19 kann explosionsfähige Peroxide bilden. R 20 gesundheitsschädliche beim einatmen R36/37 reizt die Augen und Atmungsorgane	
4. ERSTE-HILFE-MAßNAHMEN			
Nach Einatmen		Frischluftzufuhr, ggf. Atemspende	
Nach Hautkontakt		Mit Wasser und Seife abwaschen	
Nach Augenkontakt		Augen mehrere Minuten mit Wasser spülen.	
Nach Verschlucken		Sofort Arzt aufsuchen	
5. MAßNAHMEN ZUR BRANDBEKÄMPFUNG			
Geeignete Löschmittel		CO_2, Sand, Löschpulver	
Ungeeignete Löschmittel		Wasser im Vollstrahl	
Feuer/Explosions Gefahr		keine	
Schutzausrüstung		Atemschutzgerät anlegen	
6. MAßNAHMEN BEI UNBEABSICHTIGTER FREISETZUNG			
Schutzausrüstung		Atemschutz. Handschuhe.	
Umweltschutzmaßnahmen		Eindringen in Kanalisation, Gruben, Keller verhindern	
Verfahren zur Aufnahme		mit flüssigkeitsbindendem Material aufnehmen,	

	für ausreichend Lüftung sorgen
7. Handhabung und Lagerung	
Hinweise zum sicheren Umgang	für gute Belüftung/Absaugung sorgen, Aerosolbildung vermeiden
Hinweise zum Brand- und Explosionsschutz	Zündquellen fernhalten, nicht rauchen, Maßnahmen gegen elektrostatische Aufladung treffen
Anforderungen an Lagerräume und Behälter	an einem kühlen Ort lagern
Lagerbedingungen	Behälter dicht geschlossen halten.
Lagerklasse	3 A VCI-Kzpt.
8. Expositionsbegrenzung und persönliche Schutzausrüstung	
Bestandteile mit arbeitsplatzbezogenen Grenzwerten	keine, für ausreichende Belüftung sorgen
CAS 108-94-1 Cyclohexanon	80 mg/m³, 20 ml/m³
CAS 109-99-9 Tetrahydrofuran	150 mg/m³, 50 ml/m³
Schutzausrüstung	Atemschutz, Handschuhe, Augen- und Körperschutz
9. Physikalische und chemische Eigenschaften	
Allgemeine Angaben	
Form Farbe Geruch	flüssig verschiedene charakteristisch
Schmelztemperatur	nicht bestimmt
Siedetemperatur	65 °C
Flammpunkt	-20 °C
Zündtemperatur	230 °C
Selbstentzündlichkeit	nicht selbstentzündlich
pH-Wert	nicht bestimmt
10. Stabilität und Reaktivität	
zu vermeidende Bedingungen	keine
gefährliche Reaktionen	keine bekannt
11. Angaben zur Toxikologie	
primäre Reizwirkung	Haut: nicht reizend Augen: nicht reizend
Hautsensibilisierung	keine sensibilisierende Wirkung bekannt
12. Angaben zur Ökologie	
Allgemeine Hinweise	Wassergefährdungsklasse 1: schwach wassergefährdend. Nicht unvedünnt bzw. in größeren Mengen in Grundwasser, Gewässer oder Kanalisation gelangen lassen
Angaben zur Elimination	10-20 % TOC/DOC Analyse, OECD 303A (mod)
Bewertung	wenig eliminierbar durch Adsorption an Klärschlamm
Verhalten in Kläranlagen	keine nachteiligen Wirkungen. Keine Nitrifikati-

	onshemmung bekannt
weitere ökologische Hinweise	BSB5 55 mgO_2/g; CSB 900 mgO_2/g; TOC 31 %
13. Hinweise zur Entsorgung	
Produkt	Darf nicht zusammen mit Hausmüll entsorgt werden. Nicht in die Kanalisation gelangen lassen.
ungereinigte Verpackung	Entsorgung gemäß behördlichen Vorschriften

Umweltkennzeichnung durch einen unabhängigen Dritten Neben den Instrumenten des vom nachfragenden Unternehmen erstellten Kriterienkatalogs und des vom anbietenden Unternehmen erstellten Zusammensetzungszertifikats kann auch eine dritte Institution die Bewertung der Leistung vornehmen. Das bekannteste Beispiel dürfte hier der Blaue Engel sein, der 1984 eingeführt wurde (www.blauer-engel.de) (vgl. UMWELTBUNDESAMT (Hrsg.) 1999a, S. 51). Mit ihm zeichnet das Umweltbundesamt Produkte aus, die innerhalb einer definierten Konsumgut-Kategorie besonders umweltfreundlich sind, ohne dass deren Gebrauchsfähigkeit und Sicherheit dadurch eingeschränkt wird. Ähnliche Umweltkennzeichnungen existieren für den Bereich der Investitionsgüter. Für die Bestimmung der Ökologiekosten sind die der Kennzeichnung zugrunde liegenden Verfahren der Erfassung der Umwelteinflüsse zu analysieren und die aufgezeigten Umwelteinflüsse zu bewerten. Eine grundsätzliche Typologisierung der Umweltkennzeichen bietet die Normenreihe DIN EN ISO 14020 ff.. Sie ist Teil der übergeordneten Normenserie DIN EN ISO 14000 ff. und gibt allgemeine Anleitungen zur Produktkennzeichnung. Die Normen unterscheiden sich durch die Verwendung der Begriffe „Umweltkennzeichnungen" (vgl. DIN EN ISO 14021 und 14024) und „Umweltdeklarationen" (DIN ISO 14025) und den jeweilige Rezipientenkreis. Beide Begriffe bezeichnen Aussagen zu den Umweltaspekten eines Produktes oder einer Dienstleistung.

Die **DIN EN ISO 14021** „legt Anforderungen an umweltbezogene Anbietererklärungen einschließlich Erklärungen, Symbolen und graphischen Darstellungen für Produkte fest. Außerdem legt sie ausgewählte, in Umweltaussagen häufig verwendete Begriffe fest und gibt Hinweise zu deren Anwendung." (§ 1 DIN EN ISO 14021). Diese Umweltkennzeichnungen werden nach dem Kriterienraster als Typ II bezeichnet. Umweltkennzeichnungen nach Typ II DIN EN ISO 14021 wenden sich meist an Endverbraucher und konzentrieren sich oft auf einen einzelnen Umweltaspekt. Ein Beispiel für eine solche Umweltaussage, die die Hersteller auf Verpackungen oder in Broschüren für ihre Produkte verwenden, ist das Möbiusband, ein internationales Recyclingsymbol, das besagt, dass das Produkt aus Recyclingmaterial hergestellt ist (auch als Drei-Pfeile-Symbol bekannt).

Die **DIN EN ISO 14024**, die Umweltkennzeichnungen nach Typ I definiert, „legt Grundlagen und Verfahren fest, die sowohl für die Entwicklung von Typ I Umweltkennzeichnungsprogrammen einschließlich Auswahl von Produktkategorien, Umweltkriterien und charakteristischen Funktionen der zu untersuchenden Produkte und für die Beurteilung und den Nachweis der Übereinstimmung anzuwenden sind." (§ 1 DIN EN ISO 14024) Sie richtet sich daher besonders an Organisationen, die ein kriteriengestütztes Programm zur Produktkennzeichnung aufbauen wollen. Bekannte Beispiele dafür sind der Blaue Engel, der in Deutschland für besonders langlebige, recyclinggerechte und energieeffiziente Produkte vergeben wird, das Europäische Umweltzeichen, das für Produkte des täglichen Bedarfs vergeben wird, das Warenzeichen des „FOREST STEWARDSHIP COUNCIL" (FSC), mit dem Holzprodukte aus nachhaltig bewirtschafteten Wäldern ausgezeichnet werden sowie die Zertifizierung des „MARINE STEWARDSHIP COUNCIL“ (MSC), das von WWF und Unilever gegründet wurde und dessen Ziel es ist, die Zukunft der Fischereibestände und eine gesunde Meeresumwelt zu sichern.

Umweltdeklarationen vom Typ III sind in der **DIN ISO 14025** beschrieben und stellen quantifizierte umweltbezogene Informationen aus dem Lebensweg eines Produktes zur Verfügung, um damit Vergleiche zwischen Produkten gleicher Funktion zu ermöglichen. Grundlage dafür stellen Daten aus Ökobilanzen dar, die es Einkäufern und Anwendern ermöglichen sollen, sachkundige Vergleiche anzustellen. Ein Typ III Umweltkennzeichen nach DIN ISO 14025 (umweltbezogenes Informationssystem wird vom Hersteller getragen und von Dritten überprüft) ist zum Beispiel die AUB-Deklaration (Arbeitsgemeinschaft Umweltverträgliches Bauprodukt (siehe weiterführend ARBEITSGEMEINSCHAFT UMWELTVERTRÄGLICHES BAUPRODUKT E.V. 2008).

Tabelle 22: Eigenschaften von Umweltkennzeichnungen und -deklarationen der ISO 14020er Serie

(In Anlehnung an NAGUS 2007)

	Ökobilanz	**Vergleichbarkeit**	**kontinuierliche Verbesserung**	**Umweltauszeichnung**	**Validierung durch unabhängige Dritte**
Typ I DIN EN ISO 14024	Option	mittel	zumeist angestrebt	angestrebt	erforderlich
Typ II DIN EN ISO 14021	Option	kaum	möglich	möglich	Option
Typ III DIN ISO 14025	Option	hoch	angestrebt	nicht angestrebt	erforderlich

Strategische Relevanz Im Rahmen der Verhandlungen mit den Lieferanten gilt es abschließend, die Ergebnisse der Lieferanten- und Leistungsbewertung umzusetzen. Bei einer entsprechenden Größe kann ein Unternehmen im Rahmen der Angebotseinholung Einfluss auf die Lieferanten nehmen, umweltschonende Fertigungsverfahren einzusetzen sowie umweltverträgliche Produkte herzustellen. In diesem Zusammenhang ist auf den Handel hinzuweisen, der als „gate-keeper“ die Macht hat, über die gegenwärtigen Interessen hinaus eigene oder gesamtwirtschaftliche Anliegen durchzusetzen. Aus dieser Position heraus kann er eine Führerschaft übernehmen. Seine Entscheidungen über den Verzicht auf weniger umweltfreundliche Artikel oder die Förderung umweltverträglicherer Produkte können durchaus marktwirksam werden. Zum anderen können Verträge zwischen Unternehmen und Lieferanten fixiert werden, die eine Umweltverantwortung der Lieferanten vorsehen. Dies bedeutet, dass diese sich zu Garantien über die Umweltverträglichkeit der eingesetzten Verfahren verpflichten. Für die Leistungsbeeinflussung stehen dem Einkäufer die Instrumente der Produkt-, der Distributions-, der Kontrahierungs- und der Kommunikationspolitik zur Verfügung. So kann ein Handelsunternehmen beispielsweise im Rahmen der Produktpolitik bei vorhandener Marktmacht auf die Entwicklung umweltverträglicher Produkte hinwirken, vom Kundendienst bestimmte Reparaturleistungen einfordern, bei den Bezugsmodalitäten eine Rücknahmeverpflichtung voraussetzen oder im Rahmen des Know-how-Transfers eine Produktanwendungsberatung als zusätzliche Dienstleistung erwarten. Doch auch die Lieferanten selbst können – auch hier die entsprechende Marktmacht vorausgesetzt – den Markt beeinflussen, indem sie z.B. den Energieverbrauch in der Nutzungsphase reduzieren.

5.3.3 Stakeholdergruppe Wettbewerber

Bedeutung Da nur wenige Märkte monopolistisch ausgeprägt sind, ist es sowohl für die Industrie wie auch für den Handel unerlässlich, sich am strategischen Verhalten der Wettbewerber zu orientieren, zumal Bedrohungen und Gefährdungen der Unternehmensexistenz häufig aus Wettbewerbsverschiebungen resultieren. Da ein Unternehmen eigene strategische Wettbewerbsvorteile aufbauen und erhalten muss, ist eine sorgfältige Analyse der Strategien, der aktuellen, aber – gerade bei komplexen Themen wie der Ökologieorientierung – auch der potentiellen neuen Wettbewerber, sowie möglicher Substitute für die Erfüllung derselben Funktionen (vgl. Kapitel 2.2) von entscheidender Bedeutung.

Wettbewerbskräfte Eine Systematisierung zur Analyse der Wettbewerber bietet der Ansatz der Wettbewerbskräfte von PORTER, der die bestehenden Wettbewerber um potentielle neue Wettbewerber und mögliche Substitute in Form von Produkten oder Dienstleistungen erweitert, die von bisher nicht als Wettbewerbern wahrgenommenen Unternehmen angeboten werden (die Bedeutung der Kunden und Lieferanten wurde bereits ausgeführt) (vgl. PORTER 2000, S. 29 ff.). Gerade das Denken in Funktionen stellt dabei Herausforderungen an die Unternehmen, innovative Substitute aus anderen Branchen zu erkennen oder selbst zu entwickeln. Insbesondere gilt es, beim Aufbau neuer relativer Wettbewerbsvorteile Eintritts- und Austrittsbarrieren auszuloten. **Eintrittsbarrieren** im Sinne von Hemmnissen für einen Markteintritt für neue Wettbewerber können dabei auf relativen Kostenvorteilen (economies of scale), einer Produktdifferenzierung, dem Zugang zu Vertriebswegen, aber auch auf rechtlichen Erfordernissen (z.B. Genehmigungen), Umstellungskosten oder hohem Kapitalbedarf (z.B. bei der Energieerzeugung) beruhen. **Austrittsbarrieren** wiederum wirken für auf dem Markt tätige Unternehmen als Hemmnis, den Markt oder einen Teilmarkt zu verlassen. Beispiele hierfür sind getätigte Investitionen, Effekte auf andere Geschäftseinheiten, aber auch rechtliche Barrieren (z.B. Abfindungsansprüche).

Ökologieorientierte Konkurrenzanalyse Um mögliche Wettbewerbsverschiebungen hinsichtlich einer Ökologieorientierung frühzeitig zu erkennen, bietet sich eine ökologieorientierte Konkurrenzanalyse an. Diese umfasst (vgl. HINTERHUBER 1982, S. 104; PORTER 1999, S. 78 ff.):

- die Identifikation der relevanten und potentiellen Wettbewerber; für ökologieorientierte Angebote ist hier insbesondere der Strategiewechsel von einem Produktangebot hin zu einer Funktionserfüllung zu beachten. Dadurch kann ein Wechsel in ein anderes Marktsegment erfolgen und somit können auch andere Wettbewerber relevant werden.
- die Bestimmung der Stärken und Schwächen der Wettbewerber, d.h. deren objektivierte Betroffenheit; hierfür eignet sich das Instrument der SWOT-Analyse (Strengths/Weaknesses/Opportunities/Threats), wobei diese aus externer Perspektive angewandt mit reduzierten Informationen auskommen muss. Betrachtet werden dabei Aspekte wie finanzielle Stärke, Markt- und Machtpositionen, Kapazitätsauslastung sowie Marktanteil und -volumen.

- eine Analyse der gegenwärtigen und eventuellen zukünftigen ökologieorientierten Strategien der Wettbewerber; hier kann das Instrument der Vorteilsmatrix (vgl. Abbildung 40) zum Einsatz kommen sowie
- die Ableitung eines Reaktionsprofils der Wettbewerber und der Abgleich desselben mit der eigenen Strategie.

Je stärker diversifiziert das einzelne Unternehmen ist, desto schwieriger wird es, alle Wettbewerber in die Konkurrenzanalyse einzubeziehen. Diese Tatsache erfordert eine Beschränkung auf die wichtigsten Konkurrenten in den relevanten Märkten, die mit Hilfe des Gesamtumsatzes, des Marktanteils, der Beschäftigtenzahl und der Kapitalausstattung bestimmt werden können. Daneben sollte man auch kleineren Unternehmen Aufmerksamkeit schenken, sofern sie in Teilmärkten ein überdurchschnittliches Wachstum aufweisen (z.B. Getränkehersteller Bionade). Im Rahmen der Konkurrenzanalyse müssen auch die Faktoren identifiziert werden, von denen der Erfolg bzw. Misserfolg der betrachteten Konkurrenten abhängig ist. Die Konkurrenzanalyse kann im Wesentlichen auf die Faktoren Preisklassenstruktur, Qualität, Image und Sortimentsbreite ausgerichtet werden. Neben dem Auftreten nach außen sollten auch die einzelnen Wertschöpfungsstufen (vgl. Kapitel 6) der relevanten Mitbewerber untersucht werden, um den Ursprung der von Außenstehenden identifizierten Stärken und Schwächen zu finden und einen Vergleichsmaßstab für die eigene Unternehmensanalyse zu erhalten.

Vorteilsmatrix Zur Einordnung der Wettbewerbsvorteile des Marktes kann die von der BOSTON CONSULTING GROUP entwickelte Vorteilsmatrix herangezogen werden (vgl. BAUM/COENENBERG/GÜNTHER 2007, S. 222). Mit dieser können die Geschäftsfelder eines Unternehmens anhand der beiden Dimensionen „Anzahl der Wettbewerbsvorteile" und „Langfristigkeit der Wettbewerbsvorteile" unterschieden werden, wobei die Langfristigkeit eines Wettbewerbsvorteils über die Stärke der Eintrittsbarrieren bestimmt wird. Im Falle der Strategie der **Fragmentierung** gibt es eine Vielzahl von Möglichkeiten, sich vom Wettbewerber zu differenzieren. Allerdings können die Wettbewerbsvorteile von Anderen leicht kopiert werden. Ein Beispiel hierfür ist das Gaststättengewerbe. So kann ein Unternehmen auf vielfältige Weise Speisen aus Biolebensmitteln anbieten. Doch dieser Vorteil ist leicht kopierbar, quasi von einem Tag auf den anderen. Der Begriff der Fragmentierung soll widerspiegeln, dass diese Märkte zersplittert sind. Können die Wettbewerbsvorteile, die ebenfalls in hoher Zahl vorliegen, auch langfristig erhalten werden, liegt der Fall der **Spezialisierung** vor. Eintrittsbarrieren können hier z.B. über eine Bio-Marke im Lebensmittelbereich geschaffen werden. Diese stellt Anforderungen an ihre Nutzer, deren Erfüllung meist einen längerfristigen Umstellungsprozess, z.B. der Anbauweisen erforderlich macht. Sofern die Marke nur genutzt werden darf, wenn externe Gutachter eine Übereinstimmung mit den Anforderungen attestieren, besteht eine weitere Eintrittsbarriere, verstärkt z.T. durch die Kosten der Zertifizierung. Für den Fall, dass zwar die Wettbewerbsvorteile langfristig erhalten bleiben können, aber nur wenige vorliegen, spricht man vom **Volumengeschäft** (wie z.B. bei der Müllverbrennung). Für ein Unternehmen bietet sich hier meist nur die Möglichkeit, durch Kostendegressionseffekte einen Vorteil zu generieren. Allerdings kann auch die zusätzliche Fokussierung auf einen Teilmarkt diesen Vorteil ausbauen helfen. Sind nur wenige Wettbewerbsvorteile vorhanden und diese können nicht gehalten werden, liegt eine **Patt**situation (gilt z.B. für Deponien) vor. Die wichtigsten Wettbewerber befinden sich alle in einer optimalen Situation, sodass ein relativer Vorteil, z.B. durch Wissen oder Kostendegression nicht ausgebaut werden kann. Hierbei handelt es sich tendenziell um schrumpfende Märkte, auch Unternehmensübernahmen sind hier häufig anzutreffen.

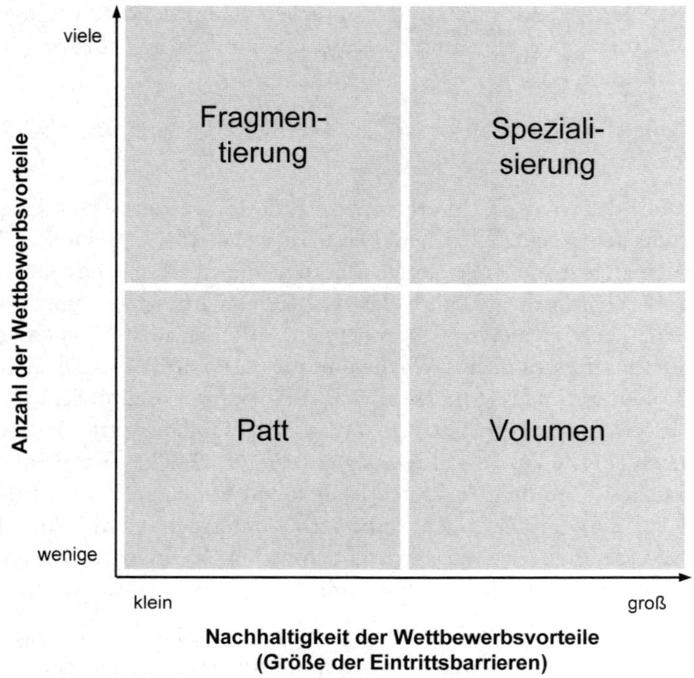

Abbildung 40: Vorteilsmatrix
(Quelle: BAUM/COENENBERG/GÜNTHER 2007, S. 222)

Wettbewerberportfolio Eine weitere Systematisierung, in diesem Fall der Wettbewerber in Abhängigkeit der Kompatibilität der Ökologieorientierung mit dem Zielsystem und der relativen Macht des Unternehmens bietet das Wettbewerberportfolio (vgl. Abbildung 41). Die Dimension der **interorganisationalen Zielkompatibilität** soll die Umfeld- bzw. Chancen-/Risiken-Position des Unternehmens zum Ausdruck bringen. Sie fragt dabei nach der Übereinstimmung von Umweltschutzzielen und anderen Unternehmenszielen, wobei dem Umweltschutz meist die Rolle eines Sachziels zukommt. Herangetragen an das Unternehmen werden die ökologiebezogenen Ansprüche von den Stakeholdern (ökologiebedingte Betroffenheit). „Kompatibel" meint somit das Vorliegen einer Zielidentität bzw. -komplementarität, „inkompatibel" meint das Vorherrschen einer Zielkonkurrenz bzw. -antinomie. Die Dimension des relativen Macht- und Einflusspotentials drückt die unternehmerische Stärken-/Schwächen-Position aus. Sie fragt nach den Möglichkeiten des Unternehmens, die gesetzten ökologiebezogenen Ziele (Ökologieorientierung) am Markt umzusetzen. „Stark" bedeutet, dass das Unternehmen aufgrund der relativen Macht am Markt Umweltschutzziele umzusetzen vermag, „schwach" bedeutet, dass die Umsetzung der Unternehmensstrategie stark von den entsprechenden Voraussetzungen des Unternehmens abhängig ist.

Die Wettbewerbspositionen können wie folgt erklärt werden:

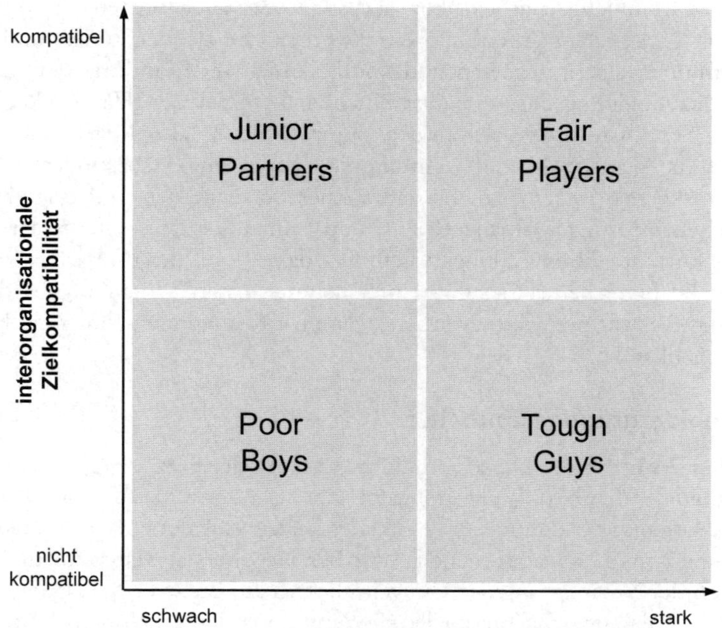

Abbildung 41: Wettbewerberportfolio
(Quelle: GREMMINGER 1995, S. 308)

Bei den **Fair Players** besteht eine weitgehende Ziel- und Interessenkompatibilität mit Zielsetzungen des Umweltschutzes, z.B. mit Zielen von Umweltinteressenvertretungen. Daraus kann eine mögliche Kooperation mit Umweltverbänden bzw. -gruppen und dem Unternehmen selbst entstehen. Außerdem können Fair Players die eigenen Zielvorstellungen (und damit auch die der Umwelt) durch ihre relative Macht- und Einflussposition forcieren bzw. realisieren, wie z.B. ein etabliertes Unternehmen mit etablierten und anerkannten Öko-Produkten). Bei den **Junior Partners** besteht eine ähnliche Interessenkompatibiltät wie bei den Fair Players, aber aufgrund der eigenen schwachen Machtposition (bisher) noch wenig Spielraum, diese Interessen zu realisieren, z.B. ein Newcomer am Markt mit einem umweltfreundlichen Produkt. Für ihn bestehen eventuell Markteintrittsbarrieren (in Form von Größenvorteilen etc.), sodass er sich mit seinem sozial erwünschten Produkt nicht durchsetzen kann. **Poor Boys** verfolgen explizit konfligierende Interessenpositionen bei gleichzeitig unvorteilhaften Einflussmöglichkeiten, z.B. ein ausländischer Holzlieferant, der auf dem deutschen Markt Tropenholz anbietet oder ein kleines Chemieunternehmen, das aufgrund seiner begrenzten Produktpalette, nur einige wenige umweltschädliche Produkte anbietet. Bei den **Tough Guys** besteht auch eine konträre Zielbeziehung, aber das Unternehmen verfügt über größere Einflussmöglichkeiten, z.B. Anbieter von Kernenergie (vgl. GREMMINGER 1995, S. 307 ff.).

Strategische Relevanz Hinsichtlich der Ökologieorientierung ist zu fragen, ob ein Unternehmen seine Wettbewerbsposition verbessert oder verschlechtert, wenn ökologische Aspekte einbezogen werden. Hierbei gilt es auch, die Wettbewerber zu betrachten (Strategie „Managing Competitors" von REINHARDT, vgl. Kapitel 2.3). Daneben ist zu überlegen, ob Kooperationen möglich sind, sei es nur in der Öffentlichkeitsarbeit über Verbände oder aber im Bereich von Forschung und Entwicklung. Die gerichtete, stärker „inside-out“ orientierte Beobachtungs- und Identifikationsperspektive kommt in einem gezielten und kontinuierlichen Monitoring der wichtigsten unternehmerischen Stakeholder, in unserem Zusammenhang speziell der (Haupt-) Wettbewerber, zum Ausdruck. Diese Schnittstelle lässt sich in den Unternehmen in aller Regel relativ einfach realisieren, stellen doch die Wettbewerbsbeobachtung und -aufklärung, insbesondere in der Form eines „Competitor Intelligence System“, nicht selten eines der zentralen und originären Module des unternehmerischen Informationsmanagement- und Frühaufklärungssystems dar. Einem Wettbewerbs- und Konkurrentenüberwachungssystem fällt dabei – auf der Basis eines vorstrukturierten, besonders kritische Bereiche erfassenden Untersuchungsrasters – die Aufgabe der Beschaffung, Aufbereitung und Auswertung wettbewerbsrelevanter Informationen zum Zwecke und Prognose der Aktionsmöglichkeit zu.

5.3.4 Stakeholdergruppe Mitarbeiter

Bedeutung aller Mitarbeiter Die Formulierung „Umweltschutz ist Chefsache“ soll die Notwendigkeit, Ökologieorientierung auf höchster Ebene zu verankern, zum Ausdruck bringen. Denn für eine Ökologieorientierung sind ein klares Bekenntnis der entscheidenden Personen und die Wahrnehmung von ökologiebezogenen Aufgaben auf oberster Managementebene unumgänglich. Doch neben der Verankerung des Umweltschutzes auf oberster Managementebene sind alle Mitarbeiter für eine erfolgreiche Ökologieorientierung des Unternehmens verantwortlich, denn nur wenn die vom Topmanagement gestellten Weichenstellungen befolgt werden, kann die Umweltleistung auf allen Stufen der Leistungserstellung verbessert werden. Somit ist jeder gefordert, der eine einzelne Entscheidung an einer bestimmten Stelle treffen kann – also „Chef dieser Sache“ ist –, in diese Entscheidung das Ziel der Umweltfreundlichkeit einzubeziehen. So kann die Anspruchsgruppe der Mitarbeiter in die Leitungsebene und die ausführenden Ebenen (**Doppelinstitutionalisierung**) gegliedert werden. Nachfolgend werden die Aufgaben beider Ebenen beschrieben, die Einbindung in die Wertschöpfungsstufe Personal und Organisation erfolgt im Kapitel 6.2.3.

Managementebenen Die konkreten Aufgaben zum Umweltschutz in einem Unternehmen sowie die Anforderungen an die jeweiligen Akteure lassen sich hinsichtlich der verschiedenen Ebenen des Managements unterteilen. Auf der **oberen Managementebene** gilt es, den Umweltschutz in die Gesamtplanung und in die Unternehmenspolitik zu integrieren sowie innerhalb der Organisation des Unternehmens dem Umweltschutz zu einer wirksamen Position zu verhelfen. Dies setzt eine kritische Analyse der von dem betreffenden Unternehmen ausgehenden Umweltgefährdung voraus. Die Steuerung und Intensivierung umweltschutzbezogener Aktivitäten aller untergeordneten Betriebsebenen obliegt dem oberen Management, weil hierfür Kenntnis und Verständnis der Systemzusammenhänge als gegeben angenommen werden müssen. Auch kommt der oberen Managementebene die Aufgabe zu, zukünftige umweltpolitische Entwicklungen, insbesondere die Maßnahmen des Staates, zu antizipieren und diese frühzeitig in die strategischen Unternehmensplanungen einzubeziehen. Die **mittlere Managementebene** hat die Aufgabe, Einzelprojekte festzulegen und zu koordinieren, was die vorausgehende Erarbeitung einer konkreten Schwachstellenanalyse impliziert. Daher sollten die Manager auf dieser Ebene über einen umfassenden Überblick über den Produktionsprozess mit seinen umweltbezogenen Auswirkungen verfügen. Dies verlangt Kenntnisse der technischen Möglichkeiten und setzt interdisziplinäre Kompetenzen voraus. Auch die Vertretung des Unternehmens in Umweltschutzfragen den zuständigen Behörden und der Öffentlichkeit gegenüber erfolgt auf dieser Ebene. Die Aufgaben der **unteren Managementebene** umfassen die Implementierung konkreter Umweltprojekte sowie die Überwachung von umweltgefährdenden Anlagen und verlangen von den betreffenden Akteuren die Fähigkeit, hierbei entstehende Probleme zu identifizieren. Dies macht eine präzise Kenntnis der Umweltschutztechniken zur Bedingung. Auch sollte das untere Management als Anlaufstelle für Mitarbeiter des Unternehmens fungieren und Aufklärung hinsichtlich umweltschutzbezogener Fragen bieten (vgl. RATHJE 2001, S. 81).

Rechtliche Verankerung auf Führungsebene Doch die Bedeutung der Ökologieorientierung als Führungsaufgabe zeigt sich auch in der Umweltgesetzgebung, in der ganz bestimmte Rechtspflichten der Geschäftsführung zugeordnet werden. So regelt § 52 BImSchG die Pflichten für den Betreiber einer genehmigungsbedürftigen Anlage. Der Betreiber ist dabei der rechtlich Verantwortliche und kann nur identisch mit der Person sein, die für das Unternehmen die Gesamtverantwortung trägt. Besteht die Geschäftsführung aus mehreren Personen (z.B. bei einem Vorstand einer AG oder bei einer GmbH), so muss gemäß § 52 a I BImSchG eine Person der zuständigen Behörde genannt werden, die „nach den Bestimmungen über die Geschäftsführungsbefugnisse für die Gesellschaft die Pflichten des Betreibers der genehmigungsbedürftigen Anlage wahrnimmt." Außerdem beinhaltet diese Mitteilungspflicht als zweiten Punkt, dass die zuständige Behörde darüber zu informieren ist, wie die Beachtung der „dem Schutz vor schädlichen Umwelteinwirkungen und vor sonstigen Gefahren, erheblichen Nachteilen und erheblichen Belästigungen dienenden Vorschriften und Anordnungen" im Unternehmen sichergestellt wird (§ 52 a II BImSchG). Mit dem § 52 a II BImSchG wurde somit das **Institut der Darlegung der Betriebsorganisation** geschaffen. Ähnliche Regelungen finden sich auch im KrW-/AbfG. Schließlich erfordert auch der Aufbau eines Umweltmanagementsystems nach EMAS oder DIN EN ISO 14001 eine Verankerung auf der höchsten, dem Standort entsprechenden Geschäftsführungsebene. So werden die Verankerung des Umweltschutzes auf höchster Managementebene und die Einrichtung einer Stabsstelle des Umweltbeauftragten in der Organisation empfohlen. Neben der internen Aufgabenverteilung ist auch die rechtliche Verantwortung zu beachten. Die in § 76 Abs. 1 AktG festgelegte Gesamtverantwortung aller Vorstandsmitglieder gilt auch für Straftaten gegen die ökologische Umwelt (§§ 324ff. StGB). Regelungen bezüglich der Ordnungswidrigkeit treffen Vorstand oder Aufsichtsrat dann, wenn sie eine Zuwiderhandlung wesentlich hätten erschweren können (§ 130 OWiG). Die nachgeordneten Werks-, Betriebs- und Schichtleiter können nur Überwachungspflichten wahrnehmen, es sei denn, sie sind auch mit einer gleichwertigen innerbetrieblichen Entscheidungskompetenz ausgestattet.

Rechtliche Verankerung auf ausführender Ebene Der Gesetzgeber hat mit der Schaffung des **Instituts des Betriebsbeauftragten** die Intention verfolgt, die behördliche Fremdüberwachung um eine institutionalisierte Eigenüberwachung zu ergänzen. Dadurch soll die betriebliche Eigeninitiative gestärkt werden, um z.B. Schutzvorkehrungen vor potentiell schädlichen Umwelteinwirkungen treffen zu können. Somit ist das Institut des Betriebsbeauftragten Ausdruck des (umweltpolitischen) Kooperations- und Vorsorgeprinzips. Unter bestimmten Voraussetzungen schreibt der Gesetzgeber die Bestellung von Betriebsbeauftragten für bestimmte Umweltmedien (Wasser, Boden, Luft) und Ereignisse (z.B. Störfälle) als rechtlich verpflichtend vor: Betriebsbeauftragte für Abfall, Betriebsbeauftragte für Immissionsschutz, Betriebsbeauftragte für Gewässerschutz, Gefahrstoffbeauftragte, Störfallbeauftragte. Die Aufgabeninhalte der Betriebsbeauftragten werden in den einzelnen Gesetzen und Verordnungen zwar näher beschrieben, es bleibt jedoch offen, mit welchen Kompetenzen dieses Institut auszustatten und wie der Betriebsbeauftragte in der Unternehmensorganisation zu positionieren ist. Noch weiter gehen Unternehmen, die einen freiwilligen Umweltschutzbeauftragten bestellen, wie ihn beispielsweise der VERBAND DER BETRIEBSBEAUFTRAGTEN FÜR UMWELTSCHUTZ (VBU) vorsieht.

Aufgaben des Betriebsbeauftragten (vgl. Abbildung 42) Dem Betriebsbeauftragten sind folgende Kontroll-, Informations- und Initiativaufgaben gesetzlich zugeordnet:

- die innerbetriebliche Kontrolle der Anlagen auf Einhaltung von Vorschriften, Rechtsverordnungen, Bedingungen und Auflagen (= *Kontrollaufgabe*);
- die Aufklärung der Betriebsangehörigen über die von den Anlagen ausgehenden schädlichen Umwelteinwirkungen sowie über Einrichtungen und Maßnahmen zu ihrer Verhinderung (= *Informationsaufgabe*);
- die jährliche Berichtspflicht gegenüber dem Anlagenbetreiber über die im Rahmen der Aufgaben getroffenen und beabsichtigten Maßnahmen (= *Informationsaufgabe*);
- das Vortragsrecht gegenüber dem Anlagenbetreiber bei Vorschlägen oder Bedenken (des Betriebsbeauftragten) (= *Initiativaufgabe*);
- die Initiative zur Entwicklung und Einführung umweltfreundlicher Verfahren und Erzeugnisse (= *Initiativaufgabe*) sowie
- die Stellungnahme zu Investitionsentscheidungen, die für den Gewässerschutz, den Immissionsschutz und die Abfallversorgung bedeutsam sein können (= *Initiativaufgabe*).

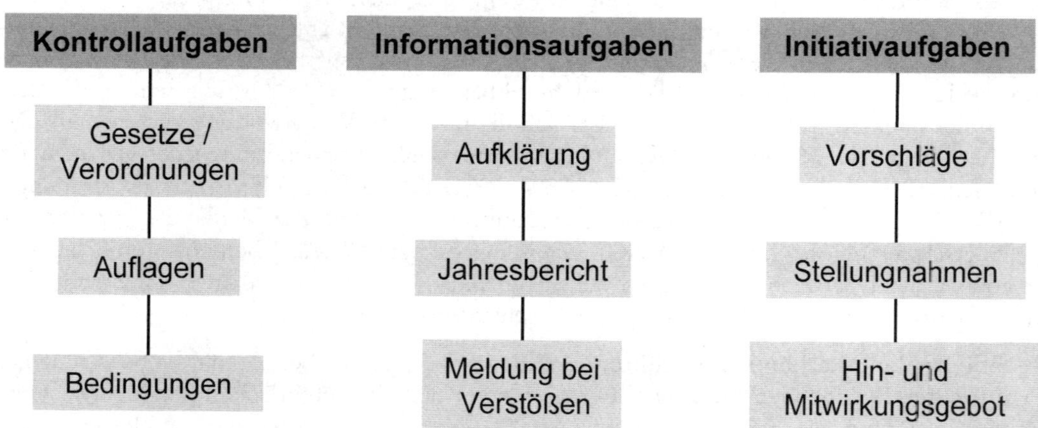

Abbildung 42: Aufgaben der Betriebsbeauftragten
(Quelle: BAUM/COENENBERG/GÜNTHER u. a. 1994, S. 22)

Übrige Mitarbeiter Für alle Mitarbeiter, unabhängig von ihrer persönlichen Verantwortung für den Umweltschutz gilt, dass das persönliche Umweltverhalten die Ökologieorientierung des gesamten Unternehmens bestimmt (vgl. FISHBEIN/AJZEN 1981, S. 253 ff.). Nach der Theorie des geplanten Handelns wird das Verhalten einer Person direkt durch eine Verhaltensabsicht (Intention) bestimmt. Diese hängt wiederum von den drei Einflussfaktoren persönliche Einstellung, soziale Normen und wahrgenommene Verhaltenskontrolle ab (vgl. die Ausführungen hierzu im Kapitel 5.3.1). Die persönliche Einstellung der Mitarbeiter kann z.B. durch das Aufzeigen positiver Konsequenzen von Umweltschutzmaßnahmen oder die Aufarbeitung negativer Vorerfahrungen beeinflusst werden. Soziale Normen können beispielsweise durch Umweltleitlinien von der Unternehmensführung gesetzt werden. Eine Verhaltenskontrolle setzt Wissen voraus, das durch Schulungen aufgebaut werden kann. Die konkrete Umsetzung dieser Ziele wird ebenfalls in Kapitel 6.2.3 dargestellt.

Zeitaufwandsrechnung Da Umweltverantwortliche immer wieder unter Rechtfertigungsdruck kommen, hat der Arbeitskreis Umweltschutz des VERBANDES DEUTSCHER SICHERHEITSINGENIEURE E.V. (VDSI) für die Einsatzzeit eines Umweltbeauftragten eine Aufwandsrechnung in Personenjahren erstellt. Die Parameter der Rechnung beruhen dabei auf Erfahrungswerten. Die Einsatzzeit T gliedert sich in vier Komponenten: Grundeinsatz für die Umsetzung gesetzlicher Anlagen G, Aufrechterhaltung des Umweltmanagementsystems U, Business Excellence Orientierung R und produktbezogener Umweltschutz P.

Grundeinsatz für die Umsetzung gesetzlicher Auflagen ($G = 0{,}05\ Y + 0{,}01\ X + A$): So werden je genehmigungsbedürftiger Anlage Y 0,05 Personenjahre für die ordnungsgemäße qualifizierte Betreuung der Anlagen aufgewendet. Hinzu kommen 0,01 Personenjahre für jede Abfallart X, um deren ordnungsgemäße Entsorgung zu gewährleisten. Neben der Anzahl genehmigungsbedürftiger Anlagen Y und der Anzahl der Abfallarten X bildet der Basiszeitaufwand A, der abhängig vom gesetzlichen Rahmen und der Umweltrelevanz ist, die dritte Komponente des Grundeinsatzes. Der Basisaufwand unterteilt sich in verschiedene Kategorien. Ein Umweltbeauftragter eines Unternehmens der Kategorie 1, beispielsweise Handwerks- oder Handelsunternehmen, wendet 0,2 Personenjahre auf. Hingegen braucht sein Kollege in einem Chemieunternehmen, das in der Kategorie 4 eingeordnet ist, 0,5 Personenjahre, um die gesetzlichen Auflagen zu realisieren (vgl. Tabelle 23).

Tabelle 23: Zeitaufwandsrechnung

(Quelle: VERBAND DEUTSCHER SICHERHEITSINGENIEURE (Hrsg.) e. V. 2003)

Basiszeitaufwand A in Personenjahren (PJ)	Kategorie (Beispiele)
0,2	Kategorie 1: Verwaltungsbetriebe, Montage, Service, Handwerksunternehmen, Handelsunternehmen
0,3	Kategorie 2: komplexe Unternehmen aus Kategorie 1, Kommunalverwaltungen, produzierende Unternehmen wie z.B. Metallbearbeitung, Lebensmittelhersteller, Bauunternehmen, elektrotechnische Unternehmen, Maschinenbau, Holzunternehmen, Verkehrsunternehmen, Unternehmen des Gesundheitsdienstes
0,4	Kategorie 3: komplexe Unternehmen aus Kategorie 2, Chemie- und Pharmaunternehmen, Krankenhäuser, größere Druckereien, Keramik- und Glashersteller, Papierhersteller
0,5	Kategorie 4: komplexe Unternehmen aus Kategorie 3, Metallverarbeitung, Kraftwerke, Verbrennungsanlagen, Chemieunternehmen

Aufrechterhaltung des Umweltmanagementsystems U: Hierfür kalkuliert der VDSI-Arbeitskreis Umweltschutz gemäß EMAS und DIN EN ISO 14000 0,1 Personenjahre.

Business Excellence Orientierung R: 0,25 Personenjahre verwendet der Umweltschutzbeauftragte für die Business Excellence Orientierung, d.h. für Reporting, Beurteilung wirtschaftlicher Konsequenzen bei Umweltschutzmaßnahmen, Geschäftswertbeitragsmessung, Best Practice Sharing,

Prozessorientierung bzw. Einbindung der Umweltschutzanforderungen in die Wertschöpfungskette, sowie die interne und externe Umweltkommunikation.

Produktbezogener Umweltschutz $P = 0{,}1 + 0{,}05\ Z$: Für Tätigkeiten im produktbezogenen Umweltschutz werden 0,1 Personenjahre für Basiswissen und die Aufrechterhaltung des produktbezogenen Umweltschutzes aufgewendet. Hinzu kommen 0,05 Personenjahre für Umweltschutztätigkeiten für jede Produktneuentwicklung (Z = Anzahl der Produktneuentwicklungen) (vgl. VERBAND DEUTSCHER SICHERHEITSINGENIEURE e.V. (Hrsg.) 2003, S. 5 ff.). Das folgende Beispiel zeigt die Berechnung der Einsatzzeit des Umweltbeauftragten von MOBILITY UNLIMITED.

Der Basiszeitaufwand A beträgt für MOBILITY UNLIMITED, laut Kategorie 2 für Maschinenbauunternehmen 0,3 PJ. Laut den betrieblichen Auflistungen nach dem Abfallverzeichnis erzeugt das Unternehmen 13 Abfallarten. Nach dem BImSchG verfügt MOBILITY UNLIMITED über 5 genehmigungsbedürftige Anlagen (4 Abluft- und 1 Werkzeugreinigungsanlage), nach WHG über 7 genehmigungsbedürftige Anlagen (1 Abwasserbehandlungsanlage, 3 Leichtstoffabscheider und 3 Dreikammersysteme).

Somit ergibt sich eine Grundeinsatzzeit von $G = 0{,}3 + 0{,}01 \times 13 + 0{,}05 \times 12 = 1{,}03\ PJ$.

Der Aufwand U für die Aufrechterhaltung des UMS beträgt 0,1 PJ, da die Standorte von MOBILITY UNLIMITED alle nach ISO 14001 zertifiziert sind.

Der Aufwand R für die Business Excellence Orientierung wird mit 0,25 PJ angesetzt.

Schließlich ist der Aufwand P für produktbezogene Umweltschutztätigkeiten zu bestimmen. Mobility Unlimited bringt durchschnittlich 2 neue Modelle im Jahr auf den Markt. Daraus ergibt sich $P = 0{,}1 + 0{,}05 \times 2 = 0{,}2\ PJ$.

Insgesamt beträgt die Einsatzzeit T:

$$T = G + U + R + P = 1{,}03 + 0{,}1 + 0{,}25 + 0{,}2 = \underline{\underline{1{,}58\ PJ}}.$$

Strategische Relevanz Nur wenn alle Mitarbeiter die Umweltrelevanz des Unternehmens erkennen und gemeinsam an einer Verbesserung der betrieblichen Umweltleistung arbeiten wollen, lässt sich eine Ökologieorientierung im Unternehmen realisieren. Um dieses Ziel nachhaltig umzusetzen, sind auch die sogenannten weichen Variablen, wie Werte, soziale Kompetenzen und Einstellungen der Mitarbeiter, einzubeziehen. Diese können im Rahmen einer ökologieorientierten Personalentwicklung, Personalmotivation und -führung (vgl. Kapitel 6.2.3) gesteuert werden (siehe weiterführend www.mimona.de). Die Zeitaufwandsrechnung für die Einsatzzeiten von Fachkräften für Umweltschutz und Umweltmanagement des VERBANDES DEUTSCHER SICHERHEITSINGENIEURE E.V. kann helfen, die strategische Relevanz zu untermauern.

5.3.5 Stakeholdergruppe Kreditgeber

Bedeutung Für die Berücksichtigung ökologischer Aspekte bei der Kreditvergabe ist einerseits die Bedeutung des Umweltschutzmarktes für Kreditinstitute zu erfassen: So wird laut der bereits zitierten Studie der Beratungsgesellschaft ROLAND BERGER eine Verdoppelung des Weltmarktvolumens der Umweltindustrien von 1.000 Mrd. € im Jahr 2005 auf 2.200 Mrd. € im Jahr 2020 erwartet (vgl. BUNDESMINISTERIUM FÜR UMWELT, NATURSCHUTZ UND REAKTORSICHERHEIT (Hrsg.) 2007, S. 13). Alle hinter diesen Technologien stehenden Unternehmen sind potentielle Kreditnehmer. Andererseits führen in allen Märkten jenseits des Umweltschutzmarktes umweltbelastende Produkte und Produktionsverfahren zunehmend zu Akzeptanz-, Umsatz- und Ertragsproblemen, die die Bonität der Kreditnehmer erheblich beeinträchtigen können.

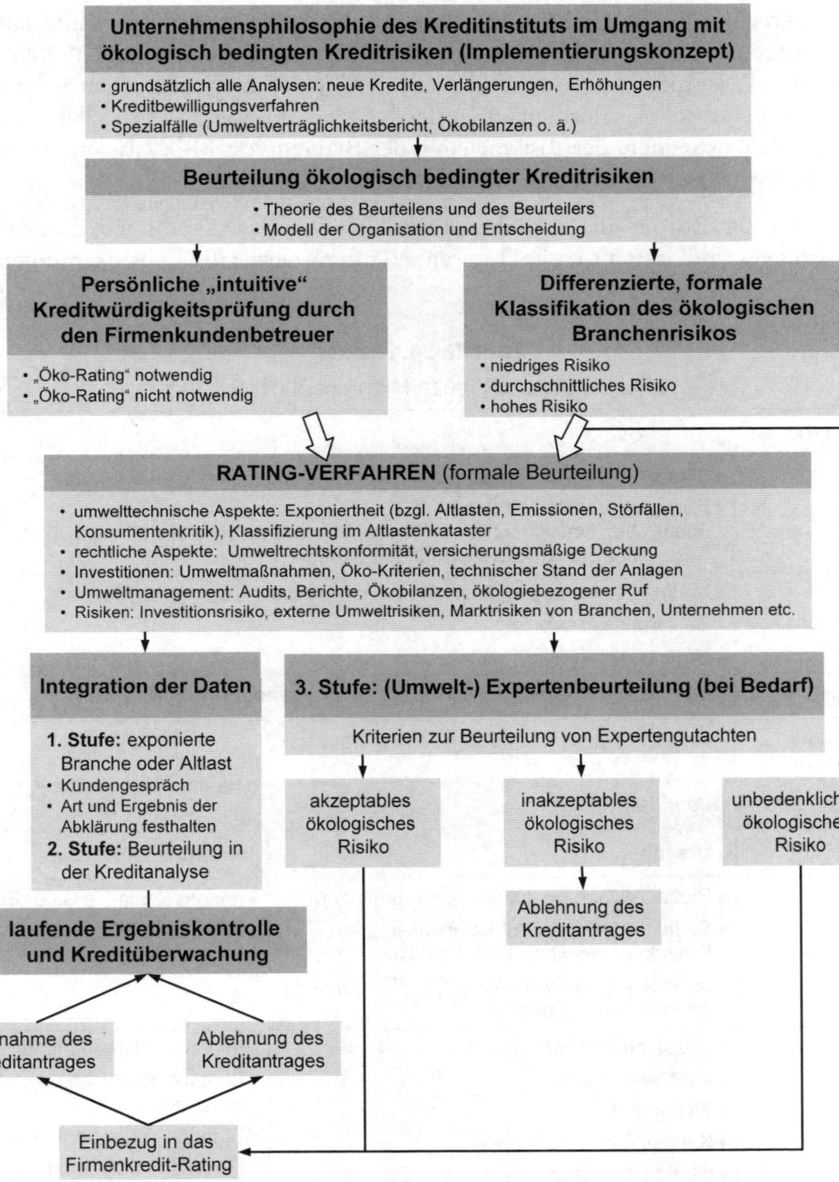

Abbildung 43: Kreditwürdigkeitsprüfung

(In Anlehnung an SCHOLZ/WEBER/MICHALIK 2001, S. 42; BUNDESMINISTERIUM FÜR UMWELT, NATURSCHUTZ UND REAKTORSICHERHEIT (Hrsg.) 1997, S. 57)

Kreditwürdigkeitsprüfung Konkret können dies die Verminderung von Sicherheiten wegen Altlasten, finanzielle Schwierigkeiten aufgrund gesetzlich vorgeschriebener Umweltinvestitionen, Umsatzrückgänge wegen ökologisch bedingter Veränderungen des Marktes oder Kreditausfälle aufgrund natürlicher Umweltrisiken und Umweltkatastrophen sein. Somit resultieren die Anforderungen der Kreditgeber an die Unternehmen aus den mit der Kreditvergabe verbundenen

Risiken. Für Kreditinstitute entsteht dann ein aktives Kreditrisiko, wenn gewährte Kredite nicht oder nicht fristgerecht getilgt werden können (weiterführende Literatur: GEGE 2008). So muss die Kreditwürdigkeitsprüfung neben der klassischen Unternehmensanalyse auch die Wirkungen ökologischer Aspekte auf die Positionierung der Kunden am Markt einbeziehen, um die Möglichkeiten der Risikostreuung, der Risikoteilung, der Bildung von Risikoklassen und der Risikokalkulation positiv zu beeinflussen (vgl. Abbildung 43).

Risikofaktoren Die Risiken, die im Rahmen der Kreditwürdigkeitsprüfung des Unternehmens zu berücksichtigen sind, lassen sich in klassische und umweltspezifische Risiken unterteilen (vgl. Tabelle 24):

Tabelle 24: Risiken

(Quelle: SCHOLZ/WEBER/MICHALIK 2001, S. 1 ff.)

Klassische Risiken		
Bonitätsrisiko	• Ausfallrisiken (kein Eingang) und Terminrisiken (verspäteter Eingang) • Rückgang der Bonität durch: öffentlichen Druck, rechtlichen Druck, höhere persönliche Haftungsrisiken, zusätzliche Kosten der Schadensvermeidung und -begrenzung	
Besicherungsrisiko	• Verlust der Sicherungsfunktion durch Wertverluste der Immobilien • Sanierungskosten • Nutzungsausfälle	
Imageverlust	• Bank ist nicht selbst Umweltsünder, finanziert aber Umweltsünder	
Geschäftsfeld-verschiebungen	• Erstellung eines optimalen Kundenportfolios	
Ökologische Beurteilungskriterien		
	Ursachen	**Kreditrisiken**
Stoffkreisläufe	• Stoffanreicherung (lokale Konzentrationen) • Stoffumwandlung (Output erwünscht = Produkte, unerwünscht = Kondukte) • beschleunigter Stoffumsatz (pro Kopf Umsatz an Stoffen und Energie)	• höhere Kosten, z.B. für Entsorgungsverpflichtungen
Altlasten	• altlastverdächtige Flächen • Altablagerungen • Altstandorte • Kampfmittel • defekte Kanalsysteme • großflächige Bodenbelastung	Haftung des Unternehmens, wenn: • Standort historisch durch Dritte kontaminiert • Standort selbst kontaminiert • zukünftige Belastung Konsequenzen für die Bank: • Kreditausfall durch hohe wirtschaftliche Belastung der Dekontaminierung • Kreditausfall durch Umsatzeinbußen wegen Nutzungseinschränkungen • Kreditausfall durch Regressforderungen der Anlieger • Wertlosigkeit der Grundschuld

Störfälle	StörfallVO: • Stand der Sicherheitstechnik nicht eingehalten • Schadensausmaß • genehmigungsbedürftige Anlagen • Gefahrstoffe	• abhängig von Wahrscheinlichkeit und Ausmaß der Gefahr
Standort	• Kapitalbindung (Langfristigkeit) • ökologische Standortkriterien • Verkehrslage (Individualverkehr der Mitarbeiter, erforderlicher Gütertransport) • Ver- und Entsorgungssituation • Grundwasser-, Bodeneigenschaften • klimatische Faktoren (Wind-, Niederschlag-, Nebel-, Luftbelastung) • Standortsicherheit	• Abgaben • Auflagen • Anforderungen an Grundstückskategorien: Industriegebiet, Gewerbegebiet, Mischgebiet, allg. Wohngebiet, besonderes Wohngebiet, Dorfgebiet, Sondergebiet (Universität, Deponie)

Ähnliche Überlegungen können für alle Anspruchsgruppen (vgl. Kapitel 5) und Wertschöpfungsstufen (vgl. Kapitel 6) vorgenommen werden.

Equator-Principles Um Umweltfragen bei der Finanzierung internationaler Projekte einheitlich zu berücksichtigen, haben Banken 2002 die Equator Principles als freiwillige Richtlinien für die Berücksichtigung von Sozial- und Umweltfragen entwickelt. 2007 haben bereits über 50 Banken, die in über 100 Ländern tätig sind, die Equator Principles unterzeichnet. Sämtliche Projektdarlehen ab einer Größe von 10 Mio. US$ sollen nach den Regeln der Equator Principles kategorisiert werden, die auf den Ökologie- und Sozialstandards der Weltbank basieren. Von Projekten der Kategorie A geht das höchste Risiko im Bezug auf negative Umweltauswirkungen aus. Sie führen beispielsweise zu einem größeren Verlust an natürlichem Lebensraum oder ethnische Minderheiten werden unfreiwillig umgesiedelt. Für diese Projekte müssen Umweltauswirkungen untersucht und ihre Kompatibilität mit den lokalen Gesetzen geprüft werden. Des Weiteren ist es Aufgabe des Darlehensbeauftragten, einen Umweltmanagementplan zu erstellen, um die festgestellten ökologischen und sozialen Risiken abzumildern, zu managen und zu überwachen. In Kategorie B werden Projekte eingestuft, die im begrenzten Rahmen negative soziale und Umweltauswirkungen haben, die aber im Allgemeinen werksspezifisch, reparabel sind und bereits durch Milderungsmaßnahmen abgeschwächt wurden. Projekte der Kategorie C bergen nur ein geringes Risiko. Die Umsetzung obliegt den Banken. Es gibt keine öffentliche Rechenschaftspflicht und keine Sanktionen für Verstöße. Aus diesem Grunde haben sich NGOs zu „BANKTRACK" zusammengeschlossen mit dem Ziel, die Einhaltung der Equator Principles zu überwachen. Nachfolgende Tabelle stellt die Prinzipien dar, wobei die Namen im englischen Original belassen, die Erläuterungen aber ins Deutsche übertragen wurden (vgl. Tabelle 25).

Tabelle 25: Equator Principles
(Quelle: EQUATOR PRINCIPLES FINANCIAL INSTITUTIONS 2006)

Principle 1: Review and Categorisation Prüfung und Due Diligence sowie Kategorisierung des Projektes entsprechend seiner Auswirkungen auf die Sozial- und Umweltaspekte gemäß den Kriterien der INTERNATIONAL FINANCE CORPORATION (IFC)
Principle 2: Social and Environmental Assessment für Projekte der Kategorie A und B: Sozial- und Umweltbewertung durch den Kreditnehmer sowie Vorschläge zu daraus abgeleiteten Verminderungs- und Steuerungsmaßnahmen
Principle 3: Applicable Social and Environmental Standards Bewertung nach IFC Leistungsstandards und branchenspezifischen Richtlinien für Umwelt, Gesundheit und Sicherheit (einkommensstarke OECD-Staaten (über)erfüllen diese Standards)
Principle 4: Action Plan and Management System Maßnahmenplan mit Verminderungs-, Korrektur- und Überwachungsmaßnahmen basierend auf der Risikobewertung (konform mit dem jeweiligen Länderrecht); Kreditnehmer etabliert ein Umweltmanagementsystem
Principle 5: Consultation and Disclosure für Projekte der Kategorie A (und gegebenenfalls B): Einbeziehung und angemessene Information der betroffenen Parteien, Dokumentation der Beratungen
Principle 6: Grievance Mechanism angepasst an Risikograd des Projektes (Kategorie A und gegebenenfalls B): Beschwerdemanagementsystem zum Umgang mit Bedenken und Beschwerden bezüglich der Sozial- und Umweltleistung des Projektes
Principle 7: Independent Review für Projekte der Kategorie A (und gegebenenfalls B): unabhängiger Experte für Soziales und Umwelt überprüft Bewertung, Maßnahmenplan und Dokumentation
Principle 8: Covenants Vereinbarungen, dass Kreditnehmer relevante Sozial- und Umweltgesetze des Gastlandes und den Maßnahmenplan befolgt, periodisch Bericht erstattet, bei der Stilllegung von Einrichtungen einem vereinbarten Plan folgt; bei Nichtbefolgung erfolgt Mahnung bis hin zu Rechtsmitteln
Principle 9: Independent Monitoring and Reporting während der Kreditzeit erfolgt eine regelmäßige Überwachung der Projekte der Kategorie A (und gegebenenfalls B) durch unabhängige Sozial- und/oder Umweltexperten sowie eine Berichterstattung an die Bank
Principle 10: EPFI (Equator Principles Financial Institutions) Reporting jedes Finanzinstitut berichtet mindestens jährlich über die Umsetzung der Equator Principles

Strategische Relevanz Neben der generellen Relevanz von Umweltrisiken als Teil der Unternehmensrisiken sind insbesondere die beiden Aspekte Haftung und Sicherheiten zu betonen: Durch die anlagenbezogene Gefährdungshaftung der Unternehmen nach dem Umwelthaftungsgesetz UHG haftet der Inhaber auch dann, wenn die Anlage unter Einhaltung aller Vorschriften betrieben wurde. So wird eine Bewertung der Haftungsrisiken bzw. steigender Kosten der Risikoabsicherung bei der Kreditvergabeentscheidung erforderlich. Für die Kreditgeber sind darüber hinaus Altlasten von Bedeutung, durch die Grundstücke, die der Sicherung von Krediten dienen, wertlos werden können. Dies ist immer dann der Fall, wenn die Sanierungskosten den Wert der Immobilie übersteigen. So können die für die Kreditgeber entstehenden Risiken zweifacher Natur sein: Zum einen können gewährte Kredite durch die Wertlosigkeit der gegebenen Sicherheiten uneinbringlich werden und zum anderen kann eine Forderung der Bank zu einer Verbindlichkeit werden, wenn die Sanierungskosten zu tragen sind. Aus Sicht der Unternehmen kann die Berücksichtigung von Umweltaspekten auch darin bestehen, dass verbesserte Finanzierungsmöglichkeiten angeboten werden und so ökologieorientierte Unternehmen gezielt gefördert werden.

5.3.6 Stakeholdergruppe Anteilseigner

Bedeutung Ende 2006 betrug das Anlagevolumen im Nachhaltigen Investment allein in Deutschland 8,8 Mrd. € (FORUM NACHHALTIGE GELDANLAGEN 2007, S 14), europaweit über 1 Bio. € (EUROSIF 2006, S. 5). Dabei ist der Trend zu beobachten, dass immer mehr Anleger bei ihren Entscheidungen ökologische Kriterien einbeziehen, um einen Zusatznutzen im Sinne einer Wahrnehmung von Verantwortung innerhalb der Gesellschaft zu erhalten. Die Anlagevarianten reichen dabei von Spareinlagen, d.h. Sparbüchern mit ökologischer Zweckbindung der Mittelverwendung, über Aktien und Anleihen, die nach ökologischen Kriterien ausgewählt und einzeln angeboten werden, bis zu Umweltfonds. Für den Fall, dass ein Anleger selbst entscheiden will, ob er in eine einzelne Anlage investiert, was eher für institutionelle Anleger der Fall sein wird, kann er sich eines ökologieorientierten **Ratings** bedienen (Eigenbewertung). Alternativ kann der Anleger einen **Fonds** wählen, der nach ökologischen Kriterien zusammengestellt wurde, d.h., die Fondsgesellschaft hat bereits eine Überprüfung, ein Rating vorgenommen (Fremdbewertung). Dabei können auch **Öko-Indizes** genutzt werden, in die Anlagen nach vorher festgelegten Kriterien aufgenommen werden.

Öko-Rating Öko-Ratings bereiten umweltbezogene Unternehmensinformationen auf, indem sie verschiedene Unternehmen einer Branche hinsichtlich ihrer Umweltfreundlichkeit bewerten. Insbesondere Öko-Fonds machen von den Ratings Gebrauch. Nachfolgend soll beispielhaft das Rating von OEKOM RESEARCH vorgestellt werden:

Corporate Responsibility Rating von OEKOM RESEARCH Aus dem 1989 gegründeten Umweltmedienverlag OEKOM ging 1993 die OEKOM GmbH hervor. Aus dieser wurde 1999 der Rating-Bereich ausgegliedert, die OEKOM RESEARCH AG gegründet und das **Corporate Responsibility Rating** entwickelt. Die ersten ökologieorientierten Ratings wurden 1994 durchgeführt, seit 1999 umfasst der Rating-Ansatz auch soziale und kulturelle Aspekte. OEKOM RESEARCH erhebt Informationen zu Unternehmen, Branchen und Staaten und beabsichtigt, ökonomische, ökologische und soziale Ziele in Einklang zu bringen, dadurch nachhaltige Werte zu schaffen und einen Gewinn für Investoren und Unternehmen, Gesellschaft und Umwelt zu erzielen. Die Grundlage der Bewertung bildet der Frankfurt-Hohenheim-Leitfaden, der 800 Kriterien der Bereiche Kultur, Natur und Soziales umfasst, aus denen 200 branchenspezifische Kriterien herausgefiltert wurden. Im Rahmen des Corporate Responsibility Ratings erfolgt ein Social Cultural Rating und ein Environmental Rating. Im **Social Cultural Rating** werden die Kriterien Mitarbeiter und Zulieferer, Gesellschaft und Produktverantwortung sowie Corporate Governance und Business Ethics untersucht. Inhalt des **Environmental Ratings** sind das Umweltmanagement, Produkte und Dienstleistungen sowie die Öko-Effizienz. Wesentliche Inhalte des *Umweltmanagements* sind die Umweltpolitik des jeweiligen Unternehmens in Form des Unternehmensleitbildes und der Unternehmensziele, sowie Programm, Ökobilanz, Controlling, Reporting, Geschäftsreisen, Kooperation, Büroökologie und Beschaffung. Maßnahmen der *ökologieorientierten Produkt- und Dienstleistungsentwicklung* sind unter anderem Langlebigkeit, Verbrauchs- und Emissionsreduktion und Vermeidung umweltschädlicher Materialien. Die *Öko-Effizienz* berücksichtigt den Energie- und Wasserverbrauch, Abfallaufkommen und –zusammensetzung, Schadstoffe im Abwasser und Emissionen in die Abluft. Im Anschluss an die Ratings erfolgt unabhängig von der Einstufung ein Negativ-Screening, in dem das Unternehmen auf kontroverse Geschäftsfelder und Geschäftspraktiken untersucht wird. Die Gewichtungen der Untersuchungsgebiete im Rahmen des Environmental Rating variieren in Abhängigkeit von der jeweiligen Branche, in der das untersuchte Unternehmen tätig ist. Dabei wird mit Hilfe von

Experten eine Brancheneinordnung vorgenommen. Einerseits finden bei dieser Einordnung die Umweltauswirkungen der Produkte bzw. Dienstleistungen und andererseits die Umweltwirkungen der Produktion Berücksichtigung und werden als „hoch", „mittel" oder „niedrig" eingestuft. Aus dieser Auswertung ergibt sich eine 9-Felder-Nachhaltigkeitsmatrix, mit einer Brancheneinordnung in fünf Kategorien. Nach der Brancheneinordnung erfolgt eine Gewichtung der Untersuchungsbereiche in Abhängigkeit davon, ob die Umweltbelastungen einer Branche mehr durch die Produkte oder den Produktionsprozess verursacht werden. Zur Erhebung der Öko-Effizienz erfolgt eine Berechnung von Umweltkennzahlen anhand von Bezugsgrößen. Jede dieser Kennzahlen wird für sich bewertet. Dabei wird nicht die absolute Höhe der Kennzahl, sondern ihre Entwicklung im Verlauf der letzten drei Jahre bewertet. Somit können die Anstrengungen eines Unternehmens zur Verbesserung der Umweltleistung bewertet werden. Das Ergebnis des Environmental Ratings wird auf einer Skala von A+ bis D− dargestellt sowie mit einer römischen Ziffer von I bis V zur Brancheneinordnung angegeben. Bei der Gesamtbewertung von Unternehmen werden die Ergebnisse des Environmental und des Social Cultural Ratings gleich gewichtet. Neben dem Corporate Responsibility Rating werden auch andere Ratings angeboten. **Potentials Research** beinhaltet die Bewertung von sogenannten Nachhaltigkeitspionieren. Dabei handelt es sich um kleine und mittlere Unternehmen mit zukunftsweisenden Geschäftsmodellen und Technologien, deren Produkte eine nachhaltigere Entwicklung besonders fördern. Sämtliche Ratingergebnisse einer Branche werden im CORPORATE RESPONSIBILITY INDUSTRY REPORT aufgearbeitet. Eine Stärken- und Schwächenanalyse eines Unternehmens wird beim CORPORATE RESPONSIBILITY BENCHMARK REPORT durchgeführt. Die Bewertung von institutionellen Rahmenbedingungen in den Bereichen Umwelt und Soziales finden im Country Rating Berücksichtigung. OEKOM RESEARCH operiert daher kapitalmarktorientiert als reine Ratingagentur für den Bereich der nachhaltigen Geldanlagen und setzt seine Analysen und Ratings ausschließlich zur Vermarktung an Dritte ein.

Öko-Fonds Inzwischen gibt es auch eine breite Auswahl an Öko-Fonds. Neben einigen Renten- und Mischfonds ist vor allem eine Anzahl von Öko-Aktienfonds mit zum Teil sehr unterschiedlicher Ausrichtung auf dem Markt. Die meisten der Öko-Aktienfonds haben sich auf eine oder mehrere Kategorien von grünen Aktien spezialisiert, etwa auf Umwelttechnik-Unternehmen, Öko-Pioniere oder auf Öko-Leader. Parallel dazu existieren sogenannte Ethik- oder Nachhaltigkeitsfonds, die neben ökologischen auch soziale Aspekte bei der Anlageauswahl einbeziehen. Die Auswahlverfahren der Fonds unterscheiden sich sowohl in Bezug auf ihre Komplexität und ihren Aufwand als auch in Bezug auf die angewandten Kriterien. Fast alle Öko-Fonds arbeiten mit einer Liste von Ausschlusskriterien (**Negativkriterien**), sie nehmen also beispielsweise keine Aktien von Unternehmen aus bestimmten ökologisch bedenklichen Wirtschaftszweigen in ihr Portfolio auf. Daneben operieren die einzelnen Fonds zumeist mit **Positivkriterien**. Aktien, die diese Kriterien erfüllen, werden bevorzugt berücksichtigt. Sowohl bei den Negativ- als auch bei den Positivkriterien zählen neben rein ökologischen Aspekten oft auch soziale Aspekte.

Beispiele für Negativkriterien sind:

- Unternehmensaktivitäten in bestimmten Bereichen der Gentechnologie;
- Herstellung und Betrieb von Kernkraftwerken;
- Produktion von Rüstungsgütern;
- Missachtung der Menschenrechte.

Beispiele für Positivkriterien sind:

- Herstellung umweltfreundlicher Produkte;
- Anwendung umweltfreundlicher Technologien;
- gutes Umweltmanagement;
- humane Arbeitsbedingungen.

Beispiel ÖKOWORLD ÖKOVISION Als ein Beispiel für einen **Öko-Fond** wird der internationale Aktienfond ÖKOWORLD ÖKOVISION beschrieben. Er wurde am 02. Mai 1996 durch die Luxemburger Kapitalanlagengesellschaft ÖKOWORLD LUX. SA, eine hundertprozentige Tochter der VERSIKO AG, aufgelegt. Die Zielsetzung des Fonds ist eine angemessene Rendite unter Einhaltung der strengen ethisch-ökologischen Anlagekriterien. Die Investitionskriterien sind dabei unter anderem eine ökologische Ausrichtung des jeweiligen Unternehmens, Investitionen in umweltverträgliche Technologien, Schaffung von humanen Arbeitsbedingungen, Produktion von langlebigen Verbrauchsgütern und ökologisch verträglichen Nahrungsmitteln oder eine demokratische Unternehmensstruktur. Es gibt aber auch eindeutige Ausschlusskriterien wie beispielsweise vermeidbare Tierversuche, Kernenergie, Raubbau an natürlichen Ressourcen, Rüstungstätigkeiten, Chlorchemie, Beschäftigung von Kindern, Verletzung der Menschenrechte oder die Behinderung nachhaltigeren Wirtschaftens. Der Investitionsprozess durchläuft mehrere Schritte: Zunächst werden von der FORTIS GROUP, einem internationalen Verbund von Finanzdienstleistern in den Bereichen Banking und Versicherung, Informationen beschafft und ein Pre-Screening nach ökologischen, sozialen, ethischen und finanziellen Ausschlusskriterien durchgeführt. Nach einer ausführlichen Finanzanalyse und einer Umwelt- und Sozialanalyse macht die FORTIS GROUP dem unabhängigen Anlagenausschuss des Fonds Titelvorschläge. Der unabhängige Anlagenausschuss, bestehend aus elf Experten für umwelt- und sozialverträgliches Wirtschaften, prüft, ob die Anlagekriterien eingehalten werden, und gibt Anregungen zur Überarbeitung und Aktualisierung des Kriterienkataloges. Daraufhin übernimmt die FORTIS GROUP die Portfoliobildung und das Portfoliomanagement. Rund 50 % der Portfoliostruktur werden durch Unternehmen der Branchen Industrie, Konsumgüter und Informationstechnologie bestimmt. Die drei Unternehmen mit dem relativ größten Anteil sind ABB, Q-CELLS AG und APPLE COMPUTER mit zusammen 9,1 % (Stand 30. 09. 2007). Für weitere Beispiele von Öko-Fonds vgl. Kapitel 3.5.4.

Öko-Indizes Ziel von Aktienindizes im Allgemeinen ist, die Entwicklung des Marktwertes eines ausgewählten Portfolios über einen Zeitraum darzustellen. Öko-Indizes wählen die Unternehmen, die in ein solches Portfolio aufgenommen werden, nicht nur nach ökonomischen Kriterien, wie der Börsenkapitalisierung aus, sondern auch nach ökologischen, meist auch nach sozialen Aspekten. Die wohl weltweit bekanntesten Öko-Indizes sind die 1999 lancierten DOW JONES SUSTAINABILITY INDEXES, die auf einer Kooperation von DOW JONES INDEXES, STOXX LIMITED und SAM beruhen. Vermögensverwalter, die nach Nachhaltigkeitskriterien investieren wollen, erhalten durch sie eine Richtschnur für ihre Arbeit und müssen selbst keine Eigenbewertung durchführen (vgl. Kapitel 3.5.4). Nachfolgend werden als Beispiel für Öko-Indizes die DOW JONES SUSTAINABILITY INDEXES vorgestellt, weil sie aufgrund ihres Anlagevolumens (5 Mrd. US$ im Jahr 2007) marktbeeinflussend wirken können.

Tabelle 26: Bewertungskriterien des DJSI
(Quelle: SAM INDEXES GMBH 2008, S.9 f.)

Dimension	Kriterium	Gewichtung (%)	Unterkategorien (Beispiele)
ÖKONOMIE	Verhaltenskodex (inkl. Anti-Korruptions-Regeln)	5,5	Schwerpunkte: • Systeme/Prozeduren • Geschäftsbeziehungen
	Unternehmensführung (corporate governance)	6,0	• Ausschussgröße • Ausschussstruktur • Vergütung
	Risikomanagement	6,0	• Risikodefinition • Risikoübersicht • Strategien
	branchenspezifische Kriterien	abhängig vom Sektor	• Versorgungskettenmanagement • Erneuerbare Energien
ÖKOLOGIE	Umweltleistung	7,0	Schlüsselindikatoren: • Energie • Abfall • Wasser
	Umweltberichterstattung	3,0	• qualitativ und quantitativ
	industriespezifische Kriterien	abhängig vom Sektor	• Umweltmanagementsysteme, Klimastrategie, Einflüsse auf Biodiversität
SOZIAL	Corporate Citizenship	3,5	• Summe der Spenden für gemeinnützige Zwecke
	Arbeitspraxis	5,0	• Beschwerdesystem • öffentliche Verpflichtung
	Humankapitalentwicklung	5,5	• Personalentwicklung, Lernprozess und Entwicklung des Personals
	Sozialberichterstattung	3,0	• qualitativ und quantitativ
	Mitarbeiterattraktivität und -zufriedenheit	5,5	• Entwicklung der Mitarbeiterzufriedenheit
	industriespezifische Kriterien	abhängig vom Sektor	• Produktinformationen, Produktqualität, Bioethik

DOW JONES SUSTAINABILITY INDEXES (DJSI) Die DOW JONES SUSTAINABILITY INDEXES umfassen globale Indizes (DJSI World) und europäische Indizes (DSJI STOXX), die die führenden Unternehmen einer Branche im Hinblick auf deren Nachhaltigkeitsleistung enthalten (vgl. auch 3.5.4). Grundlage für die Aufnahme in die DJSI-Familie ist sowohl die erfolgreiche Umsetzung von Chancen als auch die Reduktion von Risiken hinsichtlich nachhaltigerer Unternehmensführung. Die Bewertung kann nach Kriterien sowie Informationsquellen unterschieden werden. Die **Kriterien** können in zwei Dimensionen unterteilt werden: Generelle Kriterien sind für alle Industriezweige zutreffend und beinhalten globale Nachhaltigkeitsaspekte in Bereichen wie Unternehmensführung, Umweltmanagement, Menschenrechte, Versorgungskettenmanagement, Risikomanagement oder Arbeitspraktiken. Dabei wird jede Kategorie gewichtet, um deren Bedeutung zu verdeutlichen. Branchenspezifische Kriterien beziehen sich auf spezielle Sektoren und werden im gesamten Analyseprozess mit 50 Prozent gewichtet. In Tabelle 26 wird die Einteilung der Kriterien anhand der Nachhaltigkeitstrias Ökonomie, Ökologie und Soziales vorgenommen.

Informationen über das Unternehmen werden aus Online-Fragebögen, eingereichten Unterlagen und Berichten, öffentlich zugänglichen Informationen und direktem Kontakt mit den Firmen gesammelt und bewertet. Aus dem vorliegenden Material entsteht ein **Corporate Sustainability Score**, der Aufschluss über die führenden Unternehmen hinsichtlich der Nachhaltigkeitsstrategie in den einzelnen Sektoren gibt. Um eine Qualität und Objektivität der Unternehmenseinschätzungen zu gewährleisten, werden alle Ergebnisse durch eine weitere Einrichtung geprüft. Durch das **Corporate Sustainability Monitoring** wird nach der Aufnahme in den DOW JONES SUSTAINABILITY INDEX jedes Unternehmen im Hinblick auf eine kontinuierliche Verbesserung der **Corporate Sustainability Performance** kontrolliert. Ziel ist die Verifizierung der Beteiligung und des Managements eines Unternehmens bezüglich der Vermeidung kritischer ökonomischer, ökologischer und sozialer Unternehmensaktivitäten. Das Monitoring kann dazu führen, dass ein Unternehmen aus dem DOW JONES SUSTAINABILITY INDEX herausgenommen wird - ungeachtet von dessen Aktienkurs. Die Kriterien, die zum Monitoring herangezogen werden können, sind unter anderem der **Verhaltenskodex** bezüglich Geldwäscherei oder Korruption, die Unternehmensführung mit Insiderhandel oder das Versorgungskettenmanagement hinsichtlich unfairen Wettbewerbs. Eine weitere Säule des Monitorings in Form von Informationsquellen, die zur Bewertung des Unternehmens führt, stellt die Stakeholderanalyse sowie ein Medienreview dar. Anhand beider Aspekte kann eine Bewertung beginnend mit einer „**Impact Evaluation**" durchgeführt werden. Diese bezieht sich auf ein tägliches Monitoring bezüglich Krisensituationen. Bei Eintreten eines solchen Falles werden die Einwirkungen auf die genannte Reputation und das Kerngeschäft geschätzt. Sollte der Vorfall die weltweite Öffentlichkeit erreicht haben, wird die Qualität des Krisenmanagements analysiert. Dieses kontrolliert, wie gut das Unternehmen die Öffentlichkeit informiert, Verantwortung übernimmt, Maßnahmen einleitet und relevante Stakeholder mit einbezieht. Wird es als notwendig erachtet, beinhaltet der dritte Schritt die Versammlung des **DJSI World Index Krisenkomitees**, das unter Betrachtung aller Ergebnisse des Monitorings eine Entscheidung bezüglich der Ausschließung aus dem DJSI trifft.

Strategische Relevanz Die Relevanz dieser Stakeholdergruppe leitet sich daraus ab, dass durch eine bewusste Orientierung an der Zielgruppe ökologieorientierter Anleger eine Unternehmensidentität geschaffen werden kann. Darüber hinaus können die Bewertungskriterien für eine kontinuierliche Verbesserung herangezogen werden. Aber es besteht auch die Gefahr, dass negatives Unternehmensverhalten sanktioniert werden kann. Gerade das Monitoring der DOW JONES SUSTAINABILITY INDEXES zeigt, dass auch eine externe Kontrolle stattfindet. Aus Sicht des gesamten Marktes ergibt sich die Relevanz aus einer Erweiterung des Wettbewerbs um diese ökologische Dimension.

5.4 Indirekte/objektivierte vs. direkte/subjektive Betroffenheit

Ausmaß ökologiebezogener Ansprüche Alle diese vorgestellten Anspruchsgruppen bestimmen das Ausmaß ökologiebezogener Ansprüche und die daraus zu erwartenden Anreize und Sanktionspotentiale. Denn das Unternehmen mit seinem Management ist nicht nur seinen Eigentümern gegenüber verpflichtet, sondern muss als homo reciprocans auch den Ansprüchen anderer Gruppen, mit denen es zur Erfüllung seiner Aufgaben im Austausch steht, genügen. Diese Anspruchsgruppen bestimmen damit auch, inwieweit das Unternehmen ökologische Aspekte in das Management einbezieht.

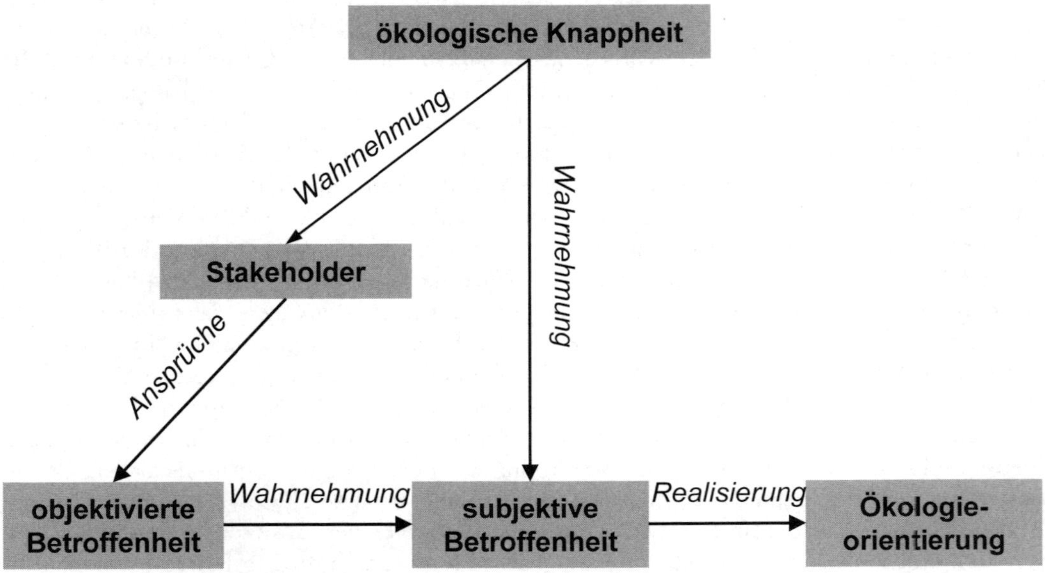

Abbildung 44: Von der Knappheit über die Betroffenheit zur Ökologieorientierung
(In Anlehnung: GÜNTHER 1994, S. 110)

Indirekte/objektivierte Betroffenheit Gemessen wird die objektivierte Betroffenheit indirekt über die Stärke der Einflussgrößen, die von den verschiedenen Anspruchsgruppen im Aufgabenumfeld, d.h. Kunden, Lieferanten, Wettbewerbern, Anteilseignern, Kreditgebern, Mitarbeitern, Gesetzgeber und Öffentlichkeit ausgehen, deswegen auch indirekte Betroffenheit genannt. Die Komponenten des Makroumfeldes, z.B. die ökonomischen oder technologischen Rahmenbedingungen haben keinen direkten Einfluss auf die Betroffenheit der Unternehmen, sondern wirken indirekt über die Stakeholder. So beeinflussen beispielsweise die ökonomischen Rahmenbedingungen die Kaufkraft der Kunden. Die Struktur des Makroumfeldes beeinflusst jedoch, wie die Unternehmen die Betroffenheit in ökologieorientiertes Verhalten umsetzen (vgl. MEFFERT/KIRCHGEORG 1998, S. 674).

Direkte/subjektive Betroffenheit Davon abzuleiten ist die subjektive Betroffenheit, die durch das Management selbst festgestellt wird und die Wahrnehmung der objektivierten Betroffenheit oder im Idealfall die direkte Wahrnehmung der ökologiebedingten Betroffenheit ausdrückt. Diese Form der Betroffenheit wird auch direkte Betroffenheit genannt. Generell kann für alle Unternehmen von einer zunehmenden Betroffenheit ausgegangen werden, d.h. sie müssen angesichts stark erhöhter Umweltgefährdung und gleichzeitig geschärfter Risikosensibilität die Konsequenzen ihrer wirtschaftlichen Tätigkeit rechtfertigen können. Darüber hinaus wird der Betroffenheitsgrad von firmen-demographischen Merkmalen wie der Unternehmensgröße und der Branchenzugehörigkeit beeinflusst. Zur empirischen Untersuchung der ökologiebedingten Betroffenheit wurden 1991 und 2003 Unternehmen befragt, inwiefern ihre Entscheidungen durch am ökologischen Transformationsprozess beteiligte Gruppen (Politik, Markt, Öffentlichkeit) beeinflusst werden (vgl. Abbildung 45). Da die beiden Studien unterschiedliche Skalierungen verwenden, wurden Kategorien zusammengefasst, um einen Vergleich zu ermöglichen. Man erkennt, dass sich die ökologiebedingte Betroffenheit kaum verändert hat. Im Zeitraum zwischen den Studien wurden neue Regelungen im Umweltschutz implementiert. Jedoch hat das Umweltschutzbewusstsein in der Öffentlichkeit abgenommen. Da die Messung nicht zwischen Gesetzen, Märkten und Öffentlichkeit differenziert, kann die Wirkung dieser beiden Entwicklungen nicht festgestellt werden. Jedoch wird zukünftig die Betroffenheit der Unternehmen zunehmen (vgl. BAUM/ALBRECHT/RAFFLER 2007, S. 12 ff.).

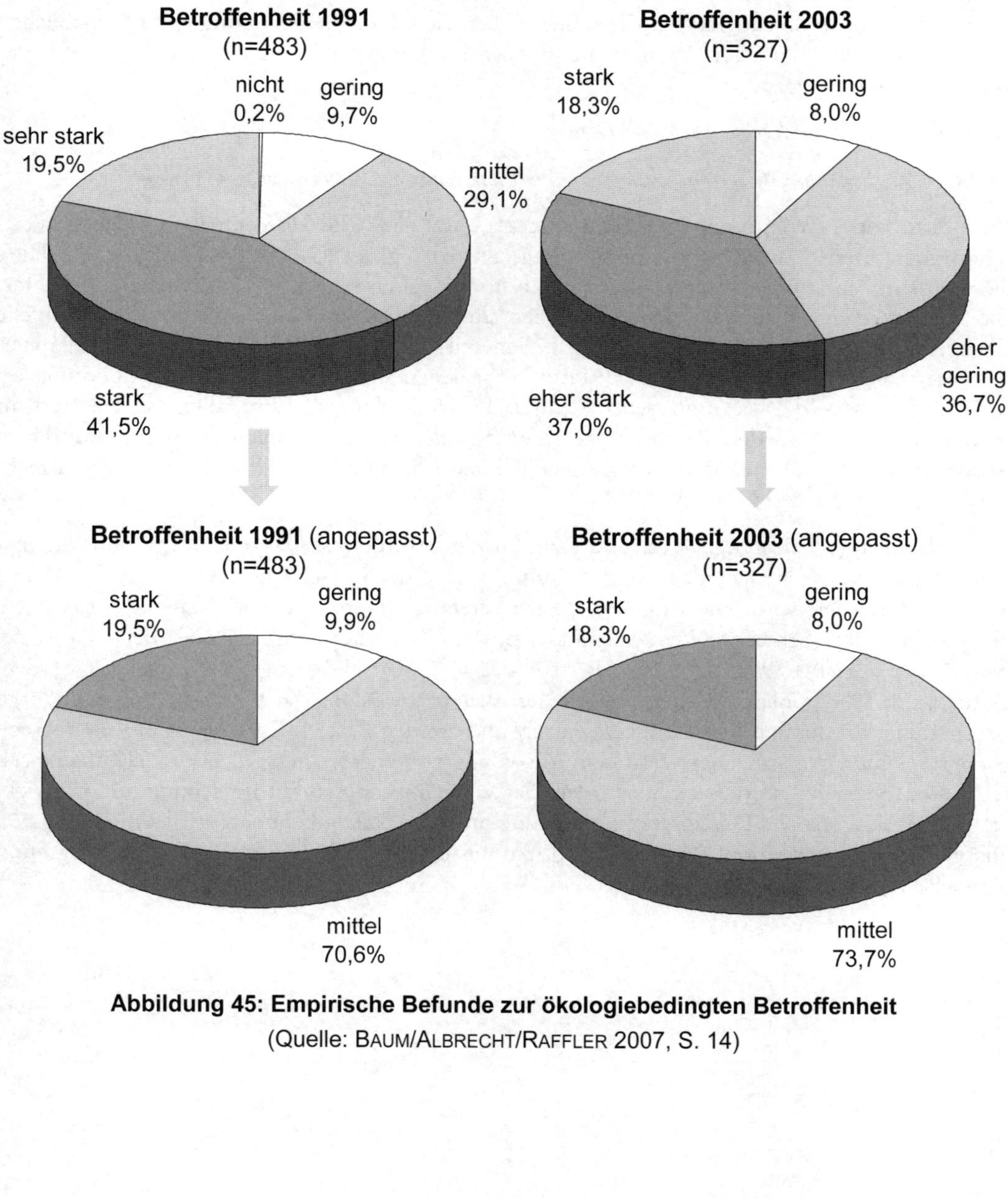

Abbildung 45: Empirische Befunde zur ökologiebedingten Betroffenheit
(Quelle: BAUM/ALBRECHT/RAFFLER 2007, S. 14)

6 Denken in Funktionsbereichen – Wertschöpfungskreis optimieren

„Siebziger Jahre: Es gibt keine Grenzen. Achtziger Jahre: Vielleicht gibt es welche, aber sie liegen in weiter Ferne. Neunziger Jahre: Womöglich sind die Grenzen doch schon recht nah, aber Technik und Markt werden das Problem lösen. 2000: Technik und Markt haben es leider nicht geschafft, aber mit mehr Wachstum werden wir es schaffen. Demnächst: Ging leider nicht. Aber jetzt ist es zu spät, etwas zu unternehmen." (Dennis Meadows)

Umsetzung der Ökologieorientierung Sind nun die Unternehmen subjektiv oder über die Anspruchsgruppen objektiviert betroffen und wollen die Ökologieorientierung ihrer betrieblichen Leistungserstellung umsetzen, so muss dies in allen Funktionsbereichen, d.h. auf allen Stufen der Wertschöpfung erfolgen.

Dieses Kapitel widmet sich somit einer großen Frage:

- *Wie kann die Ökologieorientierung in jedem Funktionsbereich konkret umgesetzt werden?*

Wertkette von PORTER Ein Analyseinstrument, quasi eine Checkliste für die einzelnen Wertschöpfungsstufen stellt die Wertkette von PORTER dar (vgl. PORTER 2000, S. 67 ff.). Mit Hilfe dieses Instrumentariums werden Unternehmen in strategisch relevante Tätigkeitsbereiche untergliedert, um dadurch Stärken und Schwächen im Hinblick auf vor-handene und potentielle Chancen und Risiken bestimmen zu können. Generell können zwei Kategorien von Wertaktivitäten unterschieden werden: **primäre Aktivitäten** beziehen sich auf den eigentlichen Leistungserstellungsprozess – d.h. sie umfassen die physische Herstellung des Produktes, seinen Verkauf bzw. Übermittlung an den Kunden sowie den Kundendienst – wohingegen die **sekundären Aktivitäten** unterstützend und übergreifend wirken, die primären Aktivitäten somit aufrecht erhalten (vgl. PORTER 2000, S. 67 ff.).

Wertschöpfungskreis Diese Wertkette kann an die Erfordernisse für die Integration ökologischer Aspekte angepasst werden, wenn sie um Aspekte der Entsorgung erweitert und auf allen Stufen differenziert wird. Hierzu gibt es in der Literatur unterschiedliche Weiterentwicklungen, die jeweils andere Schwerpunkte setzen, so z.B. den Wertschöpfungsring oder den Ökowürfel (vgl. ZAHN/SCHMID 1992, S. 60 ff.). Hier soll der sog. Wertschöpfungskreis vorgestellt werden. Dafür werden die primären Aktivitäten in einer Weiterentwicklung der Wertkette von PORTER in Beschaffung, Produktion und Absatz gegliedert und um den Bereich Entsorgung erweitert. Auch bei den sekundären Aktivitäten kann eine Anpassung vorgenommen werden, um alle ökologisch relevanten Bereiche zu erfassen. So werden die Wertschöpfungsstufen Forschung und Entwicklung, Logistik, Personal/Organisation, Marketing und Controlling betrachtet (vgl. Abbildung 46). Diese einzelnen Wertschöpfungsstufen sind nun hinsichtlich ihrer Bedeutung für die Integration ökologischer Aspekte zu untersuchen.

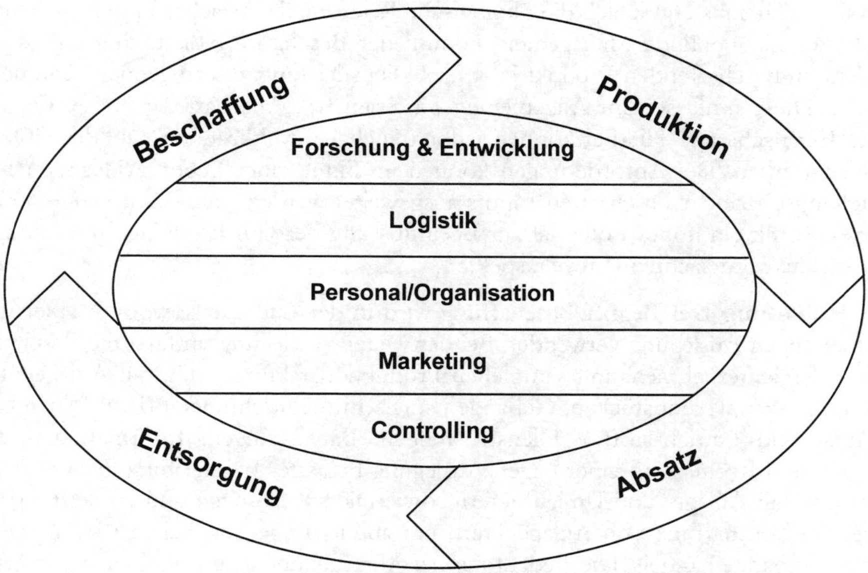

Abbildung 46: Wertschöpfungskreis
(In Anlehnung an GÜNTHER 1994, S. 90 und die dort zitierten Quellen; PORTER 2000, S. 66)

6.1 Primäre Funktionsbereiche

Bedeutung Klassischerweise gliedert sich die betriebliche Leistungserstellung in die Funktionsbereiche Beschaffung, Produktion, Absatz und Entsorgung. Diese stellen den physischen Weg vom Material bis hin zum jetzigen Produkt dar.

6.1.1 Wertschöpfungsstufe Beschaffung

Schlüsselrolle der Beschaffung Klassische Aufgabengebiete der Beschaffung sind z.B. die Auswahl zuverlässiger Lieferanten (vgl. Kapitel 5.3.2), die Erzielung günstiger Einkaufspreise, die Information über neue Bauteile, Maschinen oder (internationale) Kooperationspartner. Doch durch die gesunkene Fertigungstiefe in der Produktion und die gestiegene Internationalisierung kommen der Beschaffung neue Aufgaben zu. Sie wird somit nicht mehr als bloßes Erfüllungsorgan betrachtet, das der Produktion oder dem Marketing untergeordnet ist. Die Bedeutung der Beschaffung zeigt sich am hohen Anteil der Materialkosten an den Umsatzerlösen. Wie bereits im Kapitel 5.3.2 ausgeführt, gaben deutsche Unternehmen für den Einkauf von Material (Materialaufwand) im Jahr 2004 2.244,1 Mrd. € aus, die Höhe des Sachanlagevermögens belief sich im selben Jahr auf 455,9 Mrd. € (vgl. DEUTSCHE BUNDESBANK 2006, S. 72f). Stellt man diesen Zahlen die Umsatzerlöse von 3.582,8 Mrd. € und den Gesamtaufwand vor Gewinnsteuer der Industrie in Höhe von 3.626,7 Mrd. € gegenüber, so zeigt sich ihre ökonomische Relevanz. Mit der Auswahl von Einsatzfaktoren, wie Maschinen, Dienstleistungen und Verbrauchsmaterialien für den Leistungserstellungsprozess wird zudem die Grundlage für die Entscheidungen der nachfolgenden Funktionsbereiche gelegt. So werden z.B. deren Eigenschaften für die Verwendungs- und Entsorgungsphase im Unternehmen definiert. Aber sie ist auch Impulsgeber für die

FuE-Abteilung. Hieraus ergibt sich die ökologische Relevanz der Beschaffung. Eine Schlüsselrolle für das ökologieorientierte Management kommt der Beschaffung dadurch zu, dass durch sie die von dem zu beschaffenden Produkt bzw. der Dienstleistung zu erfüllenden Kriterien festgelegt werden. Diese umfassen im Allgemeinen Kriterien wie Anschaffungspreise, Qualität oder technische Eigenschaften. Hierbei können jedoch auch Umweltkriterien, wie der CO_2-Ausstoß eingebunden werden. Die Anforderungen können im Sinne einer Lebenszyklusbetrachtung auf die Herstellungsphase der beschafften Inputs ausgeweitet werden. Insgesamt bietet der Beschaffungsprozess somit ein hohes Potential zur Beeinflussung der von Produkten über ihren gesamten Lebenszyklus verursachten Umweltaspekte.

Begriff Beschaffung Der Begriff Beschaffung wird in der Literatur sowohl in einer weiten als auch in einer engen Auslegung verwendet. Bei der weiten Auslegung umfasst die Beschaffung die Versorgung des Unternehmens mit sämtlichen Produktionsfaktoren, d.h. mit Anlagegütern (z.B. Maschinen, Anlagen, Grundstücken, Gebäuden sowie Büroeinrichtungen (EDV)), Umlaufgütern (Roh-, Hilfs- und Betriebsstoffe), Dienstleistungen, Bauleistungen, Informationen, Personal, Finanzkapital und Rechten. In einer engen Auslegung bedeutet Beschaffung die Versorgung des Unternehmens mit Anlage- und Umlaufgütern sowie Dienstleistungen und Bauleistungen, wobei es sich bei der Beschaffung von Anlagegütern um aperiodische und bei den Umlaufgütern um periodische Vorgänge handelt. Die Bedeutung der Mitarbeiter für das ökologieorientierte Management und somit auch deren Einstellung wird in diesem Buch im Kapitel Personal und Organisation (vgl. Kapitel 6.2.3) besprochen, der Themenbereich Finanzkapital bei den Kapitalgebern, konkret Kreditgebern und Anteilseignern (vgl. Kapitel 5.3.5 und 5.3.6). Die Beschaffung wird im Folgenden auch nicht als umfassende Materialwirtschaft verstanden, vielmehr wird der Bereich Logistik gesondert betrachtet (vgl. Kapitel 6.2.2). Eine weitere Verknüpfung besteht zur Stakeholdergruppe der Lieferanten (vgl. Kapitel 5.3.2), so ist das Lieferantenmanagement ein Teil des Beschaffungsmanagements.

Stufen im Beschaffungsprozess Die Aufgaben der ökologieorientierten Beschaffung bestehen einerseits in der Bereitstellung der notwendigen Materialien für die betriebliche Leistungserstellung zum benötigten Zeitpunkt (originäre Aufgabe) sowie andererseits in der Optimierung der Kapitalbindung, der Beschaffungskosten und auch der Umweltleistung (derivative Aufgaben). Zur Umsetzung dieser Aufgabe kann der Beschaffungsprozess analog zu den Schritten eines klassischen Entscheidungsprozesses (Ziele festlegen, Alternativen suchen, Alternative auswählen, Entscheidung umsetzen) in die vier Stufen Bedarfsmanagement, Beschaffungsmarktforschung, Beschaffungsvergabe und Abwicklung untergliedert werden (dargestellt für die Schritte des öffentlichen Beschaffungsprozesses in Abbildung 47).

Bedarfsmanagement Auf dieser Stufe ist der Bedarf der späteren Nutzer (Bedarfsstellen) mit den Beschaffungsverantwortlichen abzustimmen. Steht für den Nutzer das Ziel im Vordergrund, dass die Produkte ihren Zweck (vgl. Kapitel 2.2) erfüllen müssen, so verfolgen die Beschaffungsverantwortlichen im Gegensatz dazu konkrete Beschaffungsziele. Diese beruhen auf finanziellen Zielen, rechtlichen Vorgaben, Umweltzielen und allgemeinen Verwaltungszielen. Die Ziele und Sichtweisen der verschiedenen Akteure sind auf dieser Stufe aufeinander abzustimmen. Zu berücksichtigen ist hier auch, dass einerseits Organisationsziele des Unternehmens verfolgt werden, andererseits jeder Akteur auch Individualziele (wie z.B. Sicherheitsstreben oder Karriereziele) zu erreichen sucht. Bereits auf dieser Stufe kann eine Verbesserung des Nutzerverhaltens, z.B. beim Energiesparen, aktiv angestrebt werden. Ein Umdenken erfolgt oft schon dadurch, dass der Bedarf in funktionaler Weise beschrieben wird, um keine auf dem Markt verfügbaren Möglichkeiten auszuschließen. Eventuell kann so sogar eine Beschaffung vermieden werden. Das Bedarfsmanagement stimmt somit individuelle und organisationale Ziele miteinander ab. Das seit Jahren immer wieder zitierte Schlagwort „Umweltschutz ist Chefsache" bedeutet vor allem, dass ein klares Bekenntnis der entscheidenden Personen für umweltfreundliches Handeln gefordert ist. „Chef" ist dabei derjenige, der eine einzelne Entscheidung an einer bestimmten Stelle im Beschaffungsprozess treffen kann – also „Chef dieser Sache" ist. Optimal ist das klare Bekenntnis von oberster Stelle (vgl. Kapitel 5.3.4), da sich dann alle nachgeordneten Stellen daran orientieren können.

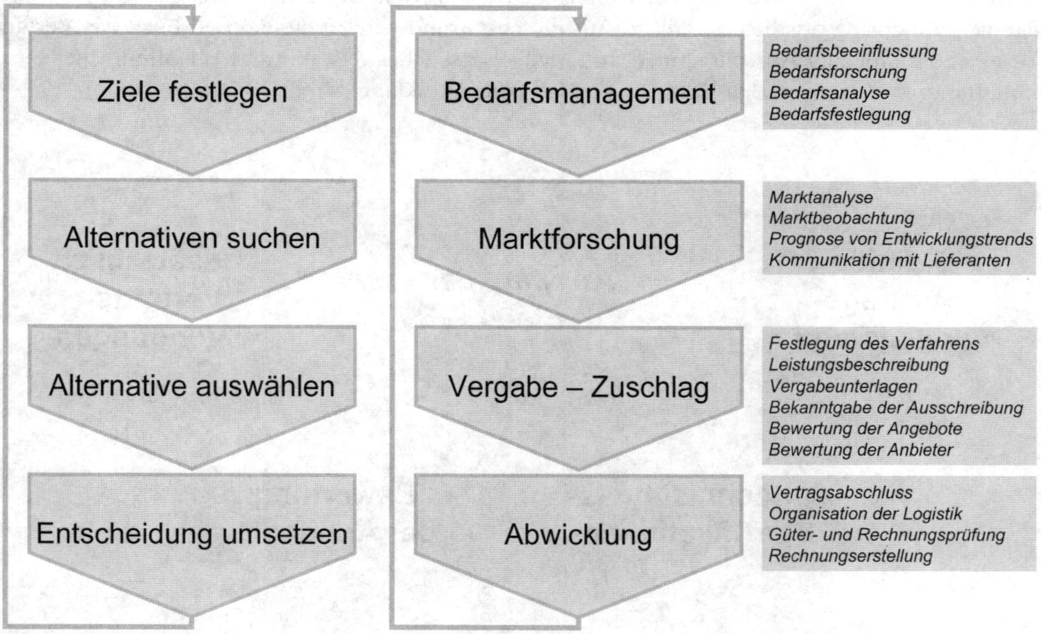

Abbildung 47: Entscheidungsprozess allgemein – Beschaffungsprozess
(Quelle: in Anlehnung an BUNDESVERBAND FÜR MATERIALWIRTSCHAFT, EINKAUF UND LOGISTIK E.V. in Zusammenarbeit mit BOOZ ALLEN HAMILTON 2000, S. 14)

Beschaffungsmarktforschung Ziel dieser Stufe des Beschaffungsprozesses ist, Handlungsmöglichkeiten zu identifizieren. Zum einen bietet der Markt meist mehr Produkte an als den Beschaffungsverantwortlichen bekannt sind, d.h. hier liegen Informationshemmnisse (vgl. Kapitel 7) vor, die es zu beseitigen gilt (**Angebot steuert Nachfrage**). Hier kann das HANDBUCH DES UMWELTBUNDESAMTES als Standardwerk mit ausführlichen Beschreibungen der Umweltauswirkungen einzelner Produktgruppen und Dienstleistungen herangezogen werden (vgl. UMWELTBUNDESAMT (Hrsg.) 1999a). Doch auch verschiedene Internetseiten leisten mittlerweile eine gute Unterstützung (so z.B. www.beschaffung-info.de oder für den öffentlichen Bereich http://ec.europa.eu/environment/gpp/index_en.htm). Gerade die Einbeziehung von Ökobilanzen in Beschaffungsentscheidungen erfordert neben der Bereitstellung von Informationen das erforderliche Fachwissen, um diese Informationen verarbeiten zu können. Hier besteht sicherlich im Bereich der Aus- und Weiterbildung noch Potential. So bringen die kaufmännischen Berufe ihren Absolventen ein „Denken in Euro“ bei, doch ein „Denken in Energiebedarf oder CO_2“ gehört noch nicht zum Pflichtbestandteil von Lehrplänen. Zum anderen verfügen viele Unternehmen auch über eine Marktmacht und können gezielt ökologiebezogene Vorgaben an ihre Lieferanten geben (**Nachfrage steuert Angebot**). Gerade die öffentlichen Einrichtungen erkennen diese Macht zunehmend und bilden – soweit rechtlich möglich – Einkaufsgemeinschaften. Auch die Initiative der Bundesregierung (BUNDESMINISTERIUM FÜR WIRTSCHAFT UND TECHNOLOGIE 2008) kann hier genannt werden.

Beschaffungsvergabe Bei Beschaffungsvorgängen in privaten Unternehmen ist die Stufe der Auftragsvergabe individuell geregelt, wohingegen das Verfahren bei öffentlichen Einrichtungen klaren rechtlichen Vorgaben unterliegt. Aus diesem Grund wird in diesem Lehrbuch das Verfahren einer öffentlichen Ausschreibung vorgestellt. Klassischerweise besteht ein öffentliches Ausschreibungsverfahren aus den Bestandteilen 1-5 (vgl. Abbildung 48).

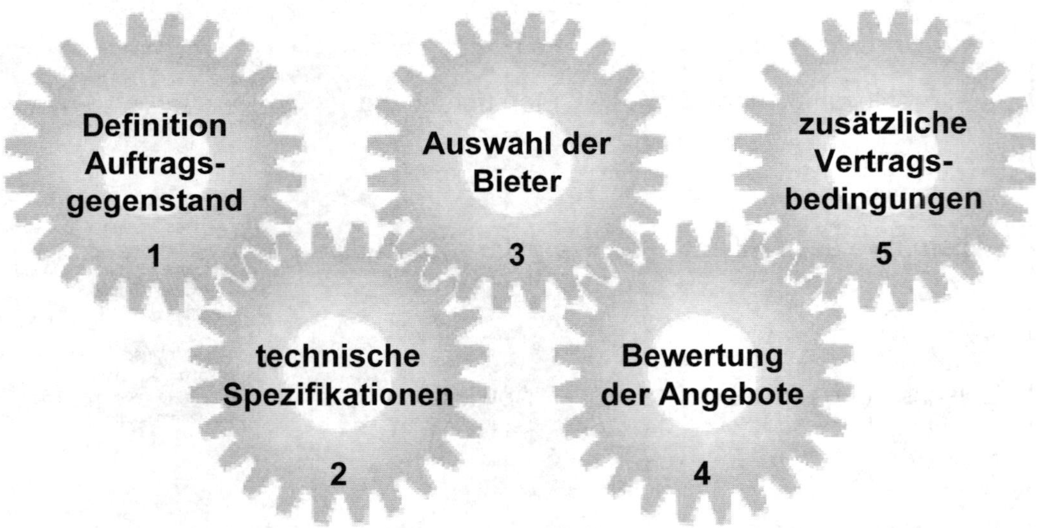

Abbildung 48: Bestandteile öffentlicher Ausschreibungsverfahren

Bei der **Festlegung des Auftragsgegenstandes** haben öffentliche Auftraggeber die Freiheit, diesen so zu definieren, wie es ihren Anforderungen entspricht. Keine der Vergaberichtlinien (VOL-A, VOL-B, VOF oder VOB) schränkt den Gegenstand eines Auftrages als solchen ein. Sie beschäftigen sich überwiegend damit, WIE beschafft werden darf, beim WAS besteht große Freiheit. Allerdings muss die Chancengleichheit für alle Anbieter in Europa gewährt werden (Diskriminierungsverbot). Der Auftragsgegenstand muss also so definiert werden, dass für Wirtschaftsteilnehmer aus anderen EU-Ländern der Zugang zum einzelstaatlichen Markt nicht beeinträchtigt wird. Wenn Organisationen bereits einen ökologieorientierten Titel für den Auftrag wählen, dann ist für alle Bieter erkennbar, wo der Schwerpunkt ihrer Beschaffung liegt. Darüber hinaus können sie den Auftrag in der Leistungsbeschreibung, insbesondere durch die technischen Spezifikationen, konkret definieren.

Technische Spezifikationen sollen alle jene technischen Anforderungen umfassen, die der Erfüllung des vorgegebenen Verwendungszweckes dienen. Dabei sollte die Leistungsbeschreibung nicht zu eng gefasst werden. Vier verschiedene Wege bestehen, um Umweltanforderungen in die Leistungsbeschreibung einzubeziehen:

a) Einbeziehung von Produktspezifikationen

Bestimmte Grundstoffe oder Ausgangsmaterialien können vorgegeben werden, wenn sie Gegenstand des Auftrags sind. Hier können Organisationen z.B. eine Auswahl von gefährlichen Stoffen angeben, die nicht in einem Reinigungsmittel enthalten sein dürfen. Auch ist es möglich, eine Minimalvorgabe für die Verwendung eines bestimmten Anteils von Recyclingmaterial in einem Produkt zu treffen.

b) Berücksichtigung von Herstellungsverfahren

Nach den Vergaberichtlinien dürfen umweltfreundliche Produktionsprozesse und -methoden in den technischen Spezifikationen gefordert werden. So können also umweltfreundliche Herstellungsprozesse, wie zum Beispiel „ökologischer Landbau" oder „grüner Strom" angegeben werden. Auch hier gilt, dass sich das Herstellungsverfahren im Produkt widerspiegeln muss.

c) Berücksichtigung von Umweltzeichen

Wenn vorhanden, können Organisationen bei der Leistungsbeschreibung Umweltzeichen (Blauer Engel, Euroblume, Energy Star, Bio-Siegel für Lebensmittel) fordern, jedoch müssen sie deutlich machen, dass auch andere Beweismittel vom Bieter erbracht werden können, die die geforderte Umweltqualität erfüllen. Daher ist es immer wichtig, die Kriterien, nach denen das Umweltzeichen vergeben wird, genau zu kennen. Sicherer ist es, nicht das Umweltzeichen als Leistungsbeschreibung zu verwenden, sondern die Kriterien des Umweltzeichens explizit anzugeben.

d) Zulassen von Varianten (Nebenangebote)

Auftraggeber können auch Nebenangebote bzw. Varianten zur Leistungsbeschreibung zulassen. Danach dürfen die Bieter Änderungsvorschläge vorlegen, die neben den Hauptangeboten in die Wertung gelangen, wenn sie bestimmte Mindestanforderungen erfüllen. So können umweltfreundliche Alternativen zu der ausgeschriebenen Leistung angeboten werden, bei denen das Produkt z.B. eine höhere Umweltverträglichkeit besitzt. In diesem Fall muss in den Vergabeunterlagen und auch schon bei der Ausschreibung darauf hingewiesen werden, dass Nebenangebote zugelassen sind. Außerdem müssen Organisationen die minimalen umweltrelevanten Spezifikationen festlegen, die das Nebenangebot im Gegensatz zum „normalen" Angebot haben soll (z.B. eine bestimmte Umwelteigenschaft oder ein Umweltzeichen). Darüber hinaus muss ein Hinweis enthalten sein, wie das Nebenangebot abzugeben ist (z.B. in einem extra Umschlag).

Bei den **Eignungskriterien** gibt es zwei Möglichkeiten zur Einbeziehung von Umweltkriterien:

a) Ausschluss der Bieter

Ein Bieter kann vom Vergabeverfahren ausgeschlossen werden, wenn er wegen eines rechtskräftigen Urteils aus Gründen bestraft worden ist, die die berufliche Zuverlässigkeit des Bieters in Frage stellen oder wenn er im Rahmen seiner beruflichen Tätigkeit eine schwere Verfehlung begangen hat. Hierzu kann auch ein Verstoß gegen das Umweltrecht gezählt werden. Dabei kommen im deutschen Recht Umweltstraftaten im Zusammenhang mit dem StGB (§§ 324 ff.) in Betracht.

b) Bewertung der technischen Leistungsfähigkeit

Nach den europäischen Vergaberichtlinien kann ein Nachweis für erforderliche spezifische Erfahrungen im Umweltbereich verlangt werden, wenn er für die auszuführenden Arbeiten notwendig ist. Das können zum Beispiel sein:

- „... Angabe der technischen Fachkräfte oder der technischen Stellen, unabhängig davon, ob sie dem Unternehmen des Wirtschaftsteilnehmers angehören oder nicht, und zwar insbesondere derjenigen, die mit der Qualitätskontrolle beauftragt sind, und bei öffentlichen Bauaufträgen derjenigen, über die der Unternehmer für die Ausführung des Bauwerks verfügt;
- ... Beschreibung der technischen Ausrüstung des Lieferanten oder Dienstleistungserbringers, seiner Maßnahmen zur Qualitätsgewährleistung und seiner Untersuchungs- und Forschungsmöglichkeiten;
- ... Erklärung, aus der hervorgeht, über welche Ausstattung, welche Geräte und welche technische Ausrüstung der Dienstleistungserbringer oder Unternehmer für die Ausführung des Auftrages verfügt..."(Art. 48 Abs. 2b), c) und h) der Richtlinie 2004/18/EG).

Ein Umweltmanagementsystem, wie nach EMAS oder DIN EN ISO 14001 ff., kann als Nachweis für die technische Leistungsfähigkeit bei öffentlichen Bau- und Dienstleistungsaufträgen herangezogen werden (Art. 50 der Richtlinie 2004/18/EG). Dabei können neben EMAS und DIN EN ISO 14001 ff. auch andere einschlägige europäische oder internationale Normen als Nachweis dienen. Außerdem müssen auch gleichwertige Umweltmanagementmaßnahmen, die von den Unternehmen vorgelegt werden, anerkannt werden, um eine Diskriminierung von Anbietern zu verhindern.

Für die Bewertung der eingegangenen Angebote (**Angebotsbewertung/Zuschlagserteilung**) können die öffentlichen Vergabestellen zwei Kriterien heranziehen:

- den *niedrigsten* Preis oder
- das *wirtschaftlich günstigste* Angebot.

Für das wirtschaftlich günstigste Angebot können verschiedene Zuschlagskriterien angegeben werden, z.B. Qualität, Preis, technischer Wert, Ästhetik, Zweckmäßigkeit, Umwelteigenschaften, Betriebskosten, Rentabilität, Kundendienst, technische Hilfe, Lieferzeitpunkt und Lieferungs- und Ausführungsfrist. In den neuen europäischen Vergaberichtlinien ist explizit festgelegt, dass zur Bewertung des Zuschlagskriteriums „wirtschaftlichstes Angebot" Umweltkriterien, aber auch Kriterien aus dem sozialen Bereich einbezogen werden können. Sie müssen aber im engeren Sinne auftrags- oder produktbezogen sein, ein ausschließlicher Bezug auf den Betrieb reicht nicht aus. Es dürfen also keine Anforderungen gestellt werden, die über den eigentlichen Auftragsgegenstand hinaus gehen und unabhängig von der zu erbringenden Leistung sind. Der Einkäufer von Strom darf also z.B. positiv bewerten, dass die vom Auftraggeber verbrauchte Strommenge zu einem bestimmten Mindestanteil aus erneuerbaren Energieträgern gewonnen wird; gehindert ist er, an dieser Stelle zu verlangen, dass der Anbieter auch den übrigen produzierten Strom auf bestimmte umweltfreundliche Art und Weise gewinnt. Gleiches gilt etwa für Anforderungen an den Lärm- und Schadstoffausstoß von Bussen für den ÖPNV. Hier dürfen die angebotenen Fahrzeuge entsprechend bewertet werden, aber nur, wenn ein direkter Zusammenhang zum

Auftragsgegenstand besteht. Außerdem müssen die Kriterien spezifisch und messbar und in den Vergabeunterlagen oder der Bekanntmachung genannt sein. Aus den Kriterien darf sich schließlich keine Diskriminierung von Wettbewerbern ergeben. Sie dürfen also nicht so zugeschnitten sein, dass ein tatsächlicher Wettbewerb von vornherein ausscheidet.

In den Vergaberichtlinien enthält Art. 26 zusätzlich eine Regelung zur Auftragsausführung: „Die öffentlichen Auftraggeber können zusätzliche **Bedingungen für die Ausführung des Auftrags** vorschreiben, sofern diese mit dem Gemeinschaftsrecht vereinbar sind und in der Bekanntmachung oder in den Verdingungsunterlagen angegeben werden. Die Bedingungen für die Ausführung eines Auftrags können insbesondere soziale und umweltbezogene Aspekte betreffen." Es können also zusätzliche Bedingungen, sog. Vertragsklauseln, eingefügt werden, jedoch dürfen sie nicht im Nachhinein den in der Leistungsbeschreibung (durch technische Spezifikation, Eignungs- und Zuschlagskriterien) festgelegten Leistungsumfang verändern. Dies würde gegen das Diskriminierungsverbot verstoßen. Wie genau sich diese zusätzlichen Vertragsbedingungen gestalten, ist in der Richtlinie nicht beschrieben. Folgende Möglichkeiten werden als sinnvoll erachtet (vgl. OECD o. J.):

- Lieferung/Verpackung von Waren in größeren Partien statt einzeln,
- Wiedergewinnung oder Wiederverwendung von Verpackungsmaterial und gebrauchten Produkten durch den Lieferanten,
- Lieferung der Waren in wiederverwendbaren Behältnissen,
- Einsammlung, Rücknahme, Recycling oder Wiederverwendung von Abfall, der während oder nach der Nutzung oder dem Verbrauch eines Produktes anfällt, durch den Lieferanten,
- Transport und Auslieferung von Chemikalien (z.B. Reinigungsprodukten) in Konzentratform und Verdünnung am Ort der Verwendung.

Beschaffungsabwicklung Nach Vertragsabschluss ist der Beschaffungsprozess abzuschließen. Im Idealfall findet ein feed forward, d.h. eine Weitergabe von Impulsen im Hinblick auf eine kontinuierliche Verbesserung zu den drei vorhergehenden Stufen statt.

Hemmnisse Oftmals stellt aber nicht das fehlende umweltverträgliche Angebot der Lieferanten das Haupthemmnis (zur Hemmnisanalyse vgl. Kapitel 7) für die Durchsetzung einer umweltfreundlichen Beschaffungsstrategie dar, sondern die mangelnde Sachkenntnis der Einkäufer bei der Bestimmung umweltschonender Produkte. Deshalb besteht eine primäre Aufgabe für eine ökologieorientierte Beschaffung in der gezielten Sammlung und Aufbereitung stoff- und produktionsbezogener Umweltinformationen (vgl. Beschaffungsmarktforschung) sowie in der ökologieorientierten Schulung der Einkäufer durch interne und externe Beschaffungsseminare. Weiterhin fehlen häufig klare Zielvorgaben der obersten Leitung, die z.B. in Beschaffungsrichtlinien operationalisiert werden. Schließlich erfordert umweltfreundliche Beschaffung ein Verlassen von Routinen und kostet Zeit.

6.1.2 Wertschöpfungsstufe Produktion

Bedeutung Auf der Wertschöpfungsstufe Produktion erfolgt die eigentliche Leistungserstellung indem Produktionsfaktoren in Produkte, Dienstleistungen oder Kombinationen beider umgewandelt werden. Die Umwandlungsprozesse finden dabei im Rahmen bestimmter Produktionsverfahren statt. In volkswirtschaftlichen Modellen werden als elementare Produktionsfaktoren die originären Faktoren Arbeit, Boden und Kapital genannt, wobei oftmals aus Vereinfachungsgründen der Faktor Boden dem Kapital zugerechnet wird (bearbeiteter Boden auf der Basis von Kapital). Damit wird unterstellt, dass der gesamte kostenverursachende mengenmäßige Produktionsinput durch diese Faktoren abgebildet wird. Der Faktor „Umwelt" wird nicht explizit genannt. Da der Einsatz von Umwelt für die Produktion jedoch unverzichtbar ist, bildet ein ausschließlich auf den Faktoren Arbeit und Kapital basierendes Zweifaktorenmodell dies nicht ab (vgl. BOGASCHEWSKY 1995, S. 80). Denn nach GUTENBERG bilden die Produktionsfaktoren alle Einsatzgüter ab, ohne deren Mitwirkung „die betriebliche Leistungserstellung nicht vollziehbar erscheint" (GUTENBERG 1983, S. 2). Dabei unterscheidet er die Elementarfaktoren objektbezogene menschliche Arbeit, Betriebsmittel und Werkstoffe sowie die dispositiven Faktoren Leitungs-, Planungs- und Organisationsaufgaben. Nach den zeitlichen Variations- und Kombinationsmöglichkeiten der Produktionsfaktoren werden Potential- und Repetierfaktoren unterschieden. Potentialfaktoren verkörpern ein mehrfach einsetzbares (Nutzungs-)Potential bzw. ein ganzes Nutzungsbündel. Sie können durch den wiederholten Einsatz aufgebraucht werden (z.B. Anlagen), unbegrenzt zur Verfügung stehen (z.B. Grundstücke, sog. Eigentumspotentiale) oder aufgrund einer zeitlichen Terminierung nur begrenzt einsetzbar sein (z.B. Rechte, sog. Vertragspotentiale). Der Potentialfaktorverbrauch wird über die Nutzungszeit oder über die erzeugten Leistungen erfasst. Repetierfaktoren werden immer wieder neu beschafft, da sie bei ihrem Einsatz im Produktionsprozess verbraucht werden. Ein typisches Beispiel für einen Repetierfaktor sind die Werkstoffe.

Ökologieorientierte Produktion Auch wenn der Faktor Umwelt nicht explizit als Produktionsfaktor aufgeführt wird, wird die natürliche Umwelt implizit als Ressourcenlieferant und Aufnahmemedium in der Produktion berücksichtigt. So weist eine ökologieorientierte Produktion innerhalb der betrieblichen Wertschöpfungsstufen einen engen Bezug zur Beschaffung (Umwelt als Ressourcenlieferant), zur Entsorgung (Umwelt als Aufnahmemedium) sowie zum Absatz auf. Das Ziel einer ökologieorientierten Produktion besteht darin, „Produktionsfaktoren so zu kombinieren, dass einerseits eine wirtschaftliche und andererseits eine sichere und umweltverträgliche Leistungserstellung gewährleistet ist." (WICKE/HAASIS/SCHAFHAUSEN 1992, S. 155). **Anpassungsmaßnahmen** an veränderte umweltpolitische Zielvorgaben in der Produktion und die damit verbundenen neuen Aufgabengestaltungen können im Input-, Verfahrens- und Outputbereich ansetzen. Die Umstellungsmaßnahmen im Inputbereich betreffen primär die ökologieorientierten Beschaffungsaktivitäten, d.h. die Variation der Inputfaktoren und deren Einsatzmengen und -qualitäten durch Substitution umweltbelastender Einsatzstoffe bzw. Verwendung umweltverträglicher Materialien. Auf der Verfahrensebene können bestehende Verfahren, z.B. durch Verwertungsmaßnahmen, geändert oder erweitert und neue Verfahren eingesetzt werden. Im Outputbereich sind neben Anpassungsmöglichkeiten durch Veränderung der Ausbringungsmengen (Produktionseinschränkungen) und des Produktionsprogramms ebenfalls Maßnahmen der Entsorgung und des Recyclings zu nennen; die letzteren Aktivitäten werden in Kapitel 6.1.4. (Entsorgung) besprochen.

Ökologieorientierte Anpassungen Im Hinblick auf eine ökologieorientierte Produktion können Anpassungen über die Standortwahl (langfristig), die Produktionsprogrammplanung (langfristig), die Wahl und Gestaltung der Produktionsverfahren (langfristig) und die Wahl der Produktionsmenge (kurzfristig) erfolgen. Mittelfristig können Anlagen stillgelegt werden. Folgende Fragen können ein Unternehmen bei der Auswahl geeigneter Anpassungsmaßnahmen unterstützen (vgl. GÜNTHER/KAULICH/SCHEIBE u. a. 2006, S. 228 ff.):

Ort: Inputbereich, Verfahrensbereich, Outputbereich

Ergeben sich Ansatzpunkte für die Maßnahme im Inputbereich über die Variation von Einsatzmengen? Oder über die Variation der Einsatzqualität? Oder über eine Variation von Inputfaktoren?

Sind im Verfahrensbereich Änderungen oder der Einsatz neuer Verfahren notwendig? Sind die bestehenden Produktionsverfahren zu erweitern? Oder die eingesetzten Stoff- und Energieströme zu verändern?

Ist im Outputbereich die Variation der Ausbringungsmenge oder des Produktionsprogramms möglich? Stehen Entsorgungsmaßnahmen als Ansatzpunkt zur Verfügung? Bietet Recycling eine Möglichkeit für die Einflussnahme?

Zeithorizont: kurzfristig, mittelfristig, langfristig

Kommen kurzfristige Maßnahmen in Frage, die die Veränderung der Produktionsmenge umfassen? Kommt eine zeitliche Anpassung in Form einer verringerten Leistungszeit der relevanten Aggregate bei konstanter Leistungsintensität (z.B. Verkürzung der Arbeitszeit pro Schicht) in Frage? Kommt eine intensitätsmäßige Anpassung in Form verringerter Leistungsintensität der relevanten Aggregate bei konstanter Leistungszeit und Anzahl der eingesetzten Faktoren (z.B. Senkung der Kapazitätsauslastung) in Frage? Kommen kurzfristige Maßnahmen in Frage, die die Veränderung der Faktorqualität bei konstanter Produktionsmenge beinhalten? Kommt eine qualitative Anpassung durch den Einsatz qualitativ anderer oder zusätzlicher Faktoren bzw. durch den Einsatz der vorhandenen Potentialfaktoren bei (geringfügiger) Änderung ihrer Eigenschaften in Frage?

Bieten sich mittelfristige Maßnahmen an, die bei gegebenem Bestand (im)materieller Eigentumspotentiale den Bestand an Vertragspotentialen ändern (z.B. vorübergehende Stillegungen, Lizenzverträge, z.B. neue, umweltfreundliche Produktionsverfahren)?

Kommen langfristige Maßnahmen in Frage, die den Bestand aller Potentialfaktorarten (insbesondere auch materielle Eigentumspotentiale) verändern? Kommt ein Abbau vorhandener Eigentumspotentiale bei konstanter Faktorqualität und veränderlicher Produktionsmenge durch die Verringerung der schadstoffbelasteten Produktionsmenge mittels endgültiger Stilllegung aller/relevanter Aggregate in Frage? Kommt der Aufbau neuer Eigentumspotentiale bei veränderlicher Faktorqualität und konstanter Produktionsmenge durch Umweltschutzinvestitionen, u.a. integrierte/additive Umweltschutzmaßnahmen oder einem umweltschutzbedingtem Standortwechsel in Frage?

Standortentscheidung Abschließend sollen die umfassenden Entscheidungsfaktoren für eine langfristige Anpassungsmaßnahme in Form einer Standortentscheidung dargestellt werden. Umweltaspekte können dabei die Attraktivität eines Standortes sowohl erhöhen als auch senken. Sie sind dann der Kategorie attraktivitätshemmend zuzuordnen, wenn sie als limitierende Faktoren auftreten, d.h. den Umfang und die Qualität des Standortes eingrenzen. Sie wirken als Attraktivitätsfaktoren und sind der Kategorie attraktivitätssteigernd zuzuordnen, wenn sie die Attraktivität eines Standortes erhöhen. Sofern Umweltschutz der Wirkungskategorie Push zuzuordnen ist, stellt sich die Frage, ob er auch einen Grund für Standortverlagerungen darstellt. Die Gliederung folgt dabei der Struktur der Kapitel 5 und 6 des Lehrbuchs.

Tabelle 27: Standortfaktoren

		Wirkung der Standortfaktoren	
		attraktivitätssteigernd	**attraktivitätssenkend**
Umfeldkomponenten	**ökologische Rahmenbedingungen**	intakte Umwelt für Kurbetriebe oder Freizeiteinrichtungen	Verschlechterung der Wasserqualität für Mineralwasserhersteller
	gesellschaftliche Rahmenbedingungen	Technikfreundlichkeit der Bevölkerung	Skepsis gegenüber Windkraft
	ökonomische Rahmenbedingungen	steuerliche Vorteile	Preisverfall durch Sättigung am Markt für Umweltschutztechnologien
	technologische Rahmenbedingungen	hoher Stand der Technik sichert Nachfrage für ein Unternehmen, das Umwelttechnik anbietet	fehlende Technologiebasis (Arbeitskräfte, Universitäten) für Anbieter von Umwelttechnik
	politische Rahmenbedingungen	Planungssicherheit bei bestehender, ausgebauter Umweltpolitik	lange Genehmigungsdauern aufgrund von Umweltverträglichkeitsprüfungen
	Kunden	Konzentration ökologieorientierter Kunden an einem Standort	keine Nachfrage nach ökologieorientierten Produkten aufgrund mangelnden Umweltbewusstseins
	Lieferanten	hohe Qualität der Lieferanten und ihrer Leistungen sichert die Qualität der eigenen Produkte	Ökologieorientierung der Lieferanten fehlt (wichtig für die Validierung nach EMAS)
	Wettbewerber	keine Wettbewerber für Pionierunternehmen	hohe Eintrittsbarrieren für ökologieorientierte Unternehmen aufgrund von Kostenvorteilen
	Kreditgeber	Finanzierungsprogramme für Umweltschutzaktivitäten	keine Kreditgewährung aufgrund zu hoher Risikoeinschätzung des Standortes
	Anteilseigner	starkes Umweltbewusstsein der Anteilseigner	kurz- und langfristige Gewinnmaximierung der Anteilseigner
Funktionsbereiche	**Forschung und Entwicklung**	Existenz von Technologie- oder Gründerzentren	keine Kooperationspartner für gemeinsame Forschungsprojekte
	Beschaffung	Existenz eines gut funktionierenden Sekundärrohstoffmarktes	hohe Folgekosten für die Aufbereitung der Sekundärrohstoffe
	Produktion	geschlossene Kreisläufe unterstützen Genehmigungsverfahren	umweltfreundliche Produktionsverfahren nicht finanzierbar
	Absatz	gemeinsame Redistributionskanäle	Verbot von Einwegverpackungen
	Entsorgung	geringe Transportkosten	hohe Abfallgebühren
	Personal und Organisation	sehr gute Arbeitsmarktsituation mit hoch qualifizierten Arbeitskräften	Ausweitung der Organisationsstruktur durch rechtliche Vorschriften
	Logistik	gute Entsorgungsinfrastruktur der Kommune	Stilllegung eines Gleisanschlusses
	Marketing	staatliche Marketingaktivitäten	keine Glaubwürdigkeit durch zahlreiche Störfälle
	Controlling	Ökobilanz wird bereits regelmäßig erstellt	fehlende Voraussetzungen für den Aufbau eines ökologieorientierten Controllings

6.1.3 Wertschöpfungsstufe Absatz

Bedeutung Der Stellenwert des Absatzes nimmt kontinuierlich zu, da die Kundennähe im Wettbewerb angesichts abnehmender Wachstumsraten in ihrer Bedeutung wächst. Unternehmen, die es versäumen, die Absatzvorbereitung, -anbahnung und -realisierung auf ein branchenübliches Leistungsniveau zu bringen, gefährden dadurch ihre Marktstellung. Ein wichtiger Teilaspekt ist dabei der Aufbau einer ressourcenschonenden Absatzorganisation. Für eine ökologieorientierte Distribution ist die bei den Absatzssystemen übliche Vorwärtsrichtung vom Produzenten zum Konsumenten zu beachten. Der Aufbau von Retrodistributionskanälen für die Wieder- und Weiterverwendung sowie die Wieder- und Weiterverwertung von Produkten und Verpackungen (vgl. Kapitel 6.1.4), eröffnet neue Marktchancen und Differenzierungsmöglichkeiten. Ein nach ökologischen Gesichtspunkten ausgewähltes Absatzsystem umfasst auch den Einsatz umweltverträglicherer Transportmittel, z.B. durch Verlagerung des Transportes auf die Bahn und durch Reduzierung der Schadstoffe im eigenen Fuhrpark. Wichtiger Bestandteil des Absatzes ist der Service. Hier kann das Unternehmen Dienstleistungen anbieten, die eine umweltfreundlichere Produktnutzung ermöglichen. Die Information kann aber auch auf andere, den Konsumenten betreffende Lebensbereiche übergreifen. Zu einer hohen Akzeptanz von Unternehmen führt die Freigabe betrieblicher Sammelstellen für die benachbarte Bevölkerung.

Vernetzter Funktionsbereich Die Stakeholdergruppe Kunden, die primäre Aktivität Absatz und die sekundäre Aktivität Marketing sind eng miteinander verknüpft. Aus diesem Grunde soll der Absatz der Produkte und Dienstleistungen bei der Distributionspolitik im Kapitel Marketing (6.2.4) eingeordnet werden. Sofern Aspekte des Absatzes die Logistik betreffen, finden sich die Ausführungen an dieser Stelle (vgl. Kapitel 6.2.2).

6.1.4 Wertschöpfungsstufe Entsorgung

Bedeutung In der traditionellen, klassischen betriebswirtschaftlichen Betrachtungsweise, wie z.B. bei GUTENBERG, wurde der Zusammenhang zwischen Input und Output eines Betriebes nur durch die drei güterwirtschaftlichen Grundfunktionen Beschaffung, Produktion und Absatz dargestellt. Die betriebliche Funktion der Entsorgung wurde nicht berücksichtigt und fand auch keinen expliziten Eingang in das Instrument der Wertkette. Die Einordnung der Entsorgung als eigenständige Wertschöpfungsstufe ergab sich zunächst aus den steigenden Entsorgungskosten aufgrund der Knappheit der Entsorgungskapazitäten (**Quantität als Ursache**), aber auch aufgrund höherer ökologischer Anforderungen an die Entsorgung (**Qualität als Ursache**). Die steigenden Beseitigungskosten wiederum motivieren Investitionen in Verwertungsverfahren (vgl. WITTMANN 1994, S. 63 ff.). Die Entsorgung steht dabei in einem engen Zusammenhang mit den betrieblichen Wertschöpfungsstufen Beschaffung, Produktion und Absatz, da diese Funktionen durch die Wahl einer bestimmten Produktkonzeption und -gestaltung die Entsorgung beeinflussen (siehe weiterführend SPENGLER/WALTHER 2005, S. 247 ff.).

Kondukte Die Entsorgung bildet das Gegenstück zum Absatz, der sich dem erwünschten Output widmet, während die Aufgabe der Entsorgung quasi der „Absatz“ von unerwünschtem Output darstellt. In der Betriebswirtschaft fand bei der Auseinandersetzung mit dem Thema Entsorgung vor allem die Theorie der Kuppelproduktion nach RIEBEL Beachtung (vgl. RIEBEL 1955, S. 126 ff.). RIEBEL hatte bereits in den 1950er Jahren den Kuppelproduktionsprozess als Regelfall der industriellen Produktion bezeichnet (und nicht als Randerscheinung oder Ausnahme). Bei allen betrieblichen Produktionsprozessen entstehen aus naturwissenschaftlichtechnischen Gründen, aus Organisationsmängeln sowie aufgrund von Informationsdefiziten über Rohstoffe, Produktionsweisen und Lagerungsbedingungen gekoppelt mit den erwünschten Produkten auch sog. Kondukte. **Kondukte** stellen dabei unerwünschte Kuppelprodukte dar, die nicht dem Sachziel der Unternehmung zuzuordnen sind (Kondukte vom Lateinischen conducere für mit-führen, d.h. mit dem Produkt mitgeführter, unerwünschter Output). Sie können in fester, flüssiger, gasförmiger oder (energetischer) Form vorliegen. Die Abgrenzung von erwünschtem und unerwünschtem Output beruht auf einer relativen Einschätzung in Abhängigkeit von Zielsystemen, technologischen Bedingungen, Mengenbegrenzungen, Qualitätsanforderungen, Informationsdefiziten und Zeitaspekten. Gegenstand der Wertschöpfungsstufe Entsorgung ist somit das Management von Kondukten. Für Beispiele von Kondukten vgl. Tabelle 28.

Tabelle 28: Kondukte

Art des Mediums / Art des Konduktes	Boden	Wasser	Luft
Kondukt	feste Kondukte	flüssige Kondukte	gasförmige Kondukte
unerwünschter Output zur Verwertung	feste Abfälle zur Verwertung (z.B. PET-Flaschen, Ersatzbrennstoffe)	Abwasser zur Verwertung (z.B. Kreislaufführung von Prozesswasser)	Gase zur Verwertung (z.B. Deponiegase)
unerwünschter Output zur Beseitigung	feste Abfälle zur Beseitigung (z.B. Lackreste)	Abwasser zur Beseitigung (z.B. Einleitung in Gewässer bzw. Kläranlagen)	Gase zur Beseitigung (z.B. CO_2-Emissionen, unkontrolliert oder über Abbau- und Speichrungsprozesse)

Entsorgungsmaßnahmen Aufgabe der Entsorgung ist, Maßnahmen für die Bewältigung der Kondukte zu ergreifen. Dazu stehen den Unternehmen die Möglichkeiten der Vermeidung, der Verminderung, der Substitution, der Verwertung sowie der Beseitigung zur Verfügung. Entsorgung umfasst somit die Bereiche Verwertung und Beseitigung, im weiteren Sinne auch die Vermeidung, Verminderung und Substitution. Um ein gesamtbetrieblich optimales Konzept zu entwickeln, muss die Abhängigkeit der Entsorgungsaufgaben von den vorgelagerten Stufen des betrieblichen Leistungserstellungsprozesses bedacht werden (siehe weiterführend LIESEGANG 1999, S. 181-191). Dies bedeutet, möglichst solchen Produkten und Verfahren den Vorrang zu geben, die eine Entsorgung erleichtern oder sogar entbehrlich machen. Konnte die Entstehung von Abfällen, Abwasser und Abluft nicht verhindert werden, so sind geeignete Maßnahmen der **Beseitigung** zu ergreifen. Als mögliche Alternativen stehen dem Unternehmen hierfür die Kompostierung und die Verbrennung sowie die anschließende Deponierung mit und ohne Vorbehandlung zur Auswahl. Die **Verwertung**, d.h. der Wiedereinsatz von Stoffen und Energien kommt nach der obigen Begriffsabgrenzung ausschließlich für Sekundärrohstoffe in Betracht. Aufgrund der zunehmenden Bedeutung der Kondukte sind Aspekte der Verwertung (umgangssprachlich auch Recycling genannt) zunehmend in unternehmerische Entscheidungen zu integrieren. Je nach Erhaltung des ursprünglichen Konduktcharakters können in Abhängigkeit von ursprünglichem und zukünftigem Verwendungszweck und der Art der Transformation der

Sekundärrohstoffe die Strategien Wieder- und Weiterverwendung (Produktrecycling) sowie Wieder- und Weiterverwertung (Materialrecycling) unterschieden werden.

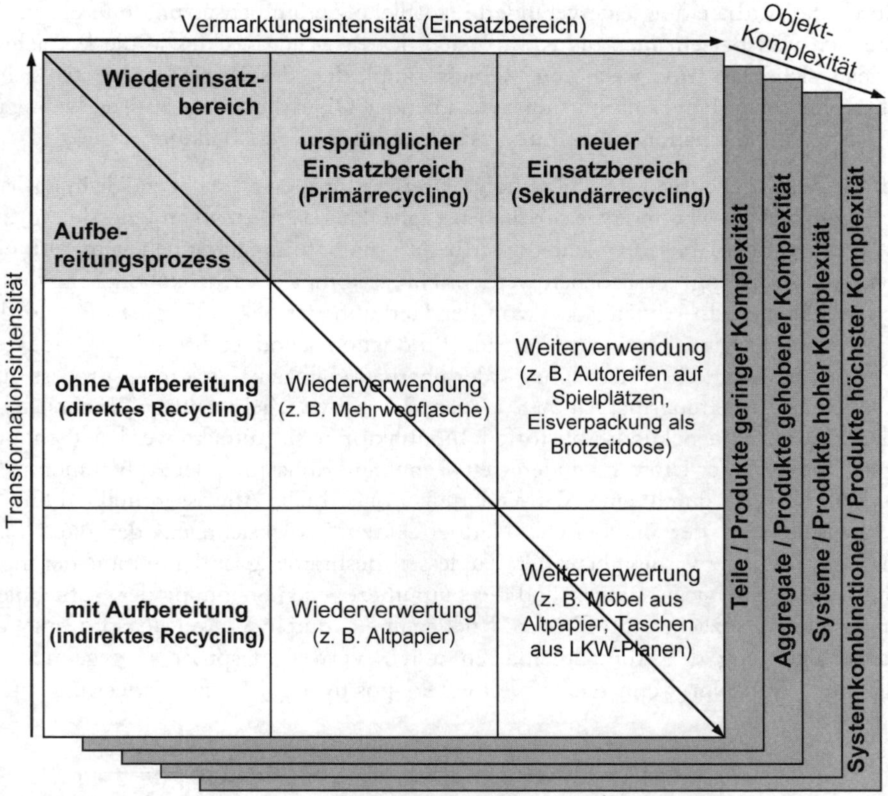

Abbildung 49: Vermarktungsintensität/Transformationsintensität/Komplexität
(In Anlehnung an WITTMANN 1994, S. 31; siehe weiterführend BERG 1979, S. 201ff.)

Wiederverwendung liegt dann vor, wenn ein Produkt nach dem Gebrauch dem gleichen Verwendungszweck wie bei Erstnutzung dient (z.B. Mehrwegflaschen). Somit bleiben die ursprüngliche stoffliche Zusammensetzung und Form sowie die ursprüngliche Funktion erhalten. Die Aufgaben beschränken sich auf Sammel-, Trenn- und Transportleistungen. Im Gegensatz dazu unterscheidet sich bei einer **Weiterverwendung** der Erstzweck vom zukünftigen Verwendungszweck (z.B. Eisverpackung als Brotzeitdose). Die ursprüngliche Zusammensetzung bleibt erhalten, aber der Einsatzbereich verändert sich. Allerdings ist hierfür kein spezielles Aufbereitungsverfahren erforderlich. Bei der **Wiederverwertung** handelt es sich um den wiederholten Einsatz von Produkten in bereits vorher durchlaufenen Produktionsprozessen, wobei die Form des Produktes teilweise oder vollständig aufgelöst oder verändert wird (z.B. Altglasrecycling). Somit werden neben rein logistischen Aktivitäten Verfahren der Aufbereitung (physikalische, chemische, thermische oder biologische Verfahren) eingesetzt, damit die ursprüngliche Zusammensetzung und der ursprüngliche Verwendungszweck bzw. Einsatzbereich wieder erreicht werden können. Unter **Weiterverwertung** versteht man dagegen den Einsatz von Produkten in anderen

Produktionsprozessen zur Gewinnung neuer Werkstoffe oder Produkte (z.B. Herstellung von Lärmschutzwällen aus Kunststoffverbunden). Die Weiterverwertung erfordert ebenfalls ein Aufbereitungsverfahren, wobei sie die Kondukte einem neuen Einsatzbereich zuführt. Somit liegen durch die Aufbereitung eine veränderte stoffliche Zusammensetzung und ein veränderter Einsatzbereich vor. Bezieht man die Komplexität des Recyclingobjektes in die Betrachtung mit ein, so zeigt sich, dass eine wachsende Objektkomplexität das Recyclingpotential senkt. Der realisierbare Recycling-Effekt nimmt mit zunehmender Objektkomplexität (Teile – Aggregate – Systeme – Systemkombinationen) ab. Zur Zusammenfassung vgl. Abbildung 49.

Nettoeffekt des Recycling Eine vollständige Kreislaufführung ist nicht möglich, da nach dem Zweiten Hauptsatz der Thermodynamik die Entropie, d.h. das Ausmaß an Unordnung, zunimmt und ein Teil der Ressourcen in nicht-verwertbare Kondukte umgewandelt wird, somit könnte auch von „**Downcycling**" gesprochen werden. Hinzu kommen auch ökonomische und technische Beschränkungen. In Abhängigkeit von der Herkunft der Sekundärrohstoffe und dem Ort des Wiedereinsatzes kann in zu rezyklierende Produktions- und Konsumtionskondukte unterschieden werden, die jeweils einem inner- oder überbetrieblichen Verwertungsprozess zugeführt werden können. Vewertungsmaßnahmen dienen dabei zwei Zielsetzungen: Einerseits können durch den Einsatz von Sekundärrohstoffen Inputfaktoren substituiert werden (Schonung der Versorgungsfunktion der Umwelt), andererseits kann eine Entlastung der Aufnahmefunktion der ökologischen Umwelt durch eine Verminderung von Abfall, Abwasser und Abluft erreicht werden. Allerdings ist der ökologische Nettoeffekt zu berücksichtigen, der die ökologische Vorteilhaftigkeit der Verwertung bewertet. Zu dessen Bestimmung ist der Summe der inputbezogenen Stoff- bzw. Energieeinsparung und der outputbezogenen Schonung der Aufnahmemedien die Summe des zusätzlichen Stoff- und Energieinputs durch Verwertungsprozesse und der zusätzlichen Belastung der Aufnahmemedien durch Verwertungsprozesse gegenüberzustellen (vgl. Abbildung 50). Nur wenn dieser Nettoeffekt positiv ist, ist eine Verwertung ökologisch vorteilhaft.

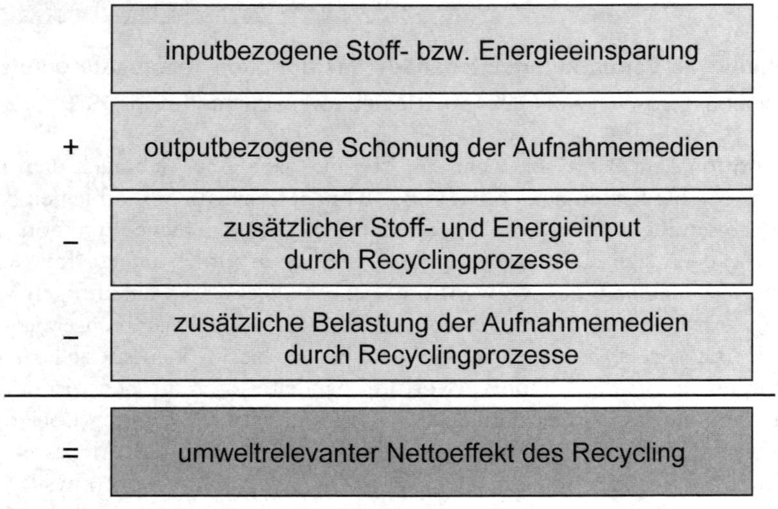

Abbildung 50: Nettoeffekt des Recycling

(Quelle: WITTMANN 1994, S. 28; siehe weiterführend GÖRG 1981)

Kreislaufwirtschafts-/Abfallgesetz (KrW-/AbfG) Der betriebliche Entsorgungsbereich ist durch die gesetzlichen Vorgaben des KrW-/AbfG und die damit verbundene Gesetzgebung geprägt. Zweck des 1996 in Kraft getretenen Gesetzes ist die Förderung der Kreislaufwirtschaft zur Schonung der natürlichen Ressourcen und die Sicherung der umweltverträglichen Beseitigung von Abfällen. Die Kreislaufökonomie soll so die Durchflussökonomie ablösen. Das Gesetz legt eine eindeutige Priorität der Abfallvermeidung vor der Abfallverwertung (stoffliche und energetisch) und -beseitigung fest. Ein eindeutiger Vorrang der Abfallverwertung vor der -beseitigung besteht nicht. Nachfolgend sollen drei wesentliche Inhalte des Gesetzes vorgestellt werden, die aus betriebswirtschaftlicher Sicht von besonderem Interesse sind: der Abfallbegriff, der ökonomische und ökologische Zumutbarkeitsvorbehalt sowie die Produktverantwortung.

Abfallbegriff. § 3 I 1 KrW-/AbfG definiert als „Abfälle (...) alle beweglichen Sachen, (...) deren sich ihr Besitzer entledigt, entledigen will oder entledigen muss." Der Abfallbegriff wird auf bewegliche Sachen beschränkt, Altlasten und Bodenkontaminationen fallen nicht unter den Abfallbegriff. Weiterhin wird zwischen dem subjektiven Abfallbegriff („entledigen will") und dem objektiven Abfallbegriff („entledigen muss") unterschieden. Dabei richtet sich der objektive Abfallbegriff auf gefährliche Stoffe/Gegenstände, die das Allgemeinwohl gefährden können (§ 5 IV KrW-/AbfG). Abfälle werden nach § 3 I 2 KrW-/AbfG wie folgt unterteilt: „**Abfälle zur Verwertung** sind Abfälle, die verwertet werden; Abfälle, die nicht verwertet werden, sind **Abfälle zur Beseitigung**". Somit wird der europäische Abfallbegriff übernommen. Vom Abfallbegriff ausgenommen sind nach dem KrW-/AbfG nur noch die Produkte, die in einem Betrieb zweckgerichtet hergestellt werden. Alle verbleibenden festen Kondukte sind Abfälle, unabhängig davon, ob sie verwertet werden (können) oder nicht. Damit werden nun auch die Kondukte, die verwertet werden sollen, der Kontrolle durch das Abfallrecht unterworfen. Somit wurde der Anwendungsbereich des Abfallrechts durch das KrW-/AbfG erheblich erweitert. Gleichzeitig sollten die sprachlichen Verwirrungen um die Begriffe „Abfall", „Wirtschaftsgut", „Wertstoff", „Reststoff", „Rückstand" und „Sekundärrohstoff" beendet werden. Bei Abfällen zur Verwertung wird zwischen einer stofflichen und einer energetischen Verwertung unterschieden (§ 4 I Nr. 2 KrW-/AbfG). Die **stoffliche Verwertung** (§ 4 III KrW-/AbfG) bedeutet, dass der eingesetzte Stoff nicht in seiner ursprünglichen Form zurückgewonnen werden muss. Sie beinhaltet drei Formen, die Substitution von Rohstoffen durch das Gewinnen von Rohstoffen aus Abfällen (Sekundärrohstoffe), die Nutzung der stofflichen Eigenschaften der Abfälle für den ursprünglichen Zweck, oder die Nutzung der stofflichen Eigenschaften der Abfälle für andere Zwecke (werkstoffliche und rohstoffliche Verwertung). Die **energetische Verwertung** (§ 4 IV KrW-/AbfG) umfasst „den Einsatz von Abfällen als Ersatzbrennstoff". So wird der Heizwert bei geringer Schadstoffbelastung genutzt. Im Gegensatz dazu zielt die **thermische Behandlung** auf die Vernichtung des Schadstoffpotentials (Abfälle zur Beseitigung).

Zumutbarkeit. Das KrW-/AbfG gibt der Abfallvermeidung einen generellen Vorrang. Mit zweiter Priorität folgt die Abfallverwertung mit den Ausprägungen stoffliche und energetische Verwertung (§ 4 I Nr. 2 KrW-/AbfG), eine Priorität der stofflichen Verwertung gegenüber der energetischen oder vice versa wird hierbei nicht festgelegt (§ 6 I 2 KrW-/AbfG). Erst danach folgt die Abfallbeseitigung. Allerdings besteht kein eindeutiger Vorrang der Abfallverwertung vor der Abfallbeseitigung. § 5 II 1,2 KrW-/AbfG normiert zwar die Pflicht zur Abfallverwertung und einen (eingeschränkten) Vorrang der Verwertung vor der Beseitigung, doch unterliegt die Abfallverwertung gem.§ 5 IV, V KrW-/AbfG einem ökonomischen und einem ökologischen Zumutbarkeitsvorbehalt. Der **ökonomische Zumutbarkeitsvorbehalt** (§ 5 IV KrW-/AbfG) wird in der Form konkretisiert, dass eine Pflicht zur Verwertung besteht, soweit dies technisch möglich ist, wirtschaftlich zumutbar ist und ein Markt für das Verwertungsprodukt vorhanden ist oder geschaffen werden kann (Marktgängigkeit). Die **wirtschaftliche Zumutbarkeit** ist dann gegeben, wenn „die mit der Verwertung verbundenen Kosten nicht außer Verhältnis zu den Kosten stehen, die für eine Abfallbeseitigung zu tragen wären." (§ 5 IV KrW-/AbfG) Der **ökologische Zumutbarkeitsvorbehalt** (§ 5 V KrW-/AbfG) besagt, dass die Pflicht zur Verwertung entfällt, wenn die Abfallbeseitigung die „umweltverträglichere Lösung" darstellt. Bei der Prüfung der Umweltverträglichkeit sind die zu erwartenden Emissionen, das Ziel der Schonung der natürlichen Ressourcen, die einzusetzende oder zu gewinnende Energie und die Anreicherung von Schadstoffen in Erzeugnissen, Abfällen zur Verwertung oder daraus gewonnenen Erzeugnissen zu berücksichtigen. Die Problematik des Zumutbarkeitsbegriffs besteht allerdings darin, dass es sich um einen **unbestimmten Rechtsbegriff** handelt. Das bedeutet, dass es an einer genauen juristischen Definition mangelt, obwohl die wirtschaftliche Zumutbarkeit in vielen Gesetzen und technischen Anleitungen des Umweltrechts erscheint. Um den Begriff trotzdem operationalisieren zu können, wird eine Verwertungsmaßnahme in Anlehnung an die wirtschaftliche Vertretbarkeit von HOPPE (vgl. HOPPE 1983, S. 20 ff.) dann als wirtschaftlich unzumutbar definiert, wenn sie einen angemessenen Gewinn nachhaltig verhindert; dabei ist auf „ein gesundes Durchschnitts- oder Standardunternehmen" abzustellen. Für die Beurteilung einer nachhaltig angemessenen Gewinnerzielung können die beiden Indikatoren „Möglichkeit der Erzielung eines konkurrenzfähigen Marktpreises für das Verwertungsprodukt" und „Gesamtkapitalrentabilität" zugrundegelegt werden. In Abbildung 51 werden die Kriterien der Zumutbarkeit nochmals dargestellt.

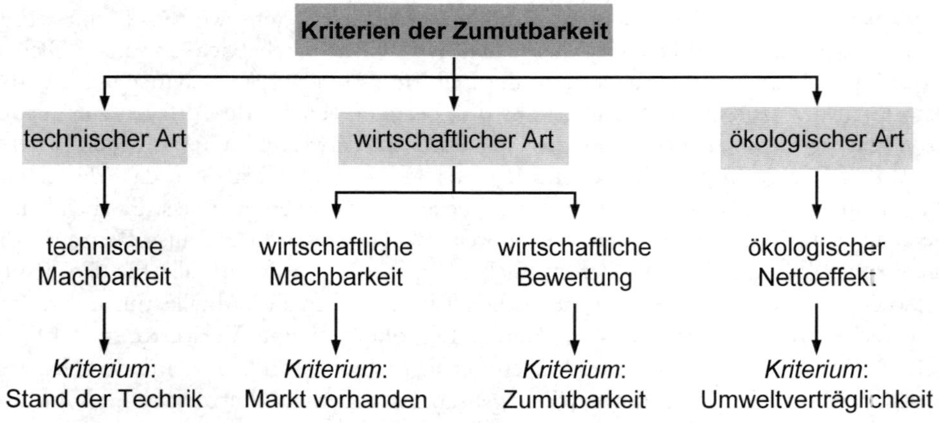

Abbildung 51: Kriterien der Zumutbarkeit

Produktverantwortung Mit der Produktverantwortung wird die Verwirklichung des Verursacherprinzips angestrebt (vgl. § 22 I 1 KrW-/AbfG). Ziel ist es, die Produkte/Erzeugnisse so zu gestalten, dass bei deren Herstellung und Gebrauch das Entstehen von Abfällen vermindert wird und eine umweltverträgliche Verwertung und Beseitigung nach Gebrauch sichergestellt werden kann. Dadurch wird dem Vorsorgeprinzip Rechnung getragen. Konkrete Pflichten lassen sich aus § 22 KrW-/AbfG jedoch nicht ableiten, dafür ist der Erlass entsprechender Verordnungen und Gesetze notwendig (§§ 23 und 24 KrW-/AbfG). Beispielhaft sei hier § 3 der Altfahrzeug-

Verordnung (AltfahrzeugV) genannt. Hiernach sind Hersteller von Fahrzeugen verpflichtet, alle Altfahrzeuge ihrer Marke vom Letzthalter zurückzunehmen. Die Hersteller von Fahrzeugen müssen die Altfahrzeuge ab der Überlassung an eine anerkannte Rücknahmestelle oder einen von ihnen bestimmten anerkannten Demontagebetrieb unentgeltlich zurücknehmen.

6.2 Sekundäre Funktionsbereiche

Unterstützt werden diese primären Aktivitäten von den sekundären Aktivitäten Forschung und Entwicklung, Logistik, Personal und Organisation, Marketing und Controlling. Diese wirken in alle primären Aktivitäten hinein und sind gemeinsam mit diesen zu verstehen.

6.2.1 Wertschöpfungsstufe Forschung und Entwicklung

Bedeutung des betrieblichen FuE-Bereiches. Ziel der Forschung und Entwicklung ist es, eine Anpassung des Unternehmens an veränderte Umfeldvariablen, aber auch dessen aktive Mitwirkung bei der Gestaltung des Umfeldes zu gewährleisten. Hinzu kommt, dass ca. 60 % der Kosten im FuE-Bereich festgelegt werden (vgl. BERLINER/BRIMSON 1991, S. 157) und so der FuE-Bereich generell eine Vorsteuerungsfunktion hat. Doch auch im Speziellen kommt dem betrieblichen FuE-Bereich bei der Anpassung an diese ökologieorientierten Anforderungen eine verstärkte Bedeutung zu: Insbesondere die verschärfte Umweltschutzgesetzgebung, das Umweltbewusstsein der Kunden sowie die zunehmende Zahl der Umweltprobleme haben in den letzten Jahren eine Veränderung des Unternehmensumfeldes (vgl. Kapitel 5) bewirkt (vgl. GERYBADZE 1992, S. 397). Dieses löst Umweltinnovationen aus; aber auch der Art und Höhe der Umweltwirkungen aller Innovationen wird eine zunehmende Bedeutung geschenkt.

Umweltinnovationen Aufgabe der Forschung und Entwicklung ist es, im Rahmen der technologisch gegebenen Rahmenbedingungen **Innovationen** zu entwickeln. SCHUMPETER (1939) versteht unter **Innovationen** alle Aktivitäten, "... die der Entwicklung neuer Produkte und Verfahren (Invention), ihrer Markteinführung bzw. ihrer ersten Anwendung (Innovation im engeren Sinne) oder ihrer allgemeinen Ausbreitung (Diffusion) dienen" (vgl. ERDMENGER/KLAUKE 2005, S. 105). KLEMMER/LEHR/LÖBBE (1999) leiten daraus folgendes Verständnis für Umweltinnovationen ab: „Aus [der] Gesamtmenge [der Innovationen] greifen Umweltinnovationen jene technisch-ökonomischen, institutionellen und/oder sozialen Neuerungen heraus, die zu einer Verbesserung der Umweltqualität führen. Der Begriff der Umweltinnovation ist damit final definiert; er umfasst alle Innovationen, die der Verbesserung der Umwelt dienen, gleichgültig, ob diese Innovationen auch unter anderen – namentlich – ökonomischen Gesichtspunkten vorteilhaft wären" (KLEMMER/LEHR/LÖBBE 1999, S. 29). Diese beziehen sich auf die Entwicklung neuer Ideen und Verhaltensweisen, Produkte und Produktionsverfahren. **Technisch-ökonomische Innovationen** umfassen die Entwicklung und Vermarktung neuer Produkte und die Erschließung neuer Ressourcen und Inputbestände, sowie die Entwicklung und Anwendung neuer Produktionsverfahren bei der Herstellung von Gütern und Dienstleistungen und bei der Nutzung natürlicher Ressourcen. **Organisationale Innovationen** orientieren auf Veränderungen in der betrieblichen Organisationsstruktur, in den Unternehmensstrategien und in der Unternehmenskultur. **Institutionelle Innovationen** schließlich führen zur Neugestaltung der gesamtgesellschaftlichen Rahmenbedingungen und Ordnungsprinzipien. Weiterhin wird zwischen ergebnis- und prozessbezogenen Innovationen unterschieden.

Innovationsarten Innovationen können nach der technologischen Dimension, d.h. der Veränderung der Technologie und des Produktionssystems und der Markt-Akteurs-Beziehungen, d.h. Veränderungen der Marktbedingungen und der organisatorisch-sozialen Faktoren in inkrementelle, radikale und Systeminnovationen unterschieden werden. **Inkrementelle Innovationen** zeichnen sich durch kleine Veränderungen von Produkten oder Prozessen aus. **Radikale Innovationen** oder **Basisinnovationen** sind mit bestehenden Produktionsstrukturen ex ante nicht kompatibel und **Systeminnovationen** als Kombination technischer, organisatorischer und sozialer Innovationen setzen neue Akteurskonstellationen von Anbietern, Nutzern und Intermediären voraus (vgl. NILL/EINACKER/KORBUN u. a. 2002, S. 46). Ökologieorientierte **Produktinnovationen** erfüllen den gleichen Grundnutzen wie herkömmliche Produkte, bieten jedoch einen Zusatznutzen hinsichtlich der Verminderung von Umweltbelastungen bei der Herstellung, Verwendung und Beseitigung. Als Kriterien dienen dabei Rohstoff- und Energieverbrauch sowie die Belastung der Umweltmedien Wasser, Boden und Luft während der einzelnen Phasen des Lebenszyklus (vgl. Kapitel 9.3). Bei ökologieorientierten **Verfahrensinnovationen** lassen sich additive (**end-of-the-pipe (EOP)-Technologien**, vgl. Kapitel 8.2.1) und **integrierte Technologien** unterscheiden, wobei der Übergang fließend sein kann. Additive Technologien sind dem eigentlichen Leistungserstellungsprozess nachgeschaltet und werden bei der Luftreinhaltung, der Abwasserbehandlung, der Abfallbeseitigung und beim Lärmschutz eingesetzt. Integrierte Lösungen reduzieren unter Berücksichtigung inputrelevanter Vorstufen und outputrelevanter Folgestufen bereits die Entstehung von Umweltbelastungen.

Vergleich von end-of-the-pipe- und integrierten Technologien Für die ökologische Vorteilhaftigkeit von Umweltinnovationen kann man im Sinne der Prioritätensetzung der Umweltprinzipien generell sagen, dass Vermeidung besser als Verwertung oder Beseitigung ist. Die ökonomische Vorteilhaftigkeit ist differenzierter zu bestimmen: Integrierte Technologien haben zu einem Zeitpunkt, an dem die end-of-the-pipe-Technologien an ihre Leistungsgrenze stoßen, ein hohes Entwicklungspotential (vgl. Abbildung 52).

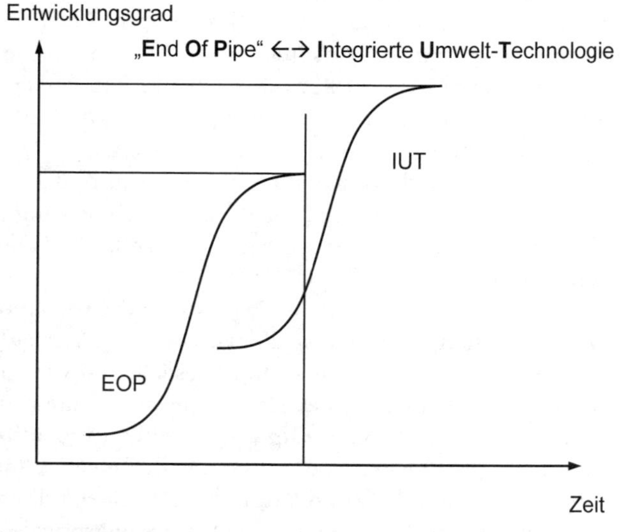

Abbildung 52: Technologienvergleich
(Quelle: KREIKEBAUM 1990, S. 120)

Doch welche Technologie kann im Einzelfall als verhältnismäßig gelten? Nachfolgende Abbildung kann dies veranschaulichen (vgl. Abbildung 53). Dabei gelten folgende Annahmen: Die Kosten der EOP (K_{EOP}) steigen mit zunehmender Entlastungsforderung überproportional, die Kosten der Internalisierung externer Effekte (K_I) sinken mit zunehmender Entlastung und die Kosten einer bestimmten integrierten Umwelttechnologie (K_{IUT}) sind fix für eine maximal zu erreichende Ökologieverträglichkeit ($Ö_{IUT}$), wobei unterschiedliche Umwelttechnologien auf dem Markt verfügbar sind.

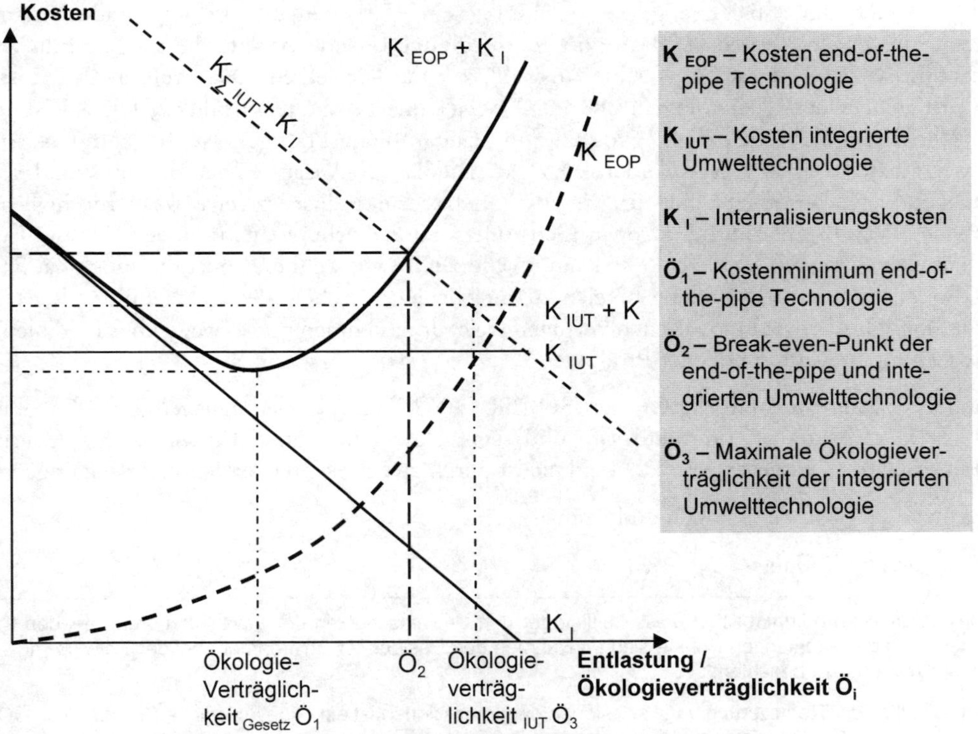

Abbildung 53: Vergleich von IUT und EOP
(In Anlehnung an ZABEL 1995, S. 14)

Da die integrierte Lösung immer die Ökologieverträglichkeit $Ö_{IUT}$ gewährleistet, ist sie ökologisch vorteilhafter. Soll nur die Ökologieverträglichkeit $Ö_1$, die z.B. im Gesetz vorgeschrieben ist, erreicht werden, ist die end-of-the-pipe-Technologie – auch unter Berücksichtigung der Internalisierung externer Effekte – die ökonomisch vorteilhaftere Alternative. Ab $Ö_2$ ist die integrierte Lösung die ökonomisch vorteilhaftere Alternative.

Impulse für Umweltinnovationen Abschließend stellt sich die Frage nach den Impulsgebern für die FuE-Aktivitäten. Diese sind neben dem Umfeld auch die Wissenschaft selbst. Für die Impulsumsetzung können zwei Betrachtungsrichtungen festgelegt werden: Das **„target-based"-FuE-Verfahren** entwickelt die Ziele für die FuE-Projekte aus den Umfeldbedingungen. Die Analyse der Markt- und Bedarfsanforderungen legt die kritischen Erfolgsfaktoren und Leistungsmerkmale offen, die als Vorgaben für die Produkte, Dienstleistungen und Produktionsverfahren des Unternehmens dienen. Die Produkt- und Verfahrenspalette des Unternehmens bestimmt wiederum, welche Technologien das Unternehmen beherrschen muss, um im Wettbewerb erfolgreich zu sein. Dieser Weg empfiehlt sich dann, wenn die Technologieentwicklung eher problem- und anwendungsbezogen statt grundlagenorientiert ist, viele Suchpfade zur Problemlösung beschritten werden, die eingesetzten Ressourcen spezialisiert sind und hohe FuE-Aufwendungen mit überdurchschnittlichen Risiken bei einer zu frühzeitigen Festlegung auf eine bestimmte Technologieentwicklung verbunden sind. Gerade diese Voraussetzungen sind für Umweltinnovationen typisch, da umwelttechnologische Lösungen für jedes Problemfeld gesondert erarbeitet und dabei häufig viele technologische Varianten und Lösungspfade betrachtet werden müssen. Im Gegensatz dazu nutzt der **„science-based"-Ansatz** die exogen induzierten Erkenntnisse der Wissenschaft für die Auswahl von FuE-Projekten. Diese führen zu industriell verwertbaren, neuen Technologien und zur Entwicklung geeigneter Produkte, Dienstleistungen und Verfahren. Inwieweit diese Produkte auf eine zahlungskräftige Nachfrage treffen, muss geschätzt bzw. prognostiziert werden. Der „science-based"-Ansatz eignet sich aufgrund seiner Vorgehensweise besonders gut für wissenschaftsbasierte Industriezweige bzw. für high-tech-Bereiche, wie z.B. die Mikroelektronik, Gen- oder Materialtechnologie, in denen sich der Markt erst entwickeln muss. Gerade bei Radikalinnovationen im Umweltbereich ist dies noch häufig der Fall. So ist für jeden Anwendungsbereich zu entscheiden, welcher Weg der zielführende ist. Zur Förderung von Umweltinnovationen verfügen viele Unternehmen mittlerweile über Leitlinien zur Entwicklung umweltfreundlicher Produkte.

Design for Environment (DfE) Die ISO/TR 14062:2002 (Umweltmanagement – Integration von Umweltaspekten in Produktdesign und -entwicklung) hat diese Entwicklung aufgegriffen und in eine Norm eingearbeitet. Die Leitlinie ist durch zwei wesentliche Handlungsfelder geprägt:

1. Reduzierung von Emissionen und Immissionen
2. Ressourcenschonung

> MOBILITY UNLIMITED konkretisiert diese Leitlinie für den Umweltschutz in der Produktion sowie bei den Produkten selbst. Die folgenden Punkte sind im Rahmen des Designs for Environment bei der Entwicklung von neuen Produkten zu beachten:
>
> a) Hinsichtlich der Reduzierung von Emissionen und Immissionen ist eine kontinuierliche Senkung von CO_2-, NO_X-, HC- und Partikelemissionen sowie eine Verringerung der Fahrgeräusche zu verfolgen.
>
> b) Im Rahmen der Ressourcenschonung sind eine Reduzierung des Kraftstoffverbrauchs und eine erhöhte Verwendung von Kunststoffrezyklaten anzustreben.
>
> c) Darüber hinaus gelten diese Leitlinien auch für die Produktion der Fahrzeuge. Dabei sollen die CO_2-Emissionen und die Freisetzung von Lösemitteln verringert werden sowie eine Senkung der Geräuschemissionen erreicht werden.
>
> d) Außerdem verpflichtet sich MOBILITY UNLIMITED, den Energie- und Materialverbrauch in der Produktion kontinuierlich zu senken.

6.2.2 Wertschöpfungsstufe Logistik

Bedeutung Aufgabe der Logistik ist, die Verfügbarkeit von Gütern, Ressourcen, Personen und Informationen zur richtigen Zeit in der richtigen Menge am richtigen Ort zur Verfügung zu stellen. Somit soll Logistik generell als Management von Güter-, Ressourcen-, Personen- und Informationsströmen verstanden werden (vgl. STÖLZLE/JUNG 1996, S. 31). So werden die unternehmensinternen Abläufe mit Hilfe der **Logistik** als „Planung, Ausführung und Steuerung der Bewegung und der Bereitstellung von Menschen und/oder Waren und der unterstützenden Tätigkeiten in Bezug auf diese Bewegung und Bereitstellung innerhalb eines zum Erreichen spezieller Ziele organisierten Systems“ (DIN EN 14943, Punkt 3.575) optimiert. Diese Aktivitäten sind bereichsübergreifend auszurichten, um alle primären Funktionen des Leistungserstellungsprozesses zu verknüpfen. Zu den Logistikaufgaben gehören gemäß ihrer Zielsetzung alle operativen und dispositiven Tätigkeiten, die raum-zeitliche Gütertransformationen einschließlich der damit verbundenen Änderungen der Gütermengen und -sorten bewirken. Die Absicht liegt in der Schaffung einer bedarfsgerechten und kosteneffektiven Güterbereitstellung. Der Logistikbereich stellt somit keine exakt definierte Unternehmensfunktion dar, sondern vielmehr ein multivariates Netzwerk zur Realisierung dieser Zielsetzungen. Üblicherweise wird er in die Bereiche Beschaffungs-, Produktions- und Distributionslogistik untergliedert. Die Beschaffungs- und Distributionslogistik nehmen externe Aufgaben (= Beschaffung von Einsatzfaktoren bzw. Vertrieb der Produkte) wahr, während sich die Produktionslogistik primär mit internen Aufgaben, d.h. der Planung, Steuerung und Kontrolle von Warenflüssen innerhalb des Unternehmens beschäftigt. Zur Umsetzung der Logistikaufgaben bedarf es eines Logistikmanagements, das durch folgende Zielsetzungen gekennzeichnet ist: Minimierung der Bestände, Minimierung der Durchlaufzeiten, Minimierung von Terminabweichungen, Minimierung von Fehlern und Störungen, Minimierung der Umrüstzeiten, Minimierung der Kosten, Optimierung des Handling und Optimierung des administrativen und operativen Handling (vgl. STÖLZLE/JUNG 1996, S. 31 ff.; PFOHL/STÖLZLE 1992, S. 572) (siehe weiterführend SEURING/MÜLLER 2008).

Umweltrelevanz Die Umweltrelevanz der Logistik kann aus dem Anteil des Energieverbrauchs und der Emissionen des Güterverkehrs, aber auch des Personenverkehrs, sofern er Dienstreisen umfasst, abgeleitet werden. Transportketten im Güterverkehr in Verbindung mit Lieferanten-, Produktions- und Kundenstandorten können unter dem Einsatz verschiedener Verkehrsträger und Verkehrsmittel, die spezifische Ressourcenverbräuche und Umweltwirkungen haben, geplant werden. Für die Bestimmung der Umweltleistung von Transportprozessen wird die Perspektive eines Entscheidungsträgers, der Transportprozesse optimieren will, gewählt. Somit steht die Beschaffung einer umweltfreundlichen Transportleistung im Zentrum der Überlegungen. Hierbei können die Art der Leistungserstellung und die Rahmenbedingungen folgende Besonderheiten aufweisen, die in die Überlegungen einbezogen werden müssen:

- vielfältige Geschäftsfelder,
- mehrere Standorte,
- besondere Reglementierung der Entsorgungsbranche,
- Übernahme öffentlicher Aufträge,
- beschränkte Ressourcen des Unternehmens bei verstärkter Konkurrenz.

Für die Beschaffung von umweltfreundlichen Logistikprozessen sowie Teilprozessen wie Transport, Umschlag, Lagerung und Entsorgung von Hilfs- und Betriebsstoffen, Verpackungen und Behältern konnten als wesentliche Umweltaspekte folgende Punkte identifiziert werden (vgl. MAIBACH/PETER/SEILER 1999, S. 19):

- Emissionen in der Luft (CO, CO_2, N_2O, NOx, CH_4, NMVOC, SO_2, Partikel),
- Wasser- und Bodenbelastungen (Kraft- und Betriebsstoffe),
- Lärm (Lärmimmissionen),

- Flächenverbrauch (Infrastruktur),
- Unfälle (Schadstoffe im Transportgut).

Ökologieorientierte Logistik Für die Betrachtung der Ökologieorientierung der Logistik können zwei Wirkungsrichtungen unterschieden werden: „**Logistik im Umweltschutz**" (Entsorgungslogistik) sowie „**Umweltschutz in der Logistik**" (Logistik aller anderen Funktionsbereiche). Einen Überblick über die funktionelle Einordnung der Entsorgungslogistik und ihre Verbindung zu den anderen betrieblichen Funktionsbereichen (vor allem im Hinblick auf die systemische Konzeption der Entsorgungslogistik) soll folgende Abbildung geben (vgl. STAHLMANN 1988, S. 125) (vgl. Abbildung 54).

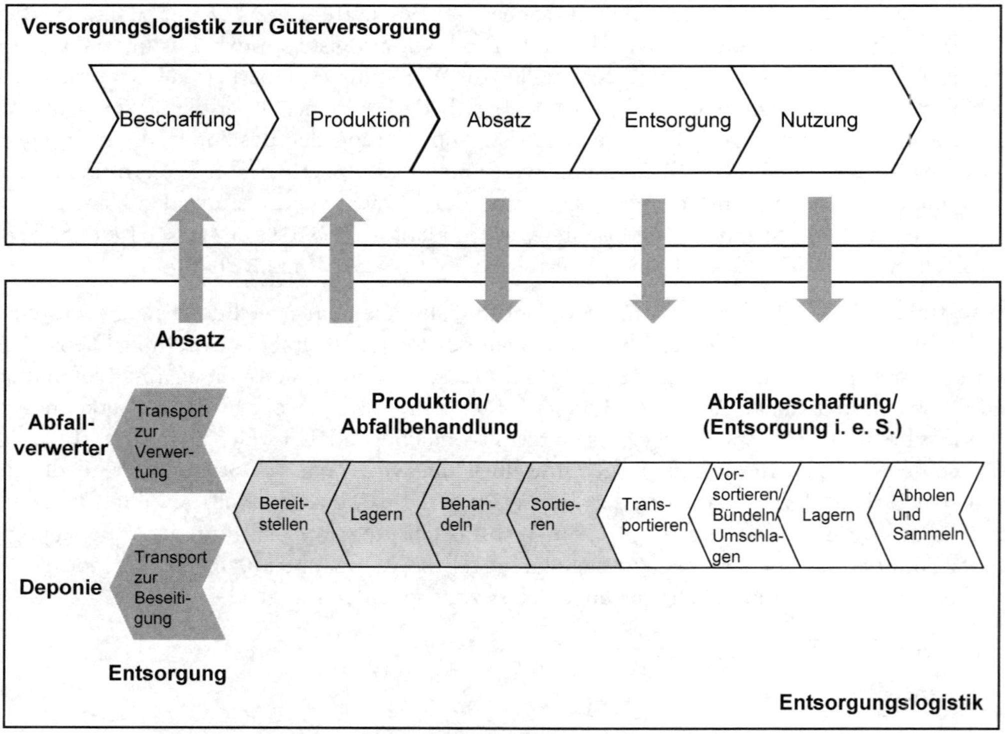

Abbildung 54: Einordnung der Entsorgungslogistik
(In Anlehnung an LASCH/GÜNTHER 2004, S. 154, 160)

Entsorgungslogistik Durch die Ökologieorientierung des Unternehmens werden die traditionellen Bereiche der Logistik um die Funktionen Entsorgungs- und Informationslogistik ergänzt bzw. erweitert. Auf die Informationslogistik soll im Weiteren nicht näher eingegangen werden; sie wird innerhalb der Entsorgungslogistik mitberücksichtigt. Unter **Entsorgungslogistik** soll die Anwendung der Logistikkonzeption auf den Bereich der Kondukte verstanden werden, um einen ökonomisch und ökologisch effizienten Konduktkreislauf zu bewirken. Die Entsorgungslogistik verfolgt damit sowohl ökonomische als auch ökologische Ziele. Unter den ökonomischen Zielsetzungen, d.h. der Frage nach Erhöhung der Wirtschaftlichkeit entsorgungslogistischer Abläufe, wird z.B. der Ausbau logistischer Dienstleistungen oder die Reduzierung von Kosten durch Rationalisierungsmaßnahmen gefasst. Bei den ökologischen Zielen geht es um die Fragestellungen der Verminderung der Inanspruchnahme natürlicher Ressourcen, z.B. durch Recyclingmaßnahmen (Input) oder der Verminderung der Inanspruchnahme der Aufnahmekapazität der natürlichen Umwelt (Output). Die Entsorgungslogistik soll demnach das richtige Kondukt in Art und Menge zum richtigen Zeitpunkt am richtigen Ort sowie im richtigen Zustand abnehmen bzw. anliefern. Beim Entsorgungsservice kann in eine input- und outputorientierte Betrachtungsweise unterschieden werden: Die inputorientierte Perspektive bezieht sich auf die Anlieferung von Kondukten an die Orte ihrer Verwertung bzw. ihrer Beseitigung, während sich die outputorientierte Sicht auf die Entsorgung der Kondukte an den Anfallorten konzentriert (vgl. STÖLZLE/JUNG 1996, S. 33; PFOHL/STÖLZLE 1992, S. 575 f.).

Konzeption der Entsorgungslogistik Die Logistik des Versorgungsbereichs wird durch die Handlungsmaxime System-, Gesamt-, Service- und Effizienzdenken bestimmt. Übertragen auf die Entsorgungslogistik, bedeutet dies

a) im Hinblick auf das *Systemdenken* als Handlungsmaxime:

Entstehung, Sammlung, Lagerung, Umschlag, Transport und Behandlung von Kondukten können als Vorgänge eines unternehmens- oder funktions- bzw. bereichsübergreifenden Systems in der Entsorgungslogistik betrachtet werden. Zur Umsetzung dieser bereichsübergreifenden Aufgaben bedarf es automatisierter Systeme in den Bereichen Sammlung, Lagerung und Transport sowie eines entsorgungslogistischen Informationssystems. Aufgabe des Informationssystems ist es, die am Logistikkanal beteiligten internen Unternehmensbereiche miteinander zu verbinden und über vernetzte Datensysteme die notwendigen Informationen den einzelnen Bereichen zur Verfügung zu stellen.

b) im Hinblick auf das *Gesamtkostendenken* als Handlungsmaxime:

Ökonomische Zielkonflikte treten auch bei der Konzeption der Entsorgungslogistik auf. So verursacht beispielsweise die Reduktion des Volumens von Kondukten einerseits direkt höhere Kosten (z.B. durch Presseinrichtungen an Sammelfahrzeugen), andererseits kann aber der Transport wegen des besseren Volumen-Gewichts-Verhältnisses der Kondukte kostengünstiger durchgeführt werden. Darüber hinaus können ebenfalls konfliktionäre Beziehungen zwischen den ökonomischen und ökologischen Zielvorstellungen vorherrschen, z.B. bei der Frage der Entsorgung von Nuklearabfällen (ökologisches Problem aufgrund der noch nicht absehbaren Umwelteinwirkungen). Dieses Beispiel verdeutlicht die Notwendigkeit der Berücksichtigung von ökonomischen und ökologischen Einflussgrößen bei entsorgungslogistischen Entscheidungen (vgl. auch Kapitel 6.1.4 zum ökonomischen und ökologischen Zumutbarkeitsvorbehalt im KrW-/AbfG).

c) im Hinblick auf das *Servicedenken* als Handlungsmaxime:

Das Servicedenken kann sich in einer entsorgungslogistischen Konzeption sowohl auf die Abnahme der Kondukte am Ort ihres Auftretens im Unternehmen als auch auf die Belieferung von Behandlungs-, Aufbereitungs- und Produktionsanlagen beziehen. In beiden Fällen gilt es, das richtige Kondukt in Art und Menge zu der richtigen Zeit am richtigen Ort sowie im richtigen Zustand (i.S.v. sicherem Zustand) abzunehmen bzw. anzuliefern. Somit sind die wesentlichen Servicekomponenten Zeit, Zuverlässigkeit, Beschaffenheit und Flexibilität bei den entsorgungslogistischen Leistungen zu beachten.

d) im Hinblick auf das *Effizienzdenken* als Handlungsmaxime:

Bei dieser Maxime spielen insbesondere technische, ökonomische und ökologische Einflussgrößen eine Rolle. So hängt einerseits die Ausgestaltung von entsorgungslogistischen Abläufen wesentlich vom Stand der Umwelttechnik (vgl. Kapitel 5.2.3) ab, andererseits entscheiden gerade wirtschaftliche und ökologische Überlegungen über den Realisierungsgrad entsorgungslogistischer Technik.

Aufgaben der Entsorgungslogistik Die Aufgaben der Entsorgungslogistik leiten sich aus den Logistikprozessen des Beschaffungsbereichs ab, wobei für den Bereich der Entsorgungslogistik teilweise andere Schwerpunkte bei der Aufgabenerfüllung gesetzt werden müssen und neue Tätigkeitsbereiche hinzutreten (z.B. die Sammlung und Trennung von Kondukten). Als Aufgabengebiete können somit identifiziert werden: Lagerung, Transport und Umschlag von Kondukten als typische logistische Aufgaben und Sammlung und Trennung von Kondukten, Behälterwahl und Auftragsabwicklung als neue Aufgaben. Aufbereitung und Behandlung gehören nicht zur Logistik i.e.S., aber zu den Aufgaben eines Entsorgungslogistikunternehmen (vgl. PFOHL/STÖLZLE 1992, S. 581). Anzumerken ist hierbei, dass die Konduktransformationen insofern zusammenhängen, als jede Transformationsstufe die jeweils vorherige(n) mit einschließt. Ebenso sind die entsorgungslogistischen Prozesse nicht voneinander zu trennen, sondern weisen Interdependenzen auf (der Umschlag ist z.B. mit den Transportvorgängen verbunden). Die (jeweilige) Zuordnung der Transformationsstufen zu den Logistikprozessen erfolgt somit nach dem jeweiligen Schwerpunkt der Prozesse. Nachfolgend werden die Prozesse Lagerung, Transport, Umschlag, Sammlung und Trennung und Behälterwahl vorgestellt, für die Aufbereitung und Behandlung sei auf Kapitel 6.1.4 verwiesen.

a) Lagerung: Lagerbestände an Kondukten sind als Puffer zwischen verschiedenen Konduktflüssen zu interpretieren, d.h. als Puffer zwischen dem Zeitpunkt der Entstehung und dem Zeitpunkt des Abtransportes zu den Verwertungs-/Beseitigungsanlagen. Lagerbestände an Kondukten können somit dem Schutz vor Unsicherheit, z.B. bei einem Belieferungsausfall, der Spezialisierung oder der Spekulation dienen. Die Standortwahl von Konduktlägern ist von der Anfallstelle der Kondukte, dem kostengünstigsten Punkt von Umschlagplätzen in Bezug auf Verkehrswege und -träger sowie von dem Standort der Entsorgungsanlagen abhängig. Die Aufgabe der Standortwahl eines Konduktlagers besteht somit darin, im Sinne einer Gesamtkostenbetrachtung Transport- und Lagerhauskosten gegeneinander abzuwägen und den kostenminimalen Standort zu ermitteln.

b) Transport: Beim Transport kann zwischen einem innerbetrieblichen und einem außerbetrieblichen (zu den Entsorgungsanlagen) Transport unterschieden werden. Durch die Einführung des KrW-/AbfG stellen sich für den Transport ebenfalls neue Aufgaben: Die gesetzlich bestimmte Kreislaufführung der Kondukte kann für das Unternehmen die Frage nach neuen bzw. zusätzlichen (inner- und außerbetrieblichen) Transportwegen und -mitteln aufwerfen. Zur ökologieorientierten Bewertung der Transportprozesse können verschiedene Software-Tools unterstützend verwendet werden, wie z.B. UMBERTO, SimaPro, EcoTransIT oder ETIENNE.

c) Umschlag: Der Umschlag bedeutet eine Änderung der Menge durch das Zusammenfassen und Auflösen von Kondukten im Rahmen von Verlade-, Umlade- und Entladeprozessen. Umschlagvorgänge können am Ort der Entstehung von Kondukten, beim Wechsel von Transportmitteln auf Umschlagplätzen oder bzw. in Aufbereitungs- und Beseitigungsanlagen durchgeführt werden. Rationalisierungspotentiale können sich bei neueren Techniken ergeben, wenn z.B. die Sammelbehälter für die Kondukte gleichzeitig als Einheiten für den Transport benutzt werden, sodass auf den Umschlagplätzen nur noch die Behälter selbst umgeladen werden müssen.

d) Sammlung und Trennung: Sammlung und Trennung sind Vorgänge, bei denen die Sortenreinheit von Kondukten erhöht werden soll. Die getrennte Sammlung von Kondukten hat eine so große Bedeutung erlangt, dass Sammlung und Trennung sinnvollerweise zusammen betrachtet werden. Die Trennung von Kondukten ist notwendig, um Konduktgemische in ihre Bestandteile aufzulösen. So können nach KrW-/AbfG Abfälle zur Verwertung und Abfälle zur Beseitigung identifiziert werden. Die Kondukte können auf verschiedenen Stufen des Entsorgungslogistikkanals gesammelt und getrennt werden. Die getrennte Sammlung am Anfallort (im Unternehmen) und die dadurch erzielte Sortenreinheit schaffen aber gleich zu Beginn des Entsorgungskanals die besten Voraussetzungen für Wieder- und Weiterverwendungs- und verwertungsmöglichkeiten.

e) Behälterwahl: Behälter sind für das Unternehmen in zweierlei Hinsicht von Bedeutung: Zum einen können sie selbst als Kondukte aufgefasst werden und gehören damit zum entsorgungslogistischen Objektbereich; zum anderen üben die Behälter einen wesentlichen Einfluss auf die Lager-, Transport- und Umschlageigenschaften von Kondukten aus. Die Behälter erfüllen verschiedene Funktionen: logistische Funktionen als Lager-, Transport- und Umschlageinheiten für die Kondukte; Umweltschutzfunktionen, da die Behälter verhindern, dass Kondukte am Anfallort oder beim Transport in die natürliche Umwelt gelangen und diese belasten; Informationsfunktionen (speziell bei Containern), da an den Behältern Hinweise über die Art der enthaltenen Kondukte und deren Versand- und Bestimmungsort angebracht sind (Kennzeichnungspflicht bei Gefahrgut) sowie Manipulationsfunktionen, da die Behälter durch die Art ihrer Beschaffenheit (z.B. standardisierte Form; auf Straße, Schiene, Schiff universell transportierbar) großen Einfluss auf die Kosten der Sammlung und Trennung sowie des Transports nehmen.

Auftragsabwicklung Für die Auftragsabwicklung, d.h. die Bearbeitung und Übermittlung von Aufträgen, ist die Schaffung eines entsorgungslogistischen Informationssystems notwendig. Dieses muss insbesondere die folgenden Aufgaben für eine erfolgreiche Auftragsabwicklung bzw. erfolgreichen Konduktransport wahrnehmen:

- *Information über die nach § 49 KrW-/AbfG vorgeschriebene Transportgenehmigung*
- *Information über Sonderabfälle und ihre Behandlung (§ 41 ff. KrW-/AbfG)*
- *Information über die Nachweisführung zur Art, Menge und Beseitigung der Abfälle (Nachweisverfahren für die (stets überwachungsbedürftigen) 'Abfälle zur Beseitigung' (§§ 42, 43 KrW-/ AbfG) sowie für (überwachungsbedürftigen) 'Abfälle zur Verwertung' (§§ 45, 46 KrW-/AbfG))*
- *Bereitstellung von Unfallmerkblättern, abhängig von der Art des zu transportierenden Konduktes*
- *Einholung einer Bescheinigung der besonderen Zulassung*
- *Einholung eines Erlaubnisbescheides für die Beförderung bestimmter gefährlicher Güter*
- *Bereitstellung eventuell erteilter Ausnahmegenehmigungen*

Im Hinblick auf das KrW-/AbfG liegt die wesentliche Herausforderung für die Entsorgungslogistik und ihre einzelnen Aufgabenbereiche im Aufbau von zwischen- und überbetrieblichen Strukturen zur Rückführung produktinduzierter Abfälle (siehe § 22 KrW-/AbfG Produktverantwortung). Dafür wird die Errichtung eines flächendeckenden Sammelnetzes zur Realisierung hoher Rücklaufquoten produktinduzierter Abfälle erforderlich. Zur Realisierung dieses flächendeckenden Sammelsystemes können interindustrielle Kooperationen (und damit interindustrielle Logistiknetzwerke), wie z.B. im Fall des Dualen Systems Deutschland (Grüner Punkt), aufgebaut werden (vgl. STÖLZLE/JUNG 1996, S. 32; PFOHL/STÖLZLE 1992, S. 580 ff.).

Umweltschutz in der Logistik Umweltschutz in der Logistik bezieht sich auf alle Bereiche außerhalb der Entsorgungslogistik, d.h. die Beschaffungs-, Produktions- und Absatzlogistik. Möglichkeiten der Umsetzung bieten sich intern bei der Produktionslogistik z.B. durch die Schadstoffreduzierung im betrieblichen Fuhrpark sowie extern bei der Beschaffungs- und Absatzlogistik durch die Benutzung umweltfreundlicher Transportmittel, höherer Auslastung der benutzten Verkehrsmittel, z.B. durch die Vermeidung von Leerfahrten oder der Zusammenlegung von Routen (Netzplantechnik). So ergeben sich eine Reduktion des Transportvolumens und damit eine Vermeidung von Transporten. Gerade letzter Punkt erscheint bei der Umsetzung in der betrieblichen Praxis schwierig, da er in Divergenz zum just-in-time-Konzept steht, das darauf abzielt, dass „ein Produkt oder eine Dienstleitung durch eine geeignete Planung, Steuerung und Kontrolle aller Materialströme und der dazugehörigen Informationsströme Just-in-Time zu erstellen, d.h. ohne Verschwendung von Zeit, Material, Arbeitskraft und Energie entsprechend den Wünschen des Kundes bezüglich Preis, Qualität und Lieferservice bereitzustellen“ (PFOHL 2004, S. 130) zu lassen. Ökologische Vorteile dieses Konzeptes bestehen in der Reduktion der Lagerkapazitäten und damit in der Verringerung der versiegelten Fläche aufgrund des geringeren Raumbedarfs sowie in der Reduktion des Energiebedarfs. Ökologische Nachteile des just-in-time-Konzeptes ergeben sich durch die Verlagerung der Kapazitäten auf die Straße. Damit verbunden sind eine Erhöhung des Transportbedarfs und damit eine Erhöhung des Energiebedarfs und eine Steigerung der Emissionen. Das just-in-time-Konzept spielt bei der Gefahrgutlogistik eine große Rolle. Aufgrund der hohen gesetzlichen Auflagen bei der Lagerung von Gefahrstoffen versuchen Unternehmen über die just-in-time-Produktion der Lagerhaltung auszuweichen. Um diesen Umstand Rechnung zu tragen, wurde das gesetzliche Institut des Gefahrgutbeauftragten, d.h. einer Aufsichtsperson, geschaffen. Sie wird durch den § 1 der Gefahrgutbeauftragten-Verordnung (GbV) bestellt, wenn ein Unternehmen innerhalb eines Jahres mindestens 50 Tonnen netto gefährliche Güter (worunter bestimmte radioaktive Stoffe und nicht nur gelegentlich gefährliche Güter fallen) mit Eisenbahn-, Straßen-, Wasser- und Luftfahrzeugen versendet, befördert, verpackt und/oder verlädt (vgl. Kapitel 6.2.3).

6.2.3 Wertschöpfungsstufe Personal und Organisation

Bedeutung Die Rolle der Mitarbeiter als Stakeholder für die Ökologieorientierung eines Unternehmens wurde bereits in Kapitel 5.3.4 dargestellt. Die Bedeutung für die Unternehmensführung ergibt sich daraus, dass zu entscheiden ist, wie einerseits die Mitarbeiter in die Organisation eingebunden sind und anderseits das Personalmanagement zu gestalten ist (siehe weiterführend MÜLLER-CHRIST 2001). Dabei ist zwischen der strategischen und der operativen Ebene zu unterscheiden: Auf der strategischen Ebene sind die **Machtpromotoren** angesiedelt, die die Umsetzung von Umweltzielen durch ihre Stellung in der Hierarchie befördern können. Auf der operativen Ebene arbeiten die **Fachpromotoren**, die die Umsetzung von Entscheidungen kraft ihres Fachwissens vorantreiben können (vgl. HAUSCHILDT/GEMÜNDEN 1999, S. 16 ff.). So werden in diesem Kapitel zunächst die organisatorische Einbindung der Macht- und Fachpromotoren und anschließend die Möglichkeiten der Personalentwicklung vorgestellt.

Additive oder integrative Aufbauorganisation Im Rahmen der aufbauorganisatorischen Gestaltung eines Unternehmens werden das Aufgaben- und Kompetenzgefüge festgelegt und Personal-, Sachmittel- und Datenbestände zugeordnet. Sie ist demnach aufgabenorientiert und beinhaltet die Aufgliederung des Unternehmens in funktionsfähige, aufgabenteilige Teileinheiten (Stellen, Abteilungen). Eine ökologieorientierte Organisation muss dabei folgende Aspekte berücksichtigen: Komplexitätsreduktion, Entlastungsfunktion, Kontroll- und Steuerungsfunktion, Koordinationsfunktion, Innovationsfunktion. Zur Beantwortung der Frage, wie der Umweltschutz konkret organisiert werden soll, gehört auch die Entscheidung über eine funktional-additive Umsetzung oder eine integrative Organisation. Werden die Aufgaben auf bereits bestehende Organisationseinheiten verteilt, so handelt es sich um einen integrativen Ansatz oder um eine integrale Diffusion. Dabei kann zwischen einer Integration in ein Ein-Linien-System, einer Integration in ein Mehr-Linien-System (z.B. Matrixorganisation) und einer Integration in ein Ein-Linien-System mit unterstützender Stabsbildung unterschieden werden. Der funktional-additive Ansatz oder die funktional-additive Konzentration dagegen schafft zur Wahrnehmung der Umweltschutzaufgabe eigene, d.h. zusätzliche Organisationseinheiten (z.B. Zentralbereiche). Dies kann in Form einer funktional-additiven Ergänzung eines Ein-Linien-Systems, einer funktional-additiven Ergänzung eines Mehr-Linien-Systems (z.B. laterale Organisation) oder einer funktional-additiven Ergänzung eines Ein-Linien-Systems durch Bildung eines eigenständigen Zentralbereichs erfolgen (vgl. Kapitel 5.3.4).

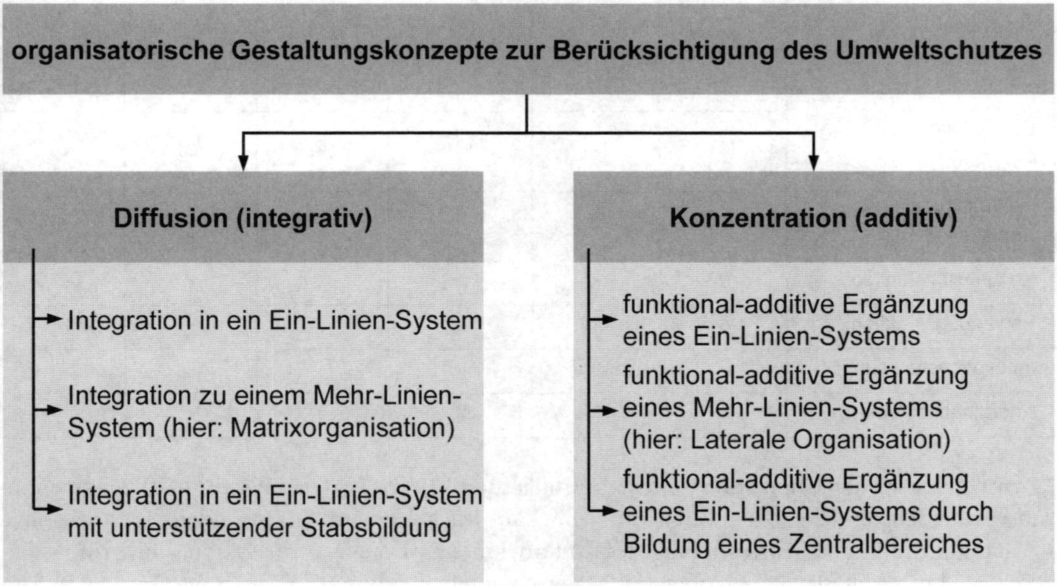

Abbildung 55: Organisatorische Gestaltungskonzepte zur Berücksichtigung des Umweltschutzes
(Quelle: BAUM/COENENBERG/GÜNTHER u. a. 1994, S. 39)

Beurteilung Für das Beauftragtenwesen kann die in der Matrix zusammengefasste Beurteilung vorgenommen werden (vgl. Tabelle 29). Auffällig ist hierbei, dass die Varianten, die dem Umweltschutz einen umfassend eigenständigen Status zuweisen (Konzepte (2), (4) und (5)) relativ schlecht bei der Beurteilung abschneiden. Dieses Ergebnis überrascht nicht vor dem Hintergrund, dass Umweltschutz keine autonome Teilaufgabe darstellt, sondern als Querschnittsaufgabe begriffen werden muss. Dagegen werden die Konzepte mit Stabs- bzw. Zentralbereichsbildung (Nr. (3) und (6)) am besten beurteilt, da sie einzelfallbezogene Abschätzungen bzw. spezifische Problemlösungen erlauben. In der Praxis überwiegt der funktional-additive Ansatz. Als Gründe werden (bei Unternehmensbefragungen) vor allem genannt: Mangelnde Teilbarkeit komplexer Umweltschutzentscheidungen, Berücksichtigung relevanter oder Vermeidung störender Interdependenzen, verbesserte Möglichkeiten der Selbstüberwachung und geforderter gesetzlicher Minimalzuschnitt (z.B. hinsichtlich des Betriebsbeauftragten) (vgl. ANTES 1992, S. 502).

Tabelle 29: Beurteilungsmatrix ausgewählter Aufbauorganisationsformen

(Quelle: BAUM/COENENBERG/GÜNTHER u. a. 1994, S. 40)

Ausgewählte organisatorische Gestaltungs-Konzepte / Beurteilungsparameter	Integration in ein Ein-Linien-System	Integration zu einem Mehr-Linien-System	Integration in ein Ein-Linien-System mit unterstützender Stabsbildung	funktional-additive Ergänzung eines Ein-Linien-Systems	funktional-additive Ergänzung eines Mehr-Linien-Systems	funktional-additive Ergänzung eines Ein-Linien-Systems durch Bildung eines Zentralbereiches
	(1)	(2)	(3)	(4)	(5)	(6)
Kontroll- und Steuerungsfunktion	0	+	+	+	+	+
Komplexitätsfunktion	0	-	0(+)	-	-	0(+)
Entlastungsfunktion	0	-(0)	+(0)	-	-	0(+)
Innovationsfunktion	0	0	+(0)	-	-	0
Koordinationsfunktion	0	+(0)	0	+	+	+

„Umweltschutz ist Chefsache" Diese Formulierung soll die Notwendigkeit, Ökologieorientierung auf höchster Ebene zu verankern, zum Ausdruck bringen. Insbesondere für die aktive Gestaltung der Ökologieorientierung des Unternehmens ist die Wahrnehmung von ökologiebezogenen Fragestellungen auf oberster Managementebene unumgänglich (vgl. Kapitel 5.3.4). Hierzu zählen nach GUTENBERG die Bestimmung und Festlegung der Unternehmenspolitik auf weite Sicht, die Koordinierung der großen betrieblichen Teilbereiche, die Beseitigung von Störungen außergewöhnlicher Art im laufenden Betrieb, geschäftliche Maßnahmen von außerordentlicher betrieblicher Bedeutung und die Besetzung der Führungsstellen in Unternehmen (vgl. GUTENBERG 1983, S. 131 ff.). Ökologieorientierte Entscheidungen können damit zu den Aufgaben der Unternehmensführung gerechnet werden.

Die folgende Abbildung zeigt die Aufbauorganisation des Umweltschutzes von MOBILITY UNLIMITED (vgl. Abbildung 56). Die Gesamtverantwortung liegt bei der Geschäftsführung, die ein Mitglied mit der Wahrnehmung der Umweltschutzaufgaben betraut hat. Dieser Umweltbevollmächtigte übernimmt die strategische Planung und Koordinierung des Umweltmanagements im gesamten Unternehmen. Er hat die interne und externe Umweltberichterstattung sicherzustellen und ist für eine regelmäßige Berichterstattung an die Geschäftsleitung verantwortlich. Diese berät er auch in Umweltfragen. Der Zentralbereich Umweltschutz ist für die konzernweite Steuerung der Umweltschutzaktivitäten verantwortlich. Hier werden strategische Umweltschutzthemen festgelegt. Die Abteilung Umwelt und Verkehr setzt die Aufträge des übergeordneten Zentralbereichs um. Dazu werden Umweltschutzmaßnahmen und Kommunikationskonzepte erstellt. Zur Umsetzung werden bereichsübergreifende Arbeitsgruppen gebildet. Im Zentralbereich Umweltschutz sitzen außerdem die Umweltmanagementbeauftragten der beiden Geschäftssparten Nutzfahrzeuge und PKW. Der Zentralbereich und die Umweltmanagementbeauftragten der beiden Werke werden durch die Werkleiter repräsentiert. Sie sind für die Umsetzung des Umweltmanagementsystems verantwortlich. Schließlich verfügt jeder Standort im Rahmen des betrieblichen Umweltschutzes über einen Umweltschutzbeauftragten, die die Einhaltung von gesetzlichen Vorgaben überwacht.

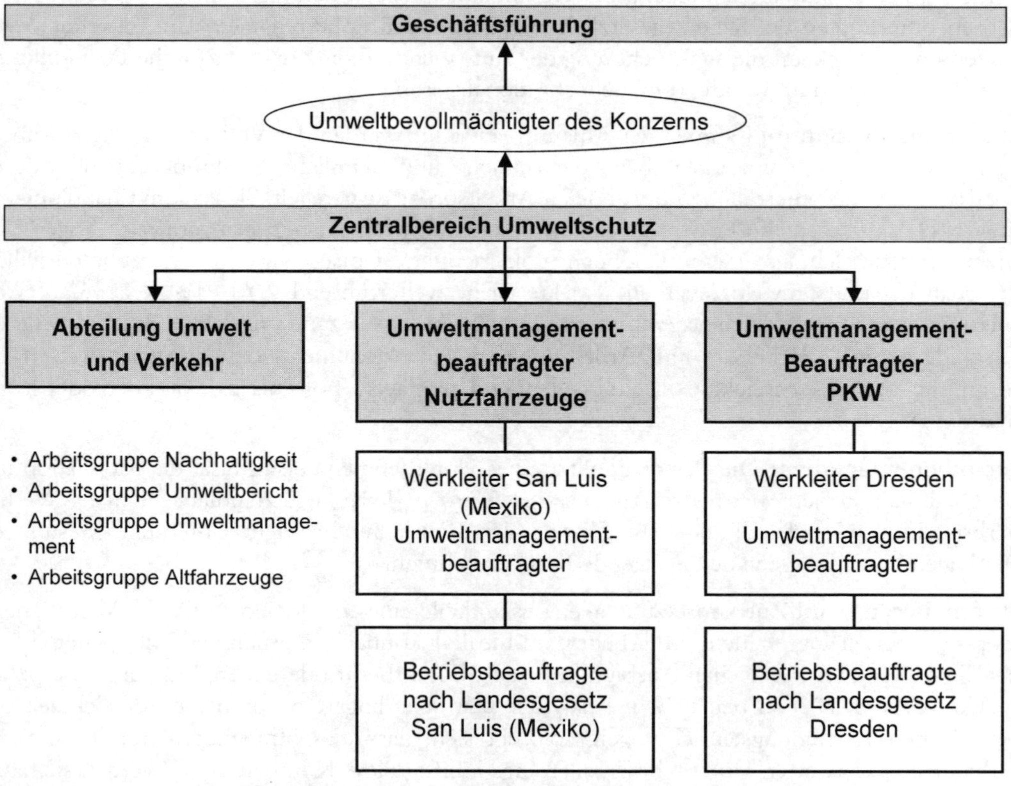

Abbildung 56: Organigramm MOBILITY UNLIMITED

Organisatorische Stellung der Betriebsbeauftragten Die Aufgabeninhalte des Betriebsbeauftragten (vgl. Kapitel 5.3.4) werden in den einzelnen Gesetzen und Verordnungen zwar näher beschrieben, es bleibt jedoch offen, mit welchen Kompetenzen dieses Institut auszustatten und wie der Betriebsbeauftragte in der Unternehmensorganisation zu positionieren ist. Für die Integration der Beauftragtenfunktion in die Aufbauorganisation ist eine Koppelung an eine Linienstelle sinnvoll. Durch diese Koppelung werden sowohl das Linienorgan als auch der Betriebsbeauftragte in die Pflicht genommen. So erhält der Betriebsbeauftragte konkrete Vorgaben und Aufgaben durch das Linienorgan, er hat aber in Form von Berichtspflichten und Vortragsrechten auch die Möglichkeit, dem Linienorgan eine Rückmeldung zu geben und darüber hinaus neue Aktionsfelder im Bereich betriebliche Ökologieorientierung aufzeigen zu können. Für die organisatorische Stellung kann von den Aufgabengebieten ausgegangen werden. So ist die **Kontrollaufgabe** niedrig-hierarchisch erfüllbar, da der Betriebsbeauftragte lediglich „Erfüllungsgehilfe sanktionierter Standards" ist. Die **Informationsaufgabe**, die zwar von der materiellen Unterstützung der zuständigen Linienstelle abhängt, ist aufgrund ihres Qualitätsanspruches dennoch nur schwer mit einer niedrig-hierarchischen Position vereinbar. Der **Initiativaufgabe** kommt eine strategische Bedeutung zu, da der Betriebsbeauftragte Verbesserungsvorschläge unterbreiten und Impulse zur internen Reflektion des aktuellen Unternehmensverhaltens geben soll. Deshalb sollte hinsichtlich der Initiativaufgabe eine hierarchisch exponierte Stellung des Betriebsbeauftragten angestrebt werden. So erscheint eine Aufteilung der Gesamtaufgabe auf einen (gesetzlich vorgeschriebenen) Betriebsbeauftragten und einen (gesetzlich freiwilligen und höherrangigen) Umweltschutzbeauftragten im Hinblick auf die Wahrnehmung der Aufgaben und die organisatorische Positionierung als angemessen und notwendig (Doppelinstitutionalisierung).

Ablauforganisation Im Rahmen der Ablauforganisation werden der Vollzug, d.h. die Ausübung oder Erfüllung von Funktionen bzw. die zeitliche und räumliche Strukturierung der für die betriebliche Aufgabenerfüllung notwendigen Arbeitsprozesse geregelt. Sie ist somit handlungsorientiert. Die Dokumentation des Managementsystems (qualitatätsbezogen, umweltbezogen oder integriert) setzt sich aus einem Handbuch (dokumentierte Umsetzung des Unternehmenswillens zu qualitäts- und umweltrelevanten Aspekte (siehe weiterführend VON AHSEN 2006), Verfahrensanweisungen (schriftlich fixierte interne Durchführungsbestimmungen mit Beschreibung der Zuständigkeiten), Betriebs- und Arbeitsanweisungen (dokumentierte Vorgehensweisen für bestimmte Aufgabenbereiche) sowie mitgeltenden Unterlagen (Formulare, Protokolle oder Pläne) zusammen.

Personalmanagement Die Personalpolitik eines Unternehmens beeinflusst die Motivation und die Qualifikation der Mitarbeiter (vgl. Kapitel 5.3.4) und damit letztendlich auch die Wettbewerbsposition. Gerade für die Identifikation der Mitarbeiter mit dem Unternehmen kann die Ökologieorientierung eine herausragende Rolle einnehmen.

Mitarbeiterauswahl Zur Umsetzung aller Bestandteile eines ökologieorientierten Managements bedarf es speziell ausgebildeter Mitarbeiter. Im Idealfall können Unternehmen Mitarbeiter einstellen, die neben ihrer klassischen Ausbildung in einem Lehrberuf oder einem Studium Kompetenz im Umweltbereich erworben haben. Analysiert man allerdings die Lehrpläne von Schulen und weiterführenden Bildungseinrichtungen, so zeigt sich, dass diese Integration nur in Ansätzen vorhanden ist. Erwarten Unternehmen allerdings künftig diese Kompetenz, so werden sich auch die Lehrinhalte verändern bzw. Umweltkompetenz gewinnt als Zusatzqualifikation einen herausgehobenen Stellenwert.

Mitarbeiterschulungen Die Bedeutung von Mitarbeiterschulungen wird in der EMAS I A.4.2 wie folgt dargelegt: „Die Organisation muss sicherstellen, dass jede Person, die für sie oder in ihrem Auftrag Tätigkeiten ausübt, von denen nach Feststellung der Organisation (eine) bedeutende Umweltauswirkung ausgehen können (kann), durch Ausbildung, Schulung oder Erfahrung qualifiziert ist, und muss damit verbundene Aufzeichnungen aufbewahren. Die Organisation muss den Schulungsbedarf ermitteln, der mit ihren Umweltaspekten und ihrem Umweltmanagementsystem verbunden ist. Sie muss Schulungen anbieten oder andere Maßnahmen ergreifen, um diesen Bedarf zu decken, und muss die damit verbundenen Aufzeichnungen aufbewahren. Die Organisation muss (ein) Verfahren einführen, verwirklichen und aufrechterhalten, die sicherstellen (das sicherstellt), dass Personen, die für sie oder in ihrem Auftrag arbeiten, sich bewusst werden über … die … Umweltpolitik …, die bedeutenden Umweltaspekte ..., ihre Aufgaben und Verantwortlichkeiten …, und … die möglichen Folgen eines Abweichens von festgelegten Abläufen."

Vorschlagswesen Mitarbeiterschulungen sind von Maßnahmen zur Mitarbeitermotivation zu begleiten, um das vorhandene Potential zu nutzen, vor allem aber, um den Mitarbeitern zu zeigen, dass ein Engagement im Umweltschutz von der Unternehmensführung geschätzt wird. Dabei können in folgenden Bereichen Anreize gesetzt und ökologieorientiert gestaltet werden (vgl. Tabelle 30).

Tabelle 30: Mitarbeitermotivation

(Quelle: DYCKHOFF/SOUREN 2007, S. 151; PROFT 1996, S. 302 f.; SEIDEL 1990, S. 339)

	Materielle Anreize	Immaterielle Anreize
Positive Anreize (Belohnungen)	• Erhöhung des Grundlohns • Prämienlohn • Erfolgsbeteiligungungen • Belohnung im Rahmen	• Aufstiegsmöglichkeiten • Übertragung herausfordernder Aufgaben • Anerkennung • Möglichkeiten zur Weiterbildung • Arbeitsplatzplatzgestaltung
Negative Anreize (Bestrafungen)	• Haftungsregelungen • Disziplinarmaßnahmen	• Androhung von Entlassung • Diszipliarmaßnahmen

Nachfolgend ist die Funktionsweise des Vorschlagswesens von MOBILITY UNLIMITED dargestellt.

> Das betriebliche Vorschlagswesen (BVW) von MOBILITY UNLIMITED ist zentral organisiert. Die Vorschläge der Mitarbeiter werden vom BVW-Beauftragten entgegengenommen und einer formalen Prüfung unterzogen. Danach werden die Vorschläge zur Bewertungskommission weitergeleitet. Diese setzt sich aus mehreren Mitarbeitern zusammen, die die fachliche Kompetenz und entsprechende Kostenstellenverantwortlichkeit besitzen, um über die Umsetzung und Prämierung entscheiden zu können. MOBILITY UNLIMITED hat das betriebliche Vorschlagswesen mit Hilfe einer intranetbasierten Softwarelösung umgesetzt. Die Mitarbeiter reichen ihre Ideen auf elektronischem Weg über standardisierte Formulare ein. In den Pausenräumen der Fertigungsbereiche wurden zusätzliche PCs installiert, um auch hier die Erfassung neuer Ideen zu erleichtern. Diese elektronische Form des Vorschlagswesens hat MOBILITY UNLIMITED gewählt, um geringere Bearbeitungszeiten zu erreichen und somit eine zeitnahe Bewertung der Ideen zu gewährleisten. Außerdem wird darauf geachtet, dass die Zeitspanne zwischen Prämierung und Umsetzung einer Idee acht Wochen nicht überschreitet. Damit wird deutlich, dass Verbesserungsvorschläge zeitnah umgesetzt werden. So wird langfristig die Motivation der Mitarbeiter, am Vorschlagswesen mitzuwirken, gesichert. Bei Verbesserungsvorschlägen mit berechenbarer Ersparnis wird die Prämie als prozentualer Anteil der Ersparnis festgelegt. Bei nicht quantifizierbaren Einsparungen werden pauschale Prämien durch eine ordinale Bewertung der Ideen gezahlt. Des Weiteren bestehen Mindestprämien für umgesetzte Ideen mit geringen Einsparungen. Schließlich werden kontinuierliche innerbetriebliche „Werbeaktionen" zum Vorschlagswesen durchgeführt. Dabei erstellt der BVW-Beauftragte statistische Auswertungen zu realisierten Ideen, wie zum Beispiel der Beteiligungsgrad der Belegschaft, die Gesamtsumme der gezahlten Prämien sowie die gezahlte Einzelhöchstprämie.

6.2.4 Wertschöpfungsstufe Marketing

Bedeutung Der Wertschöpfungsstufe Marketing kommt eine Schlüsselrolle bei der Wahrnehmung marktbezogener Chancen des Umweltschutzes zu: Durch seine Funktion als Nahtstelle zwischen Unternehmen und Markt stellt das Marketing den Funktionsbereich im Unternehmen dar, der Umweltschutz direkt als Marktchance umsetzen kann. Die Aufgabe des ökologieorientierten Marketing besteht darin, bei der Planung, Koordination und Kontrolle aller absatzmarktgerichteten Aktivitäten Umweltbelastungen zu vermeiden oder zu vermindern. Diese Aufgabe soll somit über eine möglichst dauerhafte Befriedigung der Umweltbedürfnisse potentieller und aktueller Kunden, über die Schaffung von Wettbewerbsvorteilen durch ökologieorientierte Strategien (vgl. Kapitel 2.3) und über die Sicherung der gesellschaftlichen Legitimität erreicht werden (vgl. MEFFERT/KIRCHGEORG 1998, S. 273; STEGER 1993, S. 307; SCHRADER/HANSEN 2001). In diesem Kapitel wird schwerpunktmäßig der Marketingmix vorgestellt.

Ziele des ökologieorientierten Marketing Handlungsleitend für die Gestaltung eines ökologieorientierten Marketing sind die Prinzipien der Verantwortungsintegration, der Informationsintegration, der Instrumentenintegration und der Absatzstufenintegration.

1) Verantwortungsintegration: Die Verantwortung konkretisiert sich in der Vermeidung und Verminderung von Umweltbelastungen und erstreckt sich auf den gesamten Produktlebenszyklus. Damit sind Umweltprobleme sowohl im unternehmensinternen (z.B. bei der Beschaffung und Produktion) als auch im unternehmensexternen Bereich (beim Ge- und Verbrauch sowie bei der Entsorgung von Produkten) zu berücksichtigen. Aus dieser Verantwortungsintegration erwächst dem ökologieorientierten Marketing auch eine wichtige Koordinations- und Integrationsfunktion bei der Planung und Durchsetzung umweltfreundlicher Produkte bzw. marktgerechter Problemlösungen.

2) Informationsintegration: Das ökologieorientierte Marketing bildet die Nahtstelle zwischen Unternehmen und Markt bzw. Gesellschaft. Dadurch ist es dem Marketingbereich von allen Wertschöpfungsstufen am besten möglich, die umweltschutzbezogenen Ansprüche der Marktteilnehmer direkt abzufragen bzw. aufzunehmen und diese in andere betriebliche Funktionsbereiche weiterzuleiten. Der Marketingbereich nimmt so eine wichtige Dialog- und Aufklärungsfunktion im Unternehmen wahr.

3) Instrumentenintegration: Die Instrumente des Marketing sind bei einer Ökologieorientierung des Unternehmens ebenfalls auf die ökologiebezogenen Anforderungen auszurichten. Der Produkt- und Sortimentspolitik kommt dabei eine besondere Bedeutung zu. Bei der Instrumentenintegration handelt es sich um Maßnahmen, die die Wettbewerbsfähigkeit des Unternehmens im horizontalen Wettbewerb sicherstellen sollen, z.B. durch die Schaffung entsprechender ökologieorientierter Wettbewerbsvorteile.

4) Absatzstufenintegration: Zur erfolgreichen Umsetzung ökologieorientierter Produktstrategien gehört der Einbezug vor- (z.B. Lieferanten) und insbesondere nachgelagerter Stufen (z.B. Händler). Das ökologieorientierte Marketing muss sich somit um unternehmensübergreifende Kooperationen mit allen Systempartnern auf der vertikalen Ebene bemühen (vgl. MEFFERT/KIRCHGEORG 1998, S. 274).

Marketing-Mix Die Positionierung und Profilierung des Unternehmens stellen den Ausgangspunkt für die Gestaltung der ökologieorientierten Marketinginstrumente dar. Es geht hierbei um die Frage, ob und in welchem Umfang der Umweltschutz im Unternehmen und die Umweltverträglichkeit der Produkte als Profilierungs- und Differenzierungsmerkmal gegenüber den Konsumenten herausgestellt werden sollen. Das Unternehmen kann sich grundsätzlich zwischen zwei Möglichkeiten entscheiden: Entweder es betont die Umweltverträglichkeit seiner Produkte als besonderes Merkmal (**dominante ökologieorientierte Positionierung**) oder es berücksichtigt die Umweltverträglichkeit flankierend als Teilkomponente der bestehenden Produktdimensionen (**flankierende ökologieorientierte Positionierung**). Für welche Positionierung sich das Unternehmen entscheidet, hängt neben der gewählten Basisstrategie und Wettbewerbsposition im Umweltschutz von weiteren programm-, konsumenten- und konkurrenzbezogenen Faktoren ab. Diese werden im Marketing-Mix näher betrachtet. Er bildet den Ausgangspunkt zur Umsetzung ökologieorientierter absatzmarktgerichteter Strategien und unterscheidet dabei die Produktpolitik, die Distributionspolitik, die Kontrahierungspolitik und die Kommunikationspolitik (im Englischen 4 P: produkt, place, price and promotion) (vgl. Abbildung 57, die mit Beispielen für MOBILITY UNLIMITED gestaltet ist). Durch eine entsprechende Ausrichtung des Marketing-Mix im operativen Bereich kann ein Unternehmen sein strategisches Ziel der Ökologieorientierung unterstützen. Entscheidend für die Gestaltung des Marketing ist die Orientierung am Lebenszyklus des Produktes oder der Dienstleistung.

Abbildung 57: Marketingmix

(In Anlehnung an MEFFERT/KIRCHGEORG 1998, S. 285)

Produktpolitik Die erfolgreiche Umsetzung einer ökologieorientierten Produktpolitik kann weiter differenziert werden in die Sortimentspolitik, die Verpackungspolitik, die Markenpolitik und die Kundendienstpolitik.

Sortimentspolitik Die Bedeutung der ökologieorientierten Sortimentspolitik liegt darin, dass über die Entwicklung neuer umweltfreundlicher Produkte (**Produktinnovationen**) sowie über die Verbesserung, Erweiterung und Eliminierung vorhandener Produkte unter dem Gesichtspunkt ökologischer Erfordernisse (**Produktvariationen und -eliminierungen**) entschieden wird. Die Sortimentspolitik wird deshalb auch als „Herz des ökologieorientierten Marketing" bezeichnet. Zur Umsetzung einer umweltgerechten Produktgestaltung kann sich das Unternehmen z.B. Checklisten oder Software zur ganzheitlichen Bilanzierung (vgl. Kapitel 9.3) bedienen. Gerade die ISO-Norm 14062 (vgl. Kapitel 6.2.1) kann hier hilfreich sein. Kriterien für die eigentliche Leistungserstellung sind dabei z.B. die Reduktion der Materialintensität, der Einsatz erneuerbarer Ressourcen, der Einsatz von Sekundärrohstoffen, der Energieeinsatz pro Produkt, die Verlängerung der Produktlebens- und -nutzungsdauer, die Verbesserung der Wieder- bzw. Weiterverwendungs- und -verwertungseigenschaften der Produkte, die Entwicklung von Produkten und Dienstleistungen, die nicht nur im Vergleich relativ umweltgerechter, sondern per se umweltgerecht sind. In der Ge- und Verbrauchsphase wird die Umweltleistung eines Produktes an folgenden Kriterien gemessen: Umweltverträglichkeit der Produktsubstanzen (z.B. R-Sätze zur Risikoeinstufung), Wiederverwendungs- und -verwertbarkeit von Verpackungen, Luftemissionen, Energieverbrauch, Unterstützung einer sparsamen Produktverwendung (z.B. Dosierungsvorschriften), Reparatur- und Wartungsfreundlichkeit und Angebot regelmäßiger Serviceintervalle. In der Entsorgungsphase sind zu beachten: das Volumen der Kondukte, die Möglichkeit der gefahrlosen und umweltverträglichen Verwertung oder Beseitigung von Produkten/Produktbestandteilen und die Verwertbarkeit.

Verpackungspolitik Die Bedeutung der Verpackungspolitik für eine ökologieorientierte Unternehmenspolitik kann an ihren Funktionen festgemacht werden (vgl. BRAUER 1995, S. 939 ff.). Diente die Produktverpackung früher vorwiegend logistischen Zwecken (Schutzfunktion, Transport-, Lagerungs- und Umschlagfunktion, Handhabungsfunktion und Informationsfunktion), so erfüllt sie mittlerweile auch eine Produktionsfunktion und eine Marketingfunktion. Im Rahmen der Produktionsfunktion werden Verpackungen zum Bestandteil des Produkts, die Marketingfunktion erfüllt die Funktion der Verkaufsförderung, indem sie das Produkt marktgerecht präsentiert und seine Eigenschaften hervorhebt. Schließlich wurden diese klassischen Funktionen um eine **Umweltfunktion** ergänzt, nicht zuletzt vor dem Hintergrund, dass ein Großteil des Haus- und hausmüllähnlichen Gewerbemülls aus Verpackungsmaterialien besteht. Damit verfolgt eine ökologieorientierte Verpackungspolitik das Ziel, dass Verpackungen – neben einer optimalen Erfüllung der konventionellen Verpackungsfunktionen – einen größtmöglichen Beitrag zur Erreichung der ökologieorientierten Zielsetzungen, d.h. des Einsatzes von umweltverträglichen Verpackungsmaterialien und der Reduktion der Verpackungsabfälle, leisten. Aus diesem Ziel lassen sich die Anforderungen an eine ökologieorientierte Verpackung ableiten, wie z.B. geringes Gewicht, optimale Auslastung der Transportmittel oder Ressourcenschonung. Diesen Zielsetzungen dienen auch die in der Verpackungsverordnung über die Vermeidung und Verwertung von Verpackungsabfällen geregelten Rücknahmeverpflichtungen für Transport-, Um- und Verkaufsverpackungen durch Hersteller und Vertreiber sowie die Pfanderhebungspflicht.

Markenpolitik Die Bedeutung einer ökologieorientierten Markenpolitik ergibt sich daraus, Entwicklungen im Umweltbewusstsein der Konsumenten (vgl. Kapitel 5.3.1) aufgreifen zu können. Die Zielsetzung besteht zum einen darin, die Leistungen des Unternehmens auf dem Gebiet des Umweltschutzes darzustellen und sich damit als ökologieorientiertes Unternehmen zu profilieren, und zum anderen, das öffentliche Vertrauen bzw. das Vertrauen umweltbewusster

Konsumenten durch eine glaubwürdige ökologieorientierte Markenkompetenz aufzubauen. Ziel ist somit der Aufbau eines eigenständigen ökologieorientierten Markenproduktes. Die Aufgabe ökologieorientierter Markenpolitik umfasst alle mit der Markierung von umweltgerechten Produkten zusammenhängenden Entscheidungen und Maßnahmen. Dazu gehört insbesondere die grundlegende Entscheidung des Unternehmens, ob und in welchem Umfang diese Produkte überhaupt gekennzeichnet werden sollen. Sollte sich ein Unternehmen für eine **Umweltkennzeichnung** (vgl. Kapitel 5.3.2) entscheiden, so schafft es ein Kommunikationsmittel gegenüber den Konsumenten und ein Differenzierungsmittel gegenüber der Konkurrenz. Besonders wichtig für den Aufbau einer Markenidentität sind die Glaubwürdigkeit, die Kontinuität und die Kompetenz der vorgenommenen Kennzeichnung. Markentreue kann aufgebaut werden, indem ein positives Markenimage unter Verwendung von Verkaufsförderungsmaßnahmen kreiert wird. So kann ein akquisitorisches Potential bei umweltbewussten Kunden geschaffen werden. Diese Kunden, die gemäß ihres Umweltbewusstsein einkaufen wollen, werden durch das aufgebaute ökologieorientierte Markenimage zur gezielten Produkt- und Markensuche veranlasst. Preispolitischer Spielraum kann dadurch geschaffen werden, dass das umweltgerechte Produkt im Verhältnis zu vergleichbaren Produktvarianten differenziert wird. Ebenso ist eine differenzierte Marktbearbeitung möglich, indem Qualitäts- und Preisunterschiede umweltfreundlicher Produkte gegenüber herkömmlichen bzw. umweltschädigenden Produktvarianten betont werden und der Einsatz der Umweltmarke als Differenzierungsmittel bei der Wahl der Absatzwege (z.B. Angebot des umweltfreundlichen Produktes im Fachgeschäft) genutzt wird.

Kundendienstpolitik Die Bedeutung ökologieorientierter Kundendienstpolitik besteht darin, dass die Servicepolitik häufig die einzige Möglichkeit bietet, um direkt Einfluss auf die umweltverträgliche Nutzung der Produkte in der Ge- und Verbrauchsphase sowie in der Entsorgungsphase zu nehmen. Zu den wichtigen **Serviceleistungen** wird aus Kundensicht neben den traditionellen Vertriebs- und Logistikaufgaben, wie z.B. Liefersicherheit und Lieferflexibilität, gerade vor dem Hintergrund der Gesetzgebung auch der Bereich der Entsorgung gezählt. Das Unternehmen kann zudem durch das Angebot an entsprechenden Dienstleistungen die Weichen für eine umweltfreundliche Produktnutzung stellen. So kann eine regelmäßige Wartung der Produkte oder eine sachgerechte Installation von Neuanlagen bei gleichzeitiger Entsorgung der Altanlagen angeboten werden. Auch der Beratungsfunktion in der Vorkaufs- und insbesondere in der Nachkaufs- und Nutzungsphase kommt eine große Bedeutung zu: So kann über die umweltverträgliche Verwendung von Produkten informiert, können Gebrauchsanleitungen ausgebaut und die Leistung eines Umweltberaters angeboten werden (vgl. MEFFERT/KIRCHGEORG 1998, S. 313 ff.).

Distributionspolitik Die Distributionspolitik ist eng mit der Wertschöpfungsstufe Logistik (vgl. Kapitel 6.2.2) verknüpft. Abrundend sollen hier wesentliche Maßnahmen vorgestellt werden: Im Rahmen der Vertriebssysteme können Retrodistributionskanäle zur Wieder- und Weiterverwendung und Verwertung von Produkten und Verpackungen aufgebaut werden. Durch die Einrichtung des Rückflusses von (gebrauchten) Produkten und Verpackungen können sich auch neue Marktchancen und Differenzierungsmöglichkeiten für das Unternehmen ergeben. Wichtig ist dabei insbesondere die Einbeziehung der Händler, z.B. durch die Errichtung von Recyclingcentern in den Einzelhandelsgeschäften, um so den Aufwand, der für die Händler bei der Mitwirkung an den Retrodistributionssystemen entsteht, zu minimieren. Desweiteren kann der Fuhrpark umweltverträglicher gestaltet werden. Eine Verbindung zur Verpackungspolitik ergibt sich aus den Verpackungsmaterialien beim Transport. Schließlich bedarf es für den erfolgreichen Verkauf des ökologisch orientierten Sortiments einer entsprechenden Schulung von Außendienstmitarbeitern, um sie mit ökologiebezogenen Verkaufsargumentationen vertraut zu machen (vgl. BRUHN 1992, S. 550 f.; MATSCHKE/JAECKEL/LEMSER 1996, S. 255 ff.; TEICHERT 1997, S. 124 ff.; GÜNTHER 1994, S. 96).

Kontrahierungs- bzw. Preispolitik Das Ziel ökologieorientierter Kontrahierungspolitik ist es, auf der Grundlage von preistheoretischen Überlegungen zu einer Entscheidung zu kommen, ob sich die Markteinführung der umweltfreundlichen Produkte lohnt oder nicht. Die Umsetzung einer ökologieorientierten Kontrahierungspolitik vollzieht sich anhand der folgenden Schritte: Zunächst ist zu analysieren, inwieweit die Ökologieorientierung des Leistungsprogramms zu höheren Kosten (durch höhere Umweltschutzinvestitionen oder direkt zurechenbare variable Kosten) führt. Die höheren Kosten müssen dann der Preisbereitschaft (Preiselastizität) der Kunden (in den jeweiligen Kundensegmenten) gegenübergestellt werden (vgl. Kapitel 8.1). Hierzu kann das Instrument des Target Costing (vgl. Kapitel 8.3.4) verknüpft mit Conjoint Measurement-Analysen eingesetzt werden. Bei den umweltbewussten Kunden im Kernsegment ist eine höhere Preisbereitschaft als bei allen anderen Kundengruppen zu erwarten. In beiden Fällen existiert aber eine Preisschwelle, ab der die Kunden nicht mehr bereit sind, den höheren Preis trotz Umweltvorteil zu akzeptieren. Als Instrumente können nach der Analyse der Kosten und Preisbereitschaft empfohlen werden: eine Preisdifferenzierung bei den umweltbewussten Kunden im Kernsegment und eine Mischkalkulation in allen anderen Kundensegmenten. Als weitere Ausgestaltungsmöglichkeit bieten sich bei der ökologieorientierten Kontrahierungspolitik z.B. Pfandgebühren an (vgl. MEFFERT/KIRCHGEORG 1998, S. 342 ff.).

Kommunikationspolitik Die Bedeutung der Kommunikationspolitik liegt in der „Übermittlung von Informationen und Bedeutungsinhalten zum Zweck der Steuerung von Meinungen, Einstellungen, Erwartungen und Verhaltensweisen gemäß spezifischer Zielsetzungen" (MEFFERT/KIRCHGEORG 1998, S. 316) begründet. Das Ziel ökologieorientierter Kommunikationspolitik besteht darin, für Unternehmen und Produkte, die ökologiebezogene Forderungen der Anspruchsgruppen aufgreifen, eine entsprechende Identität zu schaffen. Für die Umsetzung der ökologieorientierten Kommunikationspolitik können die Instrumente des Kommunikationsmixes Werbung, Verkaufsförderung, Öffentlichkeitsarbeit und persönlicher Verkauf eingesetzt werden. Der Einsatz des jeweiligen Kommunikationsinstrumentes hängt von der strategischen Grundausrichtung des Unternehmens im Umweltschutz ab: So werden im Rahmen einer defensiven Umweltschutzstrategie häufig PR-Aktionen (z.B. Anzeigen in Publikumszeitschriften oder Zusendung von ausführlichem Informationsmaterial auf Anfragen) vorgenommen. Ziel ist es dabei, das Image zu verbessern, indem Verständnis für das unternehmerische Verhalten geweckt wird. Bei einer offensiven oder innovativen Umweltschutzstrategie wird das Instrument der Werbung eingesetzt, um die unternehmenseigenen, ökologieorientierten Produkte und Dienstleistungen zu betonen. Die Werbung richtet sich dabei hauptsächlich an umweltbewusste Kunden und versucht, über die produktbezogenen Umweltschutzargumente zu informieren. Neben der Werbung sind aber auch PR-Aktionen (Pressekonferenzen mit Vorstellung des Umweltberichtes oder auch Betriebsbesichtigungen) sowie das sog. Ökosponsoring einsetzbar. Bei letzterem fördert das Unternehmen mit Hilfe von Geld-, Sachmitteln oder Dienstleistungen die Erfüllung ökologischer Aufgaben; die Intention liegt dabei in der inhaltlichen Identifikation des Unternehmens mit den Zielen seiner Umweltförderung bzw. mit den Zielen der Gesponsorten. Ökologieorientierte Werbebotschaften müssen vor allem glaubwürdig sein. Zur Erhöhung der Akzeptanz von Werbeaussagen beim Kunden sind sachliche und informative Werbebotschaften geeignet, die z.B.

Hinweise auf Testergebnisse (Untersuchungen des Unternehmens oder von wissenschaftlichen Instituten) über die Umweltverträglichkeit der unternehmenseigenen Produkte beinhalten können.

6.2.5 Wertschöpfungsstufe Controlling

Bedeutung Aufgabe des Controllingsystems eines Unternehmens ist die Unterstützung betrieblicher Managemententscheidungen in den Bereichen der Planung, Realisation und Kontrolle. Dabei kann das Controlling als kybernetischer Prozess verstanden werden, bei dem die einzelnen Teilbereiche des Unternehmens in die Entscheidungsfindung einbezogen werden (vgl. BAUM/COENENBERG/GÜNTHER 2007, S. 4 f.). Diese funktionenübergreifende Aufgabe rechtfertigt auch die Einordnung als sekundäre Aktivität. Die Integration ökologischer Aspekte stellt auch an das Controlling neue Herausforderungen. So soll ein ökologieorientiertes Controllingsystem Informations- und Entscheidungsvorgänge unterstützen und dazu Fragestellungen sowohl zur Auswahl als auch zur Bewertung relevanter Informationen beantworten.

In einem ersten Schritt ist zwischen internalisierten und externen Effekten zu unterscheiden (vgl. Kapitel 8.1). **Internalisierte Effekte** sind als Rechengrößen in das Rechnungswesen integriert, wohingegen **externe Effekte** zwar auch durch das betriebliche Geschehen bedingt sind, aber ausschließlich Auswirkungen auf außerhalb des Unternehmens stehende Wirtschaftssubjekte haben. Ist die Ökologieorientierung eines Unternehmens als niedrig einzustufen, so werden im Controlling nur die Effekte berücksichtigt, die bereits internalisiert sind. Zeichnen sich Unternehmen durch eine aktive Ökologieorientierung aus, so schlägt sich dies auch im Controlling nieder und legt eine zusätzliche Internalisierung externer Effekte nahe.

Die Beziehung zwischen dem Controlling und allen anderen Wertschöpfungsstufen ist bezüglich der Ökologieorientierung durch zwei Wirkungsrichtungen charakterisiert:

1) Das Rechnungswesen als Bestandteil des Informationssystems des Unternehmens liefert Planungs-, Entscheidungs- und Kontrollinstrumentarien, die auf Fragestellungen des Umweltschutzes übertragen werden können (Ökologieorientierte Differenzierung des Controllings). Je nachdem ob Maßnahmen aufgrund rechtlicher Regelungen oder darüber hinaus freiwillig vorgenommen werden, kann zwischen einer passiven und einer aktiven Ökologieorientierung unterschieden werden. Ein passive Berücksichtigung bedeutet lediglich einen Ausweis der Rechengrößen (z.B. Ökologiekosten und -erlösen) aus PR-Gründen, wohingegen eine aktive Politik den Ausweis der Rechengrößen zum Zwecke der Entscheidungsfindung, d.h. zum Abbau bzw. zur Vermeidung externer Effekte anstrebt.

2) Auf der anderen Seite muss das Rechnungswesen die Zielsetzungen des Unternehmens verkörpern, d.h. in diesem Zusammenhang, dass Umweltaspekte im Rechnungswesen abzubilden sind und es unter Umständen diesbezüglich erweitert werden muss (Ökologieorientierte Erweiterung des Controlling, vgl. Kapitel 8.3.1). Ziel einer ökologieorientierten Erweiterung des Controllings ist zunächst die Monetarisierung der externen Effekte. Da in vielen Fällen eine Monetarisierung nicht möglich ist bzw. keine sinnvolle Aussage ergibt, wurden ergänzende Instrumentarien entwickelt, die vor allem quantitativ erfassbare Größen und zum Teil auch qualitative Konsequenzen einbeziehen. Für die Vielfalt der vorgeschlagenen Instrumente hat sich noch kein einheitlicher Begriff herauskristallisiert, am aussagekräftigsten ist wohl der Begriff „**Öko-Controlling**“.

6.3 Steuerung von Funktionsbereichen

Steuerung von primären und sekundären Funktionsbereichen. Umweltaspekte sind bei den primären und sekundären Aktivitäten der betrieblichen Wertschöpfung je nach Branche und Unternehmensgröße in unterschiedlicher Intensität zu berücksichtigen. Hierfür kann ein unternehmensinternes Steuerungssystem eingeführt bzw. ausgebaut werden, das einerseits dazu beiträgt, die gesamtunternehmerischen Ziele zu erreichen (**Lenkungsfunktion**) und andererseits den Unternehmenseinheiten den Teil der Umweltbelastungen zurechnet, der von ihnen beeinflusst werden kann (**Zuweisungsfunktion**). Zielobjekte können Geschäftsbereiche, Abteilungen oder Kostenstellen sein. Neben einer reinen Erfüllungskontrolle gesetzlicher Auflagen zum Umweltschutz kann eine aktive Steuerung über die Kosten durch ein **Ökologie-Budget** (Cost Center-Konzept) oder über ein **Ökologie-Ergebnis** (Profit Center-Konzept) unter Einbeziehung von Ökologiekosten und -erlösen erfolgen. Bei der Auswahl des Steuersystems ist den Besonderheiten des jeweiligen Funktionsbereiches Rechnung zu tragen.

Ökologie-Budgets Ökologische Ziele können über ein spezielles Ökologie-Budget gesteuert werden, das ausschließlich Ökologiekosten beinhaltet. Extern oder intern festgelegte Vorgaben sind dabei mit minimalen Kosten zu erreichen oder die Ökologieorientierung ist mit einem gegebenen Budget zu maximieren. Hierfür sind zwei Wege denkbar:

a) Erreichung ökologischer Ziele mit minimalen Kosten: Als restriktivste Form von Ökologie-Budgets können bereichsspezifische Auflagen gelten, die entweder Mindeststandards vorschreiben oder Belastungshöchstgrenzen festsetzen. Aufgabe der Unternehmensleitung ist es, darüber zu entscheiden, welchen Belastungen eine höhere Priorität zu geben ist, d.h. wo Maßnahmen zuerst ansetzen sollen. Zur Prioritätensetzung aus ökologischer Sicht können Ökobilanzen (vgl. Kapitel 9.3) – auch in reduzierter Form (z.B. nur Treibhausgasemissionen) – dienen. Aufgabe der Bereiche ist es, Maßnahmen zu bestimmen und auszuwählen, um die vorgegebenen Werte zu erreichen. Als Alternativen stehen Maßnahmen der Vermeidung, der Verminderung, der Substitution, der Verwertung sowie der Beseitigung zur Verfügung. Aufgrund der vorgegebenen Zielsetzung, die Auflagen kostenminimal zu erfüllen, erfolgt die Reihung der Maßnahmen durch eine Abschätzung der Grenzkosten pro Umweltentlastung (z.B. MCKINSEY-Studien zu Klimawandel MCKINSEY & COMPANY, INC 2007).

> So setzt sich MOBILITY UNLIMITED beispielsweise das Ziel, an der Klimainitiative WWF Climate Safers teilzunehmen und die dort verankerten Ziele zu erfüllen. Die Maßnahmen sollen kostenminimal umgesetzt werden.

b) Maximierung der Ökologieorientierung bei gegebenem Budget: Alternativ können Unternehmen ein festes Budget für Ökologiekosten einplanen. Im Rahmen der Bereichssteuerung erfolgt eine Allokation dieser Kosten durch die Aufstellung bereichsspezifischer Budgets. Ziel der Bereiche ist in diesem Fall, mit dem gegebenen Budget eine maximale Entlastung der ökologischen Umwelt zu erreichen. Hierzu sind zunächst die Kosten, die bereits internalisiert werden (z.B. Entsorgungskosten), zu subtrahieren, falls diese auch im vorgegebenen Budget enthalten sind, da sie aufgrund ihrer Determiniertheit nicht mehr zur Disposition stehen. Für den optimalen Einsatz des Restbetrags müssen die Bereiche selbst abwägen, welche Prioritäten den Belastungen zuzuordnen sind. Dabei können analog zu a) die Grenzkosten pro Umweltentlastung bestimmt werden. Eventuell ist bei ähnlich gelagerten Entscheidungssituationen anderer Bereiche oder im Falle von Synergien eine Kooperation einzugehen.

> So erhalten beispielsweise Verwaltungsgebäude von MOBILITY UNLIMITED ein bestimmtes Budget für Energie- und Wasserkosten. Die Mittel, die eingespart werden, können dann für andere Zwecke genutzt werden. So erhält die Einrichtung einen Anreiz zur Einsparung.

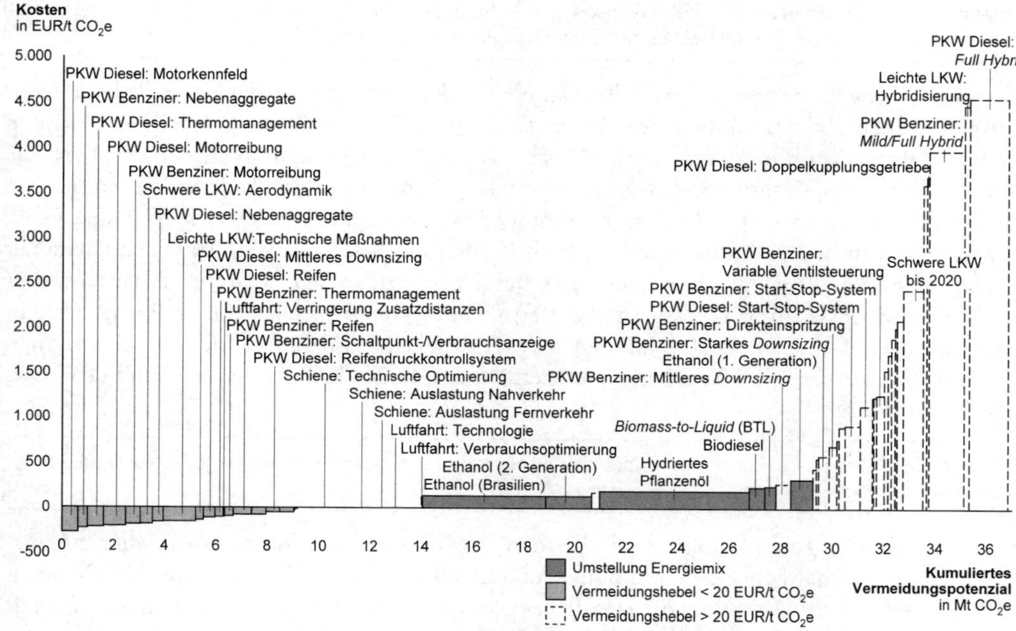

Abbildung 58: Vermeidungskostenkurve

(QUELLE: MCKINSEY & COMPANY, INC 2007, S. 32)

Ökologie-Ergebnis Alternativ kann eine Steuerung über Kosten als auch Erlöse im Rahmen eines Profit Center-Konzeptes erfolgen. Die Erlöse können dabei aus am Markt, d.h. mit Dritten erzielten Leistungen und/oder aus internen Verrechnungen bestehen. Als Instrumente können Verrechnungspreise eingesetzt werden, die entweder nur intern zu berücksichtigende Kosten den Bereichen zurechnen, die sie verursachen, oder darüber hinaus auch Bestandteile externer Effekte berücksichtigen. Letztere können rein informativen Charakter haben, d.h. das Bereichsergebnis nicht beeinflussen oder tatsächlich Auswirkungen auf die Kosten der abnehmenden Bereiche haben. Daneben können unternehmensinterne Vorgaben durch den Verkauf interner Verschmutzungsrechte umgesetzt werden, die so gestaltet sein müssen, dass ein Anreiz zur Verminderung der Belastungen der ökologischen Umwelt besteht. Unternehmensinterne Umweltschutzabteilungen können gesteuert werden, indem sie selbst die Höhe der Verrechnungspreise ihrer Leistungen aushandeln.

a) Verrechnungspreise für internalisierte Ökologiekosten des Unternehmens: Durch den Verbrauch von Rohstoffen, Wasser und Energie sowie die Belastung der ökologischen Umwelt durch Abfall, Abwasser und Abluft entstehen den Unternehmen bereits heute Kosten auf den verschiedenen Stufen der Wertschöpfung. Um eine Transparenz dieser Ökologiekosten zu bekommen, sind diese zunächst getrennt zu erfassen (z.B. eine Aufschlüsselung der Energiekosten oder eine Untergliederung der Prozesskosten nach end-of-the-pipe-Prozessen und integrierten Technologien). In einem zweiten Schritt sind diese Kosten über Verrechnungspreise den sie verursachenden Bereichen zuzuordnen.

Der Einsatz dieses Steuerungsmechanismus ist in Unternehmen, aber auch Kommunalverwaltungen zunehmend üblich. So werden die Energie-, Wasser- und Abfallkosten von MOBILITY UNLIMITED im Rahmen des verwaltungsinternen Controlling den einzelnen Gebäudenutzern zugerechnet.

b) Verrechnungspreise für externe Effekte der Bereiche: Neben der Verrechnung der tatsächlich anfallenden, pagatorischen Kosten können den Bereichen auch die Kosten der von ihnen verursachten externen Effekte zugeordnet werden. Hierzu sind zunächst auf Gesamtunternehmensebene die externen Effekte zu bestimmen (vgl. Kapitel 8.1) und zu bewerten. Anschließend werden die von den Teilbereichen verursachten Effekte bestimmt, denen die jeweiligen externen Kosten zugeordnet werden. Ein bloßer Ausweis der externen Kosten und Erlöse hat informativen Charakter und kann helfen, die Ökologieorientierung der Bereiche zu beurteilen. Darüber hinaus kann er Entscheidungsprozesse auslösen. Durch die Verpflichtung der Bereiche, die (kalkulatorischen) Kosten externer Effekte zu tragen, können – sofern die Überwälzbarkeit der kalkulatorischen Kosten gewährleistet ist – Rücklagen gebildet werden, um die Maßnahmen tatsächlich in späteren Jahren durchzuführen.

So können beispielsweise externe Kosten bei Investitionsentscheidungen für Sanierungen oder Neubauten bestimmt werden.

c) Interne Verschmutzungsrechte: Ähnlich wie bei den Vorschlägen für eine marktorientierte Steuerung auf volkswirtschaftlicher Ebene können unternehmensintern Verschmutzungshöchstgrenzen für die einzelnen Umweltmedien festgelegt werden. Die Unternehmensleitung verkauft anschließend die Verschmutzungsrechte an die einzelnen Bereiche. Diese haben dann das Recht, in Höhe der erworbenen Zertifikate Belastungen der ökologischen Umwelt zu verursachen. Ein Anreiz zur Belastungsreduktion besteht einerseits dadurch, dass der Erwerb mit Kosten verbunden ist und andererseits nicht benötigte Rechte unternehmensintern verkauft werden können. Um die Belastungssituation langfristig zu verbessern, können jährlich neue Grenzwerte eingeführt oder die Rechte verknappt werden, um einerseits eine Anpassung an den Stand der Technik zu gewährleisten und andererseits neue Anreize zu schaffen. Ferner können durch laufende Anpassungen auch Änderungen der Unternehmensstrategie berücksichtigt werden. Hier überlegt MOBILITY UNLIMITED derzeit, ob und wie es dem Beispiel BP folgen kann:

Das von BP Amoco zwischen 1998 und 2002 genutzte Steuerungsinstrument eines internen Zertifikatehandels gilt als ein Paradebeispiel einer marktkonformen, unternehmensinternen Emissionsregulierung. Ausgangspunkt der Einführung stellte dabei das vom CEO Lord Browne 1997 verkündete Ziel dar, die Emissionen von BP Amoco bis 2010 um 10% gegenüber den Emissionswerten von 1990 zu reduzieren. In der Folge entwickelte das Unternehmen zunächst einen unternehmenweiten Standard für die Berichterstattung der CO_2- und der gleichfalls gehandelten CH_4-Emissionen und ermittelte darauf aufbauend die Gesamtemissionen der letzten Jahre. Zusätzlich wurde ein Standard zur Ermittlung projektbezogener Vermeidungskosten und eine Datenbank mit CO_2-Reduktionsprojekten erarbeitet. Die Ausgestaltung des Zertifikatehandels und die Überwachung der operativen Abläufe oblag einer eigens eingerichteten Projektgruppe. Die Zuteilung der jährlich herausgegebenen Verschmutzungsrechte an die Geschäftseinheiten erfolgte proportional zu den CO_2-Emissionen der einzelnen Geschäftseinheiten im Jahr 1998 (Grandfathering). Insgesamt wurden genau so viele Zertifikate verteilt, dass die gesamtunternehmerische Zielvorgabe für das entsprechende Jahr erreicht werden konnte. Mit Abschluss eines Geschäftsjahres durften die Emissionen einer Geschäftseinheit die ihr zur Verfügung stehenden Zertifikate nicht übersteigen. Um dies zu erreichen, konnten die Geschäftseinheiten Emissions-Reduktionsmaßnahmen durchführen und Zertifikate in einer eigens eingerichteten Handelsplattform im Intranet handeln. Dort bildete sich der Zertifikatepreis nach den Gesetzen von Angebot und Nachfrage und spiegelte damit die unternehmensweiten Vermeidungskosten wieder. Der Handel selbst führte zwar nicht zu tatsächlichen Geldflüssen zwischen den beteiligten Geschäftsbereichen, allerdings wurden die mit dem Handel verbundenen Gewinne und Verluste in die Geschäftsbereichsbilanzen aufgenommen und in das klassische Finanzcontrolling einbezogen. Als zusätzlicher Anreiz wurde die Erreichung des gesetzten Emissionszieles in die Zielvereinbarungen der Geschäftsbereichsleiter aufgenommen.

Das System startete 1998 als Pilotprojekt mit 12 Geschäftseinheiten, 2000 wurde der Handel auf das gesamte Unternehmen mit damals ca. 150 Geschäftseinheiten in 100 Ländern ausgedehnt. 2002 wurde der interne Zertifikatehandel eingestellt, nachdem bereits in diesem Jahr eine Emissionsreduktion um 10,6% erreicht werden konnte. Da ein Großteil der Reduktionen durch wirtschaftliche Maßnahmen zur Verringerung der durch Entweichung oder Abfackeln von Erdgas entstehenden Emissionen sowie durch Erhöhung der Energieeffizienz erreicht wurde, konnten überdies insgesamt 650 Mio. US-$ Einsparungen erzielt werden.

d) Verrechnungspreise für Leistungen interner Umweltschutzbereiche: Für interne Umweltschutzbereiche, die organisatorisch selbständig sind, wie z.B. unternehmenseigene Klär- oder Recyclinganlagen gelten dieselben Überlegungen wie für Verrechnungspreise im allgemeinen: Müssen die Leistungen zu Voll- oder Grenzkosten intern verkauft werden und müssen die Leistungen auch intern bezogen werden, so besteht aufgrund des Kostenerstattungsdenkens für den Lieferanten kein Anreiz, die Leistungen möglichst kostengünstig herzustellen. Haben die Bereiche hingegen die Möglichkeit, ihre Leistungen zu Marktpreisen zu verkaufen, so besteht ein Anreiz, die Kosten zu minimieren und selbst Ergebnisbeiträge zu erwirtschaften. Der Abnehmer der ökologiebezogenen Leistung wird bei Existenz eines externen Marktes in die Lage versetzt, make or buy-Überlegungen anzustellen. Gibt es aufgrund technischer Restriktionen oder aufgrund der Aufnahmebeschränkung des Marktes keine funktionierenden Märkte, sind Kostenverrechnungspreise zu wählen, die jedoch bei verursachungsgerechter Zuordnung auf jeden Fall zu Kostentransparenz führen.

So werden beispielsweise die Leistungen der Entsorgungsabteilung von MOBILITY UNLIMITED an die Bereiche verrechnet, die die Entsorgungsleistungen nutzen.

Abschließend sollen die beiden Steuerungsmöglichkeiten beurteilt werden (vgl. Tabelle 31).

Tabelle 31: Steuerung über Ökologie-Budgets oder Ökologie-Ergebnis

Beurteilung Ökologie-Budget	Beurteilung Ökologie-Ergebnis
• Die Vorgabe von unternehmensweiten Zielen und Budgets durch die Zentrale ist einerseits aufgrund der einheitlichen Durchsetzbarkeit effizienter und wirtschaftlicher. Andererseits verfügen die Bereiche aber über mehr Wissen über Umweltbelastungen und mögliche Strategien für deren Entlastung. • Die zentrale Festlegung von Zielvorgaben macht eine Koordination der Bereiche und eine Instanz zur Überwachung der Vorgaben notwendig. • Die einheitliche Vorgabe von Zielen ermöglicht einen Vergleich der Bereiche, der durch eine mehrperiodige Betrachtung noch an Aussagefähigkeit gewinnt. • Sind die Divisionen in der Lage, die Anforderungen mit minimalen Kosten zu erfüllen und ist z.B. technologiebedingt keine weitere Verbesserung möglich, so besteht kein Anreiz zu neuen Maßnahmen. Die Festlegung eines Ökologiebudgets würde in diesem Fall eine Ressourcenverschwendung darstellen.	• Im Unterschied zur Vorgabe von ökologiebezogenen Zielen durch die Unternehmensleitung können die Bereiche bei Ergebnisverantwortlichkeit sowohl Kosten als auch Erlöse selbst beeinflussen. Dies schafft zusätzliche Anreize für die Generierung neuer Alternativen zur Schonung der ökologischen Umwelt. • Die Beurteilung nach den erzielten Gewinnen gewährt den Bereichen eine größere Autonomie. Diese kann als immaterieller Anreiz für die Umsetzung ökologieorientierter Ziele wirken. • Durch die Gewährung der Autonomie kann innerhalb der Unternehmen eine Verknüpfung ökonomischer und ökologischer Ziele vorgenommen werden. • Schließlich birgt die Dezentralisierung der Entscheidungskompetenz immer auch die Gefahr, dass die vorhandenen Potentiale nicht optimal genutzt werden.

7 Denken in Hemmnissen – Ziele konsequent umsetzen

„Jeder Umsetzungsprozess wird von Hemmnissen begleitet sein. Und ist ein Hemmnis beseitigt, wächst ein neues nach." (Unternehmenspraktiker in Anlehnung an: Ein jeder Wunsch, wenn er erfüllt, kriegt augenblicklich Junge. (Wilhelm Busch))

Entstehung der Hemmnisanalyse Ist die Umsetzung eines ökologieorientierten Managements nicht schwierig? Der Tenor obigen Zitats legt die Empfehlung nahe, die Hände in den Schoß zu legen und die Existenz von Hemmnissen als gegeben hinzunehmen. Tatsächlich ist jeder Geschäftsprozess von Hemmnissen begleitet. Doch ein proaktiver Umgang mit Hemmnissen kann die Lücke zwischen dem Ziel eines ökologieorientierten Managements und seiner Umsetzung auf allen Stufen der Wertschöpfung schließen und die Hemmnisse abbauen helfen. Hierzu ist zunächst im Rahmen einer Hemmnisanalyse die Frage zu beantworten: „Warum funktioniert die Umsetzung von Entscheidungen auf den verschiedenen Stufen der Wertschöpfung nicht wie gewünscht?"

Dieses Kapitel widmet sich folgenden Fragen:

- *Welche Arten von Hemmnissen gibt es? (7.1)*
- *Welche Akteure beeinflussen die Umsetzung von Entscheidungen? (7.2)*
- *Auf welchen Stufen des Entscheidungsprozesses können Hemmnisse auftreten? (7.3)*
- *Wie können die Hemmnisse klassifiziert, bewertet und abgebaut werden? (7.4)*

7.1 Der Begriff Hemmnis

Hemmnisse Unter **Hemmnissen** werden **Störfaktoren** verstanden, die einen Entscheidungsprozess verlangsamen, behindern oder gänzlich blockieren können. Die Bedeutung der Analyse und des Abbaus von Hemmnissen ergibt sich dabei vordergründig daraus, die erfolgreiche Umsetzung von Zielen und Maßnahmen auf allen Stufen der Wertschöpfung zu ermöglichen. Doch der weitreichendere Beitrag besteht in der Erkenntnis, dass neue Ideen oftmals nur deshalb scheitern, weil die Hemmnisse in der Umsetzung nicht überwunden wurden (vgl. HAUSCHILDT/GEMÜNDEN 1999, S. 13).

7.2 Akteure der Umsetzung von Entscheidungen

Interne und externe Akteure Entscheidungen werden zunächst von den internen Akteuren, aber je nach Gebiet, auch von externen Anspruchsgruppen beeinflusst (vgl. BAMBERG /COENENBERG/KRAPP 2008, S. 15; FREEMAN 1984, S. 31 ff.). Jede dieser Personengruppen kann eine Ursache für ein Hemmnis sein, also den Umsetzungsprozess behindern, verlangsamen oder gänzlich blockieren. Bei den **internen Akteuren** sind auf der operativen Ebene die **Fachpromotoren** angesiedelt, d.h. Personen, die die Umsetzung von Entscheidungen kraft ihres Fachwissens vorantreiben können (vgl. HAUSCHILDT/GEMÜNDEN 1999, S. 17 f.).

Die **Machtpromotoren** hingegen arbeiten auf der strategischen Ebene und können somit die Umsetzung durch ihre Stellung in der Hierarchie befördern. Konkret kann beispielsweise unser Unternehmen MOBILITY UNLIMITED für Innovationen im Bereich Klimaschutz Hemmnisse bei den einzelnen Akteuren mit folgenden Fragen aufspüren:

Hat das *Topmanagement* des Unternehmens MOBILITY UNLIMITED im Rahmen der Gesamtstrategie der Organisation eine Klimastrategie verabschiedet?

Wie bestimmt die *Strategieabteilung* die Stärken und Schwächen sowie die Chancen und Risiken der Organisation und stellt damit für das Topmanagement die Weichen für oder gegen Innovationen im Bereich Klimaschutz?

Arbeitet die *Forschungs- und Entwicklungsabteilung* nach Richtlinien, die eine Minimierung der Treibhausgase vorsehen?

Werden auf allen primären Stufen der Leistungserstellung, konkret in den Bereichen *Beschaffung, Produktion* und *Absatz* Klimaschutzaspekte berücksichtigt?

Berücksichtigt die *Finanzabteilung* bei der Investitionsbeurteilung und der Leistungsmessung Klimaziele?

Berücksichtigt das *Risikomanagement* der Organisation Klimarisiken?

Verfügt die *Umweltabteilung* über ausreichendes Wissen im Bereich Klimaschutz, um Entscheidungen vorzubereiten?

Doch auch außerhalb der Organisation können Hemmnisse entstehen, die über die **externen Anspruchsgruppen** die Umsetzung beeinflussen. Auch diese sind wieder in Frageform dargestellt:

Wie berücksichtigt der *Staat* Klimaziele in den rechtlichen Rahmenbedingungen, d.h. Gesetzen, Richtlinien und Verordnungen?

Orientieren sich die *Kunden* bei ihren Kaufentscheidungen an Klimawirkungen der Herstellung oder Nutzung von Produkten?

Welche Klimastrategie und welche Wettbewerbsstrategie verfolgen die *Wettbewerber*?

Welche Position nehmen *Nichtregierungsorganisationen* zu dem Thema ein?

Entwickeln *Wissenschaftler* Lösungsansätze, die in der Organisation umgesetzt werden könnten?

Nachfolgende Abbildung eines Entscheidungsfeldes zeigt beispielhaft die Personengruppen, die innerhalb und außerhalb einer Organisation ein Hemmnis verursachen bzw. abbauen können und wie diese zusammenhängen (vgl. Abbildung 59).

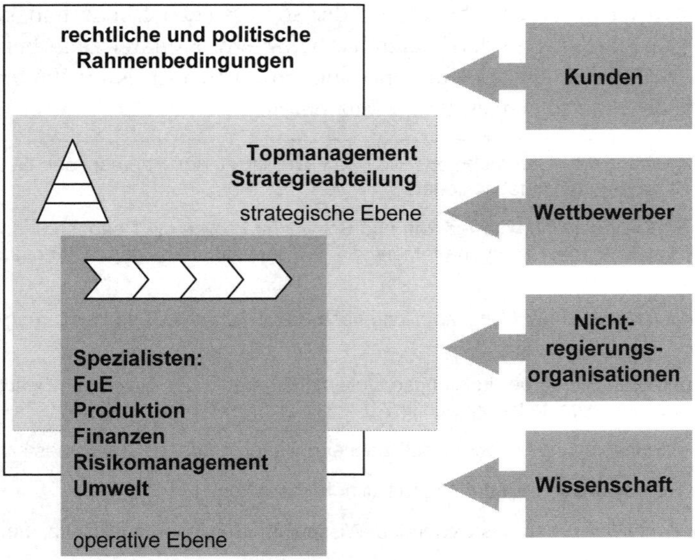

Abbildung 59: Entscheidungsfeld relevanter Akteure
(In Anlehnung an GÜNTHER/SCHEIBE 2005, S. 154)

Relevanz der Akteure Nicht jede Akteursgruppe wird für jede Organisation in gleichem Maße relevant sein, vielmehr gibt es Unterschiede je nach Unternehmensgröße, Branche und Organisationsstruktur. Hemmnisse können dabei durch die Anzahl der beteiligten Akteure und durch die Akteure selbst entstehen, wobei die wesentlichen **Treiber** folgenden Ursachen zugeordnet werden können:

- *Komplexität:* Anzahl der Ziele, deren Hierarchie, mögliche Zielkonflikte sowie Ort der Entscheidung
- *Aufgabenzentralisierung:* Anzahl der eingebundenen Akteure
- *Zuständigkeiten:* Verhältnis von Verantwortung, Aufgaben und Kompetenzen = Kongruenzprinzip
- *Machtstrukturen:* Macht durch Wissen versus Macht durch hierarchische Position
- *Routine:* organisationale versus individuelle Abläufe und
- *persönliches Engagement:* Bereitschaft, persönlich ein Ziel voranzutreiben

Beeinflussen Komplexität und Aufgabenzentralisierung die **Anzahl der beteiligten Akteure**, so beziehen sich Zuständigkeiten und Machtstrukturen auf die **Interaktionen** zwischen den Akteuren. Routine und persönliches Engagement sind hingegen **einzelnen Akteuren** zuzuordnen. So sind im ersten Schritt der Hemmnisanalyse alle Schlüsselakteure zu bestimmen, die in den Entscheidungs- und Umsetzungsprozess eingebunden sind.

7.3 Stufen des Entscheidungsprozesses

Generell umfasst ein Entscheidungsprozess auf allen Stufen der Wertschöpfung die Zielfindung, die Alternativensuche und die eigentliche Entscheidung, aber auch die Umsetzung und Kontrolle (vgl. BAMBERG/COENENBERG/KRAPP 2008, S. 11). Im Einzelfall, z.B. einer Investitionsentscheidung in CO_2-mindernde Technologien auf der Wertschöpfungsstufe Produktion, ist dieser Entscheidungsprozess entsprechend zu konkretisieren. So ist im zweiten Schritt der Hemmnisanalyse der betrachtete Entscheidungsprozess zu konkretisieren.

Zielfindung Ausgangspunkt jeder Entscheidung ist, dass eine Lücke zwischen der bestehenden und einer angestrebten Situation besteht. Resultierend aus dieser Lücke werden Ziele abgeleitet, die es zu erreichen gilt. Solche Ziele können sowohl offensichtlich als auch versteckt sein. Prinzipiell kann zwischen zwei Arten von Zielen unterschieden werden. Jede Organisation bzw. jedes Unternehmen verfolgt **organisationale Ziele** (wie z.B. die Erfüllung von Kundenwünschen oder die Existenzsicherung). Jede Person innerhalb einer Organisation/eines Unternehmens (Akteur im Entscheidungsprozess) ist bestrebt, **individuelle Ziele** zu erreichen (wie z.B. Sicherheit, Karriere oder Selbstverwirklichung).

Alternativensuche Nach der Zielfestlegung sind mögliche Handlungsalternativen zu deren Erreichung zu suchen. Die Suche nach Alternativen kann sehr zeitaufwendig sein, insbesondere wenn es sich um die Implementierung von Innovationen handelt. Sie verlangt weiterhin eine gewisse Kreativität sowie die Fähigkeit, die Alternativensuche von der logischen Bewertung der Alternativen zu trennen. Ein mögliches Hemmnis in diesem Schritt könnte z.B. in der Ablehnung umweltfreundlicher Produkte aufgrund einer befürchteten geringeren Funktionalität bestehen.

Entscheidung Zur Vorbereitung der Entscheidung müssen die ausgewählten Alternativen bewertet werden. Eine variierende Anzahl von Personen (in Abhängigkeit von der Entscheidung), die sogenannten **Entscheidungsträger**, sind Teil dieses Bewertungsprozesses. Ihre individuellen Informationen und Erfahrungen fließen ebenso wie ihre persönliche Einschätzung, die sowohl auf organisationalen Zielen als auch auf individuellen Zielen basiert in den Entscheidungsfindungsprozess ein. Unter Beachtung der bestehenden Szenarien (wie z.B. der aktuellen Rechtslage) sowie der Prognose möglicher zukünftiger Entwicklungen (vgl. Kapitel 2.4) werden Entscheidungskriterien ausgewählt, anhand derer die Alternativen bewertet werden. Die Alternative, die die Kriterien am besten erfüllen kann, sollte am Ende ausgewählt werden. Ein Hemmnis in diesem Schritt kann beispielsweise in einer fehlenden Integration von Aspekten des Klimawandels in ökonomische Entscheidungen bestehen.

Umsetzung Nachdem eine Alternative ausgewählt wurde, ist sie umzusetzen. Die Planung dieser Umsetzung ist ein wichtiger Schritt im Entscheidungsprozess, da sich dort, insbesondere bei der Einführung von Innovationen, oft der Erfolg entscheidet. Hierfür sind die konkreten Maßnahmen zu beschreiben, **Verantwortlichkeiten** festzulegen, finanzielle Ressourcen zuzuordnen sowie Fristen festzusetzen. Die betroffenen Personen müssen aktiv informiert, integriert und motiviert werden. Ein Fehlen klarer Verantwortlichkeiten kann z.B. zu einem Hemmnis bei der Umsetzung der Entscheidung werden.

Kontrolle Die Effektivität und Effizienz der Umsetzung einer Entscheidung sowie deren Erfolg muss einer kontinuierlichen Kontrolle unterliegen, die auch ein Feedback an die Akteure innerhalb des gesamten Prozesses vorsieht. Idealerweise sollten Erfahrungen in einem Feedforward in den nächsten Entscheidungsprozess weitergegeben werden, um diesen für alle nachfolgenden Entscheidungen zu verbessern. Um diese Aufgabe zufriedenstellend zu lösen, kann externe Unterstützung sinnvoll sein.

7.4 Klassifizierung und Bewertung der Hemmnisse

Art der Hemmnisse Nach der Identifikation der Schlüsselakteure und der Konkretisierung des Entscheidungsprozesses ist die Art der Hemmnisse zu bestimmen. Die Hemmnisanalyse in der hier vorgestellten Form baut im Wesentlichen auf dem Machtbasenansatz von FRENCH/RAVEN und der Promotorentheorie von HAUSCHILDT/GEMÜNDEN (siehe weiterführend HAUSCHILDT/GEMÜNDEN 1999) sowie der Principal-Agent-Theorie (siehe weiterführend JENSEN/MECKLING 1976, S. 305 ff.) und dem Transaktionskostenansatz WILLIAMSON, O. E. (1985) auf. Die **Theorie der Machtbasen** von FRENCH/RAVEN (vgl. FRENCH/RAVEN 1959, S. 150ff.; RAVEN 1993, S. 227 ff.) unterscheidet als Machtarten: reward power (Wahrnehmung eines Individuums, dass der Agent belohnen kann); coercive power (Wahrnehmung, dass der Agent bestrafen kann); legimate power (Wahrnehmung, dass der Agent das Recht hat, Verhalten vorzuschreiben); referent power (Wahrnehmung von Identifikation mit dem Agenten) sowie expert power (Wahrnehmung, dass der Agent über Spezialwissen oder Expertentum) verfügt. Die Forschergruppe um WITTE/HAUSCHILDT/GEMÜNDEN, die seit den 1970er Jahren Ursachen für Störgrößen bei Entscheidungen unter der Überschrift „**Promotorenmodell**“ untersucht, identifiziert eine **Willensbarriere** und eine **Fähigkeitsbarriere** als Ursachen für die Hemmung bei der Einführung von Innovationen. Sie versteht Barrieren dabei als hemmende, aber überwindbare Hindernisse (vgl. WITTE 1999, S. 13). Somit geht die Promotorentheorie von HAUSCHILDT/GEMÜNDEN in eine ähnliche Richtung wie die der Machtbasen nach FRENCH/RAVEN. Sie konstatiert, dass es Schlüsselpersonen gibt, die aufgrund ihrer besonderen Position (Macht durch Legitimation, Macht durch Belohnung und Bestrafung, Macht durch Nachahmung) sowie ihrer besonderen Fachkenntnis (Macht durch Wissen, Macht durch Nachahmung) Innovationen befördern, diese aber auch bremsen und blockieren können. Ökologieorientiertes Management kann als organisationale Innovation mit subjektivem Neuigkeitsgrad gesehen werden. Subjektiv neu meint damit, das Ökologieorientierung für eine Organisation eine Innovation ist, wenn sie diese schon seit Längerem praktiziert. Abgeleitet vom Machtbasenansatz und der Promotorentheorie werden in diesem Lehrbuch folgende **Hemmnisgruppen** unterschieden:

- fehlende Ziele,
- fehlende Regelungen,
- fehlende Informationen,
- fehlendes Wissen und
- fehlendes Anreiz- und Sanktionssystem.

7.4.1 Hemmnismatrix

Auf Basis der gewonnenen Kenntnisse zu Hemmnissen als Störgrößen und unter der Annahme, dass – wie bereits weiter oben ausgeführt – solche Störgrößen auf jeder Stufe eines Entscheidungsprozesses und durch jeden Akteur entstehen können, kann durch ein Brainstorming im Unternehmen eine Hemmnismatrix gefüllt werden, die der Struktur des Entscheidungsprozesses sowie der Akteure folgt. Diese Hemmnismatrix zeigt die Vielzahl möglicher Hemmnisse auf und klassifiziert sie entsprechend der Akteure/Bereiche sowie entlang des Entscheidungsprozesses. Jedes dieser Hemmnisse basiert auf einem oder mehreren der bereits erläuterten Verzerrungen und kann einer Hemmnisgruppe zugeordnet werden. Die Zuordnung der Hemmnisse zum Entscheidungsprozess und dessen Akteuren ist lediglich als erster Vorschlag zur Hemmnisfindung zusehen und kann durchaus für die Analyse der Hemmnisüberwindung verändert und erweitert werden. In nachfolgender Hemmnismatrix sollen Klimaanpassung bzw. Klimaschutz beispielhaft für ausgewählte Akteure in Tabelle 32 abgebildet werden.

Tabelle 32: Hemmnismatrix

Stufe Entscheidungsprozess / Akteur	Zielfindung		Alternativensuche	Entscheidung	Umsetzung	Kontrolle
	individuell	organisational				
Top-Management	• Bemühungen um Klimaschutz nicht für sinnvoll erachtet	• keine Berücksichtigung von Klimaaspekten in den Unternehmensleitlinien				• keine Bestimmung der Klimarelevanz des Unternehmens
FuE-Abteilung	• Bemühungen um Klimaschutz nicht für sinnvoll erachtet	• Spielräume für neue klimaschutzorientierte Ideen nicht vorhanden	• Alternativen schwer zu identifizieren • Kosten der Informationsbeschaffung hoch		• Verwaltungsabläufe behindernd	
Finanzabteilung	• Bemühungen um Klimaschutz nicht für sinnvoll erachtet			• Anschaffungskosten zu hoch	• Folgekosten nicht berücksichtigt	
Umweltabteilung	• Bemühungen um Klimaschutz nicht für sinnvoll erachtet			• vorhandene Möglichkeiten werden nicht genutzt		• tatsächliche CO_2-Vermeidung wird nicht bestimmt

Stufe Entscheidungsprozess / Akteur	Zielfindung		Alternativensuche	Entscheidung	Umsetzung	Kontrolle
	individuell	organisational				
Staat				• Folgekosten bei öffentlichen Beschaffungsentscheidungen nicht voll berücksichtigt		
Kunden	• Bemühungen um Klimaschutz nicht für sinnvoll erachtet		• keine ausreichenden Informationen über rechtliche Rahmenbedingungen		• Vorurteile gegenüber neuen Alternativen	

7.4.2 Hemmnisfragenkatalog

Selbstevaluation Um nun die Relevanz der Hemmnisse in der betrachteten Organisation in Form einer Selbstevaluation zu bestimmen, kann aus den als möglich identifizierten Hemmnissen in der Hemmnismatrix ein Hemmnisfragenkatalog entwickelt werden. Bei Beschaffungsentscheidungen könnte dieser wie in Tabelle 33 aussehen:

Tabelle 33: Hemmnisfragenkatalog

Nr.	Hemmnisfrage
1	Klimaschutz verursacht höhere Kosten.
2	Alternative Produkte und Dienstleistungen sind schwer zu identifizieren.
3	Die Anschaffungskosten sind zu hoch.
4	Es verursacht zusätzliche Arbeit, sich in das Thema Klimaschutz einzuarbeiten.
5	Die Klimarelevanz der Geschäftsprozesse des Unternehmens wird nicht bestimmt.
6	Ausreichende Informationen über die rechtlichen Rahmenbedingungen sind nicht vorhanden.
7	Klimaschutz führt nicht zu Kostensenkungen.
8	Tatsächliche CO_2-Vermeidungspotentiale werden nicht bestimmt.
9	Der Beschaffungsleitfaden unterstützt Klimaschutz nicht.
10	Die Kosten der Informationsbeschaffung sind hoch.
11	Folgekosten werden in Entscheidungen nicht berücksichtigt.
12	Wissen um die Klimarelevanz strategischer Entscheidungen ist in der Organisation nicht vorhanden.
13	Am Markt sind keine Investitionsalternativen für das Unternehmen vorhanden.
14	Die vorhandenen Möglichkeiten werden nicht genutzt.
15	Verwaltungsabläufe innerhalb der Organisation behindern Klimaschutzinvestitionen.

16	Alternative Produkte und Dienstleistungen haben geringere Funktionalität.
17	Eine Risikokontrolle von Klimaaspekten im Unternehmen erfolgt nicht.
18	Spielräume für neue ökologieorientierte Ideen sind nicht vorhanden.
19	Bei den Mitarbeitern ist nicht genügend Wissen im Bereich Klimaschutz vorhanden.
20	Nutzer haben Vorurteile gegenüber neuen Alternativen.
21	Klimaschutz ist bisher nicht Ziel des Unternehmens.
22	Beim Kunden ist keine Zahlungsbereitschaft für Preiserhöhungen aufgrund von Klimaschutzinvestitionen vorhanden.
23	Bemühungen um Klimaschutz werden nicht für sinnvoll erachtet.
24	Klimaaspekte finden in den Unternehmensleitlinien keine Berücksichtigung.

Der Fragebogen wird dann im Rahmen der Hemmnisanalyse von den internen Schlüsselakteuren ausgefüllt. Zu betonen ist, dass dabei die **wahrgenommenen** Hemmnisse, unabhängig von ihrer wirklichen Existenz erfasst werden. Dies bedeutet z.B. wenn Akteure der Meinung sind, dass die rechtlichen Rahmenbedingungen Anpassungsstrategien an den Klimawandel nicht unterstützen, werden sie mit diesem persönlichen Erfahrungshintergrund Entscheidungen treffen, ganz unabhängig davon, ob es in Wirklichkeit z.B. Förderprogramme gibt. Aus der Perspektive der Wahrnehmung ist dieses Hemmnis ein Regelungshemmnis, wohingegen eine Analyse der Rechtslage, also eine Suche nach realen Hemmnissen, dazu führen kann, dass es sich in Wirklichkeit als Wissenshemmnis entpuppt. Somit können reale Hemmnisse durch die Analyse tatsächlicher Gegebenheiten, wahrgenommene Hemmnisse durch Befragungen identifiziert werden. Da allerdings Entscheidungsträger auf Basis ihrer Wahrnehmung Entscheidungen treffen, stehen bei der Hemmnisanalyse die wahrgenommenen Hemmnisse im Vordergrund. Erst bei der Suche nach Strategien zum Abbau der Hemmnisse kommt die Analyse der realen Gegebenheiten zum Tragen.

7.4.3 Hemmnisauswertung

Mittelwert und Streuung Die Antworten auf die Fragen des Hemmnisfragenkatalogs werden nun genutzt, um:

- die identifizierten Hemmnisse anhand ihrer mittleren Relevanz zu ordnen sowie
- die Streuungen und Abweichungen von dieser mittleren Relevanz zu analysieren.

Zur Visualisierung der Ergebnisse können vier verschiedene Darstellungsformen gewählt werden, nämlich **Hemmnisprofil**, **Hemmnisportfolio**, **bewertete Hemmnismatrix** und **Hemmnisnetz**. Diese unterstützen die Organisation dabei, Strategien zum Abbau der Hemmnisse abzuleiten. Für eine praktische Anwendbarkeit schlägt der Dresdner Ansatz der Hemmnisanalyse einfache Verfahren vor, die von den Organisationen selbst durchgeführt werden können. Sie dienen zudem dazu, bei einer Wiederholung der Hemmnisanalyse einen Vergleich durchzuführen. Dennoch sind die gewählten Bewertungsverfahren, die mit Mittelwerten, Spannweiten und Varianzen arbeiten, wissenschaftlich abgesichert, da diese Bewertungsverfahren auch bei ordinal vorliegenden Daten Anwendung finden können, solange diese äquidistant sind (vgl. ROHRMANN 1978, S. 222 und 231 f.). Diese Voraussetzung wird durch die Fragebogenkonzeption erfüllt.

Hemmnisprofil Diese Auswertungsmethode verwendet Mittelwerte und Spannweiten, um erste Tendenzen im Hinblick auf eventuell in der Organisation existierende Hemmnisse aufzuzeigen und diese hinsichtlich ihrer Relevanz zu bewerten. Mit Hilfe des Hemmnisprofils kann ausgesagt werden, ob mögliche Hemmnisse tatsächlich als Hemmnisse wahrgenommen werden (je höher der Mittelwert ist, desto größer ist das wahrgenommene Hemmnis) und ob innerhalb der Organisation unterschiedliche Meinungen über das Hemmnis bestehen (je höher die Spannweite, desto größer sind die Unterschiede in der Wahrnehmung des Hemmnisses) (vgl. Abbildung 60). So können mit diesem Profil erste Trends abgeleitet (z.B. Nehmen alle Befragten ein Hemmnis relativ ähnlich wahr?) und Ansatzpunkte für die Ursachenanalyse bestimmt werden z.B. können große Spannweiten bedeuten, dass die Wissensbasis sehr unterschiedlich ist.

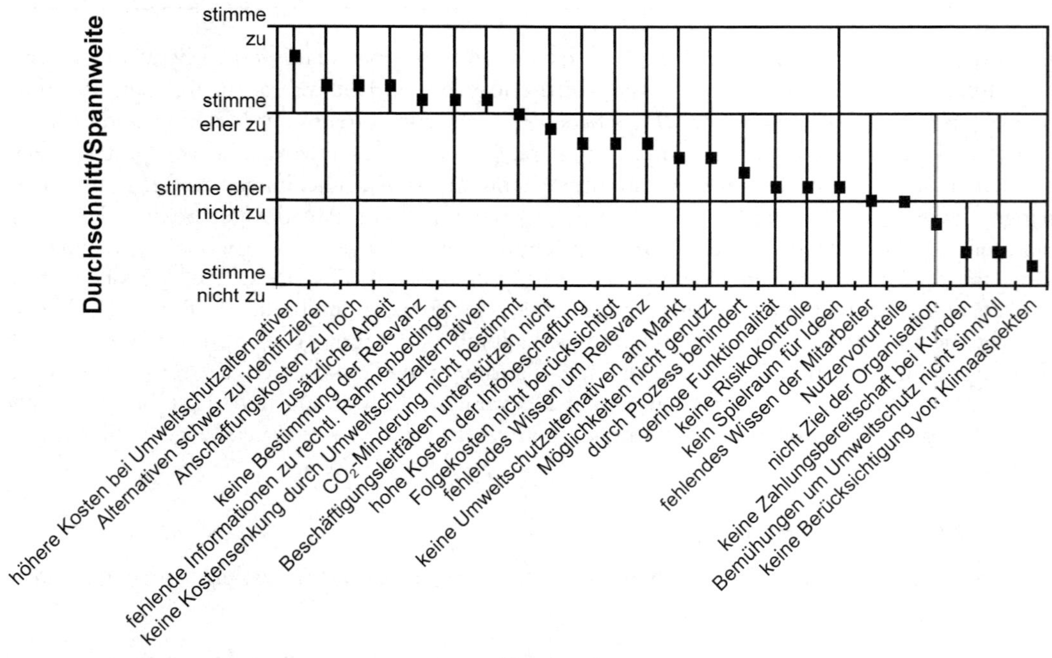

Abbildung 60: Hemmnisprofil

Hemmnisportfolio Die zweite Bewertungsmethode verwendet die Mittelwerte sowie die Standardabweichung der Daten, um die Hemmnisse zu klassifizieren sowie erste Strategien abzuleiten. Ein Ergebnis des Hemmnisportfolios kann die Identifikation von existierenden, nicht existierenden bzw. nicht mehr existierenden Hemmnissen sein. Dies entspricht den Feldern „Entscheidungsanalyse" sowie „Best Practice Sharing". Weiterhin ist eine Illustration von Unterschieden in der Wahrnehmung der Hemmnisse, abgebildet im Feld „Problemanalyse, Chancen- und Risikenanalyse" möglich (vgl. Abbildung 61). So kann das Hemmnisportfolio für ein Teilen von Erfahrungen, z.B. bei Kommunen, aber auch für zukünftige Innovationen genutzt werden. Auf Basis des Portfolios kann ein Katalog mit Vorschlägen für mögliche Maßnahmen abgeleitet, aber auch der Startpunkt für den Hemmnisabbau bestimmt werden.

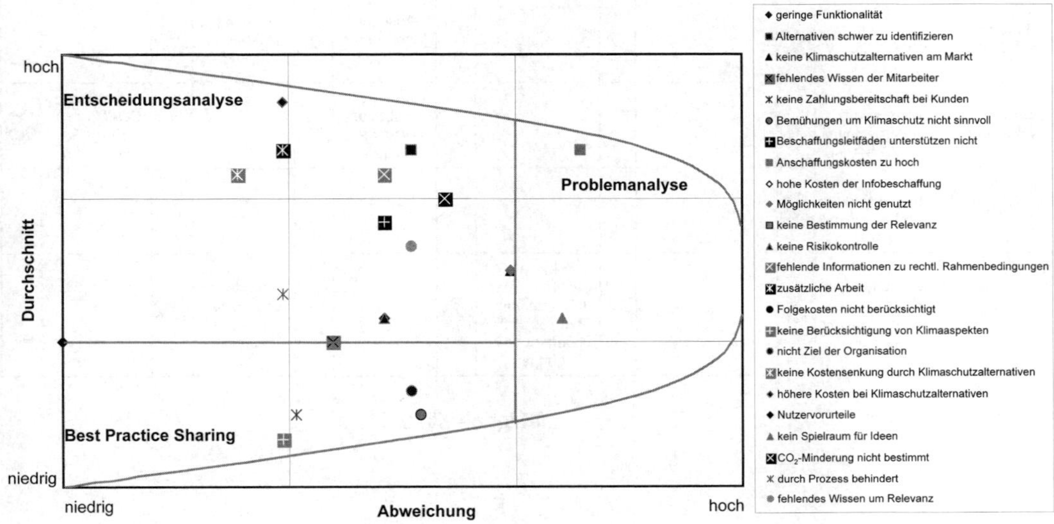

Abbildung 61: Hemmnisportfolio

Bewertete Hemmnismatrix Diese Methode greift die oben dargestellte Hemmnismatrix auf und ordnet den einzelnen Hemmnissen die Mittelwerte zu. Somit drückt der Durchmesser der Blasen den Mittelwert der Hemmniswahrnehmung aus (vgl. Tabelle 34). Die identifizierten Hemmnisse können so einerseits dem Entscheidungsprozess und andererseits den beteiligten Akteuren zugeordnet werden. Die Hemmnisrelevanz als dritte Information zeigt sich in der Blasengröße. Somit ist die Zuordnung von Verantwortlichkeiten bzw. das Anstoßen von Diskussionsrunden innerhalb der Bereiche, aber auch zwischen den Bereichen sowie ein Erfahrungsaustausch möglich.

Hemmnisnetz Die vierte Methode zur Visualisierung fasst die verschiedenen Hemmnisse zu den fünf Hemmnisgruppen fehlende Ziele, fehlende Regelungen, fehlende Informationen, fehlendes Wissen und fehlendes Anreiz- und Sanktionssystem zusammen. Sie stellt ein Netzdiagramm dar und kann dann sinnvoll sein, wenn Schwerpunkte der Hemmnisse bestimmt werden sollen (vgl. Abbildung 62).

Tabelle 34: Hemmnismatrix

Stufe Entscheidungsprozess / Akteur	Zielfindung				Alternativensuche		Entscheidung		Umsetzung		Kontrolle	
	individuell		organisational									
Top-Management	Bemühungen um Klimaschutz nicht für sinnvoll erachtet	●	keine Berücksichtigung von Klimaaspekten in den Unternehmensleitlinien	●							keine Bestimmung der Klimarelevant des Unternehmens	●
FuE-Abteilung	Bemühungen um Klimaschutz nicht für sinnvoll erachet	●	Spielräume für neue klimaschutzorientierte Ideen nicht vorhanden	●	Alternativen schwer zu identifizieren	●			Verwaltungsabläufe behindernd			

Finanz-abteilung	Bemühungen um Klimaschutz nicht für sinnvoll erachet	●					Anschaf-fungskosten zu hoch	●	Folgekosten nicht berück-sichtigt	●		
Umwelt-abteilung	Bemühungen um Klimaschutz nicht für sinnvoll erachet	●					vorhandene Möglichkei-ten werden nicht genutzt	●			tatsächliche CO_2-Vermin-derung wird nicht bestimmt	●
Staat	Bemühungen um Klimaschutz nicht für sinnvoll erachet	●										
Kunden	Bemühungen um Klimaschutz nicht für sinnvoll erachet	●			keine ausreichenden Informationen über rechtliche Rahmenbedin-gungen	●			Vorurteile gegenüber neuen Alternativen	●		

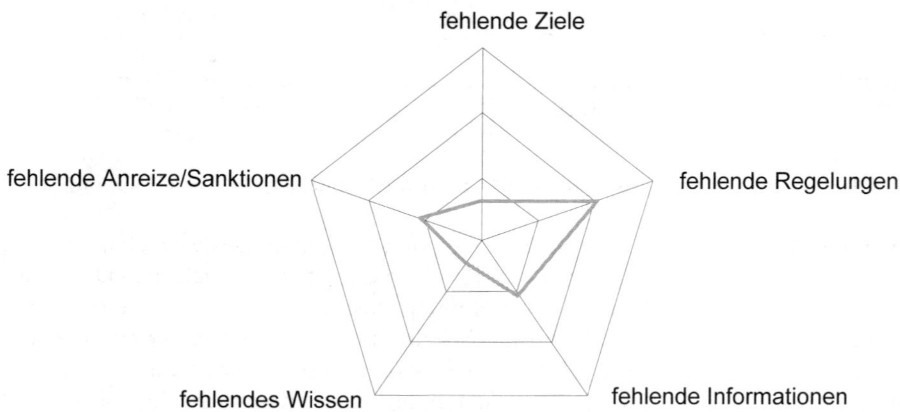

Abbildung 62: Hemmnisnetz
(Quelle: GÜNTHER/SCHEIBE 2006, S. 76)

So werden im dritten Schritt der Hemmnisanalyse die Hemmnisse klassifiziert und ausgewertet.

7.4.4 Abbau der Hemmnisse

Stufen zum Abbau der Hemmnisse Die mit Hilfe der vier vorgestellten Methoden identifizierten und bewerteten Hemmnisse bilden den Ansatzpunkt für eine kontinuierliche Verbesserung. Nur wenn die Hemmnisse proaktiv gesteuert werden, kann die Lücke zwischen den mit den Innovationen angestrebten Zielen und dem Ausgangsniveau geschlossen werden, d.h. die Hemmnisse können abgebaut werden. Allerdings kann auch die Situation eintreten, dass ein Hemmnis außer Reichweite für einzelne Akteure oder das Unternehmen als Ganzes ist. In einem solchen Fall können eventuell indirekte Maßnahmen, wie Lobbyarbeit eingesetzt werden. Der Abbau der Hemmnisse kann einem vierstufigen Prozess folgen, der mit Hilfe von vier Fragen dargestellt wird:

Stufe 1: Welches Hemmnis soll als Erstes abgebaut werden?

Hier wird empfohlen mit Hemmnissen zu beginnen, die einen hohen Mittelwert haben und Möglichkeiten des **Best Practice Sharing** zu eruieren. Allerdings kann es auch zielführend sein, zunächst Hemmnisse, die eine hohe Spannweite aufweisen, abzubauen, da dies häufig durch **Aufklärung** erreicht werden kann. Wichtig ist in allen Fällen, nur einige Hemmnisse für einen Start auszuwählen.

Stufe 2: Gab es kritische Vorfälle?

Hierfür kann die in der Psychologie bekannte Methode **Critical Incident Technique** genutzt werden. Im Nachgang zur Abfrage des Hemmniskatalogs können die beteiligten Akteure gebeten werden, kritische Vorfälle Revue passieren zu lassen, Details zu beschreiben, das eigentliche Problem zu bestimmen und Lösungen zu finden, um ähnliche Vorfälle in Zukunft zu vermeiden. Ergänzend wird eine Kontrolle der Maßnahmen durchgeführt.

Stufe 3: Wie lässt sich die Standardsituation beschreiben?

Neben den oben dargestellten Vorfällen ist die **typische Entscheidungssituation** für das ausgewählte Hemmnis zu beschreiben. Auch hierfür sind Details zu beschreiben, um die Ursachen des Hemmnisses herausfinden zu können.

Stufe 4: Welche Strategien sind sinnvoll?

Um die Strategien für den Abbau der Hemmnisse für kritische Vorfälle und Standardsituationen zu konkretisieren, schlägt die Methode Workshops mit den Akteuren, eventuell auch mit den unternehmensexternen Stakeholdern vor. In diesen wird ein Programm verabschiedet, das Maßnahmen festlegt und diesen Verantwortlichkeiten, erforderliche finanzielle Mittel und Fristen zuordnet.

So werden im vierten Schritt der Hemmnisanalyse Strategien entwickelt und umgesetzt.

Internetbasiertes Selbstevaluationstool (http://il.wiwi.tu-dresden.de/hurdles) Da insbesondere kleinen und mittelständischen Unternehmen, aber auch Kommunen die Finanzmittel fehlen ein eigenes Brainstorming zur Hemmnisidentifikation durchzuführen oder gar einen Berater zur Umsetzung der Hemmnisanalyse zu engagieren, entwickelte der Lehrstuhl für Betriebliche Umweltökonomie an der TU Dresden ein internetbasiertes Selbstevaluationstool zur Anwendung. Ausgehend von diesen Erkenntnissen wurde das Augenmerk darauf gelenkt, wie die Überwindung der Hemmnisse im Einzelfall unterstützt werden kann. Das Selbstevaluations-Tool, zunächst auf Beschaffungsentscheidungen ausgerichtet, umfasst drei Stufen:

Stufe 1: Auswahl der Teilnehmer zur Durchführung der Befragung zu Hemmnissen umweltfreundlicher Beschaffung

Stufe 2: Identifikation und Bewertung der Hemmnisse umweltfreundlicher Beschaffung

Stufe 3: Interpretation der Ergebnisse und Ableitung von Strategien zum Umgang mit den Hemmnissen

8 Denken in Euro – Controlling ökologieorientiert gestalten

"Ökonomen kennen den Preis von allem und den Wert von nichts" (Oscar Wilde)

Kostenperspektive Nach der Analyse der Integration ökologischer Aspekte in das Zielsystem und die Strategien, der Stakeholderanalyse sowie der Analyse der Wertschöpfungsstufen und möglicher Hemmnisse folgt die Entscheidungsfindung, die sich informations- und entscheidungsorientierter Planungs- und Steuerungsinstrumente bedient. Zielsetzung jeder ökologieorientierten Steuerung ist „to use its expertise in the area of data accumulation and data presentation to aid society in its attempt to internalize economic externalities" (WHITTINGTON 1977, S. 34). Hierfür sind einerseits die bereits internalisierten Effekte zu berücksichtigen, andererseits erfordert die Integration ökologischer Aspekte in das Zielsystem der Unternehmen zusätzliche Informationen über externe Effekte, die mit der Leistungserstellung verbunden sind, aber Wirkungen außerhalb des Unternehmens verursachen. Diese Effekte können in die traditionelle Kostenrechnung mit ihren Teilen Kostenarten-, -stellen- und -trägerrechnung sowie Investitions- und Akquisitionsentscheidungen Eingang finden. Dabei erfolgt eine Differenzierung bereits internalisierter Kosten und Erlöse bzw. die Erweiterung um die Berücksichtigung externer Effekte. Bei einer klassischen betriebswirtschaftlichen Betrachtungsweise erfolgen Bewertungen monetär. Hierfür erfolgt eine Verknüpfung mit der strategischen Ausrichtung des Unternehmens. Ist eine monetäre Bewertung nicht oder nicht direkt möglich, so sind quantitative, nicht-monetäre Kriterien, z.B. physikalisch-technische Größen heranzuziehen. Eine rein qualitative Bewertung wird in diesem Kapitel nur als Vorstufe einer quantitativen Bewertung gesehen.

Nachfolgende Abbildung 63 gibt einen Überblick über die in Kapitel 8 und 9 vorgestellten Instrumente ökonomischen und ökologischen Ursprungs. Prinzipiell sind bei Informations- und Entscheidungsinstrumenten die Fragen des Ansatzes und der Bewertung zu beantworten. Erstere lautet: „Welche Aspekte sollen mit welchen Mengen in das Instrument aufgenommen werden?" So können beispielsweise nur Auszahlungen berücksichtigt werden, weil bei zwei zu vergleichenden Alternativen von gleichen Einzahlungen ausgegangen wird oder bei den Instrumenten ökologischen Ursprungs können nur bestimmte Umweltaspekte, z.B. Energieflüsse betrachtet werden. Bei der Bestimmung der Mengen können drei Verfahren unterschieden werden: Die genaueste Form der Bestimmung sind **Messungen** nach genormten bzw. anerkannten Methoden, wobei bei der Bestimmung von Emissionen häufig zusätzliche **Berechnungen** zur Umwandlung der Messergebnisse in jährliche Emissionsdaten erforderlich sind. Diese stellen die zweite Form der Bestimmung von Mengen dar. Sie erfolgen mit Hilfe von auf nationaler oder internationaler Ebene vereinbarten Methoden und Emissionsfaktoren, die für die jeweiligen Industriezweige repräsentativ sind. Die unsicherste Form der Bestimmung sind **Schätzungen**, die aus nicht genormten, von Optimalannahmen der Industrie bzw. Annahmen von Sachverständigen abgeleitet werden. Für die Bewertung ist die zweite Frage zu beantworten: „Mit welchem Wert sollen die Mengen in dem gewählten Instrument erfasst werden?" Hier kann zwischen einer monetären und einer nicht-monetären Bewertung unterschieden werden. Letztere kann wiederum quantitativ oder qualitativ ausgestaltet sein. Schließlich ist in allen Fällen zwischen ein- und mehrdimensionalen Bewertungen zu unterscheiden (vgl. Abbildung 63).

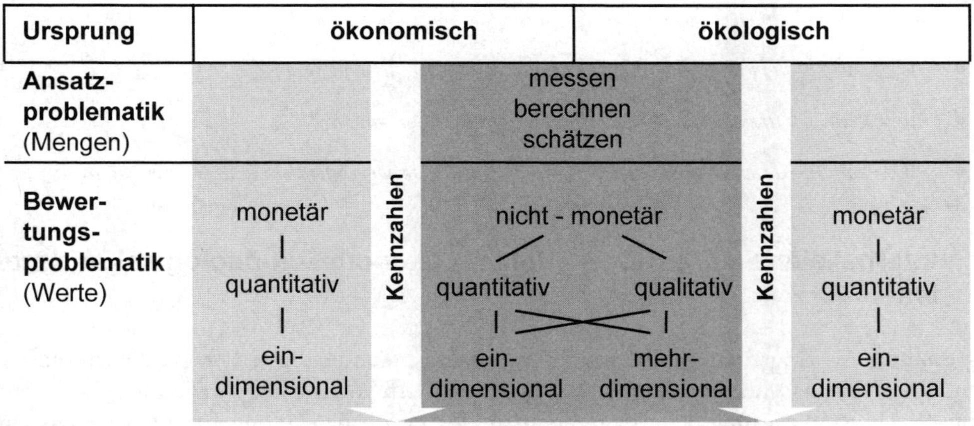

Abbildung 63: Ansatz und Bewertung in Informations- und Entscheidungsinstrumenten

In nachfolgender Abbildung 64 sind alle in diesem Lehrbuch vorgestellten Instrumente eingeordnet. Die Auswahl aus der Vielzahl existierender Instrumente erfolgte aus didaktischen Überlegungen mit dem Ziel, einen breiten Überblick über die Instrumentenlandschaft zu geben.

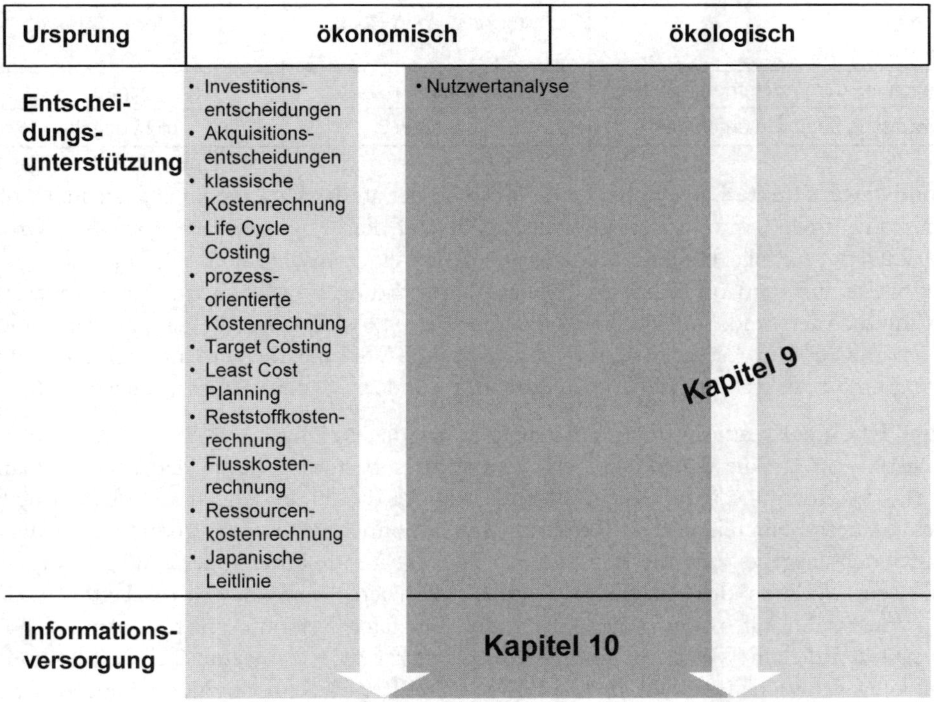

Abbildung 64: Nach ökologischen Aspekten differenzierte ökonomische Entscheidungsinstrumente

Dieses Kapitel widmet sich folgenden Fragen:

- *Was versteht man unter internalisierten und externen Effekten? (8.1)*
- *Wie können Alternativen ökologieorientiert bewertet werden? (8.2)*
- *Wie können Kostenrechnung und Kostenmanagement ökologieorientiert gestaltet werden? (8.3)*

8.1 Internalisierte vs. externe Effekte – ökonomisch-ökologischer Nettoeffekt

Abgrenzung Als Abgrenzungskriterien für internalisierte und externe Effekte dienen die Verursachung des Effekts und die Verantwortung für den Effekt. In beiden Fällen liegt die Verursachung der Umweltbelastung beim Unternehmen, doch im Falle externer Effekte trägt das Unternehmen die Verantwortung für sein Handeln nicht (vgl. Tabelle 35). Zum besseren Verständnis kann statt von „Effekten" auch von „Kosten" bzw. „Erlösen" gesprochen werden.

Tabelle 35: Verursachung versus Verantwortung

(Quelle: GÜNTHER 1998, S. 241)

Entscheidungsrelevanz / Abgrenzungskriterien	internalisierte Effekte	externe Effekte
Verursachung durch Unternehmen	gegeben	gegeben
Verantwortung durch Unternehmen	gegeben	nicht gegeben

Internalisierte Effekte Die von Seiten der Stakeholder an das Unternehmen gestellten Anforderungen sind für alle Umweltgüter internalisiert, die auf dem Markt erworben werden (**Grundeffekte**). Zudem sind alle Effekte internalisiert, denen eine Ansatzpflicht zugrunde liegt, wie sie beispielsweise aufgrund öffentlich-rechtlicher Verpflichtungen gegeben ist. Auch wenn Effekte bereits internalisiert sind, sind sie oft in anderen Kostenpositionen enthalten und damit nicht als solche erkennbar. Um Aussagen über die ökologischen Wirkungen einer Entscheidung treffen zu können, sind Umweltschutzmaßnahmen deshalb gesondert auszuweisen bzw. zu isolieren.

Externe Effekte Externe Effekte entstehen durch die Nutzung von Ressourcen und stellen Beeinflussungen dar, die den direkten Nutzen anderer betreffen, durch den Preismechanismus nicht erfasst werden und auf die das Wirtschaftssubjekt, das durch den externen Effekt betroffen ist, nicht steuernd eingreifen kann. Externe Effekte können dabei von Produktions- oder Konsumaktivitäten ausgehen und die Produktions- oder Nutzenfunktion anderer Wirtschaftssubjekte beeinflussen, wodurch die gesamtwirtschaftliche Effizienz geschädigt wird. **Externe Effekte** treten immer dann auf, wenn Güter knapp sind und eine Ressource nicht entsprechend ihres gesamtwirtschaftlichen Wertes eingesetzt wird. In der Praxis kann zum Teil bereits von einer Wertumkehr gesprochen werden, da Grundstücke bei Berücksichtigung der gebildeten Rückstellungen für Altlasten oder Gebrauchsgegenstände bei Berücksichtigung der Entsorgungskosten negative Werte haben können. Die Ursachen für den nicht-wertkongruenten Einsatz können in der mangelnden Bewertbarkeit oder der fehlenden Verantwortungszuweisung liegen. Externe Effekte können dabei in positiver oder negativer Form auftreten, wobei sich die von den Stakeholder-Gruppen gestellten Anforderungen ausschließlich auf negative Effekte beziehen, die zu materiellen oder immateriellen Beeinträchtigungen führen (externe Kosten). Charakteristische Merkmale sind die Nichterfüllung des Verursacherprinzips, die Überwälzung auf unbeteiligte Dritte sowie die Nichterfassung durch den Marktmechanismus.

Internalisierung Eine freiwillige Internalisierung externer Effekte in Form kalkulatorischer Effekte kann neue Informationen beinhalten oder Entscheidungsspielräume aufzeigen, d.h. „it will make visible that which is currently invisible" (GRAY 1992, S. 417). Dabei kann entsprechend der traditionellen Aufteilung der kalkulatorischen Kosten in Anders- und Zusatzkosten eine Unterscheidung in Anders- und Zusatzeffekte vorgenommen werden. **Anderseffekte** sind dann zu berücksichtigen, wenn bereits eine Internalisierung vorgenommen wurde, diese allerdings noch nicht im vollen Umfang externe Effekte einbezieht. **Zusatzeffekte** sind anzusetzen, wenn Konsequenzen noch keine Berücksichtigung gefunden haben. Bei einer Internalisierung ist sicherzustellen, dass die externen Effekte ausgeglichen werden. Im Idealfall werden sie gänzlich vermieden.

Optimaler Internalisierungsgrad Eine betriebswirtschaftliche Lösung für die Behandlung externer Effekte kann sich – in den Extrema – einerseits auf das zwingend Vorgeschriebene reduzieren (nur bereits internalisierte Effekte) oder andererseits versuchen, alle resultierenden Effekte einzubeziehen. Da die absolute Untergrenze aufgrund gesetzlicher Vorschriften (z.B. Abwasserabgabe) von allen Unternehmen einzuhalten ist und eine Internalisierung aller externen Effekte kurzfristig zur Aufgabe jeglicher Produktion, d.h. zum **Kollektivselbstmord der Menschheit** führen müsste (Non-Produktion), ist nach einer optimalen Lösung zu fragen. Eine kalkulatorische Berücksichtigung externer Effekte ermöglicht ein schnelles Abschätzen von Konsequenzen zukünftiger Umfeldbedingungen (z.B. neuer Umweltauflagen). So könnten bereits heute sämtliche vom Unternehmen ausgehenden Effekte im Entscheidungsprozess berücksichtigt werden und langfristig tatsächlich nur noch Produkte hergestellt werden, für die alle Effekte internalisiert werden können. Ob vom Unternehmen ausgehende externe Effekte in die Entscheidung einfließen, hängt jedoch von der gewählten Ökologieorientierung des Unternehmens und der Abschätzung von Wahrscheinlichkeiten für eine zwangsweise Internalisierung ab.

Erfassungsschwierigkeiten Bei der Betrachtung der verursachten Effekte treten jedoch Erfassungsschwierigkeiten auf:

Diffusionseffekte: Aufgrund ihrer Komplexität sind naturwissenschaftliche Zusammenhänge teilweise noch nicht ausreichend, um den Wirkungszusammenhang zwischen Schadensquelle und Schaden zu analysieren (z.B. Wirkung neuer Pharmaka).

Synergieeffekte: Werden von einem Unternehmen mehrere Schadstoffe emittiert, so können diese gemeinsam zu anderen oder höheren Schäden führen als die Summe der einzeln verursachten Schäden (z.B. Reaktion verschiedener Pflanzenschutzmittel in der Landwirtschaft).

Kumulativeffekte: Die von einem Unternehmen verursachten Belastungen einer bestimmten Belastungsart können isoliert betrachtet nur geringfügige Konsequenzen haben, kumuliert man jedoch die Belastungen derselben Belastungsart mehrerer Unternehmen, kann der Schaden exponentiell zunehmen (z.B. Wasserentnahme).

Langzeiteffekte: Die Wirkung zwischen Schadensquelle und Schaden tritt oft erst nach mehreren Jahren auf, so dass die Verursacher nicht mehr eindeutig feststellbar bzw. die Effekte mehreren Perioden zuzuordnen sind (z.B. Klimawandel).

Distanzeffekte: Insbesondere bei energetischen Emissionen können zwischen der Schadensquelle und den ausgelösten Belastungen große Entfernungen liegen (z.B. Saurer Regen).

Kompensationseffekte: Schließlich besteht auch die Möglichkeit, dass sich zwei Effekte gegenseitig aufheben (z.B. CO_2-Quellen und CO_2-Senken).

Aus der Komplexität der Wirkungen und der beschriebenen Problemfelder die Schlussfolgerung abzuleiten, dass eine Integration ökologischer Aspekte in betriebliche Informations- und Entscheidungsinstrumente nicht zu bewerkstelligen sei, wäre verkürzt. Ziel einer ökologieorientierten Unternehmensführung muss vielmehr sein, zu erfassen, **wo und in welcher Form** interne und externe Belastungen durch das Unternehmen verursacht werden, um die Frage der Verantwortung in einem zweiten Schritt zu klären bzw. im Falle nicht bestehender Belastungen einfach nur aufzuzeigen, dass keine Belastungen verursacht wurden (cradle to cradle-Denken).

Grundsätze für die Erfassung der ökologiebedingten Konsequenzen (GEKO) Nach der Wahl der Systemgrenze, d.h. des Raumes, der in die Analyse einbezogen werden soll, sind die ökologiebedingten Konsequenzen zu erfassen. Um eine zielführende Erfassung zu gewährleisten, sind folgende Grundsätze für die Bestimmung der Konsequenzen, die sogenannten GEKO, zu beachten. Diese orientierten sich sowohl an den Grundsätzen ordnungsgemäßer Buchführung als auch an der bis 2008 geltenden DIN 33922 „Leitfaden – Umweltberichte für die Öffentlichkeit“.

Grundsatz der Vollständigkeit: Um die ökologische Lage eines Unternehmens bestimmen zu können, sind alle monetären und nicht-monetären Konsequenzen interner und externer Art in die Überlegungen einzubeziehen.

Grundsatz der Willkürfreiheit: Die angesetzten Konsequenzen müssen auch von anderen Personen feststellbar sein. Dies bedeutet, dass der Schwerpunkt auf Primäreffekten liegt, die unmittelbar und eindeutig dem Unternehmen zuzurechnen sind.

Grundsatz der Klarheit: Ähnlich gelagerte Sachverhalte sind zusammenzufassen, um die Übersichtlichkeit der Vorgehensweise zu gewährleisten bzw. Sachverhalte sind von anderen zu trennen, falls Vermischungen von Effekten die Informationsklarheit beeinträchtigen.

Grundsatz der Stetigkeit: Um eine möglichst umfassende Informationsgewinnung und eine ebensolche Informationsauswertung zu ermöglichen, ist eine periodenübergreifende Vergleichbarkeit anzustreben.

Grundsatz der sachlichen Abgrenzung: Bei der Isolierung internalisierter Kosten treten Abgrenzungsprobleme immer dann auf, wenn Maßnahmen, Einrichtungen oder Anlagen sowohl dem Umweltschutz als auch der Leistungserstellung im engeren Sinne dienen. Als Abgrenzungskriterien kommen dabei das Hauptzweckprinzip und das Veranlassungsprinzip in Betracht.

a) Hauptzweckprinzip: Nach dem Hauptzweckprinzip werden die Kosten vollständig dem Hauptzweck der Maßnahme, Einrichtung oder Anlage zugeordnet. Problematisch kann hierbei eventuell die Unterscheidung in Haupt- und Nebenzweck sein.

b) Veranlassungsprinzip: Das Veranlassungsprinzip führt zu einer Zuordnung der Kosten zu dem Zweck, der zur Durchführung der Maßnahme geführt hat. Eine Zuordnung zu der auslösenden Maßnahme ist oft nicht mehr möglich, da Umweltschutzmaßnahmen oft Folgeinvestitionen und/oder laufende Kosten mit sich bringen.

Grundsatz der zeitlichen Abgrenzung: Neben den sachlichen Abgrenzungsschwierigkeiten kann es zusätzlich zu zeitlichen Zurechnungsproblemen kommen. So ist festzulegen, wie lange bei aus ökologischen Gründen verringertem Output oder bei einer Stilllegung die damit verbundenen Erlösausfälle sowie die Leerkosten als Ökologiekosten ausgewiesen werden bzw. zu welchem Zeitpunkt externe Kosten erstmals zu erfassen sind.

Grundsatz der Wesentlichkeit oder Wirtschaftlichkeit: Gerade im Bereich ökologiebezogener Informationen ist eine vollständige Datenerfassung nicht durchführbar. Hier gilt ebenso wie bei allen betriebswirtschaftlichen Entscheidungen das Prinzip der Wesentlichkeit oder Wirtschaftlichkeit.

Ökologieorientierung von Kosten und Erlösen Nachstehende Systematisierung zeigt beispielhaft für das Unternehmen MOBILITY UNLIMITED auf, welche ökologiebedingten Konsequenzen, gegliedert nach Kosten- und Erlösarten, auf den einzelnen Wertschöpfungsstufen auf monetäre Größen wirken können. Sofern den Kosten und Erlösen eindeutig eine Wertschöpfungsstufe zugeordnet werden konnte, ist dies geschehen. Dabei wurde versucht, die Kostenbezeichnungen so zu wählen, dass sie für alle Industriezweige, auch Dienstleistung und Handel herangezogen werden können. Die Zuordnung erfolgt dabei entsprechend der Systematik des Gesamtkostenverfahrens des HGB (vgl. Tabelle 36). Daneben sind noch zusätzliche Untergliederungen möglich, so nach den Umweltbereichen Boden, Wasser und Luft, nach den Maßnahmen Vermeiden, Vermindern, Substituieren, Verwerten und Beseitigen, den Stakeholdern oder den Wertschöpfungsstufen. In diesem Beispiel soll nur eine Zuordnung zu den Wertschöpfungsstufen erfolgen.

Tabelle 36: Ausgewählte Beispiele für Kosten und Erlöse

Kosten-/Erlösart	Änderung	Ökologiebedingte Konsequenzen	Wertschöpfungsstufe
Umsatzerlöse	+	neue, umweltverträgliche Produkte	Forschung und Entwicklung
	-	erhöhte Ausfallzeiten durch Störfälle	Produktion
Erhöhung/Verminderung an fertigen und unfertigen Erzeugnissen	+	Erhöhung des Lagerbestands von Motorenöl	Beschaffung
	-	Verminderung von Fahrzeugen im Bestand	Vertrieb
Andere aktivierte Eigenleistungen	+	Hybridfahrzeug für unternehmenseigenen Fuhrpark	Beschaffung
Sonstige betriebliche Erträge	+	Finanzhilfen und Subventionen für Forschung und Entwicklung	Forschung und Entwicklung
	+	Verkauf von Altanlagen	Recycling
Materialaufwand	+/-	Substitution umweltgefährdender Stoffe	Beschaffung

	-	Reduzierung von Verpackungen	Vertrieb
Personalaufwand	+	Betriebsbeauftragter für Abfall	Entsorgung
	-	geringe Fehlzeiten	Personal
Abschreibungen	+	Außerplanmäßige Abschreibung auf ökologisch bedenkliche Anlagen	Beschaffung
	+	Anschaffung von Kontroll- und Messeinrichtungen	Produktion
Sonstige betriebliche Aufwendungen	+	Nutzung fremder Patente durch Lizenzen	Forschung und Entwicklung
	+	Werbung für umweltfreundliche Produkte	Vertrieb
Erträge aus Beteiligungen	+	Gewinnausschüttung aus Beteiligung an Umweltforschungsinituten	Controlling
Erträge aus anderen Wertpapieren	+	Geldanlage in Ökofonds	Controlling
Sonstige Zinsen und ähnliche Erträge	+	Zinserträge aus Bankguthaben	Controlling
Abschreibungen auf Finanzanlagen	+	Wertminderung einer Beteiligung durch Verluste aufgrund eines Umweltschadens	Controlling
Zinsen und ähnliche Aufwendungen	+	Kredit für Anschaffung einer umweltfreundlichen Produktionsanlage	Produktion
Ergebnis der gewöhnlichen Geschäftstätigkeit	=		
Außerordentliche Erträge	+	Verkauf von Sekundärrohstoffen	Recycling
	+	Verkauf von Altanlagen	Produktion
Außerordentliche Aufwendungen	+	Strafe bei Ordnungswidrigkeiten	Entsorgung
	+	Erstellung von Umweltgutachten	Produktion
Außerordentliches Ergebnis	=		
Steuern vom Einkommen und Ertrag	+	Körperschaftssteuer	gesamtes Unternehmen
Sonstige Steuern	+	Kraftfahrzeugsteuer	Logistik
Jahresüberschuss/ Jahresfehlbetrag	=		

Monetäre Bewertung im Allgemeinen Nun sind diese einzelnen Kostenarten und Erlöse zu bewerten. Ziel einer Bewertung ist, bestimmten Handlungsalternativen, Gütern oder Dienstleistungen Werte zuzuordnen. Im betrieblichen Unternehmenssteuerungsprozess bedürfen insbesondere Entscheidungen über Betriebe, Prozesse, Produkte und Dienstleistungen einer soliden Bewertungsgrundlage. Diese Bewertung ist nötig, um die bestmögliche Nutzung (Nutzen- oder **Zielperspektive**) der durch Knappheit charakterisierten Ressourcen in Form von Gütern und Dienstleistungen (**Ressourcenperspektive**) zu erreichen. Da die Knappheit an sich durch Ökonomen nicht zu beeinflussen ist (hier sind ökoeffektive Lösungen von Naturwissenschaftlern und Technikern gefragt), muss es deren Aufgabe sein, den bestmöglichen Einsatz in Form einer Minimax- oder einer Maximin-Lösung zu garantieren. Dabei muss eine Bewertung folgende Voraussetzungen erfüllen:

- *zielorientierte Objektivität* der Bewertung, die eine intersubjektive Überprüfbarkeit mit Hilfe eines offengelegten Zielsystems ermöglicht,
- *Validität* der Bewertung, durch die gewährleistet werden soll, dass die Ergebnisse des Bewertungsverfahrens den erwünschten Anforderungen entsprechen,
- *Reliabilität* der Bewertung, die dann gewährleistet ist, wenn ein Verfahren bei mehrmaliger Anwendung zum selben Ergebnis führt,
- *Praktikabilität* der Bewertung, d.h. die Wertfindung muss ohne unverhältnismäßigen Aufwand durchführbar sein.

Monetäre Bewertung internalisierter Effekte Bereits internalisierte Effekte werden innerhalb des klassischen Rechnungswesens als sogenannte **Aktionskosten** für Vermeidung, Verminderung, Substitution, Verwertung und Beseitigung oder als Erlöse erfasst und mit Marktpreisen bewertet (Marktpreisansatz). Hierzu zählen z.B. die Personalkosten für die Betriebsbeauftragten oder Kosten für eine betriebseigene Kläranlage. Auch wenn für die Kostenermittlung auf betriebsübliche Verfahren zurückgegriffen werden kann, sind bei der Durchführung von Bewertungen einige Besonderheiten hinsichtlich der Strukturierung von Ökologiekosten und -erlösen zu beachten. Dabei sind unter Ökologiekosten „alle Kosten bzw. Erlöse, die durch die Umwelteinflüsse des Unternehmens in Form von vollständig quantifizierbaren Stoff- und Energieflüssen zwsichen System und Umwelt entstehen" (GÜNTHER 2000, S. 511 ff.). Auch wenn für die Kostenermittlung auf betriebsübliche Verfahren zurückgegriffen werden kann, sind bei der Durchführung von Bewertungen einige Besonderheiten hinsichtlich der Strukturierung von Ökologiekosten und –erlösen zu beachten (vgl. FLEISCHMANN/PAUDTKE 1977, S. 20f.; RENTZ 1979, S. 113 f; STÖLZLE 1990, S. 403):

- Nachsorgende Umweltschutzmaßnahmen sind häufig sehr *kapitalintensiv*.
- Die Summe der Ökologiekosten ändert sich bei Beschäftigungsschwankungen nur unterproportional, da sie oft *Fixkosten* darstellen.
- Ökologiekosten können meist nicht direkt den Kostenträgern zugerechnet werden, sondern nur über Umlagen. Sie stellen damit überwiegend *Gemeinkosten* dar.
- Umweltschutzmaßnahmen sind in der Regel *irreversibel*.

- Da Umweltschutzmaßnahmen und Produktionsprozesse gekoppelt sind, steigt die *Elastizität* der Kosten bezüglich höherer Ökologiestandards.

- Umweltschutzmaßnahmen basieren auf *direkten* und/oder *indirekten* Effekten. Direkte Effekte beziehen sich auf die Kosten, die unmittelbar auf die Maßnahmen zurückzuführen sind. Erhöhen sich dagegen z.B. die Preise für fremdbezogene Teile oder für Rohstoffe, so liegen indirekte Effekte vor.

- Sind die Ökologiekosten nicht eindeutig zu bestimmen, so können mit Hilfe einer *Differenz- oder Grenzbetrachtung* die durch die Maßnahme entstandenen Mehrkosten oder Einsparungen gemessen werden.

- Bei der Anwendung von *nutzenorientierten Umlageschlüsseln* werden die Produkte betrachtet. Dabei werden ebenfalls in Form einer Grenzbetrachtung die durch Umweltschutzmaßnahmen verursachten Änderungen der Eigenschaften der Produkte erfasst und bewertet. Als Ökologiekosten werden die Differenzbeträge angesetzt.

Monetäre Bewertung externer Effekte Liegen bereits internalisierte Effekte vor, so informiert das Aufzeigen der Konsequenzen über deren Entscheidungswirkung (**Informationsfunktion**). Wenn die Berücksichtigung externer Effekte zur Disposition steht, wird ein Unternehmen diese vom Ergebnis eines Abwägungsprozesses abhängig machen (**Entscheidungsfunktion**). Hierbei werden Zahlungsbereitschaften und Umsatzeinbrüche den für die Internalisierung aufzubringenden Kosten gegenübergestellt. Ziel der Bewertung externer Effekte ist, die Konsequenzen alternativer Ressourcenallokationen aufzuzeigen. Die Kosten auf einzelwirtschaftlicher Ebene lassen sich somit von den alternativen Handlungsmöglichkeiten ableiten, die das Unternehmen von sich aus treffen kann, um Schäden erst gar nicht entstehen zu lassen (vgl. ENDRES 1983, S. 3) sowie die Methodenkonvention des UMWELTBUNDESAMTES zur Bewertung externer Effekte (vgl. UMWELTBUNDESAMT 2007a).

Diesen sogenannten Aktionskosten sind Möglichkeiten der Überwälzbarkeit sowie zu erwartende Sanktionskosten gegenüber zu stellen, woraus sich der ökonomisch-ökologische Nettoeffekt einer Maßnahme ergibt. Für Beispiele zu den einzelnen Kosten vgl. Abbildung 65.

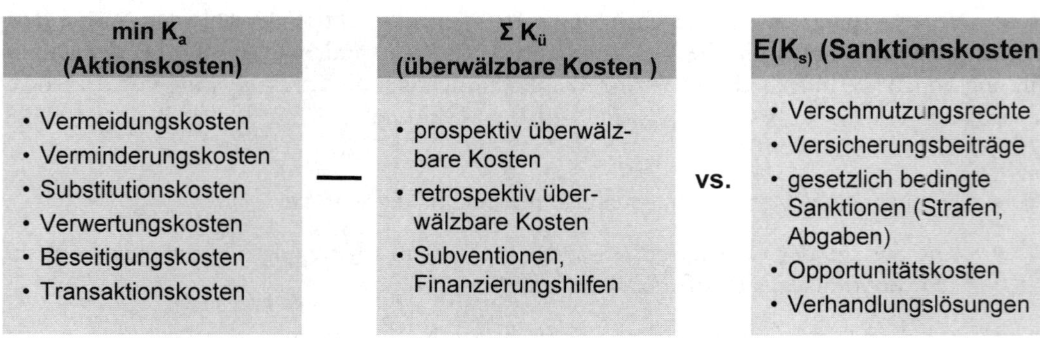

Abbildung 65: Ökonomisch-ökologischer Nettoeffekt
(In Anlehnung an GÜNTHER 1994, S. 170)

Aktionskosten Für die Bewertung sind einerseits Werte zu betrachten, die auf Konsequenzen innerhalb des Aktionsradius eines Unternehmens beruhen (Aktionskosten k_a). Diese lassen sich in Maßnahmen der Vermeidung, Verminderung, Substitution, Verwertung und Beseitigung untergliedern:

a) Vermeidungskosten: Aus Sicht der Umwelt liegt die Präferenz in der Vermeidung von Beeinflussungen, d.h. in der Umsetzung des Vorsorgeprinzips. Vermeidungskosten können somit definiert werden als Kosten, die zu internalisieren sind, um Beeinflussungen nicht entstehen zu lassen. Sie können auch als Kosten für Vorsorgemaßnahmen bezeichnet werden. Im strengsten Falle würde dies zu einer Aufgabe jeder wirtschaftlichen Tätigkeit führen (Non-Produktion), was allerdings aufgrund der Versorgungsfunktion der Wirtschaft ausscheidet und zum bereits genannten Kollektivselbstmord der Menschheit führen würde. Durch die Vermeidung von Belastungen können allerdings auch Kosteneinsparungspotentiale (z.B. für Abfallgebühren) aufgedeckt werden, so dass dann eventuell letztendlich nur Kosten für die Sammlung der notwendigen Informationen (vgl. f) entstehen.

b) Verminderungskosten: Bedingt durch die bereits angesprochene Versorgungsfunktion der Wirtschaft scheidet oft die Möglichkeit einer vollständigen Vermeidung aus. So muss auf eine Verminderung als second-best-Lösung zugegriffen werden, die sich in Grenzwerten äußert, die auch Eingang in die Gesetzgebung gefunden haben. Liegen die vom Unternehmen verursachten Belastungen über gesetzlichen oder unternehmensintern vereinbarten Grenzwerten, so fallen unternehmensintern Kosten an, um eine Verminderung der Belastung, z.B. durch Drosselung der Produktion, zu erreichen. Der Ansatz von Verminderungskosten als kalkulatorische Zusatzkosten ist geeignet, den Einfluss zukünftiger gesetzlicher Rahmenbedingungen auf den Unternehmenserfolg zu ermitteln.

c) Substitutionskosten: Soll der Einsatz eines Produktionsfaktors aus ökologischen Gründen eingeschränkt werden (Substitutionsdruck), so sind mögliche technische Substitutionsalternativen zu eruieren. So bietet z.B. das Spaltenmodell nach TRGS 440 des BUNDESGENOSSENSCHAFTLICHEN INSTITUTS FÜR ARBEITSSCHUTZ eine gute Unterstützung zur Substitutionsprüfung nach Gefahrstoffverordnung. Die Kosten dieser Alternativen können als Substitutionskosten bezeichnet werden. Um deren Höhe zu bestimmen, sind die ökologischen und in der Folge die ökonomischen Konsequenzen umfassend zu berücksichtigen. Meistens sind die Ziele der Vermeidung bzw. der Verminderung nur dann zu erreichen, wenn ausreichende Alternativen vorhanden sind, d.h. die Substitutionskosten sind eng gekoppelt mit den Vermeidungs- und Verminderungskosten.

d) Verwertungskosten: Da das Ziel von Aktionsmaßnahmen ist, externe Effekte nicht entstehen zu lassen, andererseits aber oft Vermeidungs-, Verminderungs- und Substitutionsmöglichkeiten fehlen, kann mit Hilfe von Recyclingmaßnahmen eine Internalisierung externer Effekte vorgenommen werden. Hierfür stehen den Unternehmen im Allgemeinen mechanische, biologische, chemische und thermische Verfahren zur Auswahl, die mit dem Ziel einer Wieder- und Weiterverwendung bzw. -verwertung (vgl. Kapitel 6.1.4) eingesetzt werden können. Bei einer Entscheidung für Verwertungsmaßnahmen ist allerdings die ökologische Wertigkeit aufgrund des zweiten Hauptsatzes der Thermodynamik (**Nettoeffekt des Recyclings**) zu berücksichtigen. Die dadurch bedingten zusätzlichen Effekte, die als Folgekosten auftreten können, sind deshalb für die Bestimmung der Verwertungskosten zu berücksichtigen.

e) Beseitigungskosten: Können Schäden mit Hilfe von Vermeidungs-, Verminderungs-, Substitutions- oder Verwertungsmaßnahmen nicht verringert werden, fallen am Ende des Produktions- oder Konsumprozesses Kosten der Beseitigung, d.h. des Abbaus von Belastungen an. Hierfür sind in einem ersten Schritt die vom Unternehmen ausgehenden Umweltaspekte zu erfassen. In einem zweiten Schritt ist deren Beseitigung mit dem Ziel der Wiederherstellung des ursprünglichen Umweltzustandes monetär zu bewerten. Die Grenzen sind allerdings in den Fällen zu sehen, die irreparabel oder nicht monetär bewertbar sind. Hier sind flankierend nicht-monetäre Bewertungsverfahren heranzuziehen (vgl. Kapitel 9.3).

f) Kosten für Informations- bzw. Entscheidungsvorgänge: Kosten für Informations- und Entscheidungsvorgänge werden bei der Bewertung externer Effekte oft vernachlässigt. Um dem Kriterium der Wesentlichkeit oder Wirtschaftlichkeit zu genügen, sind aber auch die Transaktionskosten einzubeziehen. Hierzu zählen die Kosten der Informationsbeschaffung über den Ausgangszustand, die Abschätzung der Wirkungen sowie die Entwicklung von Maßnahmen zur Erreichung der ökologischen Ziele (z.B. umweltfreundliche Beschaffung) und Grenzwerte. Besondere Bedeutung kommt den Transaktionskosten unter dem Aspekt zu, dass externe Effekte schwer zu messen und zu bewerten sind.

weitere Kostenkategorien Die gesamten volkswirtschaftlichen Kosten werden durch die fünf aufgezeigten Kostenkategorien (excl. Kosten für Informations- und Entscheidungsvorgänge) oft nicht erfasst, zumal teilweise Schäden nicht abbaubar sind. Diesen können zwar Werte auf volkswirtschaftlicher Ebene zugeordnet werden, sog. **Schadenskosten**, z.B. in Form von Gesundheitskosten, sie erfüllen allerdings nur bedingt das Kriterium der Internalisierbarkeit. So liegt ein Urteil des EUROPÄISCHEN GERICHTSHOFES (EuGH) vor, dass externe Kosten in Form von Gesundheitskosten bei der Beschaffung von Bussen für den ÖPNV berücksichtigt werden dürfen (vgl. ERDMENGER/WINTER 2005, S. 304 f.). Daneben können Kosten dadurch entstehen, dass Wirtschaftssubjekte den Belastungen ausweichen, sog. **Ausweichkosten**, z.B. durch Wegzug aus lärmbelasteten Gebieten. Im Hinblick auf die Praktikabilität stößt man hier an die Grenzen der Bewertbarkeit externer Effekte. Die Schwachstellen des Konzepts sollten jedoch nicht dazu führen, auf eine Bewertung gänzlich zu verzichten, zumal jeder Schritt, der die Schonung der ökologischen Umwelt zu fördern verspricht, besser ist als eine kategorische Ablehnung von Konzepten, die Grenzen der Anwendbarkeit aufzeigen.

Überwälzbare Kosten Anschließend ist zu überprüfen, inwieweit Dritte die Aktionskosten, d.h. die Kosten für eine aktive Ökologieorientierung, tragen können. Die Überwälzbarkeit von Kosten $k_ü$ kann anhand des dargestellten Stakeholder-Konzeptes untersucht werden. Die Anspruchsgruppe der Kunden ist auf ihre Zahlungsbereitschaft zu überprüfen. Bei den Lieferanten ist nach deren Handlungsbereitschaft zu fragen. Bedenkt man, dass Subventionen und Finanzierungshilfen zweckbezogen vergeben werden, kann diesbezüglich von einer Überwälzung der Aktionskosten auf den Staat gesprochen werden. Folglich können drei Möglichkeiten der Überwälzbarkeit unterschieden werden ($k_ü = \Sigma\ k_{ü.}$), die prospektiv überwälzbaren Kosten (auf Kunden) $k_{üp}$, die retrospektiv überwälzbaren Kosten (auf Lieferanten) $k_{ür}$ sowie Subventionen und Finanzierungshilfen (von staatlichen Instanzen) $k_{üs}$. Aufgrund der zwingend notwendigen Gewinnerzielung werden Unternehmen alle Möglichkeiten der Überwälzung auf Dritte eruieren. Entscheiden sie sich schließlich für ein aktives Ökologiemanagement, so kann dies auch damit zusammenhängen, dass sich durch die Überwälzbarkeit Ertragschancen eröffnen.

a) prospektive Überwälzbarkeit: Maßnahmen der Vermeidung, Verminderung, Substitution, Verwertung und Beseitigung stellen Möglichkeiten eines aktiven Ökologiemanagements dar. Um die Wettbewerbsfähigkeit weiterhin zu gewährleisten, werden Unternehmen versuchen, die internalisierten Zusatzkosten an die Kunden überzuwälzen. Inwieweit die Betroffenen bereit sind, sich daran zu beteiligen, kann mit Hilfe des Zahlungsbereitschaftskonzeptes ermittelt werden. Dieses vor allem in der volkswirtschaftlichen sowie marketingorientierten Literatur diskutierte Konzept geht der Frage nach, wie hoch die Zahlungsbereitschaft der Konsumenten für die Inanspruchnahme eines öffentlichen Gutes ist. Eine Übertragung in betriebswirtschaftliches Gedankengut zielt auf die Ermittlung der Konsumentenpräferenz, d.h. des Wertes, den die Kunden einer Schonung der ökologischen Umwelt beimessen und den sie bereit sind, selbst zu tragen (willingness-to-pay). Daneben kann auch nach der Entschädigungsforderung gefragt werden, die die Betroffenen für eine Nicht-Verbesserung oder für eine Verschlechterung der Umweltqualität verlangen (willingness-to-sell). Die Zahlungsbereitschaft kann entweder direkt durch Befragung oder in indirekter Form über die Reaktion ermittelt werden. Die Bestimmung der Überwälzbarkeit mit Hilfe dieses Konzeptes ist allerdings mit mehreren Unzulänglichkeiten behaftet: Untersuchungen zur Verbreitung von Informationen zeigen, dass ein **time lag** von mehreren Jahren mit ca. 15 Zwischenstufen zwischen der ersten Diskussion eines Themas in Fachkreisen und der Existenz eines allgemeinen Problembewusstseins liegt (Diffusionskurve) (vgl. STEGER 1993, S. 249 ff.; vgl. Abbildung 29). Die **persönliche Betroffenheit** beeinflusst darüber hinaus die Einstellung bezüglich der Schonung der ökologischen Umwelt (NIMBY-Effekt – man ist nicht betroffen, wenn die Probleme not in my backyard, im eigenen Hinterhof liegen). Liegen Informationsverzerrungen vor und kann der bereinigte Informationsstand ermittelt werden, so ist die ermittelte Zahlungsbereitschaft entsprechend zu bereinigen (**Informationsproblem**). Wenn Informationen über den Wert der Schonung der ökologischen Umwelt vorliegen, sind diese zu messen (**Messproblem**). In diesem Zusammenhang stehen die Betroffenen vor der Frage, den Nutzen einer Verbesserung der ökologischen Situation in Geldeinheiten zu messen (**Abstraktionsproblem**). Sind die Verbraucher über vorhandene umweltpolitische Instrumente informiert, so kann ihre Zahlungsbereitschaft sinken, da sie wissen, dass die Kosten internalisiert werden müssen und kein Anreiz für die Unternehmen über ihre höhere Preiszahlungsbereitschaft geschaffen werden muss (**free-rider-Problem**). Im Hinblick auf die Repräsentativität der Erhebung ist zu gewährleisten, dass genügend Zielpersonen, die an der Fragestellung tatsächlich interessiert sind (**Motivationsproblem**), aus allen Bevölkerungsschichten (**Repräsentativitätsproblem**) an der Befragung teilnehmen. Eine Einschränkung kann die Methode dadurch erfahren, dass die Zahlungsbereitschaft nicht nur von der persönlichen Wertschätzung, sondern auch vom Einkommen abhängig ist (**Verteilungsproblem**). Gänzlich vernachlässigt wird häufig die eventuelle Wertschätzung zukünftiger Generationen (**Generationenproblem**), die im Sinne eines sustainable development einzubeziehen wäre. Deren mangelnde Artikulationsfähigkeit müsste durch den politischen Allokationsmechanismus gelöst werden, dem allerdings der kurzfristige Planungshorizont der Parteien entgegensteht.

b) retrospektive Überwälzbarkeit: Maßnahmen einer aktiven Schonung (Vermeiden, Vermindern, Substituieren) setzen am Beginn und nicht mittels „end-of-the-pipe"-Lösungen am Ende des Produktionsprozesses an. Bei ausreichender Marktmacht können für die Lieferanten Anreize (z.B. erhöhte Abnahmemengen, höhere Preise) geschaffen werden, die Inputfaktoren umweltverträglicher zu gestalten. So können die Kosten auf vorgelagerte Wertschöpfungsstufen, also retrospektiv, überwälzt werden. Lieferanten, die sich veränderten Nachfragestrukturen ihrer Abnehmer nicht anpassen, unterliegen der Gefahr, vom Markt bestraft zu werden. Lieferanten können auch durch gesetzliche Regelungen zur Übernahme von Kosten gezwungen werden, wie dies z.B. bei der Altfahrzeugverordnung der Fall ist. Retrospektive Überwälzbarkeit kann dazu führen, dass Kosten für ökologieorientierte Maßnahmen beim abnehmenden Unternehmen erst gar nicht entstehen. Dass diese Vorgehensweise bereits Eingang in klassisches betriebswirtschaftliches Kalkül gefunden hat, zeigt der von Handel und Konsumgüterindustrie gemeinsam entwickelte Ansatz der Direkten Produkt-Rentabilität (siehe weiterführend GÜNTHER 1994, S. 265 ff). Das Konzept ist darauf ausgerichtet, durch eine entsprechende Produktgestaltung bei der vorgelagerten Konsumgüterindustrie, z.B. in Form von Konzentraten oder Verpackungstypen, ökologische Effekte und damit auch Kosteneinsparungspotentiale im Handel zu erzielen. Hinter dem Konzept steht das Ziel, Kosten und Erlöse über mehrere Wertschöpfungsstufen zu optimieren (total system efficiency). Darüber hinaus eröffnet die Umsetzung der ermittelten Potentiale die Möglichkeit, ökologische Vorteile in der Gestalt geringerer Transporttätigkeit, geringeren Flächen- und Raumbedarfs und geringerer Verpackungsvolumina zu realisieren.

c) Subventionen und Finanzhilfen: Finanzhilfen und Steuervergünstigungen werden vom Staat gewährt, um umweltpolitische Ziele durchzusetzen. Die Überwälzbarkeit ist ex ante (vor der unternehmerischen Entscheidung) vorgesehen, um dadurch einen Anreiz für die Unternehmen zu schaffen. Neben dieser geplanten Überwälzbarkeit können Maßnahmen gefördert werden, die unabhängig von Vergünstigungen durchgeführt wurden (Überwälzung ex post). In verschiedenen rechtlichen Regelungen hat der Gesetzgeber Maßnahmen verankert, die die aktive Ökologieorientierung der Unternehmen fördern sollen. Staatliche Fördermaßnahmen sind ex ante bekannt (z.B. im Erneuerbaren-Energien-Gesetz) und stellen somit einen berechenbaren Teil der Überwälzbarkeit dar.

Sanktionskosten Die nach dem Abzug der überwälzbaren Kosten verbleibenden Nettoaktionskosten sind nun den Kosten gegenüberzustellen, die entstehen, wenn die aufgezeigten Maßnahmen nicht ergriffen werden. Wertermittlungen, die nicht im unmittelbaren Einflussbereich des Unternehmens entstehen, allerdings Konsequenzen eines passiven Ökologiemanagements darstellen, werden als Sanktionskosten k_s bezeichnet. Sie treten auf als Opportunitätskosten k_{so}, d.h. entgangene Gewinne aufgrund umweltfeindlichen Verhaltens, gesetzlich bedingte Sanktionen k_{ss}, Versicherungsbeiträge k_{sv}, Verschmutzungsrechte k_{sr}, die ein umweltfeindliches Verhalten innerhalb vorgegebener Grenzwerte erlauben, und Verhandlungslösungen k_{sl}, die eine Aufteilung der Konsequenzen zwischen den beteiligten Wirtschaftssubjekten vorschlagen.

a) Opportunitätskosten: Eine Entscheidung von Unternehmen gegen offensive, aktive Maßnahmen des Umweltschutzes kann mengen- oder wertmäßige Nachfragereaktionen hervorrufen. Den Extremfall einer mengenmäßigen Nachfragereaktion stellt der Konsumboykott dar (z.B. von Shell wegen der geplanten Versenkung der Ölplattform Brent Spar), der auf ein Produkt beschränkt bleibt oder das gesamte Produktspektrum eines Unternehmens erfassen kann. Zu bewerten ist ein solches Nachfrageverhalten ex post mit den erlittenen Umsatzeinbußen zwischen dem die Konsumveränderung hervorrufenden Ereignis und dem Betrachtungszeitpunkt. Ex ante können nur Schätzungen für Nachfragereaktionen oder best case-/worst case-Betrachtungen vorgenommen werden. Daneben lassen sich ökologiebedingte Opportunitätskosten durch Qualitäts- und somit Werteinbußen messen: Die Kontamination von Bodenflächen führt beispielsweise zu einem Verfall von Grundstückspreisen, die im Extremfall negativ werden können. Ebenso senken Qualitätsminderungen den Marktpreis.

b) gesetzlich bedingte Sanktionen: Sofern Umweltschutzmaßnahmen in Form von Auflagen Eingang in die Gesetzgebung gefunden haben, sind sie rechtlich verpflichtend und stellen Handlungsbeschränkungen für betriebswirtschaftliche Entscheidungen dar. Eine Entscheidungsmöglichkeit ist folglich nicht gegeben. Wenn Unternehmen allerdings mit dem Ziel der Gewinnmaximierung handeln, ohne sich aus ethischen Gründen an die Gesetzgebung gebunden zu fühlen, steht ihnen die Entscheidung zwischen dem Ergreifen einer Umweltschutzmaßnahme (Aktion) einschließlich einer möglichen Überwälzbarkeit und dem Risiko einer Strafe (Sanktion) offen (vgl. TERHART 1986). Diese Sanktionen können in Form von Geldbußen, aber auch als nachträgliche Anordnung oder Widerruf einer Genehmigung auftreten. Das Strafrecht ahndet Straftaten gegen die ökologische Umwelt mit Freiheits- oder Geldstrafen. Im Gegensatz zu Strafen für schon begangene Umweltdelikte stellt der Staat durch marktwirtschaftliche Anreize in Form von Abgaben das Unternehmen bewusst vor eine Entscheidungssituation. Fällt diese zugunsten der Alternative „Vermeiden und Überwälzen“ aus, erfüllen Abgaben die angesprochene Lenkungsfunktion.

c) Versicherungsbeiträge: Durch die Verschärfung staatlicher Vorschriften und den Ausbau der Kontrollen, aber auch durch die zunehmende Sensibilität der anderen Stakeholder und nicht zuletzt Naturereignisse, steigen die Anforderungen an die Unternehmen. Durch das Umwelthaftungs- und das Umweltschadensgesetz sind die Unternehmen verpflichtet, für die von ihnen verursachten Umwelteinwirkungen einzustehen. Die Höhe der zu leistenden Versicherungsbeiträge richtet sich nach der Höhe des potenziellen Schadens. Im Rahmen der Betriebshaftpflichtversicherung werden den Versicherungsbeträgen sogenannte Regeldeckungssummen zugrunde gelegt. Im Allgemeinen fließen in die Ermittlung der Versicherungsbeiträge die Parameter Versicherungsprämie, Deckungsumfang, Schadenseintrittswahrscheinlichkeit und Schadenshöhe ein. So können die nicht getätigten Aktionskosten abgesichert werden.

d) Verschmutzungsrechte: Verschmutzungsrechte (vgl. Kapitel 5.2.5) sind nicht direkt dem Begriff der Sanktionen zuzuordnen, aber dennoch in der oben aufgestellten Entscheidungsregel zu berücksichtigen. Sie ermöglichen eine legale, entgeltliche Inanspruchnahme von Ressourcen. Ist der Erwerb von Verschmutzungsrechten kostengünstiger als die Kosten für Maßnahmen der Schonung der ökologischen Umwelt, wird sich ein Unternehmen für den Erwerb der Rechte entscheiden. Andererseits stellt das Instrument bei Handelbarkeit auch einen Anreiz zur Vermeidung dar. Das Problem dieses Ansatzes liegt darin, dass Emissionen legalisiert werden, da von bestimmten Emissionshöchstwerten ausgegangen wird. Zudem erfordert die pareto-optimale Bestimmung der Emissionsmenge die Kenntnis von Grenznutzen- und Grenzkostenkurven, deren Bestimmung sich in der Praxis schwierig gestaltet. Dennoch könnten Käufe und Verkäufe von Verschmutzungsrechten als negative bzw. positive Sanktionskosten im Sinne eines ökonomisch-ökologischen Nettoeffektes verstanden werden.

e) Verhandlungslösung: Abschließend soll ein eher theoretischer Vorschlag vorgestellt werden. Die Idee, über Verhandlungen eine Lösung herbeizuführen, geht auf den Nobelpreisträger COASE zurück (vgl. COASE 1960, S. 1 ff.). Er betrachtet den Fall, dass Handlungen und Entscheidungen eines Unternehmens negative Auswirkungen auf andere Wirtschaftssubjekte haben. Dafür werden die Grenzkosten bzw. -erträge der beteiligten Parteien verglichen. In welcher Höhe nun ein Ausgleich vereinbart wird, hängt vom Ergebnis der Verhandlungen ab. Diese Betrachtungsweise geht von der Annahme eines vollkommenen Marktes aus. Aufgabe der Wirtschaftswissenschaften in solchen Fällen ist es nicht, den Handlungs- und Entscheidungsspielraum zu diskutieren und zu verändern, sondern ausgehend von einer gegebenen oder auch möglichen Situation Konsequenzen aufzuzeigen, die zu einer pareto-optimalen Situation führen. Werden Transaktionskosten in die Betrachtung einbezogen, so sind diese für die Information, die Kontaktaufnahme, die Verhandlungen, den Vertrag und die Kontrolle einzukalkulieren. Wird der Staat als Institution zur Entscheidungsfindung vorgeschlagen, so ist zu bedenken, dass auch hier Kosten entstehen, die internalisiert werden müssen. Die Verhandlungslösung stellt dann eine Alternative dar, wenn die eigenen Aktionskosten dadurch gesenkt werden können, dass dem Betroffenen eine angemessene Entschädigung gezahlt wird. Die Praxisrelevanz dieser Möglichkeit dürfte allerdings daran scheitern, dass i.d.R. mehr als zwei Gruppen involviert sind und eine Identifizierung des Verursachers aufgrund der bereits angesprochenen Diffusions- und Kumulationsproblematik kaum möglich ist. Zudem spielt die Verhandlungsmacht der beteiligten Parteien bei der Findung einer Verhandlungslösung eine nicht unerhebliche Rolle.

Strategiewahl in Abhängigkeit des ökonomisch-ökologischen Nettoeffekts Die Bewertung von Aktionsmöglichkeiten und Überwälzbarkeit sowie Sanktionsrisiken legt den Grundstein für die unternehmerische Entscheidung (**ökonomisch-ökologischer Nettoeffekt**). Die Wahl einer geeigneten Strategie basiert auf dem Vergleich der per Saldo nicht überwälzbaren Aktionskosten mit den Sanktionskosten. Existieren mehrere Möglichkeiten für Aktionen, Überwälzung und Sanktionen, so sind diese in den Entscheidungskalkül zu integrieren:

- Bei den Aktionen ist aus ökonomischer Sicht das Minimum, die Alternative mit den geringsten Kosten zu wählen.
- Die Höhe der überwälzbaren Kosten bestimmt sich aus der Summe der zur Verfügung stehenden Überwälzungsmöglichkeiten.
- Ist die Höhe der Sanktionen ex ante nicht bekannt, sind diese mit dem Erwartungswert anzusetzen. Unter Umständen ist die Risikopräferenz der Entscheidung zu berücksichtigen.
- Übersteigen die Sanktionskosten die nicht überwälzbaren Aktionskosten, so ist eine aktive Ökologieorientierung für das Unternehmen vorteilhaft. Andernfalls werden Unternehmen eine passive Ökologieorientierung vorziehen, es sei denn andere strategische Gründe sprechen dagegen. Falls Interdependenzen zwischen den Strategien bestehen, sind diese bei der Bestimmung der Kostenbestandteile zu berücksichtigen.

$\min (k_a) - \Sigma (k_ü) < E(k_s)$	aktive Strategie
$\min (k_a) - \Sigma (k_ü) > E(k_s)$	passive Strategie oder Inkaufnahme der Kosten aus strategischen Überlegungen

8.2 Denken in Optionen – Alternativen finden und bewerten

Nach dieser allgemeinen Betrachtung von Entscheidungskalkülen sollen nun zwei Entscheidungssituationen ausführlicher betrachtet werden, die im Unternehmen solche Kalküle erforderlich machen: Investitionsentscheidungen sind in kleinen und großen Unternehmen an der Tagesordnung, wohingegen Akquisitionsentscheidungen eher in größeren Unternehmen relevant sind.

8.2.1 Investitionsentscheidungen

Umweltschutzinvestitionen Zur Abgrenzung von umweltrelevanten Investitionen soll zunächst ein Blick auf Regelwerke geworfen werden, wie sie als EG-Verordnung zur Unternehmensstatistik, Umweltstatistikgesetz und VDI 3800 zu finden sind.

a) Die Verordnung (EG) Nr. 295/2008 des Europäischen Parlaments und des Rates vom 11. März 2008 über die strukturelle Unternehmensstatistik (Neufassung) (ABl. EU Nr. L 97 S. 13) unterscheidet zwischen „Investitionen in Einrichtungen und Anlagen, die dem Emissionsschutz dienen, sowie in spezielles Emissionsschutzzubehör (vorwiegend „end-of-the-pipe-Einrichtungen")" (Code 21110), „Investitionen in Einrichtungen und Anlagen in Verbindung mit sauberen Technologien („integrierte Technologie")" (Code 21120) und „Gesamte laufende Ausgaben für den Umweltschutz" (Code 21140).

b) Erhebungen zu den Umweltschutzaufwendungen als Bundesstatistik werden nach § 11 Umweltstatistikgesetz durchgeführt. Jährlich werden bei höchstens 10.000 Unternehmen und Betrieben Investitionen und der Wert der zusätzlich gemieteten oder gepachteten Sachanlagen erhoben, die ausschließlich oder überwiegend dem Schutz der Umwelt dienen. Alle drei Jahre werden die entsprechenden laufenden Aufwendungen erhoben. Diese Erhebungen werden seit 2006 nach den Bereichen Abfallwirtschaft, Gewässerschutz, Lärmbekämpfung, Luftreinhaltung, Klimaschutz, Naturschutz und Landschaftspflege sowie Bodensanierung untergliedert.

c) Die VDI-Richtlinie 3800 zur „Ermittlung der Aufwendungen für Maßnahmen zum betrieblichen Umweltschutz" aus dem Jahr 2001 definiert diese Aufwendungen für jene Maßnahmen des Unternehmens oder für Dritte im Auftrag des Unternehmens, die darauf ausgerichtet sind, die durch die Unternehmenstätigkeit verursachten oder zu erwartenden Umweltbelastungen oder Umweltschäden zu vermeiden, zu verringern, zu beseitigen beziehungsweise zu überwachen und zu dokumentieren. „Externe Kosten", die durch die Geschäftstätigkeit des betreffenden Unternehmens auftreten, sind demnach nicht enthalten. Sowohl Maßnahmen aufgrund rechtlicher Vorgaben als auch freiwillig oder aufgrund von Selbstverpflichtungen einzelner Branchen erbrachte Maßnahmen zählen zu den Umweltschutzmaßnahmen im Sinne dieser Richtlinie. Die Richtlinie empfiehlt eine Gliederung in produktionsbezogene, produktbezogene und andere Maßnahmen, in end-of-the-pipe und anlagen- bzw. prozessintegrierte Maßnahmen sowie nach den Bereichen Abfallwirtschaft, Gewässerschutz, Lärmbekämpfung, Luftreinhaltung, Naturschutz und Landschaftspflege (vgl. Abbildung 66).

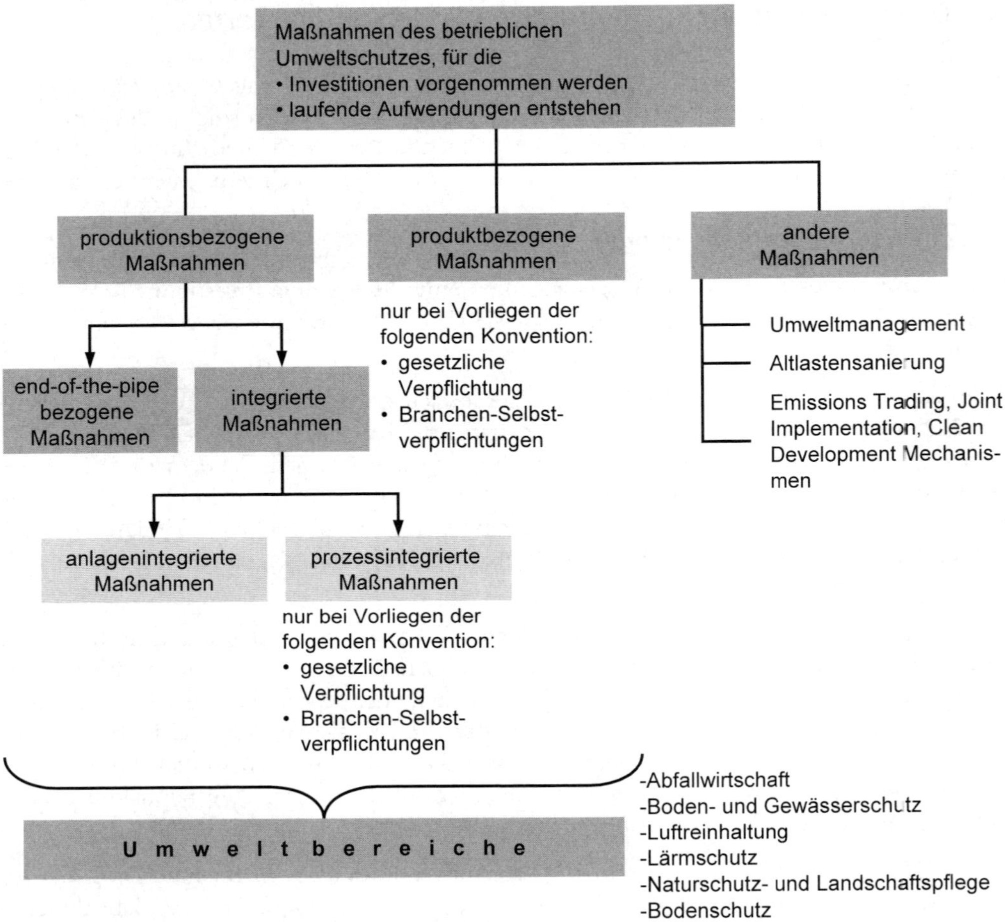

Abbildung 66: Struktur der Maßnahmen des betrieblichen Umweltschutzes nach VDI 3800
(Quelle: VEREIN DEUTSCHER INGENIEURE (Hrsg.) 2000, S. 8)

Weite Definition Auch wenn sich die Definition im Laufe der Jahre weiter entwickelt hat, wird in diesem Lehrbuch eine weitere Abgrenzung als in den angeführten Regelwerken vorgeschlagen: Unter **Umweltinvestitionen** werden alle ökologisch relevanten Investitionen verstanden. Denn Aufgabe von Investitionsentscheidungsprozessen ist es, Informationen über die vorliegenden Handlungsalternativen bereitzustellen. Diese dienen wiederum als Grundlage für Investitionsentscheidungen der Verantwortlichen. Soll nun eine Berücksichtigung ökologiebedingter Konsequenzen bei allen Investitionsentscheidungen vorgenommen werden, muss eine solche weite Auslegung erfolgen. Umweltschutzinvestitionen können aufgrund behördlicher Auflagen oder darüber hinaus freiwillig durchgeführt werden. Sie können einerseits reine Umweltschutzmaßnahmen darstellen oder andererseits zugleich Erweiterungs-, Ersatz- oder Rationalisierungsinvestitionen sein.

Investitionsentscheidungsprozess Ein Investitionsentscheidungsprozess besteht aus den vier Phasen Investitionsanregung, Investitionssuche, Investitionsbewertung und Investitionsauswahl (vgl. Abbildung 67).

Investitions-anregungsphase	Investitions-suchphase	Investitionsbe-wertungsphase	Investitions-auswahlphase
• Auswahl der Anforderungen der Stakeholder • Analyse der bisherigen Investitionsstruktur	• Darstellung der unternehmerischen Alternativen - Vermeiden - Vermindern - Substituieren - Verwerten - Beseitigen • Darstellung von Möglichkeiten der Überwälzung auf - Kunden - Lieferanten - den Staat • Darstellung möglicher Konsequenzen bei Nichtdurchführung - Opportunitätskosten - Sanktionen - Versicherungsbeiträge - Verschmutzungsrechte - Verhandlungslösungen	• Aussonderung von Alternativen, die Mindestanforderungen nicht genügen • Durchführung einer Investitionsrechnung bei monetärer Bewertbarkeit - Bestimmung der mit den Alternativen verbundenen Einnahmen und Ausgaben - Festlegung von Kalkulationszinssatz und Planungshorizont - Durchführung des Investitionsrechenverfahrens • Anwendung nichtmonetärer Entscheidungsinstrumente	• Vergleich der Ergebnisse • Entscheidung, ob und inwieweit externe Effekte freiwillig internalisiert werden • Auswahl der optimalen Investition

Abbildung 67: Investitionsentscheidungsprozess
(Quelle: GÜNTHER 1994, S. 192)

Investitionsanregungsphase Während der Investitionsanregungsphase werden systematisch alle Probleme des Unternehmens erfasst und analysiert, die mit Hilfe einer Anpassung, eines Ersatzes oder einer Erweiterung der bisherigen Investitionsstruktur gelöst werden können. Dabei werden auch alle relevanten Belastungen der ökologischen Umwelt einbezogen. Die Problemfelder kann das Unternehmen aus den Anforderungen seiner Stakeholder (Analyse der objektivierten Betroffenheit) ableiten. Die subjektive Betroffenheit, die für die Aktionen des Unternehmens bestimmend ist, kann diese Forderungen durch eigene Wahrnehmung verstärken oder abschwächen, je nachdem ob die Ökologieorientierung ein eigenständiges Unternehmensziel darstellt.

Investitionssuchphase Ziel der Investitionssuchphase ist es, alternative Handlungsmöglichkeiten zur Problemlösung zu finden. Dafür sind geeignete Maßnahmen zur Vermeidung, Verminderung, Substitution, Verwertung und Beseitigung von Umweltbelastungen zu bestimmen. Diese können sich sowohl aus verpflichtend zu internalisierenden Umweltbelastungen als auch aus freiwillig internalisierten externen Effekten ergeben. Bei jeder Handlungsalternative werden die

Möglichkeiten für eine Überwälzung der anfallenden Kosten auf Dritte analysiert. Für einen vollständigen Alternativenvergleich sind auch die Handlungsmöglichkeiten des Unterlassens ökologieorientierter Maßnahmen zu betrachten (vgl. Kapitel 8.1).

Investitionsbewertungsphase In der Investitionsbewertungsphase sind zunächst die Alternativen auszusondern, die unternehmensintern oder -extern festgelegten Mindestanforderungen nicht genügen (k.o.-Kriterien). Falls eine monetäre Bewertung möglich ist, sind die mit den Alternativen verbundenen Einnahmen oder Ausgaben zu bestimmen. Diese können sowohl auf zu internalisierenden Kosten als auch auf externen Effekten basieren, wobei dieser Unterschied dem Entscheidungsträger verdeutlicht werden muss. Darüber hinaus werden ein risikoadäquater Kalkulationszinssatz bestimmt und der Planungshorizont festgelegt. Diese Daten gehen anschließend in geeignete Investitionsrechenverfahren ein. Hierzu sind die bekannten finanzmathematischen Instrumente Kapitalwert, interne Zinssatzmethode, Amortisationsdauer, Baldwinzinsmethode (siehe weiterführend PERRIDON/STEINER 2007) auf ihre Eignung für ökologiebezogene Fragestellungen zu analysieren. Diese Untersuchung erfolgt entsprechend der Vorgehensweise bei jeder Investitionsentscheidung, wobei jeweils unternehmensspezifische Richtlinien zu beachten sind.

Investitionsauswahlphase Die Investitionsauswahlphase beinhaltet schließlich die Entscheidung zwischen den Alternativen. Ökologische Gesichtspunkte können zum einen ausschließlich im Rahmen internalisierter Effekte oder zum anderen auch durch externe Effekte berücksichtigt werden, wobei letztere auch stufenweise einbezogen werden können. Ermöglicht das Ergebnis der Bewertung keine eindeutige Entscheidung, so sind bei der Auswahl der optimalen Alternative auch nicht-monetäre Aspekte (vgl. Kapitel 9.3) mit zu beachten.

Veränderung von Parametern Neben dem allgemeinen Ablauf einer Investitionsentscheidung sind auch die Veränderungen von Kosten und Erlösen zu betrachten und deren Auswirkungen auf die Ergebnisse einer Investitionsrechnung aufzuzeigen. Im Folgenden werden die Parameter Einnahmen, Ausgaben, Planungshorizont und Diskontierungssatz vorgestellt. Für die Begriffe Auszahlung, Ausgben, Aufwand, Kosten, sowie Einzahlung, Einnahme, Ertrag, Leistung sei auf das betriebliche Rechnungswesen verwiesen (vgl. HABERSTOCK 1998, S. 17).

Einnahmen und Ausgaben Die bereits identifizierten ökologisch relevanten Eingangsparameter, wie Einnahmen, Ausgaben, Planungshorizont und Diskontierungsatz, können direkt in die Entscheidungsinstrumente der Investitionsrechnung eingehen. Die Bewertung der internalisierten Effekte orientiert sich dabei an den vorliegenden Marktpreisen; die Bewertung der externen Effekte kann mit Hilfe der oben angegebenen Bewertungsmethoden vorgenommen werden. Die einzige investitionsrechnerische Besonderheit liegt in der zusätzlichen Berücksichtigung des zeitlichen Anfalls der Einnahmen und Ausgaben. Die in der Kostenrechnung als Abschreibungen über die Nutzungsdauer verteilten Investitionsausgaben sind hierbei als einmalige Ausgabe zu berücksichtigen. Darüber hinaus werden nicht-zahlungswirksame Kosten nicht berücksichtigt. Die zweite Besonderheit liegt in der Berücksichtigung internalisierter und externer Effekte, die allerdings jeweils gesondert zu kennzeichnen sind. Sunk Costs schließlich stellen Ausgaben dar, deren Ursache in der Vergangenheit liegt und die deshalb durch die Entscheidung nicht mehr revidiert werden können. Aus diesem Grund können sie der Alternativenbewertung nicht zugerechnet werden.

Planungshorizont Neben der Bestimmung relevanter Rechengrößen ist die Langfristigkeit von Investitionen ein wesentliches Merkmal von Investitionsentscheidungen. Lohnend ist dabei auch ein Blick auf Aspekte, die den zu wählenden Planungshorizont beeinflussen (vgl. Abbildung 68):

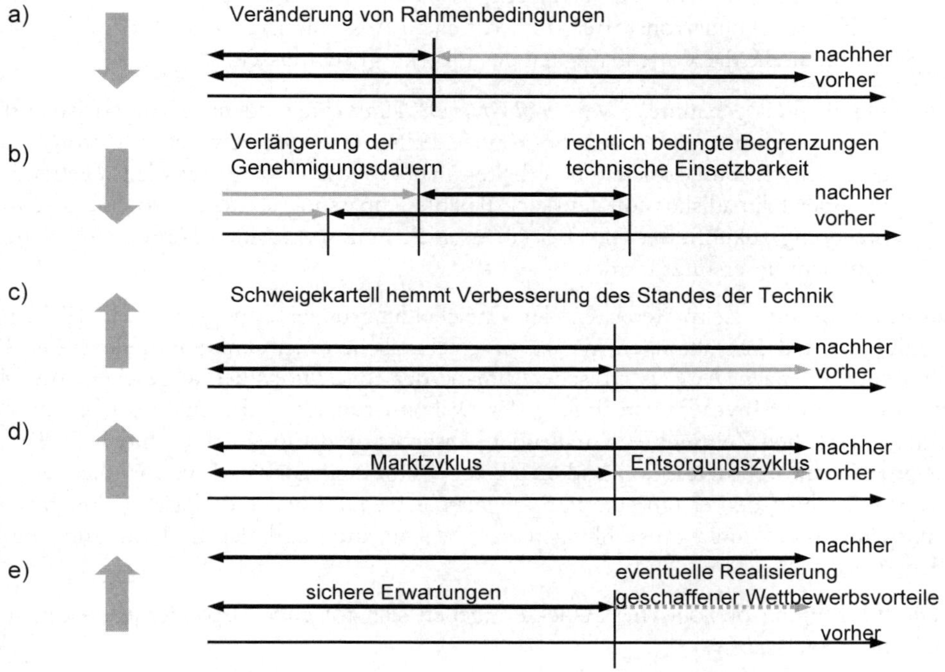

Abbildung 68: Wirkung auf den Planungshorizont
(Quelle: GÜNTHER 1994, S. 197)

- *Veränderte Rahmenbedingungen*, z.B. aufgrund umweltbezogener Ansprüche der Stakeholder, machen einen früheren Ersatzzeitpunkt erforderlich. Dies führt zu einer Verkürzung des Planungshorizontes. So kann der Gesetzgeber durch schärfere Auflagen einen früheren Ersatzzeitpunkt erforderlich machen. Oder die Konsumenten können durch ein verändertes Nachfrageverhalten (z.B. verbrauchsärmere Verbrennungsmotoren) andere Produktionsverfahren erforderlich machen.

- *Lange Genehmigungsfristen* verkürzen bei konstanter wirtschaftlicher Nutzungsdauer den Planungshorizont. Da die technischen Parameter, die den Stand der Technik bestimmen, identisch bleiben, kann die Nutzung durch die verlängerte Genehmigungsdauer erst später einsetzen. So kann die Technologie u.U. bei Inbetriebnahme bereits technisch veraltet und wirtschaftlich suboptimal sein.

- Unternehmen können versuchen, den Planungshorizont selbst zu beeinflussen. Da dieser prinzipiell an der wirtschaftlichen Nutzungsdauer einer Investition auszurichten ist, können sie unter Umständen durch *bewusstes Zurückhalten von Innovationen* den Stand der Technik auf niedrigerem Niveau als technisch möglich halten (**Schweigekartell der**

Oberingenieure). Anpassungserfordernisse und somit der Ersatzzeitpunkt werden so hinausgezögert, die wirtschaftliche Nutzungsdauer folglich verlängert.

- Durch die Berücksichtigung von *Entsorgungszyklen* kann die Notwendigkeit entstehen, den Planungshorizont zu verlängern, da zusätzliche Einzahlungen (z.B. durch den Verkauf von Sekundärrohstoffen) und vor allem Auszahlungen (z.B. durch die Entsorgung) auftreten, die die Vorteilhaftigkeit des Projektes beeinflussen.

- Durch ein sogenanntes „*Denken in Optionen*“ kann eine tendenziell längerfristige Betrachtung vorgenommen werden: So können Entscheidungen bewusst so getroffen werden, dass Entscheidungsspielräume erhalten bleiben oder erweitert werden. Gerade im Rahmen der Klimadiskussion sind eine flexible Anpassungsstrategie und eine systematische Steuerung zukunftsweisend. Bei kürzeren Planungshorizonten könnte ein solches Denken nicht unterstützt werden.

Diskontierungssatz Zeitpräferenzen der Entscheidungsträger ermöglichen ein Abwägen von Auszahlungen und Einzahlungen, die zu unterschiedlichen Zeitpunkten anfallen. Die Bildung dieser Zeitpräferenzen wird als typische Aufgabe der Investitionstheorie gesehen. Als Maßstab hierfür dient in der Investitionsrechnung der Diskontierungssatz, der eine Gleichnamigkeit von zu unterschiedlichen Zeitpunkten anfallenden Ausgaben und Einnahmen ermöglicht. Er spiegelt die Zeitpräferenz der Investition wider, d.h die Vergütung an den Investor, dass er jetzt auf Konsum verzichtet, den er um eine Periode verschiebt. Dies bedeutet, dass Maßnahmen, die zu einem späteren Zeitpunkt Auszahlungen verursachen, aufgrund der Diskontierung bevorzugt werden, da sie weniger wert sind.

Bei der Betrachtung ökologischer Aspekte ergeben sich folgende Besonderheiten für die Wahl des Diskontierungssatzes:

a) Bei Betrachtung *reversibler Belastungen* der ökologischen Umwelt, deren Eliminierung zum jetzigen oder zu einem späteren Zeitpunkt zur Disposition steht und das gleiche Ergebnis erzielt, kann ein positiver Diskontierungssatz angewendet werden ($i > 0$).

b) Demgegenüber ist eine Diskontierung dann nicht adäquat, wenn die *Schäden irreversibel* sind und sofortiger Handlungsbedarf besteht. Eine Zeitpräferenz der Investoren, die der Diskontierung zukünftiger Schäden zugrunde liegt, ist in diesem Fall nicht möglich ($i = 0$).

c) Mögliche *technische Weiterentwicklungen* können zu einer Erhöhung des Diskontierungssatzes führen, da sie die Chance einer zukünftigen Ausgabensenkung durch neuere Verfahren bergen. Bezieht man solche Aspekte in die Abwägung ein, wird die Präferenz noch mehr zugunsten einer späteren Berücksichtigung verschoben ($i >> 0$).

d) Demgegenüber können *erwartete Verschärfungen der Rahmenbedingungen* sogar eine Aufzinsung erforderlich machen, um der sofortigen Handlungsauslösung eine höhere Zeitpräferenz zuzuordnen. Der Diskontierungssatz ist nicht mehr als monetärer Gegenwert für den Konsumverzicht seitens des Investors (Prämie an den Investor) zu interpretieren. Vielmehr zahlt der Investor sogar eine Prämie für den Konsumverzicht, um spätere Nutzenminderungen durch sofortiges Handeln zu vermeiden ($i < 0$).

e) Die *Interessen zukünftiger Generationen* werden bei einer Diskontierung nicht ausreichend berücksichtigt. Eine Diskontierung mindert auch die Bedeutung der Interessen der nachfolgenden Generationen. Eine Aussetzung der Diskontierung bzw. eine Aufzinsung wären die logische Konsequenz dieser Forderung ($i = 0$ oder $i < 0$).

Zur Zusammenfassung der erläuterten Wirkungen auf den Diskontierungssatz vgl. Abbildung 69.

Fall	Ursache	→ Wirkung auf den Diskontierungssatz
a)	reversible Schäden	$i > 0$
b)	irreversible ökologische Schäden	$i = 0$
c)	technische Weiterentwicklungen	$i >> 0$
d)	verschärfte Rahmenbedingungen	$i \gtrless 0$
e)	Interessen zukünftiger Generationen	$i \overset{=}{<} 0$

Abbildung 69: Situative Wirkung auf den Diskontierungssatz
(Quelle: GÜNTHER 1994, S. 200)

8.2.2 Akquisitionsentscheidungen

Externes Wachstum Wachstum als unternehmerisches Sachziel unterstützt die Erreichung unternehmerischer Formalziele, wie z.B der Gewinnerzielung. Dabei stehen dem Unternehmen die Alternativen internen und externen Wachstums zur Verfügung. Sind Investitionsentscheidungen eine Konsequenz der Entscheidung für internes Wachstum, so sind Akquisitionsentscheidungen die Folge einer Entscheidung für externes Wachstum. Für internes Wachstum spricht, dass die betrieblichen und personellen Voraussetzungen bekannt sind, auf erfahrenes Management zurückgegriffen werden kann, korrigierende Eingriffe möglich und Chancen und Risiken wegen vorhandenen Know-hows besser abschätzbar sind. Externes Wachstum kann demgegenüber rasch erreicht werden, Synergieeffekte sind realisierbar, qualifiziertes Personal vor Ort wird quasi miteingekauft und auch die Finanzierungsspielräume des erworbenen Unternehmens können mitgenutzt werden. Auch Eintrittsbarrieren für neue Wettbewerber sind im Gegensatz zum internen Wachstum nicht zu überwinden. Allerdings sind diesen Argumenten neben den Vorteilen einer Investition noch die Nachteile gegenüberzustellen, dass eine Akquisition ein einmaliger Vorgang und eine Integration in das bestehende Unternehmen erforderlich ist. Nicht zuletzt besteht die Gefahr, eine „Katze im Sack“ zu kaufen, da akquirierte Unternehmen häufig auch über Bereiche verfügen, die nicht in die Strategie des Käufers passen. Um nun das potenziell zu akquirierende Unternehmen beurteilen zu können, werden üblicherweise drei Tests durchgeführt, ein Attraktivitätstest (strategische Bewertung), ein Eintrittskostentest (finanzielle Bewertung) und ein Synergietest (finanzielle Bewertung). Auf beiden Bewertungsebenen sind Umweltaspekte zu berücksichtigen. Diese werden häufig im Rahmen einer gesonderten Umwelt Due Diligence ermittelt. Mögliche Gründe für Unternehmen, eine solche zusätzliche Bewertung durchzuführen, bestehen in der Altlastenproblematik, dem Umweltrecht sowie im gesteigerten Umweltbewusstsein der Käufer.

> Folgende Situation könnte für MOBILITY UNLIMITED eine Akquisitionsentscheidung erforderlich machen: Das Unternehmen plant eine Erweiterung seiner Aktivitäten um den Bereich der Demontage von Altautos. Als Alternativen stehen:
>
> a) der Aufbau einer eigenen Demontagelinie,
>
> b) die Akquisition eines Demontagebetriebs sowie
>
> c) die Kooperation mit anderen Unternehmen zur Verfügung.

Strategische Analyse Ehe eine monetäre Bewertung des Akquisitionskandidaten durchgeführt werden kann, muss eine strategische Analyse erfolgen. Diese setzt sich aus der Analyse der **Ist-Situation** (Makro- und Aufgabenumfeld des eigenen Unternehmens (vgl. Kapitel 5)), den **Akquisitionszielen** (Verbreiterung der Produktpalette in bestehenden Märkten und Ländern, Erschließen neuer Märkte für bestehende Produkte, Gewinnung von Marktanteilen, Diversifikation, z.B. in Wachstumsbranchen, Ausbau der Aktivitäten in bestimmten Regionen und Ländern, Erschließen neuer Vertriebskanäle oder neuer Kundengruppen, Erwerb zusätzlicher Ressourcen, [wie z.B. Produktion, Vertriebsnetz, Technologie, Management] oder economies of scale, Behebung von Ungleichgewichten [wie z.B. Saisonschwankungen, Ein-Produkt-Abhängigkeit, Kundenabhängigkeit, Auslastung von Überkapazitäten], Verteidigung gegen unerwünschte take-over Strategien, Erreichen des Börsenzugangs, Einkauf von Management sowie Kauf unterbewerteter Aktiva) und dem **Anforderungsprofil** (z.B. Branche: Automobil, Marktanteil: mindestens 30 %, Management: gut ausgebautes Vertriebsnetz, Standort: Mitteleuropa) zusammen.

Finanzielle Analyse Nachdem durch die strategische Analyse im Idealfall mehrere potenzielle Akquisitionskandidaten eruiert wurden, erfolgt die finanzielle Bewertung der Kandidaten. Hierzu können der Substanzwert und der Ertragswert ermittelt werden. Zur Bestimmung der Bewertungsmethode kann die Käufer- oder die Verkäuferperspektive eingenommen werden. Der potenzielle Käufer hat die Alternativen einer güteridentischen Reproduktion (internes Wachstum), des Erwerbs eines Unternehmens sowie der Anlage am Kapitalmarkt. Der Verkäufer kann das Unternehmen weiterführen, eine Liquidation anstreben und die Einzelteile verkaufen oder das Gesamtunternehmen verkaufen und den Erlös am Kapitalmarkt anlegen. Für die güteridentische Reproduktion bzw. die Liquidation kann der **Substanzwert** bestimmt werden, wobei im ersten Fall der Begriff Reproduktionswert, im zweiten Fall der Begriff Liquidationswert verwendet wird. Er setzt sich aus der Summe der Werte der einzelnen Vermögensgegenstände zusammen (Einzelbewertungsansatz). Ausgangspunkt der Substanzwertermittlung ist die Bilanz des Unternehmens, d.h. die Vermögens- und nicht die Erfolgs- oder Zukunftssicht aus statischer Perspektive. Für den Ansatz können nur die aktivierbaren Vermögensgegenstände oder zusätzlich die immateriellen Werte einbezogen werden. Für die Bewertung werden die Wiederbeschaffungskosten bestimmt, wobei entweder von der Wiederbeschaffung neuer Vermögensgegenstände ausgegangen werden kann oder ihre Altersstruktur berücksichtigt wird. Der **Ertragswert** geht von einer Weiterführung bzw. dem Erwerb eines Unternehmens aus. Für die Wertermittlung durch den Käufer sind die sogenannten Entnahmeüberschüsse relevant. In einer ersten Stufe wird ein objektivierter Unternehmenswert als Barwert erwarteter Entnahmeüberschüsse auf der Basis von Daten des Rechnungswesens (Erfolgsgrößen aus integrierter Bilanz-, Erfolgs- und Finanzplanung) (ohne Synergien) ermittelt. So erhält man den Wert des Unternehmens, „wie es steht und liegt“. In einer zweiten Stufe wird der subjektive Unternehmenswert ermittelt, indem

Synergien hinzugerechnet werden, d.h. positive oder negative Effekte, die alleine auf den Erwerb zurückzuführen und abhängig vom erwerbenden Unternehmen sind. Diese können beispielsweise aus einem frühzeitigen Markteintritt oder einem Know-how-Zuwachs resultieren. Der Ertragswert wird als Kapitalwert aller Einzahlungsüberschüsse ermittelt.

$$Unternehmenswert = \sum_{t=1}^{\infty} \frac{(E_t - A_t)}{(1+i)^t}$$

$E_t - A_t$ = Einzahlungsüberschüsse

t = laufende Nummer der betrachteten Jahre

i = Diskontierungssatz

Shareholder Value Am konkreten Beispiel des Shareholder Value als Umsetzung des Ertragswertgedankens soll nachfolgend die Ökologieorientierung dargestellt werden. Der Shareholder Value stellt den Gegenwartswert der zukünftigen erwarteten freien Cash-flows (Zahlungsströme) eines Unternehmens dar, die zur Befriedigung der Kapitalgeber herangezogen werden können (Wert, der den Aktionären bzw. Anteilseignern zusteht)

$$SHV = \sum_{n=1}^{\infty} \frac{FCF_n}{(1+i)^n} - FK$$

SHV = Shareholder Value

FCF = freie Cash-flows (= Cash-Flows minus Investitionen minus Änderung des Nettoumlaufvermögens vor Zinsen und Tilgung

n = laufende Nummer der betrachteten Jahre

i = Diskontierungssatz (Gesamtkapitalkosten)

FK = Fremdkapital

Inwiefern ist der Shareholder Value nun ökologieorientiert? Er ist zukunftsorientiert (zukünftige FCF) und somit auf eine langfristige Unternehmenswertsteigerung ausgerichtet. Darüber hinaus kann der Shareholder Value durch Umweltmanagement gezielt erhöht werden. Abbildung 70 stellt die Werttreiber dar, die zudem beispielhaft unter dem Fokus der Ökologieorientierung beschrieben werden.

1. *Dauer der Wertsteigerung:*

- Ökologische Innovationen erlauben fallweise Preisprämien oder Kosteneinsparungen.
- Wertsteigerung: Eine über die Kapitalkosten erzielbare Rendite („Überrendite") erhöht den Shareholder Value.
- Bewusstsein der Verbraucher: Ökologisch bedenkliche Produkte können mit Absatzproblemen verbunden sein.
- Neue gesetzliche Vorschriften führen zu Kostensteigerungen z.B. durch steigende Grenzwerte.

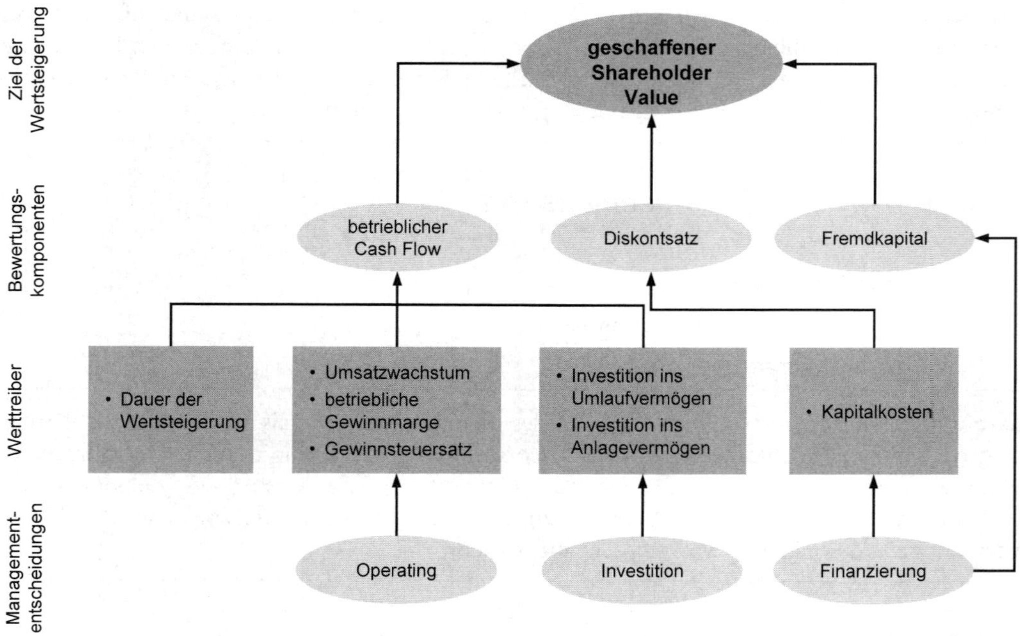

Abbildung 70: Shareholder Value Netzwerk
(In Anlehnung an RAPPAPORT 1995, S. 76)

2. *Operating:*

- Verbesserung der Wettbewerbsposition durch Ökologieorientierung führt zu Umsatzwachstum („grüne" Differenzierung) und erhöht den Shareholder Value.
- Durch umweltfreundliche Technologien sinken Materialkosten oder Entsorgungskosten und der Shareholder Value wird erhöht.
- Steuerliche Vergünstigungen (Sonderabschreibungen, Subventionen) erhöhen den Shareholder Value.
- Durch staatliche Förderprogramme kann der Gewinnsteuersatz sinken.

3. *Investitionen in das Anlagevermögen:*

- Investitionen steigern den Shareholder Value, wenn die Renditen über den Kapitalkosten liegen.
- Investitionen in end-of-the-pipe-Technologien sind eher kapitalintensiv. Häufig sind ihnen keine Erlöse zuzuordnen, vielmehr fallen hohe Betriebskosten an, so dass der Shareholder Value tendenziell sinkt. So sind Umweltschutzinvestitionen mit geringer Kapitalintensität und integrierte Technologien zu bevorzugen.

4. *Investitionen in das Umlaufvermögen:*

- Ökologieorientierte Aktivitäten wie Materialkostensenkung, geringere Durchlaufmengen oder die Prozessoptimierung haben eine positive Wirkung auf den Shareholder Value, da die freien Cash Flows steigen. Eine gleiche Wirkung entfalten integrierte Umweltschutztechnologien.

5. *Finanzierung* (Diskontierungssatz, Aufnahmemöglichkeiten von Fremdkapital):

- Bei der Kreditvergabe werden Umweltaspekte berücksichtigt; dadurch wird die Höhe des Zinses beeinflusst, aber auch die grundsätzliche Möglichkeit der Kreditaufnahme.
- Staatlich subventionierte Kredit- und Förderprogramme führen zu geringeren Zinskosten.
- Umweltrisiken erhöhen die Kapitalkosten und senken den Shareholder Value.

Umwelt-Due-Diligence Im Rahmen der Umweltbewertung werden darüber hinaus das Makro- und Aufgabenumfeld sowie alle Wertschöpfungsstufen der Übernahmekandidaten hinsichtlich ökologischer Belange untersucht. Umwelt-Due-Diligence hat sich dabei als Begriff für die Prüfung des (sorgfältigen) Umgangs mit der ökologischen Umwelt eingebürgert. Ziel ist dabei, die Risiken eines Unternehmenserwerbs im Hinblick auf Umweltaspekte durch detaillierte Analysen des potenziellen Kaufobjekts zu ermitteln und zu vermeiden bzw. zu vermindern. Eine solche Bewertung ist nicht nur für umweltsensible Industriezweige, wie die Chemische Industrie, die Öl- und Gasindustrie, die verarbeitende Industrie, sondern auch Handels- oder Dienstleistungsunternehmen sowie Kreditinstitute oder Versicherungen aufgrund deren indirekter Betroffenheit relevant.

> Zur Erhöhung der Wertschöpfungstiefe erwirbt MOBILITY UNLIMITED die SPEED GMBH, einen Automobilzulieferer. Ein Jahr später wird eine Belastung des Grundwassers mit chlorierten Kohlenwasserstoffen entdeckt. Untersuchungen ergeben, dass die Verunreinigung vom Gelände der SPEED GMBH ausgeht. Ursache des Schadens war der nicht sachgemäße Umgang mit Gefahrenstoffen, die bis Ende der 1980er Jahre verwendet wurden. Die Behörde verpflichtet die SPEED GMBH zur Sanierung von Boden und Grundwasser. Die Folge sind hohe Kosten, aber auch Imageprobleme. Nun stellt sich heraus, dass die Kontaminationen nicht durch die SPEED GMBH selbst, sondern durch ein benachbartes Unternehmen verursacht wurden. Untersuchungen ergeben, dass durch Lösungsmittelaufbereitungen erhebliche Mengen an Lösungsmitteln in Boden und Grundwasser eingedrungen sind. Das Unternehmen ist allerdings wegen wirtschaftlicher Schwierigkeiten mittlerweile zahlungsunfähig, so dass die Behörden die Grundstückseigentümerin SPEED GMBH für die Sanierung in Anspruch nehmen.

Inhalt einer Umwelt-Due-Diligence Auf Stufe 1 einer Umwelt Due Diligence sind die Umweltrisiken im handelsrechtlichen Abschluss der Gesellschaft zu behandeln. Diese Behandlung erfolgt im Rahmen der finanziellen Analyse des letzten Jahresabschlusses (**Substanzwertermittlung**). Auf Stufe 2 erfolgt eine **Legal Compliance Prüfung**, die der Frage nachgeht, inwieweit die Umweltvorschriften vom Unternehmen eingehalten werden. Stufe 3 ermittelt die finanziellen Auswirkungen aufgrund von Umweltrisiken (**Ertragswertermittlung**). Hierzu werden sämtliche gegenwärtige und sofern absehbar zukünftige finanzielle Auswirkungen der Produkte, Verfahren, Investitionen, Aufwendungen und sonstigen Verpflichtungen des Unternehmen erfasst (z.B. veraltete Produktionsverfahren, Nachfrageeinbruch, geplante Gesetzesvorhaben, Einsatz gefährlicher Grundstoffe, Entsorgungskosten). Stufe 4 widmet sich den **„guten Managementpraktiken“**. Hierunter fallen Selbstverpflichtungsabkommen (z.B. responsible care des Verbands der Chemischen Industrie), aber auch die Analyse dieser Managementpraktiken. Auf Stufe 5 wird die Umwelt-Due-Diligence auf die **Qualität** und die **Arbeitssicherheit** erweitert.

Ablauf einer Umwelt-Due-Diligence Nach der Zielfestlegung erfolgt die **Prüfungsplanung** (Informationsbeschaffung und Ablaufplanung), die Zusammenstellung des **Prüfungsteams**

(Verbindung technischer, naturwissenschaftlicher, umweltrechtlicher und betriebswirtschaftlicher Kenntnisse) sowie die eigentliche **Prüfungshandlung** mit Hilfe von Checklisten, die eine **Betriebsbegehung, Interviews** mit Mitarbeitern, der Mitarbeitervertretung, der Produktionsleitung, den Umweltbeauftragten und der Geschäftsführung sowie eine **Dokumentenauswertung** umfasst. Damit erfolgt die Umwelt-Due-Diligence als System- und Funktionsprüfung, bei der sich der Prüfer von den Aufgaben, der Gestaltung und der Wirksamkeit des Systems von Regelungen und Abläufen überzeugt. Im Rahmen der Prüfung werden folgende Teilbereiche des Unternehmens untersucht: Aufbau- und Ablauforganisation, Genehmigungs- und Auflagenmanagement, Umweltbeauftragtenwesen, Abfallmanagement (interne Abfallentsorgungsverfahren und Entsorgungsnachweise), Gutachteneinsicht, Berichte interner und externer Audits, Berichte des/der Umweltbeauftragten, Rechtsanwaltsbestätigungsschreiben über rechtliche und umweltrechtliche Verfahren, Vollständigkeitserklärung der Geschäftsleitung, Investitions- und Aufwandsbudgets, Haftungsregelungen in Kauf- und Pachtverträgen und Versicherungsschutz. Abschließend erfolgt eine Verknüpfung mit der Financial Due Diligence. Ergebnis sollen fundierte Aussagen über die Umweltrisiken sowie die Festlegung von weiterführenden Maßnahmen (Detailuntersuchungen) sein.

MOBILITY UNLIMITED möchte ein anderes Automobilunternehmen, das eine Demontagelinie hat und vor allem Klein- und Mittelklassewagen anbietet, übernehmen. Damit würden aber auch sämtliche Haftungsrisiken auf MOBILITY UNLIMITED übergehen. Es liegt daher im Interesse des Konzerns, sämtliche potenziellen finanziellen Risiken, auch die Umweltrisiken des zu übernehmenden Betriebs zu bewerten. Dabei sind nicht nur Boden- und Grundwasserverunreinigungen oder Probleme mit der Bausubstanz zu bewerten. Vielmehr sind alle umweltrelevanten Aspekte in der Untersuchung zu beachten: Umweltaspekte im Produktions- und Demontageablauf, Produktionsanlagen, Emissionen und Immissionen, Stoff- und Abfallmanagement, Nutzungen in der Nachbarschaft etc.. Dazu ist eine Umwelt Due Diligence mit folgenden Punkten zu erstellen: Recherche der Grundstückshistorie, Recherche der Grundstücksumgebung, Untersuchung von Boden, Bodenluft und Grundwasser, detaillierte Begehung des Objekts hinsichtlich umweltgefährdender und/oder problematischer Bausubstanz, Bewertung der Produktionsprozesse und der in diesen Prozessen eingesetzten Anlagen hinsichtlich Umweltrisiken, Bewertung der eingesetzten Stoffe und Hilfsstoffe einschließlich deren Lagerflächen und Bewertung des Abfallmanagements einschließlich der Entsorgungseinrichtungen. Der Abschlussbericht mit den Ergebnissen der Umwelt Due Diligence hat MOBILITY UNLIMITED sämtliche Umweltrisiken und deren finanzielle Bewertung aufgezeigt. Damit war der Bericht eine Grundlage zur Entscheidungsfindung in den Übernahmeverhandlungen.

8.3 Denken in Kosten und Erlösen – Preise kalkulieren und Kosten steuern

Im Unterschied zur Investitionsrechnung, die eine projektbezogene, periodenübergreifende Betrachtung vornimmt (vgl. Kapitel 8.2.1), bezieht sich die Kostenrechnung auf einzelne Zeitscheiben (d.h. i.d.R. Monat, Quartal oder Jahr) und ist stärker stellen- bzw. bereichsorientiert.

8.3.1 Ökologieorientierung der klassischen Kostenrechnung

Abgrenzung Gegenstand der Kostenrechnung ist die Unterstützung operativer Managementaufgaben der Planung, der Steuerung und der Kontrolle, die sich auf Prozesse, Bereiche und Produkte beziehen. Da Umweltaspekte nicht nur in abgegrenzten Projekten Niederschlag finden, sondern auf alle Bezugsobjekte der Kostenrechnung (Prozesse, Produkte) wirken, sind sie in der Kostenrechnung abzubilden. Eine **ökologieorientierte Kostenrechnung** erfasst und verrechnet Kosten, die durch Umweltauswirkungen des Unternehmens entstehen. Deshalb steht sie nicht neben der „normalen Kostenrechnung", sondern entsteht durch die Fortentwicklung der vorhandenen Kostenrechnung, indem ökologiebezogene Kosten systematisch berücksichtigt werden.

Ökologieorientierter Kostenbegriff Ökologiekosten bzw. -erlöse sind zu bestimmen, um die Auswirkungen unternehmerischen Handelns auf die ökologische Umwelt steuern zu können. Diese äußern sich in Form von Umweltaspekten, d.h. in Form von vollständig quantifizierbaren Stoff- und Energieflüssen zwischen System und Umwelt. Aus der Vielfalt der Umweltaspekte eines Unternehmens, die kosten- bzw. erlöswirksam werden, ergibt sich die Notwendigkeit, „Ökologiekosten bzw. -erlöse" als Begriff zu definieren und deren Bestimmung nach Art und Höhe festzulegen. **Kosten** werden allgemein als bewerteter Verzehr von Gütern und Dienstleistungen zur Erstellung betrieblicher Leistungen definiert (vgl. COENENBERG/FISCHER/GÜNTHER 2007, S. 24). Darin ist theoretisch jede Nutzung von Umweltfunktionen eingeschlossen, d.h. alle Kosten und Erlöse könnten als Ökologiekosten bzw. -erlöse ausgewiesen werden. „**Ökologiekosten** bzw. **Ökologieerlöse**" können somit im Allgemeinen definiert werden als alle Kosten bzw. Erlöse, die durch die Umweltaspekte des Unternehmens in Form von vollständig quantifizierbaren Stoff- und Energieflüssen zwischen System und Umwelt entstehen (siehe zum Zusammenhang von Umwelteinflüssen und Kosten UMWELTBUNDESAMT (Hrsg.) 1996, S. 3 & 47). Nach anderen Definitionen werden Umweltschutzkosten als „sämtliche ökonomischen Nachteile bezeichnet, die durch Entscheidungen im Unternehmen, die die ökologische Umwelt tangieren, ausgelöst werden" (WAGNER 1992, S. 920). ROTH unterscheidet bewertete Sachzielverbräuche für Maßnahmen der Vermeidung, Verminderung, Verwertung und Beseitigung unternehmensinduzierter Umweltbelastungen sowie für Überwachungsmaßnahmen (vgl. ROTH 1992, S. 107). FISCHER grenzt Kosten ab, die für das werksbezogene Umweltmanagement relevant sind, als Kosten für die Vermeidung von Reststoffen, Kosten für die Produktion von Reststoffen, Kosten für die Entsorgung von Reststoffen und externe Kosten von Reststoffen (vgl. FISCHER/WUCHERER/WAGNER 1997, S. 13 f.).

Abgrenzung Um die Ökologiekosten in der Praxis zu analysieren, sind die verschiedenen Kostenbegriffe zu betrachten:

a) Beim **pagatorischen Kostenbegriff**, der auf KOCH zurückzuführen ist, basiert der Wertansatz auf den „mit Herstellung und Absatz einer Erzeugniseinheit bzw. einer Periode verbundenen nicht-kompensierten Ausgaben" (KOCH 1958, S. 361), d.h. auf ausgabengleichen Kosten. Diese können auf Anschaffungs- oder Wiederbeschaffungskostenbasis ermittelt werden. Ökologiekosten werden also nur insoweit betrachtet als sie bereits internalisiert sind und auch zu Ausgaben des Unternehmens führen. Denn eine Überschneidung von pagatorischen und externen Kosten ist im Allgemeinen nicht gegeben.

b) Beim **wertmäßigen Kostenbegriff** bezieht sich die Abgrenzung auf „die Werte der für Leistungen verzehrten Güter" (SCHMALENBACH 1963, S. 6), d.h. auf den monetären Grenznutzen, den das Unternehmen aus dem Verbrauch der Umweltgüter ableiten kann. Der wertmäßige Kostenbegriff erweitert den pagatorischen Kostenbegriff um die Opportunitätskosten. Diese stellen entgangene Gewinne dar, die dadurch entstehen, dass vorhandene Alternativen (Opportunitäten) nicht wahrgenommen werden. Kosten bezeichnen damit sowohl einen Mengen- als auch einen Werteverzehr. Die Mengenkomponente wiederum setzt Güterverzehr und Leistungsbezogenheit voraus. Beim Kriterium des Güterverzehrs geht es zum einen um die Frage des Gutcharakters, zum anderen um die Verzehrseigenschaft dieses Gutes, d.h. den Verzehr von wirtschaftlichen (knappen) Gütern. Die Leistungsbezogenheit von Gütern setzt voraus, dass ohne deren

Nutzung keine Produktion möglich ist. Da die Bewertung in Geldeinheiten erfolgt, wird eine monetäre Bewertbarkeit vorausgesetzt. Ökologiekosten sind insoweit in diesen Kostenbegriff integriert, als sie einzelwirtschaftlich relevant und monetär bewertbar sind. Externe Effekte können ebenfalls einbezogen werden. Schmalenbach vertrat bereits 1963 das Prinzip der gemeinwirtschaftlichen Wirtschaftlichkeit und beschränkte sich nicht nur auf die Betrachtung einzelwirtschaftlicher Gesichtspunkte (vgl. SCHMALENBACH 1963, S. 3). So kann der ökologieorientierte Kostenbegriff als erweiterter wertmäßiger Kostenbegriff verstanden werden.

Für eine Zusammenfassung der unterschiedlichen Kostenbegriffe vgl. Abbildung 71.

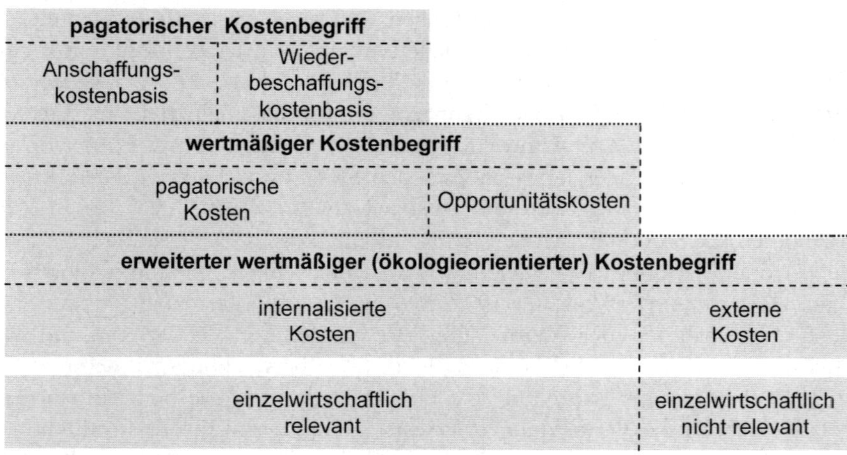

Abbildung 71: Ökologieorientierter Kostenbegriff
(Quelle: GÜNTHER 1994, S. 221)

Bestandteile der Kostenrechnung Eine ökologieorientierte Kostenrechnung setzt an den tatsächlichen Material- und Energieströmen des Unternehmens an, die in betrieblichen Stoff- und Energiebilanzen abgebildet werden. Nach der Erfassung und Bewertung der so gebildeten Ökologiekosten und -leistungsarten (**Kostenartenrechnung**) sind diese für die Planung, Steuerung und Kontrolle einzelnen Bereichen (**Kostenstellenrechnung**) und Produkten bzw. Aufträgen (**Kostenträgerrechnung**) zuzurechnen (vgl. Abbildung 72).

Ausgangspunkt Stoff- und Energiebilanzen Diese Bilanzen können sich auf ein Werk an einem Standort (**Werks- oder Standortbilanz**), Teilbetriebe innerhalb des Werks (**Betriebsbilanz**), einzelne Maschinen- oder Anlagengruppen sowie Aggregate (**Prozessbilanz**) oder ein Produkt (**Produktbilanz**) beziehen. Allen Teilströmen der betrieblichen Stoff- und Energiebilanz (Mengenkomponente) werden Preise bzw. Kosten (Wertkomponente) zugerechnet. Bei Stoff- und Energieströmen, die in das Unternehmen eingehen oder von ihm ausgehen, liegen für die Bestimmung des Wertes konkrete Marktpreise vor (z.B. Kosten je Energieeinheit oder Entsorgungskosten je Tonne Sonderabfall). Innerbetriebliche Leistungen werden über eine innerbetriebliche Kostenverteilung, ersatzweise über Marktpreise bewertet, z.B. Energielieferungen des Blockheizkraftwerkes oder Leistungen der internen Entsorgungsanlage. Schließlich führt aufgrund des oben dargestellten Zusammenhangs zwischen internalisierten und externen Effekten nicht jeder der in der betrieblichen Stoff- und Energiebilanz dokumentierten Umweltaspekte auch zu internen Ökologiekosten. Insbesondere Belastungen der Luft sind üblicherweise für Dritte, nicht aber für den Verursacher mit Kosten verbunden.

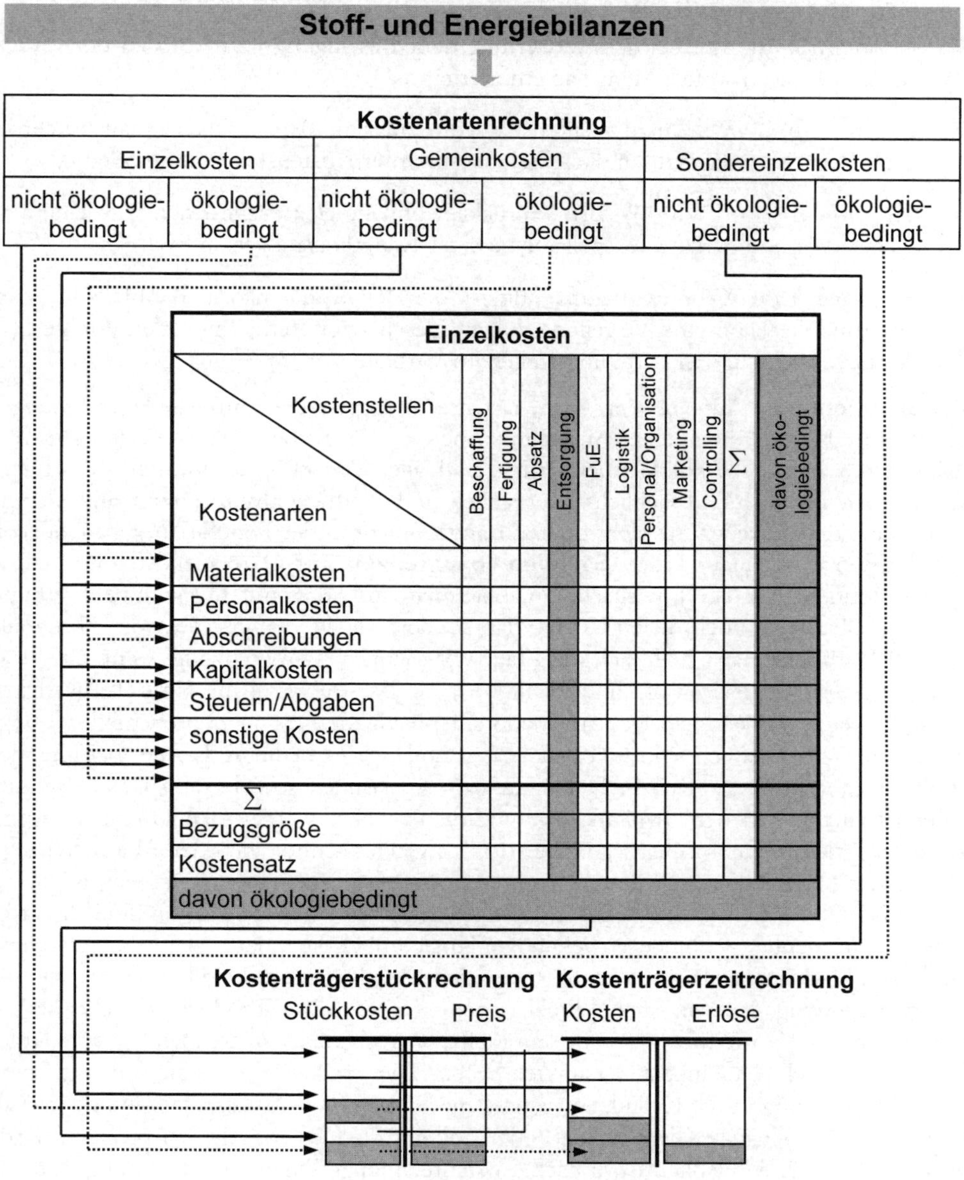

Abbildung 72: Kostendurchlaufschema
(Quelle: GÜNTHER 1994, S. 226)

Die Verteilung der Kosten kann mit Hilfe folgender Bezugsgrößen bestimmt werden:

- *Mengengrößen* (m_3, m_2, m, etc.): bei der Reinigung, Verwertung oder Beseitigung von Abwasser, Abluft, Abwärme, Abfall (Bsp.: Bei einer Abwasserreinigungsanlage kann die Menge des zu reinigenden Abwassers in m^3 oder Liter als Schlüssel eingesetzt werden.)
- *Gewichtsgrößen* (t, kg): bei der Verwertung oder Beseitigung von Abfällen oder Abgasen (Bsp.: Menge an Abfall, Menge an emittiertem CO_2)
- *Zeitgrößen* (h, Tage): Nutzungsintensität von Anlagen (Bsp.: zeitliche Inanspruchnahme einer Recyclinganlage durch die Abfälle bestimmter Kostenstellen in Stunden)
- *Technische Größen* (kWh, kJ) (Bsp.: zurückgewonnene elektrische Energie in einem Wärmetauscher und deren Rückspeisung zu einer Hauptkostenstelle in kWh)
- *Verhältniszahlen*: Wenn es zu aufwendig ist, die Menge an Schad- und Abfallstoffen exakt zu ermitteln, kann eine Verteilung anhand geschätzter Verhältniszahlen erfolgen (Bsp.: Abwasseranfall in drei Fertigungsstellen im Verhältnis 1:2:5)

Kostenartenrechnung Aufgabe der Kostenartenrechnung ist die umfassende Erfassung und Bewertung aller Kosten, die in einer Abrechnungsperiode für die betriebliche Leistungserstellung angefallen sind. Für die Ökologieorientierung sind alle Wertschöpfungsstufen zu betrachten, wobei die Kosten zeitlich und sachlich abzugrenzen sind. **Zeitlich abzugrenzen** sind Kosten im Umweltschutz, die entweder gar nicht oder zumindest nicht in der Periode, in der sie angefallen sind, als Kosten verrechnet werden. **Sachlich abzugrenzen** sind Ökologiekosten und Umweltschutzinvestitionen (Fall 1): Umweltschutzmaßnahmen sind i.d.R. mit Investitionen verbunden. Diese stellen allerdings (noch) keine Kosten dar, sondern sie werden erst über die Abschreibungen erfasst. Darüber hinaus stellt sich die Frage der sachlichen Abgrenzung, wenn ein Produkt ganz oder teilweise dem Umweltschutz dient (Fall 2). Da stoffbezogene Umweltrisiken immer auch eine Frage der Arbeitssicherheit sind, sind entsprechende Kostenarten ebenfalls zu berücksichtigen (Fall 3). Schließlich sind Ökologiekosten und prozessbedingte Kosten bei integrierten Technologien abzugrenzen (Fall 4). Denn Maßnahmen können sowohl dem Umweltschutz als auch der Effizienz- und der Qualitätssteigerung dienen. Hier werden dann Berechnungen der ökologiebezogenen Verbesserung gegenüber der Vorgängertechnologie oder Alternativlösungen mit Hilfe einer Differenz- oder Grenzbetrachtung durchgeführt. Bei der Erfassung ist zwischen primären und sekundären Ökologiekosten zu unterscheiden: Primäre Kosten sind direkt einer Kostenstelle zuordenbar, wohingegen sekundäre Kosten über die innerbetriebliche Leistungsverrechnung von Vorkostenstellen auf Endkostenstellen verteilt werden. Darüber hinaus sind in der Kostenartenrechnung Einzelkosten (direkt einem Kostenträger/Produkt zurechenbar) und Gemeinkosten (den Kostenträgern nicht unmittelbar zurechenbar) zu trennen, wobei Ökologiekosten in der Regel Gemeinkostencharakter haben. Dies bedeutet, dass sie indirekt über die Kostenstellenrechnung in die Kalkulation eingehen: Sie können Kostenstellen unmittelbar zugeordnet werden (Kostenstelleneinzelkosten) oder sind auf die Kostenstellen zu verteilen (Kostenstellengemeinkosten). Schließlich ist je nach Kostenrechnungssystem eine Trennung in fixe und beschäftigungsproportionale Kosten vorzunehmen.

Kostenstellenrechnung Die Kostenstellenrechnung fragt, wo welche Kosten in welcher Höhe entstanden sind. Dabei wird die innerbetriebliche Leistungsverflechtung zwischen den Kostenstellen berücksichtigt. Die Kostenstellenrechnung bereitet somit die Kalkulation vor. Kostenstellen können nach **rechentechnischen Gesichtspunkten** in Vorkostenstellen (arbeiten nicht direkt für das Endprodukt) und Endkostenstellen (erbringen Leistungen direkt für Kostenträger) gegliedert werden. Nach **produktionstechnischen Gesichtspunkten** können Hauptkostenstellen (dienen der Produktion der Hauptprodukte (nach rechentechnischen Gesichtspunkten: Endkostenstellen)), Nebenkostenstellen (Produktion absatzfähiger Neben- oder Kuppelprodukte oder Verwertung von Abfallprodukten) sowie Hilfskostenstellen (dienen nur mittelbar der Herstellung von Produkten, d.h. eher unterstützende Funktion – sie geben ihre Leistungen vollständig an Hauptkostenstellen ab) unterschieden werden. Kostenstellen können dabei ausschließlich, teilweise oder nicht ökologiebedingt sein: Ausschließlich dem Umweltschutz dient beispielsweise eine unternehmenseigene Kläranlage. In vielen Fällen liegen allerdings Kostenstellen vor, die nicht nur dem Umweltschutz dienen. Dies erfordert Techniken der Kostentrennung innerhalb der Kostenstellen. Nur dann können bei einer Weiterverrechnung (z.B. der Leistungen der Werkstatt oder des Werksschutzes) die Ökologiekosten sichtbar erhalten bleiben. Da eine vollständige und genaue Abgrenzung häufig nicht möglich ist, empfehlen sich folgende Verfahren:

- Berechnung der Ökologiekosten durch detailliertes *Herausrechnen* des ökologiebezogenen Anteils aus den vorhandenen Kostendaten (bspw. kalkulatorische Abschreibungen für Umweltschutzinvestitionen, Betriebskosten der Umweltschutzanlagen, Produktionskosten für umweltfreundliche Produkte etc.),
- schriftliche *Befragung* der Kostenstellenverantwortlichen einmal im Jahr mit Hilfe eines Fragebogens,
- *Abspaltung* z.B. proportional zum Anteil der Umweltschutzinvestitionen an den gesamten Investitionen.

Kostenträgerrechnung Im Rahmen der Kostenträgerrechnung werden die Ökologiekosten pro Kostenträger bestimmt. Einzelkosten können direkt aus der Kostenartenrechnung dem Kostenträger zugerechnet werden, Gemeinkosten über die Kostenstellenrechnung. Eine ökologieorientierte Aufschlüsselung verlangt eine Trennung der Gemeinkostensätze nach Kostenstellen. Für eine verursachungsgerechte Kalkulation (**Kostenträgerstückrechnung**) sind die Ökologiegemeinkosten auf die Kalkulationsobjekte zu verteilen. Die Kalkulation bestimmt die Selbstkosten eines Produkts und dient damit auch der Findung von Preisgrenzen. Aus der **Kostenträgerzeitrechnung** muss erkennbar sein, in welcher Höhe Ökologiekosten und -leistungen in der Abrechnungsperiode angefallen sind. Diese Betriebsergebnisrechnung zeigt, wie wirtschaftlich erfolgreich die Tätigkeit das Unternehmen in einer Periode war (Erfolg/Periode).

Ist- oder Plankosten Ökologiekosten werden entsprechend der Logik der traditionellen Kostenrechnung verarbeitet und stellen keine besonderen Anforderungen an die Ausgestaltung des Systems. Allerdings stellt sich die Frage, wie die Kostenrechnung generell ausgestaltet wird. Zum einen ist zu entscheiden, ob das System auf eine Istkostenbetrachtung beschränkt bleiben soll oder ob es um eine Plankostenrechnung zu erweitern ist, die zukünftige dispositive Entscheidungen unterstützt und eine aussagekräftige Kontrolle ermöglicht. Zum anderen können Kostenrechnungssysteme auf der Basis von Grenz- oder Vollkosten gestaltet werden, was davon abhängig ist, ob die Kostenrechnung kurzfristige Entscheidungen unterstützt oder auf langfristig angelegte Ziele ausgerichtet ist.

Instrumente des Kostenmanagements Aufgrund spezifischer Anforderungen wurde die Forderung nach der Ergänzung der traditionellen Kostenrechnung im Sinne eines Kostenmanagements laut. Dieses soll die strategischen Zielsetzungen des Unternehmens und kostenorientierte Betrachtungen zur Umsetzung in operative Entscheidungen verknüpfen (vgl. FISCHER 1993).

Von den drei Aufgaben Planung, Steuerung und Kontrolle verdient der Steuerungsaspekt besondere Beachtung, da die restriktiveren Umfeldbedingungen die gezielte Umsetzung von Erfolgspotentialen erfordern. Ausgewählte Instrumente der Kostenrechnung und des Kostenmanagements werden im Folgendenden schlaglichtartig in Form von Visitenkarten dargestellt. Für eine detaillierte Beschreibung sei auf die Arbeiten von MAHLENDORF (vgl. MAHLENDORF 2005) und LOEW, FICHTER und MÜLLER (LOEW/FICHTER/MÜLLER u. a. 2003) verwiesen.

> Um die Auswahl eines ökologieorientierten Kostenmanagementsystems vornehmen zu können, lädt MOBILITY UNLIMITED einige Unternehmen zu einem Wokshop ein, auf dem jedes Unternehmen das Instrument seiner Wahl vorstellt.

8.3.2 Life Cycle Costing

Das Instrument des Life Cycle Costing (Lebenszykluskostenrechnung) stellt ein Verfahren zur lebenszyklusorientierten Bewertung von Investitionsalternativen, d.h. von der Herstellung, über die Verwendung bis hin zur Entsorgung dar. Der Begriff Kosten in der Instrumentenbezeichnung ist insofern irreführend, als das Verfahren prinzipiell Zahlungsströme betrachten sollte. Der Anwender bewertet dadurch bewusst die über die reinen Anschaffungsauszahlungen hinaus notwendigen Folgezahlungen für den Betrieb und die Entsorgung des zu bewertenden Produktes. Durch die Betrachtung der unterschiedlichen Auszahlungen und Einzahlungen über den Lebenszyklus werden deren Austauschbeziehungen (Trade-offs) identifiziert. So kann es sich durchaus rechnen, einen höheren Anschaffungspreis für ein Produkt zu zahlen, wenn hierdurch die laufenden Auszahlungen bzw. Entsorgungsauszahlungen entsprechend reduziert werden. Die Relevanz dieses Ansatzes zeigt sich z.B. im Bereich von Pumpen und bei Gebäuden.

Tabelle 37: Visitenkarte Life Cycle Costing

Merkmal	Beschreibung
Ursprung	Die Methode, die für Investitionsentscheidungen verwendet wird, entstand in den 1930er Jahren in den USA für die Beschaffung von Traktoren. Seitdem wurde sie in einer Vielzahl von Varianten spezifiziert und weiterentwickelt. Das Life Cycle Costing (LCC) setzt an der Überlegung an, dass die Anschaffungskosten nur für einen minimalen Anteil der über den gesamten Lebenszyklus anfallenden Kosten verantwortlich sind. Für die Produzenten ergibt sich die Anforderung zur Optimierung der über den Lebenszyklus anfallenden Kostenstruktur seiner Produkte und Dienstleistungen.
Geltungsbereich	weltweit
Systemgrenze	cradle-to-grave
Bewertungsobjekt	Projekte, Produkte oder Dienstleistungen
Bewertungsgröße	Material- und Energieflüsse, die zu späteren Einzahlungen und Auszahlungen führen
Ziel	Planung, Bewertung und Vergleich verschiedener Investitionsalternativen sowohl aus Beschaffungs- als auch aus Entwicklungsperspektive nach dem Prinzip des Gesamtkostendenkens
Annahmen	bewertete Alternativen bieten die gleiche Funktionalität
Vorgehensweise/ Methodik	1) *Zielfestlegung* Bestimmung, welche Funktion/Leistung erworben werden soll 2) *Identifikation möglicher Alternativen*

<table>
<tr>
<td></td>
<td>
Identifizierung von Alternativen, die die im ersten Schritt festgelegten Anforderungen erfüllen
3) Erfassung der notwendigen Informationen
Diskontierungssatz, Zeitpunkt und Höhe der über den Lebenszyklus anfallenden Ein- und Auszahlungen, Dauer des Lebenszyklus
Empfehlung des Einsatzes eines Projektstrukturplans (Cost-Break-Down Structure) zur systematischen Übersicht über alle anfallenden Ein- und Auszahlungen
In diesem Zusammenhang auch weiterhin separate Berücksichtigung umweltrelevanter Kosten
4) Festlegung der Zielkosten
Festlegung der akzeptablen Kosten in den einzelnen Phasen des Lebenszyklus
5) Ergebnisanalyse
Verschiedene Methoden zur Berechnung der insgesamt anfallenden Lebenszykluskosten möglich, prinzipiell erfolgt Diskontierung der anfallenden Auszahlungen mit der folgenden Formel:
$$C_0 = \sum_{t=0}^{T} \frac{E_t - A_t}{(1+i)^t}$$
E_t = Einzahlungen im Jahr t
A_t = Auszahlungen im Jahr t
t = laufende Nummer der betrachteten Jahre
T = Planungshorizont
i = Diskontierungssatz
Weiterhin kann die Erstellung eines Kostenprofils zum visuellen Vergleich mehrerer Alternativen erfolgen (vgl. Abbildung 73).
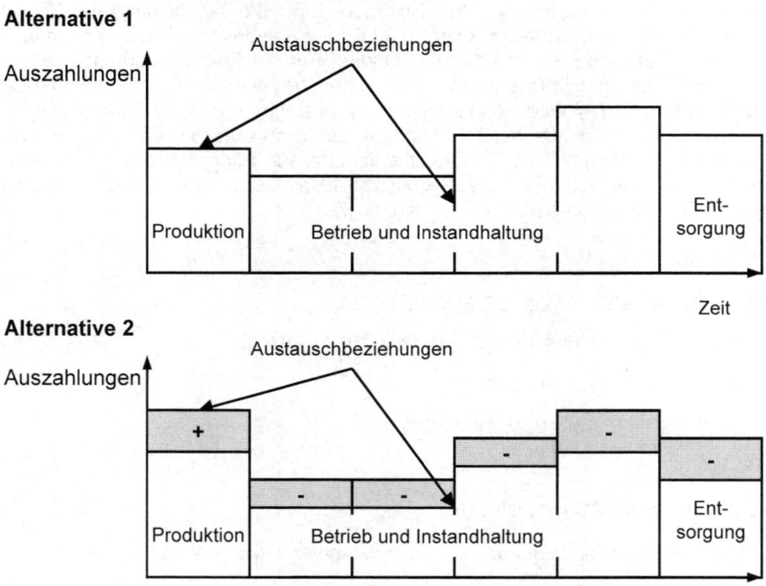

Abbildung 73: Lebenszykluskostenprofil
(In Anlehnung an BURSTEIN 1988, S. 257)
</td>
</tr>
<tr>
<td>Ergebnis</td>
<td>
• Abzinsung der identifizierten Ein- und Auszahlungen mittels Diskontierung auf den Anschaffungszeitpunkt (hierbei auch Berücksichtigung von Finanzierungseffekten und Inflationseinflüssen)
• Auswahl der Alternative mit den geringeren Lebenszykluskosten
</td>
</tr>
</table>

Kritische Würdigung	+ Betrachtung des gesamten Lebenszyklus und der sich daraus ebenfalls ergebenden Konsequenzen für Produzenten und Käufer + Aufzeigen von Entscheidungsfolgen mittels der Darstellung von Trade-offs + Kombinierbarkeit des LCC als monetäres Instrument mit der Methode der Ökobilanzierung (LCA) - schwierige Datenerfassung und Prognose - Unsicherheit der verwendeten Daten - Liquiditätsengpässe behindern die Umsetzung der Ergebnisse des LCC
Literatur	BLANCHARD, B. S. (1978): Design and Manage to Life Cycle Cost. Portland 1978. WÜBBENHORST, K. L. (1984): Konzept der Lebenszykluskosten – Grundlagen, Problemstellung und technolgische Zusammenhänge, Darmstadt 1984. GÜNTHER, T.; KRIEGBAUM, C. (1999): Life Cycle Costing, In: Baum, H.-G.; Coenenberg, A. G.; Günther, E. (1999): Betriebliche Umweltökonomie in Fällen, Band 1, München 1999, S. 232-266. COENENBERG, A. G.; FISCHER, T. M.; GÜNTHER, T. (2007): Kostenrechnung und Kostenanalyse. Stuttgart, 2007, S. 569 – 577. HUNKELER, D.; LICHTENVORT, K.; REBITZER, G. (Hrsg.) (2008): Environmental Life Cycle Costing. Boca Raton, Fla., 2008.

Beispielberechnung Life Cycle Costing

Die Beleuchtung für eine Werkhalle von REIFEN FRISCH muss erneuert werden. Um zu entscheiden, ob Glühlampen oder Energiesparlampen zum Einsatz kommen, soll ein Vergleich der Lebenszykluskosten durchgeführt werden. Dazu wird das Verfahren des Life Cycle Costing verwendet. Insgesamt muss die Werkhalle mit 50 Lampen ausgestattet werden. Eine Glühlampe mit einer Leistung von 75 W und einer Lebensdauer von 1000 Stunden kostet 0,99 €, eine vergleichbare Energiesparlampe (15 W) kostet 9,55 € und hat eine Lebensdauer von 10.000 Stunden. Für die Energiesparlampe fallen Entsorgungskosten von 0,625 € pro Stück an. Die Energiekosten betragen zurzeit 0,139 € pro kWh. Die Lampen sind durchschnittlich 12 Stunden pro Tag eingeschaltet bei 21 Arbeitstagen pro Monat. Zurzeit liegt der Zinssatz für risikolose Bundesfinanzierungsschätze bei 3,2 % und der durchschnittlich auf den Finanzmärkten gezahlte Zins beträgt 4 %. Das systematische Risiko der Branche liegt bei 1,2. Für das Fremdkapital zahlt REIFEN FRISCH momentan 8 % Zinsen. Die Eigenkapitalquote beträgt 40 %. Der untersuchende Zeitrahmen ist auf n=40 Monate festgelegt. Der Ertragssteuersatz (s) beträgt 50 %.

Lösungsweg:

<u>Schritt 1: Berechnung des Kalkulationszinssatzes</u>

Berechnung des Eigenkapital- und Fremdkapitalzinssatzes:

$$i_{EK} = i_{risikolos} + \beta\,(i_{Markt} - i_{risikolos})$$

$$i_{EK} = 3{,}2\,\% + 1{,}2\,(4\,\% - 3{,}2\,\%) = \underline{\underline{4{,}16\,\%}}$$

$$i_{FK} = \underline{\underline{8\,\%}}$$

Berechnung des WACC (jährlich):

$$\begin{aligned} WACC &= \text{Eigenkapitalquote} \times i_{EK} + \text{Fremdkapitalquote} \times (1-s) \times i_{FK} \\ &= 0{,}4 \times 4{,}16\,\% + 0{,}6 \times (1-0{,}5) \times 8\,\% = \underline{\underline{4{,}1\%}} \end{aligned}$$

Berechnung des WACC (monatlich):

$$WACC_{Monat} = (1+WACC)^{\frac{1}{12}} - 1 = 1{,}041^{\frac{1}{12}} - 1 = \underline{\underline{0{,}34\,\%}}$$

Berechnung des monatlichen Barwertfaktors (BWF):

$$BWF_{Monat} = \frac{1}{WACC_{Monat}} \times (1-(1+WACC_{Monat})^{-n}) = \frac{1}{0{,}0034} \times (1-(1+0{,}0034)^{-40}) = 37{,}3383$$

Schritt 2: Berechnung der Anschaffungs-, Energie- und Entsorgungskosten:

Tabelle 38: Beispielberechnung Life Cycle Costing

	Berechnung	Glühlampe	Energiesparlampe
	Anschaffungskosten		
Anschaffungskosten [€]	Preis pro Lampe x Anzahl Lampen	-49,50 €	-477,50 €
Anzahl Ersatzlampen [Stk]	$\frac{\text{Zeitrahmen * Betriebszeit pro Monat}}{\text{Lebensdauer}}$	10,08	1,01
Ersatzintervall [Monate]	$\frac{\text{Lebensdauer}}{\text{Betriebszeit pro Monat}}$	3,9683	39,6825
$WACC_{Ersatz}$	$(WACC_{Monat} + 1)^{Ersatzintervall} - 1$	0,0136	0,1443
BWF_{Ersatz}	$\frac{1}{WACC_{Ersatz}} \times (1-(1+WACC_{Ersatz})^{-(Anzahl\,Ersatzl.-1)})$	8,4889	0,0075
Kapitalwert der Erstausstattung [€]	Anschaffungskosten	-49,50 €	-477,50 €
Kapitalwert der Nachkäufe [€]	Anschaffungskosten x BWF_{Ersatz}	-420,20 €	-3,57 €
Kapitalwert Anschaffungskosten gesamt [€]	$KW_{AK} + KW_{Nachkauf}$	**-469,70 €**	**-481,07 €**
	Energieverbrauch		
Energieverbrauch [kWh/Monat]	Leistung x monatl. Betriebsstunden x Anzahl Lampen	945	189
Energieeinsparung [kWh/Monat]	$\text{Energieverbr.}_{Glühlampe}$ - $\text{Energieverbr.}_{Energiesparlampe}$		756
Energiekosten [€/Monat]	Energieverbrauch x Energiekosten pro kWh	-131,36 €	-26,27 €
Kapitalwert der Energiekosten [€]	monatliche Energiekosten x BWF_{Monat}	**-4.904,57 €**	**-980,92 €**
	Entsorgung		
Entsorgungskosten [€]	Entsorgungskosten pro Lampe x Anzahl Lampen	0	-31,25 €
$BWF_{Entsorgung}$		9,3619	0,8804
Kapitalwert der Entsorgungskosten [€]	Entsorgungskosten x $BWF_{Entsorgung}$	**0**	**-27,51 €**
Kapitalwert gesamt [€]	$KW_{Energie} + KW_{AK} + KW_{Entsorgung}$	**-5.374,27 €**	**-1.489,50 €**
	Einsparungen		
			-3.884,78 €

Ergebnis:

Die Anschaffung der Energiesparlampen ist zu bevorzugen, da dies zu Einsparungen in Höhe von 3.884,78 € gegenüber der Verwendung von Glühlampen innerhalb des betrachteten Zeitrahmens führt.

8.3.3 Prozessorientierte Kostenrechnung

Dieser Ansatz will die teilweise Unzulänglichkeit anderer Verfahren der Kostenrechnung, die sich aufgrund von Veränderungen in der Kostenstruktur in den letzten Jahrzehnten ergeben hat, bei der Kalkulation beheben. Das Hauptziel der Prozesskostenrechnung ist die verursachungsgerechte Verteilung der Gemeinkosten der indirekten Bereiche auf die Kostenträger eines Unternehmens. Der Ansatz bietet sich gut zur Ergänzung des Life Cycle Costing an, da er eine gezielte Ermittlung der in Nutzungs- und Entsorgungsphase anfallenden Ein- und Auszahlungen gewährleistet. Weiterhin können durch die Prozessbetrachtung gezielt Ökologiekosten und -erlöse bestimmt und berücksichtigt werden.

Tabelle 39: Visitenkarte Prozessorientierte Kostenrechnung

Merkmal	Beschreibung
Ursprung	1975 setzte SIEMENS eine Arbeitsgruppe zur prozessorientierten Kostenrechnung ein, die jedoch auf das Unternehmen beschränkt blieb. Zehn Jahre später beschäftigten sich J.G. MILLER und T.E. VOLLMANN mit dem Problem der steigenden Gemeinkostenzuschläge in den USA. 1988 hinterfragten R. COOPER und R.S. KAPLAN die bis dahin üblichen Kostenrechnungssysteme und beteiligten sich maßgeblich an der Entwicklung des Activity Based Costing (ABC). In den 1990er Jahren griffen P. HORVATH und R. MAYER die Idee des ABC auf und entwickelten ein System, das auf die Besonderheiten in Deutschland zugeschnitten ist.
Geltungsbereich	weltweit (unter Berücksichtigung regionaler Besonderheiten)
Systemgrenze	cradle-to-gate
Bewertungsobjekt	betriebliche Teilprozesse
Bewertungsgröße	Tätigkeiten aller Wertschöpfungsstufen
Ziel	Die prozessorientierte Kostenrechnung verrechnet die Gemeinkosten eines Unternehmens verursachungsgerecht.
Annahmen	keine prozentualen Gemeinkostenzuschlagssätze, sondern Zuordnung der Gemeinkosten zu den ablaufenden Teilprozessen
Vorgehensweise/ Methodik	1) *Prozessanalyse* Gliederung aller ökologierelevanten Tätigkeiten jeder Wertschöpfungsstufe in primäre und sekundäre Tätigkeiten 2) *Prozessermittlung* Zusammenfassung der Tätigkeiten in Teil- oder Hauptprozesse auf Basis gemeinsamer Kosteneinflussgrößen 3) *Prozesskostentreiber/Prozessgrößen* Bestimmung der entscheidenden Größen für die Erhöhung der Prozesskosten 4) *Prozesskosten* Aufschlüsselung der Gemeinkosten, Ermittlung des Prozesskostensatzes sowie Zuordnung der Gemeinkosten zu den Teilprozessen => Aussagen über Kosten von ökologieorientierten Maßnahmen nach Art und Umfang
Ergebnis	prozessorientierte Kalkulation für den einzelnen Kostenträger

Kritische Würdigung	+ langfristige Betrachtungsweise + Transparenz der Ökologiekosten + verursachungsgerechte Produktkalkulation + Berücksichtigung externer Effekte möglich + Betrachtung ökologischer Probleme im Fokus + Prozessmengen als Benchmarks nutzbar + ökologieorientierte Steuerung auch bei Make-or-Buy-Entscheidungen - Gefährdung des Betriebserfolges durch unreflektierte Anwendung der Ergebnisse, da scheinbar unrentable Prozesse überproportional häufig die Kundenbindung festigen, Einkaufsvorteile sichern, Mitarbeiterzufriedenheit erzeugen oder andere Wechselwirkungen erzeugen, die mit einer rein monetären Analyse nicht erfasst werden
Literatur	COOPER, R.; KAPLAN, R.S. (1988): Measure Costs Right. Make the Right decisions. In: Harvard Business Review. September/October 1988, S. 96-103. HORVATH & PARTNERS (Hrsg.) (2005): Prozessmanagement umsetzen. Durch nachhaltige Prozessperformance Umsatz steigern und Kosten senken, Stuttgart 2005. MAYER, R.; KAUFMANN, L. (2000): Prozesskostenrechnung – Einordnung, Aufbau, Anwendungen. In: Fischer, T.M. (Hrsg.) Kostencontrolling – Neue Methoden und Inhalte, Stuttgart 2000. MILLER, J. G.; VOLLMAN, T.E. (1985): The hidden factory. In: Harvard Business Review, Vol. 63, No. 5, 1985, S. 142–150.

Beispielberechnung Prozessorientierte Kostenrechnung

Das Unternehmen SCHLAUCHTECHNIK GMBH hat sich auf die Herstellung von Schläuchen spezialisiert. Vor allem für den Fahrzeugbau liefert das Unternehmen Brems- und Kraftstoffschläuche. Die SCHLAUCHTECHNIK GMBH hat ein neues Modell für einen Bremsschlauch entwickelt. Für dessen Herstellung stehen allerdings zwei Alternativen zur Verfügung. Alternative 1 verursacht 2 kg Stahlabfall, 4,5 kg Kunststoffabfall und erzeugt 240 Liter Abwasser. Alternative 2 erzeugt hingegen 3 kg Stahlabfall, 3 kg Kunststoffabfall und 300 Liter Abwasser. 100 kg der Kunststoffabfälle entsprechen dabei 100 m³. Zur Entscheidungsfindung wendet das Unternehmen die Prozesskostenrechnung an. Eine Aufstellung der Prozesse findet sich in der folgenden Tabelle.

Tabelle 40: Beispielberechnung Prozessorietierte Kostenrechnung

Tätigkeit	Kostentreiber	Gesamtkosten [€]	Prozessmenge
Lagerung Stahlabfall	Masse	20.000	5 t
Lagerung Kunststoffabfall	Volumen	23.000	110 m³
Transport Stahlabfall	Masse	16.000	5 t
Entwässerungsgebühren für Abwasser	Abwassermenge	22.000	600 m³
Entsorgungsgebühr Kunststoffabfall	Volumen	54.000	110 m³
Entsorgungsgebühr Stahlabfall	Masse	19.000	5 t
Reinigungsgebühr Abwasser	Abwassermenge	26.000	600 m³

Lösungsweg:

Schritt 1: Bildung von Hauptprozessen auf der Basis gleicher Kostentreiber

Stahlabfall: Lagerung, Transport, Entsorgungsgebühr

Kunststoffabfall: Lagerung, Entsorgungsgebühr

Abwasser: Entwässerungsgebühr, Reinigungsgebühr

Schritt 2: Ermittlung der Prozesskostensätze

$$\text{Stahlabfall}: \frac{20.000\,€ + 16.000\,€ + 19.000\,€}{5.000\,\text{kg}} = \underline{\underline{11\frac{€}{\text{kg}}}}$$

$$\text{Kunststoffabfall}: \frac{23.000\,€ + 54.000\,€}{(110\,\text{m}^3 \times 100\,\frac{\text{kg}}{\text{m}^3})} = \underline{\underline{7\frac{€}{\text{kg}}}}$$

$$\text{Abwasser}: \frac{22.000\,€ + 26.000\,€}{600\,\text{m}^3 \times 1.000\,\frac{\text{l}}{\text{m}^3}} = \underline{\underline{0{,}08}}\frac{€}{\text{l}}$$

Schritt 3: Berechnung der Prozesskosten

Alternative 1:

$$\text{Stahlabfall}: 11\frac{€}{\text{kg}} \times 2\frac{\text{kg}}{\text{Stk}} = \underline{\underline{22\frac{€}{\text{Stk}}}}$$

$$\text{Kunststoffabfall}: 7\frac{€}{\text{kg}} \times 4{,}5\frac{\text{kg}}{\text{Stk}} = \underline{\underline{31{,}50\frac{€}{\text{Stk}}}}$$

$$\text{Abwasser}: 0{,}08\frac{€}{\text{l}} \times 240\frac{\text{l}}{\text{Stk}} = 19{,}20\frac{€}{\text{Stk}}$$

$$\textbf{Summe Prozesskosten} = \underline{\underline{72{,}70\frac{€}{\text{Stk}}}}$$

Alternative 2:

$$\text{Stahlabfall}: 11\frac{€}{\text{kg}} \times 3\frac{\text{kg}}{\text{Stk}} = \underline{\underline{33\frac{€}{\text{Stk}}}}$$

$$\text{Kunststoffabfall}: 7\frac{€}{\text{kg}} \times 3\frac{\text{kg}}{\text{Stk}} = \underline{\underline{21\frac{€}{\text{Stk}}}}$$

$$\text{Abwasser}: 0{,}08\frac{€}{\text{l}} \times 300\frac{\text{l}}{\text{Stk}} = \underline{\underline{24\frac{€}{\text{Stk}}}}$$

$$\textbf{Summe Prozesskosten} = \underline{\underline{78\frac{€}{\text{Stk}}}}$$

Ergebnis:

Die prozessorientierte Kalkulation ergibt, dass Alternative 1 vorzuziehen ist, da die ökologiebedingten Prozesskosten mit 72,70 € pro Stück niedriger ausfallen als für Alternative 2 mit 78 € pro Stück.

8.3.4 Target Costing

Ausgangspunkt dieses Instrumentes ist die Frage, was ein Produkt kosten darf, um den Anforderungen des Marktes gerecht zu werden und dennoch eine angemessene Rendite zu erwirtschaften. Dabei wird der Tatsache besondere Aufmerksamkeit gewidmet, dass der überwiegende Anteil der Kosten bereits in der Planungs- und Entwicklungsphase festgelegt wird. Das Instrument bietet sich sowohl für die Massenproduktion als auch für die Produktion langlebiger, hochspezialisierter Produkte an. Zudem können sowohl interne als auch externe Ökologiekosten einbezogen werden. Die Berücksichtigung und verursachungsgerechte, d.h. produktbezogene

Zuordnung unternehmensinterner Ökologiekosten erhöht die geplanten Produktkosten (Drifting Costs). Idealtypischerweise, d.h. wenn die Schonung der Umwelt beabsichtigt wird, sind die externen Effekte teilweise oder im vollen Umfang in die Kalkulation einzubeziehen. Da allerdings externe Kosten nur dann tatsächlich internalisiert werden, wenn dies auch aus Marktüberlegungen, gesetzlichen Verpflichtungen oder moralisch-ethischen Überlegungen sinnvoll erscheint, stellen sie zunächst einen kalkulatorischen Bestandteil der Drifting Costs dar. Aufgabe des Managements ist es, den optimalen Internalisierungsgrad zu bestimmen.

Tabelle 41: Visitenkarte Target Costing

Merkmal	Beschreibung
Ursprung	Dieses Konzept des Kostenmanagements wurde in japanischen Unternehmen entwickelt und setzt an dem Gedanken an, dass ca. 70 % der Selbstkosten bereits vor der Produktion festgelegt werden. Ziel des Instrumentes ist es, ausgehend von einem Zielpreis Kostenziele festzulegen, also die Frage zu beantworten: „Was darf ein Produkt kosten?“
Geltungsbereich	weltweit
Systemgrenze	Produkte und Dienstleistungen
Bewertungsobjekt	cradle-to-gate
Bewertungsgröße	Komponenten eines Produktes oder einer Dienstleistung
Ziel	Das Target Costing steht für eine konsequente, auf den Kundennutzen orientierte und damit marktgerechte Ausrichtung des Produkt- bzw. Dienstleistungsangebots innerhalb des vom Kunden akzeptierten Preisrahmens.
Annahmen	• in der Entwicklungs- und Konstruktionsphase sind zukünftige Kosten verhältnismäßig leichter beeinflussbar als in späteren Phasen • Festlegung von Kostenzielen für Herstellkosten bereits in der Entwicklungs- und Konstruktionsphase
Vorgehensweise/ Methodik	1) *Bestimmung der Funktions-/Eigenschaftsstruktur* (z.B. mittels Conjoint Measurement) und der Zahlungsbereitschaft der Kunden für den erzielten Nutzen 2) *Bestimmung des Zielpreises* bzw. der Preis-Absatz-Funktion 3) *Ableitung der Allowable Costs*, d.h. der zulässigen Kosten Allowable Costs = Zielpreis - Zielgewinn 4) *Entwicklung eines Rohentwurfes des Produktes* Zusammenstellung der Komponenten, die die Anforderungen nach Schritt 1 erfüllen 5) *Berechnung der Drifting Costs*, d.h. der geplanten Produktkosten bei gleichbleibender Technologie und gleichbleibenden Prozessabläufen Ermittlung der Vollkosten der einzelnen Komponenten, wenn der Status Quo erhalten bleibt 6) *Gewichtung der Komponenten* Bestimmung des Beitrags der Komponenten zu den Funktionen 7) *Festlegung der Target Costs (Zielkosten), die ein Produkt verursachen darf* Hierzu werden die Allowable Costs den Drifting Costs gegenübergestellt. Beim Ziel der Kostenführerschaft sollten die Zielkosten z.B. mit den Allowable Costs identisch sein 8) *Zielkostenspaltung auf Funktionen* Verteilung der Zielkosten auf die einzelnen Komponenten (z.B. anhand des durch die Komponenten bereitgestellten Nutzens)

	9) *Zielkostenanalyse* Vergleich der Zielkosten (bzw. vereinfacht proportional zu den Nutzenanteilen) und der Drifting Costs der Komponenten; u.a. Erstellung eines Zielkostenkontrolldiagramms mit Maßnahmen zu Zielkostenerreichung Abweichungen zwischen Zielkosten bzw. Nutzenanteilen und Drifting Costs 10) *Ökologieorientierte Erweiterung* gesonderter Ausweis der bereits internalisierten Umweltkosten Internalisierung externer Kosten durch: a) prospektive Überwälzbarkeit b) Gewinnverzicht c) Senkung der Allowable Costs
Ergebnis	Vergleich der existierenden/geplanten Kosten von Produkten/Dienstleistungen mit der Zahlungsbereitschaft der Kunden sowie steuernde Anpassung der Kosten in Richtung Zielpreis für marktfähigere, kundenorientiertere Produkte/Dienstleistungen
Kritische Würdigung	+ klare Marktorientierung + Möglichkeit zur Integration von Ökologiekosten - statischer Charakter, daher schwierige dynamische Anpassung von Kosten sowie Zielpreisen - für Anwendung auf Produkte bzw. Dienstleistungen mit kurzen Lebenszyklen jedoch nur geringe Prognoseunsicherheit - relativ hohe Aufwendungen zur Bestimmung der Zielpreise und der Drifting Costs (Anwendung des Instrumentes nur ab einem gewissen Absatz- bzw. Umsatzvolumen sinnvoll)
Literatur	BAUM, H.-G.; COENENBERG, A. G.; GÜNTHER, E. (1999): Betriebliche Umweltökonomie in Fällen. Band I: Anwendung betriebswirtschaftlicher Instrumente, München 1999, S. 166-196. COENENBERG, A. G.; FISCHER, T. M.; GÜNTHER, T. (2007): Kostenrechnung und Kostenanalyse, 6., überarbeitete und erweiterte Auflage, Stuttgart, 2007, S. 527-567. HERBST, S. (2001): Umweltorientiertes Kostenmanagement durch Target Costing und Prozesskostenrechnung in der Automobilindustrie, Köln 2001. SEIDENSCHWARZ, W. (1993): Target costing: marktorientiertes Zielkostenmanagement. München 1993.

Beispielberechnung Target Costing

Frau Schmidt, Mitarbeiterin der Controllingabteilung des Fahrradherstellers BIKE AG stellt die Anwendung des Target Costings zur Bewertung der ökologischen Aspekte von Produkten vor. Frau Schmidt hat dieses Verfahren zur Beurteilung des neuesten Modells, des MOUNTAINBIKE BERGAUF, verwendet. Das neue Modell verursacht nach internen Schätzungen besonders durch die Inanspruchnahme von Wasser und Luft externe Ökologiekosten in Höhe von 90.000 €. Für das Modell wird ein Marktpreis wird von 1.000 € angestrebt. Die Umsatzrendite soll 10 % betragen. Es wird geschätzt, dass 500 Modelle pro Jahr verkauft werden können. Des Weiteren wurde ein Vertrag mit einem neuen Lieferanten für die Felgen geschlossen, wodurch sich die Stückkosten um 5 % der Zielkosten senken lassen. In einer Marktanalyse wurde ermittelt, dass die Kunden bereit sind, 10 % des Marktpreises mehr zu bezahlen, wenn dieser Mehrpreis ökologieorientiert eingesetzt wird. Frau Schmidt zeigt, wie die ökologischen Aspekte im Target Costing berücksichtigt werden können.

Lösungsweg:

Für ein ausführliches Rechenbeispiel zum Target Costing siehe weiterführend COENENBERG/FISCHER/SCHILL u. a. 1999, S. 170 ff.

Schritt 1: Zielpreisbestimmung

$$\text{Zielpreis}_{\text{neu}} = \text{Zielpreis}_{\text{alt}} \times (1 + \text{Mehrpreis}) = 1.000 \frac{€}{\text{Stk}} \times (1 + 10\,\%) = 1.100 \frac{€}{\text{Stk}}$$

Erhöhung der Ökologieorientierung durch prospektive Überwälzung der Kosten auf die Kunden:

$$\text{Internalisierte Ökologiekosten} = (1.100\frac{€}{\text{Stk}} - 1.000\frac{€}{\text{Stk}}) \times 500\,\text{Stk} = 50.000\,€$$

Durch die Überwälzung der Kosten auf die Kunden können somit 50.000 € der externen Kosten internalisiert werden.

Schritt 2: Bestimmung der Allowable Costs

$$\text{Allowable costs} = \text{Zielpreis}_{\text{alt}} \times (1 - \text{Umsatzrendite}) = 1.000\frac{€}{\text{Stk}} \times (1 - 10\,\%) = 900\frac{€}{\text{Stk}}$$

Schritt 3: Bestimmung der Drifting Costs

Es besteht kein internes Kostensenkungspotential, sondern lediglich die Möglichkeit der Überwälzung der Kosten auf den Lieferanten.

$$\text{Einsparung der Kosten um 5 \% der Zielkosten} = 900\frac{€}{\text{Stk}} \times 5\,\% = 45\frac{€}{\text{Stk}}$$

$$\text{Internalisierte Kosten} = 45\frac{€}{\text{Stk}} \times 500\,\text{Stk} = 22.500\,€$$

Eine Senkung der Zielkosten um 22.500 € kann somit durch eine retrospektive Überwälzung auf die Lieferanten vorgenommen werden.

Ergebnis:

Insgesamt können somit 72.500 € der externen Kosten durch das Unternehmen internalisiert werden. Für den Differenzbetrag von 17.500 € sind weitere Lösungsmöglichkeiten zu finden. Dies könnte beispielsweise durch einen Gewinnverzicht erzielt werden, da grundsätzlich die Ökologieorientierung im Unternehmen vorhanden ist.

8.3.5 Least Cost Planning

Das Instrument wurde für die Bereitstellung von **Energiedienstleistungen** zu minimalen gesellschaftlichen Kosten unter Berücksichtigung angemessener betriebswirtschaftlicher Gewinne (der Kunde hat keinen Bedarf an primären Energieträgern, sondern an Energiedienstleistungen: Licht, Wärme, Kraft) entwickelt. Least Cost Planning geht davon aus, dass notwendiger Energie-, Wasser- oder Mobilitätsbedarf durch eine Effizienzerhöhung im Verbrauch gedeckt werden kann. Hierbei kann ein direkter Vergleich zwischen Maßnahmen zur Effizienzerhöhung und zum Ausbau der Erzeugungskapazitäten erfolgen. Dieses Vorgehen gewährleistet eine Kostenminimierung und trägt über den Gedanken der Effizienzsteigerung zur Reduzierung der Umweltaspekte bei.

Tabelle 42: Visitenkarte Least Cost Planning

Merkmal	Beschreibung
Ursprung	In den 1970er und 1980er Jahren wurde das Least Cost Planning in der US-Energiebranche entwickelt und praktisch erprobt. Die erste wissenschaftliche Abhandlung schrieb SANT (1979).
Geltungsbereich	weltweit
Systemgrenze	cradle-to-grave

Bewertungsobjekt	infrastrukturgebundene Dienstleistungen
Bewertungsgröße	Energie, Wasser und Verkehr mit sprungfixen Kostenstrukturen
Ziel	Das Least Cost Planning identifiziert die günstigste Kombination von Dienstleistungserweiterung durch den Anbieter und Einsparungen durch den Kunden. Lohnenswert ist diese Methode, wenn die Einsparungen beim Kunden kostengünstiger sind als die zusätzliche Bereitstellung der gleichen Dienstleistung durch den Anbieter.
Annahmen	• Einsparungen, ohne den Nutzen der jeweiligen Dienstleistung zu beeinträchtigen • Infrastruktur befindet sich an ihrer Kapazitätsgrenze bzw. Produktion unterliegt starken Nachfrageschwankungen • Ausschöpfung des Einsparpotentials durch entsprechende Maßnahmen (z.B. verändertes Verbrauchsverhalten oder gezielte Abschaltung)
Vorgehensweise/ Methodik	1) *Untersuchung der Rahmenbedingungen*, z.B. Regulierung und Preisaufsicht 2) *Analyse und Prognose der Nachfrage* 3) *Identifizierung der Kapazitätsgrenzen* und Kostensprünge der angebotsseitigen Infrastruktur 4) *Vergleich der Kosten* der nachfrageseitigen und angebotsseitigen Option 5) *Umsetzung* der kostengünstigsten Option
Ergebnis	• Integration des nachfrageseitigen Einsparpotentials in die Ressourcenplanung der Netzdienstleister • Angebotssteuerung: in Zeiten von Spitzenlasten, z.B. gezielt Großkunden vom Netz nehmen
Kritische Würdigung	+ Entdeckung nachfrageseitiger Einsparpotentiale als zusätzliche Energiequelle - Grenzen der Vorhersagbarkeit und der Zuverlässigkeit des Kundenverhaltens
Literatur	BRACHER, T.; BACKES, T.; URICHER, A. (2002): Möglichkeiten der Umweltentlastung und Kostenreduzierung im Verkehr durch Verkehrsplanung – mit Leitfaden für die LCTP-Anwendung in Kommunen. In: Umweltbundesamt (Hrsg.): UBA-Texte 23/02, Berlin 2002. HASSE, H. (1997): Least-Cost Planning, Ein Managementkonzept für Energieversorgungsunternehmen. In: Wirtschaftswissenschaftliches Studium, Heft 6, 1997. SANT, R. W. (1979) The Least-Cost Energy Strategy: Minimizing Consumer Costs through Competition, Report 55, Mellon Institute Energy Productivity Center, VA, USA, 1979. TURNER, A.; WHITE, S.; BICKFORD, G. (2005): The Canberra Least Cost Planning Case Study. In: Water Science and Technology: Water Supply, Vol. 5, No. 3-4, 2005, S. 257-263.

Beispielberechnung Least Cost Transportation Planning (LCTP)

Ein Mitarbeiter der Stadt- und Verkehrsplanung der Stadt Neustadt stellt das LCTP-Verfahren vor. Dieses Verfahren wurde im Rahmen der Planung einer Anbindung des neu entstandenen Gewerbegebiets Süd durch den ÖPNV angewendet. Es soll eine möglichst genaue Kosten- und Umweltbewertung des Vorhabens gewährleisten. Zwei Varianten stehen für die Anbindung zur Verfügung: eine Busverbindung oder eine neue Straßenbahnlinie. Die Investitionskosten für die Buslinie betragen insgesamt 2,7 Mio. €. Der Bau der Straßenbahnstrecke kostet insgesamt 25,2 Mio. €. Der Abschreibungszeitraum für die Busverbindung beträgt 26 Jahre, für die Straßenbahnlinie 36 Jahre. Für die jährlichen Gemeinkosten (mittelbare Kosten, v. a. Verwaltungsausgaben) werden für beide Varianten 25 % der unmittelbaren Ausgaben (laufende Ausgaben und Abschreibungen) veranschlagt. Die neue Buslinie würde eine Umlauflänge von 30 km mit 90 Umläufen pro Tag haben. Dabei entstehen Kosten von 3,50 € pro Kilometer. Die Umlauflänge der Straßenbahnlinie beträgt 22 km mit 80 Umläufen pro Tag und Kosten von 4,20 € pro Kilometer. Sowohl Bus als auch Straßenbahn sind rund 300 Tage im Jahr in Betrieb. Durch eine Straßenbahnverbindung würde sich die Gesamtreisezeit erhöhen, da sich für etwa 30 % der Personen der Fußweg zur Arbeitsstätte durch die Linienführung verlängern würde. Dadurch wird eine erhöhte KFZ-Fahrleistung von 3.000 km pro Tag geschätzt. Außerdem resultiert daraus eine höhere Flächennutzung durch den fließenden und ruhenden Verkehr in Höhe von 2500 m²h/Tag bzw. 15.000 m²h/Tag. Darüber hinaus soll auch das vorhandene ÖPNV-Platzangebot untersucht werden. Die Variante Bus bietet ein um 30.000.000 Platzkilometer höheres ÖPNV-Platzangebot und eine (um 30.000 Abfahrten · Haltestelle) höhere Haltestellenabfahrtendichte. Außerdem werden die folgenden Werte für Schadstoffemissionen und Lärmimmissionen berechnet:

Tabelle 43: Beispielberechnung Least Cost Planning – Varianten

	Variante Bus	Variante Bahn
Lärm (Lärmkennziffer)	218.233,00	217.595,00
CO_2 [t/Jahr]	691.200,00	691.100,00
Partikel [t/Jahr]	90,20	90,00
HC [t/Jahr]	930,00	930,00
NO_x [t/Jahr]	2.230,00	2.224,00

Lösungsweg gemäß UBA-Leitfaden (BRACHER/BACKES/URICHER 2001):

Um einen besseren Überblick über die Ergebnisse zu erhalten, wird lediglich die Differenz der Ergebnisse in der Tabelle gegenübergestellt. Die absoluten Werte der Variante Bus werden alle auf „Null" gesetzt. In Tabelle 44 werden die Differenzen der Variante Bahn zur Variante Bus gezeigt.

Berechnung der jährlichen laufenden Ausgaben:

$$\text{Variante}_{\text{Bus}} = 30\,\text{km} \times 90\,\frac{\text{Umlauf}}{\text{Tag}} \times 3{,}50\,\frac{€}{\text{km}} \times 300\,\frac{\text{Tage}}{\text{Jahr}} = 2.835.000\,\frac{€}{\text{Jahr}}$$

$$\text{Variante}_{\text{Bahn}} = 22\,\text{km} \times 80\,\frac{\text{Umlauf}}{\text{Tag}} \times 4{,}20\,\frac{€}{\text{km}} \times 300\,\frac{\text{Tage}}{\text{Jahr}} = 2.217.600\,\frac{€}{\text{Jahr}}$$

Tabelle 44: Beispielberechnung Least Cost Planning – Lösungsweg

Leitgröße	Einheit	Differenz der Variante Bahn
Investitionsausgaben	€	22.500.000,00
unmittelbare Ausgaben		
laufende Ausgaben	€/Jahr	-617.400,00
Abschreibung aus Investition	€/Jahr	+596.153,85
Zwischensumme	€/Jahr	-21.246,15
mittelbare Ausgaben		
Betrag der mittelbaren Ausgaben	€/Jahr	-5.311,54
Verkehrsbelastung		
KFZ-Fahrleistung	KFZ-km/Tag	+3.000,00
Immissionen		
Lärm	Lärmkennziffer	-638,00
Luftschadstoffemissionen		
CO_2	t/Jahr	-100,00
Partikel	t/Jahr	-0,20
HC	t/Jahr	0,00
NO_x	t/Jahr	-6,00

Leitgröße	Einheit	Differenz der Variante Bahn
Flächenbeanspruchung		
Fließender Verkehr	m²h/Tag	+2.500,00
Ruhender Verkehr	m²h/Tag	+15.000,00
Sozialverträglichkeit		
ÖPNV-Platzangebot	Mio. Platz-km	-30.000.000,00
ÖPNV-Haltestellenabfahrtendichte	(Abfahrten*Halte-stellen)/Jahr	-30.000,00

Ergebnis:

Die Tabelle zeigt, dass die Straßenbahn hinsichtlich der mittel- und unmittelbaren Ausgaben günstiger ist. Außerdem sind bei dieser Variante Lärmimmissionen und Schadstoffemissionen geringer. Allerdings entstehen auch höhere Verkehrsbelastungen und Flächenbeanspruchungen, da die Straßenbahn ein weniger flexibles Haltestellennetz aufweist und daher einige Personen auf den PKW umsteigen. Darüber hinaus bietet die Variante Bus ein höheres Platzangebot und eine höhere Haltestellenabfahrtendichte. Daraus ergibt sich keine eindeutige Vorteilhaftigkeit einer Variante. Die Straßenbahnlinie weist Nachteile durch die Linienführung und die damit verbundenen längeren Fußwege auf, was voraussichtlich zu einer Zunahme des PKW-Verkehrs führt. An dieser Stelle ist zu überlegen, ob die Straßenbahnlinie durch eine Veränderung der Linienführung diese Nachteile ausgleichen kann. Abschließend ist zu beachten, dass die Abschreibungszeiträume wesentlich zu den Ausgaben beitragen und eine Veränderung dieser zu erheblichen Änderungen der Kosten führen kann.

8.3.6 Reststoffkostenrechnung

Die Reststoffkostenrechnung stellt die Bewertung der im Wertschöpfungsprozess anfallenden Kondukte in den Mittelpunkt. Hierunter fallen beispielsweise Abfall, Abwasser oder Ausschuss. Aber auch damit in Verbindung stehende Kosten zum Beispiel für ein Gefahrstofflager oder einen Umweltbeauftragten werden in die Reststoffkostenrechnung einbezogen. Durch diesen Ansatz wird deutlich, welche Kosten eingespart werden könnten, wenn Reststoffe vermieden würden.

Tabelle 45: Visitenkarte Reststoffkostenrechnung

Merkmal	Beschreibung
Ursprung	Die Bezeichnung Reststoffkostenrechnung geht auf FICHTER/LOEW/SEIDEL (1997) zurück. Die Reststoffkostenrechnung verteilt die Kosten für Rohstoffe, Materialbearbeitung, Transport etc. nicht nur auf die Produkte, sondern auch auf die Reststoffe, um zu verdeutlichen, welche Kosten im Gesamtsystem eingespart werden können, wenn der Reststoffanteil verringert wird.
Geltungsbereich	weltweit
Systemgrenze	cradle-to-gate
Bewertungsobjekt	Unternehmen
Bewertungsgröße	Stoff- und Energieflüsse, die in die „Produktion" von Reststoffen eingehen
Ziel	Durch die Reststoffkostenrechnung werden Reststoffe als direkt beeinflussbare Stellgrößen für das Unternehmen bzgl. Kostensenkungs- und Umweltentlastungspotentialen transparent.

Annahmen	nicht-wertschöpfende Reststoffe verursachen im Unternehmen dreifach Kosten: beim Einkauf, beim Produktionsprozess und bei der Entsorgung
Vorgehensweise/ Methodik	1) *Reststoffmengenberechnung* 2) *Reststoffkostenbestimmung* 3) *Abgrenzung der Reststoffkosten* von den übrigen Kosten 4) *Zuordnung von Reststoffkosten* auf die kostentreibenden Reststoffe sowie auf die in sie eingehenden Einsatzmaterialien 5) *Anwendung der Rechnungsergebnisse* bei der betrieblichen Zielentwicklung, Planung, Steuerung und Kontrolle
Ergebnis	verursachungsgerechte Zuteilung und Transparenz der Reststoffe und Reststoffkosten
Kritische Würdigung	+ Transparenz von betrieblichen Abläufen und Aufdeckung von potenziellen ökonomischen und ökologischen Schwachstellen innerhalb der Transformationsprozesse durch Verfolgung von Stoff- und Energieflüssen + mittels der erfassten Stoff- und Energieflüsse verursachungsgerechte Zuordnung der Reststoffkosten auf Kostenstellen und Kostenträger + Identifizierung von Schwachstellen in der Kostenrechnung durch implizite Plausibilitätstests der vorhandenen Daten + Unterstützung des kontinuierlichen Verbesserungsprozesses + Verbesserung der Informationen für die Produktentwicklung und Investitionsrechnung - zusätzlicher Erfassungsaufwand
Literatur	FISCHER, H. (2001): Reststoff-Controlling. Ein neues Tool zur Steigerung der Material- und Energieeffizienz, Berlin, 2001. FISCHER, H.; BLASIUS, R. (1995): Umweltkostenrechnung. In: Bundesumweltministerium; Umweltbundesamt (Hrsg.): Handbuch Umweltcontrolling, München 1995, S. 439-457. FICHTER, K.; LOEW, T.; SEIDEL, E. (1997): Betriebliche Umweltkostenrechnung - Methoden und praxisgerechte Weiterentwicklung, Berlin 1997. LOEW, T.; FICHTER, K.; MÜLLER, U. (2003): Ansätze der Umweltkostenrechnung im Vergleich. In: Umweltbundesamt (Hrgs.): UBA Texte 78/03, Berlin 2003. Online im Internet: www.umweltdaten.de/publikationen/fpdf-l/2428.pdf, Stand: 2003, Abfrage: 01.06.2008. LUTZ, U.; NEHLS-SAHABANDU, M. (2005): Fachbibliothek nachhaltiges Management, Neidlingen, 2005. SCHMIDT, M.; KEIL, R. (2003): Kostentransparenz und Umweltwirkung betrieblicher Stoffströme und ihre systematische Analyse mittels Software-Einsatz. In: Kramer, M.; Eifler, P. (Hrsg.): Umwelt- und kostenorientierte Unternehmensführung – Zur Identifikation von Win-win-Potentialen, Wiesbaden 2003, S. 131-154.

Die Reststoffkostenrechnung kann analog zur Flusskostenrechnung durchgeführt werden und ist im folgenden Abschnitt in die Beispielberechnung zur Flusskostenrechnung integriert (vgl. Kapitel 8.3.7).

8.3.7 Flusskostenrechnung

Die Flusskostenrechnung strebt eine konsistente Darstellung der im Unternehmen anfallenden Material- und Energieflüsse an. Da diese bisher nicht im Fokus der traditionellen Kostenrechung stehen, ist deren lücklose Nachverfolgung nicht möglich. Das Vorgehen erlaubt auch Aussagen zur Ressourceneffizienz, da sowohl die in ein Produkt eingehenden Flüsse als auch die der Kondukte nachvollzogen werden können. Sie basiert auf der Reststoffkostenrechnung, erweitert diese jedoch um den Produktfokus. Somit gehört die Flusskostenrechnung zur Gruppe der stoff- und energieflussbezogenen Ansätze.

Tabelle 46: Visitenkarte Flusskostenrechnung

Merkmal	Beschreibung
Ursprung	Die Flusskostenrechnung wurde in den 1990er Jahren unter maßgeblicher Beteiligung des INSTITUTS FÜR MANAGEMENT UND UMWELT sowie des INSTITUTS FÜR ÖKOLOGISCHE WIRTSCHAFTSFORSCHUNG aus der Reststoffkostenrechnung entwickelt. Erste Pilotprojekte wurden bei CIBA GEIGY PHARMA-DEUTSCHLAND GMBH, ITT AUTOMOTIVE GMBH und der Firmengruppe MERCKLE / RATIOPHARM durchgeführt.
Geltungsbereich	weltweit
Systemgrenze	cradle-to-gate
Bewertungsobjekt	Unternehmen
Bewertungsgröße	innerbetriebliche Materialflüsse
Ziel	Die Flusskostenrechnung zielt auf einen effizienten und reduzierten Einsatz von Material und Energie durch die Identifikation und die Bewertung von Verbesserungsmaßnahmen sowie die Identifizierung von Öko-Effizienzpotentialen.
Annahmen	• zugrundeliegender Kostenbegriff der Flusskosten als Summe aus Materialkosten, Systemkosten und Kosten für Lieferung und Entsorgung • Materialkosten entstehen für den „Verzehr“ von Material • Systemkosten umfassen alle Kosten, die im Rahmen der betrieblichen Wertschöpfung anfallen • Kosten für Lieferung und Entsorgung sind Kosten für den Erhalt und die Abgabe von Material von bzw. nach außen
Vorgehensweise/ Methodik	Ausgehend von einem Materialflussmodell werden eine Materialflussrechnung und eine Systemkostenrechnung durchgeführt. 1) *Materialflussrechnung* a) Materialflussmengenrechnung b) Materialflusswerterechnung c) Materialflusskostenrechnung 2) *Systemkostenrechnung* Systemkostenabgrenzung > Systemkostenzuordnung > Systemkostenverrechnung Überwiegend erfolgt der Einsatz in der Form einer Sonderrechnung.
Ergebnis	• materialflussbezogene Konsistenzprüfung des Informationssystems • materialflussbezogene Präzisierung der Strukturen und Verrechnungsweisen in der Kostenrechnung • Entwicklung ökologischer und ökonomischer Maßnahmen
Kritische Würdigung	+ geeignet für Unternehmen mit hohen Kosten für Material und Energie und bisher keinem oder nur schwach ausgeprägtem Umweltmanagement + hohe Praxisrelevanz aufgrund völlig neuen Zugangs zu Materialkosten + Umweltkostenmanagement auf Basis einer Flusskostenrechnung weist eine hohe Übereinstimmung mit den ökonomischen Unternehmenszielen auf, daraus ergibt sich eine gute Verbreitungschance

Literatur	HESSISCHES MINISTERIUM FÜR WIRTSCHAFT, VERKEHR UND LANDESENTWICKLUNG (Hrsg.) (1999): Flusskostenmanagement. Kostensenkung und Öko-Effizienz durch eine Materialflussorientierung in der Kostenrechnung, Wiesbaden 1999. LANG, C.; STEINFELDT, M.; LOEW,T.; BEUCKER, S.; HEUBACH, D.; KEIL, M.. (2004): Konzepte zur Einführung und Anwendung von Umweltcontrollinginstrumenten in Unternehmen. Online im Internet: http://www.bum.iao.fraunhofer.de/downloads/EndberichtForschungsprojektINTUS.pdf, Stand: 2007, Abfrage: 01.06.2008. UMWELTBUNDESAMT (Hrsg.) (2003b): Ansätze der Umweltkostenrechnung im Vergleich. Online im Internet: http://www.umweltdaten.de/publikationen/fpdf-l/2428.pdf, Stand 23.11.2007, Abfrage: 01.06.2008.

Beispielberechnung Flusskostenrechnung und Reststoffkostenrechnung

Die PROFIL GMBH & CO. KG ist ein Maschinenbauunternehmen, das Aluminiumteile u.a. für den Anlagenbau herstellt. Frau Bauer, Mitarbeiterin im Controlling, stellt die Flusskostenrechnung anhand des Herstellungsprozesses dar. Da auch eine gesonderte Betrachtung von Reststoffen durchgeführt wird, wird kein separates Beispiel für die Reststoffkostenrechnung gezeigt. Ausgehend von Aluminiumprofilen werden Rohblöcke hergestellt, die dann der Weiterverarbeitung zugeführt werden. Dieser Ausschnitt soll für die Flusskostenrechnung betrachtet werden. Der genaue Ablauf der Prozesse ist Abbildung 74 dargestellt. Eine Tonne eines Aluminiumprofils kostet 6.000 €, eine Tonne Schmieröl 800 €. Der örtliche Energieversorger berechnet 0,20 € pro kWh Strom. Die Ermittlung der Kosten je Kostenstelle hat 200.000 € Lagerkosten, 1.100.000 € Fertigungskosten und 220.000 € Entsorgungskosten ergeben.

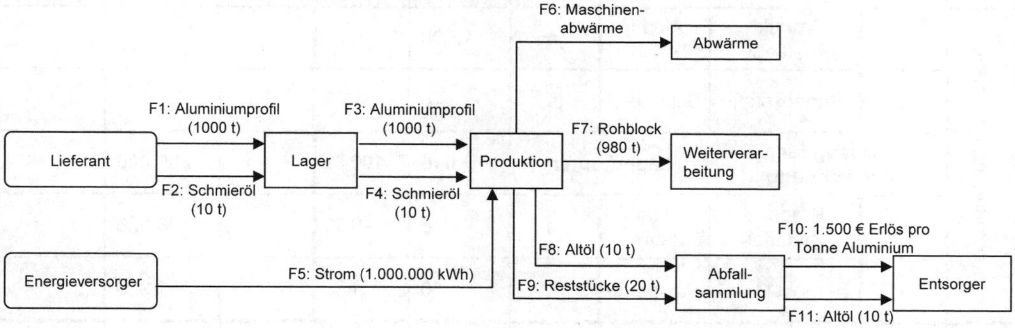

Abbildung 74: Beispiel Flusskostenrechnung

Lösungsweg

Schritt 1: Materialflussrechnung

Tabelle 47: Beispielberechnung Flusskostenrechnung – Materialflussrechnung

Fluss-Nr. (F)	Material		Menge		Materialkosten in €		Entsorgungskosten in €	
	Materialgruppe	Bezeichnung			pro t	gesamt	pro t	gesamt
1;3	Produktmaterial	Aluminium	1.000	t	6.000	6.000.000		
2;4	Betriebsstoffe	Schmieröl	10	t	800	8.000		
5	Betriebsstoffe	Strom	1.000.000	kWh	0,2	200.000		

Fluss-Nr. (F)	Material: Material-gruppe	Material: Be-zeichnung	Menge		Materialkosten in €: pro t	Materialkosten in €: gesamt	Entsorgungskosten in €: pro t	Entsorgungskosten in €: gesamt
6	Reststoffe	Abwärme	1.000.000	kWh	0,2	200.000		
7	Produkt-material	Rohblock	980	t	6.000	5.880.000		
8	Reststoffe	Altöl	10	t	800	8.000		
9	Produkt-material	Reststücke	20	t	6.000	120.000		
10	Produkt-material	Reststücke	20	t	6.000	120.000	-1.500	-30.000
11	Reststoffe	Altöl	10	t	800	8.000		

Schritt 2: Systemkostenrechnung

Tabelle 48: Beispielberechnung Flusskostenrechnung – Systemkostenrechnung

Mengen-stelle	Fluss-Nr.	Material: Material-gruppe	Material: Bezeich-nung	Verrechnung: Rele-vanz	Verrechnung: Menge [t]	Verrechnung: Schlüs-sel	Mengenstellenkosten [€]: Vor-stufen	Mengenstellenkosten [€]: Pro-duktion	Mengenstellenkosten [€]: Nach-stufen
Versorgungsmengenstellen	1	Produkt-material	Alumi-nium	ja	1.000				
	2	Betriebsstoffe	Schmieröl	ja	10				
	Bezug für Verrechnung:		**Lagerkosten**		**1.010**	**100 %**		**200.000**	
	3	Produkt-material	Alumi-nium	ja	1.000	99 %		198.020	
	4	Betriebsstoffe	Schmieröl	ja	10	1 %		1.980	
Fertigungsmengenstellen	3	Produkt-material	Alumi-nium	ja	1.000		198.020	198.020	
	4	Betriebsstoffe	Schmieröl	nein	10		1.980		
	5	Betriebsstoffe	Strom	nein					198.000
	Bezug für Verrechnung:		**Fertigungskosten + Produktmaterial**		**1.000**	**100 %**		**1.298.020**	
	6	Reststoffe	Abwärme	nein					
	7	Produkt-material	Profil	ja	980	98 %		1.272.060	
	8	Reststoffe	Altöl	nein	10		1.980		
	9	Produkt-material	Rest-stücke	ja	20	2 %		25.960	25.960

Mengen-stelle	Fluss-Nr.	Material		Verrechnung			Mengenstellenkosten [€]		
		Material-gruppe	Bezeich-nung	Rele-vanz	Menge [t]	Schlüs-sel	Vor-stufen	Pro-duktion	Nach-stufen
Entsorgungsmengen-stellen	8	Reststoffe	Altöl	ja	10		1.980		
	9	Produkt-material	Rest-stücke	ja	20		25.960		
	Bezug für Verrechnung:		**Entsorgungs-kosten**		**30**	**100 %**		**220.000**	
	10	Betriebsstoffe	Altöl	ja	10	33 %	1.980	73.333	75.313
	11	Produkt-material	Rest-stücke	ja	20	67 %	25.960	146.667	172.627

Schritt 3: Bildung einer Flusskostenmatrix

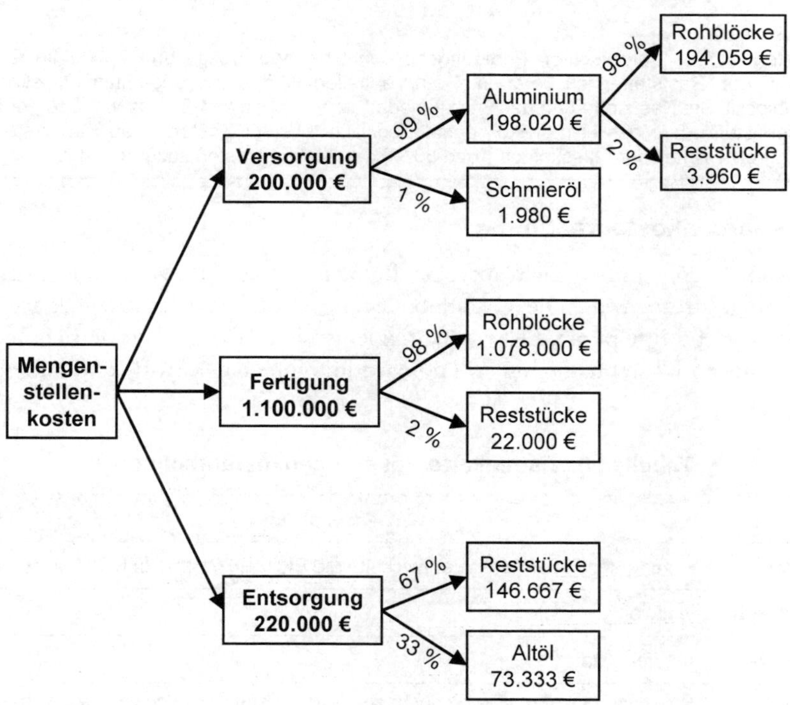

Abbildung 75: Anteilige Mengenstellenkosten

Tabelle 49: Beispielberechnung Flusskostenrechnung – Flusskostenmatrix

Fluss	Materialkosten in €	anteilige Mengenstellenkosten in €			Entsorgungskosten in €	Flusskosten in €
		Versorgung	Fertigung	Entsorgung		
Rohblöcke	**5.880.000**	**194.059**	**1.078.000**	**0**	**0**	**7.152.059**
Reststücke	120.000	3.960	22.000	146.667	-30.000	262.627
Hydrauliköl	8.000	1.980	0	73.333	0	83.314
Summe Reststoffe	**128.000**	**5.941**	**22.000**	**220.000**	**0**	**375.941**
Energie	**200.000**	**0**	**0**	**0**	**0**	**200.000**
Summe Kosten in €	**6.208.000**	**200.000**	**1.100.000**	**220.000**	**-30.000**	**7.728.000**

Ergebnis:

Die Flusskosten für den untersuchten Fertigungsabschnitt betragen insgesamt 7,728 Mio. €. Davon sind rund 376.000 € den Reststoffen zuzuordnen. Damit entfallen 92,5 % der gesamten Flusskosten auf das Produkt „Rohblock". Die Reststoffe und der Energiebedarf verursachen je 4,9 % bzw. 2,6 % der Flusskosten. Auf die Betriebsstoffe, hier das Hydrauliköl, entfällt lediglich 1 % der Kosten. Frau Bauer stellt außerdem fest, dass der größte Anteil der Flusskosten (rund 80 %) den Materialkosten zuzuordnen ist.

8.3.8 Ressourcenkostenrechnung

Die Ressourcenkostenrechnung zielt auf eine Betrachtung der Prozesse mit einem Bezug zu Stoff- und Energieströmen ab. Die Grundüberlegung stellt den Effizienzgedanken beim Ressourceneinsatz in den Mittelpunkt. Das Verfahren lehnt sich dabei an den Betriebsabrechungsbogen der traditionellen Kostenrechnung an und wird im Sinne einer Stoff- und Ernergieflussrechnung ausgebaut.

Tabelle 50: Visitenkarte Ressourcenkostenrechnung

Merkmal	Beschreibung
Ursprung	Anfang der 2000er Jahre entwickelte die EFFIZIENZAGENTUR NRW diese Methode.
Geltungsbereich	weltweit
Systemgrenze	cradle-to-gate
Bewertungsobjekt	Prozesse in Unternehmen, insbesondere für KMU, mit schwach ausgebauter Kostenrechnung
Bewertungsgröße	umweltrelevante betriebliche Stoff- und Energieströme
Ziel	Die Ressourcenkostenrechnung berücksichtigt Umweltaspekte im klassischen Entscheidungsprozess.
Annahmen	klassische Sichtweise des Rechnungswesens ist im Unternehmen ausgeprägt und dargestellt im Betriebsabrechnungsbogen (BAB)
Vorgehensweise/ Methodik	1) *klassischer BAB* 2) *Erfassung der in eine Kostenstelle eingehenden Materialien* (=> funktionierende Lagerbuchhaltung erforderlich)

	3) *Zuordnung der Materialströme* (Materialeinsatz und Kondukte) zu den in der Kostenstelle erstellten Produkten, Zwischenprodukten und Halbfertigerzeugnissen 4) *prozessbasierte Erfassung der Materialströme und Energieverbrauchsmengen* 5) *prozessbasierte Erfassung der Materialströme und Energieverbrauchsmengen* mit prozentualer Verrechnung der beanspruchten Fertigungsgesamtkosten 6) *prozessbasierte Erfassung der Materialströme und Energieverbrauchsmengen* mit prozessbezogener Verrechnung der beanspruchten Fertigungsgesamtkosten
Ergebnis	Mengen- und Wertgrößen separat ausgewiesen
Kritische Würdigung	+ geringe Anforderungen an das Rechnungswesen + hohe Akzeptanz bei den Controllern + zweckneutrale Grundrechnung - weniger für große Unternehmen mit bestehender Kostenrechnung geeignet
Literatur	STÜRZNICKEL, B.; LETMATHE, P. (2003): Ressourcenkostenrechnung. In: Tschandl, M. (Hrsg.): Integriertes Umweltcontrolling: von der Stoffstromanalyse zum integrierten Bewertungs- und Informationssystem. Wiesbaden 2003, S 137-154. LETMATHE, P.; STÜRZNICKEL, B. ; TSCHESCHE, J. (2002): Ressourcenkosten-rechnung . In: Umweltwirtschaftsforum 2002, Heft. 10, S. 52-57. LETMATHE, P. ; WAGNER, G. (2002): Umweltkostenrechnung . In: Küpper, H.-U. ; Wagenhofer, A. (Hrsg.) : Handwörterbuch Unternehmensrechnung und Controlling. Stuttgart 2002, S. 1988-1997. DIE EFFIZIENZ-AGENTUR NRW (2008): Ressourcenkostenrechnung. 2008. Online im Internet: www.efanrw.de/rkr-cd/material/einleitung/start.html, Stand 2008, Abfrage: 01.06.2008.

Beispielberechnung Ressourcenkostenrechnung (vgl. DIE EFFIZIENZ-AGENTUR NRW 2008, S. 19)

Die POLYMER1000 GMBH ist ein führender Hersteller von Kunststoffgehäusen, -verkleidungen und Zierleisten aus Kunststoff. Das Unternehmen legt besonderen Wert auf den effizienten Einsatz von Ressourcen. Daher wird auch das Verfahren der Ressourcenkostenrechnung verwendet. Zur Herstellung einer Motorverkleidung werden 20 kg von Kunststoff A und 10 kg von Kunststoff B benötigt. Der Einkaufspreis pro kg für Kunststoff A beträgt 20 €, für Kunststoff B 15 €. Zusätzlich kostet die Entsorgung von einem Kilogramm Kunststoff 2 €. Bei der Herstellung fallen 15 % des eingesetzten Materials (bezogen auf die Masse) als Abfall an. Zur Herstellung werden außerdem eine Maschinenstunde zu 100 €/h und 1,5 Personenstunden zu 100 €/h angerechnet. Zur Veranschaulichung wird die Berechnung der Ressourcenkosten im Vergleich zur klassischen Kostenrechnung betrachtet.

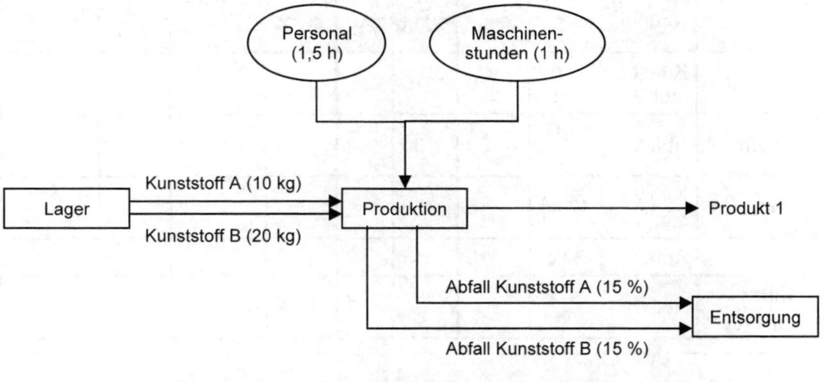

Abbildung 76: Beispiel Ressourcenkostenrechnung

Lösungsweg:

1. Klassische Kostenrechnung

Tabelle 51: Beispielberechnung Ressourcenkostenrechnung - Klassische Kostenrechnung

Kosten für	**Material**			**Material-kosten in €**		**Entsorgungs-kosten in €**		**Fertigungskosten**			**Summe**
	Be-zeichnung	Menge		pro kg	Ge-samt	pro kg	Ge-samt	Menge in h	Kosten pro h	Ge-samt	
Produkt 1	Kunststoff A	10	kg	20	200						**500**
	Kunststoff B	20	kg	15	300						
Entsor-gung	Abfall	4,5	kg			2	9				**9**
Perso-nal								1,5	100	150	**150**
Ma-schinen								1	100	100	**100**
Summe											**759**

Die Herstellung des Produktes verursacht Kosten in Höhe von 759 €. Davon entfallen 500 € auf das Material, 150 € auf Personal und 100 € auf die Maschinen. Lediglich 9 € entfallen auf die Entsorgung der Abfälle.

2. Ressourcenkostenrechnung

Tabelle 52: Beispielberechnung Ressourcenkostenrechnung – Reststoffkostenrechnung

Kosten-stelle	**Kosten-träger**	**Material**		**Material-kosten in €**		**Entsor-gungs-kosten in €**		**Fertigungskosten**			**Summe**
		Bezeich nung	Men ge	pro kg	ge-samt	pro kg	ge-samt	Menge in h	Kos-ten pro h	gesamt	
Produkt 1	**Produkt 1**	Kunst-stoff A	8,5 kg	20	170						**170,00**
	Abfall	Abfall	1,5 kg	20	30	2	3				**30,00**
	Produkt 1	Kunst-stoff B	17 kg	15	255						**255,00**
	Abfall	Abfall	3 kg	15	45	2	6				**45,00**
Entsor-gung	**Entsor-gung**	Abfall	4,5 kg			2	9				**9,00**

Kostenstelle	Kostenträger	Material		Materialkosten in €		Entsorgungskosten in €		Fertigungskosten			Summe
		Bezeichnung	Menge	pro kg	gesamt	pro kg	gesamt	Menge in h	Kosten pro h	gesamt	
Personal	**Produkt 1**							1,275	100	127,50	**127,50**
	Abfall							0,225	100	22,50	**22,50**
Maschinenzeit	**Produkt 1**							0,850	100	85,00	**85,00**
	Abfall							0,150	100	15,00	**15,00**
Summe					**500**		**9**			**250**	**759,00**

Die Ressourcenkostenrechnung zeigt, dass insgesamt 121,50 € der Kosten nicht auf das Produkt entfallen, sondern den entstehenden Abfällen zuzuordnen sind.

Tabelle 53 : Beispielberechnung Ressourcenkostenrechnung – Ergebnis

Kostenträger	Kosten in €
Material	**500,00**
davon Produkt	425,00
davon Abfall	75,00
Entsorgung	**9,00**
Personal	**150,00**
davon Produkt	127,50
davon Abfall	22,50
Maschinenzeit	**100,00**
davon Produkt	85,00
davon Abfall	15,00
Summe	**759,00**
Summe Abfall	**121,50**

Ergebnis:

Die Ressourcenkostenrechnung zeigt, dass neben den reinen Materialverlusten auch Gemeinkosten auf die Abfälle entfallen. Es zeigen sich somit Einsparpotentiale, die nicht nur auf die effizientere Nutzung der Rohstoffe abzielen, sondern dadurch auch die Gemeinkosten senken.

8.3.9 Japanische Leitlinie zum Umweltrechnungswesen

Eine Sonderform der Umweltkostenrechnungssysteme stellt die Japanische Leitlinie zum Umweltrechnungswesen dar. Sie verbindet Elemente der traditionellen Kostenrechnung mit einer Reduzierung der Umweltaspekte, aber auch den erzielten ökonomischen Einsparungen. Die Leitlinie strebt eine Erhöhung der Effizienz und des Umweltschutzes in Unternehmen an. Gleichzeitig soll das Instrument zur Information der Öffentlichkeit dienen.

Tabelle 54: Visitenkarte Japanische Leitlinie

Merkmal	Beschreibung
Ursprung	Im Jahr 2000 veröffentlichte die „Study Group for Developing a System for Environmental Accounting“ der ENVIRONMENT AGENCY JAPAN die erste Version der Leitlinie zur Einführung einer Umweltkostenrechnung. Die aktuellste Version wurde 2005 veröffentlicht.
Geltungsbereich	Japan (aber internationale Anwendung von Verfassern angedacht)
Systemgrenze	cradle-to-gate
Bewertungsobjekt	Unternehmen
Bewertunggröße	Gegenüberstellung der Kosten für betriebliche Umweltschutzmaßnahmen und der physikalischen Umwelteinwirkungen sowie der ökonomischen Effekte durch eingesparte Kosten und höhere Erlöse
Ziel	Die Japanische Leitlinie strebt nach einer Steigerung der internen Effizienz und Effektivität der Umweltmaßnahmen. Die Daten können auch durch Unternehmensexterne für statistische und wissenschaftliche Zwecke verwendet werden, wodurch ein Umweltbenchmarking oder andere Formen der ökologieorientierten Beurteilung von Unternehmen möglich werden. Die vorgesehene internationale Anwendung soll Vergleiche über Ländergrenzen hinaus ermöglichen.
Annahmen	zugrundeliegender Kostenbegriff „Umweltschutzkosten“: Investitionen und laufende Aufwendungen für den Umweltschutz (inkl. Kosten aufgrund von Umweltschäden)
Vorgehensweise/ Methodik	1) *periodenweise Ermittlung der Umweltschutzkosten*, dabei getrennte Betrachtung von Investitionen und laufenden Ausgaben (inkl. Abschreibungen) 2) *Einrichtung von entsprechenden Umweltschutzkostenstellen* 3) *Aggregieren der Kosten* auf Standort- und Unternehmensebene 4) *Abgrenzung bei integrierten Maßnahmen* – vier generelle Verfahren: Differenzrechnung; Anteilsrechnung; „Rechnung mit der einfachen Methode“; Berücksichtigung der Gesamtkosten der integrierten Maßnahme. Die Wahl der Methode steht den Unternehmen frei. 5) *Bestimmung der physikalischen Reduzierung* von Umweltaspekten gemessen über Umweltindikatoren in den Bereichen Ressourceneinsatz, Abfall, Produkte und Dienstleistungen sowie sonstige (z.B. Transport) im Bezug zu einer Vergleichsperiode 6) *Bestimmung tatsächlicher oder geschätzter Erlöse bzw. Kosteneinsparungen* durch Umweltschutz im Bezug zu einer Vergleichsperiode oder direkt abgeleitet aus der GuV
Ergebnis	• Steuerung von nachgeschalteten Umweltschutzmaßnahmen • Identifikation von Kostensenkungspotentialen bei End-of-the-pipe-Maßnahmen
Kritische Würdigung	+ Versuch, ein Gesamtkonzept des betrieblichen Umweltrechnungswesen zu entwerfen ist gut und wichtig + Einbezug externer Kosten durch Wiederherstellungs- und Vermeidungskosten - Umweltschutzkostenermittlung: Wahlmöglichkeiten der Unternehmen bei integrierten Maßnahmen verringert die Vergleichbarkeit der Daten - Vorteile von integrierten Maßnahmen werden nicht erkannt - Material-und Energieflüsse nicht transparent

Literatur	STUDY GROUP FOR DEVELOPING A SYSTEM FOR ENVIRONMENTAL ACCOUNTING (2000): Developing an Environmental Accounting System, Online im Internet: http://www.env.go.jp/policy/kaikei/report00e.pdf, Stand 2000, Abfrage: 01.06.2008. UMWELTBUNDESAMT (Hrsg.) (2003). Ansätze der Umweltkostenrechnung im Vergleich (Forschungsbericht 299 15 156; Texte 78/03). Berlin. MINISTRY OF THE ENVIRONMENT JAPAN (2005): Environmental Accounting Guideline 2005, Online im Internet: http://www.env.go.jp/en/policy/ssee/eag05.pdf, Stand 2005, Abfrage: 01.06.2008.

Beispielberechnung Japanische Leitlinie zur Umweltkostenrechnung

Die Dresdner Niederlassung von MOBILITY UNLIMITED betreibt eine Autowaschanlage, die einen hohen Wasserverbrauch aufweist. Frau Reinhart hat sich über die Möglichkeit der Installation einer Abwasseraufbereitungsanlage mittels Bioreaktor informiert. Dabei werden die organischen Inhaltsstoffe des verbrauchten Wassers abgebaut und als Brauchwasser erneut genutzt. Die Investitionskosten der Anlage betragen 35.000 € bei einer Nutzungsdauer von 20 Jahren. Außerdem verursacht die neue Anlage jährlich zusätzliche Wartungs- und Instandhaltungskosten in Höhe von 2.000 € sowie höhere laufende Kosten von 350 €. Die vorhandene Anlage verbraucht rund 150 Liter Wasser pro Waschgang bzw. Fahrzeug, das dann als Abwasser entsorgt wird. Eine neue Anlage mit Bioreaktor würde 80 % des Wassers im Kreislauf führen und lediglich 20 % Frischwasser benötigen (rund 5 % des verbrauchten Wassers geht durch Verdunstung bzw. Haftung am Fahrzeug verloren). Die Niederlassung führt durchschnittlich 3.650 Wäschen pro Jahr durch. Die Kosten pro m³ Wasser betragen 2,15 €, pro m³ Abwasser 1,49 €. Zur Berechnung von Einsparpotentialen und Darstellung von Umweltschutzkosten und resultierenden Effekten hat sich Frau Reinhart für die Anwendung der japanischen Leitlinie entschieden.

Lösungsweg:

Berechnung der Einsparmöglichkeiten:

Tabelle 55: Beispielberechung Japanische Leitlinie

Wäschen pro Jahr	3.650			
Frischwasserverbrauch pro Wäsche alt	150 l		=	0,15 m³
Frischwasserverbrauch pro Jahr alt	= 3.650*150 l =	547.500 l	=	547,5 m³
Frischwasserverbrauch pro Wäsche neu	30 l		=	0,03 m³
Frischwasserverbrauch pro Jahr neu	=3.650*30 l=	109.500 l	=	109,5 m³
Einsparung Frischwasser pro Jahr	=547.500l - 109.500 l =	438.000 l	=	438 m³
Abwassereinleitung pro Jahr alt	=0,95*547.500 l =	520.125 l	=	520,1 m³
Abwassereinleitung pro Jahr neu	=0,95*109.500 l=	104.025 l	=	104 m³
Abwassereinsparung	=520.125l-104.025 l=	416.100 l	=	416,1 m³
Preis pro m³ Frischwasser	2,15 €/m³			
Kosteneinsparung Frischwasser	=438 m³*2,15 €/m³=	941,70 €		
Preis pro m³ Abwasser	1,49 €/m³			
Kosteneinsparung Abwasser	=416,1 m³*1,49 €/m³=	619,99 €		
Summe Einsparung	**=941,70 €+619,99 €=**	**1.561,69 €**		

Ergebnis:

Umweltschutzkosten

Investitionskosten	35.000 €
Wartung/Instandhaltung	2.000 €
Laufende Kosten	350 €
Summe	37.350 €

Effekte

Ökologisch

Reduzierung Frischwasserverbrauch	438,0 m³
Reduzierung Abwassereinleitung	416,1 m³
Summe	854,1 m³

Ökonomisch

Kosteneinsparung geringerer Wasserverbrauch	941,70 €
Kostenreduzierung geringere Abwassereinleitung	619,99 €
Summe	1.561,69 €

Abbildung 77: Beispiel Japanische Leitlinie

Die Installation einer Abwasseraufbereitungsanlage mit Bioreaktor verursacht 37.350 € Umweltschutzkosten. Dem gegenüber stehen die Reduzierung des Frischwasserverbrauchs von 438 m³ und eine um 416,1 m³ verringerte Abwassermenge. Diese Reduzierungen führen wiederum zu einer jährlichen Kosteneinsparung von 1.561,69 €.

8.3.10 Nutzwertanalyse

Muss im Rahmen einer Investitionsentscheidung zwischen mehreren Alternativen entschieden werden, bietet die Nutzwertanalyse eine Methodik zur Bewertung und zum Vergleich der unterschiedlichen Alternativen an. Sie geht dabei über rein monetäre Kriterien hinaus und erlaubt sowohl die Bewertung nicht-monetärer als auch qualitativer Aspekte. Die Nutzwertanalyse schließt dabei die monetären Kriterien als eigene Nutzenkategorie ein. Grundsätzlich wird das Verfahren daher dann eingesetzt, wenn eine monetäre Bewertung allein nicht sinnvoll oder möglich ist.

Tabelle 56: Visitenkarte Nutzwertanalyse

Merkmal	Beschreibung
Ursprung	Die Methode wurde in den 1960er Jahren in den USA entwickelt und in Deutschland durch ZANGEMEISTER verbreitet (1976).
Geltungsbereich	weltweit
Systemgrenze	gate-to-gate
Bewertungsobjekt	mehrere komplexe Alternativen, auch solche, die nicht monetär bewertbar sind.
Bewertungsgröße	individuell festzulegen
Ziel	Die Nutzwertanalyse unterstützt multikriterielle Entscheidungen.
Annahmen	• Nutzen der Alternativen ist unabhängig von den zu erreichenden Zielen • Addition von Nutzwerten ist möglich • konstante Gewichtungsfaktoren (z.B. im Zeitverlauf)

Vorgehensweise/ Methodik	1) *Bestimmung des Zielsystems* 2) *Ausarbeitung der Bewertungskriterien* 3) *Bewertungskriterien nach Zielerreichungsgrad gewichten* 4) *Alternativen nach Zielerreichung bewerten* (Zielertrag) 5) *Berechnung des Nutzwertes* durch Multiplikation der gewichteten Bewertungskriterien mit den Zielerträgen
Ergebnis	Gesamtnutzwert der Alternativen
Kritische Würdigung	+ Entscheidungen bei Mehrfach-Zielsetzungen anschaulich abgebildet + Entscheidungsprozess und die subjektiven Entscheidungskriterien sind transparent und nachvollziehbar + quantitative und qualitative Kriterien können kombiniert werden - keine Allgemeingültigkeit und Übertragbarkeit der Ergebnisse
Literatur	ZANGEMEISTER, C. (1976): Nutzwertanalyse in der Systemtechnik – Eine Methodik zur multidimensionalen Bewertung und Auswahl von Projektalternativen, Verlag Wittemann, 1976, München. WITTMAN, R. G.; LEIMBECK, A.; TOMP, E. (2006): Innovationen erfolgreich steuern, Heidelberg 2006. JÄGER, T.; KARGER, C. R. (2006): Instrumente zur Nachhaltigkeitsbewertung: Eine Synopse. Online im Internet: www.fz-juelich.de/inb/inb-mut/projekte/pdf /bewertungsinstrumente_synopse.pdf, Stand: 2006, Abfrage: 01.06.2008. BÖHM, E.; HILLENBRAND, T.; LIEBERT, J.; SCHLEICH, J.; WALZ, R. (2002): Kosten-Wirksamkeitsanalyse von nachhaltigen Maßnahmen im Gewässerschutz. In: Umweltbundesamt (Hrsg.): UBA Texte 12/02, Berlin 2002.

Beispielberechnung Nutzwertanalyse

MOBILITY UNLIMITED plant die Anschaffung einer neuen Lackieranlage für die Automobillackierung. Die zurzeit eingesetzten Anlagen arbeiten mit Flüssiglacken. In letzter Zeit werden aber vermehrt Pulverlackieranlagen von führenden Automobilunternehmen eingesetzt. Frau Reinhart möchte nun anhand einer Nutzwertanalyse prüfen, ob eine Pulverlackieranlage ökologisch vorteilhaft gegenüber einer Flüssiglackieranlage ist. Die Zielerreichung wird anhand einer Skala von 0 bis 10 bemessen, wobei der Wert 10 einer 100 %-igen Zielerreichung entspricht.

Lösungsweg:

Schritt 1: Bestimmung der Bewertungskriterien

Schritt 2: Bestimmung der Gewichtungsfaktoren

Schritt 3: Bewertung der Alternativen

Tabelle 57: Beispielberechnung Nutzwertanalyse

Kriterium	Gewichtung	Flüssiglackieranlage		Pulverlackieranlage	
		Zielerreichung	Teilnutzen	Zielerreichung	Teilnutzen
CO_2-Emissionen	15 %	3	45	5	75
NMVOC-Emissionen (aus Lösemitteln)	25 %	5	125	10	250

Kriterium	Gewichtung	Flüssiglackieranlage		Pulverlackieranlage	
		Zielerreichung	Teilnutzen	Zielerreichung	Teilnutzen
Energieverbrauch	10 %	7	70	3	30
Lackverbrauch	20 %	2	40	6	120
Abfall	15 %	3	45	7	105
Abwasser	15 %	3	45	6	90
Nutzwert	**100 %**		**370**		**670**

Schritt 4: Berechnung der Nutzwerte

Ergebnis:

Die Nutzwertanalyse ergibt, dass die Pulverlackieranlage nach ökologischen Bewertungskriterien eindeutig vorzuziehen ist, da ihr Nutzwert wesentlich größer ist. Allerdings sollten in diese Investitionsentscheidung auch andere Kriterien einbezogen werden. Zum Beispiel spielen ökonomische Kriterien, wie Anschaffungs- und Wartungskosten eine Rolle. Aber auch technische Aspekte sind nicht zu vernachlässigen. So müssen beispielsweise Mindestanforderungen an die Qualität erfüllt werden und das Verfahren zur Beschichtung der verschiedenen Materialien geeignet sein.

9 Denken in CO_2 – Ökobilanzen erstellen

"Nicht alles, das man zählen kann, zählt. Und nicht alles, was zählt, kann man zählen." (Albert Einstein)

Fokus Umweltleistung Auch wenn bei einer differenzierten Betrachtung internalisierter Effekte und einer erweiterten Betrachtung externer Effekte monetäre ökologiebedingte Konsequenzen umfassend in Entscheidungen Eingang finden, werden die Konsequenzen der Nutzung unserer Umwelt teilweise noch nicht monetär erfassbar sein. Dies ist immer dann der Fall, wenn ökonomische und ökologische Knappheit auseinanderfallen und eine Zusammenführung auch theoretisch noch nicht möglich ist, weil die monetären Konsequenzen bisher nicht abgeschätzt wurden. Um auch diese Konsequenzen bereits in einem frühen Stadium in Entscheidungen einbeziehen zu können, ist die Umweltleistung als Ausdruck ökologiebedingter, nicht-monetärer Konsequenzen von Produkten, Prozessen und ganzen Unternehmen zu bestimmen. Der Begriff Umweltleistung fand durch die in Normen und Verordnungen offiziell verankerte Übersetzung des englischen Terms „environmental performance" Eingang in die deutsche Praxis.

Dieses Kapitel widmet sich folgenden Fragen:

- *Wie kann Umweltleistung definiert werden? (9.1)*
- *Was versteht man unter einer Ökobilanz? (9.2)*
- *Welche Verfahren zur Erstellung einer Ökobilanz gibt es? (9.3)*

9.1 Der Begriff Umweltleistung

Begriffsentwicklung Bereits 1993 hatte die EMAS I zum Ziel „to promote continuous improvement in the environmental performance of industrial activities" (Art. 1 Abs. 2 EMAS I). Eine Definition von „environmental performance" erfolgte zu diesem Zeitpunkt in der englischen EMAS I jedoch nicht, ebenso wurde in der deutschen Ausgabe der EMAS I auf eine genaue Übersetzung des Begriffs „environmental performance" verzichtet. Im Jahr 1996 wurde dann Umwelt(orientierte)leistung durch die DIN EN ISO 14001:1996 als „messbare Ergebnisse des Umweltmanagementsystems einer Organisation in Bezug auf die Beherrschung ihrer Umweltaspekte" definiert (DIN EN ISO 14001, S. 7). Erst mit Erscheinen der DIN EN ISO 14031:2000 im Jahr 2000 wurde dann der Begriff Umweltleistung offiziell in die deutsche Forschung und Praxis getragen. Diese Norm wurde in einem Prozess seit Mitte der 1990er Jahre entwickelt und 1999 als ISO-Norm und 2000 als DIN EN ISO-Norm zur Umweltleistungsbewertung verabschiedet (vgl. SEIFERT/SEIDEL/CLAUSEN 1998, S. 86). Die Umweltleistungsbewertung (Environmental Performance Evaluation – EPE) wird darin als Managementinstrument und als „fortlaufender Prozess zur Gewinnung und Bewertung von Daten und Informationen zur kontinuierlichen Performance Evaluation (Leistungsbewertung)" (SEIFERT/SEIDEL/CLAUSEN 1998, S. 88 f.) verstanden, die Umweltleistung als „die Ergebnisse, die aus dem Management der Umweltaspekte einer Organisation resultieren" (DIN EN ISO 14031:1999, S. 5). In der EMAS II aus dem Jahr 2001 wird als „Ziel von EMAS [...als] die Förderung einer kontinuierlichen Verbesserung der Umweltleistung von Organisationen" (Art 1 Abs. 2 EMAS II) implementiert. Darüber hinaus wird in der EMAS II der Begriff Umweltleistung sowohl in deutscher als auch in englischer Ausgabe explizit definiert als „Ergebnisse des Managements der Organisation hinsichtlich ihrer Umweltaspekte" (Art. 2c EMAS II). Im Jahr 2005 erschien schließlich die revidierte Version der DIN EN ISO 14001. Die Definition von Umweltleistung in der DIN EN ISO 14001:2005 wird dort als „messbare Ergebnisse des Managements der Umweltaspekte in einer Organisation" (DIN EN ISO 14001:2005, S. 11) hinterlegt.

Steuerung der Umweltleistung Ausgangspunkt der Steuerung der Umweltleistung ist die Umweltleistungsbereitschaft (WOLLEN), d.h. der konkrete Wille des Managements, die Umweltleistung zu steuern. Denn der Ausgangspunkt jeglichen Engagements eines Unternehmens ist die Bereitschaft der obersten Unternehmensleitung (Umweltschutz ist Chefsache), Umweltaspekte auch tatsächlich in unternehmerische Entscheidungen einfließen zu lassen. Dieses Maß übernommener Verantwortung wird erweitert durch die Umweltleistungsfähigkeit (KÖNNEN) als strategische Sachzielgröße des Unternehmens. Hier setzen Umweltmanagementsysteme an, indem sie bei den Mitarbeitern z.B. durch Schulungen Kompetenzen aufbauen und die Strukturen für die Steuerung der Umweltleistung schaffen. Die Umweltleistungsmöglichkeit (DÜRFEN) schließlich liegt auf der operativen Ebene. In konkreten Prozessen, in denen Material und Energie eingesetzt und umgewandelt werden, zeigt sich das Ergebnis des Managements der Umweltaspekte. Allerdings zeigen sich hier auch ökonomische oder technische Restriktionen, die begrenzend wirken und den Möglichkeitsrahmen abstecken (DÜRFEN). Gerade der praktischen Umsetzung ist besondere Aufmerksamkeit zu widmen, denn letztlich sind es die Mitarbeiter auf operativer Ebene, die die Strategie mit Leben füllen. Umweltleistung kann dabei als die absolute Leistung eines Unternehmens im Bezug auf seine Umwelt verstanden werden (z.B. absoluter Energieverbrauch). Beziehen sich Aktivitäten des Unternehmens nicht direkt auf die Umweltaspekte desselben bzw. kann der Einfluss bestimmter Aktivitäten auf die Umweltaspekte des Unternehmens nicht direkt gemessen werden, so kann die Umweltleistung auch in Form der Benennung und Beschreibung dieser Aktivitäten erfasst und bewertet werden (z.B. Schulung der Lieferanten). Somit werden sowohl die absoluten Ergebnisse der Tätigkeiten des Umweltmanagement als auch die Tätigkeiten in Form von Aktivitäten mit nicht direkt in den Umweltaspekten des Unternehmens messbaren Ergebnissen mitbetrachtet. Umweltleistung ist damit keine Größe, die Veränderungen darstellt, sondern die absolute (Jahres-)Größe, die dann als Basis für die Bestimmung des ökologischen Erfolges (Veränderungsgröße) dient. Der ökologische Erfolg wird als die Differenz der absoluten Umweltleistungswerte (bezogen auf konkrete Umweltaspekte des Unternehmens), d.h. als Differenz aus aktuellem Umweltleistungswert und Vorjahreswert oder Zielwert verstanden. Ökologischer Erfolg kann dem betriebswirtschaftlichen Verständnis von Erfolg folgend sowohl positive als auch negative Werte annehmen.

Erfolgsspaltung Für die Ermittlung der Ursachen des ökologischen Erfolges nach einer Maßnahme wird die ökologische Erfolgsspaltung durchgeführt. Stellt der ökologische Erfolg selbst eine absolute Differenz zwischen dem gesetzten Ziel, d.h. PLAN-Wert (bei nicht-quantifizierter Zielsetzung (d.h. in Worten) ist es der Wert der Vorperiode) und dem IST-Wert des Leitparameters dar, so erweitert die Erfolgsspaltung diese um relative Kennzahlen (vgl. GÜNTHER/KAULICH/SCHEIBE u. a. 2006, S. 85). Die ökologische Erfolgsspaltung ist in Anlehnung an die betriebswirtschaftliche Erfolgsspaltung erarbeitet worden und spaltet den Erfolg gemäß den Kriterien Betriebsbezogenheit (Abspaltung von externen Erfolgsbestandteilen), Regelmäßigkeit (Abspaltung von unbeabsichtigten Erfolgsbestandteilen) und Leistungsbezogenheit (**Abweichungsanalysen**). Mit der Abspaltung von externen Erfolgsbestandteilen soll der (verbleibende)

Erfolgsanteil innerhalb der gewählten Systemgrenze hinsichtlich der Frage untersucht werden, inwiefern das Unternehmen Einfluss auf die Umweltleistung hatte. Liegen unbeeinflussbare bzw. unbeabsichtigte Ereignisse vor, die nicht im Ermessen des Unternehmens liegen, können hier konkrete bzw. geschätzte Belastungen/Reduktionen ausgewiesen werden. Die Abweichungsanalysen des verbleibenden beabsichtigten Erfolges beinhalten die klassischen Abweichungsanalysen der Betriebswirtschaftslehre (Mengen-, Effizienz- und Mischabweichung), die Errechnung des Zielerreichungsgrades und die Betrachtung der Öko-Effizienzveränderung. Die Mengenabweichung gibt den Anteil des ökologischen Erfolges an, der auf die Erhöhung bzw. den Rückgang der Bezugsgröße zurückzuführen ist. D.h. mit der Mengenabweichung wird angegeben, welcher Anteil des ökologischen Erfolges z.B. durch Produktionserhöhung bestimmt wurde. Die Effizienzabweichung bestimmt den Anteil des Erfolges, der auf die Wirksamkeit der Maßnahme zurückzuführen ist und beschreibt somit die ökologische Effizienz der Maßnahme.

Abbildung 78: Erfolgsspaltung

(Quelle: GÜNTHER/KAULICH/SCHEIBE u. a. 2006, S. 132)

9.2 Konzept der Ökobilanz

Ökobilanz als Instrument Doch nun stellt sich die Frage, welche Instrumente vorliegen, um das Ziel zu erreichen, die Umweltleistung, also die Ergebnisse des Managements der Umweltaspekte in einer Organisation messbar zu machen. Hierfür bietet sich das Konzept der Ökobilanz an. Eine **Ökobilanz** ist ein ökologieorientiertes Informations- und Entscheidungsinstrument, das Stoff- und Energieflüsse darstellt, die durch die Aktivitäten eines Unternehmens verursacht werden. Eine Ökobilanz ergänzt das klassische Rechnungswesen, das nicht-monetäre Informationen, insbesondere die Umweltrelevanz oft nicht umfassend darzustellen vermag. Dabei werden sowohl die eingehenden (**Inputs**) als auch die ausgehenden Stoff- und Energieflüsse (**Outputs**) erfasst und bewertet. Eine Ökobilanz kann dabei je nach dem gewählten Bezugsobjekt sowohl für Unternehmen als auch für Produktionsprozesse und Produkte erstellt werden. Auf der Inputseite erfolgt eine Unterscheidung in Material und Energie, auf der Outputseite werden erwünschter Output (Produkte) und unerwünschter Output (Kondukte) differenziert (vgl. Kapitel 6.1.4). Zu betonen ist, dass der Begriff „Ökobilanz" weder gesetzlich normiert ist, noch in der Literatur einheitlich verwendet wird. Das hier vorgestellte Verständnis fokussiert auf die Gemeinsamkeiten und umfasst deshalb einen großen Teil der unterschiedlichen Auslegungen, richtet sich aber schwerpunktmäßig an der Norm DIN EN ISO 14040 aus.

Ansatzpunkt Umweltrelevanz Aus Sicht der ökologischen Umwelt sind die unternehmerischen Tätigkeiten insoweit von Bedeutung, wie sie Auswirkungen auf die Umwelt haben. Die EG-Öko-Audit-Verordnung EMAS II definiert dabei als **Umweltauswirkung** „jede positive oder negative Veränderung der Umwelt, die ganz oder teilweise aufgrund der Tätigkeiten, Produkte oder Dienstleistungen einer Organisation eintritt" (Art 2g EMAS II). Eine vollständige Erhebung der Umweltauswirkungen ist allerdings mit zwei Herausforderungen konfrontiert: Einerseits können grundsätzlich nur bekannte, wahrnehmbare Umweltauswirkungen erfasst werden, d.h. die derzeitigen wissenschaftlichen Erkenntnisse über unsere ökologische Umwelt beschränken die Erfassung von Umweltauswirkungen. Die geforderte Vollständigkeit ist damit als vollständige Erfassung der derzeit wahrnehmbaren Umweltauswirkungen zu verstehen. Andererseits können selbst bei Kenntnis der Umweltauswirkungen die Zusammenhänge zum einzelnen Unternehmen nur schwer und äußerst aufwendig dargestellt werden. Aus diesem Grund geht die Ökobilanz von der vom Unternehmen ausgehenden Beeinflussung, den sog. Umweltaspekten aus. Unter einem **Umweltaspekt** versteht die EMAS II dabei einen „Aspekt der Tätigkeiten, Produkte oder Dienstleistungen einer Organisation, der Auswirkungen auf die Umwelt haben kann. Ein wesentlicher Umweltaspekt ist ein Umweltaspekt, der wesentliche Umweltauswirkungen hat bzw. haben kann" (Art. 2f EMAS II). Somit werden nicht die Umweltauswirkungen selbst, sondern deren Ursachen (= Umweltaspekte) erfasst. Umweltaspekte werden als Ursache für Umweltauswirkungen definiert (vgl. Kapitel 4.1). Der Zusammenhang zwischen Umweltaspekten und Umweltauswirkungen wird in Abbildung 79 dargestellt, wobei der theoretisch klare Zusammenhang durch die in Kapitel 8.1 beschriebenen Effekte (Diffusionseffekte, Synergieeffekte, Kumulativeffekte, Langzeiteffekte und Distanzeffekte) praktisch äußerst komplex ist.

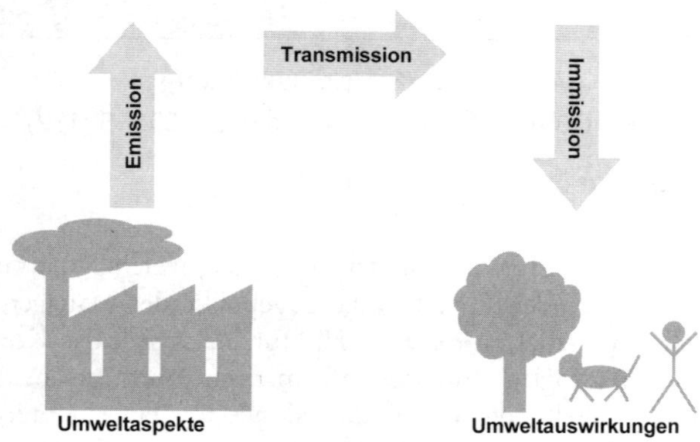

Abbildung 79: Vom Umweltaspekt zur Umweltauswirkung

Leitschnur DIN EN ISO 14040:2006 Auch wenn die Ökobilanz-Norm DIN EN ISO 14040:2006 für Produkte und Dienstleistungen entwickelt wurde, sieht sie in ihrer aktuellen Fassung bewusst eine Anwendung für ganze Betriebe (gate-to-gate-Betrachtung) vor und kann deshalb als Leitschnur gewählt werden (siehe weiterführend KLÜPPEL 2006). Die Ökobilanz folgt dabei nach der Zieldefinition ähnlich wie die Handels- oder Steuerbilanz grundsätzlich einem zweistufigen Aufbau bestehend aus Ansatz und Bewertung, wobei letztere in zwei Stufen unterteilt ist:

- Für den **Ansatz** (die Erfassung) von Daten muss die Frage beantwortet werden „Welche Inputs und Outputs werden in die Ökobilanz aufgenommen?".
- Für die **Bewertung** der Daten erfolgt die Beantwortung der Frage „Mit welchen Werten werden die Inputs und Outputs in die Ökobilanz aufgenommen?"

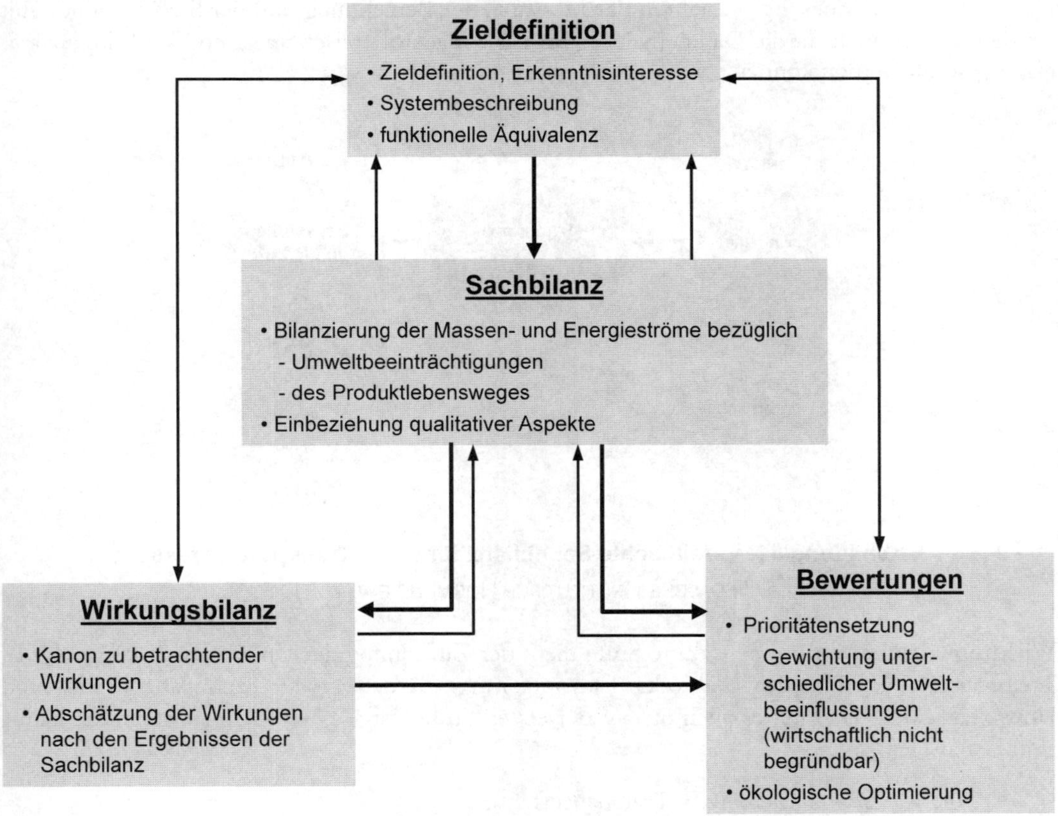

Abbildung 80: Ökobilanz nach DIN EN ISO 14040:2006
(Quelle: DIN EN ISO 14040:2006, S. 16)

Zieldefinition. Auf der ersten Stufe ist das Ziel der Ökobilanz zu beschreiben, so dass erkennbar ist, warum und für welche Zielgruppe die Analyse erfolgen soll. Hierzu zählt auch, das **System** (Produkt, Prozess oder Betrieb) zu beschreiben und beispielsweise den Betrachtungszeitraum und die geographische Ausdehnung festzulegen. Für dieses Sysstem ist die **funktionelle Einheit** als Maß für den Nutzen des betrachteten Systems zu bestimmen. Bei einem LKW oder Güterzug werden hierfür üblicherweise die Tonnenkilometer, also das Gewicht, das über eine bestimmte Strecke transportiert wird, gewählt. Schließlich ist der sog. **Referenzfluss** zu bestimmen, d.h. die Menge an Produkten (LKW oder Güterzüge), die notwendig ist, um die gewünschte Funktion zu erfüllen.

Sachbilanz Für das so abgegrenzte Betrachtungsobjekt, also beispielsweise fünf LKW und als Alternative einen Güterzug werden auf der zweiten Stufe die Inputs und Outputs (**Umweltaspekte**) erhoben (vgl. beispielhaft Abbildung 81). Auf der Inputseite werden Material in Form von Rohstoffen und Betriebsstoffen sowie Energie erfasst, auf der Outputseite werden erwünschter Output (Produkte) und unerwünschter Output (Kondukte) in Form von Emissionen in die Luft, in das Wasser und den Boden erhoben. Dabei können Kuppelprodukte je nach dem Unternehmenszweck dem erwünschten oder unerwünschten Output zugerechnet werden. Bezüglich der Datenerhebung können die Verfahren der Messung, der Berechnung und der Schätzung gewählt werden, wie sie auch für die Datenerhebung für das Schadstofffreisetzungs- und Verbringungsregister gewählt werden können.

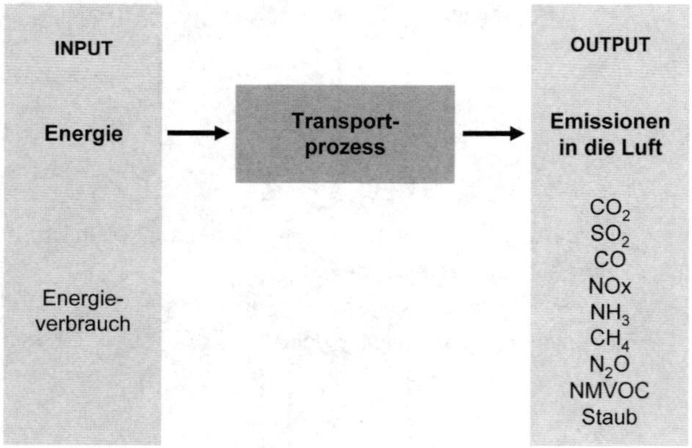

Abbildung 81: Vereinfachte Sachbilanz für einen Transportprozess
(Quelle: DEUTSCHES INSTITUT FÜR NORMUNG E.V. 2001, S. 16)

Wirkungsabschätzung. Diese dritte Stufe dient der Zuordnung der Umweltauswirkungen (z.B. Treibhauseffekt, Humantoxizität oder Eutrophierung) zu den in der Sachbilanz bestimmten Umweltaspekten. Hier gilt es auch die auf der ersten Stufe festgelegten Ziele zu beachten. Dafür sind festzulegen:

- die *Wirkungskategorien* (z.B. Treibhauseffekt),
- die *Wirkungsindikatoren* (z.B. CO_2-Äquivalente),
- die naturwissenschaftlichen *Charakterisierungsmodelle*, die die Wirkung der Umweltaspekte den Wirkungskategorien zuordnen.

Auf dieser Basis kann dann die Wirkungsabschätzung mit folgenden Bestandteilen durchgeführt werden:

- *Klassifizierung*, d.h. die eigentliche Zuordnung der Umweltaspekte zu den Umweltauswirkungen und
- *Charakterisierung*, d.h. Berechnung der Wirkungsindikatorwerte.

Optional können die Ergebnisse zu Referenzwerten (z.B. Deutschland) ins Verhältnis gesetzt werden (*Normierung*), sie können gemäß DIN EN ISO 14044 geordnet (*Ordnung*) und gewichtet (*Wichtung*) werden (vgl. Tabelle 58).

Tabelle 58: Beispiele Umweltaspekte und Umweltauswirkungen

Umweltauswirkung / Umweltaspekt	Menge [kg/a]	Treibhauseffekt	Humantoxizität	Sommersmog	Versauerung	Eutrophierung
		kg CO_2 eq.	kg 1,4 dichlorobenen eq.	kg ethylene eq.	kg SO_2 eq.	kg PO_4-- eq
SO_2	1688,87		0,1	0,05	1,2	
Staub	6302,84		1,2		0,5	0,13
NO_x	7991,70					
CO	762,88			0,03		
NMVOC	704,10					
NH_3	1466,98		0,1		1,6	0,35
CO_2	1623650,14	1				
CH_4	17,36	23		0,01		
N_2O	1623667,50			-0,43		0,2

Auswertung Abschließend werden auf der vierten Stufe die erfassten Umweltauswirkungen mit einem zu bestimmenden Wertesystem zu einem Urteil über die ökologische Relevanz verknüpft. Hier ist zu betonen, dass eine Bewertung die Verknüpfung der zugänglichen Informationen eines Sachverhaltes mit dem persönlichen Wertesystem zu einem Urteil über den entsprechenden Sachverhalt ist (vgl. GIEGRICH 1995, S. 255 ff.). Eine Bewertung ist daher immer subjektiv geprägt, eine objektive Bewertung ist grundsätzlich nicht möglich. Damit das Bewertungsurteil nicht beliebig wird, sollen die dem Entscheider zugänglichen Sachinformationen sowie etwaige Anforderungen der Anspruchsgruppen offen gelegt werden. So kann die Veröffentlichung der IPCC-Berichte im Jahr 2007 dafür als Begründung angeführt werden, dass dem Treibhauseffekt relativ zu anderen Wirkungskategorien eine höhere Bedeutung beigemessen wird. Somit ist die in der Norm vorgenommene Trennung von Wirkungsabschätzung und Auswertung eher theoretischer Natur. Denn in der praktischen Durchführung sind die Phasen der Wirkungsabschätzung und Auswertung miteinander verknüpft. Die grundsätzliche Unterscheidung zwischen Ansatz- und Bewertungsproblematik bleibt allerdings bestehen.

Nutzen von Ökobilanzen Wie bereits eingangs dargestellt, können Ökobilanzen dann als Informations- oder Entscheidungsinstrument eingesetzt werden, wenn die Instrumente des klassischen Rechnungswesens zu kurz greifen. Ökobilanzen können somit Investitionsentscheidungen vorbereiten, Produktentwicklungen steuern, Prozesse optimieren oder Bereiche vergleichen helfen. Im Idealfall werden Umweltaspekte darüber hinaus in die Instrumente des klassischen Rechnungswesens durch eine Differenzierung desselben erfasst und bewertet. Um erste Abschätzungen schnell vornehmen zu können, sieht die DIN EN ISO 14044 vereinfachte Verfahren für eine Sachbilanz sowie vereinfachende Annahmen für die Wirkungsindikatoren vor.

9.3 Verfahren der Ökobilanzierung

Um die Ökobilanzmethode konkret umzusetzen, stehen verschiedene Ansätze, Methoden und Werkzeuge zur Verfügung. Zum einen kann man Verfahren, die eine eindimensionale Kennzahl als Entscheidungsgröße zum Ergebnis haben, von Ansätzen abgrenzen, die mehrere Kennzahlen als Endergebnis vorweisen. Zum anderen gibt es Konzepte, die das Ergebnis der Wirkungsanalyse und Bilanzbewertung mittels quantitativer Größen wiedergeben, während andere Verfahren auf eine qualitative Darstellung zurückgreifen (vgl. SCHILL 2000, S. 160). Die Diskussionen in SOCIETY OF ENVIRONMENTAL TOXICOLOGY AND CHEMISTRY (SETAC) und ISO gehen daher von einem Nebeneinander mehrerer Methoden aus.

Um den Einsatz von verschiedenen Ökobilanzmethoden im Unternehmen vorzubereiten, setzt MOBILITY UNLIMITED seine erfolgreiche Workshopreihe fort und lädt andere Unternehmen zur Vorstellung ihrer Instrumente ein.

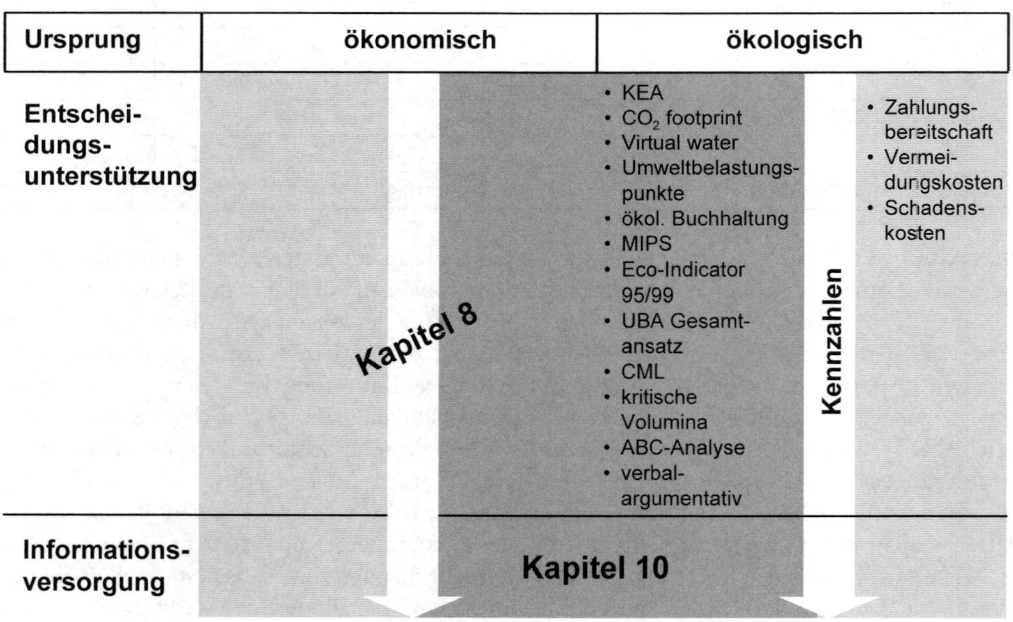

Abbildung 82: Ökologieorientierte Informations- und Entscheidungsinstrumente

9.3.1 Kumulierter Energieaufwand (KEA)

Die Idee des Kumulierten Energieaufwandes ist, dass der Primärenergieaufwand als Umweltaspekt wichtig ist, aber auch als Kennzahl für Umweltaspekte durch Energiebereitstellung und -nutzung genutzt werden kann. Der KEA ist die Summe aller Primärenergieinputs, die für ein

Produkt oder eine Dienstleistung aufgewendet werden. Bestimmt wird er, indem die gesamte Vorkette untersucht und die jeweilige Energiemenge ermittelt wird. Hinzu kommen der Aufwand zur Herstellung und die bei der Entsorgung verbrauchte Energiemenge. Mit diesem Wert kann ein erster Grobcheck stattfinden, bevor genauere Ökobilanzen erstellt und wichtige Grundinformationen dafür gewonnen werden. Bei der Berechnung des KEA werden alle Inputs und Outputs einbezogen, unterschiedliche Datenquellen sichern Objektivität und Transparenz und durch ständig aktualisierte Datenbanken kann die Kontinuität abgesichert werden. Im Gegenzug entsteht eine Abhängigkeit von diesen. Durch die Eindimensionalität ist das Resultat eindeutig.

Tabelle 59: Visitenkarte Kumulierter Energieaufwand

Merkmal	Beschreibung
Ursprung	Eine Arbeitsgemeinschaft des Öko-Instituts (INSTITUT FÜR ANGEWANDTE ÖKOLOGIE E.V.), der Bauhaus-Universität Weimar, des INSTITUTS FÜR RESSOURCENSCHONENDES BAUEN (IREB), der Universität Karlsruhe und des Instituts FÜR INDUSTRIELLE BAUPRODUKTION (ifib) entwickelte diese Methode Anfang der 1990er Jahre. Ein Wissenschaftler, dessen Name mit der Entwicklung des KEA eng verbunden ist, ist HELMUT SCHAEFER, unter dessen Leitung die VDI-Richtlinie 4600 im Rahmen der VDI-GESELLSCHAFT ENERGIETECHNIK (GET) entstand.
Geltungsbereich	weltweit
Systemgrenze	cradle-to-gate
Bewertungsobjekt	Produkte und Dienstleistungen
Bewertungsgröße	Energieflüsse und Energiebindung
Ziel	Der Kumulierte Energieaufwand ermöglicht die energetische Beurteilung und den Vergleich von Produkten und Dienstleitungen. Somit wird der Primärenergieverbrauch von Herstellung, Nutzung und Entsorgung eines ökonomischen Gutes (Produkt oder Dienstleistung) dargestellt.
Annahmen	Energiebereitstellung ist ein Indikator für Umweltaspekte
Vorgehensweise/ Methodik	1) *Abgrenzung des KEA* Betrachtung über den gesamten Lebenszyklus $KEA = KEA_H + KEA_N + KEA_E$ H = Herstellung, N = Nutzung, E = Entsorgung 2) *Berechnung des KEA* Energieaufwand für Nutzenergie (EE – Endenergie) (Kraft, Wärme, Licht etc.) sowie für nicht-energetisch, d.h. stofflich eingesetzte Energieträger (NEV- Nichtenergetischer Verbrauch) sowie aller anderen brennbaren Stoffe über den Heizwert (SEI – Stoffgebundene Energieinhalte), bewertet über die jeweiligen Bereitstellungsnutzungsgrade g $KEA = \sum_{i=1}^{i} \left(\frac{EE_i}{g_i} \right) + \sum_{j=1}^{m} \left(\frac{NEV_j}{g_j} \right) + \sum_{k=1}^{n} \left(\frac{SEI_k}{g_k} \right)$ Kuppelproduktion: Zurechnung auf Basis • physikalischer Größen: Masse, Volumen, Stoffmenge • energetischer Größen: Heizwert, Brennwert, Enthalpie, Energieinhalt • wirtschaftlicher Größen: Marktpreis, Werksabgabepreis
Ergebnis	kumulierter Energieaufwand als eindimensionale Kennzahl

Kritische Würdigung	+ KEA liefert als erster Grobcheck Anhaltspunkte für Umweltwirkungen + konsistente Nutzung von Datenbanken empfehlenswert + erforderliche Daten gut ermittelbar, teilweise standardisiert bzw. in Datenbanken erfasst + Ergebnis für Entscheidungsträger gut zu verstehen - Energieverbrauch kann kein umfassendes Bild aller Umweltwirkungen im Produktlebenszyklus geben - Aggregation aller Energieumsätze zu einem eindimensionalen Indikator verringert die Transparenz - bei Verwendung „fertiger“ KEA-Werte aus Datenbanken werden dahinterstehende Annahmen implizit mit übernommen - Nachvollziehbarkeit durch die Existenz verschiedener Berechnungsmethoden erschwert Das UMWELTBUNDESAMT grenzt vom KEA nach VDI 4600, der auch die stofflich genutzten Energiemengen sowie die Entsorgungsaufwände bzw. Gutschriften für z.B. Energierückgewinnung aus stofflich genutzten Energieträgern (Holz, Kunststoffe, usw.) einrechnet den KEV (Kumulierter Energie-Verbrauch) ab. Dieser wird definiert als „Die Summe aller Primärenergien zur Herstellung und Nutzung eines Produkts oder einer Dienstleistung inklusive aller Vorketten, jedoch ohne die stofflich genutzten Energieträger wie z. B. Holz für Bauzwecke oder Erdöl für Kunststoffe. Diese stofflichen Aufwendungen werden im KEV nicht verbucht, sondern ihre Masse ist in einer Rohstoffbilanz extra zu erfassen. Ebenso werden Aufwendungen zur Entsorgung nicht in den KEV einbezogen.“ (UMWELTBUNDESAMT (Hrsg.) 2003b, S. 1)
Literatur	VDI (1997): Kumulierter Energieaufwand. Begriffe, Definitionen, Berechnungsmethoden. Richtlinie 4600. Düsseldorf 1997. UMWELTBUNDESAMT (1999b): KEA: Mehr als eine Zahl. Basisdaten und Methoden zum Kumulierten Energieaufwand (KEA). UMWELTBUNDESAMT (Hrsg.) (2003b): Anwendung und Kommunikation des Kumulierten Energieverbrauchs (KEV) als praktikabler umweltbezogener Bewertungs- und Entscheidungsindikator für Energieintensive Produkte und Dienstleistungen. Berlin 2003. siehe auch: www.oeko.de/service/kea/

Beispielberechnung Kumulierter Energieaufwand (KEA)

Herr Frey, der Leiter des Umweltschutzbereichs der HOLZWÜRMER AG, stellt die Methode des kumulierten Energieaufwandes zur ökologieorientierten Bewertung der hergestellten Produkte vor. Das Unternehmen produziert hauptsächlich Holzmöbel. Beispielhaft stellt Herr Frey die Berechnung des KEA für einen Holzstuhl dar. Die durchschnittlichen (lebenszyklusbezogenen) Energieströme für die Produktion von 1000 Stühlen sind im Folgenden dargestellt, wobei Heizöl ausschließlich der Wärmeerzeugung zum Heizen der Werkhallen dient:

Tabelle 60: Beispielberechnung KEA – Energiebedarf

Energieart	Betrag [MJ]	Bereitstellungsnutzungsgrad g
Strom	36,0	0,33
Erdgas	7,2	0,23
Heizöl	10,0	0,30

Aus diesen Angaben soll der KEA für die Produktion der Holzstühle berechnet werden. Insbesondere ist der Prozessenergieaufwand für Strom, Erdgas und Heizöl zu bestimmen.

Tabelle 61: Beispielberechnung KEA – Bilanz

Input		Output	
Rohstoff Holz	5.500 kg	Produkt	1.000 Stück
Prozessenergieaufwand		Reststoff	500 kg
Strom	?		
Erdgas	?		
Heizöl	?		
nicht-energetischer Verbrauch	0		
Stoffverbundener Energieinhalt Holz	15.000 kJ/kg		

Lösungsweg:

Schritt 1: Abgrenzung des KEA

$KEA = KEA_H + KEA_N + KEA_E$

Die angegebenen Energieströme beziehen sich ausschließlich auf die Herstellung der Stühle. Während der Nutzungsphase wird keine Energie verbraucht. Bezüglich der Entsorgungsphase liegen dem Unternehmen keine Daten vor, sodass diese nicht in die Berechnung einfließt.

Schritt 2: Berechnung des KEA

$$KEA = KPA + (KNA) = EE + (NEV + SEI)$$

$$= \sum_{i=1}^{i} \left(\frac{EE_i}{g_i}\right) + \sum_{j=1}^{m} \left(\frac{NEV_j}{g_j}\right) + \sum_{k=1}^{n} \left(\frac{SEI_k}{g_k}\right)$$

mit:
KPA = kumulierter Prozessenergieaufwand
KNA = kumulierter nicht-energetischer Aufwand
NEV = nicht-energetischer Verbrauch
SEI = stoffgebundener Energieinhalt
EE = Endenergie
g = Bereitstellungsnutzungsgrad

$NEV = 0$

$SEI = 15.000\,kJ/kg * 5.500\,kg = 82{,}5\,MJ$

$$KEA = \frac{36\,MJ}{0{,}33} + \frac{7{,}2\,MJ}{0{,}23} + \frac{10\,MJ}{0{,}3} + \frac{82{,}5\,MJ}{0{,}9} = \underline{\underline{231{,}1\,MJ}}$$

Ergebnis:

Der kumulierte Energieaufwand für die Herstellung von 1000 Holzstühlen beträgt 231,1 MJ.

9.3.2 CO_2-Fußabdruck

Um die Umweltwirkungen menschlichen Handelns zu messen und einfach darzustellen, werden verschiedene Konzepte vorgeschlagen. Der CO_2-Fußabdruck fokussiert dabei auf die Klimawirkungen menschlicher Aktivitäten und greift damit die aktuelle Klimadiskussion auf. Durch den CO_2-Fußabdruck soll die Klimarelevanz von Tätigkeiten, aber auch Prozessen, Produkten und Dienstleistungen gemessen werden. Dadurch sollen Individuen oder Organisationen dabei unterstützt werden, ihren Beitrag zum Treibhauseffekt zu steuern. Der CO_2-Fußabdruck kann auch genutzt werden, um Kompensationsmöglichkeiten zu initiieren und deren Wirkung zu bestimmen. Der CO_2-Fußabdruck ist ein Teil des ökologischen Fußabdrucks, der alle Umweltwirkungen betrachtet.

Tabelle 62: Visitenkarte CO_2-Fußabdruck

Merkmal	Beschreibung
Ursprung	Der Begriff geht auf das Konzept des ökologischen Fußabdrucks zurück (Ecological Footprint), das von WACKERNAGEL und REES 1994 entwickelt wurde. (Auch das deutsche Wort *Leistung* geht etymologisch auf Leiste/Fußabdruck zurück).
Geltungsbereich	weltweit
Systemgrenze	cradle-to-gate
Bewertungsobjekt	Tätigkeiten von Individuen, Ländern, Regierungen, Organisationen, Unternehmen oder Branchen, aber auch Prozesse sowie den Lebenszyklus von Produkten und Dienstleistungen
Bewertungsgröße	Direkte und indirekte Treibhausgasemissionen, die durch eine Organisation oder eine Person verursacht werden.
Ziel	Der CO_2-Fußabdruck gibt Personen und Organisationen eine Hilfestellung, um ihren Beitrag bzw. den ihrer Prozesse oder Produkte am Klimawandel zu bestimmen.
Annahmen	Treibhausgasemissionen als Indikator der Umweltbeanspruchung
Vorgehensweise/ Methodik	1) *Bestimmung der Bewertungsmethode* (beispielsweise anhand des GHG Protocols oder der ISO 14064) 2) *Spezifizierung der Systemgrenze und des Geltungsbereichs* 3) *Erfassung von Emissionsdaten und Berechnung des Carbon Footprints* Emissionsdaten umfassen u.a. Treibstoffverbrauch, Transportintensität, Emissionen durch chemische Prozesse beim Herstellungsprozess, Energieverbrauch, Dienstreisen sowie Emissionen von Zulieferern 4) *Verifizierung der Ergebnisse* (optional) kann durch Dritte erfolgen und sollte eine kritische Analyse der Bewertungs- und Erhebungsmethode einschließen 5) *Offenlegung des Carbon Footprints* (optional) beispielsweise im Rahmen eines CSR-Reports
Ergebnis	CO_2-Fußabdruck in Kilogramm oder Tonnen CO_2-Äquivalenten (CO_2e)
Kritische Würdigung	+ Fokus auf eine als relevant erachtete Umweltentwicklung - bislang kein Konsens zur Messung des Carbon Footprints: Messansätze von direkten CO_2-Emissionen bis zum Einbezug aller direkten und indirekten Treibhausgasemissionen über den gesamten Lebenszyklus
Literatur	WIEDMANN, T.; MINX, J. (2007): A Definition of „Carbon Footprint“, ISA UK Research Report 2007. Online im Internet: http://www.isa-research.co.uk/docs/ISA-UK_Report_07-01_carbon_footprint.pdf, Stand: 2007, Abfrage: 01.06.2008. CARBON TRUST (2007): Carbon Footprinting – An introduction for organisations, London 2007. CARBON TRUST (2006): Carbon footprints in the supply chain – the next step for business, London 2006. WACKERNAGEL, M.; REES, W. (1996): Our Ecological Footprint: Reducing Human Impact on the Earth. Philadelphia 1996.

Beispielberechnung CO_2-Fußabdruck

MOBILITY UNLIMITED möchte den CO_2-Fußabdruck des Werkes in Dresden ermitteln. Dabei sollen der direkte und indirekte Energieverbrauch des Werks berücksichtigt werden sowie die in 2007 angetretenen Dienstreisen. Am Standort Dresden entstehen CO_2-Emissionen aus der eigenen Energieerzeugung durch Verbrennung von Erdgas und Heizöl. Zusätzlich wird CO_2 durch die Verbrennung von Benzin und Diesel auf den zahlreichen Motorenprüfständen emittiert. Im Rahmen des indirekten Energieverbrauchs bezieht MOBILITY UNLIMITED Fernwärme und Strom vom örtlichen Versorger. Für Dienstreisen mit dem PKW wird eine durchschnittliche Emissionsmenge von 0,18 kg CO_2 pro km zu Grunde gelegt. Die Flugreisen sind zum größten Teil Langstreckenflüge, weshalb ein Faktor von 0,11 kg CO_2 pro Flugkilometer angesetzt wird. Alle weiteren Daten sind Tabelle 63 zu entnehmen.

Lösungsweg:

Schritt 1: Bestimmung der relevanten Verbrauchswerte

Schritt 2: Ermittlung der spezifischen CO_2-Emissionen je Parameter

Schritt 3: Berechnung der CO_2-Emissionen je Parameter und Addition aller Positionen

Tabelle 63: Beispielberechnung CO_2-Fußabdruck – Gesamtemissionen

Parameter	Menge	spezifische CO_2-Emissionen	CO_2-Emissionen gesamt
Energieverbrauch direkt			
Erdgas	354.000 MWh	0,202 kg/kWh	71.508 t
Heizöl	1.750 MWh	0,266 kg/kWh	466 t
Kraftstoffverbrauch Motorenprüfstände			
Benzin	850.000 l	2,38 kg/l	2.023 t
Diesel	350.000 l	2,66 kg/l	931 t
Zwischensumme			**74.928 t**
Energieverbrauch indirekt			
Fernwärme	150.000 MWh	514 g/kWh	77.100 t
Strom	512.000 MWh	514 g/kWh	263.168 t
Zwischensumme			**340.268 t**
Dienstreisen			
PKW	9.000.000 km	0,18 kg/km	1.620 t
Flugzeug	15.000.000 km	0,11 kg/km	1.650 t
Bahn	1.000.000 km	0,04 kg/km	40 t
Zwischensumme			**3.310 t**
Summe			**418.506 t**

Ergebnis:

MOBILITY UNLIMITED hat im Jahr 2007 am Standort Dresden 418.506 Tonnen CO_2 emittiert. Über 80 % dieser Emissionen entstehen indirekt durch den Bezug von Strom und Fernwärme. Knapp 20 % werden durch Verbrennungsprozesse im Werk verursacht. Dienstreisen haben weniger als 1 % Anteil an den gesamten CO_2-Emissionen.

9.3.3 Virtual Water

Das Konzept des Virtual Water (manchmal auch in der deutschen Übersetzung "virtuelles Wasser" gebräuchlich) beschreibt die Frischwassermenge, die für die Herstellung eines Produktes oder einer Dienstleistung benötigt wird. So nutzt beispielsweise jeder Deutsche virtuell 4.000 Liter Wasser täglich, für die Herstellung eines Hamburgers werden 11.000 Liter Wasser benötigt. In einem nächsten Schritt kann dann für ein Land oder eine Region eine Wasserhandelsbilanz erstellt werden, die Wasserimporte und Wasserexporte erfasst und den Nettoimport oder -export eines Landes errechnet. Mit Hilfe dieses Ansatz kann auch eine politische Steuerung erfolgen, indem wasserintensive Produktionen in Länder mit hohem Wasservorkommen verlagert werden.

Tabelle 64: Visitenkarte Virtual Water

Merkmal	Beschreibung
Ursprung	ALLAN führte das Virtual Water Konzept in den 1990ern ein, um den Wasserverbrauch von Produkten über ihren Lebenszyklus sowie die Implikationen für die Weltwirtschaft aufzuzeigen.
Geltungsbereich	weltweit
Systemgrenze	cradle-to-gate
Bewertungsobjekt	• i.e.S. bezieht sich Virtual Water auf einzelne Produkte oder Dienstleistungen (auch water footprint genannt). • i.w.S. werden die Auswirkungen des Handels mit denselben Produkten oder Dienstleistungen auf Regionen betrachtet (Virtual Water Trade).
Bewertungsgröße	virtueller Wasseranteil an einem Produkt entspricht der während aller Herstellungsphasen verbrauchten Wassermenge (Produktionsorientierung)
Ziel	Die Wasserintensität von Produkten und Dienstleistungen soll verdeutlicht werden. Im Vergleich zum virtuellen Anteil ist der tatsächliche Wassergehalt meistens verschwindend gering (Beispiel: 300 Liter Wasser für die Herstellung eines Liters Bier). Des Weiteren soll das Konzept des Virtual Water Trades zu einer gleichmäßigeren Verteilung der Ressource Wasser auf der Erde führen. Aride Regionen der Welt können durch Import von virtuellem Wasser (wasserintensive Produkte) ihre eigenen Ressourcen sparen.
Annahmen	Abstrahierung von anderen negativen Umweltauswirkungen
Vorgehensweise/ Methodik	*1) Berechnung des virtuellen Wasseranteils eines Produktes* • Ermittlung der Produktionsschritte • Ermittlung des Wasserbedarfs pro Produktionsschritt • Allokation des Wasserbedarfs der Produktionsschritte auf die Produkte • Aggregation des gesamten Wasserverbrauches für die Produkte *2) Berechnung des virtuellen Wasseranteils eines Landes* • Virtual water export (import) – ist die Wassermenge, die eine Region mit dem Export (Import) einer Ware virtuell exportiert (importiert). • Virtual water balance – ist die virtuelle Wasserbilanz einer Region, definiert als der Nettoimport an virtuellem Wasser, was dem Bruttoimport minus den Bruttoexport entspricht. Eine positive Wasserbilanz bedeutet einen Nettozustrom von Wasser.
Ergebnis	gesamter Wasserbedarf, der für die Produktion eines Produktes oder eine Dienstleistung benötigt wird (mögliche Einheit = km^3/Jahr)

Kritische Würdigung	+ Entwicklung des Virtual Water Trade von einem analytisch-deskriptiven Konzept hin zu einem politisch-strategischen Ansatz + hinreichende Darstellung des aquatischen Rucksacks von Produkten - andere ökologische Auswirkungen werden nicht berücksichtigt, z.B. Trade Offs zwischen Wasser und Energie - politische Implementierung in internationale Handelsregime wie der WTO schwierig aufgrund von Subventionen, virtual water tax und Einfuhrbestimmungen
Literatur	ALLAN, J.A. (1998): Virtual water: a strategic resource. Global solutions to regional deficits. In: Ground Water, Vol. 36, No. 4, 1998, S. 545-546. Online im Internet: http://www.waterfootprint.org/Reports/Allan_1998.pdf, Stand: 1998, Abfrage: 01.06.2008. HUMMEL, D. KLUGE, T.; LIEHR, S.; HACHELAF, M. (2006): Virtual Water Trade, Documentation of an International Expert Workshop, Institut für sozial-ökologische Forschung (ISOE). Frankfurt a. M. 2006. HUMMEL, D. (2007): Virtueller Wasserhandel – Eine Strategie zum Umgang mit Wasserarmut? In: Ökologisches Wirtschaften, Heft: 2/2007, S. 8-10. KUMAR, V.; JAIN S. K. (2007): Status of virtual water trade from India. In: Current Science, Vol. 93, No. 8, 2007, S. 1093-1099.

Beispielberechnung Virtual Water

Frau Goodkamp, Leiter der Umweltschutzabteilung der Firma TEEWELT mit Sitz in den Niederlanden, stellt das Konzept des „Virtual Water“ vor. Das Unternehmen ist ein führender Anbieter von Schwarztees und verwendet diese Methode, um den tatsächlichen Wasserverbrauch zur Herstellung des Tees zu bestimmen. Dazu werden zunächst die Wasserbedarfe den einzelnen Produktionsschritten zugeordnet. Zu beachten ist, dass das Anbaugebiet des Tees durch die vorherrschenden klimatischen Bedingungen die benötigte Menge an Wasser beeinflusst. TEEWELT vertreibt Schwarztees aus Indien und China. Die folgende Berechnung bezieht sich auf Tee, der in Indien produziert wird.

Lösungsweg:

Schritt 1: Berechnung des virtuellen Wasseranteils einer Tonne Schwarztee aus Indien

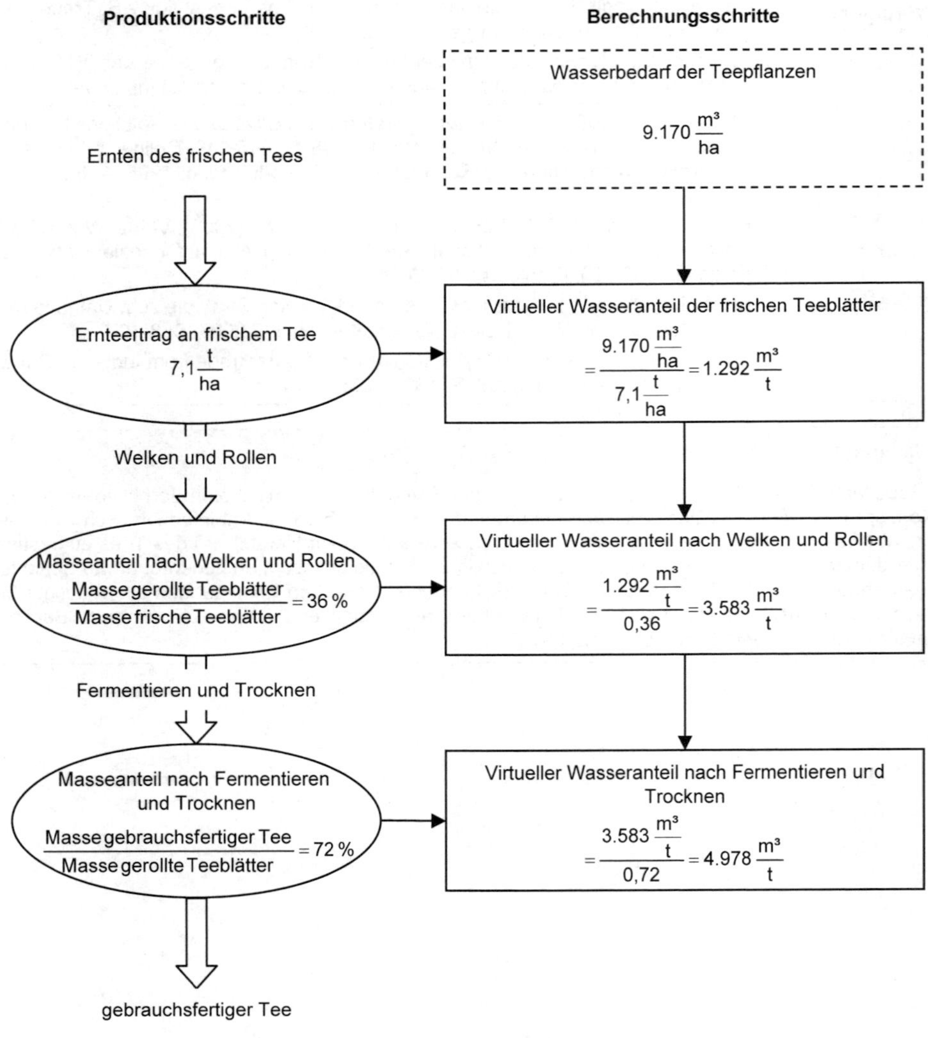

Abbildung 83: Berechnung Virtual Water

Schritt 2: Berechnung der virtuellen Wasserbilanz am Beispiel der Niederlande

Das „Virtual Water"-Konzept bietet auch die Möglichkeit, eine virtuelle Wasserbilanz einer Region zu erstellen. Frau Goodkamp stellt dazu den Beitrag der Firma TEEWELT zur virtuellen Wasserbilanz der Niederlande dar. Dabei sind alle Tee-Im- und Exporte des Unternehmens einzubeziehen. TEEWELT bezieht auch Schwarztee aus China. Die Mengen virtuellen Wassers dieses Schwarztees entsprechen 16.604 m^3/t.

Zur Ermittlung der virtuellen Wasserbilanz werden die Im- und Exporte gegenübergestellt. Zur Berechnung der virtuellen Wasserimporte werden die importierten Mengen des Schwarztees nach Herkunftsland getrennt betrachtet. Das Produkt aus Importmenge und virtuellem Wasseranteil ergibt den virtuellen Wasserimport.

Tabelle 65: Beispielberechnung Virtual Water – Wasserimport

Herkunftsland	Importmenge [t/Jahr]	virtueller Wasseranteil des Tees [m³/t]	virtueller Wasserimport [m³/Jahr]
China	1.518	16.604	25.204.872
Indien	1.709	4.978	8.507.402
Summe			**33.712.274**

Die Exportmengen werden mit dem durchschnittlichen virtuellen Wasseranteil des importierten Tees multipliziert, um den virtuellen Wasserexport zu bestimmen. Dieser Mittelwert ergibt sich durch Wichtung der virtuellen Wasseranteile mit den Importmengen:

$$\text{Durchschnittl. virtueller Wasseranteil} = \frac{1.518\,\frac{t}{Jahr} \times 16.604\,\frac{m^3}{t} + 1.709\,\frac{t}{Jahr} \times 4.978\,\frac{m^3}{t}}{(1.518\,\frac{t}{Jahr} + 1.709\,\frac{t}{Jahr})} = \underline{\underline{10.447\,\frac{m^3}{t}}}$$

Tabelle 66: Beispielberechnung Virtual Water – Wasserexport

Exportziel	Exportmenge [t/Jahr]	durchschnittlicher virtueller Wasseranteil des Tees [m³/t]	virtueller Wasserexport [m³/Jahr]
Deutschland	1.918	10.447	20.037.346
Österreich	129	10.447	1.347.663
Summe			**21.385.009**

Aus den virtuellen Wasserim- und Exporten wird schließlich die virtuelle Wasserbilanz erstellt:

Tabelle 67: Beispielberechnung Virtual Water – Wasserbilanz

virtueller Wasserimport [m³/Jahr]	virtueller Wasserexport [m³/Jahr]	Nettoimport an virtuellem Wasser [m³/Jahr]
33.712.274	**21.385.009**	**12.327.265**

Ergebnis:

Für die Produktion einer Tonne Schwarztee in den Anbaugebieten Indiens werden 4.978 m³ Wasser benötigt. Im Gegensatz dazu werden für eine Tonne Schwarztee aus China 16.604 m³ benötigt. Durch den Handel des Schwarztees werden insgesamt über 12 Millionen m³ virtuellen Wassers pro Jahr in die Niederlande importiert. Der durchschnittliche Tagesverbrauch eines Niederländers beträgt etwa 172 m³.

9.3.4 Verfahren der Umweltbelastungspunkte (ökologische Knappheit)

Aufbauend auf dem Konzept der ökologischen Buchhaltung von MÜLLER-WENK (1978) wurde diese Bewertungsmethode von AHBE, BRAUNSCHWEIG und MÜLLER-WENK in den 1980er Jahren in der Schweiz entwickelt. Das Konzept der ökologischen Knappheit beruht auf einem Vergleich zwischen aktuellem und kritischem Fluss (bzw. Zielwert) eines Stoffes (vgl. BUNDESAMT FÜR UMWELT, WALD UND LANDSCHAFT (Hrsg.) (BUWAL) 1998, S. 9). Dieser Sachverhalt wird durch den Ökofaktor ausgedrückt, der wie folgt ermittelt wird:

$$\text{Ökofaktor} = K * (\frac{1}{F_n}) * (\frac{F}{F_k})^2 * 10^{12} / a$$

K = Charakterisierungsfaktor

F_n = Normierungsfluss

F = aktueller Fluss

F_k = kritischer Fluss

Als Einheit trägt der Ökofaktor die „Umweltbelastungspunkte pro Umwelteinwirkungseinheit" (BUNDESAMT FÜR UMWELT, WALD UND LANDSCHAFT (BUWAL) (Hrsg.) 1998, S. 19). Die jährlichen Emissionen werden mit dem jeweiligen Ökofaktor des emittierten Stoffes gewichtet. Die Aggregation aller Umweltbelastungspunkte (UBP) führt zu der für dieses Verfahren relevanten Maßzahl, die als Entscheidungsgrundlage dienen kann (vgl. BRAUNSCHWEIG/MÜLLER-WENK 1993, S. 46 ff.). Eine Vergleichbarkeit von Prozessen, Produkten oder Unternehmen ist bei der Verwendung der gleichen Ökofaktoren (vorrangig der Schweizerischen) grundsätzlich gewährleistet.

Tabelle 68: Visitenkarte Ökologische Knappheit

Merkmal	Beschreibung
Ursprung	Die Idee der „Ökologischen Buchhaltung" (1978) von MÜLLER-WENK wurde in den folgenden Jahren konsequent weiterentwickelt. Umfassend stellten Braunschweig und MÜLLER-WENK die Methodik in ihrem 1993 erschienen Buch „Ökobilanzen für Unternehmungen" vor. Vereinfachend wird oft auch vom Ö.B.U.-Konzept gesprochen, da die „Aktionsgruppe Ökobilanz für Unternehmen" der Schweizerischen VEREINIGUNG FÜR ÖKOLOGISCH BEWUSSTE UNTERNEHMENSFÜHRUNG (Ö.B.U.) maßgeblich an der Praxisforschung mitgewirkt hat, so auch an der Weiterentwicklung 2008.
Geltungsbereich	Schweiz (Ökofaktoren werden für die Schweiz bestimmt), jedoch grundsätzlich auf andere Länder übertragbar
Systemgrenze	gate-to-gate
Bewertungsobjekt	Die Methodik erlaubt die Betrachtung von Produkten, Prozessen sowie Organisationen.
Bewertungsgröße	Stoff- und Energieflüsse, differenziert in Input (Energieträger, nicht an Energieträger gebundene Energie und Bodennutzung) und Output (Stoffe an Boden, Wasser und Luft und Straßenverkehrslärm)
Ziel	Die ökologische Knappheit bewertet die wesentlichen, d.h. die durch die Umweltpolitik als relevant erachteten, Umwelteinflüsse eines Unternehmens zur Entscheidungsfindung bei verschiedenen Handlungsoptionen, zur Steuerung und zur externen und internen Kommunikation der Umweltaspekte.
Annahmen	• Umweltauswirkungen entstehen durch die Beanspruchung knapper Umweltkapazitäten (ökologische Knappheit) • Vergleich und Aggregation von Umweltauswirklungen auf Grundlage ihres Beitrages zur ökologischen Knappheit • „distance-to-target" Ansatz

Vorgehensweise/ Methodik	1) Methode basiert auf *Daten der Sachbilanz* 2) *Bestimmung der jeweiligen Ökofaktoren* für die Stoff- und Energieflüsse: • Ökofaktor = Charakterisierung * (1/Normierungsfluss) * (aktueller Fluss/kritischer Fluss $)^2$ * 10^{12}/a • Charakterisierung – Schadstoffe oder Ressourcen werden einer spezifischen Umweltauswirkung zugeordnet, z.B. Klimawandel • Normierung – dient dem Anpassen der Knappheitssituation (Gewichtung) in einer Region • Aktueller Fluss – gegenwärtig vorhandene Menge einer bestimmen Umweltwirkung einer Region • Kritischer Fluss im Sinne eines Sollwertes – Menge eines bestimmen Umweltaspektes mit der eine als noch tolerierbar angesehen Umweltbelastung für diese Region verbunden ist (d.h. die zu keiner inakzeptablen Verschlechterung des Umweltzustandes führt), gewichtet die Umweltaspekte • Verhältnis von aktuellem und kritischen Fluss – ökologische Knappheit Praktische Ermittlung der kritischen Mengen auf Grundlage von Grenzwerten (insbes. Emissionsgrenzwerten) aus Gesetzen und Verordnungen sowie den aktuellen Flüssen aus veröffentlichen Statistiken von Ämtern (z.B. Landesämter) • Beide Mengen müssen dabei für denselben geographischen Raum und Zeitraum gelten. 3) *Multiplikation der entsprechenden Stoff- und Energieflüsse* des Unternehmens mit den jeweiligen Ökofaktoren: Umweltaspekte * Ökofaktor = Umweltbelastungspunkt (UBP) 4) *Addition der Umweltbelastungspunkte* der Umweltaspekte einer Umwelteinwirkung, z.B.: Einfluss auf Klimawandel
Ergebnis	Umweltbelastungspunkte als aggregierte Kennzahl
Kritische Würdigung	+ subjektive Festlegung des kritischen Flusses durch die jeweiligen nationalen umweltpolitischen Ziele - nur Bewertung der derzeit als umweltrelevant erachteten Umweltaspekte in den Bereichen Emissionen in die Luft, die Oberflächengewässer, Grundwasser, Boden sowie Ressourcenverbrauch und Abfälle, keine Bewertung von Lärm - Aggregation zu einer eindimensionalen Kennzahl erlaubt keine eindeutige Auswahl der umweltschonensten Handlungsmöglichkeit
Literatur	AHBE, S., BRAUNSCHWEIG, A.; MÜLLER-WENK, R. (1990) Methodik für Ökobilanzen auf der Basis ökologischer Optimierung. 133. Bundesamt für Umwelt, Wald und Landschaft (BUWAL), Bern. BUNDESAMT FÜR UMWELT, WALD UND LANDSCHAFT (BUWAL) (Hrsg.) (1998): Bewertung in Ökobilanzen mit der Methode der ökologischen Knappheit Ökofaktoren 1997. Bern, 1998. FRISCHKNECHT, R.; STEINER, R.; JUNGBLUTH, N. (2008): Ökobilanzen: Methode der ökologischen Knappheit – Ökofaktoren 2006. Methode für die Wirkungsabschätzungen in Ökobilanzen Öbu SR 28/2008. Online im Internet: http://www.oebu.ch/oebu/downloads/oekofaktoren_sr28.pdf, Stand: 2008, Abfrage: 01.06.2008

Beispiel Umweltbelastungspunkte

Herr Schulze, Abteilungsleiter des Umweltmanagements der SPIELZEUG AG, schwört auf die Methode der Umweltbelastungspunkte zur ökologieorientierten Bewertung der hergestellten Produkte. Ausgangspunkt für die Berechnung ist ein Ausschnitt aus der Ökobilanz des Unternehmens. Herr Schulze führt die Berechnung der UBP beispielhaft für die bei der Produktion emittierten Stoffe CO_2, SO_2 und N_2O durch.

Tabelle 69: Umweltbelastungspunkte – Sachbilanz und Umweltpolitik bzw. wissenschaftliche Erkenntnisse

Stoff	Emissionen [t] des Unternehmens	Charakterisierung	Normierungsfluss [t $CO2_{eq}$]
CO_2	38.995.164	1	968.395.000
CH_4	3.500	23	968.395.000
N_2O	2040	310	968.395.000

Lösungsweg:

Schritt 1: Berechnung der Ökofaktoren für die Stoffflüsse Gesamtdeutschland

Ermittlung der aktuellen und kritischen Flüsse für die Stoffe CO_2, CH_4 und N_2O.

Tabelle 70: Beispielberechnung Umweltbelastungspunkte – Ökofaktoren

Stoff	Aktueller Fluss [t $CO2_{eq}$]	Kritischer Fluss [t $CO2_{eq}$]
CO_2	843.433.000	792.810.030
CH_4	45.879.000	78.420.140
N_2O	63.353.000	66.962.770

Berechnung der Ökofaktoren (Charakterisierung ist bereits in Tabelle 70 umgesetzt)

$$\text{Ökofaktor}_{CO_2} = \frac{1 \cdot \text{UBP}}{\text{Normierungsfluss}} \times \left(\frac{\text{aktueller Fluss}}{\text{kritischer Fluss}}\right)^2 \times 10^{12}$$

$$= \frac{1}{968.395.000\ t} \times \left(\frac{843.433.000\ t}{792.810.030\ t}\right)^2 \times 10^{12} = \underline{\underline{1.168,72 \frac{1}{t}}}$$

$$\text{Ökofaktor}_{CH_4} = \frac{1}{968.395.000\ t} \times \left(\frac{45.879.000 t}{78.420.140 t}\right)^2 \times 10^{12} = \underline{\underline{315,44 \frac{1}{t}}}$$

$$\text{Ökofaktor}_{N_2O} = \frac{1}{968.395.000\ t} \times \left(\frac{63.353.000 t}{66.962.770 t}\right)^2 \times 10^{12} = \underline{\underline{924,30 \frac{1}{t}}}$$

Schritt 2: Berechnung der Umweltbelastungspunkte je Stoff

$$\text{UBP}_{CO_2} = \text{Ökofaktor}_{CO_2} \times \text{Emissionsmenge}_{CO_2} = 1.168,72 \frac{1}{t} \times 38.995.164\ t = \underline{\underline{45.574.428.070\ \text{UBP}}}$$

$$\text{UBP}_{CH_4} = 315,44 \frac{1}{t} \times 3.500\ t = \underline{\underline{1.104.040\ \text{UBP}}}$$

$$\text{UBP}_{N_2O} = 924,30 \frac{1}{t} \times 2.040\ t = \underline{\underline{1.885.572\ \text{UBP}}}$$

Schritt 3: Aggregation zu den gesamten Umweltbelastungspunkten für das Unternehmen
$UBP=UBP_{CO2}+UBP_{CH4}+UBP_{N2O}$=45.574.428.070 UBP+1.104.040 UBP+1.885.572 UBP =45.577.417.682 UBP
Ergebnis:
Das Ergebnis für die beispielhaft ausgewählten Stoffe beträgt 45.577.417.682 UBP.

9.3.5 MIPS (Material-Intensität pro Serviceeinheit)

Dieses Konzept wurde im WUPPERTAL INSTITUT FÜR UMWELT, KLIMA UND ENERGIE von FRIEDRICH SCHMIDT-BLEEK geprägt. Er definiert die MIPS so: „Das Maß für Umweltbelastungsintensität ist die das ganze Produktleben umspannende Material-Intensität Pro Serviceeinheit, also der Materialverbrauch von der Wiege bis zur Wiege pro Einheit Dienstleistung oder Funktion" (SCHMIDT-BLEEK/KLÜTING 1994, S. 108) Die Idee dahinter ist, dass jede Dienstleistung einen „ökologischen Rucksack" mit sich trägt, der für fünf Kategorien erhoben wird: biotische Rohmaterialien, abiotische Rohmaterialien, Bodenbewegungen in Land- und Forstwirtschaft, Luft und Wasser (vgl. SCHMIDT-BLEEK/KLÜTING 1994, S. 79 ff.). Zur Ermittlung der MIPS müssen alle Materialintensitäten des gesamten Lebenszyklus eines Produktes aggregiert und dann durch die gesamten Nutzeneinheiten, die dieses Gut generiert, geteilt werden. Das Ergebnis ist auch hier eine quantitative, aggregierte Kennzahl. Eine Anwendung kann nur für dienstleistungsfähige Produkte erfolgen. Die MIPS stellt aber eine Hilfestellung beim ökologieorientierten Design von Industrieprodukten, der Planung umweltfreundlicher Prozesse, Anlagen und Infrastruktur oder der ökologieorientierten Beurteilung von Dienstleistungen dar.

Tabelle 71: Visitenkarte MIPS

Merkmal	Beschreibung
Ursprung	Das MIPS-Konzept wurde federführend von Friedrich Schmidt-Bleek in der Abteilung Stoffströme und Strukturwandel des Wuppertal Institutes im Jahr 1994 entwickelt.
Geltungsbereich	weltweit
Systemgrenze	cradle-to-grave
Bewertungsobjekt	MIPS betrachtet den Produktlebenszyklus auf der Unternehmensebene sowie vor- und nachgelagerte Stufen.
Bewertungsgröße	Stoffflüsse (Materialaufwand) der Inputseite einer Sachbilanz sowie Dienstleistungseinheiten
Ziel	MIPS bestimmt die inputorientierten Umweltbelastungen von Produkten und Dienstleistungen, d.h. wie viele Ressourcen für dieses Produkt, diese Dienstleistung insgesamt eingesetzt werden und beurteilt so die Ressourcenproduktivität, d.h. wieviel Nutzen eine bestimmte Menge „Natur" spenden kann.
Annahmen	Vom Menschen verursachte Massenveränderungen sind hauptverantwortlich für Umweltwirkungen.

Vorgehensweise/ Methodik	1) *Ermittlung der Materialintensitäten (MI)*, durch Erstellung inputorientierter Massebilanzen (Sachbilanzen) für jede Phase des Produktlebenszyklus. 2) *Aggregation zur gesamten Materialintensität* des Gutes (= ∑ MI) 3) *Ermittlung der Dienstleistungseinheiten* für die gesamte Nutzungsdauer des Gutes (S): S = n*p (mit n = Anzahl der Benutzungen und p = Anzahl der Personen) 4) *Berechnung der Materialintensität pro Dienstleistung* (= ∑ MI/S = MIPS)
Ergebnis	Materialintensität als aggregierte Kennzahl
Kritische Würdigung	+ von der Bewertungslogik her folgt die Methode dem Schaden-Nutzen-Ansatz + Größen sind für sich weitgehend objektiv ableitbar - subjektive Beurteilung, ob die von den verschiedenen Teilsystemen ausgehenden Umweltbelastungen wirklich durch MIPS repräsentativ ausgedrückt werden
Literatur	RITTHOFF, M.; HOLGER, R.; LIEDTKE, C. (2002): MIPS berechnen. Ressourcenproduktivität von Produkten und Dienstleitungen. Wuppertal Spezial Nr. 27, Wuppertal 2002. Online im Internet: http://www.wupperinst.org/uploads/tx_wibeitrag/ws27.pdf, Stand: 2002, Abfrage 01.06.2008. SAARI, A.; LETTENMEIER, M.; PUSENIUS, K.; HAKKARIANEN, E. (2007): Influence of vehicle type and road category on natural resource consumption in road transport. In: Transportation Research Part D: Transport and Environment, Vol. 12, No. 1, 2007, S. 23-32. SCHMIDT-BLEEK, F (1994): Wieviel Umwelt braucht der Mensch – MIPS das Maß für ökologisches Wirtschaften. Basel 1994. UBA (Hrsg.): Methodik der Produktbezogenen Ökobilanzen. In: UBA Texte 23/95, Berlin 1995.

Beispielberechnung MIPS

Das MIPS-Konzept wird von dem Waschmittelhersteller SAUBER AG zur ökologieorientierten Bewertung der Verpackungen verwendet. Frau Roth, eine Mitarbeiterin der Umweltschutzabteilung, stellt den Teilnehmern des Workshops das MIPS-Konzept am Beispiel der Kartonverpackung für ein Pulverwaschmittel vor. Die folgende Darstellung zeigt schematisch die einzelnen Produktionsstufen für den Karton. Die Pfeile zeigen die jeweiligen Vorstufen der Prozesse bzw. die nachfolgenden Prozesse an.

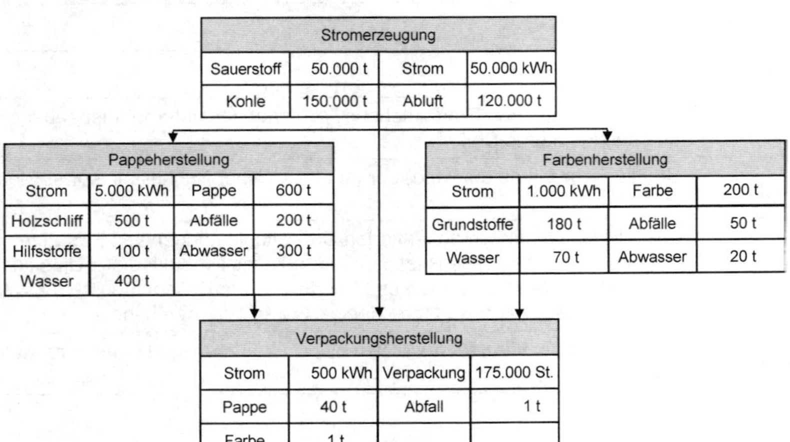

Abbildung 84: Berechnung MIPS I

Lösungsweg:

Schritt 1 und 2: Berechnung der Materialintensität für jede Produktionsstufe

1. Stromerzeugung:

Sauerstoff	50.000 t
Kohle	150.000 t
Summe	200.000 t

$$\text{Rohstoffbedarf pro kWh} = \frac{200.000\text{t}}{50.000\text{kWh}} = 4\frac{\text{t}}{\text{kWh}}$$

2. Pappeherstellung:

Strom	20.000 t	$(= 5.000\text{kWh} \times 4\frac{\text{t}}{\text{kWh}})$
Holzschliff	500 t	
Hilfsstoffe	100 t	
Wasser	400 t	
Summe	21.000 t	

$$\text{Rohstoffbedarf pro Tonne Pappe} = \frac{21.000\text{ t}}{600\text{ t}} = 35\frac{\text{t}}{\text{t}}$$

3. Farbenherstellung:

Strom	4.000 kWh	$(= 1.000\text{kWh} \times 4\frac{\text{t}}{\text{kWh}})$
Grundstoffe	180 t	
Wasser	70 t	
Summe	4.250 t	

$$\text{Rohstoffbedarf pro Tonne Farbe} = \frac{4.250\text{ t}}{200\text{ t}} = 21{,}25\frac{\text{t}}{\text{t}}$$

4. Verpackungsherstellung:

Strom	2000 t	$(= 500\text{kWh} \times 4\frac{\text{t}}{\text{kWh}})$
Pappe	1.400 t	$(= 40\text{t} \times 35\frac{\text{t}}{\text{t}})$
Farbe	21,25 t	$(= 1\text{t} \times 21{,}25\frac{\text{t}}{\text{t}})$
Summe	3.421,25 t	

$$\text{Rohstoffbedarf pro Verpackung} = \frac{3.421{,}25\text{t}}{175.000\text{ Stück}} = 19{,}55\frac{\text{kg}}{\text{Stück}}$$

Abbildung 85: Berechnung MIPS II

Schritt 3: Berechnung der Summe der Dienstleistungseinheiten

Die Verpackung leistet dem Nutzer im Durchschnitt 3,5 Nutzeneinheiten und wird durchschnittlich von 2,8 Personen genutzt.

$$S = n \times p = 3{,}5 \times 2{,}8 = 9{,}8$$

Schritt 4: Berechnung der Materialintensität pro Dienstleistung

$$\text{MIPS} = \frac{\sum \text{MI}}{S} = \frac{19{,}55\frac{\text{kg}}{\text{Stück}}}{9{,}8\frac{\text{s}}{\text{Stück}}} = 1{,}995\frac{\text{kg}}{\text{s}}$$

Ergebnis:

Für eine Dienstleistungseinheit des Waschmittelkartons werden insgesamt 1,995 Kilogramm Material benötigt.

9.3.6 Eco-Indicator 99

Bei dem Eco-Indicator 99 handelt es sich um ein „damage-oriented life-cycle impact assessment" Konzept. Dies bedeutet, dass die Schädigung der natürlichen Umwelt durch ein Produkt im gesamten Verlauf seines Lebenszyklus bewertet wird. Die Umwelt wird in vereinfachender Weise durch die menschliche Gesundheit, die Qualität der Ökosysteme und die natürliche Ressourcen repräsentiert (vgl. MÜLLER-WENK 2000, S. 11). Ein Vorteil dieses Konzeptes ist, dass nicht mehr mit einer Vielzahl von Wirkungskategorien gearbeitet wird, sondern alle Umweltwirkungen auf die eigentlichen Schäden in der Natur heruntergebrochen werden. So werden zum Beispiel durch die Wirkungskategorie Ozonschichtabbau einerseits die menschliche Gesundheit und andererseits die bestehenden Ökosysteme gefährdet. Der Vorteil des Verfahrens liegt darin, dass sich die Betrachtung auf die Schädigung der Wirkungsendpunkte konzentriert (vgl. MÜLLER-WENK 2000, S. 12). Die Gewichtung, die notwendig ist, um die drei Schadensindikatoren zu einem Eco-indicator 99 zu aggregieren, wurde durch eine Panelbefragung der Teilnehmer der Diskussionsforen Ökobilanzen vorgenommen (vgl. METTIER 2000, S. 17). Ergebnis dieser Panelstudie war eine Gewichtung der menschlichen Gesundheit und der Qualität der Ökosysteme zu je 40 % und der natürlichen Ressourcen zu 20 % (vgl. METTIER 2000, S. 23).

Tabelle 72: Visitenkarte Eco-Indicator 99

Merkmal	Beschreibung
Ursprung	Die Methodik wurde im Auftrag des NIEDERLÄNDISCHEN UMWELTMINISTERIUMS von PRÉ CONSULTANTS zur Unterstützung der Produktentwicklung erstellt. Sie ist die Weiterentwicklung des Eco-Indicators 95 aus dem Jahr 1995. Die Methodik stellt eine große Anzahl von Indikatoren zur Bewertung von Sachbilanzdaten zur Verfügung. Der Bewertungsansatz wird integriert und aktualisiert in europäischer Umweltsoftware: z.B. in der Datenbank ecoinvent v2.0, die in Umberto sowie SimaPro genutzt wird, sowie der Software Eco-It.
Geltungsbereich	durch verwendete Datengrundlage auf Europa beschränkt, Methodik jedoch grundsätzlich weltweit anwendbar
Systemgrenze	cradle-to-grave
Bewertungsobjekt	Eco-Indicator99 untersucht Produkte über deren gesamten Lebenszyklus.
Bewertungsgröße	Stoff- und Energieflüsse des gesamten Lebenszyklusses (Elementarflüsse)
Ziel	Der Eco-Indicator 99 bewertet schnell und naturwissenschaftlich aus den Wirkungen eines Produktes resultierenden Schaden und bewertet dessen Beeinträchtigung der Schutzobjekte Humangesundheit, Ökosystemqualität und Ressourcenvorrat.
Annahmen	Aggregierbarkeit verschiedener Wirkungskategorien
Vorgehensweise/ Methodik	Methode basiert auf Daten der Sachbilanz 1) *Abschätzung der unmittelbaren Wirkungen der Stoff- und Energieflüsse* des Produktes in der Umwelt anhand der Kategorien (Kanzerogenität, Atemwirkungen, Treibhauseffekt, Ionisierungsstrahlung, Ozonzerstörung, Ökotoxizität, Versauerung, Eutrophierung, Flächennutzung, Verbrauch an Mineralien und fossilen Brennstoffen: • Ermittlung der Auswirkung der Umweltaspekte auf den Zustand der Umwelt (z.B. Konzentration in der Luft); • Bestimmung der Belastung und der Wirkung auf Menschen etc. (z.B. Auswirkung von Konzentrationen an Luftschadstoffen auf die Krebshäufigkeit) und • Schadensbewertung (z.B. Krebs und Zerstörung der Ozonschicht führen zu

	Humanschäden) 2) *Abschätzung des Schadens dieser Wirkungen* auf die Schutzobjekte „Menschliche Gesundheit" (gemessen in Disability Adjusted Life Years (DALY)), „Ökosystemqualität" bezogen auf die Artenvielfalt (gemessen als Potentially Disappeared Fraction (PDF)) sowie „Ressourcen" (gemessen als der zusätzliche Energiebedarf zur zukünftigen Gewinnung der Ressourcen). 3) *Normalisierung und Gewichtung* der Bedeutung dieser Schäden für die Schutzobjekte durch ein Expertenpanel 4) Zur *Berücksichtigung von Unsicherheiten* ermittelt Eco-Indicator 99 drei verschiedene Perspektiven, die sich ihren Einstellungen wie z.B. bezüglich von Risiko unterscheiden
Ergebnis	Eco-Indicator Points
Kritische Würdigung	+ Orientierung an der ISO 14040 + offen dokumentierte und nachprüfbare Abschätzung der Wirkungen und nachfolgender Schäden + einfache und transparente Anwendung durch bereitgestellte Bewertungsfaktoren für häufig verwendete Stoff- und Energieflüsse + aktueller und anwendbarer Ansatz durch Erweiterung und Überarbeitung der Faktoren sowie deren Einbindung in verschiedene Softwarelösungen - subjektive Gewichtung der Wirkungen auf die Schutzobjekte (durch Expertenpanel) - (teilweiser) Ausschluss von räumlichen und zeitlichen Aspekten aus der Bewertung
Literatur	GOEDKOOP, M.; EFFTING, S.; COLLIGON, M. (2001): The Eco-Indicator 99 – A damage oriented method for Life Cycle Impact Assessment, Amersfoort 2001. Online im Internet: http://www.pre.nl/eco-indicator99, Stand: 2008, Abfrage: 01.06.2008. MINISTRY OF HOUSING, SPATIAL PLANNING AND THE ENVIRONMENT (Hrsg.) (2000): Eco-indicator 99 Manual for Designers: A damage oriented method for Life Cycle Impact Assessment. The Hague 2000. Online im Internet: http://www.pre.nl/download/EI99_Manual.pdf, Stand: 2000, Abfrage: 01.06.2008.

Beispielberechnung Eco-Indicator 99

Das Unternehmen GLASKLAR, das sich auf die Herstellung von Flachglas spezialisiert hat, verwendet die Methode des Eco-Indicator 99, um die Umweltauswirkungen der Produktion zu ermitteln. Frau Müller, Leiterin der Umweltmanagements der Firma GLASKLAR, stellt die Berechnung vor. Dazu werden einzelne Positionen aus der Stoffbilanz herausgegriffen, um die Komplexität zu reduzieren. Alle Angaben beziehen sich auf ein Kilogramm Flachglas.

Lösungsweg:

Schritt 1: Erstellung eines Stoff-Inventars (Sachbilanz)

Ermittlung der Stoffe, die zur Herstellung von einem Kilogramm Flachglas benötigt werden und Unterscheidung nach der Art der Emissionen in Luft, Boden, Wasser und Rohstoffe

Schritt 2: Charakterisierung

Zuordnung der Stoffe zu den jeweiligen Schadenskategorien bzw. deren Unterkategorien und Ermittlung der Schadensfaktoren der jeweiligen Stoffe (GLASKLAR verwendet das „hierarchist damage model").

$$\text{Indikatorpunkt}_{\text{Stoff x, Kategorie y}} = \text{Menge}_{\text{Stoffx}} \times \text{Schadensfaktor}_{\text{Stoff x in Kategorie y}}$$

Tabelle 73: Beispielberechnung Eco-Indicator 99 – Charakterisierung

Stoffe	Menge [kg]	Art der Emission	Schadens-kategorie	Schadens-faktor	Indikator-punkte	Punkte nach Normierung	Punkte nach Gewichtung
Kohle	0,149	Rohstoff	**Ressourcen**		0,023095	$2,75*10^{-6}$	**$5,49*10^{-4}$**
			fossile Brennstoffe	0,155	0,023095		
Benzene	$9,98*10^{-7}$	Luft	**Menschliche Gesundheit**		$2,96*10^{-12}$	$1,95*10^{-10}$	**$7,79*10^{-8}$**
			Atemwegseffekte durch organische Substanzen	$4,68*10^{-7}$	$4,67*10^{-13}$		
			Karzinogene Effekte	$2,50*10^{-6}$	$2,495*10^{-12}$		
			Ökologische Gesundheit		$2,74*10^{-9}$	$5,35*10^{-13}$	**$2,14*10^{-10}$**
			Ökotoxizität	$2,75*10^{-3}$	$2,74*10^{-9}$		
CO_2	0,967	Luft	**Menschliche Gesundheit**		$2,03*10^{-7}$	$1,34*10^{-5}$	**$5,34*10^{-3}$**
			Klimawandel	$2,10*10^{-7}$	$2,03*10^{-7}$		
Zink-Ionen	$2,65*10^{-6}$	Wasser	**Ökologische Gesundheit**		$4,32*10^{-5}$	$8,42*10^{-9}$	**$3,37*10^{-6}$**
			Ökotoxizität	16,3	$4,32*10^{-5}$		
						Summe	**$5,90*10^{-3}$**

Schritt 3: Wirkungsabschätzung

Aufsummieren der einzelnen Wirkungsbeiträge zu den Kategorien „menschliche Gesundheit", „ökologische Gesundheit" und „Ressourcen"

$$\text{Indikatorpunkt}_{\text{Kategorie y}} = \sum \text{Indikatorpunkte der Unterkategorien}$$

Schritt 4: Normieren der Indikatorpunkte

$$\text{Indikatorpunkt}_{\text{Kategorie y}} \text{ nach Normierung} = \frac{\text{Indikatorpunkt}_{\text{Kategorie y}}}{\text{Normierungsfaktor}_{\text{Kategorie y}}}$$

Tabelle 74: Beispielberechnung Eco-Indicator 99 – Normierung

Schadenskategorie	Normierungsfaktor	Wichtungsfaktor
Menschliche Gesundheit	$1,52*10^{-2}$	400
Ökologische Gesundheit	$5,13*10^{3}$	400
Ressourcen	$8,41*10^{3}$	200

Schritt 5: Gewichtung der drei Kategorien

$$\text{Indikatorpunkt}_{\text{Kategorie y}} = \text{normierter Indikatorpunkt}_{\text{Kategorie y}} \times \text{Gewichtungsfaktor}_{\text{Kategorie y}}$$

Schritt 6: Eco-Indicator 99 berechnen

Der Eco-Indikator 99 ergibt sich aus der Summe der einzelnen Indikatorpunkte der Kategorien menschliche Gesundheit, ökologische Gesundheit, Ressourcen.

Ergebnis:

Die Zusammensetzung des Eco-Indicator 99 zeigt, welche Umweltauswirkungen hinsichtlich der drei Schadenskategorien zu erwarten sind. Die Umweltauswirkungen im Bereich Ressourcen sind dabei am höchsten. Die Auswirkungen auf die ökologische Gesundheit sind im Vergleich dazu gering.

Tabelle 75: Beispielberechnung Eco-Indicator 99 – Ergebnis

Schadenskategorie	Indikatorpunkte
Menschliche Gesundheit	$5{,}34 \cdot 10^{-3}$
Ökologische Gesundheit	$3{,}37 \cdot 10^{-6}$
Ressourcen	$5{,}49 \cdot 10^{-4}$
Summe	$\mathbf{5{,}90 \cdot 10^{-3}}$

9.3.7 Vermeidungskostenansatz

Der Vermeidungskostenansatz geht der Frage nach, wie die Umweltwirkungen monetarisiert werden können. Die Vermeidungskosten hängen stark von den technologischen Rahmenbedingungen, die sowohl für Prozesse als auch für Länder unterschiedlich hoch sein können, ab. Deswegen ist dieses Verfahren vor allem für die Optimierung von spezifischen Prozessen und weniger für den allgemeinen Einsatz zur Bewertung geeignet.

Es ist unklar, bis zu welcher Grenze Emissionen vermieden werden müssen oder welche Emissionskonzentrationen als noch zulässig gelten können. Um die Vermeidungskosten exakt zu bestimmen, ist es notwendig, die erforderliche Emissionssenkung zu bestimmen (vgl. GOEDKOOP 1995, S. 14).

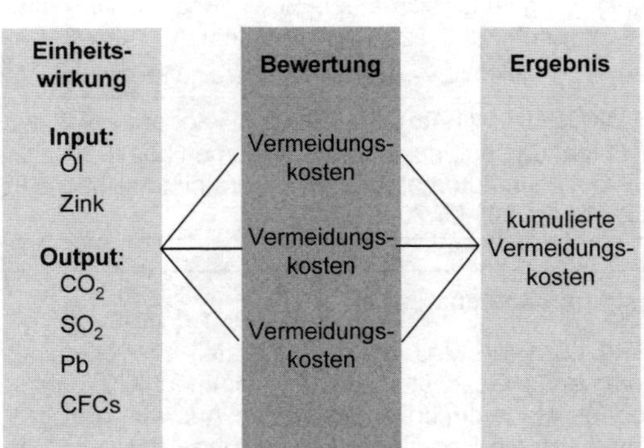

Abbildung 86: Schematische Darstellung einer auf Vermeidungskosten beruhenden Bewertung

(Quelle: GOEDKOOP 1995, S. 14)

Ein solches Bewertungsverfahren ist vor allem bei der Verwendung von prozessbezogenen Ökoindikatoren interessant. Hierbei bietet die Verwendung von Kostengrößen einen praktikablen Ansatz zur Prozessoptimierung.

Tabelle 76: Visitenkarte Vermeidungskostenansatz

Merkmal	Beschreibung
Ursprung	Der Vermeidungskostenansatz entwickelte sich seit den 1960er Jahren zur Bewertung der anfallenden externen Kosten. Entgegengesetzt zu den Verfahren der Schadenskosten oder Zahlungsbereitschaftsanalyse ermittelt er dabei den notwendigen (monetären) Aufwand zur Vermeidung der entstehenden Umweltaspekte, die in Folge zu externen Kosten führen.
Geltungsbereich	weltweit
Systemgrenze	cradle-to-gate
Bewertungsobjekt	Prozess
Bewertungsgröße	Abwehr-, Ausgleichs- und Reparaturaktivitäten
Ziel	Der Vermeidungskostenansatz bewertet die Kosten, die für Abwehr-, Ausweich- und Reparaturaktivitäten zur Vermeidung entstehen, jedoch nicht die direkten Wirkungen auf das Ökosystem.
Annahmen	bewerteter Umweltschaden entspricht mindestens den mit Marktpreisen bewerteten Aufwendungen für seine Vermeidung Vermeidungskosten hängen stark von den nach Land und Prozess variierenden technologischen Rahmenbedingungen ab
Vorgehensweise/ Methodik	Die Methode basiert auf Daten der *Sachbilanz* (Ermittlung der Umweltaspekte), umfassende Bewertung der Vermeidungskosten anhand der Daten der Sachbilanz 1) *Ermittlung der anfallenden Vermeidungskosten* für die einzelnen Umweltaspekte 2) *Aggregation der einzelnen Vermeidungskosten* zu den Gesamtvermeidungskosten
Ergebnis	• direkte zur Vermeidung von Emissionen notwendige Kosten • indirekte zur Vermeidung von Immissionen notwendige Kosten
Kritische Würdigung	+ einfachere Berechnung als Schadenskostenansätze - wenig geeignet für allgemeine Bewertung von Umweltwirkungen, vielmehr prozess- und unternehmensbezogen anwendbar - Vermeidungskosten externer Effekte sind meist eine Untergrenze der Kosten
Literatur	GOEDKOOP, M. (1995): The Eco-Indicator 95 – Weighting method for environmental effects that damage ecosystems or human health on a European scale. Amersfoort 1995. Online im Internet: http://www.pre.nl/download/EI95FinalReport.pdf, Stand 1995, Abfrage: 01.06.2008, S. 14.

Beispielberechnung Vermeidungskostenansatz

Das Unternehmen FORM FAHRZEUGTEILE, das Instrumententafeln für verschiedene Fahrzeughersteller produziert, hat sich für das kommende Geschäftsjahr vorgenommen, CO_2 einzusparen. Für einen Standort werden bisher drei verschiedene Maßnahmen in die engere Auswahl gezogen: Einbau einer Wärmedämmung, Ersetzen aller Glühlampen durch Energiesparlampen und Austausch der alten Elektromotoren durch neue Geräte mit besserem Wirkungsgrad. Die Investitionskosten für den Einbau der Wärmedämmung betragen 50.000 €. Insgesamt müssen 150 Glühlampen ersetzt werden. Eine entsprechende Energiesparlampe kostet 2 €. Außerdem müssen 10 neue Elektromotoren zu je 2.000 € angeschafft werden. Die Kosten für einen Liter Heizöl betragen 0,60 € und für Strom 0,14 € pro kWh. Es wird davon ausgegangen, dass

3,119 kg CO_2 bei der Verbrennung eines Liter Heizöls entstehen. Der Energieversorger gibt einen Wert von 0,622 kg CO_2-Emissionen pro kWh an. Die folgende Tabelle enthält alle relevanten Daten:

Tabelle 77: Beispielberechnung Vermeidungskosten – Technische Daten

Maßnahme	Technische Daten der Maßnahmen		
Einbau Wärmedämmung	**Wärmedämmung**	50% Einsparung von Heizöl	
	bisheriger Heizölbedarf	15.000 l/Jahr	
	Lebensdauer	30 Jahre	
Installation von 150 Energiesparlampen	**Glühlampe:**		
	Leistung	60 W	
	Betrieb pro Tag	10 h	
	Lebensdauer	1.000 h	
	Energiesparlampe:		
	Leistung	11 W	
	Betrieb pro Tag	10 h	
	Lebensdauer	8.000 h	
Austausch der Elektromotoren	**Elektromotoren**		
		E-Motor alt:	E-Motor neu
	Nennleistung	90 W	90 W
	Wirkungsgrad	0,90	0,92
	Betrieb pro Tag	10 h	10 h
	Lebensdauer	100.000 h	100.000 h
Betriebszeit von Beleuchtung und Elektromotoren		2500h/Jahr	

Lösungsweg:

Schritt 1: Berechnung der Energiekosten und CO_2-Emissionen

Bei der Berechnung der Vermeidungskosten pro Maßnahme müssen sowohl die Investitionskosten als auch die entstanden Betriebskosteneinsparungen berücksichtigt werden:

$$\text{Vermeidungskosten} = \frac{(\text{Investitionskosten} - (\text{Betriebskosten}_{\text{alt}} - \text{Betriebskosten}_{\text{neu}})}{CO_2 - \text{Einsparung}}$$

Tabelle 78: Beispielberechnung Vermeidungskosten – Energiekosten und CO_2-Emissionen

Maßnahme	Energiebedarf	Energiekosten in €	CO_2-Emissionen in kg	CO_2-Einsparung in kg	Vermeidungskosten in €/kg CO_2
Austausch Glühbirnen	Glühbirne: $= 60\,W \times 2500\,h$ $= 150\,kWh$	$150\,kWh \times 0{,}14 \frac{€}{kWh}$ $= 21€$	$150\,kWh \times 0{,}662 \frac{kg\,CO_2}{kWh}$ $= 93{,}3\,kg$		3,71
	Energiesparlampe: $= 11\,W \times 2500\,h$ $= 27{,}5\,kWh$	3,85	17,11	76,20	
Austausch E-Motoren	E-Motor alt: $= \frac{90\,W}{0{,}9} \times 2500\,h$ $= 250\,kWh$	35	155,50		5.916,17
	E-Motor neu: $= \frac{90\,W}{0{,}92} \times 2500\,h$ $= 244{,}57\,kWh$	34,24	152,12	3,38	
Wärmedämmung	Heizölverbrauch alt: 15.000 l	9.000	46.785		1,94
	Heizverbrauch neu: 7.500 l	4.500	23.392,50	23.392,50	
			Summe	**23.472,08**	

Schritt 2: Ermittlung der Gesamtvermeidungskosten:

Tabelle 79: Beispielberechnung Vermeidungskosten – Gesamtvermeidungskosten

	Investitionskosten	Betriebskosten alt	Betriebskosten neu	Lebensdauer
Heizkosten pro Jahr ohne Dämmung		9.000,00		
Wärmedämmung	50.000,00			30 Jahre
Heizkosten pro Jahr mit Dämmung			4.500,00	
Energiekosten Glühlampe		21,00		
Energiesparlampe (11W)	300,00		3,85	8.000 h
alte E-Motoren		35,00		
neue E-Motoren	20.000,00		34,24	100.000 h
Summe	**70.300,00**	**9.056,00**	**4.538,09**	

Einsparung Betriebskosten gesamt: 4.517,91 €

Investitionskosten gesamt: 70.300,00 €

CO_2-Einsparung: 23.472,08 kg

Vermeidungskosten gesamt: 65.782,09 €

Vermeidungskosten pro kg CO_2: 2,80 €

Ergebnis:

Der Austausch der Elektromotoren verursacht die höchsten CO_2-Vermeidungskosten und generiert die geringste absolute CO_2-Einsparung. Der Einbau der Wärmedämmung verursacht die geringsten CO_2-Vermeidungskosten und führt zur höchsten CO_2- und Energieeinsparung. Werden alle drei Maßnahmen umgesetzt, fallen durchschnittlich 2,80 € zur Vermeidung von einem Kilogramm CO_2 an.

9.3.8 Schadenskostenansatz (Environmental Priority Strategy)

Dieses Verfahren misst den monetären Schaden, der aufgrund eines Umweltschadens (z.B. Aussterben einer Tierart) entsteht oder bestimmt den Wiederbeschaffungswert einer „Umweltdienstleistung" (SCHALTEGGER/BURRITT 2000, S. 284). Dafür wird die Frage gestellt: Welche Zahlungsbereitschaft besteht für eine Reparatur (Reparaturkosten) oder für eine Prävention (Präventionskosten) eines Umweltschadens.

Anwendung findet die Methode der Schadenskosten beispielsweise im Instrument der Environmental Priority Strategy (EPS) (vgl. Abbildung 87), die im Folgenden dargestellt wird.

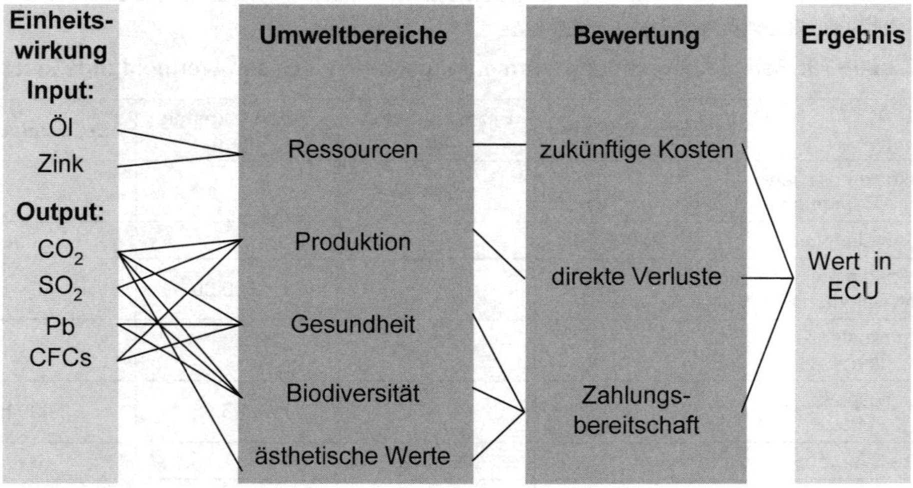

Abbildung 87: Darstellung des EPS-Systems
(Quelle: GOEDKOOP 1995, S. 13)

Tabelle 80: Visitenkarte Environmental Priority Strategy

Merkmal	Beschreibung
Ursprung	Das Verfahren wurde vom IVL SWEDISH ENVIRONMENTAL RESEARCH INSTITUTE FÜR VOLVO entwickelt und als Methodenkomplex unter dem Namen EPS (Environmental Priority Strategy) bekannt (vgl. GOEDKOOP 1995, S. 12).
Geltungsbereich	weltweit
Systemgrenze	gate-to-grave
Bewertungsobjekt	Prozesse
Bewertungsgröße	• abiotische Ressourcen • Gesundheit oder umweltbedingte Gesundheitsschäden • Produktion der Ökosysteme oder umweltbedingter wirtschaftlicher Schaden • Biodiversität oder Artenverlust • Ästhetik (Kultureller- und Erholungswert)
Ziel	Die Environmental Priority Strategy verwertet nicht die Umweltwirkung selbst, sondern deren Wirkungen, die externen Kosten.
Annahmen	Die Gesellschaft misst bestimmten Schutzobjekten einen Wert zu.
Vorgehensweise/ Methodik	1) *Bestimmung des monetären Schadens* auf Basis der genannten Effekte nach den drei folgenden Bewertungsprinzipien: • Rohstoffverbrauch entspricht den zukünftigen Kosten der Rohstoffgewinnung, d.h. Kosten für die Gewinnung der letzten Einheit des verfügbaren Rohstoffes, Bewertung des Öl- und Gasverbrauchs mit den Kosten für alternative Rohstoffen • Produktionseinbußen entsprechen direkt den Kosten des Produktionsrückgangs oder des auftretenden Schadens • Bewertung der Kosten für die anderen Schutzobjekte unter Anwendung von willingness-to-pay-Ansätzen

	- Summation aller ermittelten Kosten - Definition von Einheitswirkungen in den fünf Umweltbereichen (Klassifikation) 2) *Bewertung der Einheitswerte mit Umweltbelastungspunkten*, die auf verschiedenen Bewertungsfaktoren (F-Werten) beruhen und den Umweltbelastungswert wiedergeben (Charakterisierung) 3) Bewertung mittels *Multiplikation Umweltbelastungswert und weltweite Ausdehnung der Umweltauswirkung* 4) Abschätzung *der Anteile einer Tätigkeit am Umweltbelastungswert*
Ergebnis	finanziell bewerteter Schaden durch Addition der drei Wertkategorien
Kritische Würdigung	+ Kombination verschiedener Effekte - wenig geeignet für allgemeine Bewertung von Umweltwirkungen, vielmehr prozess- und unternehmensbezogen anwendbar - sehr starke Abhängikeit von Verfügbarkeit und Verlässlichkeit der verwendeten Bewertungsfaktoren
Literatur	GOEDKOOP, M. (1995): The Eco-Indicator 95 – Weighting method for environmental effects that damage ecosystems or human health on a European scale, Amersfoort 1995, Online im Internet: http://www.pre.nl/download/EI95FinalReport.pdf, Stand: 1995, Abfrage: 01.06.2008, S. 12-14. STEEN, B.; RYDINGS, S.-O. (1992) The EPS enviro-accounting method, IVL-report B1080, Göteborg 1992. STEEN, B. (1999a): A systematic Approach to Environmental Priority Strategies in Product Development (EPS). Version 2000-General System Characteristics, Online im Internet: http://www.cpm.chalmers.se/document/reports/99/1999_4.pdf, Stand: 1999, Abfrage: 01.06.2008. STEEN, B. (1999b): A systematic Approach to Environmental Priority Strategies in Product Development (EPS). Version 2000-Models and Data, 1999. Online im Internet: http://eps.esa.chalmers.se/EPS1999_5a.pdf, Stand: 1999, Abfrage: 01.06.2008. CPM, CHALMERS UNIVERSITY OF TECHNOLOGY (2003): The EPS default method, 2003, Online im Internet: http://eps.esa.chalmers.se/defaultmethod.htm, Stand: 2003, Abfrage: 01.06.2008

Beispielberechnung Schadenskostenansatz (EPS)

Die Firma EM-MASCHINEN, die im Elektromaschinenbau tätig ist, möchte die Umweltauswirkungen ihrer Produktion hinsichtlich verschiedener Kategorien untersuchen. Dazu verwendet das Unternehmen den Schadenskostenansatz. Den Ausgangspunkt für die Berechnung bildet ein Ausschnitt der Outputseite der Sachbilanz, wobei sich die folgenden Daten ausschließlich auf Emissionen in die Luft beziehen.

Tabelle 81: Beispielberechnung EPS – Sachbilanz

Stoff	Emissionen [t]
CO_2	38.995
NO_x	38.995
CH_4	0,521
Blei	0,014
Kupfer	0,003

Lösungsweg:

Tabelle 82: Beispielberechnung EPS – Lösungsweg

Stoff	Emissionen [t]	Wirkungskategorie	Indikator	Charakterisierungsfaktor	Einheit	Wirkungsabschätzung	Einheit	Wichtungsfaktor [ELU/Indikator-Einheit]	Ergebnis [ELU]
CO2	38.995	**Human Health**							**4,26E+06**
		Life expectancy	YOLL	7,93E-07	YOLL/kg CO_2	3,09E+01	person-years	85.000	2,63E+06
		Severe morbidity	Severe morbidity	3,53E-07	person-years/kg CO_2	1,38E+01	person-years	100.000	1,38E+06
		Morbidity	Morbidity	6,55E-07	person-years/kg CO_2	2,55E+01	person-years	10.000	2,55E+05
		Ecosystem production capacity							**-5,87E+04**
		Crop growth capacity	crop	7,56E-04	kg crop/kg CO_2	2,95E+04	kg crop	0,15	4,42E+03
		wood growth capacity	wood	-4,05E-02	kg wood (DS)/kg CO_2	-1,58E+06	kg wood (DS)	0,04	-6,32E+04
		Biodiversity							**5,40E+04**
		species extinction	NEX	1,26E-14	NEX/kg CO_2	4,91E-07	n. a.	110.000.000.000	5,40E+04
NOx	38.995	**Human Health**							**8,40E+07**
		Life expectancy	YOLL	2,45E-05	YOLL/kg NO_x	9,55E+02	person-years	85.000	8,12E+07
		Severe morbidity	Severe morbidity	-2,06E-06	person-years/kg NO_x	-8,03E+01	person-years	100.000	-8,03E+06
		Morbidity	Morbidity	3,61E-06	person-years/kg NO_x	1,41E+02	person-years	10.000	1,41E+06
		nuisance	nuisance	2,41E-03	person-years/kg NO_x	9,40E+04	person-years	100	9,40E+06
		Ecosystem production capacity							**1,16E+06**
		Crop growth capacity	crop	7,00E-01	kg crop/kg NO_x	2,73E+07	kg crop	0,15	4,09E+06
		wood growth capacity	wood	-2,73E+00	kg wood (DS)/kg NO_x	-1,06E+08	kg wood (DS)	0,04	-4,26E+06
		Fish and meat production capacity	Fish and meat	3,39E-02	kg fish&meat/kg NO_x	1,32E+06	kg fish&meat	1	1,32E+06
		Biodiversity							**3,22E+05**
		species extinction	NEX	7,50E-14	NEX/kg NO_x	2,92E-06	n. a.	110.000.000.000	3,22E+05
CH4	0,521	**Human Health**							**1,40E+03**
		Life expectancy	YOLL	1,95E-05	YOLL/kg Methan	1,02E-02	person-years	85.000	8,64E+02
		Severe morbidity	Severe morbidity	8,65E-06	person-years/kg Methan	4,51E-03	person-years	100.000	4,51E+02
		Morbidity	Morbidity	1,60E-05	person-years/kg Methan	8,34E-03	person-years	10.000	8,34E+01
		Ecosystem production capacity							**1,75E+00**
		Crop growth capacity	crop	5,25E-02	kg crop/kg Methan	2,74E+01	kg crop	0,15	4,10E+00
		wood growth capacity	wood	-1,13E-01	kg wood (DS)/kg Methan	-5,89E+01	kg wood (DS)	0,04	-2,35E+00
		Biodiversity							**1,77E+01**
		species extinction	NEX	3,09E-13	NEX/kg Methan	1,61E-10	n. a.	110.000.000.000	1,77E+01
Blei	0,014	**Human Health**							**40740**
		Severe nuisance	Severe nuisance	0,291	person-years/kg Pb	4,074	person-years	10.000	40740
Kupfer	0,003	**Ecosystem production capacity**							**0**
		wood growth capacity	wood	0	kg wood/kg Cu	0	kg Cu	0,04	0
								Summe	8,98E+07

Tabelle 83: Beispielberechnung EPS – Ergebnis

Kategorie	Ergebnis [ELU]
Human Health	$8{,}83 \cdot 10^7$
Ecosystem production capacity	$1{,}10 \cdot 10^6$
Biodiversity	$3{,}76 \cdot 10^5$
Summe	$\mathbf{8{,}98 \cdot 10^7}$

Ergebnis:

Die Berechnung der Schadenskosten ergibt 89.800.000 ELU (environmental load units). In der Kategorie Human Health werden dabei die höchsten Werte ermittelt.

9.3.9 UBA Wirkungsindikatoren

Das Bewertungsverfahren der Wirkungsindikatoren wurde für die ökologieorientierte Beurteilung des Lebenszykluses von Produkten entwickelt. Es kann aber identisch, d.h. ohne Anpassungen, auf andere Betrachtungsobjekte übertragen werden. Die Vorgehensweise erfolgt nach DIN EN ISO 14042. Das heißt, die Sachbilanzergebnisse werden durch die Klassifizierung verschiedenen Wirkungskategorien zugeordnet und dann im Schritt der Charakterisierung mithilfe verschiedener Charakterisierungsfaktoren zu den jeweiligen Wirkungsindikatorergebnissen aggregiert. Bei der Normierung und Ordnung erfolgt die Bildung einer Rangordnung, indem die potenzielle Umweltschädigung der Wirkungskategorien durch die ökologische Gefährdung, den distance-to-target-Ansatz und den spezifischen Beitrag abgeschätzt wird. In der Auswertung erfolgt eine Gegenüberstellung der beiden Produkte oder Prozesse in einem T-Diagramm, wobei noch eine Hierarchisierung nach der ökologischen Priorität vorgenommen wird, die sich aus der Zusammenführung der drei oben genannten Kriterien ergibt.

Tabelle 84: Visitenkarte UBA Wirkungsindikatoren

Merkmal	Beschreibung
Ursprung	Seit 1995 entwickelt das UBA Wirkungsindikatoren zur Anwendung für gesamtgesellschaftliche Fragestellungen und konkretisiert dadurch die DIN EN ISO-Normenreihe 14040 ff.
Geltungsbereich	Deutschland
Systemgrenze	cradle-to-gate
Bewertungsobjekt	Produkte (denkbar sind auch Prozesse oder Betriebe)
Bewertungsgröße	Stoff- und Energieflüsse in unterschiedlichen Wirkungskategorien
Ziel	Die UBA Wirkungsindikatoren stellen die Umwelteinwirkungen eines Betrachtungsobjekts auf Grundlage einer Stoff- und Energiebilanz (Sachbilanz) quantitativ dar.
Annahmen	Stoff- und Energieströme der Sachbilanz verursachen unterschiedliche Umwelteinwirkungen, die sich zu mehreren Wirkungskategorien zusammenfassen lassen

Vorgehensweise/ Methodik	1) *Zusammenfassung der Umwelteinwirkungen* in mehrere Wirkungskategorien, die Umweltprobleme aufgreifen 2) *Zuordnung der in der Sachbilanz erfassten Stoff- und Energieströme* zu ausgewählten Wirkungskategorien 3) *Neugliederung der Sachbilanz* nach den Wirkungskategorien (Mehrfachzuordnungen sind möglich) 4) *Bestimmung der Referenzsubstanz* innerhalb jeder Wirkungskategorie 5) *Gewichtung der anderen Stoff- und Energieströme* innerhalb der Wirkungskategorie im Verhältnis zur Referenzgröße, da sie unterschiedliches Schadenspotential aufweisen 6) *Aggregation innerhalb der Wirkungskategorien: Multiplikation der physikalischen Mengeneinheiten der* jeweiligen Stoff- und Energieströme mit den dazugehörigen Gewichtungsfaktoren und Addition zu einer eindimensionalen Kennzahl (= Wirkungsindikator)
Ergebnis	• mehrdimensionales Kennzahlenprofil bestehend aus je einem Wirkungsindikator je Wirkungskategorie • keine weitere Aggregation, da Dimensionen aufgrund ihrer unterschiedlichen Wirkungsrichtung und Aussagekraft bezüglich der Umwelteinwirkungen als nicht vergleichbar angesehen werden
Kritische Würdigung	+ erhebliche Gestaltungsmöglichkeiten für die Anwendung im Unternehmen - eindeutige Aussagen nur möglich, wo eine Handlungsalternative als dominant anerkannt wird
Literatur	UBA (Hrsg.): Methoden der Produktbezogenen Ökobilanzen, Texte 23/95, Berlin 1995. SCHMITZ, S.; PAULINI, I. (1999): Bewertung in Ökobilanzen – Methode des Umwelt-bundesamtes zur Normierung von Wirkungsindikatoren, Ordnung (Rangbildung) von Wirkungskategorien und zur Auswertung nach ISO 14042 und 14043, Berlin 1999. UMWELTBUNDESAMT (Hrsg.) (2002b): Ökobilanzen für Getränkeverpackungen II/Phase 2, Berlin 2002.

Da die Systematik der Wirkungsindikatoren der der CML-Methode ähnlich ist, wird zur Berechnung auf das dortige Beispiel verwiesen.

9.3.10 CML-Methode

Die Methode wurde am „Centrum voor Milieukunde“ in Leiden (Niederlande) von HEIJUNGS et al. (1992) speziell für Ökobilanzierungen entwickelt. Da sie sowohl Zieldefinition, Sachbilanz, Wirkungsanalyse und Bewertung abdeckt, entspricht sie internationalen Normungsbemühungen.

Die CML-Methode nimmt eine schadensfunktionsorientierte Klassifizierung von Stoff- und Energieflüssen zur Wirkungsabschätzung vor. Ausgangspunkt des Verfahrens sind drei Umweltproblembereiche und ihre Unterkategorien:

- Ressourcenverbrauch (abiotische, biotische Ressourcen);
- Umweltbelastungen (z.B. Treibhauseffekt, Ozonabbau, Eutrophierung);
- Umweltschäden (Landschaft, Ökosysteme, Personen).

Um Einzelstoffbewertungen zu vermeiden, werden Emissionen mit gleichen Wirkungen (z.B. Treibhauseffekt) medienübergreifend zusammengefasst.

Tabelle 85: Visitenkarte CML-Methode

Merkmal	Beschreibung
Ursprung	1992 wurde die Methode der Wirkungskategorien vom CENTRE OF ENVIRONMENTAL SCIENCE (CML) an der Universität Leiden entwickelt, ein Update erfolgt im Jahr 2000. Ein Wissenschaftler, dessen Name mit der Entwicklung des CML-Konzepts eng verbunden ist, ist HELIAS UDO DE HAAS.
Geltungsbereich	weltweit, Normalisierungsfaktoren verfügbar für Niederlande, West-Europa und weltweite Betrachtungen
Systemgrenze	cradle-to-grave
Bewertungsobjekt	Produkte, Prozesse oder Betriebe
Bewertungsgröße	Stoff- und Energieflüsse in unterschiedlichen Wirkungskategorien
Ziel	Die CML-Methode bildet alle direkten stofflichen und energetischen Austauschbeziehungen zwischen der natürlichen Umwelt und dem Produktsystem in quantitativer Weise ab.
Annahmen	• „auswirkungsorientierte Klassifizierung" von Stoff- und Energieströmen zur Wirkungsabschätzung • Emissionen mit gleichen Wirkungen werden medienübergreifend zusammengefasst
Vorgehensweise/ Methodik	1) *Zieldefinition*: Festlegung der Ziele und Rahmenbedingungen 2) *Sachbilanz:* Erfassung der Stoff- und Energieflüsse einschließlich der Emissionen als Input- und Outputgrößen entlang des gesamten Lebenszyklus 3) *Klassifizierung:* Zuordnung der Umwelteinwirkungen 4) *Charakterisierung:* einzelne Gewichtung der Umwelteffekte im Sinne der Gesamtbeurteilung 5) *Verbesserung:* Identifikation von Ansätzen zur ökologischen Verbesserung
Ergebnis	Spezifische Beiträge je Wirkungskategorie ergeben ein Wirkungsprofil, da keine Gewichtung der einzelnen Wirkungskategorie
Kritische Würdigung	+ entspricht den nationalen und internationalen Normungsbemühungen + erhebliche Gestaltungsmöglichkeiten für die Anwendung im Unternehmen - eindeutige Aussagen nur möglich, wo eine Handlungsalternative als dominant anerkannt wird
Literatur	ADENSAM, H.; GANGLBERGER, E.; GUPFINGER, H.; WENISCH, A. (2000): Wie viel Umwelt braucht ein Produkt? Studie zur Nutzbarkeit von Ökobilanzen für Prozess- und Produktvergleiche. Online im Internet: http://www.umweltbundesamt.at/fileadmin/site/daten/produkte/gemis/oekobil.pdf, Stand: 2000, Abfrage: 01.06.2008. GUINÉE, J.B.; GORÉE, M.; HEIJUNGS, R. (2002): Life cycle assessment. An operational guide to the ISO standards, Dordrecht 2002. GUINÉE, J.B.; HUPPES, G.; HEIJUNGS, R. (2001): Developing an LCA guide for decision support. In: Environmental Management and Health, Vol. 12, No. 3, 2001, S. 301-311. RENNER, I.; KLÖPFFER, W. (2005): Untersuchung der Anpassung von Ökobilanzen an spezifische Erfordernisse biotechnischer Prozesse und Produkte, Berlin 2005. Online im Internet: http://www.umweltdaten.de/publikationen/fpdf-l/2852.pdf, Stand: 2005, Abfrage: 01.06.2008.

Beispielberechnung Wirkungsindikatoren nach CML-Methode

Ein weiteres Unternehmen, die MOTOTECH KG mit Hauptsitz in Amsterdam, die Motorenkomponenten herstellt, untersucht die Umweltauswirkungen ihrer Produktion hinsichtlich verschiedener Kategorien. Die Umweltauswirkungen werden dabei durch verschiedene Wirkungskategorien bewertet. Den Ausgangspunkt für die Berechnung bildet ein Ausschnitt der Outputseite der Sachbilanz, wobei sich die folgenden Daten ausschließlich auf Emissionen in die Luft beziehen.

Tabelle 86: Beispielberechnung CML – Sachbilanz

Stoff	Emissionen [t]
CO_2	38.995
SO_2	197
NO_x	38.995
CH_4	0,521
Blei	0,014
Kupfer	0,003

Lösungsweg:

Schritte 1 und 2: Klassifizierung und Charakterisierung

Die Wirkungskategorien Landnutzung, Ressourcenverbrauch, stratosphärische Ozonzerstörung, und Bildung von Photooxidantien sind durch die vorliegenden Emissionen nicht betroffen.

Tabelle 87: Beispielberechnung CML – Klassifizierung und Charakterisierung

Stoffe je Wirkungskategorie	Menge [t]	Wichtungsfaktor je Kategorie	Gewichtete Menge
Treibhauseffekt [CO_2-Äquivalente]			
CO_2	38.995	1	38.995,000
CH_4	0,521	21	10,941
Summe			**39.005,941**
Humantoxizität			
SO_2	197	1,2	236,40
NO_x	38.995	0,78	30.416,10
Blei	0,014	160	2,24
Kupfer	0,003	0,24	0,00072
Summe			**30.654,74072**
Versauerung [SO_2-Äquivalente]			
SO_2	197	1	197,0
NO_x	38.995	0,7	27.296,5
Summe			**27.493,5**

Stoffe je Wirkungskategorie	Menge [t]	Wichtungsfaktor je Kategorie	Gewichtete Menge
Ökotoxizität			
Blei	0,014	2	0,028
Kupfer	0,003	2	0,006
Summe			**0,034**
Eutrophierung [PO_4^{3-}-Äquivalente]			
NO_x	38.995	0,13	5.069,35
Summe			**5.069,35**

Schritt 3: Normierung und Gewichtung

Im Rahmen der Normierung wird der prozentuale Beitrag eines Unternehmens in den einzelnen Wirkungskategorien im Verhältnis zu globalen oder regionalen Emissionsmengen betrachtet. Es existieren verschiedene Normierungsfaktoren, die für eine solche Analyse verwendet werden können. Des Weiteren können die Ergebnisse der verschiedenen Kategorien mit einer Wichtung versehen werden. Diese Wichtungsfaktoren werden zum Beispiel aus umweltpolitischen Zielsetzungen abgeleitet. Die hier gewählte Methode dividiert die Umwelteffekte durch das nationale Ziel des jeweiligen Effekts und addiert diese zu MET-Punkten. Die Niederlande haben bisher für acht Wirkungskategorien solche Zielwerte ermittelt. Diese Wichtungsfaktoren werden auch für das Unternehmen MOTOTECH KG herangezogen.

Tabelle 88: Beispielberechnung CML – Gewichtung

Wirkungskategorie	Wichtungsfaktoren nach MET	Kategorie gewichtet	Rangfolge
Treibhauseffekt	5,1 %	1989,30299	3
Humantoxizität	15,2 %	4659,52059	1
Versauerung	9,3 %	2556,8955	2
Ökotoxizität	0	-	-
Eutrophierung	15,8 %	800,9573	4

Ergebnis:

In der Kategorie Humantoxizität werden die höchsten Werte ermittelt. Der Beitrag zur Eutrophierung ist hingegen am geringsten.

9.3.11 Kritische Volumina

Bei diesem Verfahren wird von dem wissenschaftlichen Standpunkt ausgegangen, dass jedes Umweltmedium (Luft, Boden, Wasser) bis zu einem bestimmten Grenzwert belastet werden kann, ohne dass eine dauerhafte Schädigung auftritt. Auch hier ist das Produkt während seines ganzen Lebenszyklus' das Betrachtungsobjekt. Die Basisdaten der Sachbilanz werden in den vier Kategorien Energieverbrauch, Wasserbelastung, Luftbelastung und feste Abfälle zusammengefasst (vgl. ETTERLIN/HÜRSCH/TOPF 1992, S. 71). Die Erfassung der Werte für den Energieverbrauch und die festen Abfälle ist unproblematisch, da sie in den natürlichen Einheiten erfolgt. Die Wasser- und Luftbelastung wird hingegen durch unterschiedlichste Schadstoffe beeinflusst. Deshalb ist es nun notwendig, dass man „für jeden einzelnen Schadstoff das Luft- bzw. Wasservolumen, das durch seine Anwesenheit bis zum gesetzlichen Grenzwert hin belastet wird" (ETTERLIN/HÜRSCH/TOPF 1992, S. 72 zitiert nach BUNDESAMT FÜR UMWELT, WALD UND LAND-

SCHAFT (Hrsg.) (BUWAL) 1984), berechnet (kritisches Volumen). Innerhalb der Kategorien erfolgt dann eine Aufsummierung der einzelnen kritischen Volumina zu einem Gesamtvolumen. Die sich hier ergebende mehrdimensionale Bewertung ist auch wieder von der subjektiven Festlegung der Grenzwerte abhängig, die jeweils, je nach nationalen Umweltzielen erheblich schwanken können. Des Weiteren finden bei diesem Konzept Ressourcenverbräuche, Strahlung, Lärm und Treibhauswirkung keine Berücksichtigung.

Tabelle 89: Visitenkarte Kritische Volumina

Merkmal	Beschreibung
Ursprung	Das Verfahren wurde für die Bewertung von Packstoffen entwickelt (vgl. ETTERLIN/HÜRSCH/TOPF 1992), d.h. es handelt sich um eine Bewertungsmethode für lebenszyklusbezogene Ökobilanzen von Packstoffen (unter Packstoffen werden Materialien zur Herstellung von Verpackungen verstanden).
Geltungsbereich	Europa
Systemgrenze	cradle-to-grave
Bewertungsobjekt	Produkte
Bewertungsgröße	Zusammenfassung der Stoff- und Energieströme der Sachbilanzen zu einem **Ökoprofil** bestehend aus **vier Kennzahlen**: Belastung der **Luft** und des **Wassers** sowie die **Abfallmenge** und den **Energieverbrauch**
Ziel	Ziel dieses Verfahrens ist es, nach der Bewertung alternative Packstoffe miteinander **vergleichen** und Hinweise für eine **ökologische Verbesserung** ableiten zu können.
Vorgehensweise/ Methodik	**Luft und Wasser:** *1)* Erfassung aller Schadstoffe des Betrachtungsobjekts für die Grenzwerte bezüglich der Umweltmedien: Luft und Wasser. *2)* Einteilung der Schadstoffe in zwei Klassen: • Schadstoffe, die ins Wasser emittiert werden. • Schadstoffe, die in die Luft emittiert werden. *3)* Umrechnung der Schadstoffemissionen des Betrachtungsobjekts auf die Vergleichsbasis ein Kilogramm *4)* Berechnung des Volumens an Luft bzw. Wasser, das der emittierte Schadstoff bis zum Grenzwert belastet: • kritisches Volumen des Schadstoffs (Luft) = Emission x/Immissionsgrenzwert x • kritisches Volumen des Schadstoffs (Wasser) = Emission x/Emissionsgrenzwert x *5)* Zusammenfassen der Einzelwerte innerhalb der beiden Kategorien Luft undWasser. **Berechnung der festen Abfallmenge:** *1)* Trennung der zu entsorgenden Abfälle nach Entsorgungsarten (Verbrennung oder direkte Deponierung) und Berechnung der Entsorgungsquoten *2)* Für zu verbrennenden Abfälle sind zu ermitteln: Arten und Mengen an Luftemissionen, Filterstaub, Rauchgasreinigungsschlamm, Verbrennungsrückstände, freigesetzte Wärme *3)* Korrekturfaktor (bspw. wegen Verdichtung) für Deponieabfälle ⇒ Ergebnis: spezifisches Deponievolumen des Abfalls (= feste Abfallmenge) **Berechnung des Energieäquivalenzwertes**: *1)* Erfassung des elektrischen und thermischen Energieverbrauchs ⇒ Netto-Energieverbrauch *2)* Berechnung des jeweiligen Brutto-Energieverbrauch

	Energieäquivalenzwert = Entropiezunahme = Abnahme der freien Energie = Brutto-Energieverbrauch (I_{frei}) – Output an freier Energie (O_{frei}) Folgende Anpassung zur Übertragung des Bewertungskonzeptes auf Betrachtungsobjekte in der Sachbilanz des Unternehmens wird vorgenommen: • **Normierung auf Basiseinheit 1 kg entfällt**. • Bestimmung der vier Kennziffern für die Stoff- und Energieströme des **gesamten Betrachtungsobjekts** • Begründung: Entscheidungen werden immer auf Basis **funktionsgleicher** Alternativen getroffen. Mögliche Erweiterungen der Methode bestehen im Einbezug der Verweildauer der Immissionen, die bereits bestehende Hintergrundbelastung und der Analogiemethode. (vgl. RUBIK/TEICHERT 1997)
Ergebnis	kritische Luftmenge: m^3/kg kritische Wassermenge: dm^3/kg feste Abfallmenge: cm^3/kg Energieäquivalenzwert: MJ/kg
Kritische Würdigung	Folgende Anpassung zur Übertragung des Bewertungskonzeptes auf Betrachtungsobjekte in der Sachbilanz des Unternehmens: + Normierung auf Basiseinheit 1 kg entfällt. + Bestimmung der vier Kennziffern für die Stoff- und Energieströme des gesamten Betrachtungsobjekts + Begründung: Entscheidungen werden immer auf Basis funktionsgleicher Alternativen getroffen.
Literatur	BUNDESAMT FÜR UMWELTSCHUTZ (BUS) (Hrsg.) (1984): Ökobilanz von Packstoffen, Schriftenreihe Umweltschutz, BUS-24, Bern 1984. BUNDESAMT FÜR UMWELT, WALD UND LANDSCHAFT (BUWAL) (Hrsg.) (1991): Ökobilanzen von Packstoffen, Schriftenreihe Umwelt Nr. 132, Bern 1991. UMWELTBUNDESAMT (Hrsg.) (1995): Methodik der produktbezogenen Ökobilanzen – Wirkungsbilanz und Bewertung, UBA Texte 23/95, Berlin 1995, S. 32-35. BÖNING, J. A. (1995): Methoden betrieblicher Ökobilanzierung, Marburg 1995, S. 185-202. ETTERLIN, G.; HÜRSCH, P.; TOPF, M. (1992): Ökobilanzen – ein Leitfaden für die Praxis, Mannheim, 1992.

Beispielberechnung Kritische Volumina

Die Firma TELE, ein Hersteller von TV-Geräten, erhielt kürzlich ein Angebot seines Verpackungslieferanten über ein neues und billigeres Verpackungsmaterial. Neben den reinen Beschaffungskosten ist für das Unternehmen aber auch eine ökologieorientierte Bewertung des neuen Packstoffs ALPHA wichtig. Herr Bach, Mitarbeiter des Umweltmanagements, hat eine solche Bewertung des Packstoffs mit Hilfe des Verfahrens kritische Volumina durchgeführt.

Lösungsweg

<u>Schritt 1: Ermittlung der Belastung von Wasser und Luft</u>

Die Mengenangaben der Schadstoffe beziehen sich auf 2 kg des Packstoffs ALPHA. Allerdings beziehen sich die Angaben der Verbrennungsgase auf ein Kilogramm.

Tabelle 90: Beispielberechnung Ermittlung kritische Volumina

2. Erfassung und Einteilung der Schadstoffe
3. Normierung auf 1kg
1. Ermittlung der Grenzwerte
4. Berechnung der kritischen Volumina

Schadstoff	Menge [g]	Normierung [mg/kg]	Immissionsgrenzwerte [mg/m³]	Emissionsgrenzwerte in [mg/l]	Kritische Luftmenge [m³/kg]	Kritische Wassermenge [l/kg]
Abluft						
Blei	0,8	400	0,001		400.000	
Stickoxide	6	3000	0,003		1.000.000	
Abwasser						
Fluoride	0,6	300		10		30
Ammoniak	10	5000		1		5.000
Kohlenmonoxid aus Verbrennung	3	3000	8		375	
Stickoxide aus Verbrennung	3	3000	0,003		1.000.000	
				Summe	**2.400.375**	**5.030**

Schritt 2: Berechnung der festen Abfallmenge

Nach der Verbrennung der festen Abfallmengen verbleiben 10% des Ausgangsvolumens als Verbrennungsrückstände, die deponiert werden müssen. Im Rahmen der Deponierung verdichten sich die Abfälle um 20 %.

Tabelle 91: Beispielberechnung kritische Volumina – Abfall

Abfall	Menge [cm³/2kg]	Normierung [cm³/kg]	Verbrennungsrückstände [cm³/kg]	Feste Abfälle nach Verdichtung [cm³/kg]
Verbrennung	1.700 cm³	$=\frac{1.700\,cm^3}{2kg}$ $=850\,\frac{cm^3}{kg}$	$=850\,\frac{cm^3}{kg}\times 0{,}1$ $=85\,\frac{cm^3}{kg}$	$=85\,\frac{cm^3}{kg}\times 0{,}8$ $=68\,\frac{cm^3}{kg}$
Deponierung	0			

Schritt 3: Berechnung des Energieäquivalenzwertes

Das Unternehmen hat einen Nettoenergieverbrauch von 10,8 MJ zur Herstellung von 2 kg des Packstoffs ALPHA ermittelt. Für die Energieerzeugung wird von einem Wirkungsgrad von 60 % ausgegangen. Außerdem fällt durch die Verbrennung der Abfälle Energie in Höhe von 1,5 MJ an, die weiter genutzt werden kann.

Tabelle 92: Beispielberechnung kritische Volumina – Energieäquivalent

Nettoenergieverbrauch [MJ/2kg]	Normierung [MJ/kg]	Bruttoenergieverbrauch [MJ/kg]	Energieäquivalenzwert [MJ/kg]
$10{,}8\,\frac{MJ}{2\,kg}$	$=\frac{10{,}8\,MJ}{2\,kg}=5{,}4\,\frac{MJ}{kg}$	$=\frac{5{,}4\,\frac{MJ}{kg}}{0{,}6}=9\,\frac{MJ}{kg}$	$=9\,\frac{MJ}{kg}-1{,}5\,\frac{MJ}{kg}=7{,}5\,\frac{MJ}{kg}$

Ergebnis:

Die Ökoprofile für die beiden Packstoffe sind in der folgenden Tabelle gegenübergestellt. Hinsichtlich der festen Abfallmengen und des Energieäquivalenzwertes sind beide Packstoffe gleichwertig. Allerdings erzeugt der Packstoff ALPHA geringere kritische Wasser- und Luftmengen als der Packstoff BETA. Der neue Packstoff ist somit ökologisch vorteilhafter. Die Firma TELE entscheidet sich daher für den Packstoff ALPHA.

Tabelle 93: Beispielberechnung kritische Volumina – Ergebnis

	Packstoff BETA	Packstoff ALPHA
Kritische Luftmenge [mg/l]	2.603.125	2.400.375
Kritische Wassermenge [l/kg]	5.250	5.030
Feste Abfallmenge [cm³/kg]	68	68
Energieäquivalenzwert [MJ/kg]	7,5	7,5

9.3.12 ABC-Analyse

Die ABC-Analyse fand in der Materialwirtschaft ihre erste Verwendung und ist heute aufgrund ihrer Einfachheit eine weltweit angewendete Methode. Mit Hilfe einer abstufenden Bewertung sollen sowohl strategische als auch operative Umweltmaßnahmen abgeleitet werden. Wird ein Betrachtungsobjekt mit ‚A' eingestuft, so besteht dringender Handlungsbedarf, bei ‚B' mittlerer und bei ‚C' ist die Sache unbedenklich. Um diese Einschätzung vornehmen zu können, muss zuerst ein Kriterienkatalog definiert werden. Nachher werden die inhaltlichen Abgrenzungen je Kriterium getroffen und dann die Stoff- und Energieflüsse in den einzelnen Kriterien (gemäß der ABC-Abstufung) bewertet. Dies ergibt ein mehrdimensionales Profil je Stoff- und Energiefluss. Prinzipiell ist eine Erweiterung um die Dimensionen XYZ möglich. Dabei findet eine relative Abstufung des Mengeneffektes je Stoff- und Energiefluss mit ‚X' für hohen, ‚X' für mittleren und ‚Z' für geringen Mengeneinsatz statt (vgl. HOPFENBACK/JASCH/JASCH 1996, S. 9 ff. und 499)

Tabelle 94: Visitenkarte ABC-Analyse

Merkmal	Beschreibung
Ursprung	Die ABC-Methode wurde erstmals 1988 von den Harvard-Wirtschaftswissenschaftlern R. COOPER und R. S. KAPLAN als neuartige und exakte Methode für Kostenanalysen vorgestellt. Das INSTITUT FÜR ÖKOLOGISCHE WIRTSCHAFTSFORSCHUNG (IÖW, Deutschland) hat u.a. die bei der Produktbetrachtung zu berücksichtigenden Einzelkriterien definiert.
Geltungsbereich	weltweit

Systemgrenze	cradle-to-grave
Bewertungsobjekt	Die ABC-Methode ist zur Bewertung von Unternehmen, Unternehmensbereichen, Prozessen, Produkten (auch über den gesamten Lebenszyklus) und Maßnahmen geeignet.
Bewertungsgröße	Stoff- und Energieflüsse
Ziel	Relativ abstufende Bewertung, anhand derer sowohl strategische als auch operative Umweltmaßnahmen abgeleitet werden können.
Annahmen	Grundannahme: Eine kleine Anzahl an Problemkomponenten (Objektarten bzw. Stoffe) A leistet einen großen Problembeitrag (hohe Umweltproblematik) und eine große Anzahl an Problemkomponenten C einen kleinen Problembeitrag. Natur wird kein Eigenwert zugemessen.
Vorgehensweise/ Methodik	*1) Kriterienkatalog* definieren entlang derer die einzelnen Stoff- und Energieflüsse der ABC-Abstufung unterzogen werden (A: besonders relevantes ökologisches Problem oder besonders dringlicher Handlungsbedarf, B: ökologisches Problem mit mittelfristigen Handlungsbedarf, C: unbedenklich, kein Handlungsbedarf) *2) Entwicklung der inhaltlichen Abgrenzungen* der A-, B- und C-Kategorie je Kriterium *3) Bewertung der Stoff- und Energieflüsse* in den einzelnen Kriterien gemäß ABC-Abstufung *4)* (*Erweiterung zur XYZ-Bewertung*: Relative Abstufung des Mengeneffekts je Stoff- und Energiefluss mit X für hohen Mengeneinsatz, Y für mittleren und Z für geringen Mengeneinsatz)
Ergebnis	mehrdimensionales Profil je Stoff- und Energiefluss
Kritische Würdigung	+ Transparenz und Nachvollziehbarkeit von individuellen Einstufungen der A-, B- und C-Kategorie je Kriterium abhängig + große Gestaltungsspielräume bei Kategorisierung + breites Spektrum von Umweltaspekten berücksichtbar + hohe Praxistauglichkeit aufgrund einfacher Handhabung + Vielzahl von Vorschlägen zum Kriterienkatalog, z.B. IÖW, UBA - hoher Aufwand Einstufungsregeln und Kriterienkatalog der Dynamik der Ansprüche kontinuierlich anzupassen
Literatur	STAHLMANN, V. (1988): Umweltorientierte Materialwirtschaft: Das Optimierungskonzept für Ressourcen, Recycling, Rendite. Wiesbaden 1988. HALLAY, H.; PFRIEM, R. (1992) : Öko-Controlling : Umweltschutz in mittelständischen Unternehmen, Frankfurt a.M. 1992 STAHLMANN, V. (1993): Ziel und Inhalt ökologischer Rechnungslegung – vom Teil zum Ganzen in: Beck, M. (Hrsg.): Ökobilanzierung im betrieblichen Management, Würzburg 1993, S. 91-145. STAHLMANN, V. (1994) : Umweltverantwortliche Unternehmensführung: Aufbau und Nutzen eines Öko-Controlling, München 1994. STAHLMANN, V. (2002): Internes Operatives Umweltmanagement – Teil 2: Materialwirtschaft und Einkauf. In: Döttinger, K.; Roth, K.; Lutz, U. (Hrsg.) (2002): Betriebliches Umweltmanagement. Grundlagen, Methoden, Praxisbeispiele, Loseblattsammlung, Stand Dezember 2002. BÖNING, J. (1995): Methoden betrieblicher Ökobilanzierung. Marburg 1995 Umweltbundesamt (Hrsg.) (2001):Handbuch Umweltcontrolling, München 2001.

Beispielberechnung ABC-Bewertung

Frau Schneider, Mitarbeiterin des Umweltmanagements der CHEMIE AG, verwendet für die ökologieorientierte Bewertung der Produkte die ABC-Analyse. Beispielhaft erläutert sie dieses Verfahren anhand des Stoffes „Natronbleichlauge", der im Unternehmen häufig zum Einsatz kommt.

Lösungsweg:

Schritt 1: Kriterienkatalog definieren

Es werden sieben Hauptkriterien festgelegt, die der unten stehenden Tabelle zu entnehmen sind.

Schritt 2: Inhaltliche Abgrenzung der Kategorien

Eine A-Bewertung weist auf ein hohes ökologisches Problem und somit schnellen Handlungsbedarf hin. Durch eine C-Bewertung werden die Umweltauswirkungen als gering eingestuft, woraus kein direkter Handlungsbedarf entsteht. Eine B-Bewertung bezeichnet ein ökologisches Problem, das mittelfristigen Handlungsbedarf erfordert.

Schritt 3: Durchführung der Bewertung

Tabelle 95: Beispielberechnung ABC Bewertung

Bewertungskriterien		A	B	C
1. Umweltrechtliche/ umweltpolitische Anforderungen			B	
Relevante Umweltgesetze:	GefStoffV, WHG			
Kommentar:	werden eingehalten, aber Verschärfung möglich			
2. Gesellschaftliche Anforderungen/Akzeptanz		A		
Kommentar:	Chlorreiniger			
3. Beeinträchtigungen der Umwelt bei ordnungsgemäßem Einsatz eines Stoffs		A		
3.1 Luftbelastung				
Kommentar:	Gefahrenbezeichnung „C" (ätzend)			
3.2 Wasser-/Bodenbelastung				
Kommentar:	Wassergefährdungsklasse 2			
3.3 Toxizität/Belastung des Menschen				
Kommentar:	max. Arbeitsplatzkonzentration 1,5mb/m³			
4. Störfallrisiko			B	
Kommentar:	gefährliche Zersetzungsprodukte im Brandfall			
5. Internalisierte Umweltkosten			B	
Kommentar:	Kosten für Sicherheitseinrichtungen auf Grund der Wassergefährdungsklasse			

Bewertungskriterien		A	B	C
6. Negative Effekte in vor- und nachgelagerten Stufen				
6.1 Rohstoffgewinnung				
Kommentar:	keine Angaben			
6.2 Vorproduktion				
Kommentar:	Bei Verwendung des Amalgamverfahrens entsteht hochgiftiges Quecksilber	A		
6.3 Entsorgung				
Kommentar:	aufwändige Entsorgung des Quecksilbers			
6.4 Recyclingfähigkeit				
Kommentar:	keine Angaben			
7. Erschöpfung nicht erneuerbarer Rohstoffe/Übernutzung regenerativer Ressourcen				C
Kommentar:	keine Übernutzung regenerativer Ressourcen			
Häufigkeiten		**3**	**3**	**1**

Ergebnis:

Die ABC-Bewertung der In- und Outputs zeigt ökologische und humantoxikologische Schwachstellen. Insbesondere sind die Gefahren durch die Entstehung von Quecksilber bei der Herstellung der Natronlauge zu beachten.

Auf Basis dieser Ergebnisse können Maßnahmen zur Verringerung der Umweltauswirkungen erarbeitet werden. Zum Beispiel sollte ein alternatives Herstellungsverfahren genutzt werden, wie beispielsweise das Membran- oder Diaphragmaverfahren, die ohne das Nebenprodukt Quecksilber arbeiten.

9.3.13 Verbale Bewertung

Eine in Worte gefasste Bewertung kann als Instrument uneingeschränkt auf alle Bestandteile der Umweltleistung angewandt werden. Im Besonderen ist die Durchführung einer verbalen Bewertung für alle nicht quantitativ bewertbaren Aspekte empfehlenswert. Durch die vielfältigen sprachlichen und unternehmensindividuellen Möglichkeiten, ist aber kaum Transparenz und Objektivität gegeben. Außerdem vermittelt Sprache in der Regel nicht nur Sachaspekte, sondern auch Wertungen. Um dies zu verhindern, ist eine möglichst klare Trennung von Erfassung und Bewertung anzustreben.

Tabelle 96: Visitenkarte verbale Bewertung

Merkmal	Beschreibung
Ursprung	Die verbale Bewertung ergab sich aus den Einschränkungen anderer Verfahren. Ein konrekter Ursprung ist der Methode nicht zuzuordnen.
Geltungsbereich	weltweit
Systemgrenze	cradle-to-grave
Bewertungsobjekt	Die Verbale Bewertung ist uneingeschänkt anwendbar.
Bewertungsgröße	vollständige Erfassung aller bekannten Umwelteinwirkungen theoretisch möglich

Ziel	Die verbale Bewertung ist als ergänzendes Verfahren anzuwenden, mit dem Umweltauswirkungen erfasst und bewertet werden können, die sich nicht quantitativ oder qualitativ bewertet darstellen lassen. Angewendet wird sie zur raschen Abschätzung von Lösungen, bei fehlenden genaueren Informationen bzw. wenn die Beschaffung der Informationen zu aufwändig ist, zur Entscheidungsunterstützung bei zwei konträren Alternativen, bei denen die Vorteile der einen die Nachteile der anderen sind, wenn ohne das Verfahren rein intuitiv entschieden würde.
Annahmen	• wesentliche Einschränkung der Transparenz und Objektivität • nur schwer vergleichbare, unternehmensindividuelle und durch die Vielfalt der sprachlichen Möglichkeiten geprägte Bewertungsmethode • durch Entscheidungsträger leicht in die gewünschte Richtung manipulierbar
Vorgehensweise/ Methodik	mögliche Vorgehensweise: *1) Kommentierung* einzelner Bilanzpositionen mit der Ableitung konkreter Konsequenzen und Ziele *2)* verbale Erfassung der *Vor- und Nachteile* der einzelnen Lösungsalternativen
Ergebnis	verbal beschreibende Erfassung beinhaltet Sachaspekte und zugleich implizite Bewertung der Umweltauswirkungen durch das Medium Sprache
Kritische Würdigung	- nur für einfache Probleme einsetzbar - verbal beschriebene Umweltauswirkungen nicht im Sinne von intersubjektiv nachprüfbaren Größen operationalisierbar - bei der Anwendung ist saubere Trennung zwischen Erfassung und Bewertung erstrebenswert
Literatur	SCHULTE-ZURHAUSEN, M. (2005): Organisation, München 2005. UMWELTBUNDESAMT (UBA) (1992): Ökobilanzen für Produkte – Bedeutung, Sachstand, Perspektiven, Berlin 1992.

Beispielberechnung Verbale Bewertung

MOBILITY UNLIMITED bietet in seiner Produktpalette Hybridfahrzeuge an. Grundsätzlich bestehen Hybridfahrzeuge aus einer Kopplung von zwei Energiewandlern und zwei Energiespeichern. Allerdings gibt es zwei verschiedene Möglichkeiten, beide Systeme zu koppeln: den seriellen und den parallelen Hybrid (Mischformen bleiben hier unberücksichtigt). Beide Hybridkonzepte sollen in einer verbalen Bewertung hinsichtlich verschiedener Kriterien verglichen werden.

Lösungsweg:

Tabelle 97: Beispiel verbale Bewertung

	Serieller Hybrid	**Paralleler Hybrid**
Funktionsweise	Verbrennungs- und Elektromotor befinden sich in Reihenschaltung ohne mechanische Anbindung des Verbrennungsmotors an die Antriebsräder. Der Verbrennungsmotor treibt einen Generator an, welcher den elektrischen Fahrantrieb und den Energiespeicher versorgt.	Verbrennungs- und Elektromotor wirken gemeinsam auf Antriebsstrang und treiben das Fahrzeug einzeln oder gemeinsam an.
Emissionen	Starke Reduktion möglich, da der Verbrennungsmotor in definiertem Betriebspunkt betrieben wird und somit hinsichtlich Emissionen und Verbrauch optimiert ist.	geringe Einsparungen als bei serieller Variante, aber Möglichkeit der lokalen Nullemission (bei reinem Elektroantrieb)
Energieverbrauch	Geringe Einsparungen, da mehrfache Energieumwandlung notwendig (thermisch-mechanisch-elektrisch-mechanisch)	besserer Wirkungsgrad, da weniger Energieumwandlungen notwendig
Rückgewinnung von Bremsenergie	möglich	möglich
Masse	höhere Masse als Verbrennungsmotor	Verringerung der Masse im Vergleich zum parallelen Hybrid durch schwächere Auslegung der Motoren
Kosten	höhere Kosten, da Elektromotoren mit höherer Leistungsdichte erforderlich	geringere Kosten als serielle Ausführung aufgrund kleinerer Auslegung durch Leistungsaddition beider Motoren
Komplexität	höhere Flexibilität bei der Anordnung der Komponenten	höhere Komplexität durch zwei Antriebssysteme

Ergebnis:

Beide Varianten haben Vor- und Nachteile. Der serielle Hybrid ermöglicht zwar eine höhere Emissionsreduzierung, allerdings können Leistungsspitzen, zum Beispiel bei Beschleunigungsvorgängen, nur durch einen transienten Betrieb des Verbrennungsmotors abgedeckt werden. Dieser nicht-stationäre Betrieb schränkt den Emissions- und Verbrauchsvorteil somit wieder ein. Der parallele Hybrid bietet hier bessere Möglichkeiten, auf unterschiedliche Fahrsituationen zu reagieren, da beide Energiewandler flexibel „zugeschaltet“ werden können.

10 Denken in Botschaften – Kennzahlen ermitteln und Umweltberichte erstellen

„So viele Berichte, so viele Fragen." (Fragen eines lesenden Arbeiters) (BERTOLD BRECHT)

Zusammenschau der Instrumente Nach der Darstellung monetärer und nicht-monetärer Informations- und Entscheidungsinstrumente, soll im letzten Kapitel der Frage nachgegangen werden, wie diese Instrumente zur internen Unternehmenssteuerung über Kennzahlen und zur externen Berichterstattung eingesetzt werden können (vgl. Kapitel 10.3).

Umweltberichterstattung Umweltberichterstattung zielt darauf, zu messen, offen zu legen und gegenüber internen und externen Anspruchsgruppen darüber Rechenschaft abzugeben, inwieweit das Unternehmen die Funktionen der Umwelt nutzt und Maßnahmen zur Verbesserung der Umweltleistung ergreift. So hat die Kommunikation eines Unternehmens zwei Zielrichtungen: für interne Anspruchsgruppen wird Umweltleistung gemessen, um Entscheidungen der Unternehmenssteuerung vorzubereiten, für externe Anspruchsgruppen stehen die Berichterstattung über das Umweltmanagementsystem, die Umweltleistung, die Ökologieorientierung der Wertschöpfungsstufen, der Umgang mit Stakeholdern und Prozess- und Produktinnovationen, sowie **Umweltzielen** im Vordergrund. Abschließend sei angemerkt, dass die Umweltberichterstattung zunehmend Teil der Nachhaltigkeitsberichterstattung ist.

Dieses Kapitel widmet sich folgenden Fragen:

- *Wie werden Umweltkennzahlen ermittelt und zur internen Steuerung eingesetzt? (10.1)*
- *Was erfährt der externe Leser eines Nachhaltigkeitsberichtes über die Ökologieorientierung des Unternehmens? (10.2)*
- *Welche externen Berichtspflichten bestehen für Unternehmen? (10.3)*

10.1 Umweltkennzahlen für die interne Unternehmenssteuerung

Grundidee von Umweltkennzahlen Um der Unternehmensleitung als Berichtsadressat ökologisch relevante Sachverhalte und Entwicklungen darzustellen, werden vorhandene Informationen als **Umweltkennzahlen** aufbereitet. Diese können sowohl einen ganzheitlichen Überblick über das Betriebsgeschehen geben als auch Detailinformationen zur Verfügung stellen. Absolute Kennzahlen oder Grundzahlen können als Summen, Differenzen oder Mittelwerte in monetärer oder nicht-monetärer Form quantifiziert, d.h. als Zahlen vorliegen, z.B. Treibhausgasemissionen in Tonnen CO_2-Äquivalent. Wird das Ziel einer ökologieorientierten Durchdringung des Unternehmens verfolgt, so kommt gerade der Verknüpfung verschiedener Informationen in Form relativer Kennzahlen oder Verhältniszahlen eine große Bedeutung zu. Diese können als Gliederungs- (z.B. Anteil Sonderabfall am Gesamtabfallaufkommen), Beziehungs- (z.B. Energieverbrauch pro Mitarbeiter) oder Indexzahlen (z.B. Reduktion des Wasserverbrauchs bezogen auf das Jahr 2008) zueinander ins Verhältnis gesetzt werden. Sind Kennzahlen hochverdichtete Messgrößen, die als absolute oder relative Zahlen betriebswirtschaftlich relevante und quantitativ erfassbare Größen gezielt auswählen, betriebsindividuell abgrenzen, sachlogisch zusammenfassen und in konzentrierter Form aufbereiten, so erfüllen Umweltkennzahlen diese Aufgabe für ökologisch relevante Sachverhalte und Zusammenhänge.

Kennzahlensysteme zur Darstellung von Zusammenhängen Die Darstellung eines Sachverhaltes in einer einzelnen Kennzahl entspricht zwar dem Erfordernis gezielter, selten aber ausgewogener Information. Da Zusammenhänge nicht direkt erkannt werden können, lassen sich auch die Möglichkeiten der Beeinflussung nicht unmittelbar ableiten. Die Forderung nach ausgewogener Information verlangt sowohl die Darstellung des einzelnen Sachverhalts als auch dessen Einbettung in den umfassenden Gesamtzusammenhang. Diesen Ansprüchen genügt ein Kennzahlensystem, das Interdependenzen zwischen den einzelnen Kennzahlen berücksichtigt und komplexere Sachverhalte veranschaulicht. Unter einem **Kennzahlensystem** versteht man im Allgemeinen eine Zusammenstellung quantitativer Variablen, wobei die einzelnen Kennzahlen in einer sachlich logischen Beziehung zueinander stehen, einander ergänzen oder erklären und insgesamt auf ein gemeinsames übergeordnetes Ziel ausgerichtet sind. Kennzahlensysteme müssen von ihrer Konzeption her ein Abbild des Zielsystems des Unternehmens und von ihrer Aussagefähigkeit her eine verdichtete Darstellung der aktuellen Unternehmenssituation sein.

Rechensysteme oder Ordnungssysteme Rechentechnische Kennzahlensysteme stellen sachlich logische und rechenbare Sachverhalte dar. So ergeben sich einzelne Kennzahlen als rechnerisches Ergebnis vorgelagerter oder als rechnerischer Einflussfaktor nachgelagerter Kennzahlen. Die Spitzenkennzahl eines **Rechensystems** soll das wichtigste Unternehmensziel verkörpern und wird durch die Aufgliederung, Substitution und Erweiterung in Unterkennzahlen aufgeschlüsselt. Auf diese Weise entsteht eine hierarchische und pyramidenförmige Kennzahlenstruktur, die bottom-up (synthetische Vorgehensweise: Wie wird sich meine Entscheidung auf die Gesamtkennzahl auswirken?) oder top-down (analytische Vorgehensweise: Warum hat sich die Spitzenkennzahl verändert?) analysiert werden kann. Als Beispiel kann hier die vorgestellte Kennzahl des EVA™ genannt werden (vgl. Kapitel 2.3). So können die monetären Konsequenzen der Ökologieorientierung im Hinblick auf ihre Wirkung auf den EVA™ untersucht werden:

MOBILITY UNLIMITED bieten sich verschiedene Möglichkeiten, den EVA zu erhöhen. Wie o. g. Berechnungsvorschrift zu entnehmen ist, besteht der EVA aus drei Komponenten. Durch verschiedene Maßnahmen können diese drei Bestandteile gezielt beeinflusst werden. Dies wird im Folgenden beispielhaft dargestellt.

1. Operativer Gewinn nach Steuern NOPAT

$$\text{NOPAT} = \text{Umsatz} - \text{zahlungswirksame Kosten}$$

Eine Steigerung des NOPAT ist durch die Erhöhung des Umsatzes und/oder die Senkung der zahlungswirksamen Kosten möglich. Die Menge von 1.000 verkauften Fahrzeugen in einer Sparte im Jahr 2006 wurde auch 2007 erreicht.

a) Umsatz

Der Einbau eines Biodiesel-Motors führt zur Erzielung einer Preisprämie. Eine Marktstudie ergibt, dass die Kunden für ein Fahrzeug mit Biodiesel-Motor 17.800 € zahlen würden (im Vergleich zu 17.000 € für ein Modell mit Otto-Motor).

b) Zahlungswirksame Kosten

Im Jahr 2006 fielen 1,5 Mio. € zahlungswirksamer Kosten an. Im Jahr 2007 wurden diese durch die Einsparung von Energie und Abfall um 50.000 € reduziert.

$$\mathbf{NOPAT_{2006} = 17.000 \frac{€}{Fahrzeug} \times 1.000\ Fahrzeuge - 1.500.000\ € = \underline{\underline{15.550.000\ €}}}$$

$$\mathbf{NOPAT_{2007} = 17.800 \frac{€}{Fahrzeug} \times 1.000\ Fahrzeuge - 1.450.000\ € = \underline{\underline{16.350.000\ €}}}$$

2. Gewichtete Kapitalkosten (WACC)

$$\text{WACC} = \frac{(\text{Eigenkapitalkosten} \times \text{Eigenkapital}) + (\text{Fremdkapitalkosten} \times \text{Fremdkapital})}{\text{Eigenkapital} + \text{Fremdkapital}}$$

a) Eigenkapitalkosten

Die Einführung eines aktiven Risikomanagements und der Einsatz des neuen Antriebskonzepts führen zu einer Reduzierung der Eigenkapitalkosten von 12 % auf 10 %. Das Eigenkapital von MOBILITY UNLIMITED beträgt in 2006 und 2007 70 Mio.€.

b) Fremdkapitalkosten

Die Reduzierung der Fremdkapitalkosten von 6 % auf 5 % wird durch ein positives externes Rating realisiert, das aus dem aktivem Risikomanagement und den reduzierten Kosten resultiert. Das Fremdkapital bleibt ebenfalls unverändert bei 20 Mio. €.

$$\text{WACC}_{2006} = \frac{0{,}12 \times 70.000.000\ € + 0{,}06 \times 20.000.000\ €}{70.000.000\ € + 20.000.000\ €} = 10{,}6667\ \%$$

$$\text{WACC}_{2007} = \frac{0{,}10 \times 70.000.000\ € + 0{,}05 \times 20.000.000\ €}{70.000.000\ € + 20.000.000\ €} = 8{,}8889\ \%$$

3. Investiertes Kapital (Net Operating Assets)

$$\text{NOA} = \text{Anlagevermögen} + \text{Umlaufvermögen} - \text{zinsfreies kurzfristiges Fremdkapital}$$

a) Anlagevermögen (AV)

Die Steigerung des AV wird durch den Einsatz von integrierten Technologien im Zuge des Risikomanagements realisiert. Insbesondere trägt hierzu der Einsatz einer neuen Lackieranlage mit einem umweltfreundlichen Lackierverfahren bei. Die Anschaffungskosten der Anlage betragen 1 Mio. €. Das bisherige AV beträgt 7 Mio. €.

b) Umlaufvermögen

Das bisherige UV beträgt 4 Mio. €. Es werden keine Maßnahmen zur Veränderung des UV vorgenommen. MOBILITY UNLIMITED verfügt zurzeit nicht über kurzfristiges Fremdkapital.

$$\text{NOA}_{2006} = \text{AV}_{2006} + \text{UV}_{2006} = 7.000.000\ € + 4.000.000\ € = \underline{\underline{11.000.000\ €}}$$

$$\text{NOA}_{2007} = \text{AV}_{2007} + \text{UV}_{2007} = 8.000.000\ € + 4.000.000\ € = \underline{\underline{12.000.000\ €}}$$

4. Berechnung des EVA

$$\text{EVA}_{2006} = \text{NOPAT}_{2006} - \text{WACC}_{2006} \times \text{NOA}_{2006} = 15.550.000\ € + 10{,}6667\ \% \times 11.000.000\ € = \underline{\underline{14.326.666{,}67\ €}}$$

$$\text{EVA}_{2007} = \text{NOPAT}_{2007} - \text{WACC}_{2007} \times \text{NOA}_{2007} = 16.350.000\ € + 8{,}8889\ \% \times 12.000.000\ € = \underline{\underline{15.283.333{,}33\ €}}$$

MOBILITY UNLIMITED erreichte somit eine Steigerung des Unternehmenswertes um 956.667,66 € im Vergleich zum Vorjahr durch die Umsetzung von verschiedenen ökologieorientierten Strategien.

Legende:

AV = Anlagevermögen

EVA = Economic Value Added

NOA = Investiertes Kapital (Net Operating Assets)

NOPAT = Operativer Gewinn nach Steuern (Net Operating Profit After Taxes)

UV	= Umlaufvermögen
WACC	= gewichteter Mittelwert von Fremd- und Eigenkapitalkosten (Weighted Average Cost of Capital)

Mit Hilfe von Rechensystemen lassen sich allerdings vernetzte Ursache-Wirkungsbeziehungen nicht abbilden, da nur vertikale, in keinem Falle horizontale Abhängigkeiten darstellbar sind. Bei einem **Ordnungssystem** hingegen fehlt die rechentechnische Verknüpfung zwischen den Systemelementen; sie stehen allerdings in einem sachlogisch strukturierten Zusammenhang. Durch ihre nicht zwingend notwendige Verknüpfung können verschiedenartige Aspekte in ein solches Kennzahlensystem eingehen. Die Auswahl der einzelnen Kennzahlen ist subjektiv, da sie nicht aus eindeutigen Rechenvorschriften ableitbar ist. Vernetzte Zusammenhänge der Realität sind somit darstellbar. Bei der Auswahl und Erstellung der Kennzahlen für Rechen- und Ordnungssysteme sind folgende Aspekte zu beachten: Qualität und Aktualität des zugrunde liegenden Informationssystems bzw. der dort erfassten und verarbeiteten Daten sowie richtige Ursache-Wirkungszusammenhänge (was gerade bei umweltmedienübergreifenden Umweltaspekten eine Herausforderung ist).

Einsatzbereiche von Umweltkennzahlensystemen Umweltkennzahlensysteme werden aufgrund der Vielzahl der Aspekte in der Regel als Ordnungssysteme aufgebaut, innerhalb derer allerdings teilweise rechentechnische Verknüpfungen vorliegen können. Da Umweltkennzahlensysteme darauf ausgerichtet sind, die Umweltleistung des Unternehmens bzw. seiner Teilbereiche überblicksartig darzustellen, können sie für Aufgaben der Planung, der Steuerung und der Kontrolle herangezogen werden: Kennzahlensysteme unterstützen **Planungsaufgaben**, indem sie den Problemsachverhalt in einen Gesamtzusammenhang stellen. Dadurch können bestehende Handlungsmöglichkeiten leichter erkannt (z.B. durch die Erkenntnis von Ursache-Wirkungs-Zusammenhängen) bzw. Auswirkungen von Handlungsalternativen analysiert werden. Planung als gedankliche Vorwegnahme zukünftigen Handelns wird hierdurch möglich. So kann beispielsweise MOBILITY UNLIMITED das Kennzahlensystem auf Basis des EVA™ nutzen, um die Wirkung strategischer Entscheidungen zu prognostizieren. Um festgelegte Unternehmensziele zu erreichen, sind diese durch geeignete Steuerungsinstrumente nach Tätigkeitsbereichen und Hierarchiestufen aufzulösen, um dem jeweiligen Bereich ein speziell auf ihn zugeschnittenes Steuerungsinstrument an die Hand zu geben. Kennzahlen eignen sich insbesondere deshalb für Steuerungsaufgaben, weil sie bei Unterschieden zwischen den Bereichen individuell, bei Gemeinsamkeiten hingegen bereichsübergreifend festgelegt werden können. Zudem können mit Hilfe von Kennzahlensystemen auch Größen gesteuert werden, die nicht-monetärer Natur sind und daher nicht notwendigerweise dem Rechnungswesen entnommen werden müssen. So kann MOBILITY UNLIMITED in einem Beschaffungsleitfaden Vorgaben für eine ökologieorientierte Beschaffung mit Hilfe von Kennzahlen konkretisieren (z.B. Energieverbrauch von Bürokommunikationsgeräten). Die Unternehmensführung kann auch Zielwerte für die ihr nachgeordneten Stellen vorgeben, die wiederum aus den Kennzahlensystemen Möglichkeiten ableiten können, diese Vorgaben zu erreichen. Eine ständige Überprüfung der realisierten Werte (**Kontrollaufgabe**) ist notwendige Voraussetzung für die Erreichung der gesetzten Ziele. Die Beurteilung der erhaltenen Daten setzt Vergleichsmaßstäbe voraus. Diese können aus Daten früherer Perioden, anderer Betriebe oder aus Soll-Normen gewonnen werden. Dementsprechend kann zwischen dem Zeitvergleich, dem Betriebsvergleich und dem Soll-/Istvergleich unterschieden werden. Der Zeitvergleich zeigt die Entwicklung eines Unternehmens oder eines Standortes über mehrere Perioden (z.B. Energieverbrauch pro t Output). Beim Betriebsvergleich werden Unternehmen gleicher Branchenzugehörigkeit miteinander verglichen, wobei darauf zu achten ist, dass absolute Zahlen nur bei gleicher Größe der Unternehmen oder Standorte vergleichbar sind und deshalb meist Verhältniszahlen angewendet werden müssen (z.B. Flächenbedarf der Produktion in m^2). Ein Soll-/Istvergleich ist als Instrument der Unternehmenssteuerung von besonderer Bedeutung, da so die tatsächlichen Leistungen gesetzlich vorgegebener oder intern gesetzter Grenzwerte gegenübergestellt werden können (z.B. zur Emissionsbegrenzung). Werden die Kennzahlen nach Funktionsbereichen (vgl. Kapitel 6) gegliedert, können allen Abteilungen handlungs- und entscheidungsorientierte Informationen mit Hilfe des ökologieorientierten Kennzahlensystems zur Verfügung gestellt werden. Schwachstellen sind so in den jeweiligen Funktionsbereichen identifizierbar und Potentiale können aufgedeckt werden.

Grundsätze für ein Umweltkennzahlensystem Um ein Umweltkennzahlensystem gleichermaßen für Zwecke der Planung, Steuerung und Kontrolle ökologisch relevanter Sachverhalte einsetzen zu können, sind folgende **Grundsätze** bei der Errichtung des Systems zu beachten (vgl. die Grundsätze für die Erfassung ökologiebedingter Konsequenzen in Kapitel 8.1).

Abbildung des Zielsystems: Das Umweltkennzahlensystem muss so aufgebaut sein, dass die unternehmerischen Ziele widergespiegelt werden. Im Falle der Ökologieorientierung eines Unternehmens bedeutet dies, dass sowohl die Gewinn- als auch die Ökologieorientierung in das Kennzahlensystem zu integrieren sind. Monetäre Daten können dabei in Kosten- und Erlösgrößen, nichtmonetäre Daten in input- und outputorientierte Informationen untergliedert werden.

Vollständigkeit: Das Umweltkennzahlensystem muss dem Kriterium der Vollständigkeit genügen, d.h. alle von der Unternehmung angestrebten Zielerreichungsgrade müssen auch durch die im Kennzahlensystem enthaltenen Größen abgebildet und kontrolliert werden können. Dies macht eine tiefgehende Betrachtung erforderlich, die durch die Analyse der einzelnen Wertschöpfungsstufen mit Hilfe von Teilsystemen durchzuführen ist.

Verdichtung der Realität: Um als Ausgangspunkt für Maßnahmen der Planung, Steuerung und Kontrolle dienen zu können und um von den betrieblichen Entscheidungsträgern hinreichend rasch und umfassend gestaltbar zu sein, müssen Umweltkennzahlensysteme eine Verdichtung der Realität darstellen. Dies gewährleistet eine möglichst realitätsnahe Entscheidungsbasis und fördert andererseits durch die Verdichtung der Datenbasis die Wirtschaftlichkeit der Entscheidungsunterstützung.

Quantifizierbarkeit: Umweltkennzahlen können nur aus quantitativ erfassbaren Informationen gebildet werden. Die Grundzahlen müssen somit als monetäre oder in Mengendimensionen messbare Größen formuliert sein. Daneben müssen die Elemente im Zeitablauf einheitlich bezeichnet, bewertet und abgegrenzt werden. Sachverhalte, die dieser Bedingung nicht entsprechen, die also nur qualitativ darstellbar sind, können in einem Umweltkennzahlensystem nicht berücksichtigt werden.

Dokumentation absoluter Werte: Relative Umweltkennzahlen, wie z.B. der Energieverbrauch in Steinkohleeinheiten (SKE) pro Tonne Output, ermöglichen eine Beurteilung der ökologischen Situation eines Unternehmens insbesondere im Vergleich mit anderen Unternehmen. Die grundlegende Problematik dieser Vorgehensweise besteht aber darin, dass sie keine Aussage über die absolute Be- oder Entlastung der ökologischen Umwelt durch das Unternehmen ermöglicht. Um die tatsächliche Beeinträchtigung der ökologischen Umwelt durch ein Unternehmen dokumentieren zu können, müssen auch die absoluten Umweltkennzahlen des Unternehmens erfasst werden (d.h. im Beispiel den Energieverbrauch in SKE an sich).

Wesentlichkeit: Ein Umweltkennzahlensystem muss vom Umfang her überschaubar sein. Dieser Gedanke trägt auch dem ökonomischen Prinzip Rechnung, nach dem zwischen dem Aufwand für die Erstellung eines Kennzahlensystems und dem Nutzen der vermittelten Informationen ein angemessenes Verhältnis bestehen soll. Die Grundsätze der Wesentlichkeit und der Wirtschaftlichkeit sind einzuhalten.

Monetäre oder nicht-monetäre Kennzahlen Idealerweise bilden Umweltkennzahlensysteme sowohl Gewinn- als auch Umweltziele ab, die insbesondere im Bezug auf die Fristigkeit in Konkurrenz stehen können: So treffen Unternehmen betriebswirtschaftlich eher kurzfristige Entscheidungen, wohingegen Umweltziele langfristig wirken. Ausnahmen bilden Branchen wie die Forstwirtschaft, in der langfristige Entscheidungen aufgrund der Umtriebszeiten selbstverständlich sind. Auch die Siedlungswasserwirtschaft und die Energiewirtschaft sind durch die Kapitalbindung mit langfristig prägenden Entscheidungen eher vertraut als andere Branchen. Unabhängig davon, welchen Rang die Ziele einnehmen, sind sowohl Gewinn- als auch Umweltziele dem Ziel der langfristigen Existenzsicherung des Unternehmens unterzuordnen. Da die Prioritäten unternehmensindividuell festzulegen sind, sollte ein Umweltkennzahlensystem sowohl monetäre Größen (Kosten und Erlöse) als auch nicht-monetäre Größen (Input und Output) integrieren (vgl. Abbildung 88).

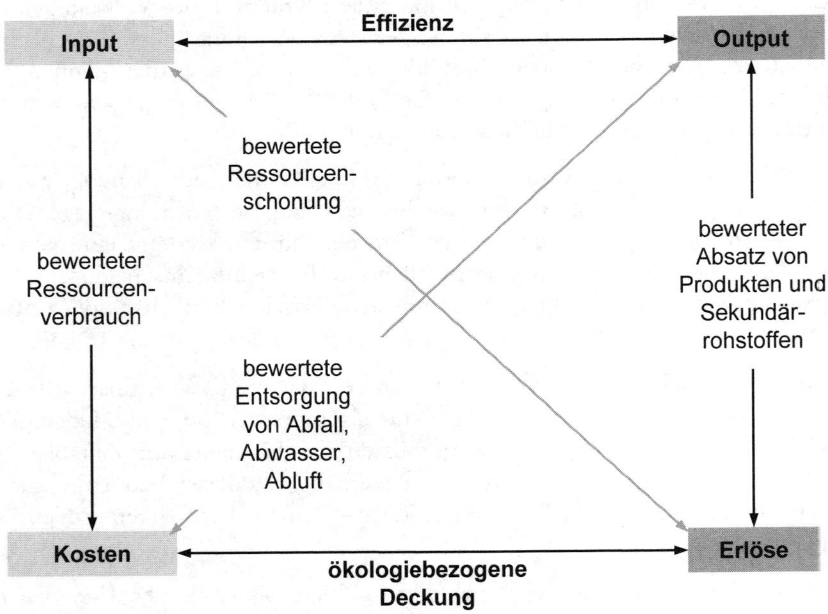

Abbildung 88: Zusammenhang zwischen monetären und nicht-monetären Kennzahlen
(Quelle: GÜNTHER 1994, S. 295)

Monetäre Umweltkennzahlen Bei der monetären Analyse werden Kosten und Erlöse untersucht. Im Bereich der Kosten sind zunächst die Funktionsbereiche zu betrachten, z.B. die Umweltkosten für Forschung und Entwicklung, um die Bedeutung jeder Wertschöpfungsstufe für das Gesamtunternehmen aufzuzeigen. Von diesem Kostenblock sind die Ökologiekosten abzuspalten und zu analysieren. Im Bereich der Erlöse sind einerseits Einsparungen und andererseits Mehrerlöse aufgrund von ökologieorientierten Maßnahmen zu betrachten. Schließlich sind die auf einer Wertschöpfungsstufe entstandenen Ökologiekosten den Ökologieerlösen oder Einsparungen der Ökologieorientierung gegenüberzustellen. Dieses Verhältnis zeigt, inwieweit die Kosten der Ökologieorientierung durch die erzielten Erlöse gedeckt werden (**Ökologiebezogene Deckung**). So wird ersichtlich, wie hoch per Saldo die Kostenmehrbelastung auf dieser Wertschöpfungsstufe ist und ob diese über höhere Preise gedeckt ist. Unter Umständen übersteigen die Einsparungen und Mehrerlöse bereits die Ökologiekosten, so dass sich ceteris paribus Rentabilitätssteigerungen für das Unternehmen ergeben.

Nicht-monetäre Umweltkennzahlen Im Bereich der nicht-monetären Umweltkennzahlen werden inputbezogene und outputbezogene Sachverhalte oder Vorgänge einander gegenübergestellt. Die inputorientierten Umweltkennzahlen spiegeln wieder, inwieweit die natürlichen Ressourcen in Anspruch genommen werden. Outputorientierte Umweltkennzahlen beziehen sich auf die Beanspruchung der Trägerfunktion der ökologischen Umwelt. Aufbauend auf die ermittelten Input- und Outputgrößen kann der Wirkungsgrad ermittelt werden. Er drückt das Verhältnis einer Inputgröße zu einer Outputgröße aus (**Effizienz**).

Nachfolgend wird ein Ausschnitt des Umweltkennzahlensystems von MOBILITY UNLIMITED für die Bereiche Logistik und Beschaffung dargestellt (vgl. Tabelle 98).

Tabelle 98: Umweltkennzahlen von MOBILITY UNLIMITED

Kennzahl	Einheit bzw. Berechnung	2006	2007
Stahlverbrauch	t	340.325	389.512
Aluminiumverbrauch	t	12.027	11.375
Anteil nachwachsender Rohstoffe	$\frac{\text{Menge nachwachsender Rohstoffe in t}}{\text{Gesamtmaterialverbrauch in t}}$	2,9 %	2,9 %
Lacke und Füller	t	7.915	7.326
Öle	t	645	589
Bindemittel	t	4.586	4.098
Verpackungsmenge gesamt	t	80.236	79.294
Anteil Mehrwegverpackungen	$\frac{\text{Menge Mehrwegverpackung in t}}{\text{Verpackungsmenge in t}}$	56 %	56 %
Gesamtabfallaufkommen	t	65.985	66.210
Abfall zur Verwertung	t	41.256	43.021
Abfall zur Beseitigung	t	24.729	23.189
Metallische Abfälle (Schrott)	t	215.036	236.985
Sonderabfälle gesamt	t	2.705	2.648
Anteil Sonderabfälle	$\frac{\text{Menge Sonderabfälle in t}}{\text{Gesamtabfallaufkommen in t}}$	4,1 %	4,0 %
Anteil Lieferanten mit UMS	$\frac{\text{Anzahl Lieferanten mit UMS}}{\text{Lieferantenanzahl gesamt}}$	64 %	66 %
Anteil Einkaufsvolumen von Lieferanten mit UMS	$\frac{\text{Einkaufsvolumen Lieferanten mit UMS}}{\text{Einkaufsvolumen gesamt}}$	88 %	89 %

Vorschlag für Umweltkennzahlen in der Normung Wie bereits einführend dargestellt, muss der Umweltberichterstattung nach außen die Steuerung der Umweltleistung innerhalb des Unternehmens voran gehen. Mit der DIN EN ISO 14031 widmet sich eine internationale Norm der Frage, wie eine solche Umweltleistungsbewertung innerhalb einer Organisation durchgeführt und mit Kennzahlen gestaltet werden kann. Die Norm definiert dabei die **Umweltleistungsbewertung** als „Prozess zur Unterstützung von Managemententscheidungen zur Umweltleistung einer Organisation durch Auswahl von Kennzahlen, Datenerfassung und -analyse, Beurteilung von Informationen nach Umweltleistungskriterien, Berichterstattung und Kommunikation sowie regelmäßige Überprüfung und Verbesserung dieses Prozesses" (DIN EN ISO 14031:1999, S. 5). Als **Umweltleistung** gelten die tatsächlichen Ergebnisse eines Umweltmanagementsystems (vgl. Kapitel 9.1). Auf der strategischen Ebene wird die Leistungsfähigkeit eines installierten Umweltmanagementsystems im Hinblick auf die Formulierung ökologieorientierter Ziele sowie die Schaffung entsprechender Voraussetzungen (Maßnahmen, Strukturen und Abläufe) zur Planung, Steuerung und Kontrolle der Umsetzung dieser Ziele betrachtet (Bsp. Anzahl der erreichten Zielsetzungen und Einzelziele oder Rentabilität von Projekten zur Umweltverbesserung). Auf der operativen Ebene bezieht sich die Umweltleistung auf die Ergebnisse des installierten Umweltmanagementsystems. Die operative Ebene ist dabei auf die Feststellung der Ergebnisse und damit der ökologischen Effizienz, d.h. des Input-/Output-Verhältnisses für die ökologische Zielerreichung, ausgerichtet, während auf der strategischen Ebene durch die Ermittlung des Zielerreichungsgrads und die Bewertung der ökologischen Zielsetzungen über Fragestellungen der ökologischen Effektivität entschieden wird.

Umweltleistungsbewertung nach DIN EN ISO 14031 Die einzelnen Schritte der Umweltleistungsbewertung werden dabei den vier grundlegenden Prozessstufen „Planen – Umsetzen – Prüfen – Handeln" des Deming-Kreises zugeordnet (DIN EN ISO 14031:1999, S. 6). Zentral innerhalb dieser vier Schritte ist die Auswahl von Kennzahlen zur Umweltleistungsbewertung. Dabei werden zwei Kategorien von Kennzahlen unterschieden: Die Environmental Condition Indicators (**Umweltzustandsindikatoren**) und die Environmental Performance Indicators (**Umweltleistungskennzahlen**): Während die Umweltzustandsindikatoren Informationen über den lokalen, nationalen und globalen Umweltzustand wiedergeben sollen, zielen die Umweltleistungskennzahlen direkt auf die einzelne Organisation und die Abbildung ihrer Umweltmanagementvoraussetzungen (z.B. Anzahl der Umweltziele, der Beschäftigten im Umweltmanagementbereich) sowie ihrer Umweltaspekte (z.B. Angaben über Emissionen in Luft, Wasser, Boden). Die Beurteilung der Umweltleistung findet durch einen Soll-Ist-Vergleich, d.h. durch die Gegenüberstellung der Kennzahlen mit den Zielen der Organisation, statt. Die auf diese Weise dargestellte und beurteilte Umweltleistung kann dann Gegenstand der Berichterstattung und Kommunikation der Organisation gegenüber externen Adressaten sowie Basis für eventuelle Verbesserungen bei der Bestimmung der Umweltleistung sein.

Betriebliche Umweltinformationssysteme (BUIS) Werden IT-Systeme, d.h. Betriebliche Umweltinformationssysteme eingesetzt, um die Informationen zusammenzutragen, aufzubereiten und zu analysieren, können Aufwand und Nutzen der Kennzahlensysteme in ein sinnvolles Verhältnis treten. Ein Betriebliches Umweltinformationssystem (BUIS) ist ein organisatorisch-technisches System zur systematischen Erfassung, Verarbeitung und Bereitstellung umweltrelevanter Informationen in einer Organisation. Es dient in erster Linie der Erfassung betrieblicher Umweltbelastungen und der Unterstützung von Umweltschutzmaßnahmen (vgl. HAASIS/HILTY/KÜRZL u. a. 1995, S. 7). Somit dienen BUIS einerseits der internen Entscheidungsunterstützung und legen andererseits die Basis für die Berichterstattung zur Informationsversorgung externer Akteure.

Aufgaben von BUIS Solche Betrieblichen Umweltinformationssysteme entstehen typischerweise durch die Erweiterung der vorhandenen Informationssysteme um Umweltaspekte. Sie können neben Mengen- und Qualitätskennzahlen der Inputs und Outputs auch Organisations- und Prozessdaten umfassen. Wenngleich Rechensysteme, die einzelne Kennzahlen ineinander überführen können, im ökologiebezogenen Bereich aufgrund der Multikausalität schwer anwendbar sind, können zumindest Ordnungssysteme im Sinne eines Benchmarking aufgebaut werden. Im Kontext der bei HILTY (vgl. HILTY 2006, S. 92) diskutierten BUIS-Konzepte dient ein solches Kennzahlensystem der Unterstützung des Controlling. Die gewonnenen Informationen können sowohl für das interne Controlling genutzt werden als auch für die Kommunikation der betrieblichen Umweltleistung nach außen (Umweltberichterstattung) Verwendung finden. Neben diesen controllingorientierten BUIS bilden die aufgabenorientierten BUIS eine weitere Kategorie, die für spezielle operative Aufgabenbereiche wie z.B. das Abfall- oder das Gefahrstoffmanagement eingesetzt werden und weitestgehend als Stand-alone-Systeme, also isoliert von anderen betrieblichen Informationssystemen geführt werden. Die dritte Gruppe umfasst die produktionsnahen BUIS. Die Einbeziehung des Gedanken der Emissions- und Abfallvermeidung in die Produktionsplanung und -steuerung sowie die entsprechenden Informationssysteme sind Merkmale dieser Kategorie. Auch bei der Konstruktion (Computer-Aided Design, CAD) kann eine auf spätere Recyclingprozesse abgestimmte Produktgestaltung (z.B. Demontagemöglichkeiten, Aufbereitung und erneuter Einbau von Bauteilen) im Fokus eines BUIS liegen.

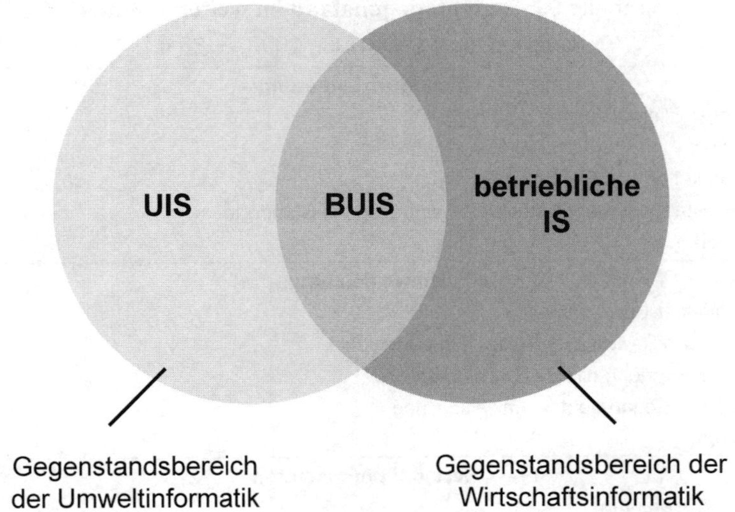

Abbildung 89: Betriebliche Umweltinformationssysteme
(Quelle: HILTY 2006, S. 54)

10.2 Freiwillige externe Umweltberichterstattung als Teil der Nachhaltigkeitsberichterstattung

Berichtsgegenstand im engeren Sinne Orientiert man sich an den Umweltfunktionen Versorgung, Aufnahme und Regelung (vgl. Kapitel 1.1), so sollte der Berichtsgegenstand im engeren Sinne die Nutzung dieser Funktionen sein, die mit Hilfe von Umweltkennzahlen dargestellt wird. Entsprechend kann der Umweltteil der Nachhaltigkeitsberichterstattung, also die Umweltberichterstattung gegliedert werden: Inputs in das Unternehmen (Energie, Wasser und Material) nehmen die Versorgungsfunktion in Anspruch, Outputs aus dem Unternehmen (Emissionen, Abwasser und Abfall) nutzen die Trägerfunktion. Als Indikator für die Regelungsfunktion können z.B. die Auswirkungen auf die Biodiversität dargestellt werden. Aspekte außerhalb der Unternehmensgrenze sind die Umweltaspekte des Transports und der Produkte und Dienstleistungen des Unternehmens.

Berichtsgegenstand im weiteren Sinne Da die Erbringung der betrieblichen Umweltleistung in den unternehmerischen Steuerungsprozess eingebunden ist, umfasst die Umweltberichterstattung über die Umweltleistung hinaus üblicherweise die Darstellung des Umweltmanagementsystems, der Umweltrelevanz und Maßnahmen der einzelnen Funktionsbereiche, umweltrelevanter Innovationen sowie des Umgangs mit den Stakeholdern (siehe weiterführend zur Entwicklung im Bereich der Nachhaltigkeitsberichtserstattung LANGE/PIANOWSKI 2008; ISENMANN/GÓMEZ 2008). Nachfolgende Darstellung gibt einen Überblick über die Bestandteile einer Berichterstattung im weiteren Sinne (vgl. Tabelle 99).

Tabelle 99: Berichtsgegenstand im weiteren Sinne
(Quelle: GÜNTHER/KAULICH 2007, S. 36 ff.)

Ökologieorientierung
• Unternehmensleitlinien • Umweltleitlinien • Verantwortlichkeiten und Fristen • Art des Umweltmanagementsystems und einbezogene Standorte • externe Bewertungen
Umweltleistung
• Sachbilanz direkter Umweltaspekte • ökologieorientierte Bewertung direkter Umweltaspekte • ökonomische Bewertung direkter Umweltaspekte • Maßnahmen zur Steuerung der Umweltleistung • Zielerreichung
Wertschöpfungsstufen
• Beschaffung (Lieferanten) • Nutzung (Kunden) • Gebäudemanagement • Entsorgung • Logistik • Mitarbeiter

Innovationen
• Forschung und Entwicklung • betriebliche Leistungserstellung • institutionelle Innovationen • Umweltinvestitionen
Stakeholder
• Wettbewerber • Politik • Gesellschaft • Bildung und Forschung • ökologische Rahmenbedingungen (Natur- und Klimaschutz)

Leitfaden der GLOBAL REPORTING INITIATIVE (GRI) Doch in welcher Form sollen diese Inhalte von den Unternehmen dargestellt werden? Hierzu gibt der Leitfaden der GRI Unternehmen eine umfassende Hilfestellung. Die bereits bei den Akteuren der Umweltpolitik (vgl. Kapitel 5.2.5) vorgestellte Organisation wurde 1997 als eine gemeinsame Initiative der US-NGO „COALITION FOR ENVIRONMENTALLY RESPONSIBLE ECONOMICS" (CERES) und dem „UNITED NATIONS ENVIRONMENT PROGRAMME" (UNEP) gegründet. Die GRI arbeitete seitdem daran, einen global anwendbaren, verbindlichen Leitfaden für nachhaltige Berichterstattung zu setzen und dessen weltweite Akzeptanz voranzutreiben. Da bis 2008 fast 3.000 Berichte nach diesem Leitfaden veröffentlicht wurden und über www.corporateregister.com öffentlich zugänglich sind, soll die Umweltberichterstattung in diesem Lehrbuch anhand des Leitfadens für die Nachhaltigkeitsberichterstattung der GRI vorgestellt werden. Dieser Leitfaden (in der englischen Version: Sustainability Reporting Guidelines) soll Organisationen bei einer Berichterstattung als Checkliste dienen, um sowohl die ökonomische und ökologische als auch die soziale Dimension ihrer unternehmerischen Aktivitäten darzustellen. Nach der 1. Fassung im Jahr 2000 und der 2. Fassung im Jahr 2002, wurde 2006 die 3. Fassung des Leitfadens verabschiedet. Übergeordnete Zielstellung ist, die berichterstattenden Organisationen und ihre Anspruchsgruppen auf dem Weg zu einer nachhaltigeren Entwicklung zu unterstützen. Die drei hierfür geforderten Bestandteile eines Nachhaltigkeitsberichts sind die Darstellung von Strategie und Profil des Unternehmens, die Beschreibung des Managementansatzes sowie die Leistungsindikatoren. Nachfolgend werden alle drei Schwerpunkte einzeln erläutert, wobei die ökonomischen und sozialen Leistungsindikatoren nur im Überblick vorgestellt werden, die ökologischen hingegen ausführlicher. Die GRI unterstützt die Unternehmen bei zwei Fragen der Berichterstattung: Für das WIE der Berichterstattung wurden Prinzipien für den Inhalt und dessen Qualität sowie für die Wahl der Systemgrenze erarbeitet und Protokolle erstellt bzw. bereits existierende als Referenz gewählt. Für das WAS der Berichterstattung wurden allgemeine Offenlegungsbereiche vorgeschlagen und um branchenspezifische Gegebenheiten, sog. sector supplements ergänzt. Diese wurde zusätzlich um nationale Besonderheiten erweitert.

Prinzipien der Berichterstattung Die GRI hat für die Abgrenzung des Inhalts vier und für die Qualität seiner Darstellung sechs Prinzipien formuliert, die ihre Wurzeln in den Anforderungen der Berichterstattung von Finanzdaten (Jahresabschluss etc.) haben. Doch auch aus dem Umweltbereich lagen Beispiele vor, so die bereits 1997 vom DEUTSCHEN INSTITUT FÜR NORMUNG (DIN) e.V. verabschiedeten Grundsätze für die Erstellung eines Umweltberichts (DIN 33922). Jedes Kriterium wird zunächst definiert und dann erläutert. Sogenannte Prüfaussagen sollen dem Unternehmen helfen, die Einhaltung zu überprüfen. Nachfolgend werden die Definitionen im

Wortlaut der deutschen Übersetzung des GRI-Leitfadens vorgestellt (vgl. GLOBAL REPORTING INITIATIVE (GRI) 2006, S. 8 ff.):

> Die Prinzipien für die Bestimmung des **Berichtsinhalts** lauten:
>
> *Wesentlichkeit:* „Die Angaben in einem Bericht sollen Themen und Indikatoren behandeln, die entweder bedeutende ökonomische, ökologische und gesellschaftliche/soziale Einflüsse der Organisation widerspiegeln oder maßgeblichen Einfluss auf die Beurteilungen und Entscheidungen von Stakeholdern haben können."
>
> *Einbeziehung von Stakeholdern:* „Die berichtende Organisation sollte ihre Stakeholder angeben und im Bericht erläutern, inwiefern sie auf ihre nachvollziehbaren Erwartungen und Interessen eingegangen ist."
>
> *Nachhaltigkeitskontext:* „Der Bericht sollte die Leistung der Organisation im größeren Zusammenhang einer Nachhaltigen Entwicklung darstellen."
>
> *Vollständigkeit:* „Wesentliche Themen und Indikatoren sowie die Berichtsgrenzen sollten hinreichend abgedeckt werden, um erhebliche ökonomische, ökologische und gesellschaftliche/soziale Auswirkungen darzustellen und Stakeholdern eine Beurteilung der Leistung der berichtenden Organisation im Berichtszeitraums zu ermöglichen."
>
> Die Prinzipien der Berichterstattung zur **Qualitätssicherung** lauten:
>
> *Ausgewogenheit:* „Der Bericht sollte sowohl positive als auch negative Aspekte der Leistung der Organisation beinhalten, um eine fundierte Beurteilung der Gesamtleistung zu ermöglichen."
>
> *Klarheit:* „Informationen sollten so zur Verfügung gestellt werden, dass sie für Stakeholder, die den Bericht nutzen, verständlich und nachvollziehbar sind."
>
> *Genauigkeit:* „Die berichteten Daten sollten so genau sein, dass Stakeholder die Leistung der berichtenden Organisation bewerten können."
>
> *Aktualität:* „Die Berichterstattung erfolgt regelmäßig, sodass die Informationen rechtzeitig verfügbar sind, um Stakeholdern fundierte Entscheidungen zu ermöglichen."
>
> *Vergleichbarkeit:* „Die Themen und Informationen sollten schlüssig ausgewählt, zusammengestellt und berichtet werden. Die Informationen im Bericht sollten so dargestellt werden, dass die Stakeholder in der Lage sind, Veränderungen in der Leistung einer Organisation im zeitlichen Verlauf zu analysieren Sie sollten auch Vergleiche mit anderen Organisationen ermöglichen."
>
> *Zuverlässigkeit:* „Die bei der Erstellung des Berichts verwendeten Informationen und Verfahren sollten so erfasst, aufgezeichnet, zusammengestellt, analysiert und offengelegt werden, dass sie überprüfbar sind und die Qualität und Wesentlichkeit der Informationen begründet."

Wahl der Systemgrenze Um zu bestimmen, welche Standorte in die Berichterstattung integriert werden, schlägt die GRI zwei Kriterien vor, nämlich **Kontrolle** und **Einfluss**. Unter Kontrolle versteht der Leitfaden die Macht, die Finanz- und Geschäftspolitik einer Organisation zu bestimmen. Erheblicher Einfluss liegt dann vor, wenn finanz- und geschäftspolitische Entscheidungen der Organisation mitbestimmt werden können, ohne diese zu kontrollieren. Für die Entscheidung zur Bestimmung der Systemgrenze kann folgender Ablauf dienen (vgl. Abbildung 90).

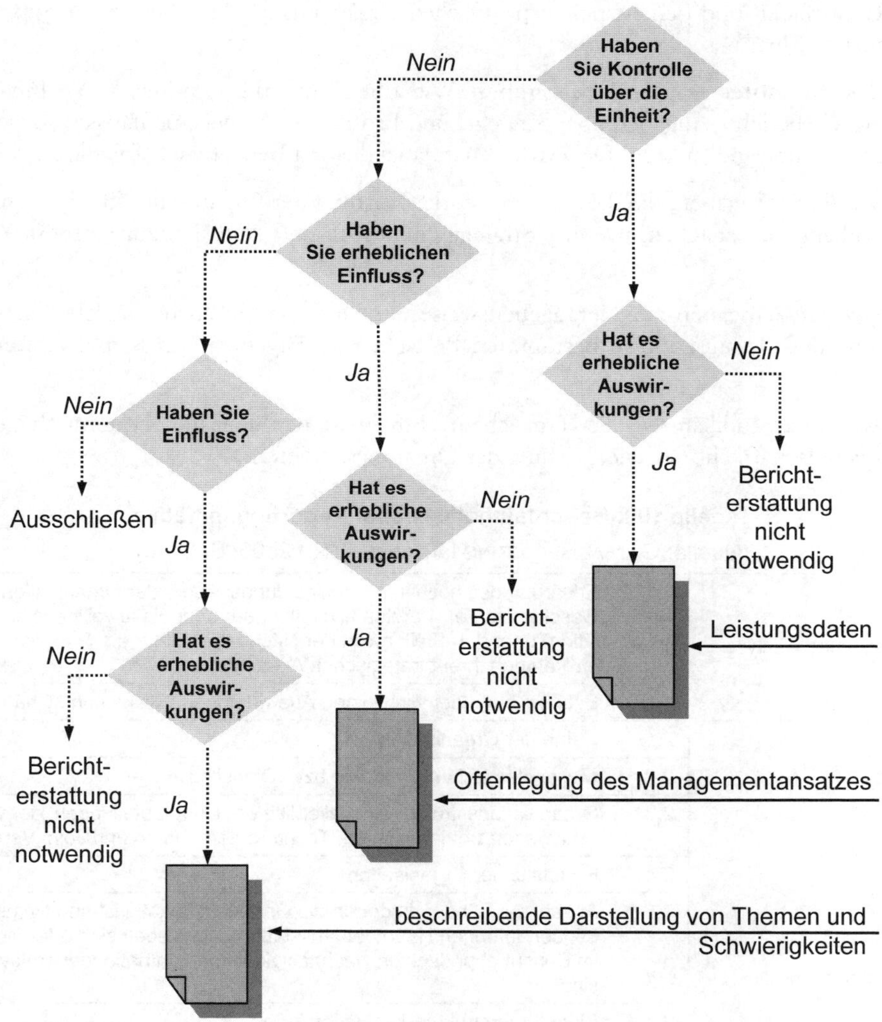

Abbildung 90: Bestimmung der Berichtsgrenzen
(Quelle: GLOBAL REPORTING INITIATIVE (GRI) 2006, S. 18)

Protokolle Die Protokolle der GLOBAL REPORT INITIATIVE dienen der einheitlichen Darstellung der Berichtsinhalte. Der GRI-Leitfaden unterscheidet dabei zwischen Indikatorprotokollen und technischen Protokollen. **Indikatorprotokolle** bestehen für jeden ökonomischen, ökologischen und sozialen Leistungsindikator des GRI-Leitfadens. Sie enthalten Definitionen, Hinweise für die Erstellung des Berichts und weitere Informationen, die sicherstellen, dass die Leistungsindikatoren einheitlich ausgelegt werden. So lautet z.B. die Anweisung für den Indikator EN16: „Berichten Sie die Treibhausgasemissionen als Summe der direkten und indirekten Emissionen in Tonnen CO_2-Äquivalent." Für die Art der Ermittlung erhält das Unternehmen eine eineinhalbseitige Erläuterung. **Technische Protokolle** enthalten Anweisungen zu Fragestellungen bei der Berichterstattung, wie z.B. zur Festlegung der Berichtsgrenzen. Sie sollten in Verbindung mit dem GRI-Leitfaden und den branchenspezifischen Ergänzungen, den sog. Sector Supplements angewendet werden.

Inhalt des Berichtes – Standardangaben Wie oben ausgeführt, umfasst der Inhalt eines Nachhaltigkeitsberichts Angaben über Strategie und Profil, zum Managementansatz sowie zu den konkreten Leistungsindikatoren. Die GRI grenzt dabei die drei Bereiche wie folgt ab:

Strategie und Profil: Angaben, die dazu beitragen, die Leistung der Organisation in einem größeren Zusammenhang zu verstehen, wie ihre Strategie, ihr Profil und Angaben zur Corporate Governance.

Managementansatz: Angaben zur Herangehensweise der Organisation an bestimmte Themen, die die Leistung der Organisation in bestimmten Bereichen als Ergebnis von Konzepten erkennen lassen.

Leistungsindikatoren: Indikatoren, die vergleichbare Informationen über die ökonomische, ökologische und gesellschaftliche/soziale Leistung der Organisation liefern.

Tabelle 100: Berichtsinhalte Global Reporting Initiative

(Quelle: GLOBAL REPORTING INITIATIVE (GRI) 2006, S. 20 ff.)

1. Strategie und Analyse	1.1	Erklärung des höchsten Entscheidungsträgers der Organisation (z.B. Geschäftsführer, Vorstandsvorsitzender oder die jeweilige leitende Position) über den Stellenwert der Nachhaltigkeit für die Organisation und im Rahmen ihrer strategischen Ausrichtung
	1.2	Beschreibung der wichtigsten Auswirkungen, Risiken und Chancen
2. Organisationsprofil	2.1	Name der Organisation
	2.2	wichtigste Marken, Produkte bzw. Dienstleistungen
	2.3	Organisationsstruktur einschließlich der Hauptabteilungen, der verschiedenen Betriebsstätten, Tochterunternehmen und Joint Ventures
	2.4	Hauptsitz der Organisation
	2.5	Anzahl der Länder, in denen die Organisation tätig ist und Namen der Länder, in denen Hauptbetriebsstätten angesiedelt sind oder die für die im Bericht abgedeckten Nachhaltigkeitsthemen besonders relevant sind
	2.6	Eigentümerstruktur und Rechtsform
	2.7	Märkte, die bedient werden (einschließlich einer Aufschlüsselung nach Gebieten, abgedeckten Branchen und Kundenstruktur)
	2.8	Größe der berichtenden Organisation
	2.9	wesentliche Veränderungen der Größe, Struktur oder Eigentumsverhältnisse im Berichtszeitraum
	2.10	im Berichtszeitraum erhaltene Preise
3. Berichtsparameter	3.1	Berichtszeitraum (z.B. Haushaltsjahr/Kalenderjahr) für die im Bericht enthaltenen Informationen
	3.2	Veröffentlichung des letzten Berichts, falls vorhanden
	3.3	Berichtszyklus
	3.4	Ansprechpartner für Fragen zum Bericht und seinem Inhalt
	3.5	Vorgehensweise bei der Bestimmung des Berichtsinhalts

	3.6	Berichtsgrenze
	3.7	Geben Sie besondere Beschränkungen des Umfangs oder der Grenzen des Berichts an.
	3.8	Die Grundlage für die Berichterstattung über Joint Ventures, Tochterunternehmen, gepachtete Anlagen und ausgelagerte Tätigkeiten sowie andere Einheiten, die die Vergleichbarkeit der Berichtszeiträume oder der Angaben für verschiedene Organisationen erheblich beeinträchtigen kann.
	3.9	Erhebungsmethoden und Berechnungsgrundlagen für Daten, die für Indikatoren und andere Informationen im Bericht verwendet werden, einschließlich der den Schätzungen zugrunde liegenden Annahmen und Techniken.
	3.10	Erläutern Sie, welche Auswirkungen die neue Darstellung von Informationen aus alten Berichten hat und warum die Informationen neu dargestellt wurden (z.B. Fusionen/Übernahmen, neue Referenzjahre/-zeiträume, Art des Geschäfts, Messmethoden).
	3.11	wesentliche Veränderungen des Umfangs, der Berichtsgrenzen oder der verwendeten Messmethoden gegenüber früheren Berichtszeiträumen
	3.12	Der Index gibt in Form einer Tabelle an, an welcher Stelle im Bericht die Standardangaben enthalten sind.
	3.13	Richtlinien und zurzeit angewendete Praxis im Hinblick auf die Bestätigung des Berichts durch externe Dritte. Erläutern Sie den Umfang und die Grundlage für die externe Prüfung, falls dies nicht bereits in dem Prüfbericht zum Nachhaltigkeitsbericht erläutert wird. Erklären Sie auch die Beziehung der berichtenden Organisation zu der Stelle bzw. den Stellen, die die Angaben im Bericht bestätigen.
4. Governance, Verpflichtungen und Engagement	4.1	Unter Corporate Governance wird hier die Führungsstruktur der Organisation verstanden. Dazu zählen auch Ausschüsse unter dem obersten Leitungsorgan, die für bestimmte Aufgaben, wie z.B. die Erarbeitung von Strategien oder die Aufsicht über die Organisation zuständig sind.
	4.2	Geben Sie an, ob der Vorsitzende des höchsten Leitungsorgans gleichzeitig Geschäftsführer ist. Falls dies der Fall ist, sollte seine Position im Management der Organisation und die Gründe für diese Regelung angegeben werden.
	4.3	Für Organisationen ohne Aufsichtsrat geben Sie bitte die Anzahl der Mitglieder des höchsten Leitungsorgans an, die unabhängig oder keine Mitglieder der Geschäftsführung sind.
	4.4	Mechanismen für Inhaber von Anteilen und für Mitarbeiter, um Empfehlungen oder Anweisungen an das höchste Leitungsorgan zu adressieren
	4.5	Zusammenhang zwischen der Bezahlung der Mitglieder des höchsten Leitungsorgans, der leitenden Angestellten und der Mitglieder der Geschäftsführung (einschließlich Abfindungen) und der Leistung der Organisation (einschließlich der gesellschaftlichen/sozialen und der ökologischen Leistung).
	4.6	Bestehende Mechanismen, mit Hilfe derer das höchste Leitungsorgan sicherstellen kann, dass Interessenkonflikte vermieden werden.

	4.7	Herangehensweise zur Bestimmung der Qualifikation und der Erfahrung der Mitglieder des höchsten Leitungsorgans, um die Strategie der Organisation in den Bereichen Wirtschaft, Umwelt und Soziales zu lenken.
	4.8	Intern entwickelte Leitbilder, interner Verhaltenskodex und Prinzipien, die für die ökonomische, ökologische und gesellschaftliche/soziale Leistung der Organisation von Bedeutung sind, sowie die Art und Weise, wie diese umgesetzt werden.
	4.9	Verfahren des höchsten Leitungsorgans, um zu überwachen, wie die Organisation die ökonomische, ökologische und gesellschaftliche/soziale Leistung ermittelt und steuert, einschließlich maßgeblicher Risiken und Chancen sowie der Einhaltung international vereinbarter Standards, Verhaltensregeln und Prinzipien.
	4.10	Verfahren zur Bewertung der Leistung des höchsten Leitungsorgans selbst, insbesondere im Hinblick auf die ökonomische, ökologische und gesellschaftliche/soziale Leistung
	4.11	Erklärung, ob und wie die Organisation den Vorsorgeansatz bzw. das Vorsorgeprinzip berücksichtigt.
	4.12	Extern entwickelte ökonomische, ökologische und gesellschaftliche/soziale Vereinbarungen, Prinzipien oder andere Initiativen, die die Organisation unterzeichnet bzw. denen sie zugestimmt hat oder denen sie beigetreten ist.
	4.13	Mitgliedschaft in Verbänden (wie z.B. Branchenverbänden) bzw. nationalen/internationalen Interessenvertretungen
	4.14	Liste der von der Organisation einbezogenen Stakeholder-Gruppen
	4.15	Grundlage für die Auswahl der Stakeholder, die einbezogen werden sollen
	4.16	Ansätze für die Einbeziehung von Stakeholdern, einschließlich der Häufigkeit der Einbeziehung unterschieden nach Art und Stakeholdergruppe
	4.17	Wichtige Fragen und Bedenken, die durch die Einbeziehung der Stakeholder aufgeworfen wurden und Angaben dazu, wie die Organisation auf diese Fragen und Bedenken – auch im Rahmen seiner Berichterstattung eingegangen ist.
5. Managementansatz und Leistungsindikatoren	**Ökonomie:** a) wirtschaftliche Leistung b) Marktpräsenz c) mittelbare wirtschaftliche Auswirkungen	
	Ökologie (für die einzelnen Indikatoren vgl. gesonderte Tabelle 101): a) Materialien b) Energie c) Wasser d) Biodiversität e) Emissionen, Abwasser und Abfall f) Produkte und Dienstleistungen g) Einhaltung von Rechtsvorschriften h) Transport i) insgesamt	

5. Managementansatz und Leistungsindikatoren (fortgesetzt)	**Gesellschaft/Soziales:** Produktverantwortung: a) Gesundheit und Sicherheit der Kunden b) Kennzeichnung von Produkten und Dienstleistungen c) Werbung d) Schutz der Kundendaten e) Einhaltung der Gesetzesvorschriften Arbeitspraktiken & Menschenwürdige Beschäftigung: a) Beschäftigung b) Arbeitnehmer-Arbeitgeber-Verhältnis c) Arbeitsschutz d) Aus- und Weiterbildung e) Vielfalt und Chancengleichheit Menschenrechte: a) Investitions- und Beschaffungspraktiken b) Gleichbehandlung c) Vereinigungsfreiheit und Recht auf Kollektivverhandlungen d) Zwangs- und Pflichtarbeit e) Sicherheitspraktiken f) Rechte der Ureinwohner Gesellschaft: a) Gemeinwesen b) Korruption c) Politik d) wettbewerbswidriges Verhalten e) Einhaltung der Gesetze

Inhalt des Berichtes – sector supplements Sector Supplements ergänzen den GRI-Leitfaden um Branchenempfehlungen zur Anwendung des Leitfadens in bestimmten Branchen. Sie enthalten darüber hinaus branchenspezifische Leistungsindikatoren, die für die jeweilige Branche von Relevanz sind, für andere Branche aber nicht. Beispielhaft sei die Pilot-Version des Sector Supplements für den Energiesektor beschrieben: Die Energieversorgung stellt heute einen essenziellen Faktor für die Entwicklung von Volkswirtschaften dar. Allerdings ist der Energiesektor auch einer der größten Verbraucher von fossilen Brennstoffen. Das Sector Supplement steht hier ergänzend für die GRI-Richtlinien und beinhaltet für Unternehmen des Energiesektors Hinweise und Kommentare zu den bestehenden Indikatoren, um die Inhalte besser an die Umweltaspekte und spezifischen Anforderungen dieser Branche anzupassen. Diese beziehen sich auf die Aspekte Materialien, Energie, Wasser, Biodiversität sowie Emissionen und enthalten vor allem Hinweise zu Einheiten, Definitionen und Berechnungsmethoden. Bei EN8 soll beispielsweise nicht nur die Wasserentnahme bzgl. verschiedener Quellen berichtet, sondern eine Aufschlüsselung hinsichtlich der Verwendung (Prozess- und Kühlwasser) vorgenommen werden. Des Weiteren wird empfohlen, die Emissionen in Bezug zur erzeugten Energie (in MWh) anzugeben. Außerdem wird ein zusätzlicher Indikator, EN14, gebildet. Dieser bezieht sich auf Biodiversität. Darin sollen Angaben zur Biodiversität von Ersatz-Habitaten im Vergleich zu den ursprünglichen Habitaten gemacht werden. Allerdings fehlt hier eine genaue Beschreibung des Inhalts. Schließlich empfiehlt das Sector Supplement den Indikator EN18 als Kernindikator zu behandeln (Initiativen zur Reduzierung von Treibhausgasen und erreichte Reduzierungen), da dieser eine besondere Relevanz im Energiesektor hat. Es zeigt sich daher eine Fokussierung der Hinweise und Ergänzungen im Bereich Emissionen, Abwässer und Abfälle, die besondere Beachtung in diesem Industriezweig finden sollen.

Leistungsindikatoren Herzstück der Berichterstattung nach GRI sind die ökonomischen, ökologischen und sozialen Leistungsindikatoren. Ziele der GRI-Berichterstattung sind dabei:

Berichterstattung über Trends: Leistungsindikatoren sollen zum einen einen Zeitvergleich ermöglichen, indem sie im Zeitverlauf dargestellt werden (aktueller Berichtszeitraum (z.B. ein Jahr) und mindestens zwei vorausgegangene Berichtszeiträume). Zum anderen soll ein Soll-/Istvergleich möglich sein, indem kurz- und mittelfristige Ziele dargestellt werden.

Verwendung von Protokollen: Die Indikatorprotokolle und die technischen Protokolle unterstützen die Unternehmen bei der Sammlung und Aufbereitung ihrer Daten.

Darstellung der Daten: Zur besseren Interpretierbarkeit kann eine Aufbereitung der Daten in Form von relativen oder normalisierten Kennzahlen sinnvoll sein. Allerdings sollten in diesen Fällen immer auch die absoluten Kennzahlen veröffentlicht werden.

Datenkonsolidierung: Gerade bei internationalen Unternehmen stellt sich die Frage, inwieweit Daten zusammengefasst berichtet werden. Hierfür enthalten die „Allgemeinen Anmerkungen" des GRI-Leitfadens Vorschläge.

Maßeinheiten: Die Daten sollen in allgemein anerkannte internationale Maßeinheiten (z.B. Kilogramm, Tonnen, Liter) dargestellt und mit Hilfe anerkannter Umrechnungsfaktoren berechnet werden. Internationale Vereinbarungen (z.B. Treibhausgas-Äquivalente) werden in den Indikatorprotokollen näher erläutert.

Gliederungsvorschlag für die Umweltkennzahlen Entsprechend ist auch der Gliederungsvorschlag für die Umweltindikatoren der GRI gestaltet. Dabei unterscheidet die GRI zwischen Kern- und Zusatzindikatoren: **Kernindikatoren** sind allgemein anwendbar und für die meisten Organisationen wesentlich. **Zusatzindikatoren** werden für neue Praktiken oder für Themen genutzt, die für einen Teil der Unternehmen relevant sind. In nachfolgender Tabelle sind die Zusatzindikatoren kursiv gedruckt (vgl. Tabelle 101).

Tabelle 101: Übersicht zu den G3-Indikatoren (Zusatzindikatoren in kursiver Schrift)

Materialien
EN1. Eingesetzte Materialien nach Masse oder Volumen.
EN2. Anteil am Recyclingmaterial am Gesamtmaterialeinsatz.
Energie
EN3. Direkter Energieverbrauch aufgeschlüsselt nach Primärenergiequellen.
EN4. Indirekter Energieverbrauch aufgeschlüsselt nach Primärenergiequellen.
EN5. Eingesparte Energie aufgrund von umweltbewusstem Einsatz und Effizienzsteigerungen.
EN6. Initiativen zur Gestaltung von Produkten und Dienstleistungen mit höherer Energieeffizienz und solchen, die auf erneuerbaren Energien basieren sowie dadurch erreichte Verringerung des Energiebedarfs.
EN7. Initiativen zur Verringerung des indirekten Energieverbrauchs und erzielte Einsparungen.
Wasser
EN8. Gesamtwasserentnahme aufgeschlüsselt nach Quellen.

EN9. Wasserquellen, die maßgeblich von der Entnahme von Wasser betroffen sind. *EN10. Anteil in Prozent und Gesamtvolumen an recyceltem und wiederverwendetem Wasser.*
Biodiversität
EN11. Ort und Größe von Grundstücken in Schutzgebieten oder angrenzend an Schutzgebiete. Ort und Größe von Grundstücken in Gebieten mit hohem Biodiversitätswert außerhalb von Schutzgebieten oder daran angrenzend. Zu berücksichtigen sind Grundstücke, die im Eigentum der berichtenden Organisation stehen oder von diesem gepachtet oder verwaltet werden. EN 12. Beschreibung der wesentlichen Auswirkungen von Aktivitäten, Produkten und Dienstleistungen auf die Biodiversität in Schutzgebieten und in Gebieten mit hohem Biodiversitätswert außerhalb von Schutzgebieten. *EN13. Geschützte oder wiederhergestellte Lebensräume.* *EN14. Strategien, laufende Maßnahmen und Pläne für das Management der Auswirkungen auf die Biodiversität.* *EN15. Anzahl der Arten auf der Roten Liste der IUCN und auf nationalen Listen, die ihren natürlichen Lebensraum in Gebieten haben, die von der Geschäftstätigkeit der Organisation betroffen sind, aufgeteilt nach dem Bedrohungsgrad.*
Emissionen, Abwasser, Abfall
EN16. Gesamte direkte und indirekte Treibhausgasemissionen nach Masse. EN17. Andere relevante Treibhausgasemissionen nach Masse. *EN 18. Initiativen zur Verringerung der Treibhausgasemissionen und erzielte Reduzierungen.* EN 19. Emissionen von Ozon-abbauenden Stoffen nach Masse. EN20. NOx, SO_x und andere signifikante Luftemissionen nach Art und Masse. EN21. Gesamte Abwassereinleitungen nach Art und Einleitungsort. EN22. Gesamtgewicht des Abfalls nach Art und Entsorgungsmethode. EN 23. Gesamtzahl und Volumen signifikanter Freisetzungen. *EN24. Masse des transportierten, importierten, exportierten oder behandelten Abfalls, der gemäß den Bestimmungen des Baseler Übereinkommens, Anlage I, II, III und VIII als gefährlich eingestuft wird sowie Anteil in Prozent des zwischenstaatlich verbrachten Abfalls.* *EN25. Bezeichnung, Größe, Schutzstatus und Biodiversitätswert von Gewässern und damit verbundenen natürlichen Lebensräumen, die von den Abwassereinleitungen und dem Oberflächenabfluss der berichtenden Organisation erheblich betroffen sind.*
Produkte und Dienstleistungen
EN26. Initiativen, um die Umweltauswirkungen von Produkten und Dienstleistungen zu minimieren und Ausmaß ihrer Auswirkungen. EN27. Anteil in Prozent der verkauften Produkte, bei denen das dazugehörige Verpackungsmaterial zurückgenommen wurde, aufgeteilt nach Kategorien.
Einhaltung von Rechtsvorschriften
EN28. Monetärer Wert signifikanter Bußgelder und Gesamtzahl nicht-monetärer Strafen wegen Nichteinhaltung von Rechtsvorschriften im Umweltbereich.
Transport
EN29. Wesentliche Umweltauswirkungen verursacht durch den Transport von Produkten und anderen Gütern und Materialien, die für die Geschäftstätigkeit der Organisation verwendet werden, sowie durch den Transport von Mitarbeitern.
Insgesamt
EN 30. Gesamte Umweltschutzausgaben und -investitionen, aufgeschlüsselt nach Art der Ausgaben und Investitionen.

Inhaltsanalyse zur Informationsauswertung Da die Berichte keiner gesetzlich vorgegebenen Struktur folgen, sind sie trotz des Leitfadens unterschiedlich aufgebaut und der Leser muss die Informationen selbst zusammentragen. Hierzu kann er das Instrument der Inhaltsanalyse nutzen. Ziel ist dabei ganz allgemein, inhaltliche und formale Merkmale von Mitteilungen systematisch und intersubjektiv nachvollziehbar zu beschreiben (vgl. FRÜH 2007, S. 25). Hierfür sind acht Schritte zu durchlaufen, für die in nachfolgender Tabelle die Umsetzung für die Umweltleistung als Berichtsgegenstand im engeren Sinne im Rahmen der Auswertung der GRI-Berichterstattung ausgeführt ist (vgl. Tabelle 102).

Tabelle 102: Inhaltsanalyse am Beispiel der Global Reporting Initiative

Formulierung der Fragestellung	Welche Aussage kann über die Umweltleistung des Unternehmens/einer Branche getroffen werden?
Bestimmung der Materialstichprobe	alle Unternehmensberichte nach GRI des Jahres 2007 einer Branche
Aufstellen des Kategoriensystems	alle Teilbereiche der Umweltleistung gemäß GRI (Materialien, Energie, Wasser, Biodiversität, Emissionen, Abwasser und Abfall, Produkte und Dienstleistungen, Einhaltung von Rechtsvorschriften, Transport, insgesamt)
Definition der Kategorien	entsprechend der Leistungsindikatorenprotokolle zu allen Indikatoren der oben genannten Teilbereiche
Bestimmung der Analyseeinheiten	Berichtsteile, die sich den Umweltleistungsindikatoren gemäß GRI-Indikatorenliste widmen
Kodierung nach vorliegenden Entscheidungsregeln für die einzelnen Indikatoren	2, wenn Kategorie erfüllt 1, wenn Kategorie teilweise erfüllt 0, wenn Kategorie nicht erfüllt
Auswertung	Quantität = Anzahl der berichteten Indikatoren (nicht berichtet: Gruppe, in der alle mit 0 kodierten Unternehmen sind; berichtet: Gruppe, in der mit 1 und 2 kodierte Unternehmen sind) Qualität = Erfüllungsgrad im Falle einer Berichterstattung des Indikators (also Kodierung mit 1 oder 2): Entspricht die Berichterstattung den GRI-Vorgaben, wie sie in den Indikatorenprotokollen festgelegt sind? (niedrige Qualität: Gruppe, in der alle mit 1 kodierten Unternehmen sind; hohe Qualität: Gruppe, in der mit 2 kodierte Unternehmen sind)
Darstellung und Interpretation der Ergebnisse	Die Ergebnisse der Auswertung können wie im nachfolgenden Beispiel veranschaulicht werden.

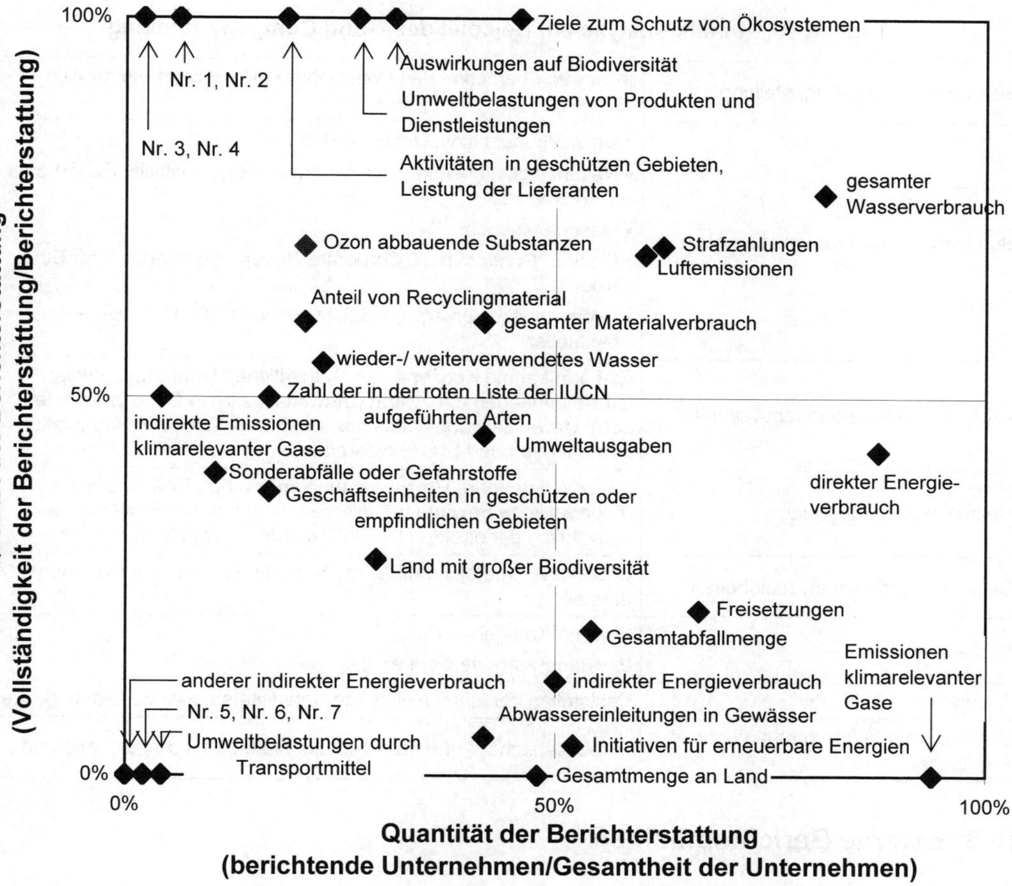

(Nr.1: durch Emissionen in Gewässer belastete Quellen und Ökosysteme, Nr.2: durch Wasserverbrauch belastete Quellen und Ökosysteme, Nr.3: Veränderungen in Naturräumen, Nr.4: nicht zugängliche Habitatsflächen, Nr.5: Fußabdruck des Energieverbrauchs, Nr.6: recyclingfähiger Anteil der Produkte, Nr.7: Entnahme von Grund- und Oberflächenwasser)

Abbildung 91: Quantitäts- /Qualitätschart

(In Anlehnung an GÜNTHER/HOPPE/POSER 2007, S. 17)

Um zu zeigen, wie die Inhaltsanalyse in ihrer Umsetzung aussehen kann, wird die Vorgehensweise für den Berichtsgegenstand im weiteren Sinne abschließend vorgestellt, wie sie für das Good Company Ranking des Jahres 2006 für den Bereich Umwelt umgesetzt wurde (vgl. KRÖHER 2007, S. 76 ff.) (vgl. Tabelle 103).

Tabelle 103: Inhaltsanalyse am Beispiel des Good Company Ranking

Formulierung der Fragestellung	Inwieweit übernimmt das Unternehmen Verantwortung für die Umwelt?
Bestimmung der Materialstichprobe	• Umweltbericht bzw. Umwelterklärung • Nachhaltigkeitsbericht bzw. Corporate Responsibility Report oder CSR Report • Geschäftsbericht • Code of Conduct bzw. Corporate Governance Kodex oder Ethik-Kodex • Internetseiten: Unterpunkte „Umwelt" oder „CSR" sowie „News", „Aktuelles"
Aufstellen des Kategoriensystems	fünf anerkannte Konzepte der Betrieblichen Umweltökonomie: Umweltmanagementsystem (Umweltaspekte in Geschäftsprozessen), Umweltleistungsmessung, Wertschöpfungskreis, Innovationsmanagement und Stakeholderansatz
Definition der Kategorien	z.B. zur Kategorie „Umweltleistungsmessung", Unterkategorie „ökonomische Bewertung": Werden ökonomische Bewertungen hinsichtlich der direkten Umweltaspekte durchgeführt?
Bestimmung der Analyseeinheiten	Sätze bzw. Übersichten, die die Vorgehensweise des Unternehmens darstellen
Kodierung	1, wenn Kategorie erfüllt 0, wenn Kategorie nicht erfüllt
Auswertung	Feststellen der Häufigkeiten, der Intensitäten oder der Kontingenzen
Darstellung und Interpretation der Ergebnisse	In tabellarischer Form: fünf Tabellenblätter für jedes Unternehmen

10.3 Externe Berichtspflichten

Abschließend stellt sich die Frage, ob neben der freiwilligen Berichterstattung Berichtspflichten bestehen. Hierfür seien abschließend die Berichtspflichten des Umweltstatistikgesetzes, des PRTR, der Deutschen Emissionshandelsstelle sowie des Deutschen Rechnungslegungsstandards 15 vorgestellt. Abgerundet wird das Kapitel über die Empfehlung der EU zur Berücksichtigung von Umweltaspekten im Jahresabschluss (vgl. Tabelle 104).

Tabelle 104: Externe Berichtspflichten

	Umweltstatistikgesetz (UStatG)	**Gesetz zur Ausführung des Protokolls über Schadstofffreisetzungs- und –verbringungsregister (SchadRegProtAG)**	**Treibhausgasemissionshandels-gesetz (TEHG)**	**Deutsche Rechnungslegungsstandards 5 und 15 (DRS 5 und 15)**	**Empfehlung zur Berücksichtigung von Umweltaspekten in Jahresabschluss und Lagebericht von Unternehmen: Ausweis, Bewertung und Offenlegung (2001/453/EG)**
Gegenstand	öffentliche und nichtöffentliche Wasserversorgung und Abwasserbeseitigung klimawirksame und abwassergefährdende Stoffe Aufwendungen, Waren und Dienstleistungen für den Umweltschutz Abfallentsorgung	Freisetzungen in Luft, Wasser und Boden jedes Schadstoffs bei m Überschreiten des Schwellenwertes (Anhang II E-PRTR-VO); Verbringung von gefährlichen und nicht gefährlichen Abfällen, (ab gewissen Mindestmengen) sowie von Abwasser enthaltenen Schadstoffen (gem. Anhang II E-PRTR-VO)	Bericht über die Treibhausgas-emissionen; CO_2, CH_4, N_2O, FKW, SF_6 und perfluorierte Kohlenwasser-stoffe	DRS5: Operationelles Risiko: Risiken in betrieblichen Systemen oder Prozessen, insbesondere rechtliche und betriebliche Risiken DRS15: Darstellung wesentlicher rechtlicher und wirtschaftlicher Einflussfaktoren, z.B. Umweltschutzauwendungen und mögliche Umweltschutzhaftung	Ausweis, Bewertung und Offenlegung von umweltschutzbedingten Verbindlichkeiten, Aufwendungen und Risiken, sowie damit verbundener Vermögenswerte Ausweis und Bewertung umweltschutzbedingter Aufwendungen
Messmethode	keine Angabe	Angabe, ob: Messung, Schätzung, Berechnung	Messung oder Berechnung	quantitative Darstellung	keine Angabe
Berichtspflicht	Behörden und Unternehmen gemäß § 18 UStatG	Betriebe, die Tätigkeiten nach Anhang I E-PRTR-VO durchführen und die Kapazitätsschwellenwerte überschreiten	Unternehmen der Energieum-wandlung, -umformung, Eisenmetallerzeugung, -verarbeitung, mineralverarbeitende Industrie Gemäß Anhang 1 TEHG, u. a.	Mutterunternehmen, die nach § 315 HGB zur Aufstellung eines Konzernabschlusses verpflichtet sind	Unternehmen, die unter die Bestimmungen der 1999/60/EWG und 90/605/EWG fallen
Inkrafttreten	2005	2006	2005	2005	2001
Periode	jährlich	jährlich	jährlich	jährlich	jährlich
Zugang zu den Daten	GENESIS (https://www-genesis.destatis.de/genesis/online/logon)	Elektronische Datenbank (http://www.home.prtr.de/index.php)	CSR Reports, Umweltbericht des Unternehmens	Konzernlagebericht	Jahresabschluss und Lagebericht der jeweiligen Unternehmen

	Bundesimmissionsschutzgesetz (BImSchG)	**12. Verordnung zur Durchführung des Bundes-Immissionsschutzgesetzes (12. BImSchV - StörfallVO)**	**Kreislaufwirtschafts- und Abfallgesetz (KrW-/AbfG)**	**Bio-Abfallanlagenverordnung (30. BImSchV)**	**EMAS-Privilegierungs-VO (EMASPrivilegV)**
Gegenstand	Emissionserklärung (§ 27 BImschG): Luftverunreinigungen innerhalb einer Periode (Menge, räumliche und zeitliche Verteilung)	Sicherheitsbericht: Konzept zur Verhinderung von Störfällen, Sicherheitsmanagementsystem; Gefahren und Gegenmaß-nahmen; Bericht über Auslegung, Errichtung, Betrieb und Wartung von gefährdeten Betriebsbereichen; Alarm- und Gefahrenabwehrpläne; Informationen für behördliche Entscheidungen über Ansiedlung; Inhalt mindestens Angaben nach Anhang II; Informationen, Beteiligte an der Berichterstellung, aktuelles Verzeichnis der vorhandenen gefährlichen Stoffe	Abfallbilanz (§ 30 KrW-/AbfG): Art, Menge und Verbleib überwachungsbedürftiger Abfälle (Schwelle: § 18) Ergebnisbericht über die in der Rechtsverordnung vorgeschriebenen Mess- und Überwachungsmaßnahmen; Emissionserklärung: Angaben über Art, Menge, räumliche und zeitliche Verteilung der Emissionen in einer Periode (§ 36a)	Messverfahren und -einrichtungen zur kontinuierlichen Messung von Emissionen: Ergebnisse der Kalibrierung und der Prüfung der Funktionsfähigkeit Auswertung der kontinuierlichen Messungen und die Bestimmung der Massenverhältnisse: Emissionswerte: Gesamtstaub, organische Stoffe, Distickstoffoxid	Durchschrift der Berichte gemäß: § 12 Abs.6 zur Emissionsbegrenzung von leichtflüssigen halogenierten organischen Verbindungen; § 8 Abs. 5 Satz 3 der Verordnung zur Begrenzung der Emissionen flüchtiger organischer Verbindungen; § 6 Abs. 4 Satz 3 der Verordnung zur Begrenzung der Kohlenwasserstoffemissionen bei der Betankung von Kraftfahrzeugen; § 7 Abs. 3 Satz 3. , § 8 Abs. 2, § 10 Abs. 1 der Verordnung über Anlagen zur Feuerbestattung
Messmethode	keine Angabe	keine Angabe	keine Angabe	keine Angabe	keine Angabe
Berichtspflicht	Betreiber von Anlagen, die schädliche Umwelteinwirkungen hervorrufen, oder in anderer Weise die Allgemeinheit gefährden (siehe § 4 BImSchG)	Anlagenbetreiber für Betriebsbereiche in denen gefährliche Stoffe bestimme Mengen überschreiten (siehe Anhang I Spalte 5 der StörfallVO)	Erzeuger von überwachungsbedürftigen Abfällen (Erstellung der Abfallbilanz) Deponiebetreiber (Erstellung der Emissionserklärung nach § 36a KrW-/AbfG)	Betreiber der Anlage für die biologische bzw. biologisch-physikalische Entsorgung von Siedlungsabfällen	Betreiber EMAS-validierter Anlage
Inkrafttreten	2002	2000	1994	2001	2002
Periode	jährlich	jährlich	jährlich	jährlich	jährlich
Datenzugang	-	-	-	-	-

Literaturverzeichnis

ADENSAM, H.; GANGLBERGER, E.; GUPFINGER, H.; WENISCH, A. (2000): Wie viel Umwelt braucht ein Produkt? Studie zur Nutzbarkeit von Ökobilanzen für Prozess- und Produktvergleiche. Online im Internet: http://www.umweltbundesamt.at/fileadmin/site/daten/produkte/gemis/oekobil.pdf, Stand: 2000, Abfrage: 01.06.2008.

AHBE, S., BRAUNSCHWEIG, A.; MÜLLER-WENK, R. (1990): Methodik für Ökobilanzen auf der Basis ökologischer Optimierung. 133. Bundesamt für Umwelt, Wald und Landschaft (BUWAL), Bern.

ALLAN, J. A. (1998): Virtual water: a strategic resource. Global solutions to regional deficits. In: Ground Water, Vol. 36, No. 4, 1998, S. 545-546. Online im Internet: http://www.waterfootprint.org/Reports/Allan_1998.pdf, Stand: 1998, Abfrage: 01.06.2008.

AJZEN, I. (1991): The theory of planned behavior. In: Organizational Behavior and Human Decision Processes, Vol. 50, No. 2, 1991, S. 179-211.

AK "IMMATERIELLE WERTE IM RECHNUNGSWESEN" DER SCHMALENBACH-GESELLSCHAFT FÜR BETRIEBSWIRTSCHAFT e.V. (2005): Corporate Reporting on Intangibles - A Proposal from a German Background. In: Schmalenbach Business Review, 2005, Special Issue 2/05, S. 65-100.

ANTES, R. (1992): Die Organisation des betrieblichen Umweltschutzes. In: Steger, U. (Hrsg.): Handbuch des Umweltmanagements. München 1992, S. 487-509.

ARBEITSGEMEINSCHAFT UMWELTVERTRÄGLICHES BAUPRODUKT E. V. (Hrsg.) (2008). Online im Internet: http://www.bau-umwelt.com, Stand: 2008, Abfrage: 01.06.2008.

ARNOLD, W.; FREIMANN, J.; KURZ, R. (2005): Strategisches Nachhaltigkeitsmanagement mit der Sustainable Balanced Scorecard - Konzeption und Umsetzungserfahrungen in den beteiligten KMU. In: von Boguslawski, A.; Ardelt, B. (Hrsg.): Sustainable Balanced Scorecard - Zukunftsfähige Strategien entwickeln und umsetzen. Eschborn 2005, S. 157-187.

BAMBERG, G.; COENENBERG, A. G.; KRAPP, M. (2008): Betriebswirtschaftliche Entscheidungslehre. München 2008.

BARNARD, C. I. (1938): The Functions of the Executive. Cambridge 1938.

BARTH, R.; ERDMENGER, C.; GÜNTHER, E. (2005): Umweltfreundliche öffentliche Beschaffung. Innovationspotenziale, Hemmnisse, Strategien. Heidelberg 2005.

BARTMANN, H. (1996): Umweltökonomie - ökologische Ökonomie. Stuttgart 1996.

BAUM, H.-G.; ALBRECHT, T.; RAFFLER, D. (2007): Umwelt- und Ressourcenschutz als Unternehmensziel. Wiesbaden 2007.

BAUM, H.-G.; COENENBERG, A. G.; GÜNTHER, T. (2007): Strategisches Controlling. Stuttgart 2007.

BAUM, H.-G.; COENENBERG, A. G.; GÜNTHER, E. (2000): Betriebliche Umweltökonomie in Fällen - Band II: Umweltmanagement und ökologieorientierte Instrumente. München 2000.

BAUM, H.-G.; COENENBERG, A. G.; GÜNTHER, E. (1999): Betriebliche Umweltökonomie in Fällen - Band I: Anwendung betriebswirtschaftlicher Instrumente. München 1999.

BAUM, H.-G.; COENENBERG, A. G.; GÜNTHER, E.; WITTMANN, R. (1994): Unternehmenspolitik und Umweltschutz. Zehn Thesen zum ökologieorientierten Management. In: BIfA-Texte Nr. 4, 1994.

BAUMOL, W. J.; OATES, W. E. (1971): The Use of Standards and Prices for Protection of the Environment. In: Swedish Journal of Economics, Vol. 73, No. 1, 1971, S. 42-54.

BEA, F. X. (1973): Die Verteilung der Lasten des Umweltschutzes nach dem Verursacherprinzip. In: Wirtschaftswissenschaftliches Studium, 2. Jg., 1973, S. 453-457.

BERG, D. (1979): Recycling in betriebswirtschaftlicher Sicht. In: Wirtschaftswissenschaftliches Studium, 8. Jg., Heft 5, 1979, S. 201-205.

BERLINER, C.; BRIMSON, J. A. (1991): Cost management for today's advanced manufacturing: The CAM-I conceptual design. Boston 1991.

BERUFSGENOSSENSCHAFTLICHES INSTITUT FÜR ARBEITSSCHUTZ (2006): Das Spaltenmodell. Eine Hilfestellung zur Substitutionsprüfung nach Gefahrstoffverordnung. Sankt Augustin 2006, Online im Internet: http://www.dguv.de/bgia/de/pra/spalte/spaltmod.pdf, Stand: 2006, Abfrage: 01.06.2008.

BLANCHARD, B. S. (1978): Design and Manage to Life Cycle Cost. Portland 1978.

BOGASCHEWSKY, R. (1995): Natürliche Umwelt und Produktion – Interdependenzen und betriebliche Anpassungsstrategien. Wiesbaden 1995.

BÖHM, E.; HILLENBRAND, T.; LIEBERT, J.; SCHLEICH, J.; WALZ, R. (2002): Kosten-Wirksamkeitsanalyse von nachhaltigen Maßnahmen im Gewässerschutz. In: Umweltbundesamt (Hrsg.): UBA Texte 12/02, Berlin 2002.

BONINI, S.; GREENEY, J.; MENDONCA, L. (2007): Assessing the impact of societal issues – A McKinsey global survey. In: McKinsey Quarterly, November, 2007, S. 1-9.

BÖNING, J. A. (1995): Methoden betrieblicher Ökobilanzierung. Marburg 1995.

BRACHER, T.; BACKES, T.; URICHER, A. (2002): Möglichkeiten der Umweltentlastung und Kostenreduzierung im Verkehr durch Verkehrsplanung – mit Leitfaden für die LCTP-Anwendung in Kommunen. In: Umweltbundesamt (Hrsg.): UBA Texte 23/02, Berlin 2002.

BRAUER, H. (1995): Handbuch des Umweltschutzes und der Umweltschutztechnik. Bd. 2: Produktions- und produktintegrierter Umweltschutz. Heidelberg 1995.

BRAUN, S.; KAHLENBORN, W.; FRINGS, E. (2004a): "Niederschwellige" Umweltmanagementsysteme. In: Der Umweltbeauftragte, 12. Jg., Heft 3, 2004, S. 9.

BRAUN, S.; KAHLENBORN, W.; FRINGS, E. (2004b): Schritt für Schritt ins Umweltmanagementsystem. In: Der Umweltbeauftragte, 12. Jg., Heft 7, 2004, S. 8-9.

BRAUNGART, M.; MCDONOUGH, W. (2005): Einfach intelligent produzieren, cradle to cradle: Die Natur zeigt, wie wir die Dinge besser machen können. Berlin 2005.

BRAUNSCHWEIG, A.; MÜLLER-WENK, R. (1993): Ökobilanzen für Unternehmungen. Eine Wegleitung für die Praxis. Bern 1993.

BRUHN, M. (1992): Integration des Umweltschutzes in den Funktionsbereich Marketing. In: Steger, U. (Hrsg.): Handbuch des Umweltmanagements. München 1992, S. 537-555.

BUNDESAMT FÜR UMWELT, WALD UND LANDWIRTSCHAFT (BUWAL) (Hrsg.) (1998): Bewertung in Ökobilanzen mit der Methode der ökologischen Knappheit. Bern 1998.

BUNDESAMT FÜR UMWELT, WALD UND LANDSCHAFT (BUWAL) (Hrsg.) (1991): Ökobilanzen von Packstoffen, Schriftenreihe Umwelt Nr. 132, Bern 1991.

BUNDESAMT FÜR UMWELT, WALD UND LANDWIRTSCHAFT (BUWAL) (Hrsg.) (1984): Ökobilanzen von Packstoffen. In: Schriftenreihe Umweltschutz 24. Bern 1984.

BUNDESMINISTERIUM FÜR BILDUNG UND FORSCHUNG (Hrsg.) (2007): klimazwei - Forschung für den Klimaschutz und Schutz vor Klimawirkungen. Online im Internet: http://www.bmbf.de/pub/klimazwei_brosch.pdf, Stand: 2007, Abfrage: 01.06.2008.

BUNDESMINISTERIUM FÜR UMWELT, NATURSCHUTZ UND REAKTORSICHERHEIT (BMU) (Hrsg.) (2007): GreenTech made in Germany - Umwelttechnologie-Atlas für Deutschland. München 2007.

BUNDESMINISTERIUM FÜR UMWELT, NATURSCHUTZ UND REAKTORSICHERHEIT (BMU) (Hrsg.) (1997): Umwelt und Finanzdienstleistungen: Verantwortung für eine nachhaltige, umweltgerechte Entwicklung. München 1997.

BUNDESMINISTERIUM FÜR WIRTSCHAFT UND TECHNOLOGIE (Hrsg.) (2008): Allgemeine Verwaltungsvorschriften zur Beschaffung energieeffizienter Produkte und Dienstleistungen. Online im Internet: http://lexikon.bmwi.de/BMWi/Redaktion/PDF/A/aav-zur-beschaffung-energieeffizienter-produkte,property=pdf,bereich=bmwi,sprache=de,rwb=true.pdf, Stand: 2008, Abfrage: 01.06.2008.

BUNDESVERBAND FÜR MATERIALWIRTSCHAFT, EINKAUF UND LOGISTIK E.V. in Zusammenarbeit mit Booz Allen Hamilton (2000): Chancen und Entwicklungen im Public Procurement. 2000.

BURSTEIN, M. C. (1988): Life Cycle Costing. In: National Association of Accountants Conference Proceedings (Hrsg.): Cost Accounting for the '90s: Responding to Technological Change. Montvale 1988, S. 257-272.

CARBON TRUST (2007): Carbon Footprinting – An introduction for organisations. London 2007.

CARBON TRUST (2006): Carbon footprints in the supply chain – the next step for business. London 2006.

COASE, R. H. (1960): The Problem of Social Cost. In: Journal of Law and Economics, No. 3, 1960, S. 1-44.

COENENBERG, A. G.; FISCHER, T. M.; SCHILL, O; SCHMITZ, J.; SCHUH, H.: Target Costing. In: Baum, H.-G.; Coenenberg, A. G.; Günther, E. (1999): Betriebliche Umweltökonomie in Fällen - Band I: Anwendung betriebswirtschaftlicher Instrumente. München 1999, S. 166-196.

COENENBERG, A. G.; FISCHER, T. M.; GÜNTHER, T. (2007): Kostenrechnung und Kostenanalyse. Stuttgart 2007.

COMMONER, B. (1972): The Environmental Cost of Economic Growth. In: Ridker, R. G. (Hrsg.): Population, Resources and the Environment. Washington, DC 1972, S. 339-363.

COOPER, R.; KAPLAN, R. S. (1988): Measure Costs Right. Make the Right decisions. In: Harvard Business Review. September/October 1988, S. 96-103.

CPM, CHALMERS UNIVERSITY OF TECHNOLOGY (2003): The EPS default method, 2003, Online im Internet: http://eps.esa.chalmers.se/defaultmethod.htm, Stand: 2003, Abfrage: 01.06.2008.

CRANE, A.; MCWILLIAMS, A.; MATTEN, D.; MOON, J.; SIEGEL, D. (Hrsg.) (2008): The Oxford Handbook of Corporate Social Responsibility. Oxford 2008.

CYERT, R. M.; MARCH, J. G. (1963): A behavioral theory of the firm. Englewood Cliffs 1963.

DEUTSCHE BUNDESBANK (Hrsg.) (2006): Bundesbank-Monatsbericht Juni 2006. Online im Internet: http://www.bundesbank.de/download/volkswirtschaft/monatsberichte/2006/200606mb_bbk.pdf, Stand: 2006, Abfrage: 01.06.2008.

DEUTSCHER AKKREDITIERUNGSRAT (Hrsg.) (2008): Anzahl der zur Zeit akkreditierten Stellen vom 29. Februar 2008. Online im Internet: http://www.dar.bam.de/ast/stat.html, Stand: 2008, Abfrage: 01.06.2008.

DEUTSCHER STANDARDISIERUNGSRAT (DSR) (2000): Deutscher Rechnungslegungsstandard Nr. 5 Risikoberichterstattung - Entwurf. Berlin 2000.

DEUTSCHES INSTITUT FÜR NORMUNG E.V. (2001): Umweltmanagement - Ökobilanz - Anwendungsbeispiele zu ISO 14041 zur Festlegung des Ziels und des Untersuchungsrahmens sowie zur Sachbilanz. Berlin 2001.

DIE EFFIZIENZ-AGENTUR NRW: RKR Ressourcenkostenrechnung. 2008. Online im Internet: http://www.efanrw.de/rkr-cd/material/einleitung/start.html, Stand 2008, Abfrage: 01.06.2008.

DLUGOLECKI, A.; LAFELD, S. (2007): CEO Briefing: Carbon Crunch - Meeting the Cost. Paris 2007. Online im Internet: http://www.3c-company.com/fileadmin/downloads/press/pr/2007/CEOBriefCCWG_Bali.pdf, Stand: 2007, Abfrage: 01.06.2008.

DYCKHOFF, H.; SOUREN, R. (2007): Nachhaltige Unternehmensführung. Berlin 2007.

DYLLICK, T.; BELZ, F.; SCHNEIDEWIND, U. (1997): Ökologie und Wettbewerbsfähigkeit von Unternehmen. Zürich 1997.

DYLLICK, T. (1989): Ökologisch bewusste Unternehmensführung: Der Beitrag der Managementlehre. In: Schriftenreihe Ö.B.U./A.S.I.E.G.E., St. Gallen, 1989.

ENDRES, A. (1983): Was leisten Bewertungsverfahren für die Umweltpolitik? In: Jarre, J. (Hrsg.): Die wirtschaftliche Bedeutung des Umweltschutzes [Loccumer Protokolle 31/1981]. Loccum 1983, S. 3-14.

ERDMENGER, C.; KLAUKE, I. (2005): Innovationen und kommunale Beschaffung. In: Barth, R.; Erdmenger, C.; Günther, E. (Hrsg.): Umweltfreundliche öffentliche Beschaffung. Innovationspotenziale, Hemmnisse, Strategien. Heidelberg 2005, S. 105-118.

ERDMENGER, C.; WINTER, M. (2005): Das Umweltpotential öffentlicher Beschaffung. In: Barth, R.; Erdmenger, C.; Günther, E. (Hrsg.): Umweltfreundliche öffentliche Beschaffung. Innovationspotenziale, Hemmnisse, Strategien. Heidelberg 2005, S. 293-311.

ETTERLIN, G.; HÜRSCH, P.; TOPF, M. (1992): Ökobilanzen - ein Leitfaden für die Praxis. Mannheim 1992.

EUROPÄISCHE KOMMISSION (Hrsg.) (2008a): Who participates in EMAS? Online im Internet: http://ec.europa.eu/environment/emas/about/participate/sites_en.htm, Stand: 2008a, Abfrage: 01.06.2008.

EUROPÄISCHE KOMMISSION (Hrsg.) (2008b): Verifiers. Online im Internet: http://ec.europa.eu/environment/emas/tools/contacts/verifiers_en.htm, Stand: 2008b, Abfrage: 01.06.2008.

EUROPÄISCHE KOMMISSION (Hrsg.) (2004): Öffentliche Initiativen zur Förderung von Umweltmanagementsystemen in kleinen und mittleren Unternehmen. Abschlussbericht der Expertengruppe über das BEST-Projekt. Brüssel 2004.

EUROPÄISCHE KOMMISSION (2001): Nachhaltigkeit in Europa für eine bessere Welt: Strategie der Europäischen Union für die nachhaltige Entwicklung [EU-Nachhaltigkeitsstrategie]. 2001.

EUROPÄISCHE KOMMISSION (2001): Europäische Rahmenbedingungen für die soziale Verantwortung der Unternehmen. Grünbuch. Luxemburg 2001. Im Internet: http://ec.europa.eu/ employment_social/soc-dial/csr/greenpaper_de.pdf, Stand: 2001, Abfrage: 01.06.2008.

EUROPEAN COMMISSION (2000): Environment 2010: Our Future, Our Choice - The Sixth EU Environment Action Programme. Brüssel 2000.

EUROPEAN COMMISSION (1993): Towards Sustainability - Fifth European Community environment programme. Brüssel 1993.

EUROPEAN MULTISTAKTEHOLDER FORUM ON CSR (Hrsg.) (2004): Final results & recommendations. Online im Internet: http://circa.europa.eu/irc/empl/csr_eu_multi_stakeholder_forum/info/data/en/CSR%20Forum%20final%20report.pdf, Stand: 2004, Abfrage: 01.06.2008.

EUROSIF (Hrsg.) (2006): European SRI Study 2006. Online im Internet: http://www.eurosif.org/media/files/eurosif_sristudy_2006_complete, Stand: 2006, Abfrage: 01.06.2008.

EQUATOR PRINCIPLES FINANCIAL INSTITUTIONS (2006): The "Equator Principles". A financial industry benchmark for determining, assessing and managing social & environmental risk in project financing. Online im Internet: http://www.equator-principles.com/documents/Equator_Principles.pdf, Stand: 2006, Abfrage: 01.07.2008.

F. A. BROCKHAUS GmbH (Hrsg.) (2001): Brockhaus - Die Enzyklopädie. Band 15, 20., überarb. und aktualisierte Aufl., Studienausg., Leipzig 2001.

FICHTER, K.; LOEW, T.; SEIDEL, E. (1997): Betriebliche Umweltkostenrechnung - Methoden und praxisgerechte Weiterentwicklung. Berlin 1997.

FISCHER, H. (2001): Reststoff-Controlling. Ein neues Tool zur Steigerung der Material- und Energieeffizienz. Berlin, 2001.

FISCHER, H.; WUCHERER, C.; WAGNER, B. (1997): Umweltkostenmanagement. Kosten senken durch praxiserprobtes Umweltcontrolling. München 1997.

FISCHER, H.; BLASIUS, R. (1995): Umweltkostenrechnung. In: Bundesumweltministerium; Umweltbundesamt (Hrsg.): Handbuch Umweltcontrolling, München 1995, S. 439-457.

FISCHER, T. M. (1993): Kostenmanagement strategischer Erfolgsfaktoren. München 1993.

FISHBEIN, M.; AJZEN, I. (1981): Attitudes and Voting Behaviour: An Application of the Theory of Reasoned Action. In: Stephenson, G. M.; Davis, J. H. (Hrsg.): Progress in Applied Social Psychology. Chichester 1981, S. 253–313.

FORUM NACHHALTIGE GELDANLAGE (Hrsg.) (2007): Statusbericht Nachhaltige Geldanlagen 2007. Berlin 2007, Online im Internet: http://www.forum-ng.de/upload/Statusbericht_07-12-11_web.pdf, Stand: 2007, Abfrage: 01.06.2008.

FREEMAN, R. E. (1984): Strategic Management: A Stakeholder Approach. Boston 1984.

FRENCH, J. R. P.; RAVEN, B. (1959): The bases of social power. In: Cartwright, D. (Hrsg.): Studies in social power. Ann Arbor 1959, S. 150-167.

FRESE, E.; KLOOCK, J. (1989): Internes Rechnungswesen und Organisation aus Sicht des Umweltschutzes. In: Betriebswirtschaftliche Forschung und Praxis, 41. Jg., Heft 1, 1989, S. 1-29.

FRISCHKNECHT, R.; STEINER, R.; JUNGBLUTH, N. (2008): Ökobilanzen: Methode der ökologischen Knappheit – Ökofaktoren 2006. Methode für die Wirkungsabschätzungen in Ökobilanzen, In: Öbu SR 28/2008. Online im Internet: http://www.oebu.ch/ o-bu/downloads/oekofaktoren_sr28.pdf, Stand: 2008, Abfrage: 01.06.2008.

FRÜH, W. (2007): Inhaltsanalyse. Theorie und Praxis. Konstanz 2007.

FUHRMANN, P. (2000): EU-Wasserrahmenrichtlinie. In: GWF-Wasser/Abwasser, 141. Jg., Heft 13, 2000, S. 34-38.

GÄLWEILER, A. (1986): Unternehmensplanung: Grundlagen und Praxis. Frankfurt a. M. 1986.

GEGE, M. (2008): Unterwegs zu einem ökologischen Wirtschaftswunder. Hamburg 2008.

GERYBADZE, A. (1992): Umweltorientiertes Management von Forschung und Entwicklung. In: Steger, U. (Hrsg.): Handbuch des Umweltmanagements. München 1992, S. 395-415.

GESCHKA, H.; HAMMER, R. (2005): Die Szenario-Technik in der strategischen Unternehmensplanung. In: Hahn, D.; Taylor, B. (Hrsg.): Strategische Unternehmungsplanung - Strategische Unternehmungsführung. Stand und Entwicklungstendenzen. Berlin 2005, S. 464-489.

GIEGRICH, J. (1995): Bilanzbewertung in produktbezogenen Ökobilanzen: Evaluation von Bewertungsmethoden, Perspektiven. In: Umweltbundesamt (Hrsg.): Methodik der produktbezogenen Ökobilanzen. Berlin 1995, S. 255-279.

GIRGENTI, G. (2000): Der Begriff der Verantwortung in der Welt der Antike und des Christentums. In: Götz, K.; Seifert, J. (Hrsg.): Verantwortung in Wirtschaft und Gesellschaft. München 2000, S. 111-116.

GLOBAL REPORTING INITIATIVE (GRI) (2006): Leitfaden zur Nachhaltigkeitsberichterstattung. 2006. Online im Internet: http://www.globalreporting.org/NR/rdonlyres/17D902C9-E3D1-422A-8D61-BE210D7D823E/0/G3_Leitfaden.pdf, Stand: 2006, Abfrage: 01.06.2008.

GOEDKOOP, M.; EFFTING, S.; COLLIGON, M. (2001): The Eco-Indicator 99 – A damage oriented method for Life Cycle Impact Assessment. Amersfoort 2001. Online im Internet: http://www.pre.nl/eco-indicator99, Stand: 2008, Abfrage: 01.06.2008.

GOEDKOOP, M. (1995a): The Eco-Indicator 95 – Weighting method for environmental effects that damage ecosystems or human health on a European scale. Amersfoort 1995. Online im Internet: http://www.pre.nl/download/EI95FinalReport.pdf, Stand 1995, Abfrage: 01.06.2008.

GOEDKOOP, M. (1995b): The Eco-indicator 95: Weighting method for environmental effects that damage ecosystems or human health on a European scale. In: NOH Report 9524, Bilthoven 1995, Online im Internet: http://www.pre.nl/download/EI95FinalReport.pdf, Stand: 1995, Abfrage: 01.06.2008.

GÖRG, M. (1981): Recycling als umweltpolitisches Instrument der Unternehmung: eine theoretische und empirische Analyse. Diss., Berlin 1981.

GRAY, R. H. (1992): Accounting and Environmentalism: An Exploration of the Challenge of Gently Accounting for Accountability, Transparency and Sustainability. In: Accounting, Organizations and Society, Vol. 17. No.5, 1992, S. 399-425.

GREMMINGER, M. (1995): Beziehungen zwischen Wettbewerbern. Stuttgart 1995.

GUINÉE, J. B.; GORÉE, M.; HEIJUNGS, R. (2002): Life cycle assessment. An operational guide to the ISO standards. Dordrecht 2002.

GUINÉE, J. B.; HUPPES, G.; HEIJUNGS, R. (2001): Developing an LCA guide for decision support. In: Environmental Management and Health, Vol. 12, No. 3, 2001, S. 301-311.

GÜNTHER, E.; HOPPE, H.; POSER, C. (2007): Environmental Corporate Social Responsibility of Firms in the Mining and Oil and Gas Industries: Current Status Quo of Reporting Following GRI Guidelines. In: Greener Management International, 53. Jg., 2007, S. 7-25.

GÜNTHER, E.; KAULICH, S. (2007): Umwelt. In: Kirchhoff, K. R. (Hrsg.): The Good Company Ranking. Corporate Social Responsiblity Wettbewerb der 120 größten Konzerne Europas. Hamburg 2007, S. 30-40.

GÜNTHER, E.; HOPPE, H.; KAULICH, S.; SCHEIBE, L. (2006): Wertsteigerung durch betriebliche Umweltleistung. In: Schweickart, N.; Töpfer, A. (Hrsg.): Wertorientiertes Management. Berlin 2006.

GÜNTHER, E.; KAULICH, S.; SCHEIBE, L.; UHR, W.; HEIDSIECK, C.; FRÖHLICH, J. (2006): Leistung und Erfolg im betrieblichen Umweltmanagement. Die Software EPM-KOMPAS als Instrument für den industriellen Mittelstand zur Umweltleistungsmessung und Erfolgskontrolle. Inklusive CD-ROM mit einer Einführung in die Software EPM-KOMPAS. Köln 2006.

GÜNTHER, E.; SCHEIBE, L. (2006): The hurdle analysis. A self-evaluation tool for municipalities to identify, analyse and overcome hurdles to green procurement. In: Corporate Social Responsibility & Environmental Management, Vol. 13 No. 2, 2006, S. 61-77.

GÜNTHER, E.; LEHMANN-WAFFENSCHMIDT, M. (2005): Deceleration - Revealed Preference in Society and Win-Win-Strategy for Sustainable Management. Concept and Experimental Evidence. In: Dresden Discussion Paper in Economics, Heft 2, 2005.

GÜNTHER, E.; SCHEIBE, L. (2005): Analyse der Hemmnisse. In: Barth, R.; Erdmenger, C.; Günther, E. (Hrsg.): Umweltfreundliche öffentliche Beschaffung. Innovationspotenziale, Hemmnisse, Strategien. Heidelberg 2005, S. 143-183.

GÜNTHER, E. (2000): Ökologiekosten. In: Fischer, T. M. (Hrsg.): Kosten-Controlling. Stuttgart 2000.

GÜNTHER, E.; KREBS, M. (2000): Aufgaben- und Organisationsstruktur der Umweltpolitik in der Bundesrepublik Deutschland. In: Die Professoren der Fachgruppe Betriebswirtschaftslehre (Hrsg.): Dresdner Beiträge zur Betriebswirtschaftslehre Nr. 40/00. Dresden 2000.

GÜNTHER, E.; SCHUH, H. (2000): Definitionen, Konzepte und Kriterien einer nachhaltigen Entwicklung. Dresden 2000.

GÜNTHER, E. (1998): Bewertung ökologiebedingter Konsequenzen. In: Möller, H. P.; Schmidt, F. (Hrsg.): Rechnungswesen als Instrument für Führungsentscheidungen. Festschrift für Professor Dr. Dr. h. c. Adolf G. Coenenberg zum 60. Geburtstag. Stuttgart 1998, S. 231-259.

GÜNTHER, E.; WITTMANN, R. (1995): Kondukte. In: Die Betriebswirtschaft, 55. Jg., Heft 1, 1995, S. 119-120.

GÜNTHER, E. (1994): Ökologieorientiertes Controlling. München 1994.

GÜNTHER, T.; FISCHER, J. (1999): Investitionsentscheidungen unter besonderer Berücksichtigung ökologischer Aspekte. In: Baum, H.-G.; Coenenberg, A. G.; Günther, E. (1999): Betriebliche Umweltökonomie in Fällen - Band I: Anwendung betriebswirtschaftlicher Instrumente. München 1999, S. 10-43.

GÜNTHER, T.; KRIEGBAUM, C. (1999): Life Cycle Costing, In: Baum, H.-G.; Coenenberg, A. G.; Günther, E. (1999): Betriebliche Umweltökonomie in Fällen - Band I: Anwendung betriebswirtschaftlicher Instrumente. München 1999, S. 232-266.

GÜNTHER, T. (1994): Kostentransparenz an der Schnittstelle von Industrie und Handel - Der Ansatz der Direkten Produkt-Rentabilität (DPR). In: Horváth, P. (Hrsg.): Kunden und Prozesse im Fokus - Controlling und Reengineering. Stuttgart 1994, S. 265-286.

GUTENBERG, E. (1983): Grundlagen der Betriebswirtschaftslehre: Band 1: Die Produktion. Berlin 1983.

HAASIS, H.-D.; HILTY, L.; KÜRZL, H.; RAUTENSTRAUCH, C. (1995): Betriebliche Umweltinformationssysteme (BUIS): Projekte und Perspektiven. Marburg 1995.

HABERSTOCK, L. (1998): Kostenrechnung I. Berlin 1998.

HAHN, T. (2005): Gesellschaftliches Engagement von Unternehmen. Reziproke Stakeholder, ökonomische Anreize, strategische Gestaltungsoptionen. Wiesbaden 2005.

HALLAY, H.; PFRIEM, R. (1992) : Öko-Controlling : Umweltschutz in mittelständischen Unternehmen. Frankfurt a.M. 1992.

HARDIN, G. (1968): The Tragedy of the Commons. In: Science, No. 162, 1968, S. 1243-1248.

HASEL, S. (2002): Forstgeschichte. Remagen 2002.

HASSE, H. (1997): Least-Cost Planning, Ein Managementkonzept für Energieversorgungsunternehmen. In: Wirtschaftswissenschaftliches Studium, Heft 6, 1997.

HAUFF, V. (1987): Unsere gemeinsame Zukunft (Brundtland-Bericht). Greven 1987.

HAUSCHILDT, J.; GEMÜNDEN, H. G. (Hrsg.) (1999): Promotoren: Champions der Innovation. Wiesbaden 1999.

HEINEN, E. (1991): Industriebetriebslehre. Entscheidungen im Industriebetrieb. Wiesbaden 1991.

HENDERSON, B. D. (1984): Die Erfahrungskurve in der Unternehmensstrategie. Frankfurt a. M. 1984.

HERBST, S. (2001): Umweltorientiertes Kostenmanagement durch Target Costing und Prozesskostenrechnung in der Automobilindustrie. Köln 2001.

HESSISCHES MINISTERIUM FÜR WIRTSCHAFT, VERKEHR UND LANDESENTWICKLUNG (Hrsg.) (1999): Flusskostenmanagement. Kostensenkung und Öko-Effizienz durch eine Materialflussorientierung in der Kostenrechnung. Wiesbaden 1999.

HICKS, J. R. (1946): Value and Capital. An inquiry into some fundamental principles of economic theory. second edition, London 1946.

HILTY, L. (2006): Umweltbezogene Informationsverarbeitung. Beiträge der Informatik zu einer nachhaltigen Entwicklung. Hamburg 2006. Online im Internet: http://www.empa.ch/plugin/template/empa/*/54058/---/l=2, Stand: 2006, Abfrage: 01.06.2008.

HINTERHUBER, H. H.: Wettbewerbsstrategie. Berlin 1982.

HOPFENBECK, W.; JASCH, C.; JASCH, A. (1996): Lexikon des Umweltmanagements. Landsberg/Lech 1996.

HOPPE, W. (1983): Zum Begriff der "wirtschaftlichen Vertretbarkeit" im Umweltschutzrecht. In: Deutsches Verwaltungsblatt, Heft 1, 1983, S. 20-22.

HÖRSGEN, B. (1999): Konsequenzen aus der Europäischen Wasserrahmenrichtlinie für die deutsche Wasserwirtschaft. In: GWF-Wasser/Abwasser, 140. Jg., Heft 13, 1999, S. 8-13.

HORVATH & PARTNERS (Hrsg.) (2005): Prozessmanagement umsetzen. Durch nachhaltige Prozessperformance Umsatz steigern und Kosten senken. Stuttgart 2005.

HORVÁTH, P.; REICHMANN, T. (2003): Vahlens Großes Controlling-Lexikon. München 2003.

HUMMEL, D.; KLUGE, T.; LIEHR, S.; HACHELAF, M. (2006): Virtual Water Trade, Documentation of an International Expert Workshop, Institut für sozial-ökologische Forschung (ISOE). Frankfurt a. M. 2006.

HUMMEL, D. (2007): Virtueller Wasserhandel – Eine Strategie zum Umgang mit Wasserarmut? In: Ökologisches Wirtschaften, Heft: 2/2007, S. 8-10.

HUNKELER, D.; LICHTENVORT, K.; REBITZER, G. (Hrsg.) (2008): Environmental Life Cycle Costing. Boca Raton, Fla., 2008.

INTERGOVERNMENTAL PANEL ON CLIMATE CHANGE (IPCC) (Hrsg.) (2007): Klimaänderung 2007: Zusammenfassungen für politische Entscheidungsträger - Vierter Sachstandsbericht des IPCC (AR4). Online im Internet http://www.bmu.de/files/pdfs/allgemein/application/pdf/ipcc_entscheidungstraeger_gesamt.pdf, Stand: 2007, Abfrage: 01.06.2008.

ISENMANN, R.; GÓMEZ, J. M. (Hrsg.) (2008): Internetgestützte Nachhaltigkeitsberichterstattung – Stakeholder, Trends, Technologien, neue Medien. Berlin 2008.

ISO/TC 207/SC1 Strategic SME Group (2005): The Global Use of Environmental Management System by Small and Medium Enterprises: Executive Report from ISO/TC 207/SC1 Strategic SME Group. Stockholm 2005.

JÄGER, T.; KARGER, C. R. (2006): Instrumente zur Nachhaltigkeitsbewertung: Eine Synopse. Online im Internet: http://www.fz-juelich.de/inb/inb-mut/projekte/pdf /bewertungsinstrumente_synopse.pdf, Stand: 2006, Abfrage: 01.06.2008.

JÄNICKE, M.; KUNIG, P.; STITZEL, M. (2003): Lern- und Arbeitsbuch Umweltpolitik. Bonn 2003.

JENSEN, M. C.; MECKLING, W. H. (1976): Theory of the firm: Managerial behavior, agency costs and ownership structure. In: Journal of Financial Economics, Vol. 3, No. 4, 1976, S. 305-360.

KAPLAN, R. S.; NORTON, D. P. (1996): The Balanced Scorecard: Translating Strategy into Action. Boston 1996.

KAPP, K. W.; VILMAR, F. (1972): Sozialisierung der Verluste? München 1972.

KLEMMER, P.; LEHR, U.; LÖBBE, K. (1999): Umweltinnovationen: Anreize und Hemmnisse. Berlin 1999.

KLUGE, F. (2002): Etymologisches Wörterbuch der deutschen Sprache. Berlin 2002.

KLÜPPEL, H.-J. (2006): Umweltmanagement für kleine und mittlere Unternehmen: Die ISO-14000-Normen und ihre Umsetzung. In: DIN Deutsches Institut für Normung e.V. (Hrsg.): Berlin 2006.

KOCH, H. (1958): Zur Diskussion über den Kostenbegriff. In: Zeitschrift für handelswissenschaftliche Forschung, 10. Jg., Heft 2, 1958, S. 355-399.

KOMMISSION DER EUROPÄISCHEN GEMEINSCHAFTEN 2002: Mitteilung der Kommission betreffend die soziale Verantwortung der Unternehmen: ein Unternehmensbeitrag zur nachhaltigen Entwicklung. KOM(2002) 347 endgültig. Brüssel 2002. Online im Internet: http://eur-lex.europa.eu/LexUriServ/LexUriServ.do?uri=COM:2002:0347:FIN:DE:PDF, Stand: 2002, Abfrage: 01.06.2008.

KOMMISSION DER EUROPÄISCHEN GEMEINSCHAFTEN 2006: Mitteilung der Kommission an das Europäische Parlament, den Rat und den Europäischen Wirtschafts- und Sozialausschuss. Umsetzung der Partnerschaft für Wachstum und Beschäftigung: Europa soll auf dem Gebiet der sozialen Verantwortung der Unternehmen führend werden. KOM(2006) 136 endgültig. Brüssel 2006. Online im Internet: http://eur-lex.europa.eu/LexUriServ/LexUriServ.do?uri= COM:2006:0136:FIN:DE:PDF, Stand: 2006, Abfrage: 01.06.2008.

KRAMER, M.; URBANIEC, M.; MÖLLER, L. (2003): Internationales Umweltmanagement. Band 1: Interdisziplinäre Rahmenbedingungen einer umweltorientierten Unternehmensführung. Wiesbaden 2003.

KREIKEBAUM, H. (1990): Innovationsmanagement bei aktivem Umweltschutz in der chemischen Industrie - Bericht aus einem Forschungsprojekt. In: Wagner, G. R. (Hrsg.): Unternehmung und ökologische Umwelt. München 1990, S. 113-121.

KRÖHER, M. (2007): Good Company Ranking. In: manager magazin, 37. Jg., Heft 2, 2007, S. 76-84.

KUBICEK, H.; THOM, N. (1976): Umsystem, betriebliches. In: Grochla, E.; Wittmann, W. (Hrsg.): Handwörterbuch der Betriebswirtschaft. Stuttgart 1976, Sp. 3988.

KUMAR, V.; JAIN S. K. (2007): Status of virtual water trade from India. In: Current Science, Vol. 93, No. 8, S. 1093-1099.

KUPSCH, P. (1979): Unternehmungsziele. Stuttgart 1979.

LANG, C.; STEINFELDT, M.; LOEW, T.; BEUCKER, S.; HEUBACH, D.; KEIL, M. (2004): Konzepte zur Einführung und Anwendung von Umweltcontrollinginstrumenten in Unternehmen. Online im Internet: http://www.bum.iao.fraunhofer.de/downloads/EndberichtForschungsprojektINTUS.pdf, Stand: 2007, Abfrage: 01.06.2008.

LANGE, C.; PIANOWSKI, M. (2008): Nachhaltigkeitsberichterstattung und Integriertes Controlling. In: Isenmann, R.; Gómez, J. M. (Hrsg.): Internetgestützte Nachhaltigkeitsberichterstattung – Stakeholder, Trends, Technologien, neue Medien. Berlin 2008.

LASCH, R.; GÜNTHER, E. (2004): ETIENNE - Effiziente Transportketten in Entsorgungsnetzwerken modular und umweltgerecht gestaltet. Schlussbericht gemäß Nr. 3.2 BNBest-BMBF 98. Dresden 2004.

LAYARD, R. (2006): Happiness: Lessons from a New Science. London 2006.

LETMATHE, P.; STÜRZNICKEL, B. ; TSCHESCHE, J. (2002): Ressourcenkostenrechnung . In: Umweltwirtschaftsforum 2002, Heft. 10, S. 52-57.

LETMATHE, P. ; WAGNER, G. (2002): Umweltkostenrechnung . In: Küpper, H.-U. ; Wagenhofer, A. (Hrsg.) : Handwörterbuch Unternehmensrechnung und Controlling. Stuttgart 2002, S. 1988-1997.

LIESEGANG, G. (1999): Das Konzept einer Reproduktionswirtschaft als Herausforderung für das Umweltmanagement. In: Seidel, E. (Hrsg.): Betriebliches Umweltmanagement im 21. Jahrhundert. 1999, S. 181-191.

LOEW, T.; FICHTER, K.; MÜLLER, U.; SCHULZ, W. F.; STROBEL, M. (2003): Ansätze der Umweltkostenrechnung im Vergleich. In: Umweltbundesamt (Hrsg.): UBA Texte 78/03. Berlin 2003. Online im Internet: http://www.umweltdaten.de/publikationen/fpdf-l/2428.pdf, Stand: 2003, Abfrage: 01.06.2008.

LUTZ, U.; NEHLS-SAHABANDU, M. (2005): Fachbibliothek nachhaltiges Management. Neidlingen, 2005.

MAHLENDORF, M. (2005): Entwicklung eines Entscheidungsmodells zur Anwendung von Umweltkostenrechnungssystemen: Aktuelle Entwicklungen und Anwendungsbereiche. Dresden 2005. Online im Internet: http://hsss.slub-dresden.de/hsss/servlet/hsss.urlmapping.MappingServlet?id=1153906285979-4540

MAIBACH, M.; PETER, D.; SEILER, B. (1999): Ökoinventar Transporte. Grundlagen für den ökologischen Vergleich von Transportsystemen und den Einbezug von Transportsystemen in Ökobilanzen. Zürich 1999.

MATSCHKE, M. J.; JAECKEL, U. D.; LEMSER, B. (1996): Betriebliche Umweltwirtschaft. Berlin 1996.

MAYER, R.; KAUFMANN, L. (2000): Prozesskostenrechnung – Einordnung, Aufbau, Anwendungen. In: Fischer, T.M. (Hrsg.) Kostencontrolling – Neue Methoden und Inhalte. Stuttgart 2000.

MCKINSEY & COMPANY, INC. (2007): Kosten und Potenziale der Vermeidung von Treibhausgasemissionen in Deutschland. Berlin 2007.

MEADOWS, D. H.; RANDERS, J.; MEADOWS, D. L. (2006): Grenzen des Wachstums - Das 30-Jahre-Update. Signal zum Kurswechsel. Stuttgart 2006.

MEADOWS, D. L.; MEADOWS, D. H.; RANDERS, J. (1992): Die neuen Grenzen des Wachstums. Hamburg 1992.

MEADOWS, D. L.; MEADOWS, D. H.; ZAHN, E. (1972): Die Grenzen des Wachstums. Reinbek b. Hamburg 1972.

MEFFERT, H.; KIRCHGEORG, M. (1998): Marktorientiertes Umweltmanagement. Stuttgart 1998.

METTIER, T. (2000): Der Gleichgewichtungsschritt in Eco-indicator 99 - Stand und Weiterentwicklung. In: Eco-indicator 99 - eine schadensorientierte Bewertungsmethode - Nachbereitung zum 12. Diskussionsforum Ökobilanzen vom 30. Juni 2000 an der ETH Zürich. 2000, S. 17-24.

MICHAEL, B. M. (1990): Wenn der Rückschritt plötzlich zum Fortschritt wird. In: Horizont, 46. Jg., 1990, S. 38.

MILLER, J. G.; VOLLMAN, T.E. (1985): The hidden factory. In: Harvard Business Review, Vol. 63, No. 5, S. 142–150.

MINISTRY OF HOUSING, SPATIAL PLANNING AND THE ENVIRONMENT (Hrsg.) (2000): Eco-indicator 99 Manual for Designers: A damage oriented method for Life Cycle Impact Assessment. The Hague 2000. Online im Internet: http://www.pre.nl/download/EI99_Manual.pdf, Stand: 2000, Abfrage: 01.06.2008.

MÜLLER, S.; WÜNSCHMANN, S.; WITTIG, K.; HOFFMANN, S. (2007): Umweltbewusstes Konsumentenverhalten im interkulturellen Vergleich: Ein Beitrag zum Interkulturellen Marketing. Göttingen 2007.

MÜLLER-CHRIST, G. (2001): Umweltmanagement. München 2001.

MÜLLER-WENK, R. (2000): Vor- und Nachteile eines damage-orientierten Ansatzes für Life-Cycle Impact Assessment. In: Eco-indicator 99 - eine schadensorientierte Bewertungsmethode - Nachbereitung zum 12. Diskussionsforum Ökobilanzen vom 30. Juni 2000 an der ETH Zürich. 2000, S. 11-16.

MÜLLER-WENK, R. (1978): Die ökologische Buchhaltung: Ein Informations- u. Steuerungsinstrument für umweltkonforme Unternehmenspolitik. Frankfurt a. M. 1978.

NILL, J.; EINACKER, I.; KORBUN, T.; NORDBECK, R.; PEINE, A. (2002): Nachhaltigkeitsstrategien. In: IÖW-Schriftenreihe 158/01. Berlin 2002.

OECD (o.J.): ENV/EPOC/PPC(98)17REV1. OECD-Papier.

OLSON, J. C.; REYNOLDS, T. J. (2001): The means-end approach to understanding consumer decision making. In: Reynolds, T. J.; Olson, J. C. (Hrsg.): Understanding Consumer Decision Making: The Means-End Approach to Marketing and Advertising Strategy. Mahwah 2001, S. 3-20.

PACIOLI, L. (1992): Abhandlung über die Buchhaltung 1494 - [Nach dem ital. Orig. von 1494 ins Dt. übers. und mit einer Einl. über die italienische Buchhaltung im 14. und 15 Jahrhundert und Paciolis Leben und Werk vers. von Balduin Penndorf]. Stuttgart 1992.

PERRIDON, L.; STEINER, M. (2007): Finanzwirtschaft der Unternehmung. München 2007.

PFOHL, H.-C.; STÖLZLE, W. (1992): Entsorgungslogistik. In: Steger, U. (Hrsg.): Handbuch des Umweltmanagements. München 1992, S. 571-591.

PFOHL, H.-C. (2004): Logistikmanagement. Berlin 2004.

PIGOU, A. C. (1932): The Economics of Welfare. London 1932.

PORTER, M. E.; KRAMER, M. R. (2006): Strategy & Society: The Link Between Competitive Advantage and Corporate Social Responsibility. In: Harvard Business Review, Vol. 84, No. 12, 2006, S. 78-92.

PORTER, M. E. (2000): Wettbewerbsvorteile. Spitzenleistungen erreichen und behaupten. Frankfurt a. M. 2000.

PORTER, M. E. (1999): Wettbewerbsstrategie. Frankfurt a. M. 1999.

PROFT, N. (1996): Ökologieorientierte Personalentwicklung im (offensiven) Umweltmanagement. In: Malinsky, A. H. (Hrsg.): Betriebliche Umweltwirtschaft. Wiesbaden 1996, S. 291-305.

RADKE, V. (1999): Nachhaltige Entwicklung. Konzept und Indikatoren aus wirtschaftstheoretischer Sicht (Umwelt und Ökonomie Bd. 30) (Studien Zur Ethnizität, Religion und Demokratie). Heidelberg 1999.

RAPPAPORT, A. (1995): Shareholder Value - Wertsteigerung als Maßstab für die Unternehmensführung. Stuttgart 1995.

RAT FÜR NACHHALTIGE ENTWICKLUNG (Hrsg.) (2006): Kurz-Dokumentation Multistakeholderforum CSR am 18. Mai 2006 in der Katholischen Akademie, Berlin Rat für Nachhaltige Entwicklung. Berlin 2006.

RATHJE, B. (2001): Die Organisation des betrieblichen Umweltmanagements. In: Baumast, A.; Pape, J. (Hrsg.): Betriebliches Umweltmanagement. Theoretische Grundlagen, Praxisbeispiele. Stuttgart 2001, S. 79-94.

RAVEN, B. H. (1993): The bases of power: Origins and recent developments. In: Journal of Social Issues, No. 49, 1993, S. 227-251.

REDCLIFT, M. (1993): Sustainable Development: Needs, Values, Rights. In: Environmental Values, No. 2, 1993, S. 3-20.

REINHARDT, F. L. (2000): Down to Earth. Applying Business Principles to Environmental Management. Cambridge 2000.

RENNER, I.; KLÖPFFER, W. (2005): Untersuchung der Anpassung von Ökobilanzen an spezifische Erfordernisse biotechnischer Prozesse und Produkte. Berlin 2005. Online im Internet: http://www.umweltdaten.de/publikationen/fpdf-l/2852.pdf, Stand: 2005, Abfrage: 01.06.2008.

RIEBEL, P. (1955): Die Kuppelproduktion. Köln 1955.

RITTHOFF, M.; HOLGER, R.; LIEDTKE, C. (2002): MIPS berechnen. Ressourcenproduktivität von Produkten und Dienstleitungen. Wuppertal Spezial Nr. 27, Wuppertal 2002. Online im Internet: http://www.wupperinst.org/uploads/tx_wibeitrag/ws27.pdf, Stand: 2002, Abfrage 01.06.2008.

ROGALL, H. (2000): Bausteine einer zukunftsfähigen Umwelt- und Wirtschaftspolitik. Berlin 2000.

ROHRMANN, B. (1978): Empirische Studien zur Entwicklung von Antwortskalen für die sozialwissenschaftliche Forschung. In: Zeitschrift für Sozialpsychologie, 9. Jg., Heft 3, 1978, S. 222-245.

ROTH, U. (1992): Umweltkostenrechnung. Wiesbaden 1992.

SAARI, A.; LETTENMEIER, M.; PUSENIUS, K.; HAKKARIANEN, E. (2007): Influence of vehicle type and road category on natural resource consumption in road transport. In: Transportation Research Part D: Transport and Environment, Vol. 12, No. 1, 2007 S. 23-32.

SACHVERSTÄNDIGENRAT FÜR UMWELTFRAGEN (Hrsg.) (SRU) (1994): Umweltgutachten 1994. Für eine dauerhaft umweltgerechte Entwicklung. Stuttgart 1994.

SALING, P.; KICHERER, A.; DITTRICH-KRÄMER, B.; WITTLINGER, R.; ZOMBIK, W.; SCHMIDT, I.; SCHROTT, W.; SCHMIDT, S. (2002): Eco-efficiency Analysis by BASF: The Method. In: International Journal of Life Cycle Assessment, Vol. 7, No. 4, 2002, S. 203-218.

SALING, P.; MAISCH, R.; SILIVANI, M.; KÖNIG, N. (2005): Assessing the Environmental-Hazard Potential for Life Cycle Assessment, Eco-Efficiency and SEEbalance. In: International of Life Cycle Assessment, Vol. 10, No. 5, S. 364-371.

SAM Indexes GmbH (Hrsg.) (2008): Dow Jones Sustainability World Indexes Guide. Online im Internet: http://www.sustainability-indexes.com/djsi_pdf/publications/Guidebooks/DJSI_World_Guidebook_91.pdf, Stand: 2008, Abfrage: 01.06.2008.

SAM Indexes GmbH (Hrsg.) (2008): DJSI Licensees. Online im Internet: http://www.sustainability-index.com/07_htmle/other/licensing.html, Stand: 2008, Abfrage: 01.06.2008.

SAM Indexes GmbH (Hrsg.) (2007): FAQ - How are the DJSI components selected? Online im Internet: http://www.sustainability-indexes.com/07_htmle/other/faq.html, Stand: 2007, Abfrage: 01.06.2008.

SANT, R. W. (1979) The Least-Cost Energy Strategy: Minimizing Consumer Costs through Competition, Report 55, Mellon Institute Energy Productivity Center, VA, USA, 1979.

SCHALTEGGER, S.; BURRITT, R. (2000): Contemporary Environmental Accounting. Issues, Concepts and Practice. Sheffield 2000.

SCHILL, O. (2000): Betriebliche Ökobilanzierung. Ein Überblick aus Sicht der Ansatz- und Bewertungsproblematik. In: Baum, H.-G.; Coenenberg, A. G.; Günther, E. (1999): Betriebliche Umweltökonomie in Fällen - Band I: Anwendung betriebswirtschaftlicher Instrumente. München 1999, S. 140-173.

SCHMALENBACH, E. (1963): Kostenrechnung und Preispolitik. Köln 1963.

SCHMIDT, M.; KEIL, R. (2003): Kostentransparenz und Umweltwirkung betrieblicher Stoffströme und ihre systematische Analyse mittels Software-Einsatz. In: Kramer, M.; Eifler, P. (Hrsg.): Umwelt- und kostenorientierte Unternehmensführung – Zur Identifikation von Win-win-Potentialen. Wiesbaden 2003, S. 131-154.

SCHMIDT-BLEEK, F. (1994): Wieviel Umwelt braucht der Mensch? MIPS. Das Maß für ökologisches Wirtschaften. Berlin 1994.

SCHMITZ, S.; PAULINI, I. (1999): Bewertung in Ökobilanzen – Methode des Umweltbundesamtes zur Normierung von Wirkungsindikatoren, Ordnung (Rangbildung) von Wirkungskategorien und zur Auswertung nach ISO 14042 und 14043, Berlin 1999.

SCHOLZ, R. W.; WEBER, O.; MICHALIK, G. (2001): Ökologische Risiken im Firmenkreditgeschäft. In: Overlack-Kosel, D.; Scholz, R. W.; Erichsen, S. (Hrsg.): Kreditrisiken aus Umweltrisiken. Bonn 2001, S. 1-49.

SCHRADER, U. (2001): Konsumentenakzeptanz eigentumsersetzender Dienstleistungen: Konzeption und empirische Analyse. Frankfurt 2001.

SCHRADER, U.; HANSEN, U. (Hrsg.) (2001): Nachhaltiger Konsum: Forschung und Praxis im Dialog. Frankfurt a. M. 2001.

SCHUH, H. (2001): Entscheidungsorientierte Umsetzung einer nachhaltigeren Entwicklung - Empirische Analyse, theoretische Fundierung und Systematisierung am Beispiel der natürlichen Ressource Wasser. Dresden 2001.

SCHULTE-ZURHAUSEN, M. (2005): Organisation. München 2005.

SEIDEL, E. (1990): Zur Organisation des betrieblichen Umweltschutzes. In: Zeitschrift Führung und Organisation, 59. Jg., Heft 5, 1990, S. 334-341.

SEIDENSCHWARZ, W. (1993): Target costing: marktorientiertes Zielkostenmanagement. München 1993.

SEIFERT, E. K.; SEIDEL, E.; CLAUSEN, J. (1998): Umweltkennzahlen. Planungs-, Steuerungs- und Kontrollgrößen für ein umweltorientiertes Management. München 1998.

SEURING, S.; MÜLLER, M. (2008): From a Literature Review to a Conceptual Framework for Sustainable Supply Chain Management. In: Journal of Cleaner Production, April 2008.

SIEBENHÜNER, B. (2001): Homo sustinens – Auf dem Weg zu einem Menschenbild der Nachhaltigkeit. Marburg 2001.

SIMON, H. (1992): Preismanagement: Analyse - Strategie - Umsetzung. Wiesbaden 1992.

SIMON, H. A. (1955): A Behavioral Model of Rational Choice. In: Quarterly Journal of Economics, 69. Jg., Heft 1, 1955, S. 99-118.

SMITH, A. (1999): Der Wohlstand der Nationen. München 1999.

SPENGLER, T.; WALTHER, G. (2005): Strategische Planung von Wertschöpfungsnetzwerken zum Produktrecycling. In: Zeitschrift für Betriebswirtschaft, Heft 3, 2005, S. 247-275.

STAHLMANN, V. (2002): Internes Operatives Umweltmanagement – Teil 2: Materialwirtschaft und Einkauf. In: Döttinger, K.; Roth, K.; Lutz, U. (Hrsg.): Betriebliches Umweltmanagement. Grundlagen, Methoden, Praxisbeispiele. Loseblattsammlung, Stand Dezember 2002.

STAHLMANN, V. (1994) : Umweltverantwortliche Unternehmensführung: Aufbau und Nutzen eines Öko-Controlling. München 1994.

STAHLMANN, V. (1993): Ziel und Inhalt ökologischer Rechnungslegung – vom Teil zum Ganzen. In: Beck, M. (Hrsg.): Ökobilanzierung im betrieblichen Management, Würzburg 1993, S. 91-145.

STAHLMANN, V. (1988): Umweltorientierte Materialwirtschaft. Wiesbaden 1988.

STATISTISCHES BUNDESAMT (Hrsg.) (2007a): Umweltnutzung und Wirtschaft – Bericht zu den Umweltökonomischen Gesamtrechnungen 2007. Wiesbaden 2007.

STATISTISCHES BUNDESAMT (Hrsg.) (2007b): Öffentliche Finanzen, Vierteljährliche Kassenergebnisse des öffentlichen Gesamthaushalts, Fachserie 14 Reihe 2. Wiesbaden 2007.

STATISTISCHES BUNDESAMT (Hrsg.) (2006): Statistisches Jahrbuch 2006. Wiesbaden 2006.

STEEN, B. (1999a): A systematic Approach to Environmental Priority Strategies in Product Development (EPS). Version 2000-General System Characteristics. Göteborg 1999. Online im Internet: http://www.cpm.chalmers.se/document/reports/99/1999_4.pdf, Stand: 1999, Abfrage: 01.06.2008.

STEEN, B. (1999b): A systematic Approach to Environmental Priority Strategies in Product Development (EPS). Version 2000-Models and Data. Göteborg 1999. Online im Internet: http://eps.esa.chalmers.se/EPS1999_5a.pdf, Stand: 1999, Abfrage: 01.06.2008.

STEEN, B.; RYDINGS, S.-O. (1992): The EPS enviro-accounting method. IVL-report B1080. Göteborg 1992.

STEGER, U. (1993): Umweltmanagement. Erfahrungen und Instrumente einer umweltorientierten Unternehmensstrategie. Wiesbaden 1993.

STERN, J. M.; SHIELY, J. S. (2001): The EVA Challenge. New York 2001.

STEURER, R. (2001): Paradigmen der Nachhaltigkeit. In: Zeitschrift für Umweltpolitik und Umweltrecht, Heft 4, 2001, S. 537-566.

STEWART, G. B. (2005): The Quest for Value. New York 2005.

STÖLZLE, W.; JUNG, K. P. (1996): Strategische Optionen der Entsorgungslogistik zur Realisierung von Kreislaufwirtschaftskonzepten. In: UmweltWirtschaftsForum, 4. Jg., Heft 1, 1996, S. 31-36.

STREBEL, H. (1984): Industriebetriebslehre. Stuttgart 1984.

STÜRZNICKEL, B.; LETMATHE, P. (2003): Ressourcenkostenrechnung. In: Tschandl, M. (Hrsg.): Integriertes Umweltcontrolling: von der Stoffstromanalyse zum integrierten Bewertungs- und Informationssystem. Wiesbaden 2003, S 137-154.

TEICHERT, V. (1997): Öko-Dienstleistungen. In: Das Wirtschaftsstudium, Heft 2, 1997, S. 124-126.

TERHART, K. (1986): Die Befolgung von Umweltschutzauflagen als betriebswirtschaftliches Entscheidungsproblem. Berlin 1986.

THE ASPEN INSTITUTE (Hrsg.) (2007): Long-term value creation – Guiding principles for corporations and investors. Online im Internet: http://www.aspeninstitute.org/atf/cf/%7BDEB6F227-659B-4EC8-8F84-8DF23CA704F5%7D/BSP_PRINCIPLESFINALJUNE2007.PDF, Stand: 2007, Abfrage: 01.06.2008.

TÖPFER, A. (1985): Umwelt- und Benutzerfreundlichkeit von Produkten als strategische Unternehmensziele. In: Marketing ZFP, 7. Jg., Heft 4, 1985, S. 241-251.

TURNER, A.; WHITE, S.; BICKFORD, G. (2005): The Canberra Least Cost Planning Case Study. In: Water Science and Technology: Water Supply, Vol. 5, No. 3-4, 2005, S. 257-263.

UMWELTBUNDESAMT (Hrsg.) (2008): Umweltökonomie und Umweltmanagement. Umweltmanagementsysteme weltweit. Online im Internet: http://www.umweltbundesamt.de/umweltoekonomie/ums-welt.htm, Stand: 2008, Abfrage: 01.06.2008.

UMWELTBUNDESAMT (Hrsg.) (2007a): Externe Kosten kennen - Umwelt besser schützen. Die Methodenkonvention zur Schätzung externer Kosten am Beispiel Energie und Verkehr. Online im Internet: http://www.umweltbundesamt.de/uba-info-presse/hintergrund/externekosten.pdf, Stand: 2007, Abfrage: 01.06.2008.

UMWELTBUNDESAMT (Hrsg.) (2007b): Neue Ergebnisse zu regionalen Klimaänderungen. Das statistische Regionalisierungsmodell WETTREG. Online im Internet: http://www.umweltbundesamt.de/uba-info-presse/hintergrund/Regionale-Klimaaenderungen.pdf, Stand: 2007, Abfrage: 01.06.2008.

UMWELTBUNDESAMT (Hrsg.) (2006): Anpassung an Klimaänderungen in Deutschland – Regionale Szenarien und nationale Aufgaben. Online im Internet: http://www.umweltbundesamt.de/uba-info-presse/hintergrund/Anpassung-Klimaaenderungen.pdf, Stand: 2006, Abfrage: 01.06.2008.

UMWELTBUNDESAMT (Hrsg.) (2003a): Ansätze der Umweltkostenrechnung im Vergleich. Online im Internet: http://www.umweltdaten.de/publikationen/fpdf-l/2428.pdf, Stand 2003, Abfrage: 01.06.2008.

UMWELTBUNDESAMT (Hrsg.) (2003b): Anwendung und Kommunikation des Kumulierten Energieverbrauchs (KEV) als praktikabler umweltbezogener Bewertungs- und Entscheidungsindikator für energieintensive Produkte und Dienstleistungen. Berlin 2003.

UMWELTBUNDESAMT (Hrsg.) (2002a): Nachhaltige Entwicklung in Deutschland – Die Zukunft dauerhaft umweltgerecht gestalten. Berlin 2002.

UMWELTBUNDESAMT (Hrsg.) (2002b): Ökobilanzen für Getränkeverpackungen II/Phase 2. Berlin 2002.

UMWELTBUNDESAMT (Hrsg.) (2001): Handbuch Umweltcontrolling. München 2001.

UMWELTBUNDESAMT (Hrsg.) (1999a): Handbuch Umweltfreundliche Beschaffung. München 1999.

UMWELTBUNDESAMT (Hrsg.) (1999b): KEA: Mehr als eine Zahl. Basisdaten und Methoden zum Kumulierten Energieaufwand (KEA). Berlin 1999.

UMWELTBUNDESAMT (Hrsg.) (1996): Handbuch Umweltkostenrechnung. München 1996.

UMWELTBUNDESAMT (Hrsg.) (1995): Methodik der produktbezogenen Ökobilanzen – Wirkungsbilanz und Bewertung. UBA Texte 23/95, Berlin 1995.

UMWELTBUNDESAMT (Hrsg:) (1992): Ökobilanzen für Produkte – Bedeutung, Sachstand, Perspektiven. Berlin 1992.

UMWELTGUTACHTERAUSSCHUSS (Hrsg.) (2007): Umweltmanagement: EMAS – Mehrwert inklusive. Berlin 2007. Online im Internet: http://www.emas.de/datenbank/folder-EMAS+Mehrwert_klein.pdf, Stand: 2007, Abfrage: 01.06.2008.

UMWELTGUTACHTERAUSSCHUSS (Hrsg.) (2005): 10 Jahre EMAS - Nachhaltig und umweltbewusst wirtschaften in Deutschland. Berlin 2005. Online im Internet: http://www.umweltgutachterausschuss.de/downloads/emas10jahre-broschuere-web.pdf, Stand: 2005, Abfrage: 01.06.2008.

UNITED NATIONS (Hrsg.) (2007): Indicators of Sustainable Development: Guidelines and Methodologies. Online im Internet: http://www.un.org/esa/sustdev/natlifo/indicators/guidelines.pdf, Stand: 2007, Abfrage: 01.06.2008.

UNITED NATIONS (Hrsg.) (2001): Indicators of Sustainable Development: Guidelines and Methodologies. Online im Internet: http://www.un.org/esa/sustdev/publications/indisdmg2001.pdf, Stand: 2001, Abfrage: 01.06.2008.

UNITED NATIONS (Hrsg.) (1996): Indicators of Sustainable Development Framework and Methodologies. New York 1996.

VERBAND DEUTSCHER SICHERHEITSINGENIEURE E.V. (Hrsg.) (2003): Sicherheitsinformation 2/2003, Ermittlung von Einsatzzeiten von Fachkräften für Umweltschutz und Umweltmanagement. Arbeitskreis Umweltschutz. Wiesbaden 2003.

VEREIN DEUTSCHER INGENIEURE (Hrsg.) (2000): Richtlinie VDI 3800 Entwurf: Ermittlung der Aufwendungen für Maßnahmen zum betrieblichen Umweltschutz. Berlin 2000.

VEREIN DEUTSCHER INGENIEURE VDI (Hrsg.) (1997): Kumulierter Energieaufwand. Begriffe, Definitionen, Berechnungsmethoden. Richtlinie 4600. Düsseldorf 1997.

VON AHSEN, A. (2006): Integriertes Qualitäts- und Umweltmanagement. Mehrdimensionale Modellierung und Anwendung in der deutschen Automobilindustrie. Wiesbaden 2006.

VON BRAUN, C.-F. (1991): Die Beschleunigungsfalle. In: Zeitschrift für Planung, 2. Jg., Heft 1, 1991, S. 51-70.

VON CARLOWITZ, H. C. (2000): Sylvicultura oeconomica – oder Anweisung zur wilden Baumzucht. Nachdruck der Ausgabe Leipzig 1713. Freiberg i.S. 2000.

VOSS, B. W. (1988): Selbstverständnis und Selbst-Bewußtsein. In: Gablers Magazin, 2. Jg., Heft 12, 1988, S. 23-27.

WACKERNAGEL, M.; REES, W. (1996): Our Ecological Footprint: Reducing Human Impact on the Earth. Philadelphia 1996.

WAGNER, G. R. (1992): Kosten der Umwelterhaltung in ihrer Bedeutung für die Unternehmenspolitik. In: Männel, W. (Hrsg.): Handbuch Kostenrechnung. Wiesbaden 1992, S. 917-928.

WORLD BUSINESS COUNCIL FOR SUSTAINABLE DEVELOPMENT (WBCSD) (Hrsg.) (2000): Measuring Eco-Efficiency: A Guide to Reporting Company Performance. Genf 2000. Stand: 2000, Abfrage: 01.06.2008.

WHITE, M.; GÜNTHER, E. (2009, in Vorbereitung): Investing in a Sustainable Future: A Cross-disciplinary, Cross-cultural, Collaborative Capstone Course. In: Wankel, C.; Stoner, J. (Hrsg.): Management Education for Global Sustainability. 2009, in Vorbereitung.

WHITTINGTON, R. (1977): Social Accounting and the Tragedy of the Commons. In: Management Accounting, No. April, 1977, S. 32-34.

WICKE, L. (1993): Umweltökonomie. Eine praxisorientierte Einführung. München 1993.

WICKE, L.; HAASIS, H.-D.; SCHAFHAUSEN, F. (1992): Betriebliche Umweltökonomie. Eine praxisorientierte Einführung. München 1992.

WIEDMANN, T.; MINX, J. (2007): A Definition of „Carbon Footprint", ISA UK Research Report 2007. Online im Internet: http://www.isa-research.co.uk/docs/ISA-UK_Report_07-01_carbon_footprint.pdf, Stand: 2007, Abfrage 01.06.2008.

WILLIAMSON, O. E. (1985): Transaction cost economics. Yale University 1985.

WITTE, E. (1999): Das Promotorenmodell. In: Hauschildt, J.; Gemünden, H. G. (Hrsg.): Promotoren: Champions der Innovation. Wiesbaden 1999, S. 9-41.

WITTMAN, R. G.; LEIMBECK, A.; TOMP, E. (2006): Innovationen erfolgreich steuern. Heidelberg 2006.

WITTMANN, R. G. (1994): Rückstandsmanagement. Stuttgart 1994.

WOCO-UNTERNEHMENSGRUPPE (Hrsg.) (2007): Lieferantenselbstauskunft. Frankfurt a. M. 2007.

WÜBBENHORST, K. L. (1984): Konzept der Lebenszykluskosten – Grundlagen, Problemstellung und technolgische Zusammenhänge, Darmstadt 1984.

ZABEL, H.-U. (1995): Innovationsmanagement unter besonderer Berücksichtigung ökologischer Aspekte. In: UmweltWirtschaftsForum, Heft 3, 1995, S. 9-15.

ZANGEMEISTER, C. (1976): Nutzwertanalyse in der Systemtechnik – Eine Methodik zur multidimensionalen Bewertung und Auswahl von Projektalternativen, Verlag Wittemann, 1976, München.

ZAHN, E.; SCHMID, U. (1992): Wettbewerbsvorteile durch umweltschutzorientiertes Management. In: Zahn, E.; Gassert, H. (Hrsg.): Umweltschutz orientiertes Management. Stuttgart 1992, S. 39-93.

ZENTRALVERBAND ELEKTROTECHNIK UND ELEKTRONIKINDUSTRIE e. V. (ZVEI) (Hrsg.) (1998): Lieferantenbewertung. 1998.

Normen- und Gesetzesverzeichnis

30. BImSchV: Verordnung über Anlagen zur biologischen Behandlung von Abfällen vom 20. Februar 2001 (BGBl. I S. 317).

Aktiengesetz vom 6. September 1965 (BGBl. I S. 1089), zuletzt geändert durch Artikel 11 des Gesetzes vom 16. Juli 2007 (BGBl. I S. 1330).

Allgemeine Vertragsbedingungen für die Ausführung von Leistungen in der Fassung vom 05. August 2003 (BAnz. Nr. 178a).

Altfahrzeuggesetz (2002): Altfahrzeug-Gesetz: Gesetz über die Entsorgung von Altfahrzeugen in der Fassung vom 21.06.2002 (BGBl. I S. 2199).

Altfahrzeug-Verordnung in der Fassung der Bekanntmachung vom 21. Juni 2002 (BGBl. I S.2214), zuletzt geändert durch Artikel 364 der Verordnung vom 31. Oktober 2006 (BGBl. I S. 2407)

Atomgesetz in der Fassung der Bekanntmachung vom 15. Juli 1985 (BGBl. I S. 1565), zuletzt geändert durch Artikel 4 des Gesetzes vom 26. Februar 2008 (BGBl. I S. 215).

Benzinbleigesetz vom 5. August 1971 (BGBl. I S. 1234), zuletzt geändert durch Artikel 58 der Verordnung vom 31. Oktober 2006 (BGBl. I S. 2407).

British Standard BS 7750:1992: Specification for Environmental Management Systems.

British Standard BS 8555:2003: Guidance to the phased implementation of an environmental management system including the use of environmental performance indicators.

Bundes-Immissionsschutzgesetz in der Fassung der Bekanntmachung vom 26. September 2002 (BGBl. I S. 3830), zuletzt geändert durch Artikel 1 des Gesetzes vom 23. Oktober 2007 (BGBl. I S. 2470).

Bundesnaturschutzgesetz vom 25. März 2002 (BGBl. I S. 1193), zuletzt geändert durch Artikel 2 des Gesetzes vom 8. April 2008 (BGBl. I S. 686).

DIN 33922:1997: Leitfaden: Umweltberichte für die Öffentlichkeit.

DIN 6120:1996: Kennzeichnung von Packstoffen und Packmitteln zu deren Verwertung - Packstoffe und Packmittel aus Kunststoff.

DIN EN 12973:2000: Europa-Norm Value Management.

DIN EN 14943:2005: Transportdienstleistungen – Logistik – Glossar.

DIN EN 27779:1991: Geräuschmessung an Maschinen – Luftschallemission, Hüllflächen- und Hallraumverfahren – Geräte der Büro- und Informationstechnik.

DIN EN ISO 11469:2000: Kunststoffe - Sortenspezifische Identifizierung und Kennzeichnung von Kunststoff-Formteilen.

DIN EN ISO 14001:2005: Umweltmanagementsysteme - Anforderungen mit Anleitung zur Anwendung.

DIN EN ISO 14010:1996: Leitfäden für Umweltaudits - Allgemeine Grundsätze.

DIN EN ISO 14011:1996: Leitfäden für Umweltaudits - Auditverfahren - Audit von Umweltmanagementsystemen.

DIN EN ISO 14012:1996 Leitfäden für Umweltaudits - Qualifikationskriterien für Umweltauditoren.

DIN EN ISO 14020:2002: Umweltkennzeichnungen und -deklarationen - Allgemeine Grundsätze.

DIN EN ISO 14021:2001: Umweltkennzeichnungen und -deklarationen - Umweltbezogene Anbietererklärungen (Umweltkennzeichnung Typ II).

DIN EN ISO 14024:2001: Umweltkennzeichnungen und -deklarationen - Umweltkennzeichnung Typ I - Grundsätze und Verfahren.

DIN EN ISO 14031:1999: Umweltleistungsbewertung. Leitlinien.

DIN EN ISO 14040:2006: Umweltmanagement - Ökobilanz - Grundsätze und Rahmenbedingungen.

DIN EN ISO 14042:2000: Umweltmanagement: Ökobilanz. Wirkungsabschätzung.

DIN EN ISO 14043:2000: Umweltmanagement: Ökobilanz. Auswertung.

DIN EN ISO 14044:2006: Umweltmanagement: Ökobilanz - Anforderungen und Anleitungen.

DIN EN ISO 17011:2005: Konformitätsbewertung - Allgemeine Anforderungen an Akkreditierungsstellen, die Konformitätsbewertungsstellen akkreditieren.

DIN EN ISO 17024:2003: Konformitätsbewertung - Allgemeine Anforderungen an Stellen, die Personen zertifizieren.

DIN EN ISO 17040:2005: Konformitätsbewertung - Allgemeine Anforderungen an die Begutachtung unter gleichrangigen Konformitätsbewertungsstellen und Akkreditierungsstellen.

DIN EN ISO 19011:2002: Leitfaden für Audits von Qualitätsmanagement- und/oder Umweltmanagementsystemen.

DIN EN ISO 9000:2005: Qualitätsmanagementsysteme - Grundlagen und Begriffe.

DIN EN ISO 9001:2000: Qualitätsmanagementsysteme – Anforderungen.

DIN EN ISO 9004:2000-12: Qualitätsmanagementsysteme - Leitfaden zur Leistungsverbesserung.

DIN ISO 14025:2007: Umweltkennzeichnungen und -deklarationen - Umweltdeklarationen Typ III.

DIN-Fachbericht ISO/TR 14062:2002: Umweltmanagement – Integration von Umweltaspekten.

Düngemittelgesetz vom 15. November 1977 (BGBl. I S. 2134), zuletzt geändert durch Artikel 6 des Gesetzes vom 9. Dezember 2006 (BGBl. I S. 2819; 2007, 195).

Elektro- und Elektronikgerätegesetz vom 16. März 2005 (BGBl. I S. 762), zuletzt geändert durch Artikel 3 des Gesetzes vom 19. Juli 2007 (BGBl. I S. 1462).

EMAS I: Verordnung (EWG) Nr. 1836/93 des Rates vom 29. Juni 1993 über die freiwillige Beteiligung gewerblicher Unternehmen an einem Gemeinschaftssystem für das Umweltmanagement und die Umweltbetriebsprüfung (EMAS) (ABl. EG Nr. L 168 S. 1).

EMAS II: Verordnung (EG) Nr. 761/2001 des Europäischen Parlaments und des Rates vom 19. März 2001 über die freiwillige Beteiligung von Organisationen an einem Gemeinschaftssystem für das Umweltmanagement und die Umweltbetriebsprüfung (EMAS) (ABl. L 114 S.1).

EMAS-Privilegierungs-Verordnung vom 24. Juni 2002 (BGBl. I S. 2247), zuletzt geändert durch Artikel 2 der Verordnung vom 21. Dezember 2006 (BGBl. I S. 3392).

Empfehlung (2001/453/EG) der Kommission vom 30. Mai 2001 zur Berücksichtigung von Umweltaspekten in Jahresabschluss und Lagebericht von Unternehmen: Ausweis, Bewertung und Offenlegung (ABl. Nr. L 156, S. 33).

EN 30011-1:1993: Guidelines for auditing quality systems. Guidelines for auditing quality systems. Auditing.

EN 30011-3:1993: Guidelines for auditing quality systems. Guidelines for auditing quality systems. Management of audit programmes.

EN ISO 14005: Environmental management systems – Guide to the phased implementation of an environmental management system including the use of environmental performance evaluation.

EN ISO 14011:1996: Audit of environmental management systems.

EN ISO 14012:1996: Guidelines for environmental audit. Qualification criteria for environmental auditors.

Energieeinsparungsgesetz in der Fassung der Bekanntmachung vom 1. September 2005 (BGBl. I S. 2684).

Erneuerbare-Energien-Gesetz vom 21. Juli 2004 (BGBl. I S. 1918), zuletzt geändert durch Artikel 1 des Gesetzes vom 7. November 2006 (BGBl. I S. 2550).

Gefahrgutbeauftragtenverordnung in der Fassung der Bekanntmachung vom 26. März 1998 (BGBl. I S. 648), zuletzt geändert durch Artikel 481 der Verordnung vom 31. Oktober 2006 (BGBl. I S. 2407).

Gefahrstoffverordnung vom 23. Dezember 2004 (BGBl. I S. 3758, 3759), zuletzt geändert durch Artikel 2 der Verordnung vom 12. Oktober 2007 (BGBl. I S. 2382).

Gesetz über die Umweltverträglichkeitsprüfung in der Fassung der Bekanntmachung vom 25. Juni 2005 (BGBl. I S. 1757, 2797), zuletzt geändert durch Artikel 2 des Gesetzes vom 23. Oktober 2007 (BGBl. I S. 2470).

Gesetz über Ordnungswidrigkeiten in der Fassung der Bekanntmachung vom 19. Februar 1987 (BGBl. I S. 602), zuletzt geändert durch Artikel 2 des Gesetzes vom 7. August 2007 (BGBl. I S. 1786).

Gesetz zur Ausführung des Protokolls über Schadstofffreisetzungs- und -verbringungsregister vom 21. Mai 2003 sowie zur Durchführung der Verordnung (EG) Nr. 166/2006 vom 6. Juni 2007 (BGBl. I S. 1002).

Gesetz zur Kontrolle und Transparenz im Unternehmensbereich in der Fassung vom 01.05.1998 (BGBl 1998 1, S. 768 ff.).

Grundgesetz für die Bundesrepublik Deutschland in der im Bundesgesetzblatt Teil III, Gliederungsnummer 100-1, veröffentlichten bereinigten Fassung, zuletzt geändert durch das Gesetz vom 28. August 2006 (BGBl. I S. 2034).

Handelsgesetzbuch in der im Bundesgesetzblatt Teil III, Gliederungsnummer 4100-1, veröffentlichten bereinigten Fassung, zuletzt geändert durch Artikel 17 des Gesetzes vom 21. Dezember 2007 (BGBl. I S. 3089).

ISO/TR 14047: Umweltmanagement - Ökobilanz - Wirkungsabschätzung; Beispiele für die Anwendung von ISO 14042.

ISO/TR 14062:2002: Umweltmanagement – Integration von Umweltaspekten in Produktdesign und –entwicklung.

ISO/TS 16949: Qualitätsmanagementsysteme – Besondere Anforderungen für die Anwendung von ISO 9001:2000 auf Serien- und Ersatzteilproduktion in der Automobilindustrie

Kreislaufwirtschafts- und Abfallgesetz vom 27. September 1994 (BGBl. I S. 2705), zuletzt geändert durch Artikel 2 des Gesetzes vom 19. Juli 2007 (BGBl. I S. 1462).

Richtlinie 2004/18 /EG des Europäischen Parlaments und des Rates vom 31. März 2004 über die Koordinierung der Verfahren zur Vergabe öffentlicher Bauaufträge, Lieferaufträge und Dienstleistungsaufträge (ABl. L 134, S. 114).

Richtlinie 2004/35/EG des Europäischen Parlaments und des Rates vom 21. April 2004 über Umwelthaftung zur Vermeidung und Sanierung von Umweltschäden (ABl. L 143, S. 56).

Richtlinie 2006/118/EG des Europäischen Parlaments und des Rates vom 12. Dezember 2006 zum Schutz des Grundwassers vor Verschmutzung und Verschlechterung (Amtsblatt der Europäischen Gemeinschaft, L 372, S. 19

Richtlinie 93/86/EWG der Kommission vom 4. Oktober 1993 zur Anpassung der Richtlinie 91/157/EWG des Rates über gefährliche Stoffe enthaltende Batterien und Akkumulatoren an den technischen Fortschritt (ABl. L 264 S. 51).

Störfall-Verordnung in der Fassung der Bekanntmachung vom 8. Juni 2005 (BGBl. I S. 1598).

Strafgesetzbuch in der Fassung der Bekanntmachung vom 13. November 1998 (BGBl. I S. 3322), zuletzt geändert durch Artikel 3 des Gesetzes vom 11. März 2008 (BGBl. I S. 306).

Strahlenschutzvorsorgegesetz vom 19. Dezember 1986 (BGBl. I S. 2610), zuletzt geändert durch Artikel 64 der Verordnung vom 31. Oktober 2006 (BGBl. I S. 2407).

Treibhausgas-Emissionshandelsgesetz vom 8. Juli 2004 (BGBl. I S. 1578), zuletzt geändert durch Artikel 19a Nummer 3 des Gesetzes vom 21. Dezember 2007 (BGBl. I S. 3089).

TRGS 440: 2001: Ermitteln und Beurteilen der Gefährdungen durch Gefahrstoffe am Arbeitsplatz: Ermitteln von Gefahrstoffen und Methoden zur Ersatzstoffprüfung.

UAG-Erweiterungsverordnung vom 3. Februar 1998 (BGBl. I S. 338).

Umweltauditgesetz in der Fassung der Bekanntmachung vom 4. September 2002 (BGBl. I S.3490), zuletzt geändert durch Artikel 11 des Gesetzes vom 17. März 2008 (BGBl. I S.399).

Umwelthaftungsgesetz vom 10. Dezember 1990 (BGBl. I S. 2634), zuletzt geändert durch Artikel 9 Abs. 5 des Gesetzes vom 23. November 2007 (BGBl. I S. 2631).

Umweltinformationsgesetz vom 22. Dezember 2004 (BGBl. I S. 3704).

Umweltrahmengesetz vom 29. Juni 1990 (GBl. DDR 1990 I S. 649).

Umweltschadensgesetz vom 10. Mai 2007 (BGBl. I S. 666), geändert durch Artikel 7 des Gesetzes vom 19. Juli 2007 (BGBl. I S. 1462).

Umweltstatistikgesetz vom 16. August 2005 (BGBl. I S. 2446), geändert durch Artikel 2 des Gesetzes vom 17. März 2008 (BGBl. I S. 399).

VDA 6.1:2003: QM-Systemaudit.

VDA 6.2:2004: QM-Systemaudit – Dienstleistungen.

VDA 6.4:2005: QM Systemaudit – Produktionsmittel.

VDI-Richtlinie 2243:2002: Recyclingorientierte Produktentwicklung.

VDI-Richtlinie 3800 zur „Ermittlung der Aufwendungen für Maßnahmen zum betrieblichen Umweltschutz"

VDI-Richtlinie 4600 (1997): Kumulierter Energieaufwand. Begriffe, Definitionen, Berechnungsmethoden.

Verdingungsordnung für Bauleistungen VOB Teile A und B vom 30. Mai 2000 (BAnz. Nr. 120a).

Verdingungsordnung für freiberufliche Leistungen in der Fassung der Bekanntmachung vom 16. März 2006 (BAnz. Nr. 91a).

Verdingungsordnung für Leistungen – Teil A in der Fassung vom 6. April 2006 (BAnz. Nr. 100a).

Vergabe- und Vertragsordnung für Bauleistungen Teil B: Allgemeine Vertragsbedingungen für die Ausführung von Bauleistungen in der Fassung 04.September 2006 (BAnz. Nr. 196a).

Verordnung (EG) Nr. 1907/2006 des Europäischen Parlaments und des Rates vom 18. Dezember 2006 zur Registrierung, Bewertung, Zulassung und Beschränkung chemischer Stoffe (REACH), zur Schaffung einer Europäischen Agentur für chemische Stoffe, zur Änderung der Richtlinie 1999/45/EG und zur Aufhebung der Verordnung (EWG) Nr. 793/93 des Rates, der Verordnung (EG) Nr. 1488/94 der Kommission, der Richtlinie 76/769/EWG des Rates sowie der Richtlinien 91/155/EWG, 93/67/EWG, 93/105/EG und 2000/21/EG der Kommission (Abl. L 396 S. 1).

Verordnung (EG) Nr. 295/2008 des Europäischen Parlaments und des Rates vom 11. März 2008 über die strukturelle Unternehmensstatistik (Neufassung) (ABl. EU Nr. L 97 S. 13).

Verordnung (EWG) Nr. 1836/93 über die freiwillige Beteiligung gewerblicher Unternehmen an einem Gemeinschaftssystem für das Umweltmanagement und die Umweltbetriebsprüfung.

Verpackungsverordnung vom 21. August 1998 (BGBl. I S. 2379), zuletzt geändert durch Artikel 1 u. Artikel 2 der Verordnung vom 2. April 2008 (BGBl. I S. 531).

Vertrag zur Gründung der Europäischen Gemeinschaft) In der Fassung vom 02.10.1997. Zuletzt geändert durch den Vertrag über den Beitritt der Republik Bulgarien und Rumäniens zur Europäischen Union vom 25.4.2005 (ABl. EG Nr. L 157S. 11).

Wasserhaushaltsgesetz in der Fassung der Bekanntmachung vom 19. August 2002 (BGBl. I S. 3245), zuletzt geändert durch Artikel 2 des Gesetzes vom 10. Mai 2007 (BGBl. I S. 666).

Zulassungs-, Aufsichts- und Registrierungssystem zur Umsetzung der EMAS-Verordnung (EG) Nr. 761/2001 nach dem Umweltauditgesetz (UAG) vom 04.09.2002.

Index

M

N

O

P

Q

R

S

T

U

V

W

Z